北大社·“十三五”普通高等教育本科规划教材
高等院校材料专业“互联网+”创新规划教材

材料科学基础

（第2版）

主　编　张代东　吴　润
副主编　李明亚　任　鑫
参　编　吴志方　王晓强

内容简介

“材料科学基础”是高等学校材料科学类、材料类和机械类相关专业的技术基础课，本书以金属材料为主线,研究材料的成分、组织结构、制备工艺与材料性能和应用之间的相互关系。 本书共分 10 章，全面系统地介绍金属材料的晶体结构、晶体缺陷、结晶过程、合金相结构、相图、塑性变形与再结晶、固态扩散、固态相变、强化机制等。 本书注重基础、联系实际、内容丰富，内容由浅入深、循序渐进，便于学生掌握。

本书可作为高等学校材料物理、材料化学、冶金工程、金属材料工程、材料成形与控制工程等专业的本科生、研究生的通用教材，也可作为相关专业的师生和技术人员的参考用书。

图书在版编目(CIP)数据

材料科学基础/张代东，吴润主编．—2 版．—北京：北京大学出版社，2023.1
高等院校材料专业“互联网+”创新规划教材
ISBN 978-7-301-32949-8

Ⅰ．①材… Ⅱ．①张… ②吴… Ⅲ．①材料科学—高等学校—教材 Ⅳ．①TB3

中国版本图书馆 CIP 数据核字（2022）第 046957 号

书　　名 材料科学基础（第 2 版）
CAILIAO KEXUE JICHU (DI-ER BAN)
著作责任者 张代东　吴　润　主编
策划编辑 童君鑫
责任编辑 张彦鲁　黄红珍
数字编辑 蒙俞材
标准书号 ISBN 978-7-301-32949-8
出版发行 北京大学出版社
地　　址 北京市海淀区成府路 205 号　100871
网　　址 http://www.pup.cn　新浪微博：@北京大学出版社
电子邮箱 编辑部 pup6@pup.cn　总编室 zpup@pup.cn
电　　话 邮购部 010-62752015　发行部 010-62750672　编辑部 010-62750667
印 刷 者 河北滦县鑫华书刊印刷厂
发 行 者 北京大学出版社
经 销 者 新华书店
787 毫米×1092 毫米　16 开本　20.75 印张　483 千字
2011 年 1 月第 1 版
2023 年 1 月第 2 版　2024 年 6 月第 2 次印刷
定　　价 62.00 元

前 言

科学技术的进步为人类创造了巨大的物质财富和精神财富。能源、信息和材料是现代科学技术进步的三大支柱产业，其中材料是科学技术发展的基础。材料科学是研究材料的组织结构、性质、生产流程和使用效能，以及它们之间相互关系的科学。材料科学的发展与人类社会的进步和发展密切相关，是人类文明进程的一种标志。可以说，没有先进材料的生产及应用，就没有先进的工业、农业、国防和科学技术的发展。当今社会，科学技术发展日新月异，传统材料性能与应用不断拓展，各种功能性材料不断涌现，使人类步入先进材料发展与应用的新时代。

本书在论述材料的成分、组织结构、制备工艺与材料性能和应用之间的相互关系的基础上，系统地介绍了金属材料科学的基础理论，探讨金属材料的共性和普遍规律，以及与无机非金属材料、高分子材料、复合材料和其他先进材料之间的关系。

“材料科学基础”是材料科学类、材料类和机械类相关专业的一门重要的专业技术基础课。本书着重阐述金属材料的基础知识，较系统地介绍金属材料的晶体结构、晶体缺陷、结晶过程、合金相结构、相图、塑性变形与再结晶、固态扩散、固态相变、强化机制等内容。本书以金属材料基本概念和基本理论为基础，由浅入深、循序渐进地揭示材料结构、成分与性能之间的内在关系及规律，为对材料的认识、改进和研究提供必要的理论基础、依据和思路。

本书主要内容包括：金属的晶体结构，主要分析典型金属晶体的结构，以及金属晶体缺陷等；金属的结晶，主要分析金属结晶的基本规律和晶粒大小的控制等；合金相结构与二元合金相图，主要分析固溶体、金属化合物的特性和二元合金相图的基本形态与特征等；铁碳合金相图，主要分析 $Fe-Fe_3C$ 二元合金的基本组织与特性等；三元合金相图，主要分析三元合金相图的表征方法和相平衡原理等；金属的塑性变形，主要以滑移为主线来分析塑性变形的基本过程及实质等；回复与再结晶，主要分析冷塑性变形金属加热时的转变过程与组织特征等；金属的固态扩散，主要分析固态扩散定律和影响扩散系数的因素等；金属与合金的固态相变，主要分析固态相变的类型、转变特点、组织特征等；金属材料的强化机制，主要以位错的弹性行为特征为基础来分析金属材料的位错强化机理。

本书由张代东、吴润主编，其中第 1 章由东北大学秦皇岛分校李明亚编写；第 0、2、9 章由太原科技大学张代东编写；第 3、4 章由武汉科技大学吴志方编写；第 5、8 章由辽宁工程技术大学任鑫编写；第 6、7 章由东北大学秦皇岛分校王晓强编写；第 10 章由武汉科技大学吴润编写。本书由张代东统稿。在本书的编写过程中，编者得到了太原科技大学材料科学与工程学院，尤其是材料教研室、实验室很多老师的关怀与协助，在此表示衷心感谢。

由于编者水平有限，书中不妥之处在所难免，恳请广大读者批评指正。

编 者

2022 年 4 月

目　录

第0章 绪论

材料科学是研究材料的组织结构、性质、生产流程和使用效能，以及它们之间相互关系的科学。通常把材料的组成与结构、合成与生产过程、性质及使用效能称为材料科学与工程的四个基本要素。材料科学是一门与工程技术密不可分的应用科学。

能源、信息和材料被认为是现代国民经济的三大支柱产业，其中材料是各行各业发展的基础。可以说，没有先进材料的生产及应用，就没有先进的工业、农业、国防和科学技术的发展。材料科学的发展与人类社会的进步和发展密切相关，是人类文明进步的一种标志。

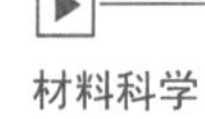

材料是一类物质，是人类用以制造生产和生活所需物品或产品的物质。材料的种类繁多，用途广泛。一般按材料的物理化学性能将其分为金属材料、无机非金属材料、高分子材料和复合材料(有人将它们称为“固体材料的四大家族”)。在所有应用材料中，金属材料，尤其是钢铁，在机械制造业中应用最为广泛。各种机械设备、交通运输工具、航空航天器械、水利水电设施、仪器仪表产品、国防武器设备等所用材料中，金属材料占主导地位。

金属材料是指由金属元素或以金属元素为主要成分而组成的，是具有金属特性的材料的统称。金属材料的金属特性主要包括导电性、导热性、延展性、金属光泽和正的电阻温度系数等。金属材料是材料的一个大类，是人类社会发展的极为重要的物质基础之一，是现代工业、农业、国防和科学技术等部门应用最广泛的材料。

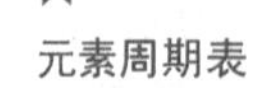

金属材料来源丰富，品种极多。从元素周期表看，在自然界已知所存在94种化学元素(人造元素除外)中，金属元素占了72种，像铝、铁、钙、钠、钾、镁、铜等金属元素在地壳中含量较大，通过冶炼等手段可获得它们的单质固体材料(称为纯金属，如纯铜、纯铁、纯铝等)或以它们为主体的不同成分的固体材料(称为合金，如青铜、合金钢、硬铝等)。金属材料之所以能够对人类文明发挥重要的作用：一方面是由于其本身具有比其他材料优良的使用性能和加工工艺性能，可通过各种加工手段制成各种形状、尺寸、粗糙度和不同性能要求的零件和工具，以满足社会生产和生活的各种需要；另一方面是其在性能方面及数量和质量方面的巨大潜在能力，并且可供随时挖掘，因而能够随着日

益增长的名目繁多的要求，而不断地更新和发展。

金属材料的使用性能包括力学性能和物理化学性能。金属材料的力学性能主要包括强度、硬度、塑性和韧性等。强度反映金属材料在外力作用下抵抗变形和断裂的能力，如屈服强度、抗拉强度、疲劳强度等。硬度是金属材料表面局部区域抵抗变形的能力，特别是压痕或划痕形成的永久变形的能力，如根据试验方法和适用范围的不同，可分为布氏硬度、洛氏硬度、维氏硬度等。塑性是金属材料在外力作用下产生永久变形(去掉外力后不能恢复原状的变形)，但不会被破坏的能力，一般用伸长率和断面收缩率等指标来表示。韧性反映金属材料抵抗冲击载荷的能力，通常用冲击吸收能量、断裂韧度等指标来表示。金属材料的物理化学性能主要包括密度、导电性、导热性、膨胀系数、抗氧化性、耐腐蚀性等。

金属材料的加工工艺性能主要有切削加工工艺性能、铸造加工工艺性能、锻造加工工艺性能、焊接加工工艺性能和热处理加工工艺性能等。切削加工工艺性能是指在车、铣、刨、磨、钻等切削加工时刀具不易磨损，所需切削力较小且被切削工件的表面质量高的性能。可切削性的好坏常用加工后工件的表面粗糙度、允许的切削速度及刀具的磨损程度来衡量，其与金属材料的化学成分、力学性能、导热性及加工硬化程度等诸多因素有关。铸造加工工艺性能是指金属材料能用铸造的方法获得合格铸件的性能。可铸造性主要包括流动性、收缩性和偏析等，其与金属材料的熔点、成分、吸气性、氧化性、冷缩率等因素有关。锻造加工工艺性能是指金属材料在压力加工时，能够改变形状或成形且不产生裂纹的性能。可锻性包括在热态或冷态下能够进行锤锻、轧制、拉伸、挤压等的加工，其主要取决于金属材料的化学成分。一般来说材料的塑性越好，变形抗力越小，金属的可锻性越好。焊接加工工艺性能是指金属材料对焊接加工的适应性能，主要是指在一定的焊接工艺条件下，获得优质焊接接头的难易程度。可焊接性反映金属材料在局部快速加热，使结合部位迅速熔化或半熔化(需加压)，从而使结合部位牢固地结合在一起而成为整体的能力，其与金属材料的熔点、吸气性、氧化性、导热性、热胀冷缩特性等因素有关。热处理加工工艺性能是指金属材料以不同加热、保温、冷却方式来改善或提高其力学性能和其他可加工工艺性的性能。可热处理性主要考虑金属材料在固态下的组织结构变化，与金属材料的化学成分紧密相关。正确运用热处理方法，能充分发挥金属材料的性能潜力，减轻工件质量、便于加工成形、降低生产成本、提高产品质量、延长使用寿命，该方法在机械制造业中意义重大。

我国古代劳动人民在有关金属材料的生产、加工和热处理技术应用方面积累了丰富的经验，为人类的文明发展做出了巨大的贡献。从全国各地已出土的大量古代金属遗物和文献记载中可以看到中国古代有很多精湛的冶炼、铸造、锻造、热处理等重要的技术成果。7000多年前，我们的祖先就发现并开始使用铜，4000多年前的夏朝(龙山时代)已有青铜冶铸技术。中国的青铜器时代从夏、商、西周、春秋、战国延续1500余年，主要用铜和铜合金生产礼器、兵器、工具和生活用品等。到商晚期和西周早期，青铜冶铸业达到高峰，是青铜器发展的鼎盛时期，该时期的器型多种多样，浑厚凝重，花纹繁缛富丽，安阳殷墟出土的重达875kg的后母戊鼎是世界上罕见的大型青铜器。春秋的《考工记》记载了当时青铜器的制造技术，称为“六齐”规律——“金有六齐：六分其金而锡居一，谓之钟鼎之齐；五分其金而锡居一，谓之斧斤之齐；四分其金而锡居一，谓之戈戟之齐；三分其金而锡居一，谓之大刃之齐；五分其金而锡居二，谓之削杀矢之齐；金锡半，谓之鉴燧之齐。”是世界上已知关于合金成分、性能和用途之间的关系、规律的最早记载。青铜器的使用与发展，是社会生产力发展到一个新阶段的标志，是社会进入文明时代的一个重要分水岭。3000多年前，人类就开始认识和使用铁器，到春秋时期，中国已经在农业、手工业生产上广泛使用铁制品，中国最早的关于使用铁制工具的文字记载，是《左传》中的晋国铸铁鼎。铁器的广泛使用，使人类的工具制造进入了一个全新的领域，生产力得到极大提高。恩格斯说：“铁使更大面积的农田耕作，开垦广阔的森林地区成为可能；它给手工业工人提供了一种极其坚固和锐利的非石头或当时所知道的其他金属所能抵挡的工具。”我国具有悠久的钢铁生产及热处理技术应用历史，春秋时期已能熔炼铸铁，到战国时期，铸铁的生产和应用已有较大发展，白口铁、可锻铸铁、麻口铁相继出现，随后发展到从铸铁到炼钢，并相继开始采用各种热处理方法（退火、淬火、正火和渗碳等）来改善钢和铸铁的性能。西汉时，钢和铸铁的冶炼技术大大提高，产量、质量和应用得到空前的发展。如武安出土的战国时期的铁锹，就是现在的可锻铸铁；辽阳出土的西汉钢剑，其内部组织为淬火马氏体；满城出土的西汉佩剑为现在的表面渗碳组织等。汉代所发明的“百炼钢”“炒钢”是在生铁冶铸技术的基础上发展起来的炼钢新技术，经过反复加热、折叠、锻打使钢的组织更加细密，成分更加均匀，所以钢的质量有很大提高。后经1500多年的发展，直到明朝，特别是中间又经过盛唐时代的大发展后，钢铁生产一直在世界遥遥领先。二十四史中就有许多关于钢铁材料生产、加工、热处理等的科学技术记载，如《史记》(汉·司马迁著)中有“水与火合为焠(淬)”，《北史》(唐·李延寿著)中有綦毋怀文(南北朝人)“造宿铁刀，其法烧生铁精，以重柔铤，数宿则成刚。以柔铁为刀脊，浴以五牲之溺，淬以五牲之脂，斩甲过三十札”。《太平御览》(宋·李昉等编辑)引《蒲元传》中说蒲元(三国时代的制刀名匠)“君性多奇思，於斜谷，为诸葛亮铸刀三千口。刀成，自言汉水钝弱，不任淬用，蜀江爽烈，是谓大金之元精，天分其野，乃命人于成都取江水”。《天工开物》(明·宋应星著)在五金篇中写道：“其铁流入塘内，数人执柳木棍排立墙上，先以污潮泥晒干，舂筛细罗如面，一人疾手撒滟，众人柳棍疾搅，即时炒成熟铁”是典型的“炒铁”生产工艺。在锤锻篇中有“凡针，先锤铁为细条。用铁尺一根，锥成线眼，抽过条铁成线，逐寸剪断成针。先鎈其末成颖，用小槌敲扁其本，刚锥穿鼻，复鎈其外。然后入釜，慢火炒熬。炒后以土末松木、火矢、豆豉三物罨盖，下用火蒸。留针二三口插于其外，以试火候。其外针入手捻成粉碎，则其下针火候皆足，然后开封，入水健之”是典型的固体渗碳工艺。《天工开物》是中国古代一部综合性的科学技术著作，也是世界上第一部关于农业和手工业生产的综合性著作，被欧洲学者称为“17世纪的工艺百科全书”。

18—19世纪的欧洲工业革命将欧洲带入冶铁和机械制造的快速发展时期，现代平炉和转炉炼钢技术的出现，纺织机、蒸汽机、轮船、火车、汽锤、车床的广泛应用，使人类迈入钢铁应用新时代，大大推进了人类现代文明的进程。20世纪是科学技术发展突飞猛进的世纪，人类在本世纪所取得的科技成就和创造的物质财富超过了以往任何一个时代。随着物理和化学等的发展，相对论和量子力学的诞生，以及电子显微镜等各种检测技术的相继出现，产生了一批新兴的高科技技术产业，如核能技术、航天技术、信息技术、激光技术和生物技术等。这些新技术的诞生与发展无一不需要新材料，都要求材料能与之同步或领先发展，包括金属材料、核燃料、轻质材料、记忆材料、磁能材料、超导材料、热强材料、纳米材料等，其中金属材料的开发应用仍占有主导地位。如不锈钢的规模化生产、球墨铸铁的推广应用，以及热处理技术、设备等的进步使钢铁材料的工业应用及机械制造基础工业发展进入鼎盛期。铝和铝合金的工业应用，促进了航空业的发展，并扩展到建筑、包装、交通运输、电力、机械制造和石油化工等国民经济各个领域，普遍应用到人们的日常生活当中。现在，铝材的用量多，范围广，仅次于钢铁，成为第二大金属材料。钛和钛合金的工业化生产，促进了航天技术的发展，并用于制作电解工业的电极、发电站的冷凝器、海水淡化的加热器、生物牙齿骨骼，以及生产贮氢材料和形状记忆合金等。镁和镁合金是目前工业应用中最轻的结构材料，主要用在汽车、飞机等零部件和计算机外壳等3C产品上，以实现环保和轻量化，被誉为“21世纪绿色金属材料”。当今时代，科学技术发展日新月异，材料科学技术向功能性、复合性、智能化及环境相协调化的方向发展，更多地通过计算机智能辅助，从微观到宏观实现分子成分设计、空间结构设计和工艺设计，传统材料的性能不断得以优化提升，人工智能材料、生物生命材料等各种功能性材料层出不穷，人类已步入先进材料的新时代。

我国在所有重大科学技术领域都开展了科学研究与开发工作，在很多重要的科学技术领域已达到和接近世界先进水平。以钢铁材料为主导的材料科学和材料科学技术产业，成就辉煌，并渗透到各行各业。许多领域都与材料的制备、性质、应用等密切相关，使得材料成为机械、电子、化工、建筑、能源、生物、冶金、交通运输、信息科技等行业的基础，并与这些相关学科交叉发展。对于中国，实现现代化的前提是工业化，实现工业化的主力军是制造业，而制造业的基础是金属材料。在从工业化向现代化发展的进程中，我国必须紧密跟随世界潮流，努力发展以金属材料为主体的制造产业和服务产业，用现代科学技术努力提升现有材料的产能，不断挖掘其性能潜力，并紧跟世界材料科学发展前沿，不断研究开发先进材料。

当今世界，是科学技术高速发展的世界。与发达国家相比，我国的科学技术发展底子薄、起步晚，要赶超世界先进水平还有待时日，需广大科技工作者和全国各族人民的共同努力。我国仍是发展中国家，工业化和现代化程度仍处于较低水平。因此，我们要努力学习，积极工作，用先进科学技术成果武装自己，加速中国科技的发展，以早日实现现代化的宏伟目标。

“材料科学”是一个多学科交叉的学科领域，是一门与工业生产和工程技术密不可分的应用科学，主要研究金属材料的成分、组织结构、制备工艺与材料性能和应用之间的相互关系。它以数学、物理、化学、材料力学、机械制造原理等为基础，从金属材料的晶体结构、结晶规律、塑性变形规律、合金相图、热处理技术、材料应用等方面全面阐述金属材料的成分、组织结构与性能之间的基本规律，以及提高材料性能、充分发挥材料性能潜力的途径。“材料科学基础”这门课程是材料科学类、材料类和机械类相关专业的一门重要的专业技术基础课程。通过本课程的学习，可为材料的正确生产、选用、设计、加工、处理和研究开发打下坚实的专业基础。

第1章 金属的晶体结构

★ 掌握金属晶体的基本特征

★ 了解布拉菲点阵，掌握典型金属晶体结构特点和表征方法

★ 掌握实际金属点缺陷、线缺陷、面缺陷形成特点

知识要点	掌握程度	相关知识
金属键与金属特性	熟悉原子间结合键类型及特点； 掌握金属键结合特点和金属特性	元素的原子结构，结合方式，不同键合的结合特性，金属键与金属特性
金属晶体学基础	熟悉布拉菲点阵类型； 掌握典型金属晶体的结构类型	空间点阵、晶胞、晶格常数，14种布拉菲点阵，晶面指数、晶向指数，典型金属晶体结构、晶体结构中的间隙
金属晶体结构	了解实际金属晶体结构与理想晶体结构的区别； 掌握三种晶体缺陷类型和特征	单晶体、多晶体，点缺陷的类型、平衡浓度，位错的类型、密度、柏氏矢量，晶界、亚晶界、孪晶界、相界、表面、表面能

实践和研究表明：决定金属材料性能最根本的因素是组成材料的各元素的原子结构、原子之间的结合方式、原子在空间上的排列分布和运动规律，以及原子集合体的形貌特征等。如具有面心立方晶体结构的金、银、铜、铝等金属具有优良的延展性，而具有密排六方晶体结构的镁、锌、镉等金属则具有较大的脆性。因而，要正确地选择符合性能要求的金属材料或研制性能更加优异的材料，需要掌握乃至控制其结构。

1.1 金属键与金属特性

1.1.1 金属键

1. 金属原子的特点

近代科学实验证明：原子由带正电的原子核和带负电的核外电子组成。原子核又包括质子和中子，质子带有正电荷，中子呈电中性。每个质子所带的正电荷正好与一个电子所带的负电荷相等，等于$-e$($e=1.6022\times10^{-19}$C)。每个原子中的质子数与核外电子数相等，因而，原子整体呈电中性。通过正负电荷的相互吸引，电子被牢牢地束缚在原子核周围。原子的尺寸很小，直径约为10^{-8}cm数量级，其原子核的尺寸更小，仅为10^{-13}cm数量级。然而，原子的质量却主要集中于原子核内。质子和中子的质量大致相等，约为1.67×10^{-24}g，电子的质量约为9.11×10^{-28}g，仅为质子质量的1/1833。

电子在原子核外做高速旋转运动，就好像带负电荷的云雾笼罩在原子核的周围，这一现象称为电子云。电子运动没有固定的轨道，只能用统计的方法判断其在某一区域内出现的概率。电子在原子核外按其能量的不同由低至高分层排列着。最内层电子的能量最低，最为稳定。最外层电子的能量最高，与原子核结合弱，这样的电子通常称为价电子。

金属原子外层的价电子数很少，一般为1～2个，最多不超过4个。由于这些外层电子与原子核的结合力弱，因此很容易脱离原子核的束缚成为自由电子，使原子变为正离子。而非金属元素的原子结构恰好与此相反，其外层的价电子数较多，最多达7个，最少有4个，所以易于获得电子，使外层电子结构成为稳定的结构，此时的原子即变为负离子。铁、钴、镍等过渡金属元素的原子结构比较特殊，在其次外层尚未填满电子的情况下，最外层就先填充了电子。因而，过渡金属的原子，不但容易失去最外层电子，而且容易失去次外层的1～2个电子。当过渡金属的原子彼此相互结合时，不但最外层电子参与结合，而且次外层电子也参与结合。因此，过渡金属的原子间结合力特别强，宏观表现为熔点高、强度高。由此可见，原子外层参与结合的电子数目，不但决定着原子间结合键的本质，而且对其化学性能和强度等特性也具有重要影响。

2. 金属键

两个或多个原子能够相互结合成分子或晶体，说明原子间存在某种强烈的相互作用，而且这种相互作用可以使体系的能量状态降低。从本质上讲，原子结合成分子或固体的结合力都起源于原子核和电子间的静电交互作用。原子结合成分子或固体的方式和结合力的大小称为结合键。根据电子围绕原子的分布方式，结合键可分为金属键、离子键、共价键、分子键和氢键。

在元素周期表所列的100多种化学元素中，金属元素约占4/5，形成金属物体时其原子大多以金属键相结合。典型金属原子结构的特点是外层电子较少，并且各个原子的价电子极易挣脱原子核的束缚而成为自由电子，金属原子则成为正离子。金属正离子排列在金属晶体的阵点上，自由电子为相互结合的集体原子所共有，并在整个晶体内自由转移和流动，形成负电子云。金属正离子和公有化的自由电子之间产生强烈的静电相互作用(库仑引力)，使金属原子结合成一个整体，这种结合方式称为金属键，如图1.1所示。负电子云的分布可看作球形对称，因而金属键没有饱和性和方向性。这样，金属物体中的每个原子有可能与更多的原子相结合，形成具有高对称性的紧密排列的晶体结构。

3. 其他键合方式

(1) 离子键

金属元素与非金属元素是通过离子键结合的。当这两类元素结合时，金属原子将其最外层的价电子给予非金属原子，金属原子失去价电子后成为带正电的正离子，非金属原子得到电子后成为带负电的负离子。这种正负离子通过静电引力使原子结合在一起的方式称为离子键。离子键结合的基本单元是离子而不是原子。离子键的键合方式要求正负离子相间排列(图1.2)，故离子键没有方向性和饱和性。典型的离子晶体有NaCl、$MgCl_2$等。

金属键模型

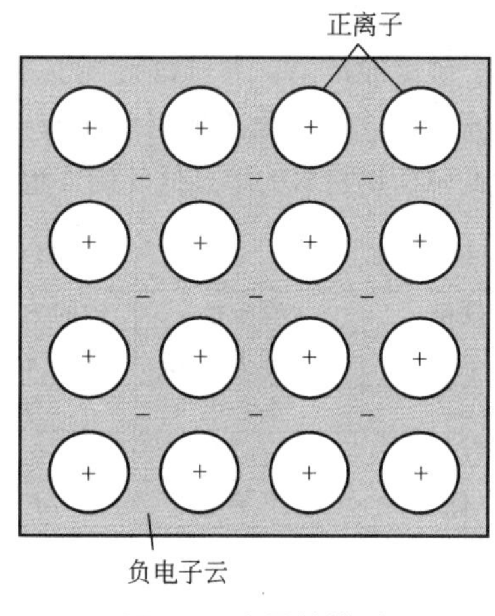

图1.1 金属键模型

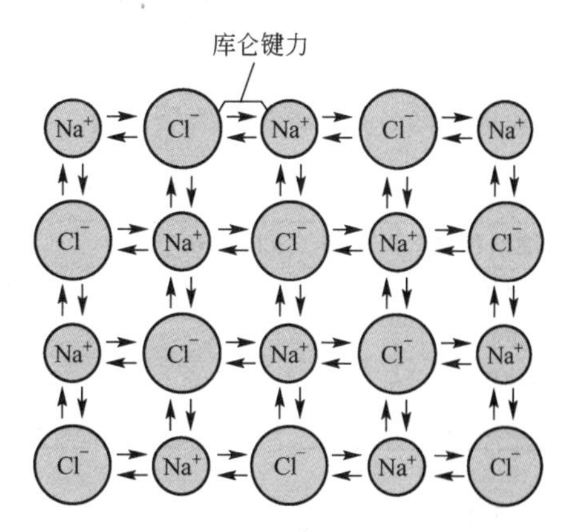

图1.2 NaCl离子键的示意

(2) 共价键

两个或多个电负性相差不大的原子之间通过共用电子对结合在一起而形成分子或晶体的结合方式称共价键。原子结构理论表明，s亚层的电子云呈球形对称，而p、d等亚层的电子云均具有一定的方向性。在形成共价键时，一方面，为使不同原子电子云的重叠达到最大限度，因而共价键具有方向性；另一方面，当一个电子与另一个电子形成电子对后，就不能和第三个电子配对，因而共价键具有饱和性。

（3）分子键

由于电子云的密度随时间而变，在每一瞬间，负电荷中心与正电荷中心并不重合，这样就形成瞬时电偶极矩，产生瞬时电场。这种靠瞬时电偶极矩的感应作用，使原来具有稳定性的原子结构的原子或分子结合在一起的结合方式称为分子键或范德瓦耳斯键。分子键的结合力称为范德瓦耳斯力，是电中性的原子之间的长程作用力，没有方向性和饱和性。分子键普遍存在于各种分子之间，对物质的性质如熔点、沸点、溶解度等有很大的影响。

（4）氢键

氢键是一种极性分子键，存在于 HF、H_2O、NH_3 等物质中。由于氢原子核外仅有一个电子，在这些分子中氢原子唯一的电子形成电子对被其他原子所共有，从而结合的氢原子端就裸露出带正电的原子核，裸露的带正电的原子核与邻近分子的负电荷端相互吸引，这种结合方式称为氢键。氢键具有方向性和饱和性。

4. 不同键合的结合特性

在实际材料中，只靠一种键合机制结合的材料并不多见，大多数材料由多种键合机制结合。例如，钢中经常存在的渗碳体相 Fe_3C，铁原子之间为纯粹的金属键结合，铁原子和碳原子之间则主要是离子键结合。在石墨晶体中既存在共价键，又存在金属键和范德瓦尔斯键。每个 C 原子的三个价电子与周围的三个原子结合，属于共价键，三个价电子差不多分布在同一平面上，使晶体呈层状，第四个价电子则较自由地在整个层内运动，具有金属键性质，而层与层之间则靠范德瓦尔斯键结合。

在有多种键合机制的材料中，键合存在主次之分。如金属材料以金属键为主，氧化物陶瓷材料以离子键为主，高分子材料以共价键为主。不同键合结合的强弱用键能来表示。表 1－1列出了不同结合键的键能及材料特性。可见，离子键键能最高，共价键键能其次，金属键键能再次，范德瓦尔斯键键能最弱。因此，以不同键合方式为主结合的材料具有不同的特性，如离子键、共价键材料的熔点高、硬度高，而范德瓦尔斯键材料的熔点低、硬度也低。

表 1－1　不同结合键的键能及材料特性

结合键的种类	键能/($kJ \cdot mol^{-1}$)	熔点	硬度	导电性	键的方向性
离子键	586～1047	高	高	固态不导电	无
共价键	63～712	高	高	不导电	有
金属键	113～350	有高有低	有高有低	良好	无
范德瓦尔斯键	<42	低	低	不导电	有

1.1.2 金属特性

1. 延展性

在金属中，自由电子并不固定在特定的位置上，金属键无方向性和饱和性，故金属原子排列方式简单，重复周期短(这是由于正离子堆积得很紧密)。金属受力时，在两层正离子之间比较容易产生滑动，在滑动过程中自由电子的流动性能克服势能障碍，正离子与自由电子间仍保持金属键的结合。当金属受弯曲要改变原子间的彼此关系时，也只需改变键的方向，并不会使键破坏，且仍能保持金属键的作用，如图 1.3 所示。因此，金属能经受变形而不断裂，具有良好的延展性。

2. 导电性

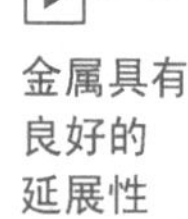
金属具有良好的延展性

经典自由电子理论认为，在金属晶体中，金属阳离子构成了晶格点阵，并形成了一个均匀电场，价电子是完全自由的，可以在整个金属中自由运动，它们的运动遵循经典力学气体分子的运动规律。在没有外加电场作用时，金属中的自由电子沿各个方向运动的概率相同，故不产生电流。在对金属施加外电场时，自由电子会向电场的反方向运动，即形成了定向移动，产生了电流(图 1.4)，从而使金属显示出良好的导电性。

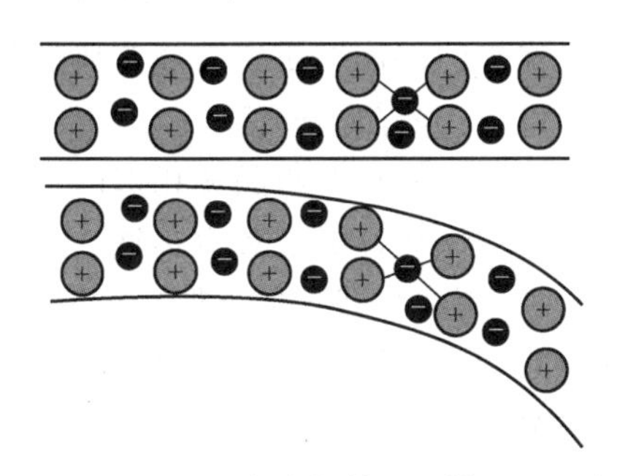
图 1.3　金属具有良好的延展性原理示意

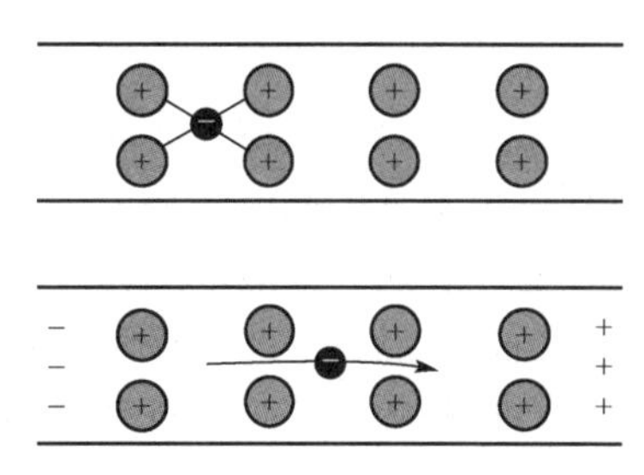
图 1.4　金属导电原理示意

3. 正的电阻温度系数

金属导电原理

在金属中，金属正离子沿平衡位置做热振动。当金属导电时，自由电子做定向运动的过程中，与金属正离子会不断发生碰撞，阻碍自由电子继续加速，从而形成电阻。随着温度的升高，金属正离子的振动幅度增大，自由电子运动受到其散射作用发生碰撞阻碍的概率增加，使电阻率升高。因而，金属材料具有正的电阻温度系数。

4. 导热性

金属中的原子牢固地处在某些特定的位置上，原子之间具有一定距离，原子只能在其平衡位置附近做微小的振动，不能像气体原子或分子那样杂乱无章地自由运动，也不能像气体那样依靠质点间的碰撞来传递热能。金属的导热性主要是通过晶格振动的格波和自由电子的运动来实现的。在金属中存在大量的自由电子，受热部分的自由电子运动加快，通过碰撞可以很快地将热传到金属各处，使金属显示出良好的导热性。

5. 金属光泽

以金属键结合而成的金属晶体原子以最紧密堆积状态排列，金属中的自由电子几乎可以吸收所有波长的可见光能量，而被激发到较高能级，当它跳回到原来的能级时，就把吸收的可见光能量重新辐射出来。自由电子的这种随即吸光、放光的性能，使得光线无法穿透金属，因而金属具有不透明性，从而具有金属光泽。

1.2　金属晶体学基础

物质的存在状态通常有固态、液态和气态三种。固体物质根据其内部构造特点又分为晶体、非晶体和准晶体三类。

晶体的一个基本特征就是其中的原子(或分子、离子或原子团)在三维空间呈周期性重复排列，即无论沿晶体的哪个方向去看，总是在相隔一定的距离就出现相同的原子(或分子、离子或原子团)，即结构以长程有序规则排列。自然界的固体物质中，绝大多数是晶体。金属固体通常是晶体，石英、云母、明矾、食盐、硫酸铜、糖、味精等也是常见的晶体。

非晶体物质的组成原子（或分子、离子或原子团）在三维空间呈现不规则周期性排列，即结构以无序或者近程有序而长程无序排列。自然界的固体物质中玻璃是典型的非晶体，所以非晶体也称玻璃体。松香、石蜡、塑料等通常属于非晶体。

准晶体是一种介于晶体和非晶体之间的固体物质。准晶体具有与晶体相似的长程有序的原子排列，但不具备晶体平移的对称性，却具有晶体所不允许的宏观对称性。大多准晶体主要在实验室合成，天然准晶体（如 Al63Cu24Fe13）能在自然环境下保持稳定。

在特定条件下晶体、非晶体和准晶体可以实现相互转化。通常条件下金属凝固获得的晶体，所具有以长程有序规则排列的结构，称为金属晶体结构。

1.2.1　空间点阵

1. 空间点阵和晶胞

实际晶体中的质点(原子、分子、离子或原子团)在三维空间可以有无限多种排列形式。为了便于分析晶体中质点排列的规律性，将晶体中的质点抽象为在空间规则排列的几何点，称为阵点或结点。每个阵点周围的环境完全相同，所有阵点在三维空间呈周期性规则排列，称为空间点阵，简称点阵。

设想用三组互不平行的直线将阵点连接起来，就形成空间网络，称为空间格子或阵列，如图 1.5 所示。阵列反映了三维空间质点的排列规律。

空间点阵

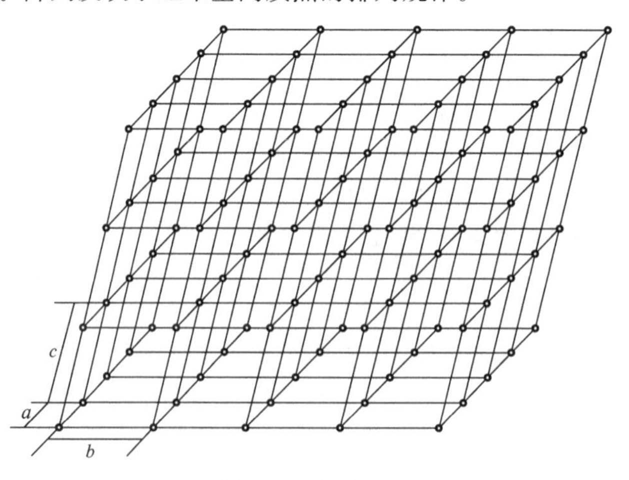

图 1.5　空间格子

空间点阵是一个三维空间的无限图形。为说明点阵排列的规律和特点，可在空间点阵中取一个具有代表性的基本小单元(最小平行六面体)作为点阵的组成单元，称为晶胞。整个点阵可以看作由晶胞在三维空间重复堆砌而成。当研究某一类型的点阵时，只需选取其中一个单胞即可。同一空间点阵可因选取方式的不同而得到不同的晶胞，图 1.6 所示为在一个二维点阵中选取多种不同的晶胞。为了更好地反映点阵的对称性，选取晶胞的原则如下。

在点阵中选取晶胞

① 选取的平行六面体要能充分反映整个空间点阵的周期性和对称性。

② 平行六面体内相等的棱和角的数目应最多。

③ 在满足①、②的基础上，单胞要具有尽可能多的直角。

④ 在满足①、②、③的基础上，所选取单胞的体积要最小。

为了描述晶胞的形状和大小，选定合适的坐标系，以晶胞中某一顶点为坐标原点，相交于原点的三个棱边为 x、y、z 三个坐标轴，如图 1.7 所示，形成了描述晶体的晶轴坐标。晶胞的三条棱边的边长 a、b、c 及棱边之间的夹角 α、β、γ 称为点阵常数或晶格常数。这六个点阵常数描述了单胞的形状和大小，并且完全确定了此空间点阵。

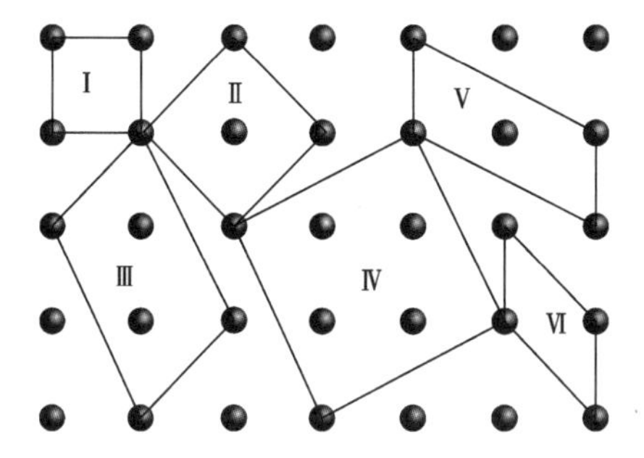

图 1.6 在一个二维点阵中选取多种不同的晶胞

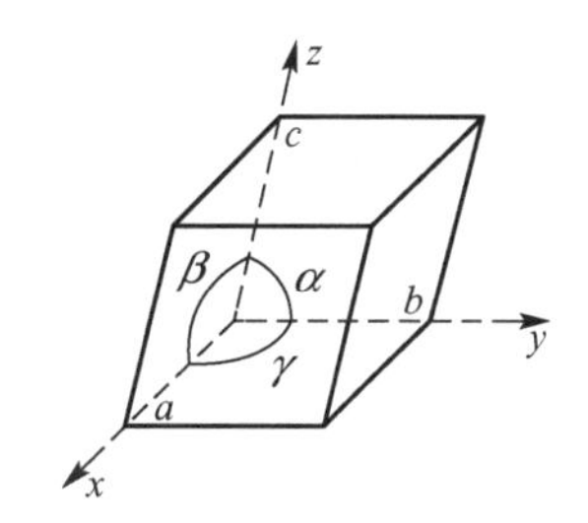

图 1.7 晶胞、晶轴和点阵常数

2. 布拉菲点阵

按照晶胞的大小和形状的特点，即按照六个点阵常数之间的关系和特点，可将全部空间点阵归属于表 1-2 所示的七种晶系。

表 1-2 七种晶系

晶系名称	点阵常数间的关系和特点	实例
三斜晶系	$a\neq b\neq c$，$\alpha\neq\beta\neq\gamma\neq 90°$	Al_2SiO_5，$K_2Cr_2O_7$
单斜晶系	$a\neq b\neq c$，$\alpha=\gamma=90°\neq\beta$	β-S，$CaSO_4\cdot H_2O$
正交晶系	$a\neq b\neq c$，$\alpha=\beta=\gamma=90°$	α-S，Fe_3C
六方晶系	$a_1=a_2=a_3\neq c$，$\alpha=\beta=90°$，$\gamma=120°$	Zn，Cd，Mg
菱方晶系	$a=b=c$，$\alpha=\beta=\gamma\neq 90°$	As，Sb，Bi
四方晶系	$a=b\neq c$，$\alpha=\beta=\gamma=90°$	β-Sn，TiO_2
立方晶系	$a=b=c$，$\alpha=\beta=\gamma=90°$	Fe，Cr，Au，Ag，Cu

按照“每个阵点的周围环境相同”的要求，1848 年法国晶体学家布拉菲(A. Bravais)用数学方法证实，能够反映七种晶系中空间点阵全部特征的单位平行六面体共有 14 种类型。这 14 种空间点阵也被称为布拉菲点阵类型及晶胞图（表 1－3）。

表 1－3　布拉菲点阵类型及晶胞图

晶系	布拉菲点阵类型及晶胞图			
	简单	底心	体心	面心
三斜晶系	简单三斜	—	—	—
单斜晶系	简单单斜	底心单斜	—	—
正交晶系	简单正交	底心正交	体心正交	面心正交

续表

晶系	布拉菲点阵类型及晶胞图			
	简单	底心	体心	面心
六方晶系	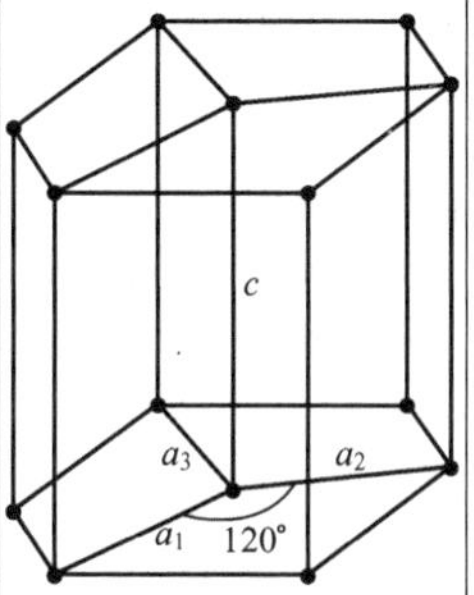 简单六方	—	—	—
菱方晶系	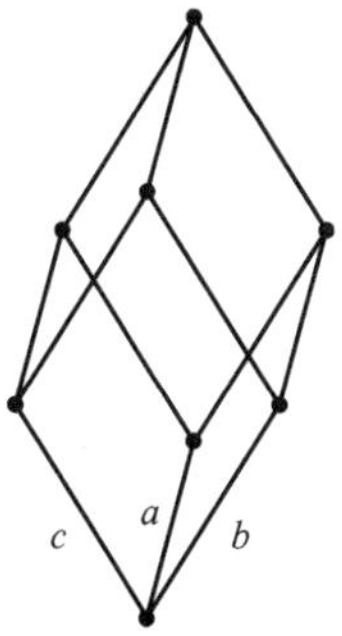 简单菱方	—	—	—
四方晶系	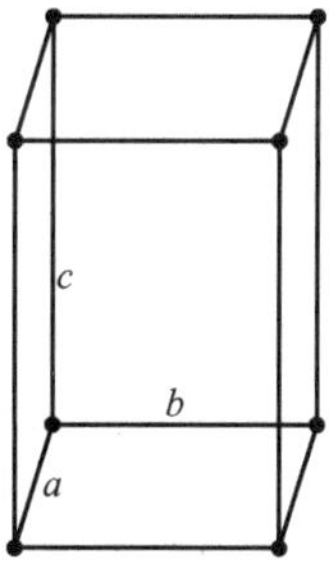 简单四方	—	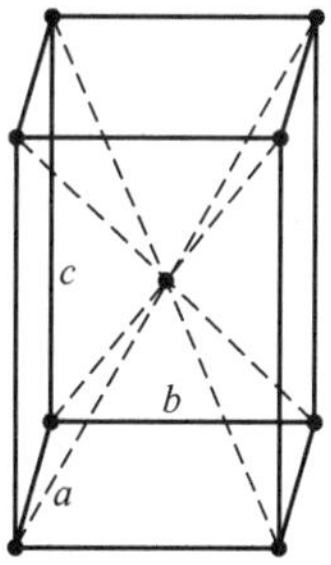 体心四方	—
立方晶系	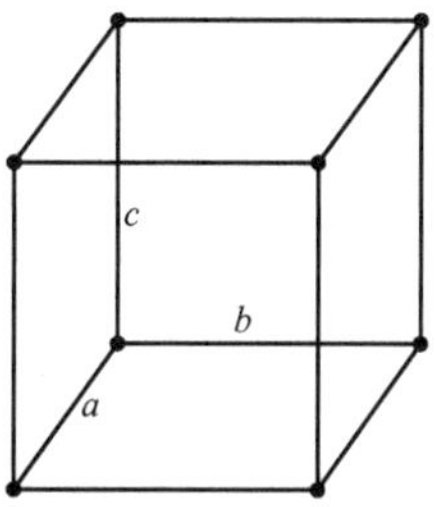 简单立方	—	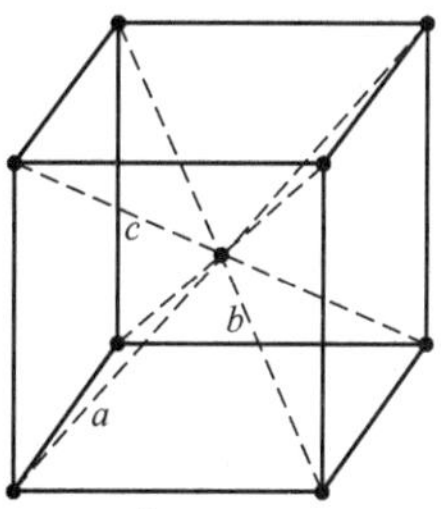 体心立方	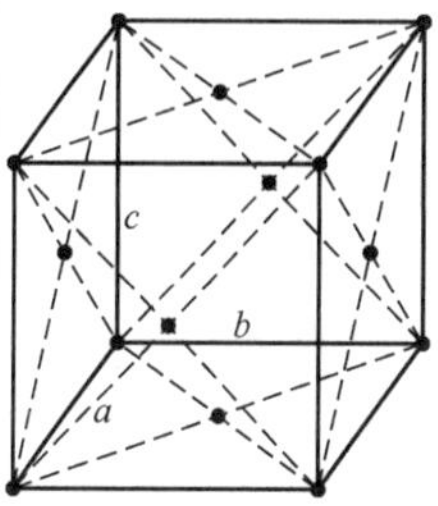 面心立方

简单六方

简单菱方

简单四方

体心四方

简单立方

体心立方

面心立方

14 种布拉菲点阵的晶胞可以分为两大类：一类为简单晶胞，只在八个顶点上有结点；另一类为复合晶胞，除在八个顶点上有结点外，在底心、体心或面心的位置上也有结点。14 种布拉菲点阵中包括七种简单晶胞和七种复合晶胞。

1.2.2 晶向指数与晶面指数

在晶体中存在一系列的原子列或原子面，由原子所组成的平面称为晶面，任意两个原子之间连线构成的原子列及所指方向称为晶向。不同的晶面和晶向具有不同的原子排列和取向。为了便于确定和区别晶体中不同方位的晶向和晶面，国际上通常采用密勒(Miller)指数来统一标定晶向指数和晶面指数。

1. 晶向指数

晶向指数的确定如图 1.8 所示，步骤如下。

① 以晶胞的某一阵点 O 为原点，过原点的三个晶轴为坐标轴，并以点阵矢量的长度作为三个坐标轴的单位长度。

② 过原点 O 作一条直线 OP，使其平行于待标定的晶向 AB。

③ 在直线 OP 上选取距原点 O 最近的一个阵点 P，确定 P 点的坐标值。

④ 将这三个坐标值化为最小的简单整数 u、v、w，加上方括号，$[uvw]$ 即为 AB 晶向的晶向指数。若坐标值中某一数值为负，则将负号标注在该数的上方。

图 1.9 所示为正交点阵中几个重要晶向的晶向指数。

晶向指数

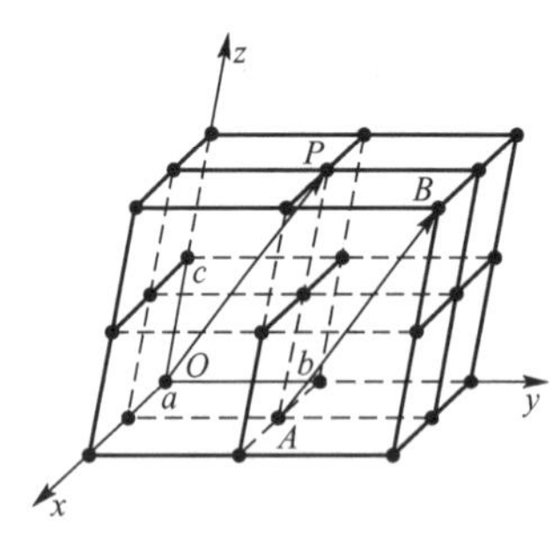

图 1.8 晶向指数的确定

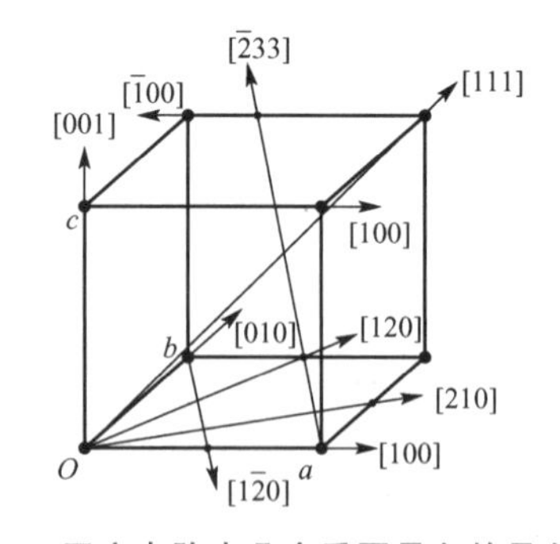

图 1.9 正交点阵中几个重要晶向的晶向指数

显然，晶向指数表示的是一组相互平行、方向一致的晶向。若晶体中两条直线相互平行但方向相反，则它们的晶向指数的数字相同，符号相反。如 $[\bar{1}\bar{2}1]$ 和 $[1\bar{2}1]$ 就是两个相互平行但方向相反的晶向。另外，晶体中因对称关系而等价的各组晶向可归并为一个晶向族，用 $\langle uvw \rangle$ 表示。例如，立方晶系中 $[100]$、$[010]$、$[001]$ 和 $[\bar{1}00]$、$[0\bar{1}0]$、$[00\bar{1}]$ 六个晶向，就可以用符号 $\langle 100 \rangle$ 表示。

2. 晶面指数

晶面指数标定步骤如下。

① 在空间点阵中设定参考晶轴坐标系，设置方法与确定晶向指数时相同，但坐标原点必须在待定晶面外。

② 求出待定晶面在三个坐标上的截距，若该晶面与某轴平行，则截距为∞，如1、1、∞，1、1、1/2等。

③ 取各截距的倒数，如110，112等。

④ 将上述三个倒数化为最小的简单整数，加上圆括号，即表示该晶面的晶面指数，记为(hkl)，如(110)、(112)等。同样，若某一数值为负，则将负号标注在该数的上方。

在图1.10中所标出的晶面 $a_1b_1c_1$，相应的截距为1/2、1/3、2/3，其倒数为2、3、3/2，化为简单整数为4、6、3，故晶面 $a_1b_1c_1$ 的晶面指数为(463)。图1.11所示为晶体中一些晶面的晶面指数。

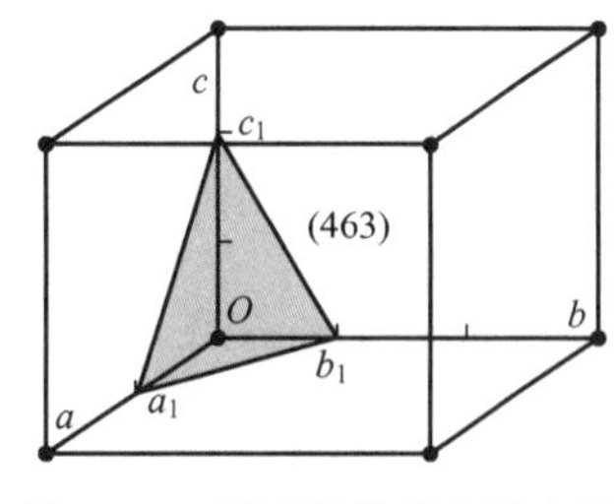

图1.10 晶面指数的表示方法

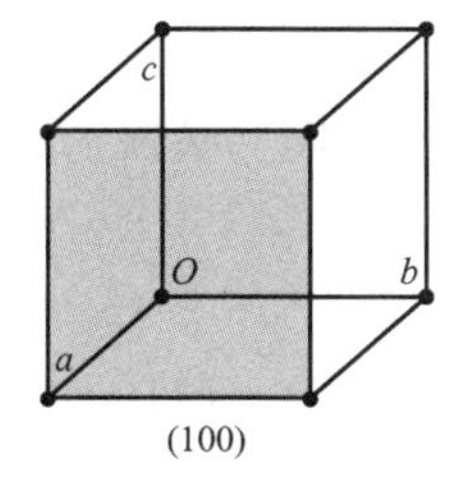

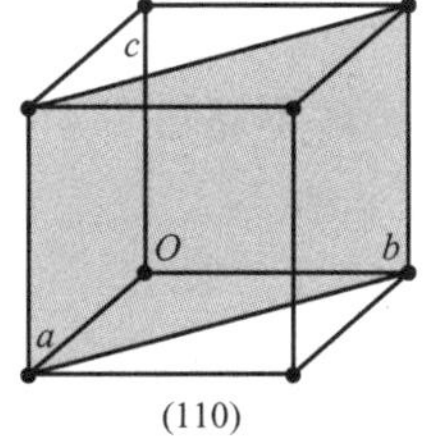

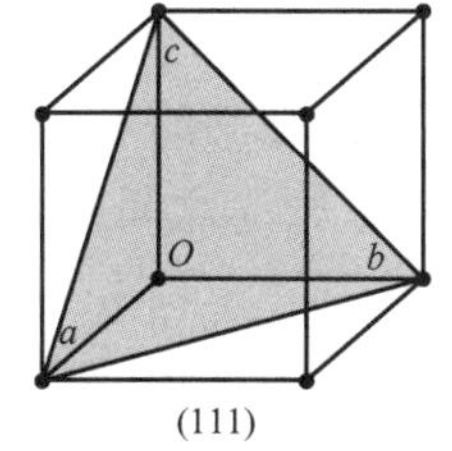

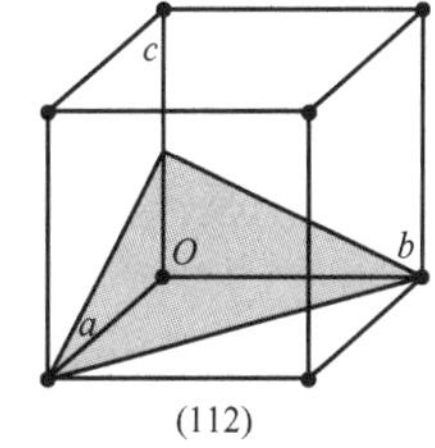

图1.11 晶体中一些晶面的晶面指数

晶面指数所代表的不仅是某一晶面，它还代表着一组相互平行的晶面。另外，在晶体内凡晶面间距和晶面上原子的分布完全相同，只是空间位向不同的晶面可以归并为同一晶面族，以{hkl}表示。如立方晶系的六个晶面：(100)、(010)、(001)、$(\bar{1}00)$、$(0\bar{1}0)$、$(00\bar{1})$完全等价，可称为{100}晶面族。图1.12所示为{110}晶面族中的六个晶面。

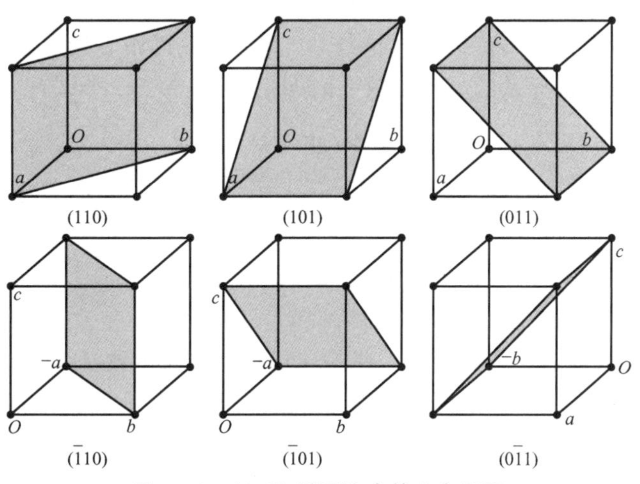

图1.12 {110}晶面族中的六个晶面

晶面指数

在立方晶系中，具有相同指数的晶向和晶面必定互相垂直，即 $[hkl]$ 垂直于 (hkl)。例如，[110] 垂直于(110)，[111] 垂直于(111)，等等。

3. 六方晶系的晶向指数与晶面指数

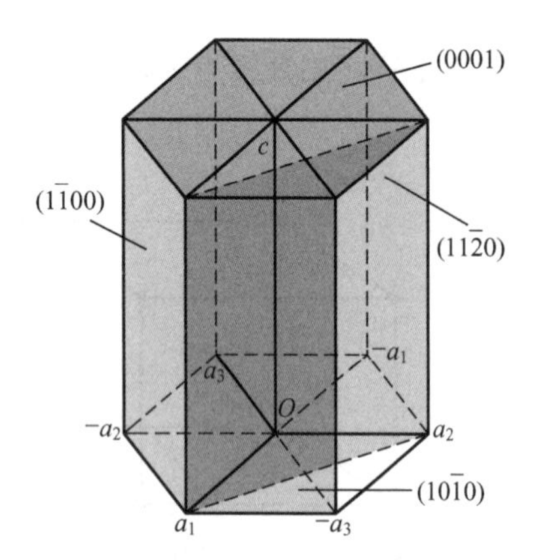

图 1.13 六方晶系一些晶面的晶面指数

六方晶系的晶向指数和晶面指数同样可以用上述方法进行标定，取 a_1、a_2、c 为晶轴，a_1 轴与 a_2 轴的夹角为 120°，如图 1.13 所示。按照这种方法，六方晶系六个晶面的晶面指数为(100)、(010)、$(\bar{1}10)$、$(\bar{1}00)$、$(0\bar{1}0)$、$(1\bar{1}0)$。这六个面是同类型的晶面，但所标定的晶面指数，不能完全显示六方晶系的对称性。用这种方法标定的晶向指数也有类似情况，如 [100] 和 [110] 是等同晶向，但晶向指数却不相同。为了解决这一问题，更好地表达六方晶系的对称性，取 a_1、a_2、a_3 及 c 四个晶轴，a_1、a_2、a_3 之间的夹角均为 120°，其晶面指数就以 $(hkil)$ 四个指数来表示。

根据几何学可知，三维空间独立的坐标轴最多不超过三个。位于同一平面上的前三个指数中只有两个是独立的，h、k、i 之间存在下列关系。

$$(h+k)=-i$$

此时六个柱面的指数就成为$(10\bar{1}0)$、$(01\bar{1}0)$、$(\bar{1}100)$、$(\bar{1}010)$、$(0\bar{1}10)$、$(1\bar{1}00)$，数字全部相同，于是可以把它们归并为 $\{10\bar{1}0\}$ 晶面族。

采用四轴坐标时，晶向指数的确定方法与采用三轴坐标时基本相同，先求出晶向上任一结点在 a_1、a_2、a_3、c 四个晶轴的垂直投影，然后将前三个数值乘以 2/3，再与第四个数值一起化为最小简单整数，即可求出晶向指数，用 $[uvtw]$ 来表示。注意，为保持 $[uvtw]$ 的唯一性，u、v、t 之间应满足下列关系。

$$(u+v)=-t$$

也可用三轴坐标系先求出待标晶向指数 U、V、W，再用下列三轴与四轴坐标系晶向指数的关系，求出四轴坐标系的晶向指数 $[uvtw]$。

$$\left.\begin{aligned} u&=\frac{1}{3}(2U-V)\\ v&=\frac{1}{3}(2V-U)\\ t&=-(u+v)\\ w&=W \end{aligned}\right\} \qquad (1-1)$$

图 1.14 所示为六方晶系中常见的一些晶向指数与晶面指数。

4. 晶带与晶带定理

相交于同一直线的两个或多个平面构成了一个晶带（图 1.15），该直线称为晶带轴，属于此晶带的晶面称为晶带面。设立方晶系中有一晶带其晶带轴为 $[uvw]$ 晶向，该晶带中任一晶面为(hkl)，晶带轴［uvw］与该晶面(hkl)之间存在以下关系。

$$hu+kv+lw=0$$

凡满足此关系的晶面都属于以［uvw］为晶带轴的晶带，此关系称为晶带定理。

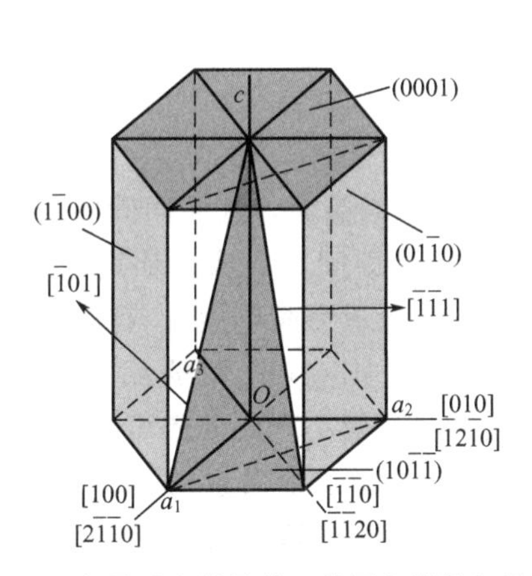

图1.14　六方晶系中常见的一些晶向指数与晶面指数

图1.15　晶带

在分析立方晶系的晶体学问题时，晶带定理是一个非常有用的工具，下面列举两个最常见的应用。

(1) 已知某晶带中任意两个不平行的晶面$(h_1k_1l_1)$和$(h_2k_2l_2)$，则其晶带轴的晶向指数［uvw］为

$$u:v:w=\begin{vmatrix} k_1 & l_1 \\ k_2 & l_2 \end{vmatrix}:\begin{vmatrix} l_1 & h_1 \\ l_2 & h_2 \end{vmatrix}:\begin{vmatrix} h_1 & k_1 \\ h_2 & k_2 \end{vmatrix} \tag{1-2}$$

即

$$\left.\begin{aligned} u&=k_1l_2-k_2l_1 \\ v&=l_1h_2-l_2h_1 \\ w&=h_1k_2-h_2k_1 \end{aligned}\right\} \tag{1-3}$$

(2) 已知两个不平行的晶向［$u_1v_1w_1$］和［$u_2v_2w_2$］，则此两个晶向决定的晶面指数(hkl)为

$$h:k:l=\begin{vmatrix} v_1 & w_1 \\ v_2 & w_2 \end{vmatrix}:\begin{vmatrix} w_1 & u_1 \\ w_2 & u_2 \end{vmatrix}:\begin{vmatrix} u_1 & v_1 \\ u_2 & v_2 \end{vmatrix} \tag{1-4}$$

即

$$\left.\begin{aligned} h&=v_1w_2-v_2w_1 \\ k&=w_1u_2-w_2u_1 \\ l&=u_1v_2-u_2v_1 \end{aligned}\right\} \tag{1-5}$$

(3) 已知三个晶向［$u_1v_1w_1$］、［$u_2v_2w_2$］和［$u_3v_3w_3$］，若

$$\begin{bmatrix} u_1 & v_1 & w_1 \\ u_2 & v_2 & w_2 \\ u_3 & v_3 & w_3 \end{bmatrix}=0 \tag{1-6}$$

则三个晶向在同一个晶面上。

(4) 已知三个晶面 $(h_1k_1l_1)$、$(h_2k_2l_2)$ 和 $(h_3k_3l_3)$，若

$$\begin{bmatrix} h_1 & k_1 & l_1 \\ h_2 & k_2 & l_2 \\ h_3 & k_3 & l_3 \end{bmatrix}=0 \tag{1-7}$$

则三个晶面属于同一个晶带。

5. 晶面间距

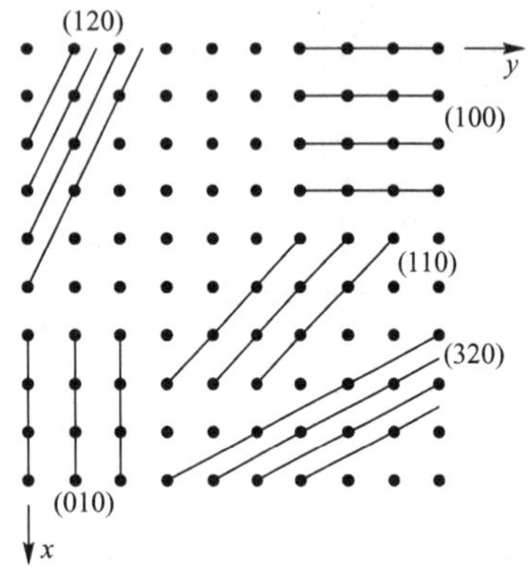

图 1.16　简单立方点阵不同晶面的晶面间距

晶面指数不同的晶面，其晶面间距各不相同。通常，低指数的晶面间距较大，而高指数的晶面间距小。图 1.16 所示为简单立方点阵不同晶面的晶面间距，可以看出(100)面的晶面间距最大，(320)面的晶面间距最小。此外还可看出，晶面间距越大，该晶面上原子排列越密集；晶面间距越小，则晶面上原子排列越稀疏。正是由于不同晶面和晶向上的原子排列情况的不同，使晶体表现为各向异性。

晶面间距 d_{hkl} 与晶面指数(hkl)的关系如下。

(1) 对于立方晶系为

$$d_{hkl}=\frac{a}{\sqrt{h^2+k^2+l^2}} \tag{1-8}$$

(2) 对于正交和四方晶系(四方晶系中 $a=b$)为

$$d_{hkl}=\frac{1}{\sqrt{\left(\frac{h}{a}\right)^2+\left(\frac{k}{b}\right)^2+\left(\frac{l}{c}\right)^2}} \tag{1-9}$$

(3) 对于六方晶系为

$$d_{hkl}=\frac{1}{\sqrt{\frac{4}{3}\left(\frac{h^2+hk+k^2}{a^2}\right)+\left(\frac{l}{c}\right)^2}} \tag{1-10}$$

必须注意，以上这些公式仅适用于简单晶胞。对于复杂晶胞(如体心立方、面心立方)，在计算时应考虑到晶面层数增加的影响。例如，在体心立方或面心立方晶胞中，上、下底面(001)之间还有一层同类型的晶面，故实际的晶面间距为计算值的一半，即为 $d_{001}/2$。

6. 晶面夹角

两个空间平面的夹角，可用其法线的夹角来表示，故两个晶面之间的夹角也可看作两个晶向的夹角。根据空间几何关系，两个晶面 $(h_1k_1l_1)$ 和 $(h_2k_2l_2)$ 之间的夹角 φ 与晶面指数具有如下关系。

(1) 对于立方晶系为

$$\cos\varphi=\frac{h_1h_2+k_1k_2+l_1l_2}{\sqrt{h_1^2+k_1^2+l_1^2}\cdot\sqrt{h_2^2+k_2^2+l_2^2}} \tag{1-11}$$

(2) 对于正交晶系为

$$\cos\varphi=\frac{\frac{h_1h_2}{a^2}+\frac{k_1k_2}{b^2}+\frac{l_1l_2}{c^2}}{\sqrt{\left(\frac{h_1}{a}\right)^2+\left(\frac{k_1}{b}\right)^2+\left(\frac{l_1}{c}\right)^2}\cdot\sqrt{\left(\frac{h_2}{a}\right)^2+\left(\frac{k_2}{b}\right)^2+\left(\frac{l_2}{c}\right)^2}} \tag{1-12}$$

(3) 对于六方晶系为

$$\cos\varphi=\frac{h_1h_2+k_1k_2+\frac{1}{2}(h_1k_2+h_2k_1)+\frac{3a^2}{4c^2}l_1l_2}{\sqrt{h_1^2+k_1^2+\frac{3a^2}{4c^2}l_1^2}\cdot\sqrt{h_2^2+k_2^2+\frac{3a^2}{4c^2}l_2^2}} \tag{1-13}$$

1.2.3 典型金属晶体结构

1. 三种典型的金属晶体结构

金属在固态时一般都是晶体，绝大多数金属都具有高对称性的简单晶体点阵。最常见的金属晶体结构有三种：面心立方结构(A_1 或 FCC)、体心立方结构(A_2 或 BCC)和密排六方结构(A_3 或 HCP)。下面把金属原子看成等径刚性球，并从晶胞中原子数、点阵常数与原子半径、配位数和致密度等几个方面进行分析。

面心立方结构的晶胞

(1) 面心立方结构

面心立方结构的晶胞如图 1.17 所示，其每个阵点上只有一个金属原子，结构比较简单。具有面心立方结构的金属约有 20 种，如铝、金、银、铜、γ-铁等。

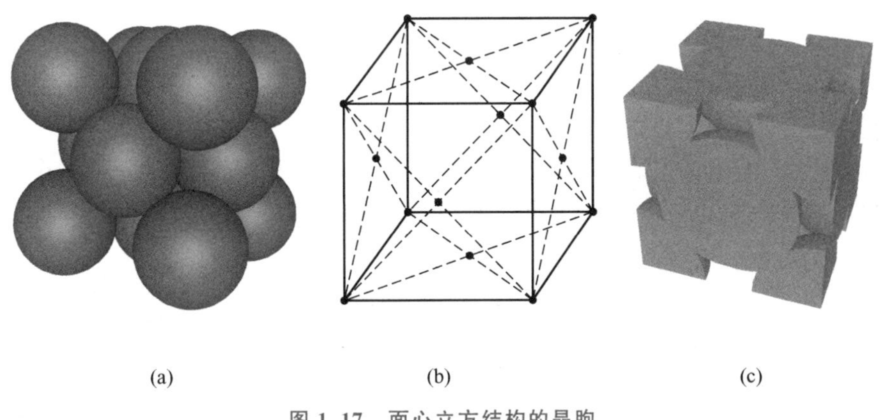

图 1.17 面心立方结构的晶胞

① 晶胞中原子数。由于晶体具有对称性，晶体可看作由许多晶胞堆砌而成。从图 1.17 可以看出，晶胞顶角处的原子为相邻的八个晶胞所共有，每个晶胞实际上只占有该原子的 1/8；位于面心位置的原子为相邻的两个晶胞所共有，每个晶胞只占有该原子的 1/2。因此，面心立方晶胞中的原子数 $n=8\times\frac{1}{8}+6\times\frac{1}{2}=4$。

② 点阵常数与原子半径。晶胞大小一般用其点阵常数来衡量，它是表征物质晶体结构的一个重要基本参数。对于立方晶系，点阵常数用晶胞的棱边长度 a 来表示。不同的金

属可以具有相同的点阵类型，但由于原子的电子结构及原子之间结合情况的不同，因此具有不同的点阵常数。在面心立方晶胞中，沿其面对角线 <110> 方向原子排列最密集。如果把金属原子看作刚性球，设其半径为 r，根据几何关系可求出点阵常数 a 与原子半径 r 的关系：$r=\sqrt{2}a/4$。表 1-4 中列出了常见面心立方金属的点阵常数和原子半径。

表 1-4　常见面心立方金属的点阵常数和原子半径

金属	Al	Cu	Ni	γ-Fe	β-Co	Au	Ag	Rh	Pt
点阵常数/nm	0.40496	0.36147	0.35236	0.36468 (916℃)	0.3544	0.40788	0.40857	0.38044	0.39239
原子半径/nm	0.1434	0.1278	0.1246	0.1288	0.1253	0.1442	0.1444	0.1345	0.1388

③ 配位数和致密度。晶体中原子排列的紧密程度与晶体结构类型有关。为了定量地表示原子排列的紧密程度，通常应用配位数和致密度这两个参数。

配位数是指晶体结构中，与任一原子相距最近并且等距离的原子数，通常用 CN 表示。面心立方结构的配位数是 12。

致密度是指晶体结构中原子体积占总体积的百分数。若以一个晶胞来计算，致密度 K 就等于晶胞中原子所占体积与晶胞体积之比，即

$$K=\frac{nv}{V} \tag{1-14}$$

式中，n 为晶胞中原子数；v 为一个原子(刚性球)的体积，$v=\frac{4}{3}\pi r^3$；V 为晶胞体积。

对面心立方结构来说，$r=\sqrt{2}a/4$，$n=4$，故其致密度为

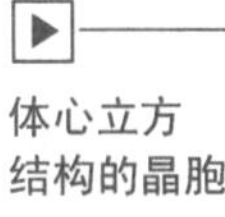

$$K=\frac{nv}{V}=\frac{4\times\frac{4}{3}\pi r^3}{a^3}=\frac{4\times\frac{4}{3}\pi\left(\frac{\sqrt{2}a}{4}\right)^3}{a^3}\approx 0.74$$

(2) 体心立方结构

体心立方结构的晶胞如图 1.18 所示，其每个阵点上也只有一个金属原子。具有体心立方结构的金属有 30 余种，如钒、铌、钽、钼、钡、β-钛(>800℃)、α-铁(<910℃)等，占金属元素的一半左右。

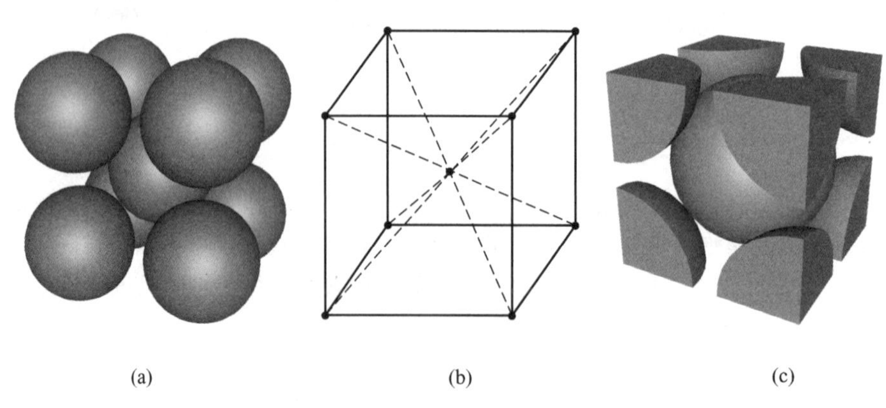

图 1.18　体心立方结构的晶胞

① 晶胞中原子数。在体心立方晶胞中，八个顶角上各有一个原子，在晶胞的中心还有一个原子。因此，体心立方晶胞原子数 $n=8\times\frac{1}{8}+1=2$。

② 点阵常数与原子半径。在体心立方晶胞中，沿其体对角线 <111> 方向原子排列最密集。根据几何关系可求出点阵常数 a 与原子半径 r 的关系：$r=\sqrt{3}a/4$。表 1-5 中列出了常见体心立方金属的点阵常数和原子半径。

表 1-5 常见体心立方金属的点阵常数和原子半径

金属	β-Ti	Cr	V	Mo	α-Fe	Nb	W	β-Zr	Cs	Ta
点阵常数/nm	0.32988 (900℃)	0.28846	0.30282	0.31468	0.28664	0.33007	0.31650	0.36090 (862℃)	0.614 (−10℃)	0.33026
原子半径/nm	0.1429 (900℃)	0.1249	0.1311 (30℃)	0.1363	0.1241	0.1429	0.1371	0.1562 (862℃)	0.266 (9～10℃)	0.1430

③ 配位数和致密度。体心立方结构的配位数为 8，最近邻原子间距为$\sqrt{3}a/2$，此外还有六个相距为 a 的次近邻原子，有时将体心立方结构的配位数记为(8+6)。

对体心立方结构来说，$r=\sqrt{3}a/4$，$n=2$，故致密度为

$$K=\frac{nv}{V}=\frac{2\times\frac{4}{3}\pi r^3}{a^3}=\frac{2\times\frac{4}{3}\pi\left(\frac{\sqrt{3}a}{4}\right)^3}{a^3}\approx 0.68$$

(3) 密排六方结构

密排六方结构的晶胞如图 1.19 所示，密排六方结构可看作由两个简单六方晶胞穿插而成。具有密排六方结构的金属近 20 种，如镁、镉、锌、铍、α-钛等。

密排六方结构的晶胞

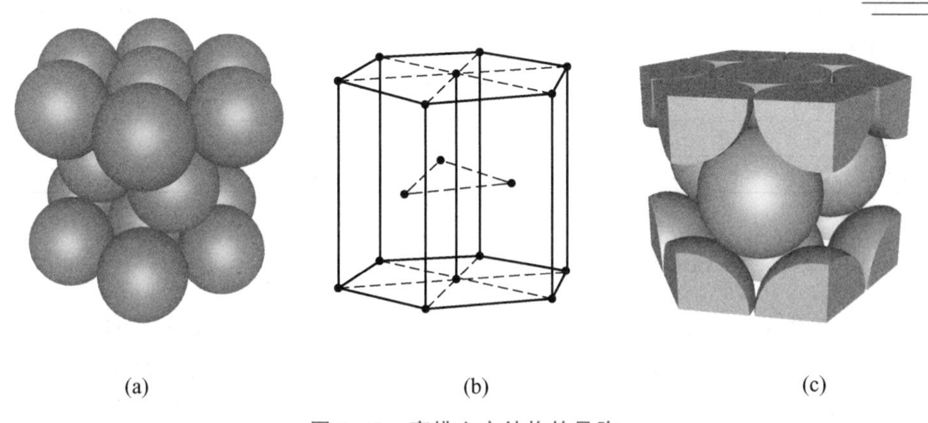

(a) (b) (c)

图 1.19 密排六方结构的晶胞

① 晶胞中原子数。密排六方结构是原子排列最密集的晶体结构之一。在密排六方晶胞中六方柱每个顶角上的原子为六个相邻的晶胞所共有，上下底面中心的每个原子为两个晶胞所共有，晶胞内有三个原子。因此，密排六方晶胞原子数 $n=12\times\frac{1}{6}+2\times\frac{1}{2}+3=6$。

② 点阵常数与原子半径。密排六方晶胞的点阵常数有两个：一个是六方底面的边长 a，另一个是上下底面的间距 c，两者的比值 c/a 称为轴比。在标准密排的情况下，轴比 $c/a\approx1.633$，$r=a/2$。但实际测得的轴比常常偏离理想值，即 $c/a\neq1.633$，此时，$r=\frac{1}{2}\sqrt{\frac{a^2}{3}+\frac{c^2}{4}}$。表1-6中列出了常见密排六方金属的点阵常数和原子半径。

表1-6 常见密排六方金属的点阵常数和原子半径

金属		Be	Mg	Zn	Cd	α-Ti	α-Co	α-Zr	Ru	Re	Os
点阵常数/nm	a	0.22856	0.32094	0.26649	0.29788	0.29506	0.2502	0.32312	0.27038	0.27609	0.2733
	c	0.35832	0.52105	0.49468	0.56167	0.46788	0.4061	0.51477	0.42816	0.44583	0.4319
c/a		1.5677	1.6235	1.8563	1.8858	1.5857	1.625	1.5931	1.5835	1.6148	1.5803
原子半径/nm		0.1113	0.1598	0.1332	0.1489	0.1445	0.1253	0.1585	0.1325	0.1370	0.1338

③ 配位数和致密度。密排六方结构中，只有当 $c/a\approx1.633$ 时，配位数才为12。当 $c/a\neq1.633$ 时，在同一层内有六个最近邻原子，在上、下层各有三个次近邻原子，此时将配位数记为(6+6)。

标准密排六方结构的致密度为

$$K=\frac{nv}{V}=\frac{6\times\frac{4}{3}\pi r^3}{3\sqrt{3}a^2/2\times c}=\frac{6\times\frac{4}{3}\pi\left(\frac{a}{2}\right)^3}{3\sqrt{2}a^3}\approx0.74$$

表1-7中列出了三种典型金属晶体结构的晶体学特点。

表1-7 三种典型金属晶体结构的晶体学特点

结构特征	晶体结构类型		
	面心立方结构(FCC)	体心立方结构(BCC)	密排六方结构(HCP)
点阵常数	a	a	a，$c(c/a=1.633)$
原子半径(r)	$\frac{\sqrt{2}}{4}a$	$\frac{\sqrt{3}}{4}a$	$\frac{1}{2}a$
晶胞内原子数(n)	4	2	6
配位数(CN)	12	8	12
致密度(K)	0.74	0.68	0.74

2. 晶体中原子的堆垛方式

上述对三种典型金属晶体结构的配位数和致密度进行了分析，结果表明，配位数以12为最大，致密度以0.74为最高。因而，面心立方结构和密排六方结构都是最紧密排列的结构，其密排面上每个原子和最近邻的原子之间都是相切的。为什么两者具有相同的配位数和致密度却属于不同的晶体结构？为回答这一问题，需要了解晶体中原子的堆垛方式。

习惯上把晶体中的原子看作大小相等的刚性球，首先考查在一个平面上原子最紧密排列的情况。在图1.20中，观察两排原子靠在一起的情况，当两排原子的关系如图1.20(b)所示时，这两排原子将最紧密地排列在一起。图1.21所示的密排面原子排列方式为多排原子最紧密排列的情况，可以看出密排面原子的中心将构成六边形的网格。

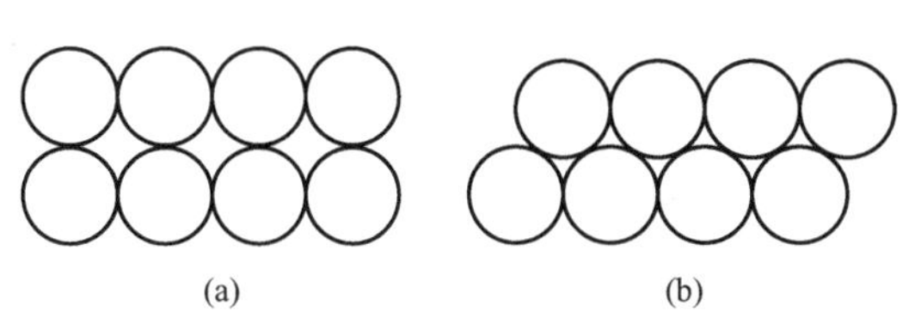

图 1.20　二维排列方式

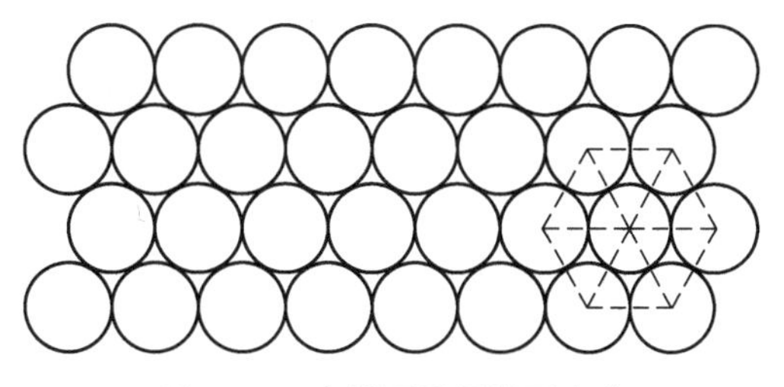

图 1.21　密排面原子排列方式

如图 1.22(a)所示，可以将这个六边形网格单元分为六个等边三角形，而这六个等边三角形的中心与原子的六个空隙中心相重合。从图 1.22(a)中可以看出，这六个空隙可以分为 B、C 两组，每组分别构成一个等边三角形。因此，为了获得最紧密的排列，当在第一层上堆垛第二层密排面时，第二层的每个原子应当正坐落在下面一层(A 层)密排面的 B 组空隙(或 C 组)上，如图 1.22(b)、图 1.22(c)所示。关键是第三层密排面，它有两种堆垛方式：一种是第三层的每个原子中心与第一层(A 层)密排面的原子中心相对应，第四层密排面与第二层重复，以此类推，堆垛顺序为 $ABABAB\cdots$，按照这种堆垛方式即构成密排六方结构；另一种是第三层密排面(C 层)的原子中心同时与第一层和第二层的空隙中心相对应，第四层的原子中心与第一层的原子中心重复，以此类推，堆垛顺序为 $ABCABC\cdots$，即构成了面心立方结构，如图 1.23 所示。

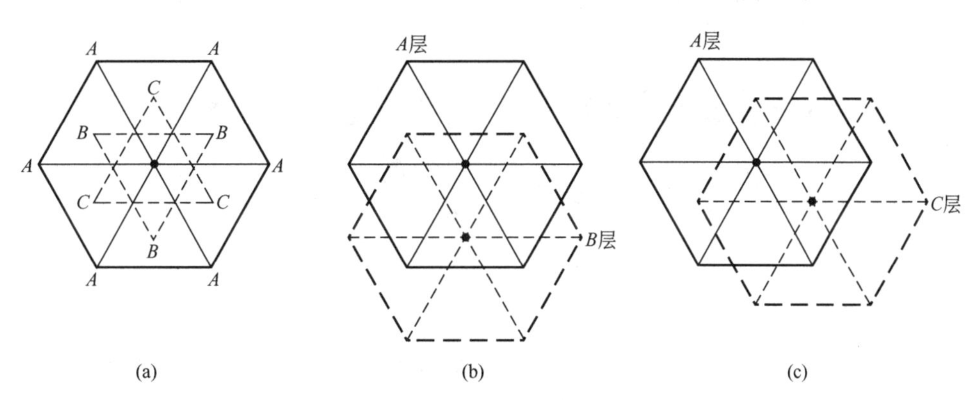

图 1.22　空隙位置和密排面的堆垛方法

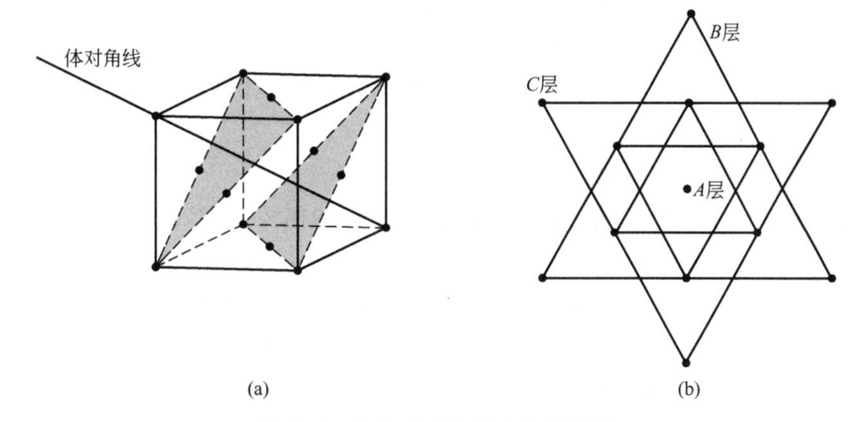

图 1.23　面心立方晶体中的密排面

体心立方晶体结构不是密排结构。在体心立方晶胞中，八个顶角处的原子彼此间不是互相接触的，只有沿立方体对角线方向的原子是相互接触的。体心立方结构中的密排面为{110}。为获得较紧密的排列，第二层密排面(B 层)的每个原子应坐落于第一层(A 层)的空隙中心上，第三层的原子与第一层的原子中心重合，以此类推。因而，体心立方的堆垛方式为 $ABABAB\cdots$。

3. 晶体结构中的间隙

从晶体中原子排列的刚性球模型和对致密度的分析可以看出，可以把晶体中的原子看作一个个刚性球，只是其堆垛方式不同。晶体结构不同，致密度也不同。但不管原子以哪种方式进行堆垛，在原子之间都必然存在许多间隙，这些间隙对金属的性能及形成合金后的晶体结构、扩散、相变等都有重要的影响。

(1) 面心立方结构中的间隙

面心立方结构存在两种间隙，一种是八面体间隙，另一种是四面体间隙，如图 1.24 所示。从图中可以看出，八面体间隙由六个点阵原子围成，四面体间隙位于四个点阵原子围成。由于各个棱边的边长相等，各原子中心至间隙中心的距离也相等，因此它们分别属于正八面体间隙和正四面体间隙。

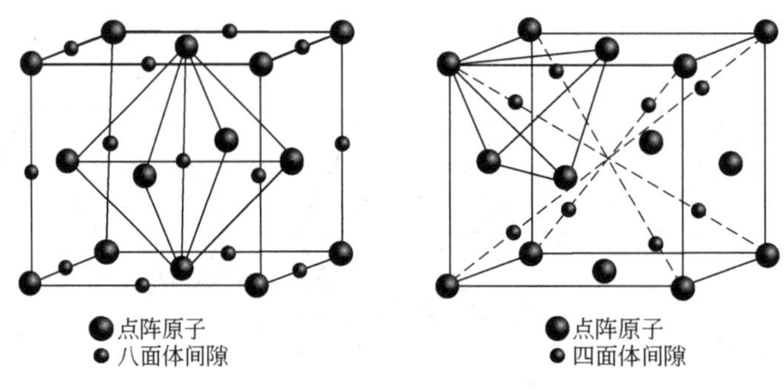

图 1.24 面心立方结构中的间隙

面心立方结构中，一个八面体间隙位于晶胞中心处，其余的八面体间隙位于晶胞棱边的中点处。因而，在一个面心立方晶胞中包含四个八面体间隙。面心立方结构中的四面体间隙位于立方体的体对角线上，一个晶胞中有八个四面体间隙。根据几何学关系可求出两种间隙能够容纳的最大圆球半径。设原子半径为 r_A，间隙中能容纳的最大圆球半径为 r_B，则对于面心立方结构的四面体间隙和八面体间隙，表 1-8 列出了其 r_B/r_A 的数值。

(2) 体心立方结构中的间隙

体心立方结构也存在两种间隙，即八面体间隙和四面体间隙，如图 1.25 所示。八面体四个角上的原子中心至间隙中心的距离较远，为$\sqrt{2}a/2$，而上下顶点的原子中心至间隙中心的距离较近，为 $a/2$。间隙的棱边长度不全相等，是一个不对称的扁八面体间隙。八面体间隙位于立方体各面的中心及棱边的中点处，一个晶胞中有六个八面体间隙。四面体间隙的棱边长度不全相等，也是不对称间隙，四面体间隙位于晶胞的各个面上，每个面上均有四个四面体间隙位置，一个晶胞中有十二个四面体间隙。体心立方结构的八面体间隙和四面体间隙，表1-8列出了其 r_B/r_A 的数值，可以看出，体心立方结构的四面体间隙比八面体间隙大得多。

表1-8 三种典型晶体中的间隙

晶体类型	间隙类型	单位晶胞间隙数目	原子半径 r_A	间隙半径 r_B	间隙大小(r_B/r_A)
面心立方结构(FCC)	四面体	8	$\frac{\sqrt{2}}{4}a$	$\frac{\sqrt{3}-\sqrt{2}}{4}a$	0.225
	八面体	4		$\frac{2-\sqrt{2}}{4}a$	0.414
体心立方结构(BCC)	四面体	12	$\frac{\sqrt{3}}{4}a$	$\frac{\sqrt{5}-\sqrt{3}}{4}a$	0.291
	八面体	6		$\frac{2-\sqrt{3}}{4}a$	0.155
密排六方结构(HCP)	四面体	12	$\frac{1}{2}a$	$\frac{\sqrt{6}-2}{4}a$	0.225
	八面体	6		$\frac{\sqrt{2}-1}{2}a$	0.414

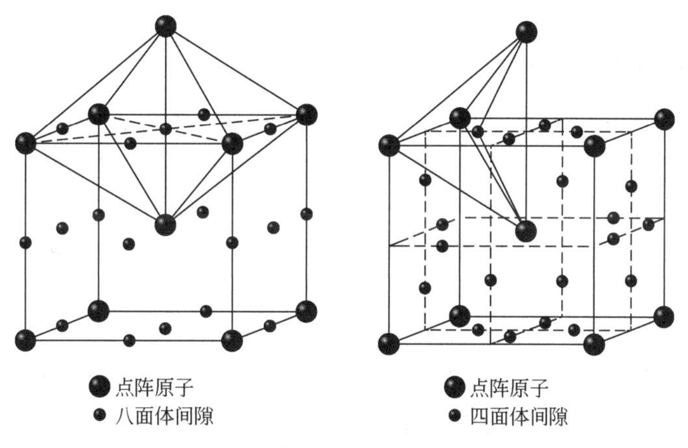

图1.25 体心立方结构中的间隙

(3) 密排六方结构中的间隙

密排六方结构的八面体间隙和四面体间隙的形状与面心立方结构的完全相似，但位置不同，如图1.26所示。当原子半径相等时，两种结构的同类间隙的大小也是相同的(表1-8)。

4. 多晶型性

有些固态金属具有两种或两种以上的晶体结构。当外界条件(主要指温度和压力)发生改变时，元素的晶体结构也会发生改变，金属的这种性质称为多晶型性，这种转变称为多晶型转变或同素异构转变，转变的产物称为同素异构体。例如，铁在912℃以下为体心立方结构，称为α-Fe；在912～1394℃之间具有面心立方结构，称为γ-Fe；当温度超过

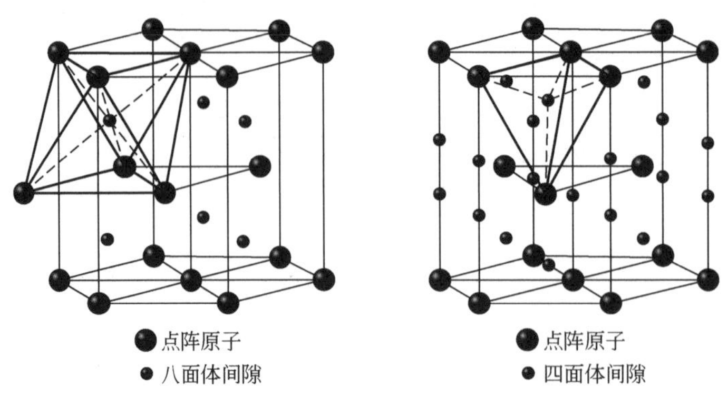

图 1.26　密排六方结构中的间隙

1394℃至熔点间又变成体心立方结构，称为 δ - Fe。当晶体结构发生改变时，金属的性能(如强度、塑性、磁性、导电性等)往往也要发生突变。具有多晶型转变的金属还有 Mn、Ti、Co、Sn、Zr、U、Pu 等。

1.3　实际金属晶体结构

1.3.1　单晶体与多晶体

1.2 节对金属的晶体结构进行了分析，在分析的过程中没有考虑晶体中原子的数量、原子的振动及晶体内部的缺陷等。将这种内部具有严格空间点阵形式的三维周期性结构在空间无限伸展的晶体称为理想晶体。但在实际晶体中，结构基元均按着理想、完整的长程有序排列是不可能的，晶体中总是或多或少地存在不同类型的结构缺陷，因此就形成了长程有序中的无序成分，当然长程有序还是基本的。晶体结构基元的长程有序排列包含着结构缺陷。

若一块晶体其内部的原子排列的长程有序规律是连续的，则称为单晶体。实际使用的金属材料，目前只有采用特殊的方法才能得到单晶体。

实际使用的金属材料，哪怕是在金属材料的很小体积中也包含有许多外形不规则的小晶体，每个小晶体内部的晶格位向都是一致的，而各小晶体之间位向却不相同，如图 1.27 所示。这种在晶体内的每个区域里原子按周期性的规则排列，但不同区域之间原子的排列方式并不相同的晶体称为多晶体，这些取向不同的小晶体称为晶粒。晶粒间的分界面，称为晶界或界面。

各向异性是晶体的一个重要特性。晶体的各向异性是由于在不同的晶向上原子的紧密程度不同，即原子之间的距离不同，从而导致原子间结合力的不同。因而，晶体在不同晶向上具有不同的物理、化学性能，如弹性模量、断裂抗力、屈服强度、电阻率、磁导率及在酸中的溶解度等。例如，α - Fe 具有体心立方的晶体结构，在$\langle 100\rangle$ 晶向上单位长度的原子数，即原子密度，为 $1/a$(a 为点阵常数)，$\langle 110\rangle$ 晶向的原子密度为$\sqrt{2}a/2$，$\langle 111\rangle$ 晶向的原子密度为 $2\sqrt{3}a/3$，所以 $\langle 111\rangle$ 晶向为原子的密排方向，沿此晶向的

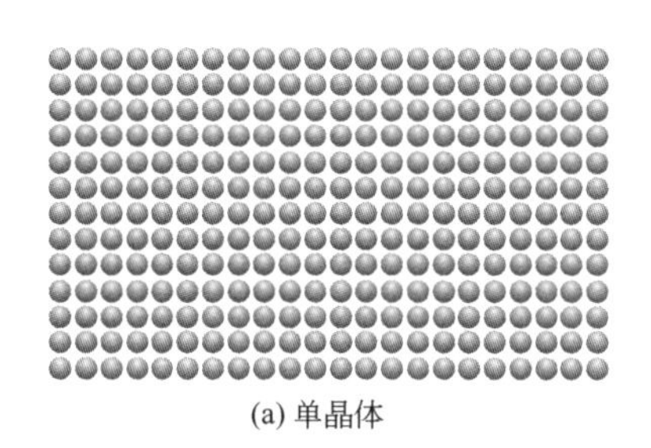

(a) 单晶体

(b) 多晶体

图 1.27　单晶体与多晶体示意

弹性模量为 290GPa，而 <100> 晶向的弹性模量为 135GPa。同样，沿原子密度大的晶向的屈服强度、磁导率等性能也比较优越。

工业用的金属材料一般都是多晶体，是由许多位向不同的晶粒组成的，其性能是位向不同的晶粒的平均性能，但不表现出上述的各向异性。例如，同样是 α-Fe，其弹性模量在各个方向上均在 210GPa 左右。

多晶体和单晶体一样具有 X 射线衍射效应，有固定的熔点。多晶体的物理性能不但取决于所包含晶粒的性能，而且晶粒的大小及其相互间的取向关系也起着重要的作用。

1.3.2 点缺陷

点缺陷是最简单的晶体缺陷，是在阵点上或邻近的微观区域内偏离晶体结构正常排列的一种缺陷。其特征是在三维空间的各个方向上尺寸都很小，尺寸范围一般在一到几个原子尺度。点缺陷包括空位、间隙原子、杂质或溶质原子，以及由它们组成的尺寸很小的复合体(如空位对、空位团或空位片)。本节主要讨论空位和间隙原子。

1. 点缺陷的类型

众所周知，固体中位于阵点上的原子并非是静止的，而是围绕其平衡位置做热振动。在一定温度时，原子热振动的平均能量是一定的，但各个原子的能量并不完全相等，而且经常发生变化，此起彼伏。由于热振动的无规律性，在某一瞬间，有些原子会具有足够大的能量克服周围原子对它的制约作用，从而离开其原来的平衡位置，便在其原位置上出现了空结点，这一空结点称为空位，如图 1.28 所示。

离开平衡位置的原子可以有三个去处：迁移到晶体的表面上；挤入点阵的间隙位置；跑到其他空位中，使空位消失或是使空位移位。第一种情况只形成空位而不形成等量的间隙原子，这样形成的缺陷(空位)称为肖脱基(Schottky)缺陷，如图 1.29(a)所示；第二种情况则同时形成等量的空位和间隙原子，这样的缺陷(空位和间隙原子对)称为弗兰克尔(Frankel)缺陷，如图 1.29(b)所示。第三种情况的空位浓度不变，属于动态平衡。

上述任何一种点缺陷的存在，都破坏了原有原子间作用力的平衡，点缺陷周围的原子必然会偏离原来的平衡位置，做相应的微量位移，产生弹性畸变，即晶格畸变，使系统的内能升高。点缺陷的形成与温度密切相关，随着温度的升高，空位或间隙原子的数目会增多。因此，通常又把点缺陷称为热缺陷。但是，晶体中的点缺陷并非都是通过原子的热运动产生的，还可以通过高温淬火、冷变形加工、高能粒子(如 α 粒子、高速电子、质子、中子）的辐照效应等形成。若晶体中的点缺陷数量超过了其平衡浓度，则称晶体中的点缺陷为过饱和点缺陷。

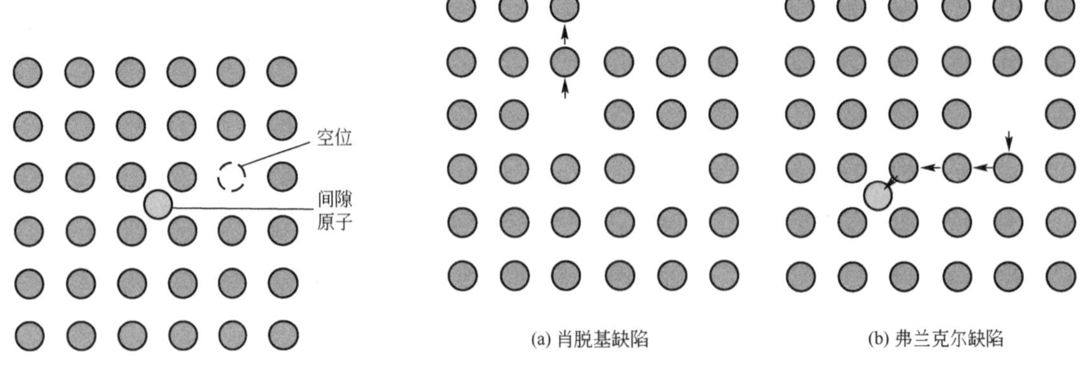

图 1.28　点缺陷示意

图 1.29　晶体中的点缺陷

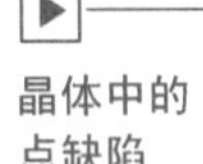

2. 点缺陷的平衡浓度

晶体中点缺陷的存在，一方面，造成点阵畸变，使晶体的内能升高，增大了晶体的热力学不稳定性；另一方面，由于增大了原子排列的混乱程度，并改变了其周围原子的振动频率，使晶体熵值增大，提高了晶体的热力学稳定性。可以看出，这两个因素是相互矛盾的。因而，在一定温度下，晶体中的点缺陷存在一个平衡数量，此时的点缺陷的平衡数量同原子数的比值称为在该温度下的热力学平衡浓度。点缺陷平衡浓度可以用统计热力学方法进行计算。下面以空位为例，计算过程如下。

根据热力学原理，在恒温下，系统的自由能 F 为

$$F=U-TS \tag{1-15}$$

式中，U 为内能；S 为总熵值（包括组态熵和振动熵）；T 为热力学温度。

设某一晶体中总共有 N 个原子和 n 个空位。假定形成一个空位所需的能量（空位形成能）为 E_f，当含有 n 个空位时，晶体的内能将增加 $\Delta U=nE_f$。而 n 个空位使晶体的组态熵的改变为 ΔS_C。根据统计热力学，组态熵可以表达为

$$S_C=k\ln\Omega \tag{1-16}$$

式中，k 为玻耳兹曼常数（1.38×10^{-23} J/K）；Ω 为微观状态数目。

在晶体中存在 N 个原子和 n 个空位时，可能出现不同的排列组合方式的微观状态数目，即

$$\Omega=\frac{(N+n)!}{N!\ n!} \tag{1-17}$$

则晶体组态熵的增值为

$$\Delta S_C=k\ln\frac{(N+n)!}{N!\ n!} \tag{1-18}$$

当 N 和 n 都非常大时，引用斯特林（Stirling）近似公式 $\ln x!=x\ln x-x$ 将上式改写为

$$\Delta S_C=k[(N+n)\ln(N+n)-N\ln N-n\ln n] \tag{1-19}$$

另外，空位的存在还会导致振动熵增大，每个空位使振动熵的变化为ΔS_V，于是

$$\begin{aligned}\Delta F &= \Delta U - T\Delta S \\ &= nE_f - T(\Delta S_C + n\Delta S_V) \\ &= nE_f - kT[(N+n)\ln(N+n) - N\ln N - n\ln n] - nT\Delta S_V\end{aligned} \tag{1-20}$$

在平衡状态时，自由能应为最小，即

$$\left(\frac{\partial \Delta F}{\partial n}\right)_T = 0 \tag{1-21}$$

所以

$$\ln\frac{N+n}{n} = \frac{E_f - T\Delta S_V}{kT} \tag{1-22}$$

当$N \gg n$时

$$\ln\frac{N}{n} \approx \frac{E_f - T\Delta S_V}{kT} \tag{1-23}$$

当温度为T时，空位的平衡浓度

$$C = \frac{n}{N} = \exp\left(-\frac{E_f - T\Delta S_V}{kT}\right) = A\exp\left(-\frac{E_f}{kT}\right) \tag{1-24}$$

式中，$A=\exp(\Delta S_V/k)$，是由振动熵决定的系数，一般为1～10。

若将式(1-24)中指数的分子和分母同时乘以阿伏伽德罗常数N_A（6.02×10^{23} mol^{-1}），则

$$C = A\exp\left(-\frac{N_A E_f}{N_A kT}\right) = A\exp\left(-\frac{Q_f}{RT}\right) \tag{1-25}$$

式中，$Q_f = N_A E_f$，为形成1mol空位所需做的功（J/mol）；R为气体常数，其值为8.31J/（mol・K）。

按照类似的方法，也可求得间隙原子的平衡浓度为

$$C = \frac{n'}{N'} = A'\exp\left(-\frac{E'_f}{kT}\right) \tag{1-26}$$

式中，n'为间隙原子数；N'为晶体中的间隙位置总数；E'_f为间隙原子的形成能，即形成一个间隙原子所需的能量。

在金属晶体中，由于间隙原子的形成能较大(一般为空位形成能的3～4倍)，如铜晶体的空位形成能约为0.17×10^{-19}J，而其间隙原子形成能约为0.48×10^{-19}J。因此在同一温度下，间隙原子平衡浓度比空位平衡浓度低得多。例如，在1273K时，铜晶体中空位的平衡浓度约为10^{-4}，而间隙原子的平衡浓度仅约为10^{-14}，其浓度比接近10^{10}。因此，在通常情况下，间隙原子可忽略不计。

表1-9列出了实验测得的一些金属晶体的空位形成能，其中Au、Ag、Cu、Pt、Al、W的数值已经过多次测定和计算，所得数据大致接近，而Pb、Mg、Sn的数值则是个别研究者测定的。

表1-9 实验测得的一些金属晶体的空位形成能

金属	Au	Ag	Cu	Pt	Al	W	Pb	Mg	Sn
空位形成能($\times10^{-19}$)/J	0.15	0.17	0.17	0.24	0.12	0.56	0.08	0.14	0.08

空位和间隙原子的平衡浓度随温度的升高而急剧增加，呈指数关系。铜晶体中空位平衡浓度随温度的变化见表1-10。

表1-10　铜晶体中空位平衡浓度随温度的变化

温度/K	100	300	500	700	900	1000	1273
空位平衡浓度(n/N)	10^{-57}	10^{-19}	10^{-11}	$10^{-8.1}$	$10^{-6.3}$	$10^{-5.7}$	10^{-4}

而铝晶体在300K时的空位平衡浓度为$10^{-12}n/N$，温度升到900K时，平衡浓度增加到$10^{-4}n/N$。

3. 点缺陷对金属性能的影响

在一般情形下，点缺陷主要影响晶体的物理性能，如比体积、比热容、电阻率、扩散系数、介电常数等。

① 比体积：形成肖脱基缺陷时，原子迁移到晶体表面上的新位置，导致晶体体积增加，密度减小。例如，形成一个缺陷时，若空位周围原子都不移动，则应使晶体体积增加一个原子体积。但是实际上空位周围原子会向空位发生一定偏移，所以体积膨胀约为0.5个原子体积。而产生一个间隙原子时，体积膨胀量达1～2个原子体积。

② 比热容：由于形成点缺陷需向晶体提供附加的能量(空位生成焓)，从而引起比热容增强。

③ 电阻率：金属的电阻主要来源于离子对传导电子的散射。在有缺陷的晶体中，晶格的周期性被破坏，对电子产生强烈散射，导致晶体的电阻率增大。例如，实验测得在铜晶体中每增加1%(原子)的空位，其电阻率的增加量约为$1.5\mu\Omega \cdot cm$。

点缺陷对金属力学性能的影响较小，它只通过与位错的交互作用，阻碍位错运动而使晶体强化。但在高能粒子辐照的情形下，由于形成大量的点缺陷而能引起晶体显著硬化和脆化(辐照硬化)。空位对金属材料的许多加工工艺过程有着影响，特别是对高温下进行的加工工艺过程起着重要的作用，如表面化学热处理、均匀化退火、时效硬化处理、烧结等。显然，这与高温时空位的平衡浓度急剧增高、原子迁移概率增加、扩散速度加快等有关。

1.3.3 线缺陷

晶体的线缺陷表现为各种类型的位错。位错对晶体的生长、相变、塑性变形、断裂等物理、化学性质具有重要影响。

位错概念是在对晶体强度做了一系列的理论计算后，发现所计算的理论强度与实际强度有很大差别的基础上提出来的。按照理想晶体的模型，晶体在滑移时，滑移面上各个原子在切应力作用下，同时克服相邻滑移面上原子的作用力前进一个原子间距，完成这一过程所需的切应力就相当于晶体的理论屈服强度，估算值为$G/30$，G为切变模量。但由实验测得的实际晶体的屈服强度要比这一数值低3～4个数量级。例如，铜单晶体的理论剪切屈服强度约为1540MPa，但它实际的屈服强度仅为1MPa，两者相差巨大。

晶体的实际强度与理论强度之间的巨大差异，使人们对理想晶体模型及其滑移方式产生怀疑，认识到晶体中原子排列绝非完全规则，滑移也不是两个原子面之间集体的相对移动，晶体内部一定存在很多缺陷，即薄弱环节，使得塑性变形过程在很低的应力下就开始进行。

1934年，泰勒(G. I. Taylor)、波朗依(M. Polanyi)和奥罗万(E. Orowan)三人几乎同时提出了位错的概念。位错作为一种晶体缺陷被提出之后，在相当长的一段时期中仅停留在理论的分析上，未能以实验直接证明它的存在。直到20世纪50年代，随着电子显微技术的发展，位错的存在才被证实。从此，位错理论的发展进入了一个与实验结合的新阶段。

1. 位错的类型

位错是原子的一种特殊组态，是在晶体中某处有一列或几列原子发生了有规律的错排，使长度为几百乃至几万个原子间距，宽约几个原子间距范围内的原子离开其平衡位置，产生了有规律的错动。位错的最基本类型有两种：一种是刃型位错，另一种是螺型位错。

(1) 刃型位错

刃型位错如图1.30所示。设有一简单立方晶体，某一原子面在晶体内部中断，如图1.30(a)所示，在晶面 $ABCD$ 上半部存在多余的半原子面 $EFGH$，这个半原子面中断于 EF 处，犹如一把锋利的刀将晶体上半部分切开后，沿切口插入一额外的半原子面一样，此“刃口” EF 的原子列就称为刃型位错线。

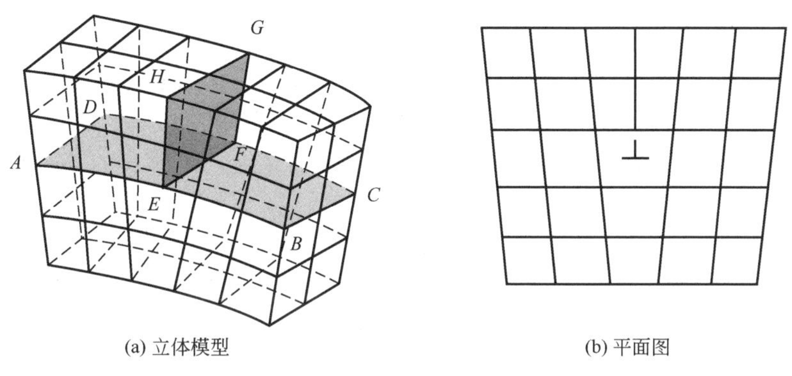

(a) 立体模型　　(b) 平面图

图 1.30　刃型位错

实际上，晶体中的位错并不单单是由额外半原子面造成的，它的形成原因有很多。例如，晶体在塑性变形过程中由于局部区域的晶体发生滑移即可形成刃型位错，如图1.31所示。此时晶体左上角的原子尚未滑移，于是在晶体内部就出现了已滑移区和未滑移区的边界，在边界附近，原子的规律性排列被破坏，此边界线即为一个正刃型位错。因此可以把位错理解为已滑移区和未滑移区的边界。

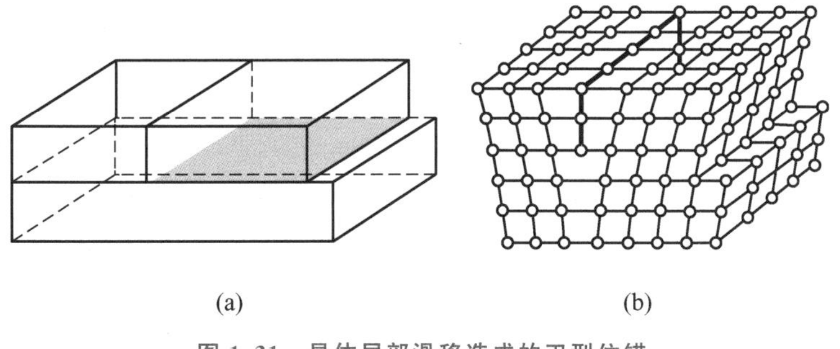
(a)　　(b)

图 1.31　晶体局部滑移造成的刃型位错

刃型位错具有以下重要特征。

① 刃型位错有一个额外的半原子面。习惯上把半原子面位于滑移面上部的称为正刃型位错，用符号“⊥”表示；而把半原子面位于滑移面下边的称为负刃型位错，用符号“⊤”表示。

② 刃型位错线可理解为已滑移区与未滑移区的边界线，它既可以是直线，又可以是折线或曲线，但它们必与滑移方向和滑移矢量垂直，如图 1.32 所示。

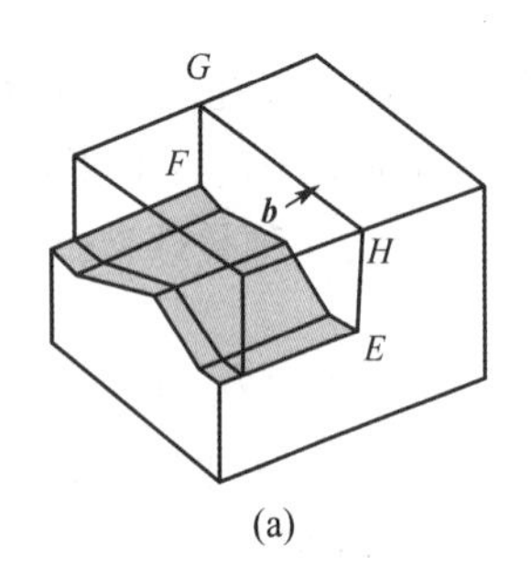

(a)

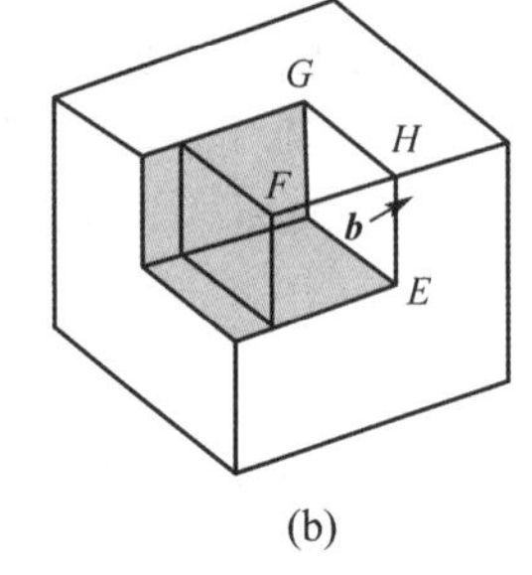

(b)

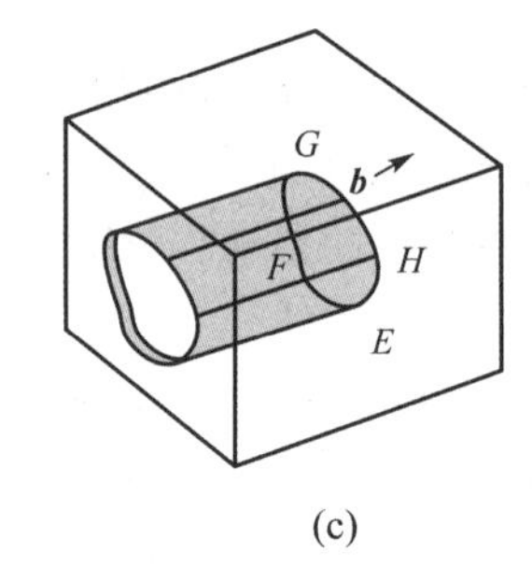

(c)

图 1.32　几种形状的刃型位错线

③ 刃型位错只能在同时包含有位错线和滑移矢量的滑移平面上滑移，在其他面上不能滑移。

④ 刃型位错周围的点阵发生弹性畸变，既有切应变，又有正应变。例如，对于正刃型位错，滑移面上方的点阵受到压应力，下方的点阵受到拉应力。

⑤ 刃型位错线周围的畸变区只有几个原子间距的宽度，是狭长的管道，所以刃型位错是线缺陷。

（2）螺型位错

螺型位错是另一种基本类型的位错，如图 1.33 所示。假设在晶体右端施加切应力 τ，使右端上下两部分沿滑移面 $ABCD$ 发生了一个原子间距的相对切变，这时已滑移区和未滑移区的边界线 BC 平行于滑移方向，而不是垂直于滑移方向［图 1.33(a)］。图 1.33(b) 所示为 BC 附近原子排列的俯视图。从滑移面上下相邻两层晶面上原子排列的情况可以看出，在 aa' 的右侧，晶体的上下两部分相对错动了一个原子间距，而在 BC 和 aa' 之间上下两层原子位置出现不相吻合的现象，这个区域的原子被扭曲成了螺旋形。如果从 a 开始，按顺时针方向依次连接此过渡区的各原子，每旋转一周，原子面就沿着滑移方向前进一个原子间距［图 1.33(c)］。由于位错线附近的原子是按螺旋形排列的，因此把这种位错称为螺型位错。

综上所述，螺型位错具有以下重要特征。

① 螺型位错无额外的半原子面，原子错排呈轴对称。

② 根据位错线附近呈螺旋形排列的原子的旋转方向的不同，螺型位错可分为左螺型位错和右螺型位错两种。通常用拇指代表螺旋前进的方向，其余四指代表螺旋的旋转方向，符合右手法则的称为右螺型位错，符合左手法则的称为左螺型位错。

③ 螺型位错线一定是直线，与滑移矢量平行，位错线移动方向与晶体滑移方向垂直。

④ 螺型位错的滑移面不是唯一的，包含螺型位错线的平面都可以作为它的滑移面。

⑤ 螺型位错线周围的点阵也发生了弹性畸变，但只有平行于位错线的切应变而无正

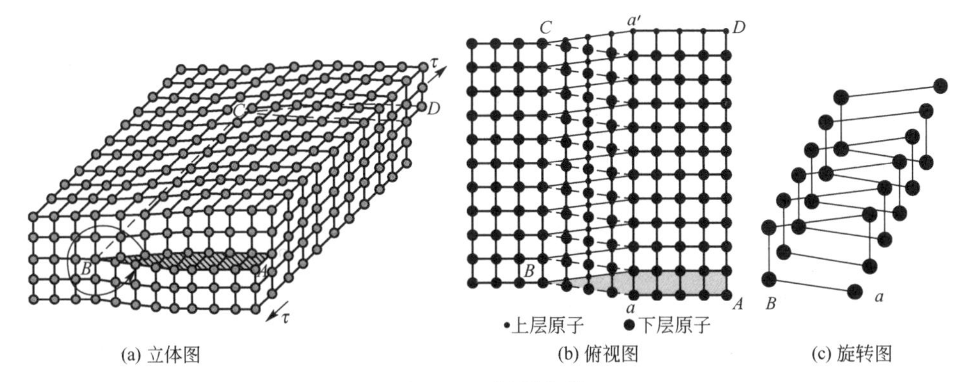

图 1.33 螺型位错

应变，即不会引起体积的膨胀和收缩。

⑥ 位错畸变区也是只有几个原子间距的宽度，同样是线缺陷。

(3) 混合型位错

除上面介绍的两种基本类型的位错外，还有一种形式更为普遍的位错，其滑移矢量既不平行又不垂直于位错线，而是与位错线成任意角度，这种类型的位错称为混合型位错。从图 1.34(a)可以看出，晶体的右上角在切应力 τ 的作用下发生切变，其滑移面 ACB 上面的原子相对于下面的原子移动一个原子间距，已滑移区和未滑移区的边界线 AC 即为一条位错线。位错线 AC 是一条曲线，在 A 处，位错线与滑移矢量平行，因此是螺型位错；在 C 处，位错线与滑移矢量垂直，因此是刃型位错；其余部分既不垂直又不平行于滑移矢量，其中每一小段位错线都可分解为刃型分量和螺型分量，分别具有刃型位错和螺型位错的特征。图 1.35 所示为混合型位错的原子组态。

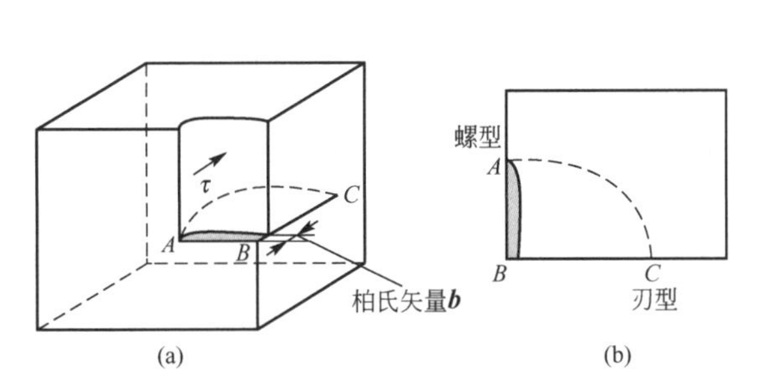

图 1.34 晶体局部滑移形成混合位错

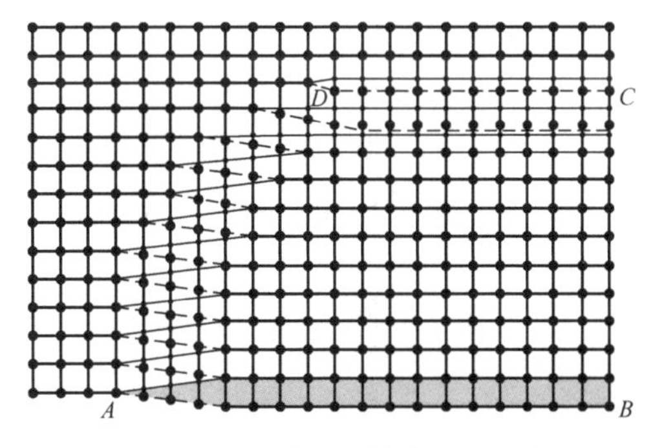

图 1.35 混合型位错的原子组态

2. 位错密度

在实际晶体中经常含有大量的位错，如图 1.36 所示。晶体中所含位错的多少可用位错密度来表示，通常把单位体积晶体中所含位错线的总长度称为位错密度(m^{-2})，其表达式为

$$\rho_V = \frac{L}{V} \tag{1-27}$$

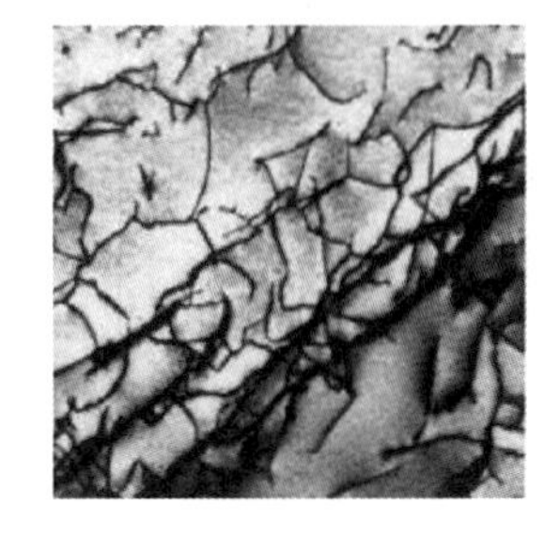

图 1.36 实际晶体中的位错网络

式中，L 为该晶体中位错线的总长度；V 为晶体体积。

为简便起见，把晶体中的位错线视为一些直线，这些直线从晶体的一端延伸到另一端。因而，位错密度也可定义为穿过单位截面的位错线数目，其单位也是 m^{-2}。此时，位错密度的表达式为

$$\rho_S = \frac{n}{S} \tag{1-28}$$

式中，S 为截面积；n 为穿过面积 S 的位错线数目。

实际上并不是所有的位错线都和观察面相交，故 $\rho_V > \rho_S$。

晶体中的位错是在凝固、冷却及其他加工工艺中自然引入的，因而常规方法生产的金属都含有大量的位错。即使对于经过仔细控制其生长过程的超纯金属单晶体，其内部的位错密度也可达 $10^9 \sim 10^{10} m^{-2}$，即 $10^3 \sim 10^4 m/cm^3$，相当于体积为 $1cm^3$ 的金属中位错线的总长度为 1～10km。由于这些位错的存在使实际晶体的强度远低于理想晶体。金属经过剧烈冷变形后，内部的位错密度大大升高，可达 $10^{14} \sim 10^{16} m^{-2}$，此时金属的强度反而大幅度升高，这是由于位错数量增加到一定程度之后，位错之间相互缠结，使得位错运动难以进行(这些内容将在第 6 章和第 10 章中进一步讨论)。

3. 柏氏矢量

为了便于描述晶体中的位错，1939 年，柏格斯(J. M. Burgers)提出应用柏氏回路来定义位错，借助一个规定的矢量揭示位错的本质，这个矢量就是柏格斯矢量，简称柏氏矢量。采用柏氏矢量能方便地表征不同类型的位错，描述位错的各种行为。

(1) 柏氏矢量的确定

以刃型位错为例，说明柏氏矢量的确定方法。图 1.37(a)、图 1.37(b)分别为作为参考的不含位错的完整晶体和含有一个刃型位错的实际晶体。

① 在实际晶体中，从距位错一定距离的任一原子 M 出发，至相邻原子为一步，沿逆时针方向围绕位错线作一个闭合回路，称为柏氏回路，如图 1.37(b)所示。

② 在完整晶体中，以同样的方向和步数作相同的回路，此时的回路并不封闭，如图 1.37(a)所示。

③ 由完整晶体中回路的终点 Q 到始点 M 引一矢量 $\boldsymbol{b}$，使该回路闭合，这个矢量 $\boldsymbol{b}$ 即为该位错线的柏氏矢量。

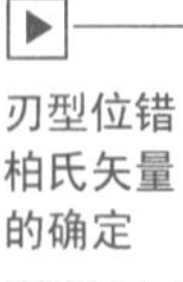
刃型位错
柏氏矢量
的确定

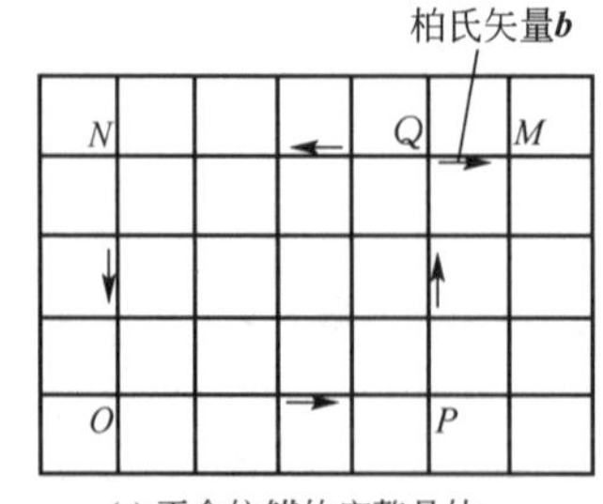

(a) 不含位错的完整晶体

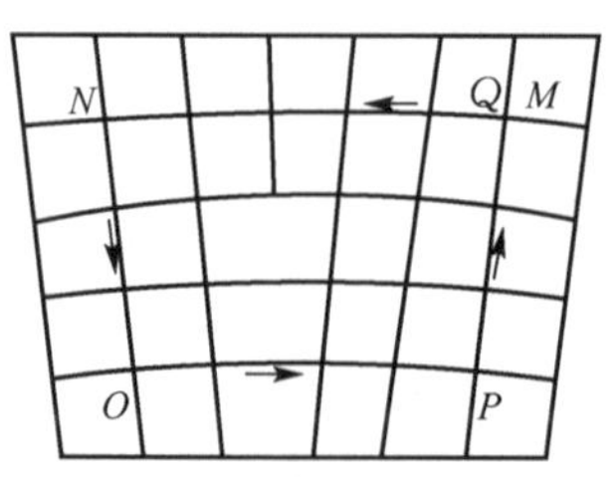

(b) 含有一个刃型位错的实际晶体

图 1.37　刃型位错柏氏矢量的确定

从柏氏回路可以看出，刃型位错的柏氏矢量与位错线相垂直，这是刃型位错的一个重要特征。在确定柏氏矢量时，位错线的正向和柏氏回路的方向是人为规定的。通常情况下，出纸面的方向为位错线的正方向，以右手法则来确定回路的方向，即右手拇指指向位错线的正向，其余四指即为柏氏回路的方向。刃型位错的正、负，可借助于右手法则来确定，即用右手的拇指、食指和中指构成直角坐标，以食指指向位错线的方向，中指指向柏氏矢量的方向，则拇指的指向代表多余半原子面的位向。拇指向上时规定为正刃型位错；反之为负刃型位错。

螺型位错的柏氏矢量也可以用柏氏回路确定，如图 1.38 所示。在含有螺型位错的晶体中作柏氏回路，然后在完整晶体中作相似的回路，前者的回路闭合，后者的回路不闭合，自终点向始点引一矢量 ***b***，使回路闭合，此矢量即为螺型位错的柏氏矢量。螺型位错的柏氏矢量与其位错线平行，这是螺型位错的重要特征。

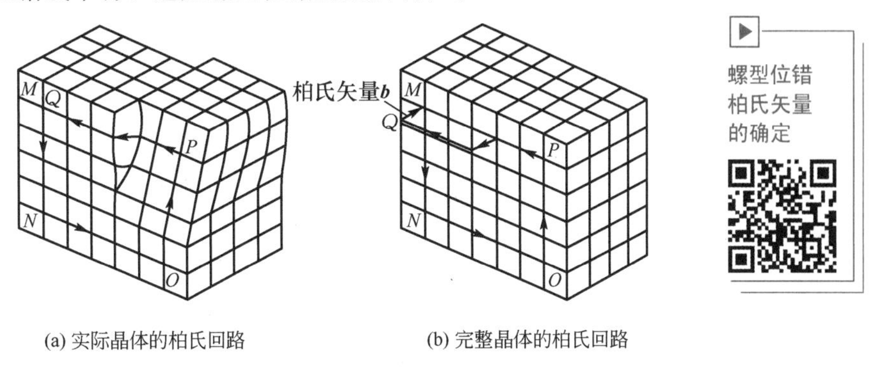

(a) 实际晶体的柏氏回路　　(b) 完整晶体的柏氏回路

图 1.38　螺型位错柏氏矢量的确定

对于混合位错而言，由于其柏氏矢量既不垂直又不平行于位错线，而是与它相交成一定的角度，因此可以将此矢量分解为垂直于位错线的刃型分量和平行于位错线的螺型分量。

(2) 柏氏矢量的特性

柏氏矢量是描述位错实质的一个重要标志，它集中反映了位错区域内畸变总量的大小和方向，其重要特性归纳如下。

① 用柏氏矢量可以判断位错的类型。如位错线与柏氏矢量垂直就是刃型位错，位错线与柏氏矢量平行的就是螺型位错。

② 用柏氏矢量可以表示位错区域晶格畸变总量的大小。位错周围的所有原子，都不同程度地偏离其平衡位置。位错中心的原子偏离量最大。离位错中心越远的原子，其偏离量越小。通过柏氏回路将这些畸变叠加起来，畸变总量的大小便可由柏氏矢量表示出来。柏氏矢量越大，则位错周围的晶格畸变也越严重，因此，柏氏矢量是一个反映由位错引起的点阵畸变大小的物理量。该矢量的模 $|\boldsymbol{b}|$ 表示畸变的程度，称为位错的强度。

③ 用柏氏矢量可以表示晶体滑移的方向和大小。位错运动导致晶体滑移时，滑移量大小即为柏氏矢量 ***b***，滑移方向即为柏氏矢量的方向。

④ 一条位错线具有唯一的柏氏矢量。它与柏氏回路的大小和回路在位错线上的位置无关，位错在晶体中运动或方向改变时，其柏氏矢量不变。

⑤ 若位错可分解，则分解后各分位错的柏氏矢量之和等于原位错的柏氏矢量[图 1.39(a)、图 1.39(b)]。

⑥ 位错可定义为柏氏矢量不为零的晶体缺陷，它具有连续性，不能中断于晶体内部。其存在形态可形成一个闭合的位错环，或连接于其他位错，或终止在晶界，或露头于晶体表面［图 1.39(c)］。

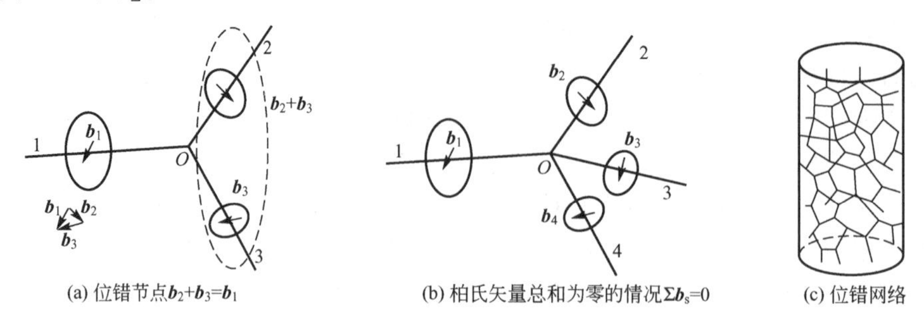

(a) 位错节点$b_2+b_3=b_1$　(b) 柏氏矢量总和为零的情况$\Sigma b_s=0$　(c) 位错网络

图 1.39　位错线相交与柏氏矢量的关系

(3) 柏氏矢量的表示方法

柏氏矢量的表示方法与晶向指数相似，只不过晶向指数没有“大小”的概念，而柏氏矢量必须在晶向指数的基础上把矢量的模也表示出来。因此柏氏矢量的大小和方向可以用它在各个晶轴上的分量，即点阵矢量 $\boldsymbol{a}$、$\boldsymbol{b}$ 和 $\boldsymbol{c}$ 来表示。对于立方晶系，由于 $\boldsymbol{a}=\boldsymbol{b}=\boldsymbol{c}$，因此柏氏矢量可表示为 $\boldsymbol{b}=\frac{a}{n}[uvw]$，其中 n 为正整数，$[uvw]$ 是与柏氏矢量 $\boldsymbol{b}$ 同向的晶向指数$\left(\text{图 1.40 中 } \boldsymbol{b}_1=a[110],\ \boldsymbol{b}_2=\frac{a}{2}[110]\right)$。用柏氏矢量的模 $|\boldsymbol{b}|=\frac{a}{n}\sqrt{u^2+v^2+w^2}$ 表示位错的强度。

同一晶体中，柏氏矢量越大，表明该位错导致点阵畸变越严重，它所在处的能量也越高。能量较高的位错通常倾向于分解为两个或多个能量较低的位错：$\boldsymbol{b}_1\rightarrow\boldsymbol{b}_2+\boldsymbol{b}_3$，并满足 $|\boldsymbol{b}_1|^2>|\boldsymbol{b}_2|^2+|\boldsymbol{b}_3|^2$，以使系统的自由能下降。

4. 位错的易动性

晶体中位错处的原子处于能量较高的状态，在切应力作用下原子很容易发生移动。

图 1.41 所示为正刃型位错滑移原子的位移示意。其中 PQ 表示位错(半原子面)原来的位置，$P'Q'$表示位错移动一个原子间距后的位置。从图中可以看出，在切应力 τ 的作用下，位错线周围的原子由“·”位置移动小于一个原子间距的距离到“●”位置使位错在滑移面上向左移动了一个原子间距，从 PQ 位置移动到$P'Q'$位置。因而，只需施加一个很小的力就可以使位错运动。

图 1.42 所示为螺型位错的滑移过程示意。图中“·”表示滑移面下方的原子，“●”表示滑移面上方的原子；虚线表示点阵的原始状态，实线表示位错滑移一个原子间距后的状态。从图中可以看出，只要位错线周围的原子有微小的位移，就可使位错线移动一个原子间距。因而，使螺型位错运动所需的力也是很小的。

从上述分析可以看出，含有位错晶体的滑移过程实质上是位错的运动过程。此过程中原子实际的位移距离远小于原子间距，这种滑移比两个相邻原子面整体相对移动(即刚性滑移)容易得多。因此实际晶体滑移所需要的临界切应力远远小于刚性滑移，即晶体的实际强度比理论强度低得多。

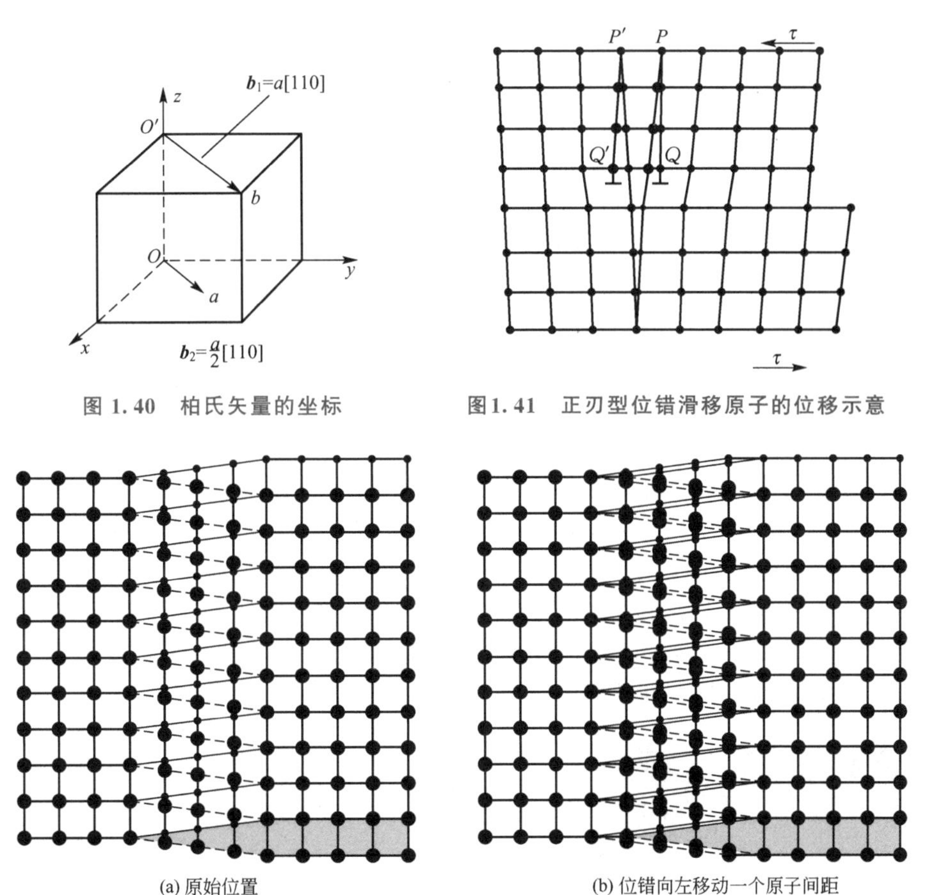

图 1.40　柏氏矢量的坐标

图1.41　正刃型位错滑移原子的位移示意

图 1.42　螺型位错的滑移过程示意

5. 位错对材料性能的影响

当金属受到的应力超过其弹性极限后，将产生永久形变，这种变形称为塑性变形。晶体的塑性变形是通过位错的运动实现的。利用电子显微、衍射等方法，能够观察到位错在切应力的作用下产生滑移的过程，也能够看到位错线在应力作用下滑移后，滑移到晶体表面，在晶体表面形成台阶。

金属材料在塑性变形时，内部的位错密度大大增加，从而使材料出现加工硬化现象。如前所述，金属经过剧烈冷变形后，位错密度从 $10^9 \sim 10^{10}\,m^{-2}$ 增至 $10^{14} \sim 10^{16}\,m^{-2}$，比初始的位错密度大近百万倍。随着位错密度增大，位错之间的相互作用增大，对位错运动的阻力也增大，从而产生了加工硬化。加工硬化现象的产生，使材料的屈服强度大大增加，但材料的抗拉强度基本不变。

位错的周围存在应力场，使得杂质原子在位错周围聚集，从而引起晶体性质的改变。例如，一个正刃型位错，滑移面上侧的晶格被压缩，原子受到压应力，而在滑移面下侧的晶格被拉伸，原子受到拉应力。如果在正刃型位错上侧，晶体的原子被较小的杂质原子取代，或在下侧被较大的杂质原子替代，都可以在一定程度上减弱晶体中的形变和应力，从而降低晶体的形变能。因而，较小的杂质原子将聚集到受压缩的区域，较大的杂质原子则聚集到受拉伸的区域。杂质原子的偏聚对材料的电学等性质具有一定的影响。

1.3.4 面缺陷

面缺陷是指在一个方向上的尺寸很小，而在其余两个方向上的尺寸很大的缺陷。面缺陷通常包含几个原子层厚的区域，该区域内的原子排列甚至化学成分往往不同于晶体内部，其结构为二维分布，又称二维缺陷。晶体的外表面及各种内界面如晶界、亚晶界、孪晶界、相界及表面等均属于面缺陷。

1. 晶界与亚晶界

实际晶体材料都是多晶体，属于同一固相但位向不同的相邻晶粒之间的界面称为晶界，而每个晶粒有时又由若干个位向稍有差异的亚晶粒所组成，相邻亚晶粒间的界面称为亚晶界。通常情况下，晶粒的平均直径通常为 0.015～0.25mm，而亚晶粒的平均直径则通常为 0.001mm 以下。图 1.43 所示为 Mg－3%Al－0.8%Zn 合金中的晶界。

晶界的结构和组成它们的晶粒间的取向有关，晶粒间取向差越大，形成的晶界结构越复杂。二维点阵中晶界位置可用两个晶粒的位向差 θ 和晶界相对于一个点阵某一平面的夹角 ϕ 来确定，如图 1.44 所示。根据相邻晶粒之间位向差 θ 的大小可将晶界分为小角度晶界($\theta<10°$)和大角度晶界($\theta>10°$)两种类型。亚晶界通常都属于小角度晶界。

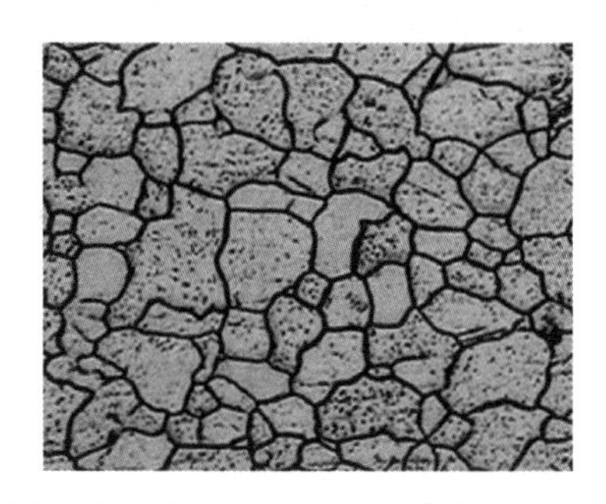

图1.43　Mg－3Al－0.8Zn 合金中的晶界

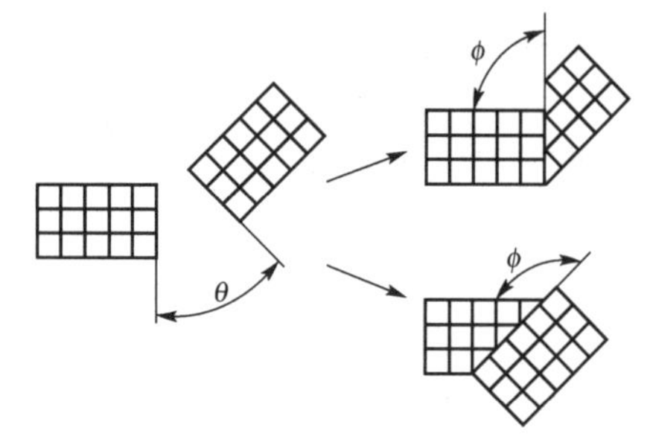

图 1.44　二维平面点阵的晶界

(1) 小角度晶界

当晶界两侧的晶粒位向差很小时，晶界基本上由位错组成。由刃型位错组成的小角度晶界称为倾斜晶界。倾斜晶界分为对称倾斜晶界和不对称倾斜晶界两种。由螺型位错组成的小角度晶界称为扭转晶界。

① 对称倾斜晶界。对称倾斜晶界可看作晶界两侧的晶粒相对于晶界对称地倾斜了一个很小的角度($\theta/2$)所形成的界面，如图 1.45 所示。晶界上大部分原子仍处于正常的阵点位置，相隔一定距离后，正常的阵点位置不能同时满足相邻晶粒的要求，便产生了一个刃型位错。因而，对称倾斜的晶界可用一系列平行的刃型位错加以描述，如图 1.46 所示。位错间距 D 与位向差 θ 之间的关系为

$$D=\frac{b}{2\sin\dfrac{\theta}{2}} \tag{1-29}$$

当 θ 很小时，$\sin\left(\dfrac{\theta}{2}\right)=\dfrac{\theta}{2}$，则

$$D=\frac{b}{\theta} \tag{1-30}$$

若 $b=0.25\text{nm}$，当 $\theta=1°$时，代入式(1-30)可得 $D=14.3\text{nm}$，即每隔50～60个原子间距便有一个刃型位错；而当 $\theta=10°$时，可得 $D=1.4\text{nm}$，此时每隔5～6个原子间距就有一个位错，在这种情况下，位错密度过大，故这种结构是不稳定的。因此，当 θ 较大时，这个模型不适用。图1.47所示为高分辨率电子显微镜下观察到的对称倾斜晶界。

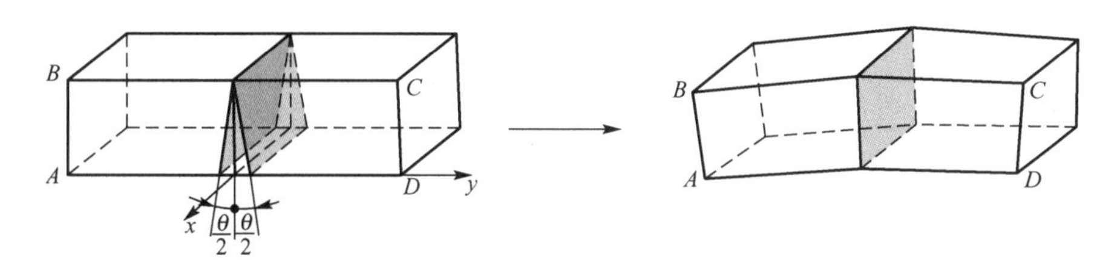

图1.45　对称倾斜晶界的构造

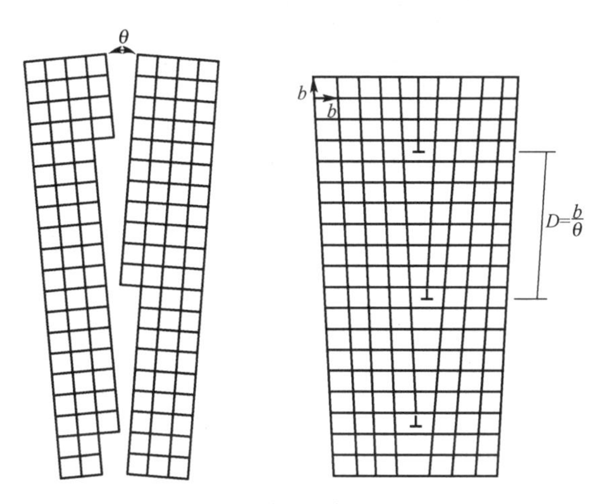

图1.46　对称倾斜晶界模型

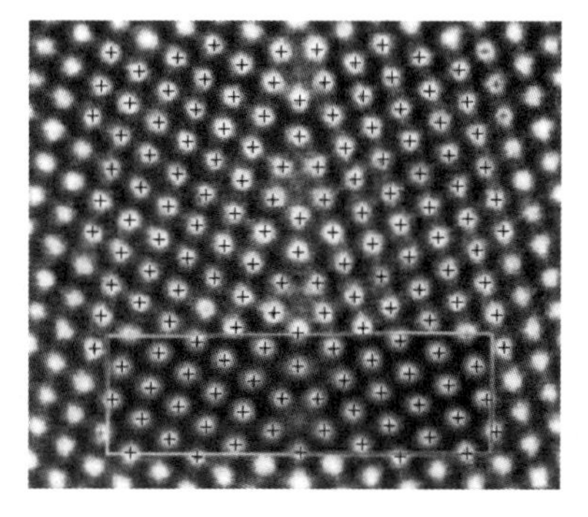

图1.47　高分辨率电子显微镜下观察到的对称倾斜晶界

② 不对称倾斜晶界。如果倾斜晶界的界面绕 x 轴转了一角度 φ，则此时两晶粒之间的位向差仍为 θ，但此时晶界的界面对于两个晶粒是不对称的，称为不对称倾斜晶界，如图1.48所示。它有两个自由度 θ 和 φ。该晶界结构可看成是由两组柏氏矢量相互垂直的刃型位错交错排列而构成的，两组刃型位错各自的间距分别为

$$D_1=\frac{b_1}{\theta\sin\varphi} \tag{1-31}$$

$$D_2=\frac{b_2}{\theta\cos\varphi} \tag{1-32}$$

③ 扭转晶界。如图1.49所示，扭转晶界可看作将一个晶体沿中间平面切开，然后使上半部分晶体绕垂直于中间平面的轴转过一个角度 θ，再与下半部分晶体合

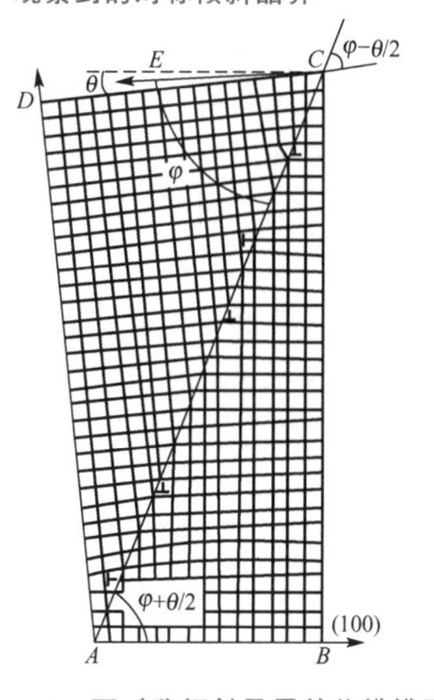

图1.48　不对称倾斜晶界的位错模型

在一起而形成。简单立方晶粒之间的扭转晶界的结构如图 1.50 所示，晶界由两组螺型位错交叉网络组成。

扭转晶界和倾斜晶界均是小角度晶界的简单情况，不同之处在于倾斜晶界形成时，转轴在晶界内，扭转晶界的转轴则垂直于晶界。通常，小角度晶界都可看作是两部分晶体绕某一轴旋转一角度而形成的，只不过其转轴既不平行于晶界又不垂直于晶界。对于这样的小角度晶界，可看作是由一系列刃型位错、螺型位错或混合位错的网络所构成的。

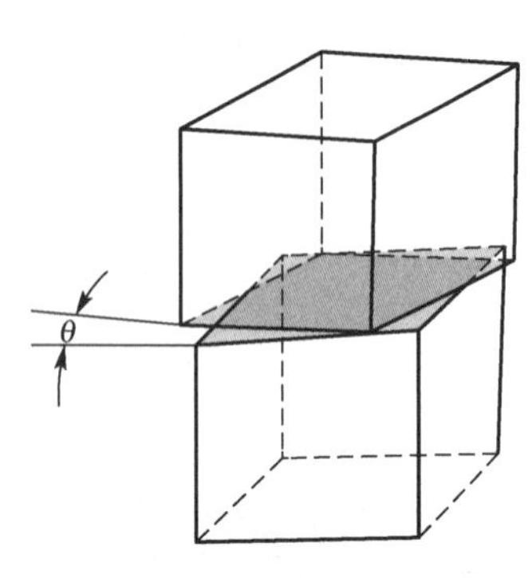

图 1.49　扭转晶界构造

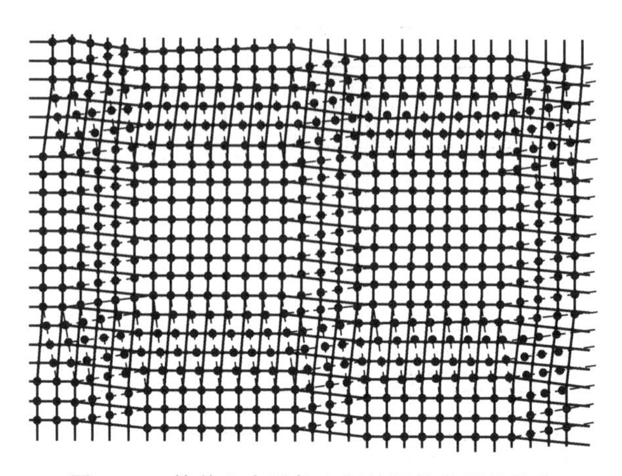

图 1.50　简单立方晶粒之间的扭转晶界的结构

(2) 大角度晶界

晶粒之间的晶界通常为大角度晶界。大角度晶界两侧晶粒的位相差较大，结构较复杂，原子排列很不规则。图 1.51(a)所示为大角度晶界的结构模型。取向不同的相邻晶粒的界面不是光滑的曲面，而是由不规则的台阶所组成的。分界面上既包含有同时属于两晶粒的原子 D，又包含有不属于任一晶粒的原子 A；既包含有压缩区 B，又包含有扩张区 C。这是由于晶界上的原子同时受到位向不同的两个晶粒中原子的作用所致的。总之，大角度晶界上原子排列比较紊乱，但也存在一些相对比较整齐的区域。因此，晶界可看成由坏区域与好区域交替相间组合而成。随着位向差的增大，坏区域的面积将相应增加。纯金属中大角度晶界的宽度一般不超过三个原子间距。

近年来利用场离子显微镜研究晶界，提出了大角度晶界的“重合位置点阵”模型，并得到实验证实。图 1.51(b)所示为 1/5 重合位置点阵模型，在图中所示的二维正方点阵中，当两个相邻晶粒的位向差为 37°时（相当于晶粒 2 相对晶粒 1 绕某固定轴旋转了 37°），若设想两个晶粒的点阵彼此通过晶界向对方延伸，则其中一些原子将出现有规律的相互重合。由这些原子重合位置所组成比原来晶体点阵大的新点阵，就称为重合位置点阵。图中，每五个原子中即有一个是重合位置，故重合位置点阵密度为 1/5，并称其为 1/5 重合位置点阵。显然，由于晶体结构及所选旋转轴与转动角度的不同，可以出现不同重合位置密度的重合点阵。表 1-11 列出了立方晶系金属中重要的重合位置点阵。例如，当体心立方两相邻晶粒以［110］为旋转轴转动 70.5°时，将出现重合位置密度为 1/3 的重合点阵。在大角度晶界中晶界力求与重合点阵密排面重合，即使有偏离，晶界也会台阶化，使大部分面积分段与密排面重合，中间以小台阶相连。

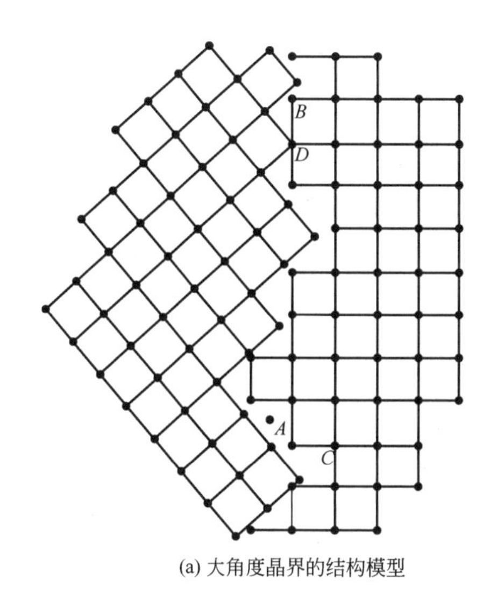

(a) 大角度晶界的结构模型

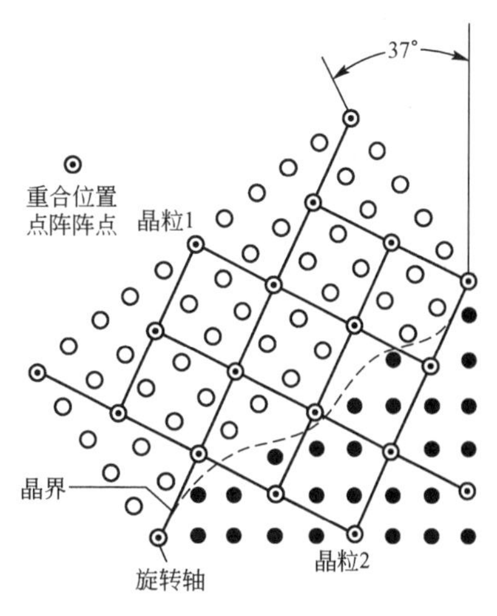

(b) 1/5重合位置点阵模型

图 1.51 大角度晶界模型

表 1-11 立方晶系金属中重要的重合位置点阵

晶体结构	旋转轴	转动角度	重合位置密度
体心立方结构(BCC)	[100]	36.9°	1/5
	[110]	70.5°	1/3
	[110]	38.9°	1/9
	[110]	50.5°	1/11
	[111]	60.0°	1/3
	[111]	38.2°	1/7
面心立方结构(FCC)	[100]	36.9°	1/5
	[110]	38.9°	1/9
	[111]	60.0°	1/7
	[111]	38.2°	1/7

(3) 晶界能

无论是小角度晶界还是大角度晶界，晶界上的原子排列都是不规则的，都或多或少地偏离了平衡位置，即存在点阵畸变，所以相对于晶体内部，晶界处于较高的能量状态。晶界能 γ_G 定义为形成单位面积界面时系统自由能的变化(dF/dA)，它等于界面区单位面积的能量减去无界面时该区单位面积的能量。

小角度晶界是由位错组成的，其能量主要来于自位错产生的能量，而位错密度又取决于晶粒间的位向差，因而，小角度晶界能 γ_G 可表示为

$$\gamma_G=\gamma_0\theta(A-\ln\theta) \tag{1-33}$$

式中，$\gamma_0=\dfrac{Gb}{4\pi(1-\nu)}$为常数，取决于材料的切变模量 G、泊松比 ν 及柏氏矢量 $\boldsymbol{b}$；A 为积

分常数，取决于位错中心的原子错排能。

由此可知，小角度晶界的晶界能随位向差的增加而提高，但式(1－33)只适用于小角度晶界，而对大角度晶界不适用。

实际上，多晶体的晶界一般为大角度晶界，各晶粒的位向差为30°～40°。对于大角度晶界，由于其结构是一个相对无序的薄层，它们的界面能不随位向差而产生明显变化，与晶粒之间的位向差无关，可以近似的看作定值。大角度晶界能的数值随材料而异，它与衡量材料原子键合强弱的弹性模量 E 有较好的对应关系。一般情况下，金属中大角度晶界能为 $0.25\sim1.0\text{J/m}^2$。

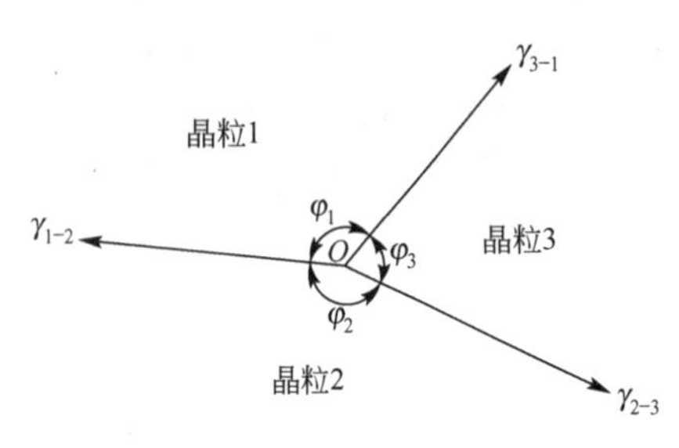

图 1.52　三个晶粒两两相交于一个界面

晶界能也可以以界面张力的形式来表现，通过界面交角的测定求出它的相对值。三个晶粒相遇时，它们两两相交于一界面，三个界面相交于一个三叉界棱（图1.52）。在达到平衡状态时，O 点处的界面张力 γ_{1-2}、γ_{2-3}、γ_{3-1} 必须达到力学平衡，即其矢量和为零，故 $\gamma_{1-2}+\gamma_{2-3}\cos\varphi_2+\gamma_{3-1}\cos\varphi_1=0$ 或 $\dfrac{\gamma_{1-2}}{\sin\varphi_3}=\dfrac{\gamma_{2-3}}{\sin\varphi_1}=\dfrac{\gamma_{3-1}}{\sin\varphi_2}$。

若取其中某一晶界能作为基准，则通过测量界面交角 φ 即可求得其他晶界的相对能量。在平衡状态下，三交叉晶界的各界面交角均趋向于最稳定的120°，此时各晶粒之间的晶界能基本相等。

（4）晶界的特性

① 晶界处存在较大的点阵畸变，存在较高的晶界能。晶粒的长大和晶界的平直化都能减少晶界面积，从而降低晶界的总能量，这是一个自发过程。晶粒的长大和晶界的平直化均需通过原子的扩散来实现，因此，温度升高和保温时间的增长，均有利于这两过程的进行。

② 晶界处原子排列不规则，在常温下晶界的存在会对位错的运动起阻碍作用，致使塑性变形抗力提高，宏观表现为晶界较晶内具有较高的强度和硬度。晶粒越细，材料的强度越高，这就是细晶强化。高温下则由于晶界存在一定的黏滞性，易使相邻晶粒产生相对滑动。

③ 晶界处原子偏离平衡位置，具有较高的动能，并且晶界处存在较多的缺陷，如空穴、杂质原子和位错等。故晶界处原子的扩散速度比在晶内快得多。

④ 在固态相变过程中，由于晶界能量较高且原子活动能力较大，因此新相易于在晶界处优先形核。原始晶粒越细，晶界越多，则新相形核率也相应越高。

⑤ 由于成分偏析和内吸附现象，特别是晶界富集杂质原子的情况下，往往晶界熔点较低，故在加热过程中，因温度过高将引起晶界熔化和氧化，导致“过热”现象产生。

⑥ 由于晶界能量较高，原子处于不稳定状态，以及晶界富集杂质原子的缘故，与晶内相比晶界的腐蚀速度一般较快。这就是为什么用腐蚀剂来显示金相样品组织的依据，也是某些金属材料在使用中发生晶间腐蚀破坏的原因。

2. 孪晶界

孪晶是指两个晶体(或一个晶体的两部分)沿一个公共晶面构成镜面对称的位向关系，这两个晶体就形成“孪晶”，此公共晶面就称为孪晶面。

孪晶之间的界面称为孪晶界。孪晶界可分为共格孪晶界和非共格孪晶界两类，如图 1.53 所示。如果孪晶界与孪晶面一致，称为共格孪晶界；如果孪晶界与孪晶面不一致，称为非共格孪晶界。

共格孪晶界就是孪晶面。在孪晶面上的原子同时位于两个晶体点阵的结点上，为两个晶体所共有，属于自然的完全匹配的无畸变的共格晶面［图 1.53(a)］。因此，其界面能很低，约为普通晶界界面能的 1/10，很稳定，在显微镜下呈直线，是较常见的孪晶界。

如果孪晶界相对于孪晶面旋转一角度，即可得到非共格孪晶界，此时，孪晶界上只有部分原子为两部分晶体所共有，因而原子错排较严重［图 1.53(b)］。这种孪晶界的能量相对较高，约为普通晶界界面能的 1/2。

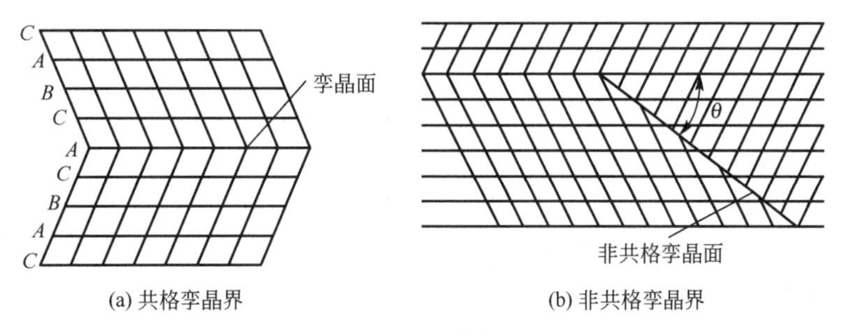

图 1.53 孪晶界

依形成原因的不同，孪晶可分为形变孪晶、生长孪晶和退火孪晶等。图 1.54 所示为铜的退火孪晶。

图 1.54 铜的退火孪晶

3. 相界

若相邻晶粒不但取向不同而且分属不同的相，则它们之间的界面称为相界。根据界面上的原子排列结构不同，可把固体中的相界分为共格相界、半共格相界和非共格相界三类。

(1) 共格相界

所谓共格是指界面上的原子同时位于两相晶格的结点上，即在相界面上两相原子完全相互匹配。具有完善共格关系的共格相界如图 1.55(a)所示，它是一种无畸变的具有完全共格的相界，其界面能很低。但是理想的完全共格界面，只有在孪晶界且孪晶界为孪晶面时才可能存在。对相界而言，其两侧为两个不同的相，即使两个相的晶体结构相同，其点阵常数也不可能相等，因此在形成共格界面时，必然在相界附近产生一定的弹性畸变，晶面间距较小者伸长，较大者压缩，以互相协调，使界面上原子达到匹配。显然，共格相界的能量相对于理想的完全共格界面(如孪晶界)的能量要高，具有弹性畸变的共格相界如图 1.55(b)所示，由此将引起共格畸变或共格应变。

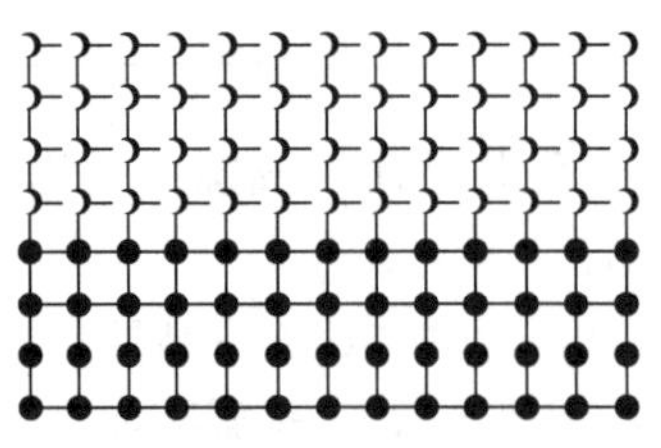
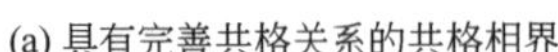

(a) 具有完善共格关系的共格相界

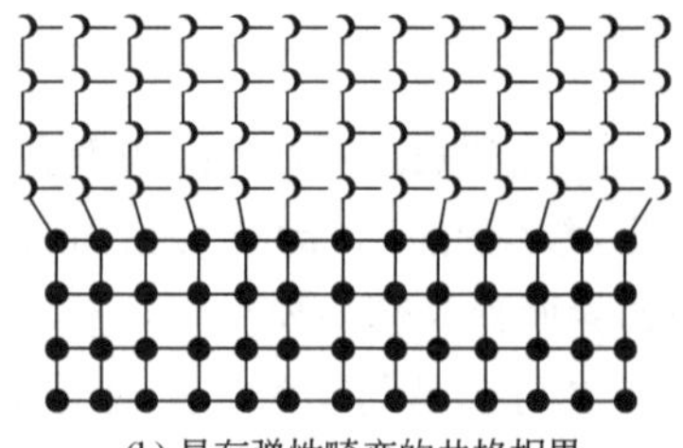

(b) 具有弹性畸变的共格相界

图 1.55　共格相界

(2) 半共格相界

当两相邻晶体在相界面处的晶面间距相差较大时，相界面上的原子不可能做到完全的一一对应。因而，在界面上将产生一些位错，以降低界面的弹性应变能，这时界面上两相原子部分地保持匹配，这样的界面称为半共格相界或部分共格相界。半共格相界上位错间距取决于相界处两相匹配晶面的错配度。错配度 δ 定义为

$$\delta=\frac{a_\alpha-a_\beta}{a_\alpha} \qquad (1-34)$$

式中，a_α，a_β 分别为相界面两侧的 α 相和 β 相的点阵常数，且 $a_\alpha>a_\beta$。

由此可求得位错间距 $D=a_\alpha/\delta$。当 δ 很小($\delta<0.05$)时，D 很大，即成为共格相界，两侧共格界面的畸变使系统总能量增加；当 δ 比较大($0.05<\delta<0.25$)时，从能量角度而言，以半共格相界代替共格相界更为有利。在半共格相界上，它们的不匹配可由刃型位错周期地调整补偿，如图 1.56 所示。

(3) 非共格相界

当两相在相界面处的原子排列相差很大时(即 δ 很大时)，只能形成非共格界面，如图 1.57所示。这种相界与大角度晶界相似，可看成是由原子不规则排列的很薄的过渡层构成的。

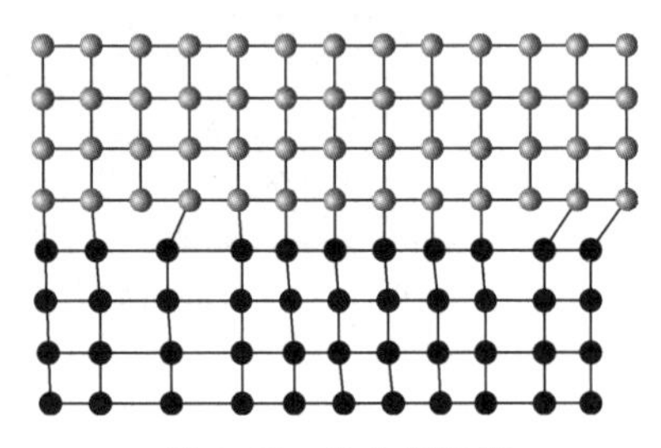

图 1.56　半共格相界

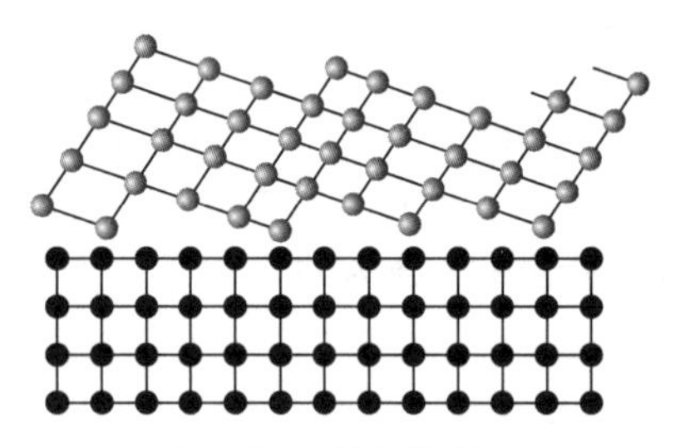

图 1.57　非共格相界

从理论上来讲，相界能包括两部分，即由于原子离开平衡位置所引起的弹性畸变能(或应变能)和由于界面上原子间结合键数和强度发生变化所引起的化学交互作用能。弹性畸变能大小取决于错配度 δ 的大小，而化学交互作用能取决于界面上原子与周围原子的化学键结合状况。若相界面的结构不同，则这两部分能量所占的比例不同。如对共格相界，由于界面上原子保持着匹配关系，故界面上原子结合键数不变，因此以应变能为主；而对于非共格相界，由于界面上原子的化学键数和强度与晶内相比有很大差异，因此其界面能以化学能为主，而且总的界面能较高。从相界能的角度来看，从共格至半共格到非共格其

相界能依次递增。

4. 表面

表面是指固体材料与气体或液体的分界面。材料表面的原子与内部原子所处的环境不同。内部的任一原子都处于其他原子的包围中，周围原子对它的作用力呈对称分布，因此材料表面的原子处于均匀的应力场中，总合力为零，即处于能量最低的状态；而表面原子却不同，每个表面原子只是部分地被其他原子包围着，它的相邻原子数比内部原子少。另外，表面原子与气相(或液相)分子接触，气相分子对其的作用力可忽略不计，使得表面原子处于不均匀的应力场之中，因而表面原子就会偏离其正常的平衡位置，并影响到邻近的几层原子，造成表层的点阵畸变，使表面处的能量大大升高。晶体表面单位面积自由能的增加称为表面能γ_S(J/m^2)，实验测定其数值约为晶界能的三倍，即 $\gamma_S \approx 3\gamma_G$。材料的表面能与晶界能一样，和衡量原子结合力或者结合键能的弹性模量有直接的联系，与原子间距 b 也有关系，可表示为

$$\gamma_S \approx 0.05Gb \tag{1-35}$$

材料的表面能与其晶体表面原子排列致密程度有关，原子密排的表面具有最小的表面能。当以原子密排面作表面时，晶体的能量最低、最稳定，所以自由晶体暴露在外的表面通常是低表面能的原子密排晶面。自然界的有些矿物或人工结晶的盐类等常具有规则的几何外形，它们的表面常由最密排面及次密排面组成，这是一种低能的几何形态。

图 1.58(a)为面心立方晶格金晶体于 1030℃氢气氛中的表面能的极图。图中径向矢量为垂直于该矢量的晶体表面上表面张力的大小。由图可知，原子密排面 {111} 具有最小的表面能。如果晶体的外表面与密排面成一定角度，为了保持低能量的表面状态，晶体的外表面大多呈台阶状，如图 1.58(b)所示，台阶的平面是低表面能晶面，台阶密度取决于表面和低能面的交角。晶体表面原子的较高能量状态及其所具有的残余结合键，将使外来原子易被表面吸附，并引起表面能的降低。此外，台阶状的晶体表面也为原子的表面扩散及表面吸附现象提供了一定条件。

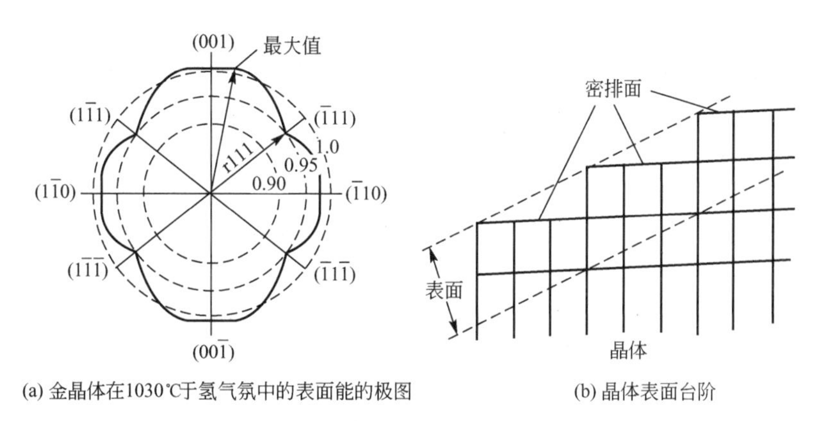

(a) 金晶体在1030℃于氢气氛中的表面能的极图

(b) 晶体表面台阶

图 1.58 Au 晶体表面能的极图及表面台阶示意

对于日常广泛应用的大块材料来说，它们的比表面积（单位体积晶体的表面积）很小，因此其表面能对晶体性能的影响不如晶界能重要。但是对于多孔物质或粉末材料，它

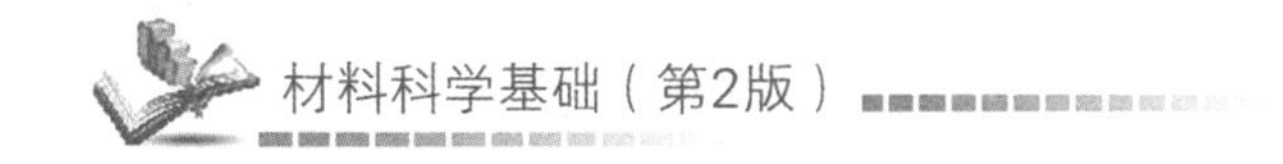

们的比表面积很大，此时表面能就成为不可忽略的重要因素。

习 题

1. 解释下列基本概念及术语。

金属键，离子键，共价键，分子键，氢键，晶体，非晶体，准晶体，理想晶体，晶体结构，空间点阵，阵点，晶胞，晶系，布拉菲点阵，晶向指数，晶面指数，晶向族，晶面族，晶带，晶带轴，晶带定理，晶面间距，面心立方结构，体心立方结构，密排六方结构，点阵常数，晶胞中原子数，配位数，致密度，四面体间隙，八面体间隙，多晶型性，同素异构转变，单晶体，多晶体，点缺陷，线缺陷，面缺陷，空位，间隙原子，肖脱基缺陷，弗兰克尔缺陷，点缺陷的平衡浓度，热缺陷，过饱和点缺陷，刃型位错，螺型位错，混合型位错，柏氏回路，柏氏矢量，位错密度，晶界，亚晶界，小角度晶界，大角度晶界，对称倾斜晶界，不对称倾斜晶界，扭转晶界，晶界能，孪晶界，相界，共格相界，半共格相界，非共格相界。

2. 金属原子间的结合键共有几种？各自特点如何？

3. 试证明四方晶系中只有简单四方和体心四方两种点阵类型。

4. 试证明在立方晶系中，具有相同指数的晶向和晶面必定相互垂直。

5. 面心立方结构金属的［100］和［111］晶向间的夹角是多少？

6. 写出面心立方结构、体心立方结构、密排六方结构($c/a=1.633$)晶体的密排面、密排面空隙、密排方向、密排方向最小单位长度。

7. 试计算体心立方铁受热而变为面心立方铁时出现的体积变化。在转变温度下，体心立方铁的点阵参数是2.863Å($1Å=10^{-10}$m)，而面心立方铁的点阵参数是3.591Å。

8. 分别写出立方晶系的{111}、{110}、{100}、{123}晶面族所包含的晶面。

9. 写出六方晶系中$\{10\bar{1}2\}$晶面族中所有晶面的晶面指数，并在六方晶胞中画出$[\bar{1}\bar{1}20]$、$[1\bar{1}01]$晶向。

10. 纯金属晶体中的点缺陷主要有哪几种？会对金属的结构和性能产生哪些影响？

11. 计算900℃时每立方米的金中空位的数量。已知金的空位形成能为1.568×10^{-19}J，密度为19.32g/cm^3，原子量为196.9g/mol。

12. 试证明一个位错环只能有一个柏氏矢量。

13. 画一个圆形位错环并在位错平面上画出位错的柏氏矢量和位错线方向(假设)，据此指出位错环上各点位错的性质。

14. 若在α-Fe内嵌入一额外的(111)面而使其产生一个1°的小角度晶界，试求位错间的平均距离。

15. 设有两个基体相晶粒(α相)与一个第二相(β相)相交于一公共晶棱析出三叉晶界，已知β相所张的两面角为100°，α相之间的界面能为0.31J/m^2，试求α相与β相之间的界面能。

第2章 金属的结晶

★ 了解金属结晶的基本条件，掌握均匀形核和非均匀形核的自由能变化规律

★ 了解晶核长大规律，重点掌握金属晶体晶粒长大规律及组织控制方法

知识要点	掌握程度	相关知识
结晶的基本概念	理解结晶与凝固之间的关系； 掌握过冷度、自由能、结构起伏的概念； 理解冷却曲线和自由能变化曲线	结晶概念； 结构起伏； 热力学第二定律
晶核形成规律	比较均匀形核与非均匀形核的变化规律； 计算临界形核半径和临界形核功，了解影响形核率的主要因素	吉布斯自由能，系统的能量变化； 均匀形核、非均匀形核； 形核功、形核率； 影响形核率的主要因素
晶核长大规律	理解液固界面的微观结构； 了解晶核长大机制； 掌握晶体生长的形态和晶粒大小控制的主要途径	光滑界面、粗糙界面； 垂直长大、二维长大、晶体缺陷长大； 正温度梯度、负温度梯度，树枝状结晶； 晶粒大小的控制
金属铸锭的组织与缺陷	了解三晶粒区形成特点和性能特点，掌握控制三晶粒区的方法； 了解金属铸锭常见的缺陷和形成原因	表层细晶粒区、中间柱状晶粒区、中心等轴状晶粒区； 缩孔、疏松、气孔及夹杂物
结晶理论的拓展与应用	熟悉定向凝固和急冷凝固技术； 了解柱状晶、单晶技术，微晶和纳米晶金属、非晶态金属、准晶态金属的形成及基本特征	定向凝固技术：柱状晶、单晶技术； 急冷凝固技术：微晶和纳米晶金属、非晶态金属、准晶态金属

2.1 结晶的基本概念

物质从液态转变为固态的过程称为凝固。物质通过凝固形成的固体物质可以是晶体物质、准晶体物质或非晶体物质，如果所形成的是晶体物质则凝固称为结晶。金属自液态经冷却转变为固态，通常是原子由不规则排列的液体向规则排列的晶体转变的过程，属于结晶过程，故称金属的结晶。

熔炼和浇注是获得金属材料及其制品的主要方法，都要经过由液态转变为固态的结晶过程。了解和掌握金属的结晶过程与规律，对控制其铸锭和铸件的质量、提高金属产品的加工性能和使用性能意义重大。

2.1.1 晶核形成与晶核长大

金属和其他晶体物质的结晶过程与一切物质的凝固过程相同，包括固体核形成和核长大两个过程。由于形成的是金属晶体，因此所形成的固体核一般称为晶核，核长大一般称为晶核长大。X 射线和中子衍射等研究结果表明，液态金属中存在许多类似于晶体中原子有规则排列的小集团，称为近程有序排列。当高于金属熔点时，这些小集团尺寸较小，极不稳定，时聚时散，此起彼伏。当低于金属熔点时，这些小集团中的某些就可能成为稳定的结晶核心。随着冷却的不断进行，已形成的晶核不断长大，同时液态金属中又会不断产生新的晶核并随冷却不断长大，直至液态金属全部消失，晶体间相互接触为止。

金属结晶过程示意

图 2.1 所示是金属结晶过程示意，当每个晶核长大至相互接触时，形成许多外形不规则的小晶体，称为晶粒。晶粒之间的界面就是一种晶体面缺陷——晶界。金属内部晶粒的尺寸大小、形状、分布可通过金相方法进行观察，称为金相组织或显微组织，简称组织，图 2.2 所示是通过金相显微镜观察到的纯铁的显微组织。

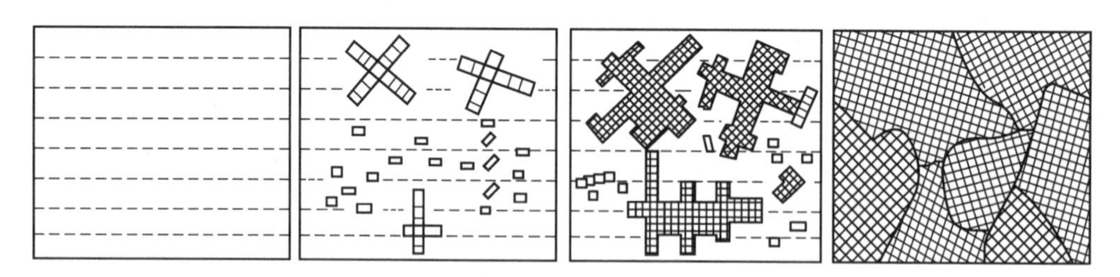

图 2.1　金属结晶过程示意

2.1.2 结晶的条件

1. 过冷度

纯金属都有一个固定的熔点，或称平衡位置的结晶温度。也就是说，纯金属的结晶过程总是在一个恒定温度下进行的，这时液态金属在结晶过程中所释放的结晶潜热补偿了向外散失的热量，使温度并不随冷却时间的增长而下降，直至结晶完成。金属的结晶温度可用热分析等实验方法来测定和绘制，热分析装置示意如图 2.3 所示。将金属加热熔化成液体，如果在无限缓慢冷却条件下平衡结晶，那么对应的结晶温度称为平衡结晶温度或理论结晶温度，常用 T_m 表示，如图 2.4(a)所示。但在实际结晶中，冷却都有一定的冷却速度，故液态金属将在理论结晶温度 T_m 以下某一温度 T_n 才开始结晶，如图 2.4(b)所示。金属的实际结晶温度 T_n 低于理论结晶温度 T_m 的现象称为过冷现象。理论结晶温度与实际结晶温度的差($T_m-T_n=\Delta T$)称为过冷度。金属液体结晶时的冷却速度越大，则过冷度越大。

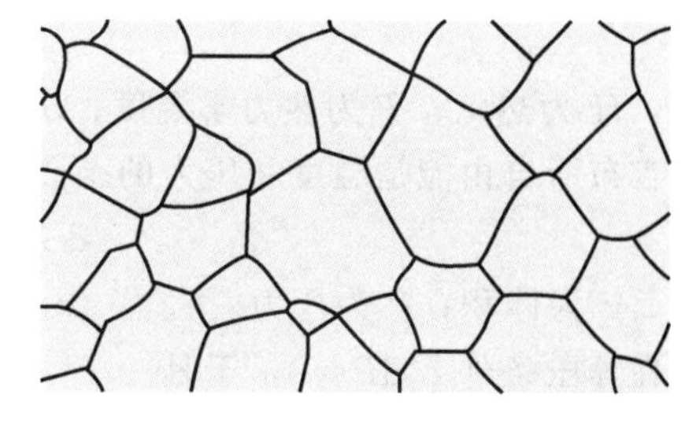

图 2.2　通过金相显微镜观察到的纯铁的显微组织

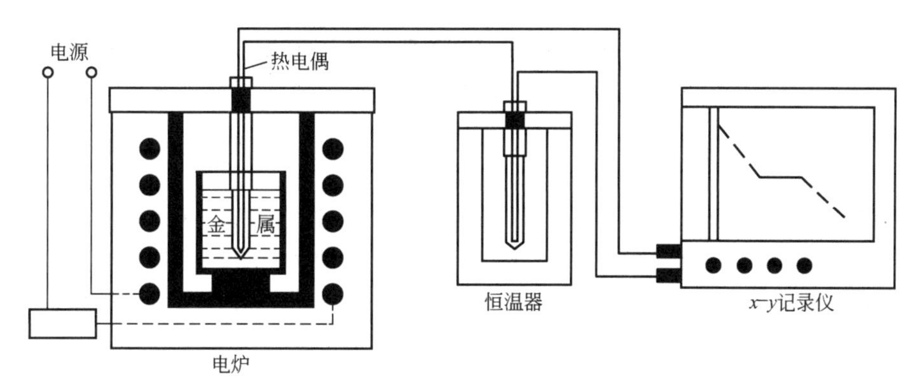

图 2.3　热分析装置示意

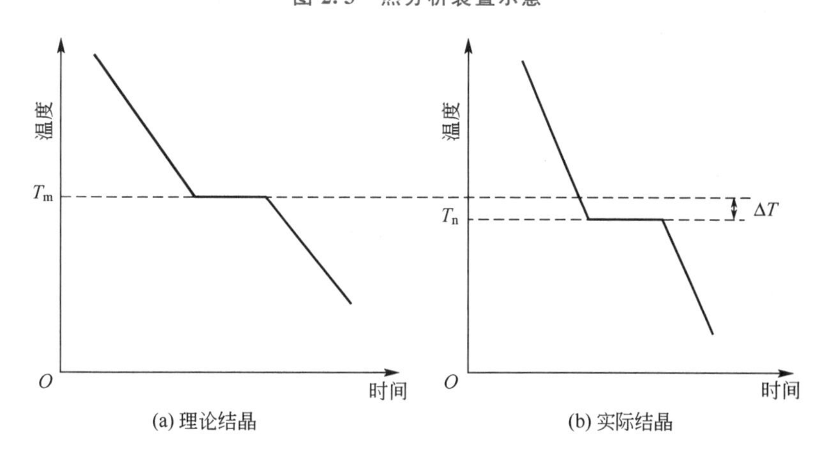

图 2.4　纯金属结晶时的冷却曲线

2. 自由能

金属的结晶或熔化通常可以看作是在常压(等压)下的恒温(等温)转变过程，而且体积变化率较小($\Delta V<3\%\sim5\%$)。根据热力学第二定律，过程自发进行的方向是体系吉布斯自由能降低的方向。吉布斯自由能 G 表示为

$$G=H-TS \tag{2-1}$$

式中，H 为热焓；T 为热力学温度；S 为体系的熵。

吉布斯自由能是温度和压力的函数，可导出

$$\mathrm{d}G=-S\mathrm{d}T+V\mathrm{d}P \tag{2-2}$$

式中，V 为体积；P 为压力。

在等压条件下 $\mathrm{d}P=0$，于是

$$\frac{\mathrm{d}G}{\mathrm{d}T}=-S \tag{2-3}$$

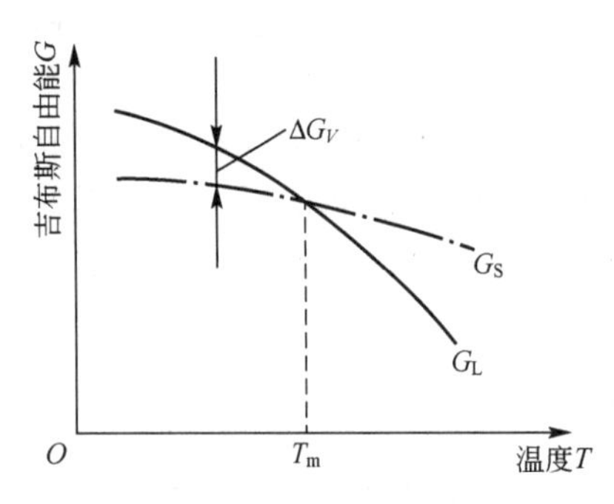

图 2.5　液、固吉布斯自由能随温度变化曲线

由于熵(S)表示原子排列的混乱程度，为正值，并且液态下原子排列的混乱程度比固态下原子排列的混乱程度大得多，因此，液态时的熵值 S_L 大于固态时的熵值 S_S。体系吉布斯自由能 G 随温度 T 升高的变化曲线是一条向上凸的曲线，如图 2.5 所示，并且液态吉布斯自由能随温度变化的剧烈程度大于固态，即下降率大。这样，液、固吉布斯自由能变化曲线必定有一个交点，交点所对应的温度 T_m 就是金属的理论结晶温度。

要使结晶过程能够进行，需使液、固系统吉布斯自由能降低，且 $G_L-G_S=\Delta G_V>0$，根据图 2.5，结晶时的温度 T 必须小于 T_m，也就是说结晶是在一定的过冷度 ΔT 条件下进行的，ΔG_V 为结晶的驱动力，又称体积自由能，用液态向固态转变时单位体积自由能变化表示为

$$\Delta G_V=\Delta H-T\Delta S=(H_L-H_S)-T(S_L-S_S) \tag{2-4}$$

在恒压条件下，$(H_L-H_S)_P=L_m$ 定义为结晶潜热，则在理论结晶温度($T=T_m$)时，有

$$S_L-S_S=\frac{L_m}{T_m} \tag{2-5}$$

代入式(2-4)，得

$$\Delta G_V=L_m-T\frac{L_m}{T_m} \tag{2-6}$$

在某一实际结晶温度 T_n 结晶时（$T_m-T_n=\Delta T$），有

$$\Delta G_V=L_m\frac{\Delta T}{T_m} \tag{2-7}$$

由此可见，过冷度越大，结晶的驱动力越大，结晶越容易。

3. 结构起伏

金属的结晶是晶核的形成和长大过程，而晶核形成与液态金属的结构相关。金属熔化后体积变化很小，说明固态金属与液态金属的原子间距相差不大。由于 X 射线衍射显示液态金属的配位数与其晶体结构类似，并且有保持或转变成高配位数的倾向。因此从微观上看，液态金属由许多强烈游动、紧密接触、规则排列的原子集团组成，并随着温度的升高，原子集团变小。所有的原子集团都处于瞬息万变的状态中，时而长大，时而变小，时而

产生，时而消失。这种液态金属中近程规则排列、时聚时散的现象称为结构起伏或相起伏。

在液态金属中，每一瞬间都会涌现出大量尺寸各异的结构起伏；温度不同，不同尺寸结构起伏出现的概率也不同，最大和最小尺寸结构起伏出现的概率很小，整体大致符合正态分布，如图 2.6（a）所示。这些不同尺寸的结构起伏就是形核的胚芽，称为晶胚。随温度降低或过冷度增大，结构起伏出现较大尺寸晶胚的数量或概率增加，如图 2.6（b）所示。当某些晶胚尺寸较大时，就会转变成晶核；过冷度越大，有可能转变成晶核的晶胚数量越多。晶胚转变成晶核需要满足什么条件呢？这就是形核规律要讨论的问题。

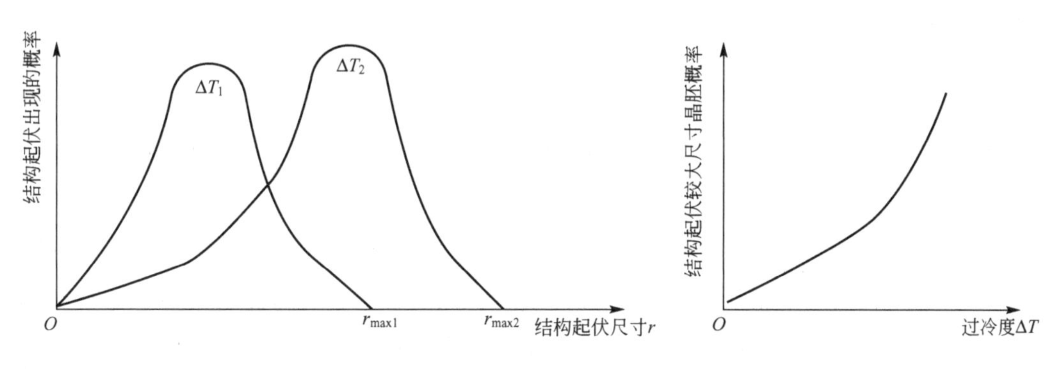

(a) 不同结构起伏尺寸出现的概率　　(b) 不同结构起伏较大尺寸晶胚的概率随过冷度的变化

图 2.6　液态金属中不同结构起伏尺寸(晶胚)出现的概率及结构起伏较大尺寸晶胚的概率随过冷度的变化示意

2.2　晶核形成规律

过冷液态金属中形成固态晶核的方式有两种：一种是均匀形核，又称均质形核或自发形核，指在均匀单一的母相中形成新相结晶核心的过程；另一种是非均匀形核，又称异质形核或非自发形核，指新相结晶核心依附于母相中外来质点表面优先形成的过程。由于实际液态金属中，或多或少存在某些杂质或难熔质点(包括铸造模壁)，因此实际金属结晶的主要方式是非均匀形核，均匀形核只是一种理想情况。但均匀形核的基本规律是研究固态相变的基础，非均匀形核的基本原理也是以均匀形核为基础的，为了便于讨论，首先研究均匀形核。

2.2.1　均匀形核

1. 形核时的能量变化

前面提到，在一定的过冷度条件下，固态的吉布斯自由能低于液态的吉布斯自由能，过冷液体中才会产生晶胚。这时，系统的能量变化包括两部分：一部分是晶胚中的原子由液态转变为固态使系统吉布斯自由能降低，是结晶形核的驱动力；另一部分是晶胚与周围液体构成新的相界面，形成表面能而使系统吉布斯自由能升高，是结晶形核的阻碍力。因

此，这一晶胚的产生引起系统吉布斯自由能的总变化为

$$\Delta G=-\Delta G_V V+\sigma s \tag{2-8}$$

式中，ΔG_V 为液、固两相单位体积自由能差；V 为晶胚的体积；σ 为液、固两相单位面积表面自由能，又称表面张力；s 为晶胚新增表面积。

式(2－8)右侧第一项是液体中出现一个晶胚时所引起的体积自由能的变化，负号表示使系统吉布斯自由能降低；第二项是液体中出现这个晶胚时所引起的表面能的变化，正号表示使系统吉布斯自由能升高。显然，第一项的绝对值越大，越有利于晶核的形成；第二项的绝对值越小，也越有利于晶核的形成。

2. 临界形核半径和临界形核功

根据式(2－8)，为计算方便，假设过冷液体中出现一个半径为 r 的球体晶胚，则这一晶胚所引起的系统吉布斯自由能变化为

$$\Delta G=-\frac{4}{3}\pi r^3\Delta G_V+4\pi r^2\sigma \tag{2-9}$$

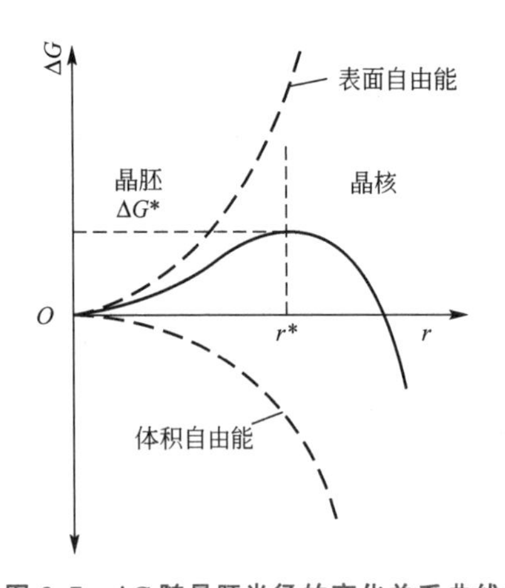

图 2.7　ΔG 随晶胚半径的变化关系曲线

由式(2－9)可知，系统体积自由能的降低与晶胚半径的立方成正比，而表面自由能的升高与晶胚半径的平方成正比，总的自由能变化是二者的代数和，ΔG 随晶胚半径的变化关系曲线如图 2.7 所示。$\Delta G=f(r)$ 曲线存在一个极大值 ΔG^*，该处的 $r=r^*$。当 $r<r^*$ 时，ΔG 随 r 的增大而增大，表面自由能增加占优势，这种晶胚不能成为稳定晶核，只能瞬间形成，又瞬间消失。当 $r>r^*$ 时，ΔG 随 r 的增大而减小，体积自由能降低占优势，这种晶胚才有可能成为稳定晶核。$r=r^*$ 的晶胚称为临界晶核，r^* 称为临界形核半径。

对式(2－9)求导并令 $\frac{d\Delta G}{dr}=0$，就可求出临界形核半径，即

$$r^*=\frac{2\sigma}{\Delta G_V} \tag{2-10}$$

由式(2－10)可知，临界形核半径与液、固两相单位面积表面自由能成正比，而与单位体积自由能成反比，σ 随过冷度变化较小，可看作常数，故将式(2－7)代入式（2－10），可得

$$r^*=\frac{2\sigma T_m}{L_m\Delta T} \tag{2-11}$$

可见，临界形核半径 r^* 与过冷度 ΔT 成反比，过冷度越大，所需的临界形核半径越小，结合图 2.6，过冷度越大，出现大尺寸晶胚的概率也越大，结晶时越容易形成晶核。

将式(2－10)代入式(2－9)，得

$$\Delta G^*=-\frac{4}{3}\pi\left(\frac{2\sigma}{\Delta G_V}\right)^3\Delta G_V+4\pi\left(\frac{2\sigma}{\Delta G_V}\right)^2\sigma$$

$$=\frac{1}{3}\left[4\pi\left(\frac{2\sigma}{\Delta G_V}\right)^2\right]\sigma \qquad (2-12)$$

$$=\frac{1}{3}s^*\sigma$$

ΔG^* 称为临界形核功，简称形核功。说明形成临界晶核时系统吉布斯自由能升高了临界晶核表面自由能的 1/3，也就是说形成临界晶核时，体积自由能的下降只补偿了表面自由能升高的 2/3，如果临界晶核要稳定存在成为晶核，还差 1/3 的表面自由能需要系统另外来补偿。形核功是过冷液体形核时的主要障碍。

实际上，在一定温度下，系统处于一定的自由能值状态，即具有一定的宏观平均自由能，但在各微观区域自由能并不完全相同，有的微观区域能量高，有的微观区域能量低，系统能量也是处于此起彼伏、变化不定的状态，这种现象称为能量起伏。临界形核功的能量来源于系统液体中的能量起伏。在过冷液体中存在的结构起伏和能量起伏，瞬间满足晶核尺寸和临界形核功时，所出现的晶胚就不再消失，会转化成晶核进而不断长大。

临界形核功的大小也与过冷度有关，将式(2-11)代入式(2-9)，得

$$\Delta G^* = -\frac{4}{3}\pi\left(\frac{2\sigma T_m}{L_m\Delta T}\right)^3\Delta G_V + 4\pi\left(\frac{2\sigma T_m}{L_m\Delta T}\right)^2\sigma$$

$$=\frac{16\pi\sigma^3 T_m^2}{3L_m^2}\frac{1}{\Delta T^2} \qquad (2-13)$$

式(2-13)表明临界形核功与过冷度的平方成反比，随过冷度增大，所需临界形核功显著降低，结晶过程更容易进行。

3. 形核率

形核率是单位时间内单位液体中形成晶核的数目，用 N 来表示，单位为 $cm^{-3}\cdot s^{-1}$。

均匀形核的形核率取决于液体中结构起伏和能量起伏的大小及起伏变化的速率。根据统计物理学，系统中出现结构起伏时，如果原子从液体的一个平衡位置转到固体的另一个平衡位置所需的激活能为 Q，则原子跃过的概率为 $e^{-\frac{Q}{RT}}$；系统出现能量起伏时，高于形核功 ΔG^* 所出现的概率为 $e^{-\frac{\Delta G^*}{RT}}$，所以

$$N = Ke^{-\frac{\Delta G^*}{RT}}e^{-\frac{Q}{RT}} \qquad (2-14)$$

式中，K 为比例常数；R 为气体常数；T 为热力学温度。

由于形核功 ΔG^* 与过冷度的平方成反比［式(2-13)］，因此 $e^{-\frac{\Delta G^*}{RT}}$ 随过冷度的增大而增大。而结晶时由于液、固体积变化小，原子间距相差不大，晶体结构类似等，发生结构起伏时原子移动(扩散)所需激活能 Q 随温度变化较小，因此 $e^{-\frac{Q}{RT}}$ 随过冷度的增大而减小。令 $e^{-\frac{\Delta G^*}{RT}} = N_1$，$e^{-\frac{Q}{RT}} = N_2$，则

$$N = KN_1 \cdot N_2 \qquad (2-15)$$

式中，N_1 称为形核功因子；N_2 称为原子移动或扩散概率因子。

综合 N_1、N_2，形核率与温度的关系如图 2.8(a)所示。结晶时随温度降低，过冷度增大，先是 N_1 起主导作用，形核率不断增大，当达到极值后，N_2 开始起主导作用，形核率反而减小。随过冷度增大，晶胚的最大尺寸 r_{max} 增大，临界形核半径 r^* 减小，当

$r_{max} \geqslant r^*$ 时形核才能进行，对应均匀形核的临界过冷度 $\Delta T_{临界}$，如图 2.8(b)所示。均匀形核所需过冷度很大，一般把随过冷度增大至某值时形核率明显增大所对应的过冷度称为有效形核过冷度(写作 $\Delta T_{有效}$)，对金属液体有效形核过冷度 $\Delta T_{有效} \approx 0.2T_m$ [图 2.8(c)]。但实际金属结晶时的过冷度通常不超过 20℃，这是由于实际金属结晶都是非均匀形核。

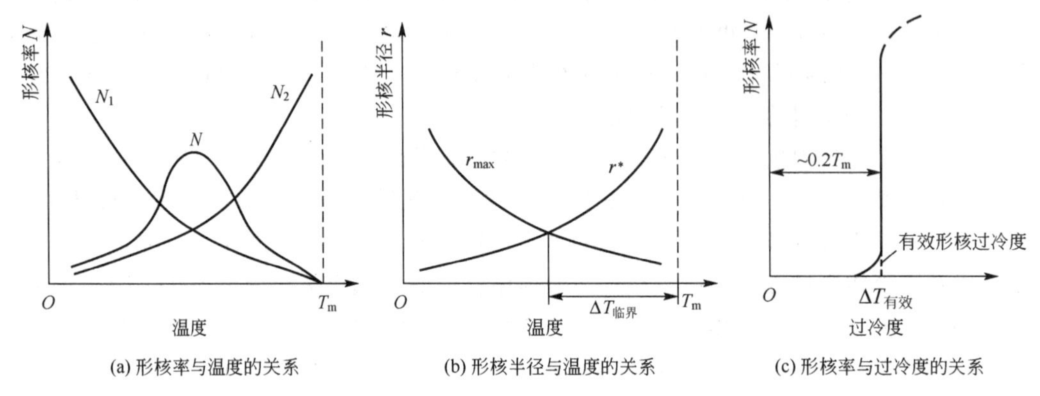

(a) 形核率与温度的关系　(b) 形核半径与温度的关系　(c) 形核率与过冷度的关系

图 2.8　形核率、形核半径与温度的关系及形核率与过冷度的关系

2.2.2　非均匀形核

1. 临界形核半径和形核功

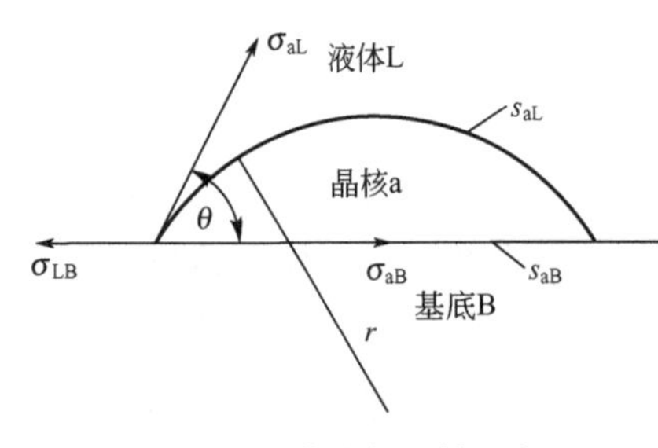

图 2.9　非均匀形核示意

非均匀形核是晶核依附于液体中某些现成的固体表面形成的，形核时系统吉布斯自由能变化也应满足式(2-8)。

为了计算方便，如图 2.9 所示，假设是球冠形晶胚依附于固相质点平面(基底)形成，晶核表面与基底的接触角(又称润湿角)为 θ，用 σ_{aL} 表示晶核与液体之间的表面能，σ_{aB} 表示晶核与基底之间的表面能，σ_{LB} 表示液体与基底之间的表面能。当晶胚稳定存在时，三表面张力在交点处达到平衡，即

$$\sigma_{LB} = \sigma_{aB} + \sigma_{aL}\cos\theta \tag{2-16}$$

结晶系统中形成球冠形晶胚，其体积为

$$V_a = \pi r^3 \left(\frac{2 - 3\cos\theta + \cos^3\theta}{3}\right) \tag{2-17}$$

新形成晶核与液体的接触面 s_{aL} 和晶核与基底的接触面 s_{aB}，分别为

$$s_{aL} = 2\pi r^2 (1 - \cos\theta) \tag{2-18}$$

$$s_{aB} = \pi r^2 \sin^2\theta \tag{2-19}$$

根据式(2-8)，有

$$\begin{aligned}\Delta G &= -\Delta G_V V + \sigma s \\ &= -\Delta G_V V_a + (\sigma_{aL} s_{aL} + \sigma_{aB} s_{aB} - \sigma_{LB} s_{aB}) \\ &= -\frac{1}{3}\pi r^3 (2 - 3\cos\theta + \cos^3\theta)\Delta G_V + \pi r^2 [2(1 - \cos\theta)\sigma_{aL} + \sin^2\theta(\sigma_{aB} - \sigma_{LB})]\end{aligned}$$

将式(2-16)代入上式，并整理，可得

$$\Delta G=\left(-\frac{4}{3}\pi r^3\Delta G_V+4\pi r^2\sigma_{\mathrm{aL}}\right)\left(\frac{2-3\cos\theta+\cos^3\theta}{4}\right) \tag{2-20}$$

按照与均匀形核相同的方法，即可求出非均匀形核的临界形核半径和形核功，即

$$r_{非}^{*}=\frac{2\sigma_{\mathrm{aL}}}{\Delta G_V}=\frac{2\sigma_{\mathrm{aL}}T_{\mathrm{m}}}{L_{\mathrm{m}}\Delta T} \tag{2-21}$$

$$\begin{aligned}\Delta G_{非}^{*}&=\frac{16\pi\sigma_{\mathrm{aL}}^3}{3(\Delta G_V)^2}\left(\frac{2-3\cos\theta+\cos^3\theta}{4}\right)\\&=\frac{1}{3}4\pi r_{非}^{2}\sigma_{\mathrm{aL}}\left(\frac{2-3\cos\theta+\cos^3\theta}{4}\right)\\&=\frac{16\pi\sigma_{\mathrm{aL}}^3T_{\mathrm{m}}{}^2}{3L_{\mathrm{m}}{}^2}\cdot\frac{1}{\Delta T^2}\left(\frac{2-3\cos\theta+\cos^3\theta}{4}\right)\end{aligned} \tag{2-22}$$

与均匀形核的临界形核半径和临界形核功相比较，可以看出，非均匀形核的球冠形晶胚要转变成晶核，其临界球冠半径与均匀形核的临界半径是相等的，形核功则与接触角大小有关。当$\theta=0°$时，析出的固相原子与基底完全润湿［图2.10(a)］，即$\Delta G_{非}^{*}=0$，说明液体中的固相质点就是现成的晶核，结晶可以沿杂质质点直接长大，是一种极端情况。当$\theta=180°$时，析出的固相原子与基底完全不润湿［图2.10(c)］，即$\Delta G_{非}^{*}=\Delta G^{*}$，杂质质点对形核不起作用，是另一种极端情况。一般情况下当$\theta=0°\sim180°$时，即析出的固相原子与基底有一定的润湿作用［图2.10(b)］，$\Delta G_{非}^{*}$恒小于ΔG^{*}，接触角θ越小，$\Delta G_{非}^{*}$越小，非均匀形核越容易进行，需要的过冷度也越小。

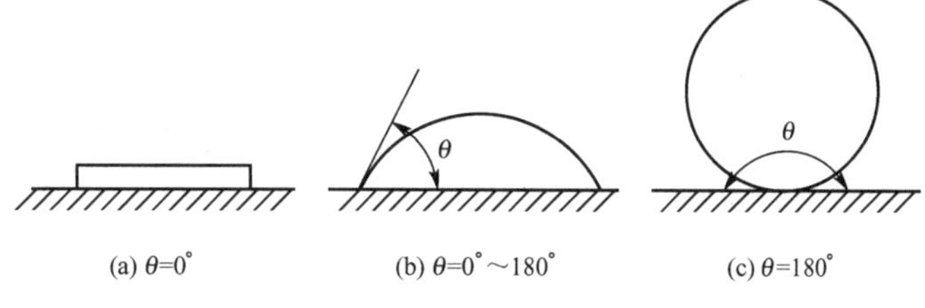

图2.10　不同接触角的晶核形态

2. 形核率

非均匀形核的形核率与均匀形核的形核率相比，除了受过冷度和原子移动的因素影响外，还与液体中固相质点晶体结构、界面形貌和液体温度等其他因素有关。

(1) 过冷度和原子移动的影响

与均匀形核相似，非均匀形核的形核率受过冷度和原子移动的控制。由于$\Delta G_{非}^{*}<\Delta G^{*}$，因此在较小的过冷度条件下，当均匀形核还微不足道时，非均匀形核可能就已明显开始。图2.11所示是均匀形核与非均匀形核的形核率随过冷度变化的比较。可见，当均匀形核的形核率还几乎是零时，非均匀形核的形核率已相当可观，并在过冷度约为$0.02T_{\mathrm{m}}$时达到极值。由于非均匀形核需要合适的“基底”，结晶时液体中的基底数量是有限的，因此当新相晶核很快覆盖基底后，非均匀形核结束，其形核率可能超过最大值并在高的过冷度处中断。

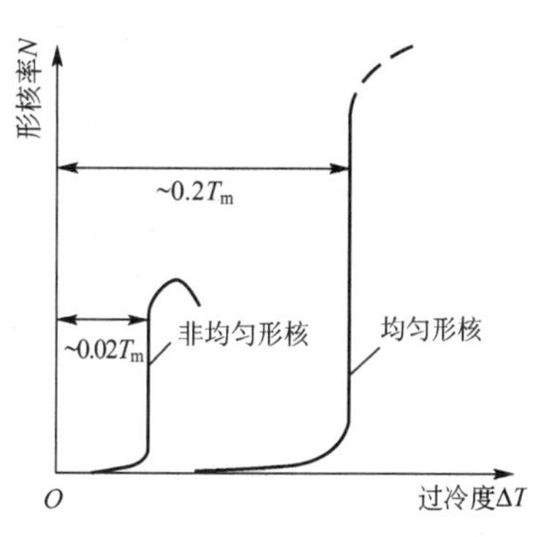

图2.11　均匀形核与非均匀形核的形核率随过冷度变化的比较

（2）固相质点晶体结构的影响

非均匀形核的形核功与接触角 θ 的大小有关，接触角 θ 越小，$\Delta G^*_{非}$ 越小，形核越容易进行。根据式(2-16)，接触角 θ 的大小与液体、晶核及固相质点(基底)三者之间的表面自由能的相对值有关，即

$$\cos\theta=\frac{\sigma_{LB}-\sigma_{aB}}{\sigma_{aL}} \tag{2-23}$$

当结晶金属确定之后，σ_{aL} 为固定值，接触角 θ 的大小取决于($\sigma_{LB}-\sigma_{aB}$)的值。为了获得较小的接触角 θ，应使 $\cos\theta$ 趋于1。而只有当 σ_{aB} 越小，σ_{aL} 便越接近 σ_{LB} 时，$\cos\theta$ 才能越接近于1。也就是说，基底与晶核的表面自由能越小，对形核的促进作用越大。

很明显，σ_{aB} 取决于结晶晶核(晶体)与固相质点结构上的相似程度。两个相互接触的固体晶面结构(原子排列方式、原子大小、原子间距等)越近似，它们之间的表面自由能就越小，越有利于形核。即使只在接触面的某个方向上的原子排列配合较好，也会使表面自由能适当降低，而有利于形核。一般把液体中存在的与结晶体(晶核)结构相似、尺寸相当、对形核起到催化作用的固相质点，称为活性质点。符合这种条件的固相质点或其界面与结晶体具有晶体结构的点阵匹配性，称为点阵匹配原理，它本身就是良好的形核剂。

在晶体材料(包括金属材料的铸锭和铸件生产)中，往往根据点阵匹配原理在浇注前向液体中加入形核剂，增加非均匀形核的形核率，以细化晶粒。例如，在液态镁中加入少量锆，可大大提高镁的形核率。因为锆和镁都具有密排六方晶格，且晶格常数大小相近(镁的晶格常数 $a=0.32022$nm，$c=0.51991$nm；锆的晶格常数 $a=0.3223$nm，$c=0.5123$nm)，而锆的熔点(1855℃)远高于镁的熔点(659℃)，所以符合点阵匹配原理，即锆能促进镁的非均匀形核。

（3）固相质点界面形貌的影响

固相质点界面形貌不同，对形核和形核率也会产生影响。假如有三个不同形状同一种类的固相质点，如图2.12所示，沿它们形成晶核时，具有相同的曲率半径 r 和相同的接触角 θ，但三个晶核的体积、表面积却完全不同。图2.12(a)中在凹曲面上形成晶核时，体积最小，表面自由能增加最小，较小体积的晶核就可达到临界晶核半径，形核效能最高。同理，图2.12(b)中平面上的形核效能比凹曲面上要差，图2.12(c)中凸曲面则更差。因此，相同固相质点的界面曲率不同，对形核的催化作用也不同。如果在三个不同形状同一种类的固相质点上形核，所需过冷度也不同，以凹曲面上形核所需过冷度最小。比如，在铸型模壁上的深孔或裂纹等属于凹曲面情况，结晶时这些部位往往成为促进形核的有效界面。

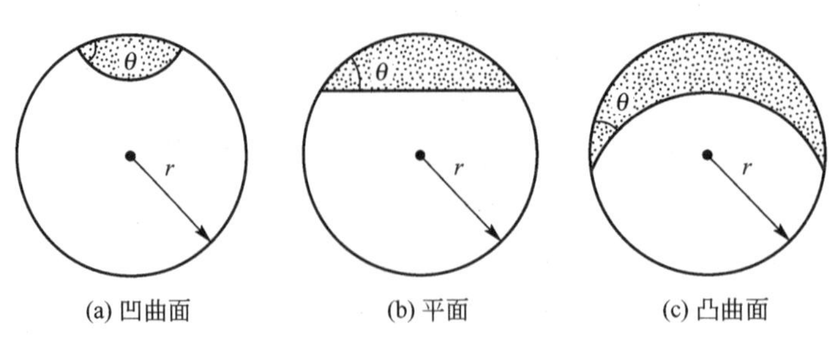

图2.12　固相质点界面形貌对形核的影响

（4）液体温度的影响

熔化或熔炼后液体的实际温度要高于其熔点，通常把液体金属实际温度与其熔点温度(平衡结晶温度)的差值称为过热度。过热度对均匀形核没有影响，但对非均匀形核有很大影响。因为随过热度增大，一是杂质质点的形貌或表面状态会发生变化，如质点内的微裂缝和小孔会减少，凹曲面变为平面或凸曲面等，使非均匀形核的催化效能减小；二是杂质质点随温度升高而熔化，质点数量减少，使非均匀形核的形核率大大降低。

2.3 晶核长大规律

液态金属中晶核一旦出现，立刻进入长大阶段。因为对每个晶核来说，进一步长大，系统吉布斯自由能会不断下降，是一个自发过程。晶核长大从宏观上看，是每个成核晶体的界面向液相中逐步推移的过程；从微观上看，则是液相中的原子逐个移动或扩散到成核晶体的表面上，按照晶体点阵规律由非规则到规则排列的过程。实际上，在一般结晶条件下，液态金属原子的扩散迁移较容易，影响晶核长大的主要因素是晶核表面牢固接纳这些原子的能力。

2.3.1 液固界面的微观结构

通过显微观察发现物质结晶时液固前沿界面的微观结构分为两类，即光滑界面和粗糙界面。

光滑界面是指液固界面上的原子截然分开的情况，界面以上为液相原子，以下为固相原子，固相界面上原子排列成平整的晶体学原子平面，通常为密排晶面，如图 2.13(a)所示。而粗糙界面是指液固界面上的原子排列高低不平、参差不齐的情况，界面厚度为几个原子间距的过渡层，过渡层中液相和固相原子犬牙状交错分布，不显示晶体学晶面特征，如图 2.13(b)所示。

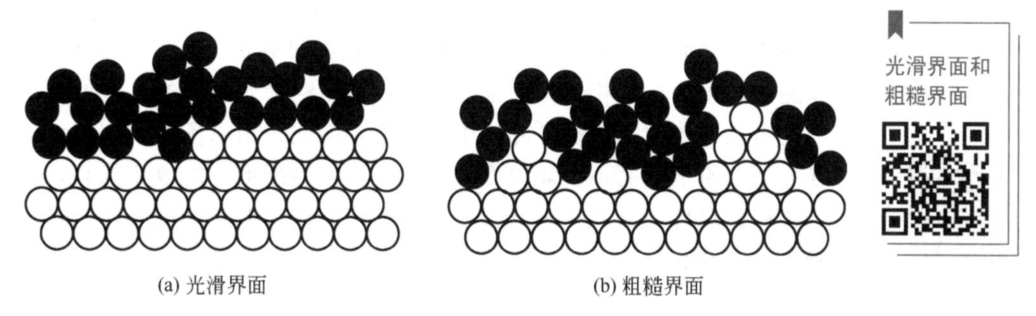

(a) 光滑界面　　(b) 粗糙界面

图 2.13　液固前沿界面的微观结构示意

液固界面微观结构及其粗糙程度判定方法中最著名的是杰克逊(K. A. Jackson)模型。当液相和固相处于相对平衡时，液固界面平衡的微观结构应当是界面能最低时的结构。假设在界面能最低时的微观界面为光滑界面，当向光滑界面上任意增加原子时，光滑界面会向粗糙界面发展，这时界面自由能的相对变化 ΔG_S 可表示为

$$\frac{\Delta G_S}{N_T k T_m}=\alpha x(1-x)+x\ln x+(1-x)\ln(1-x) \tag{2-24}$$

式中，N_T 为界面上具有的原子位置数；x 为界面上原子位置被固相原子占据的比例；k 为玻耳兹曼常数；T_m 为平衡结晶温度；α 为杰克逊因子。

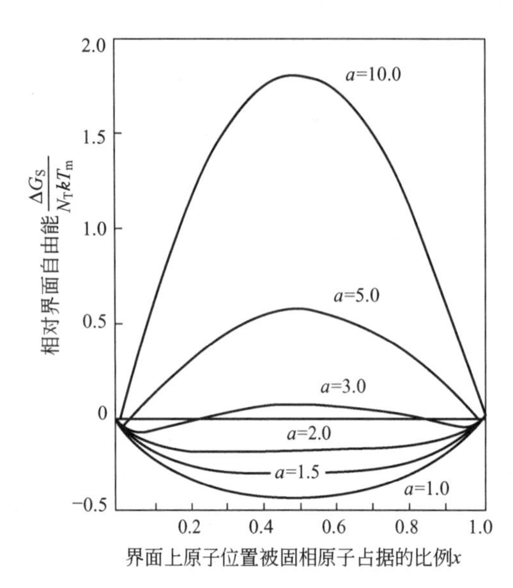

图 2.14　α 取不同值时 $\frac{\Delta G_S}{N_T k T_m}$ 与 x 的关系曲线

杰克逊因子 α 是决定材料种类和晶核长大热力学性质的重要参数。取不同的 α 值，按式(2-24)作 $\frac{\Delta G_S}{N_T k T_m}$ 与 x 的关系曲线，如图 2.14 所示。图中反映以下三种关系。

① 当 $\alpha \leqslant 2$ 时，在 $x=0.5$ 处，界面自由能具有最小值，界面上的原子位置一半被固相原子占据，这样的界面为粗糙界面。大多数金属如 Cu、Fe、Al、Mg 等和某些有机物属于这种情况。

② 当 $\alpha \geqslant 5$ 时，在 x 靠近 0 处或 1 处，界面自由能最小，界面被固相原子或液相原子全部占据，这样的界面为光滑界面。许多有机物和无机物属于这种情况。

③ 当 $2 < \alpha < 5$ 时，在曲线上有两个界面自由能极小值，为混合型界面。Bi、Sb、Ga、Ge、Si 等少数金属属于这种情况。

2.3.2　晶核长大机制

液相原子迁移到固相界面使晶核长大的方式称为晶核长大方式。晶核长大方式与液固界面的微观结构有关，主要机制有以下几种。

1. 垂直长大机制

垂直长大机制

在粗糙界面上，几乎有一半应按晶体规则排列的原子位置在虚位以待，可以随机地接纳从液相迁移而来的原子。由于粗糙界面上的所有位置接纳原子的能力是等效的，即都是晶体生长位置，因此液相原子可以连续、垂直地向界面添加原子，而不破坏界面的粗糙度，使界面迅速向液相推移，这种长大方式称为垂直长大。在垂直长大机制下，晶核长大速度很快，所需的过冷度较小。大多数金属以垂直长大机制长大。

2. 二维长大机制

当液固界面为光滑界面时，液相原子单个迁移到界面上所造成的表面自由能的增加会远大于体积自由能的降低，所以需要多个原子的协同作用，晶核长大才能进行。这时，晶核长大依靠液相中的结构起伏和能量起伏，一定大小的原子集团差不多同时迁移到光滑界面上，形成具有一个原子厚度且具有一定宽度的平面原子集团，界面上出现一个具有一定尺寸的台阶，台阶侧面不断接纳迁移原子，直到铺满整个界面，生长中断，晶核也长厚一层，这种长大方式称为二维长大，又称台阶式长大，二维长大机制如图 2.15 所示。根据热力学分析，台阶原子集团所带来的吉布斯自由能变化必须降低才有可能稳定存在，相当于在接触角 $\theta=0°$时的非均匀形核，形成了一个大于临界晶核半径的晶核。因此，二维长大又可以看作二维形核型长大，其长大速度较缓慢。实际结晶中二维长大机制比较罕见。

3. 晶体缺陷长大机制

通常情况下，具有光滑界面的晶体，其晶核长大速度比二维长大要快得多。这是由于晶核形成和长大时，晶体中总是存在原子不规则排列的晶体缺陷，这些缺陷所造成的界面台阶使原子容易向上堆砌，从而使长大速度加快。

如图 2.16 所示的螺型位错长大机制，当光滑界面上出现螺型位错露头时，液相中析出原子可沿螺型位错露头处的台阶不断附着长大，每铺一层原子，台阶向前移动一个原子间距，使台阶围绕位错露头旋转，最终晶体表面呈现由螺型台阶形成的生长蜷线。这种长大方式，比二维长大更容易实现。实际光滑界面大多以晶体缺陷机制长大，尤以螺型位错长大机制最为典型。

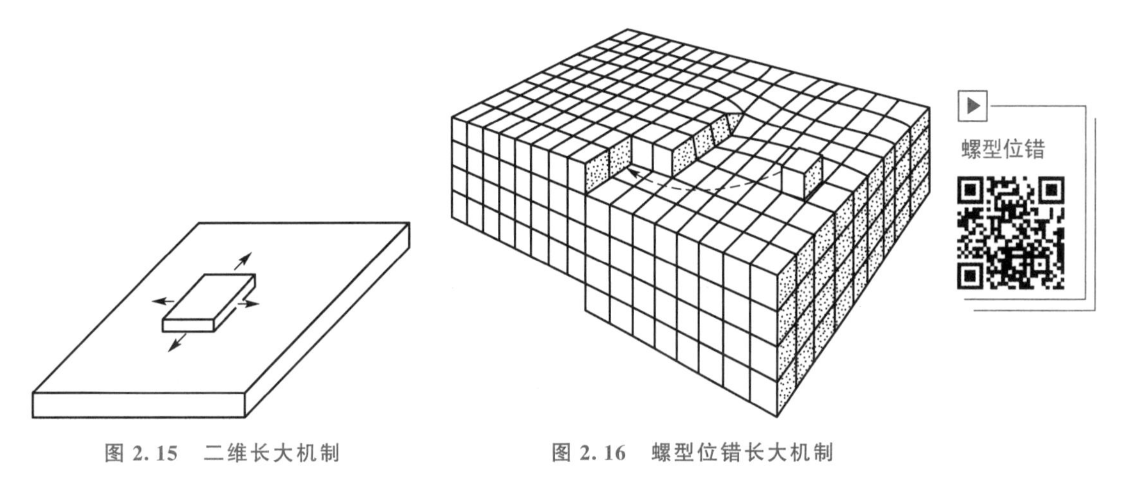

图 2.15　二维长大机制　　图 2.16　螺型位错长大机制

2.3.3 晶体生长的形态

形核之后晶体生长成什么形态，取决于液固界面的微观结构和界面前沿液相中的温度分布情况。而液固界面前沿液体中的温度梯度有两种情况：正温度梯度和负温度梯度。

正温度梯度是指液相中的温度离开液固界面越远温度越高的温度分布情况。这时，结晶前沿液体中的过冷度随与液固界面距离的增加而减小，如图 2.17(a)所示。

负温度梯度是指液相中的温度离开液固界面越远温度越低的温度分布情况。这时，结晶前沿液体中的过冷度随与液固界面距离的增加而增大，如图 2.17(b)所示。金属晶体长大时，长大前沿往往具有负温度梯度，这是由于液态金属在形核时所需要的过冷度较大，而长大时只需要界面处有较小的过冷度即可进行。晶核长大时所释放的结晶潜热使液固界面温度很快升高(接近 T_m 温度)，随后放出的结晶潜热就由已结晶固相散向周围液相，于是，在液固界面前沿的一定范围的液体中建立起负温度梯度。

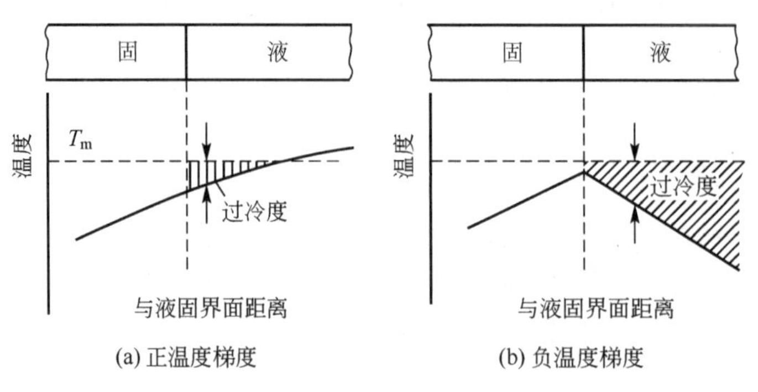

(a) 正温度梯度　　(b) 负温度梯度

图 2.17　温度梯度

1. 正温度梯度条件下生长的界面形态

在这种温度梯度条件下，晶体生长时结晶潜热通过已结晶固相和铸型模壁散失，液固界面向液相中的推移速度受散热速度控制，界面微观结构不同，晶体形态也不同，但一般都具有规则外形。

对于光滑界面，界面向前推移时，以二维长大或晶体缺陷长大机制向液体中平行推进［图 2.18(a)］。长大台阶平面多为晶体学晶面，若无其他因素干扰，多成长为以密排晶面为表面的具有规则外形的晶体。

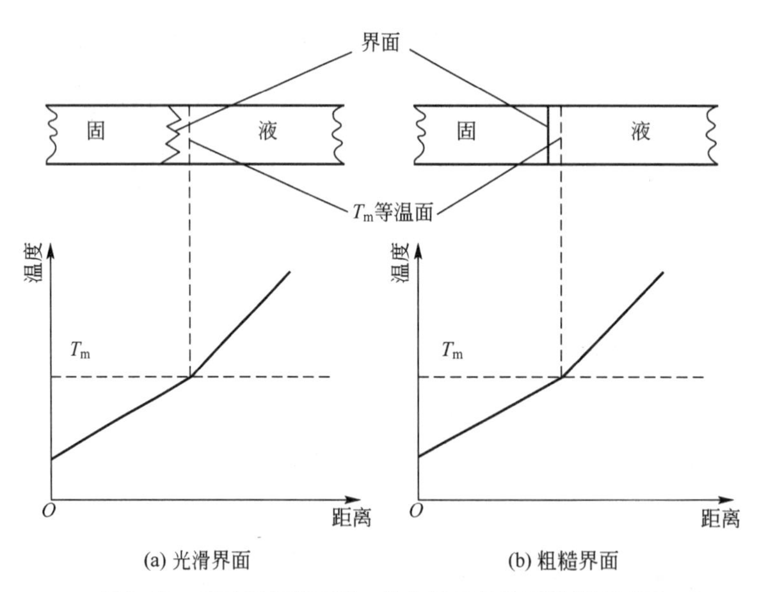

(a) 光滑界面　　(b) 粗糙界面

图 2.18　在正温度梯度下，纯金属结晶的两种界面形态

对于粗糙界面，晶体成长时界面只能随着液体的冷却而均匀一致地向液相推移，与散热方向垂直的每一个垂直长大的界面一旦局部偶有突出，便进入低于临界过冷度甚至熔点 T_m 以上的温度区域，生长立刻停止［图 2.18(b)］。所以，液固界面也要保持近似平行平面，使其具有平面状长大形态。

2. 负温度梯度条件下生长的界面形态

在这种温度梯度条件下，由于界面前沿液体中的过冷度不断增大，成长时如果界面的某一局部发展较快而偶有突出，则其将伸入到过冷度更大的液体中，从而使生长速度加快。在晶核开始长大的初期，因其内部原子规则排列的特点，其外形也比较规则。但随着晶核的生长，便形成了晶体的棱边和顶角，由于棱边和顶角处的散热条件优于其他部位，因此可能优先突出，突出部位快速伸入过冷液体中，形成一个细长晶体，称为主晶轴或一次晶轴。在主晶轴形成的同时向周围液体释放结晶潜热，主晶轴上同样会出现突出部位，生长成为二次晶轴，如图 2.19(a)所示。这样，把晶体在生长时界面形态像树枝一样，先长出主晶轴(一次晶轴)，再长出分枝晶轴(二次晶轴、三次晶轴……)的生长方式，称为树枝状结晶，简称枝晶，如图 2.19(b)所示。每一个枝晶随着结晶和液体的补充最终长成一个晶粒，结晶完成后晶体一般不表现为规则外形。

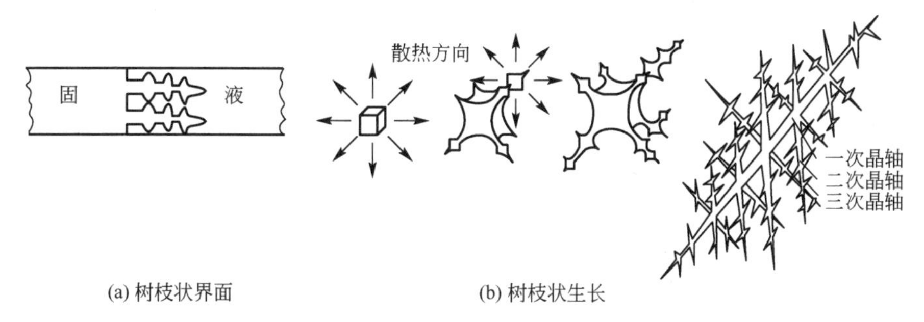

图 2.19 在负温度梯度下，树枝状结晶形态

不同结构的晶体，生长时晶轴位向也不同，部分金属晶体枝晶的晶轴位向见表 2-1。生长时各次晶轴之间沿一定的方位形成，如在立方晶系中各次晶轴相互垂直，而其他晶系中可能并不垂直。

表 2-1 部分金属晶体枝晶的晶轴位向

金属	晶格类型	晶轴位向
Au、Ag、Cu、Al、Pb	面心立方	<100>
α-Fe	体心立方	<100>
β-Sn(c/a=0.5456)	体心正方	<110>
Mg(c/a=1.6235)	密排六方	<10$\bar{1}$0>
Zn(c/a=1.8563)	密排六方	<0001>

具有粗糙界面的晶体物质在负温度梯度下的主要生长方式是枝晶生长，一般金属结晶时均以树枝状结晶方式进行。具有光滑界面的晶体物质在负温度梯度下的生长方式，也有树枝状结晶倾向，并与杰克逊因子有关：当 α 值不太大时，以枝晶为主，有时带有小平面特征；当 α 值较大时，则形成规则形状晶体的可能性大。

2.3.4 晶体长大速度

单位时间内晶核长大的线速度称为晶核长大速度，用 ν 来表示，单位为 cm/s。

晶体长大速度与界面微观结构、生长方式等多种因素有关。一般光滑界面比粗糙界面的长大速度要慢得多，光滑界面以二维长大方式生长时长大速度最小，以螺型位错等晶体缺陷长大机制生长时次之。粗糙界面以垂直长大方式生长时长大速度最大。大多数金属晶体具有粗糙界面并以枝晶方式长大，长大速度较快。

不管是哪种长大方式均符合正态分布，晶体长大速度与过冷度的关系如图 2.20(a)所示。显然，也是两个相互矛盾因素共同作用的结果：过冷度较小时，液固两相自由能差值较小，结晶的驱动力小，长大速度也小；随过冷度增大，长大速度增大，达到极值后随过冷度进一步增大，温度过低，原子的扩散迁移困难，长大速度转而变小。对于金属而言，由于结晶温度较高，形核率和核长大速度都快，一般还没等到过冷到较低温度时结晶过程就已完成，因此其长大速度随过冷度的增加而增加很快但不超过极大值，如图 2.20(b)所示。

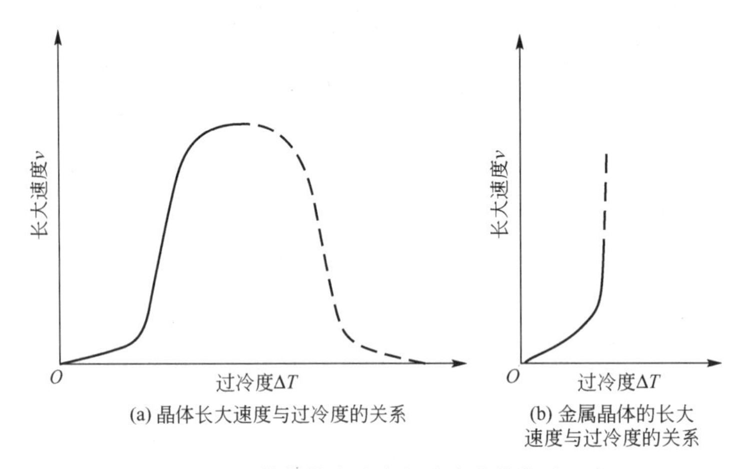

(a) 晶体长大速度与过冷度的关系

(b) 金属晶体的长大速度与过冷度的关系

图 2.20 晶体的长大速度与过冷度的关系示意

2.3.5 晶粒大小的控制

金属结晶后形成由许多晶粒构成的多晶体，而晶粒大小是衡量金属组织的重要标志之一，对金属材料性能有重要影响。如常温下，金属材料的强度、硬度、塑性和韧性等都随晶粒细化而提高。表 2-2 列出了晶粒大小对纯铁力学性能的影响，可见，细化晶粒可以大大提高铁的常温力学性能。通常把用细化晶粒来提高材料强度的方法称为细晶强化。

表 2-2 晶粒大小对纯铁力学性能的影响

晶粒平均直径/mm	抗拉强度/MPa	屈服强度/MPa	伸长率/(%)
9.7	165	40	28.8
7.0	180	38	30.6

续表

晶粒平均直径/mm	抗拉强度/MPa	屈服强度/MPa	伸长率/(%)
2.5	211	44	39.5
0.2	263	57	48.8
0.16	264	65	50.7
0.10	278	116	50.0

晶粒的大小称为晶粒度，通常用单位体积内晶粒的数目或单位面积上晶粒的数目来表示。金属结晶时，每个晶核长大形成一个晶粒，所以晶粒大小取决于形核率和长大速度的相对大小。形核率越大，单位体积内晶核数量越多，每个晶粒长大余地越小，长成的晶粒越细小。同时，长大速度越小，则在长大过程中液体金属中会形成更多晶核，也会使晶粒细小。反之，形核率越小或长大速度越大，则晶粒也越粗大。也就是说，晶粒度与形核率 N 和长大速度 ν 的比值有关，N/ν 越大，晶粒越细小。根据分析计算，金属结晶后单位体积内晶粒数目 Z_V 或单位面积上晶粒数目 Z_s 与结晶时的形核率 N 和晶核的长大速度 ν 之间存在下列关系

$$Z_V = 0.9\left(\frac{N}{\nu}\right)^{3/4} \tag{2-25}$$

$$Z_s = 1.1\left(\frac{N}{\nu}\right)^{1/2} \tag{2-26}$$

由式(2-25)和式(2-26)可知，凡是能够促进形核和抑制长大的因素，都能使晶粒细化，反之使晶粒粗化。要控制金属结晶后晶粒的大小，必须控制形核率 N 与长大速度 ν 这两个因素。根据结晶的形核和核长大规律，工业生产中控制晶粒大小或细化晶粒的主要途径有以下几种。

(1) 增加过冷度

形核率和长大速度均与过冷度有关，金属结晶时的冷却速度越大，其过冷度越大。图 2.21 所示为过冷度对形核率 N 和长大速度 ν 的影响，可见，过冷度等于零时，晶体的形核率和长大速率趋于零；随着过冷度增加，形核率和长大速度都增大，并在一定过冷度时各自达到最大值。在一般金属结晶的过冷度范围内，形核率的增长率大于长大速度的增长率。因此，随着过冷度增加，N/ν 增大，晶粒的数目增多，晶粒细化。而当过冷度再进一步增大时，N、ν 逐渐减小(图中虚线部分)，直至在很大过冷度的情况下，又各自趋于零。这时，结晶主要受液体中原子移动或扩散概率的影响。在实际生产中，液态金属还没有达到这种过冷度之前，结晶早已完成。

在实际应用中增加过冷度的方法主要是提高液态金属的冷却速度，可以通过改变铸造条件来实现，如降低浇注温度、提高铸型的吸热和散热能力等，像在铸件生产中采用金属型或石墨型代替砂型，采用可水冷型、局部加冷铁等，都可以有效地增加过冷度以细化晶粒。

若将冷却能力提高到在液态金属中能形成极大数量的晶核，在它们尚未来得及长大便相互碰撞接触，完成结晶，就可能获得微晶金属或纳米材料。若施以更高的冷却速度，使

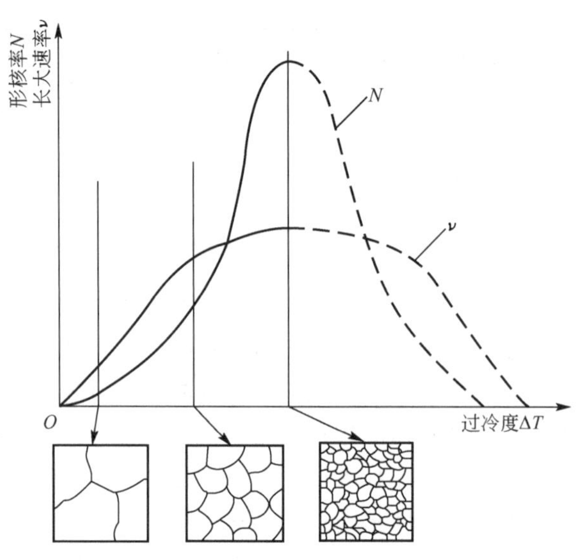

图 2.21　过冷度对形核率 N 和长大速度 ν 的影响

N、ν 再度减小为零，则可获得非晶态的金属。只是高度过冷，需要的冷却速度很大，通常难以实现而已。

（2）变质处理

变质处理是浇注前有意向液态金属中加入形核剂(又称变质剂、孕育剂或活性质点)，促进形成大量非均匀晶核或抑制晶核长大速度以细化晶粒、改善组织、提高材料性能的处理方法。因为变质处理的效果一般会远大于加速冷却以增大过冷度的效果，所以在工业生产中得到了广泛的应用。

形核剂的选择通常根据点阵匹配原理：一是形核剂本身分散在液体中作为非均匀形核基底，如前述的在镁液中加入锆；二是形核剂在液体中发生反应生成难熔化合物质点作为非均匀形核基底，如在铝和铝合金液中加入钛生成 $TiAl_2$ 化合物质点，其晶体结构和点阵常数与铝相近。另外，根据长大速度的影响，加入能阻止晶粒长大的形核剂，又称长大抑制剂，也可有效细化晶粒，如在铝硅合金中加入钠盐，可使钠在硅的表面产生富集以降低硅的长大速度，虽未提供结晶核心，但也能使合金的晶粒得以细化。

（3）振动和搅拌

金属结晶时，对液态金属附加振动或搅拌，如机械振动、超声波振动、电磁振动等，通过振动或搅拌，使液态金属在铸模中运动，一方面加快散热提高冷却速度，促使晶核形成；另一方面根据金属结晶枝晶特点，产生冲击力，使成长中的枝晶破碎。这样不但可以使已生长的晶粒因破碎而细化，而且破碎的枝晶尖端可以起到晶核的作用，使形核率增加，从而使晶粒细化。附加振动或搅拌是一种有效的细化金属晶粒的重要手段。

2.4　金属铸锭的组织与缺陷

在实际生产中，液态金属是在铸锭模或铸型中进行结晶，前者获得铸锭，后者获得铸件，其结晶过程均遵循结晶的一般规律。但由于铸锭或铸件冷却条件的复杂性，使铸态组织：晶粒的大小、形状和取向，合金元素和杂质元素的分布，铸造缺陷等有很多特点。对铸锭来说，铸态组织不但影响其加工工艺性能，而且影响其最终加工产品的组织和力学性能。对铸件来说，铸态组织直接影响其力学性能和使用寿命。

2.4.1 金属铸锭组织

金属铸锭的宏观组织通常由三个晶粒区构成，即表层细晶粒区，中间柱状晶粒区和中心等轴状晶粒区，如图 2.22 所示。根据浇注条件不同，铸锭中存在的晶粒区的数目和其相对厚度可以改变。

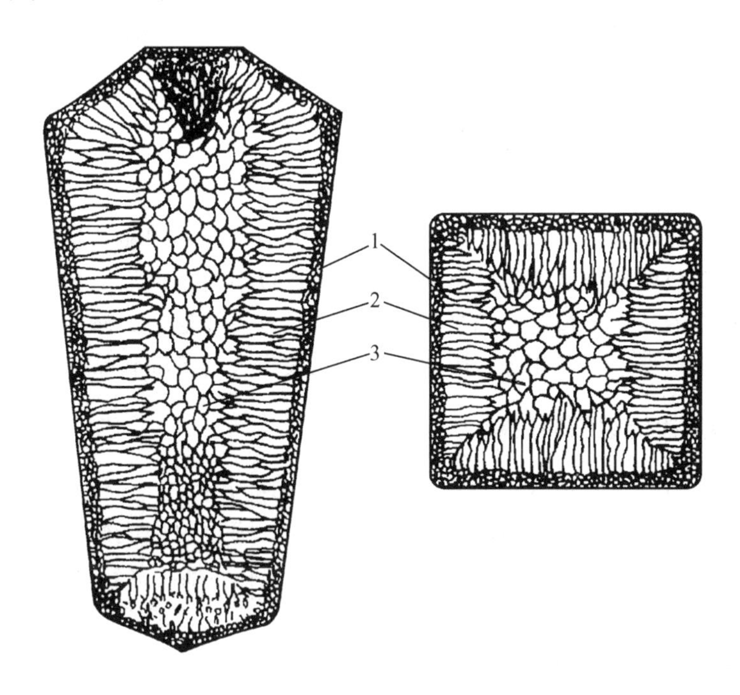

1—表层细晶粒区；2—中间柱状晶粒区；3—中心等轴状晶粒区

图 2.22　金属铸锭的宏观组织

1. 表层细晶粒区

表层细晶粒区的形成是由于液态金属注入铸锭模后，模壁温度较低，表层金属遭到剧烈过冷形成大量晶核所致。此外，模壁的人工晶核(基底)作用也是形成细晶粒区的原因之一。

表层细晶粒区的形核数量与模壁的非均匀形核能力和模壁处所能达到的过冷度有关。模壁的非均匀形核能力取决于模壁的结构和形貌，晶核与模壁的接触角越小，点阵越匹配，模壁的粗糙程度越大，微裂纹、小孔越多，则其形核能力越强，形核数量增加的也越多。模壁处所能达到的过冷度则主要依赖于浇注时铸锭模本身的温度、吸热和传热能力及浇注温度等。铸锭模表面温度越低，吸热和传热能力越强或浇注温度越低，过冷度越大，从而使形核率越大，并使细晶粒区的厚度增大。

2. 中间柱状晶粒区

在表层细晶粒区形成的同时，铸锭模的温度升高，金属壳与模脱离形成间隙，液态金属冷却速度减慢，减少了结晶前沿的过冷度。这时，沿垂直于模壁方向散热最快，晶体沿散热相反方向择优生长就形成了中间柱状晶粒区。

中间柱状晶粒区形成的外因是散热的方向性，内因是晶体生长的择优取向（晶轴位向）。表层细晶粒区形成后，结晶前沿过冷度很小，难以形成新的晶核，而有利于细晶粒区前沿靠近液相的某些晶粒的继续长大，稍远处液态金属仍处于过热中，不利于形成新的晶核。由于散热方向垂直于模壁，垂直于模壁的那些一次晶轴优先伸入液相迅速长大，而沿一次晶轴斜生的二次晶轴难以生长。大量优先生长的一次晶轴并排向液态金属中延伸，直到单方向散热条件结束，所形成的柱状晶粒位向都是一次晶轴方向，在宏观性能上显示出各向异性。

3. 中心等轴状晶粒区

随着中间柱状晶粒区的发展，液态金属的散热方向性越不明显，越趋于均匀冷却的状态。当铸锭中心部位液态金属的温度全部冷却到熔点以下时，再加上杂质质点和破碎枝晶的作用，整个剩余液相中形核概率相当高，且生成晶核后在液态金属中可以自由生长，在各个方向上的长大速率差不多相等，因此长成了比较粗大的等轴状晶粒。

2.4.2 金属铸锭组织的控制

一般情况下，典型金属铸锭的宏观组织是不均匀的，由三个晶粒区组成，如图 2.23 所示。由于不同晶粒区具有不同性能，在实际结晶时，通过改变或控制结晶条件，可使晶粒区发生变化，如只有柱状晶粒区［图 2.24(a)］或只有等轴状晶粒区［图 2.24(b)］，从而使性能好的或希望得到的晶粒区所占比例尽可能大，性能差或不希望得到的晶粒区所占比例尽可能减小以至于完全消失。

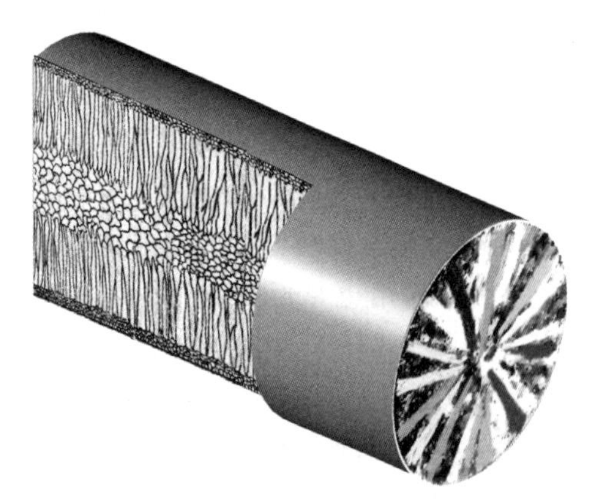

图 2.23　典型金属铸锭的宏观组织

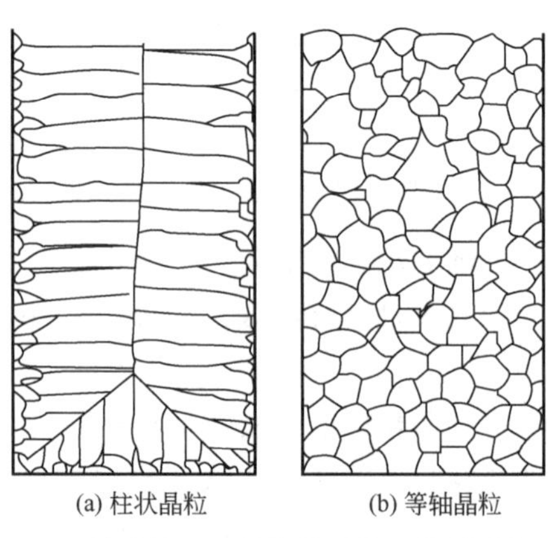

(a) 柱状晶粒　(b) 等轴晶粒

图 2.24　特殊情况下的柱状晶粒和等轴晶粒示意

铸锭的细晶粒区，晶粒细小、组织致密、有较好的力学性能。但由于细晶粒区通常比较薄，因此对整个铸锭性能的影响较小。

柱状晶粒区的特点是组织致密，性能具有方向性，像铜、铝等塑性好的有色金属铸锭都希望得到尽可能多的柱状晶粒。生产上根据柱状晶粒生成条件，控制结晶过程以增大柱状晶粒区。例如，采用导热性好、热容量大的铸模材料，增大铸模的厚度及降低铸模温度等加大单向导热，都可以促进柱状晶粒的生长。提高熔化温度，减小非均匀形核数目，从而减少柱状晶粒前沿液相中形核的可能性，也有利于柱状晶粒区的发展。提高浇注温度和浇注速度，使结晶前沿温度梯度增加，同样有利于柱状晶粒的生长。

但相互平行的柱状晶粒的接触面及相邻垂直的柱状晶粒的交界面是易熔杂质和非金属夹杂、气泡等易于富集的区域，是铸锭的脆弱结合面，特别是在受到压力加工时，易于沿这些脆弱结合面产生裂纹或开裂。对塑性好的金属和合金(如铜、铝)影响较小，但对钢铁和镍合金等，往往会导致压力加工时的开裂而产生废品。

等轴晶粒区的晶粒长大时相互交叉，无明显脆弱面，性能不具有方向性，裂纹不易扩展。对于钢铁等许多材料的铸锭和大多数铸件来说，一般都希望得到尽可能多的等轴晶粒，以限制柱状晶粒。生产上主要通过增加液态金属中的形核率来实现等轴晶粒的增加，如降低浇注温度和浇注速度、减少液体的过热度，以使液体金属中保留较多的非均匀形核核心，增加形核率，促进等轴晶粒形成。对于小型铸件可采用增加过冷度的方法来提高形核率，对于大型铸件采用变质处理则更为有效。振动、搅拌等物理方法有时也是细化晶粒、提高铸件性能的重要途径。

2.4.3 金属铸锭中的缺陷

金属铸锭中的缺陷包括缩孔、疏松、气孔及夹杂物等。

1. 缩孔和疏松

大多数金属的液态密度小于固态密度，结晶时体积要收缩，如果没有足够的液体补充，便会形成孔隙。如果孔隙集中在结晶最后的部位，则称为缩孔。缩孔破坏了铸锭的完整性，并在其附近含有较多杂质，在以后的轧制或锻造过程中随铸锭的整体延伸而伸长，不能焊合，造成废品，所以，铸锭中一旦出现缩孔则应予以切除。生产上可以通过合理设计浇注工艺，如加快铸锭模底部冷却速度，使冷却尽可能自下而上进行以减小缩孔；在铸锭顶部加保温冒口，预留出补缩液体，把缩孔集中到冒口中等方法来控制。如果孔隙分散地分布在枝晶间，则称为疏松。金属结晶时大多以枝晶方式长大，由于枝晶的充分发展、相互穿插、相互封锁，可能使部分液体被孤立分隔于各枝晶之间，结晶时体积收缩而得不到液体的补充形成疏松，这在缩孔周围更为突出。疏松使铸锭密度降低，但通常不含杂质，表面也没有被氧化，在压力加工过程中可以焊合。

2. 气孔

气体在液态金属中的溶解度大于固态金属，结晶时液体中所溶解的气体会逐渐富集于结晶前沿的液体中，如果析出的气体不能及时逸出，就会保留在铸锭中，形成气孔或气泡。液态金属中的气体来源于冶炼条件和液体中某些化学反应，大多数气泡会上浮逸散到周围环境中，只有少数保留在铸锭内部，形成气孔。金属铸锭中的气孔主要气体包括氢气、氧气和氮气。气孔不但会减小工件的有效截面积，而且受力时会造成应力集中，产生裂纹扩展源，增加缺口敏感性和降低疲劳强度。

铸锭内部的气孔在热锻或热轧时一般可以焊合，靠近表层皮下的气孔有可能由于表皮破裂而被氧化，这样的气孔则不能焊合，因此在压力加工前必须予以清除，否则会在表面产生裂纹。

3. 夹杂物

铸锭中与基体金属成分、结构都不相同的颗粒称为夹杂物。金属铸锭中的夹杂物一是从炉膛、浇注系统或铸模中混入的外来夹杂物(如耐火材料等)；二是在冶炼或结晶过程中内部反应生成的内生夹杂物(如金属氧化物、硫化物、磷化物等)。这些夹杂物除不尽时即残留在铸锭中，对铸锭性能会产生一定的影响。

2.5 结晶理论的拓展与应用

2.5.1 定向凝固技术

定向凝固技术是在凝固过程中采用强制手段，在凝固金属或凝固熔体中建立起特定方向的温度梯度，从而使金属沿着与热流相反的方向结晶，获得具有特定取向的柱状晶甚至单晶的技术。

定向凝固技术广泛用于获得具有特殊取向的组织和优异性能的材料，可有效地改进和提高传统材料的使用性能。定向凝固技术不但为新材料的制备和加工技术的发展提供了广阔的前景，而且使结晶理论得到了进一步完善和发展。

1. 柱状晶技术

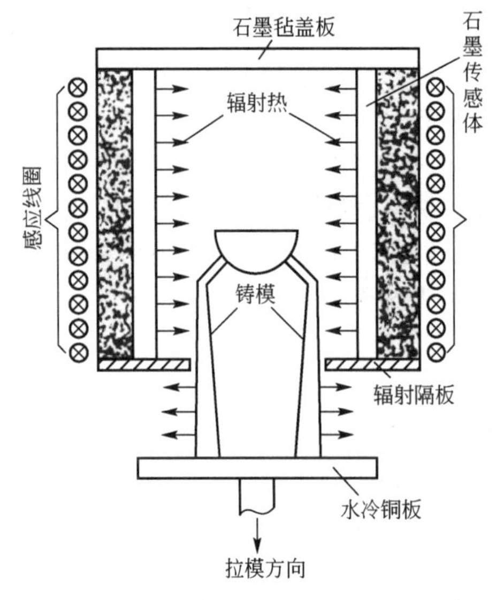

图 2.25　浇注汽轮机叶片用的定向凝固装置

柱状晶包括柱状树枝晶和胞状柱晶。通常采用定向凝固工艺，使晶体有控制地向与热流方向相反的方向生长，结晶体取向为特定位向，并且大部分柱状晶贯穿整个铸件。例如，对于航空发动机叶片，与普通铸造方法相比，定向凝固技术使金属的高温强度、蠕变性能和持久特性、热疲劳性能等都有大幅度的改善，使其使用寿命加长，从而有力地推动了航空工业的发展。图 2.25 所示为浇注汽轮机叶片用的定向凝固装置，其外面是感应加热炉体，炉子中间是铸模，铸模下面是水激冷用水冷铜板。结晶时先将铸模加热到铸造金属熔点以上，然后把过热的金属液体倒入铸模中，将水冷铜板连同铸模一起以一定速度由上往下移动，保障散热方向从上往下并使液相中的温度梯度为正，使侧旁和上方的液体中不形成新的晶核，结果整个汽轮机叶片便全部获得柱状晶组织。

另外，立方晶体的磁性材料(如铁等)，当铸态柱状晶沿晶向 <100> 取向时，因与磁化方向一致，而大大改善其磁性。

2. 单晶技术

晶体生长研究的重要内容之一是制备成分准确、尽可能无杂质、无缺陷(包括晶体缺陷)的单晶体，定向凝固是制备单晶最有效的方法。为了得到高质量的单晶体，首先要在金属熔体中形成一个单晶核，严格防止另外形核。

单晶在生长过程中绝对要避免液固界面不稳定而生出晶胞或柱晶，故液固界面前沿的熔体应处于过热状态，结晶过程的结晶潜热只能通过生长着的晶体导出。定向凝固满足上述热传输的要求，只要恰当地控制液固界面前沿熔体的温度和结晶速率，就可以得到高质量的单晶体。

单晶体是电子元件和激光元件的重要原料，最常用的制备方法有尖端形核法和垂直提拉法。尖端形核法如图 2.26(a)所示，是在结晶尖端形成一个晶核，下移控制单晶生长而不允许周围有新晶核产生，最后形成单晶体。垂直提拉法如图 2.26(b)所示，是在引晶杆尖端形成一个籽晶晶核，通过提拉引晶杆控制单晶生长而获得单晶体。

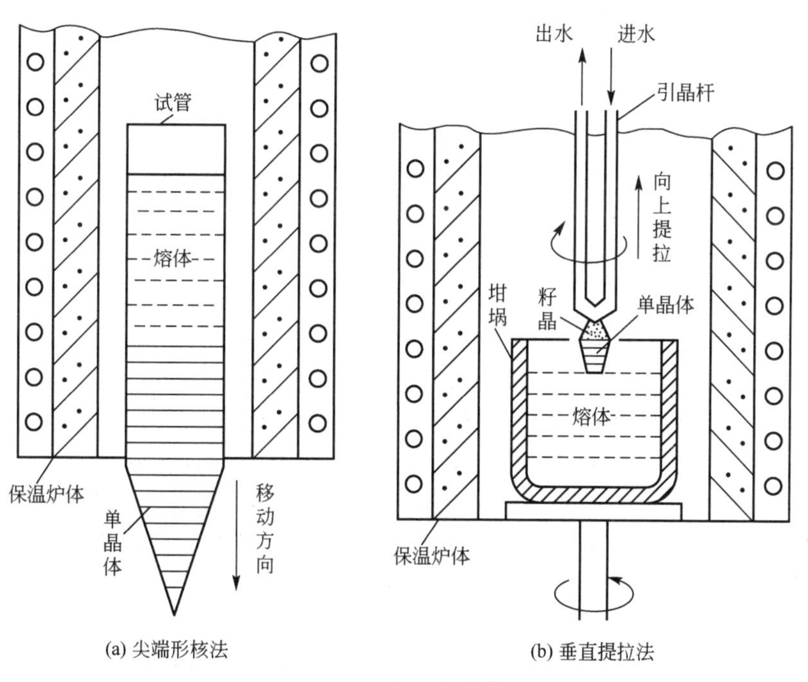

图 2.26 单晶体制备

2.5.2 急冷凝固技术

急冷凝固技术又称快速凝固技术，是设法将熔体分割成尺寸很小的部分，增大熔体的散热面积，再进行高强度冷却，使熔体在短时间内凝固以获得与模铸材料结构、组织、性能显著不同的新材料的凝固方法。常规工艺下金属的冷却速度一般不会超过 10^2 ℃/s。例如，大型砂型铸件及铸锭凝固时的冷却速度为 10^{-6}～10^{-3} ℃/s，中等铸件及铸锭为 10^{-3}～10^0 ℃/s，薄壁铸件、压铸件、普通雾化为 10^0～10^2 ℃/s。急冷凝固的金属冷却速度一般要达到 10^4～10^9 ℃/s。经过急冷凝固的金属，会出现一系列独特的结构与组织。

急冷凝固技术按工艺原理可分为三类，即雾化技术、模冷技术和表面快热技术。雾化技术采用某种措施将金属熔体分离雾化，同时通过对流的冷却方式凝固，其主要特点是在离心力、机械力或高速流体冲击力等作用下分散成尺寸极小的雾状熔滴并在气流或冷模接触中迅速冷却凝固，得到急冷凝固的粉末，常用的有离心雾化法、双辊雾化法等。模冷技术使金属熔体接触固体冷源并以热传导的方式散热而实现快速凝固，其主要特点是首先把熔体分离成连续或不连续的、界面尺寸很小的熔体流，然后使熔体流与旋转或固定的、导热良好的冷模或基底迅速接触而冷却凝固，得到很薄的丝或带，常用的有平面流铸造法、熔体拖拉法等。表面快热技术即通过高密度的能束(如激光束或电子束)扫描工件表面，使表面极薄层的金属熔化，热量被下层基底金属迅速吸收，使表面层在很高的冷却速度下重新凝固，也可利用高能电子束加热金属粉末使之熔化变成熔滴喷射到工件表面，利用工件自冷特性，熔滴迅速冷凝沉积在工件表面上，如等离子喷涂沉积法等。表面快热技术可在大尺寸工件表面获得快速凝固层，是一种具有工业应用前景的技术。

利用急冷凝固技术可以制备出微晶和纳米晶金属、非晶态金属、准晶态金属等，现已成为研制新型材料和提高材料性能的重要手段。

1. 微晶和纳米晶金属

利用急冷凝固技术可以获得比常规金属低几个数量级的晶粒尺寸，即晶粒尺寸达微米和纳米的超细晶粒金属材料，即微晶和纳米晶金属材料。急冷凝固的晶粒大小随冷却速度增加而减小，超细铸态晶粒成为急冷凝固在组织上的又一个重要特征，这显然是在很大的过冷度下达到很高形核率的结果。

微晶是指每颗晶粒只由几千个或几万个晶胞并置而成的晶体，从一个晶轴的方向来说这种晶体只重复了几十个周期。微晶金属的比表面积大，表面吸附性能、表面活性等相当突出，具有高强度，高硬度，良好的韧性，较高的耐磨性、耐蚀性、抗氧化性、抗辐射稳定性等优点。纳米晶每颗晶粒仅由几个晶胞组成，不具有周期性的条件，呈现小尺寸效应、表面与界面效应和量子尺寸效应等。纳米晶金属显现出许多奇异的物理、化学性质，如催化作用、磁记录特性、超导性及对温度、光、湿度、气的敏感性等。

2. 非晶态金属

在足够高的急冷凝固条件下，液态金属可能不经过结晶过程(形核和核长大)，而在过冷至某一温度(玻璃转化温度 T_g)以下时，其内部原子冻结在还是液态时所处的位置附近，凝固成保留液体短程有序结构的非晶态金属。由于是从液态连续冷却而形成的非晶固体，故经急冷凝固所得到的非晶态金属也被称为金属玻璃。不同金属具有不同的熔点和不同的玻璃转化温度，非晶态转变冷却速度要求也不同，非晶态的形成倾向和稳定性，可用下述参数衡量，即

$$\Delta T_g = T_m - T_g \tag{2-27}$$

ΔT_g 越小，冷却时要求的冷却速度越小，越容易获得非晶态。急冷凝固非晶态金属无晶界、无相界、无位错、无成分偏析等，具有一系列突出的性能，如高的耐蚀性、电阻率、磁导率、低磁损和低声波衰减率及很高的室温强度、硬度、刚度、良好的塑性和韧性等，可广泛应用于高技术领域。

3. 准晶态金属

晶体物质的点阵具有周期性的对称性，对称性是指晶体经某种对称操作后能复原的一种属性。例如，在晶体中取一直线，令晶体绕该直线为轴转动，若晶体转 360°复原一次称为该晶体具有一次对称轴，复原两次称为具有二次对称轴，以此类推。理论证明，晶体物质只有一次、二次、三次、四次、六次共五种对称轴，而没有五次及高于六次的对称轴，否则晶胞不能填满空间，而形成空隙，使得晶体的周期性被破坏，晶体对称轴与晶胞间空隙示意如图 2.27 所示。

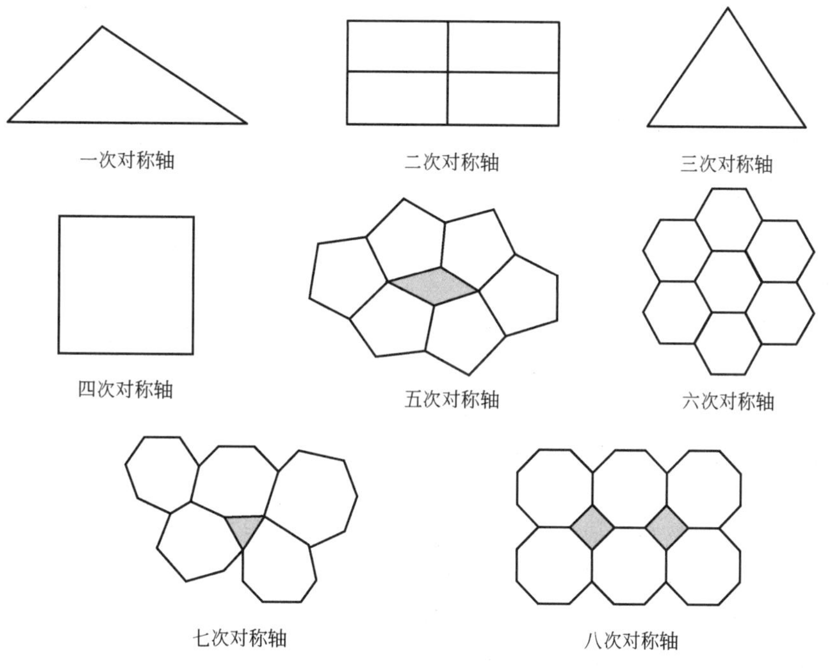

图 2.27 晶体对称轴与晶胞间空隙示意

急冷凝固技术的发展和研究，发现了具有五次及高于六次的八次、十次、十二次等对称轴的金属物体。这种物体的原子在晶体内部长程有序，具有准周期性，介于晶体与非晶体之间，并且遵循形核和长大规律完成液固转变，相变受原子扩散控制，称为准晶态金属。因此，准晶是具有准周期平移格子构造的固体，其中的原子常呈定向有序排列，但不做周期性平移重复，其对称要素包含与晶体空间格子不相容的对称。

准晶态必须在一定冷却速度范围内形成：从凝固速率与准晶形成的关系来看，由于准晶是一种亚稳定相，因此必须在冷却速度大于一定的临界冷却速度时才有可能形成准晶；同时准晶的形成与非晶的凝固不同，需要经历形核和长大过程，而这都是受原子的扩散控制的，故当凝固冷却速度过高时便来不及形核而凝固成非晶。准晶形成时的凝固冷却速度应该足够大，以便抑制晶态相的形成或者避免已经凝固形成的准晶在冷却过程中再次转变成晶相；同时准晶形成时的冷却速度又应该足够小，以便准晶来得及从熔体中形核和长大。准晶的发现对传统晶体学产生了强烈的冲击，它为物质微观结构的研究增添了新的内容，为新材料的发展开拓了新的领域。

习　题

1. 解释下列基本概念及述语。

凝固，结晶，近程有序排列，显微组织，晶粒，过冷度，自由能，体积自由能，结构起伏，能量起伏，均匀形核，非均匀形核，临界形核半径，临界形核功，形核率，长大速度，接触角，活性质点，变质处理，光滑界面，粗糙界面，温度梯度，树枝状结晶（枝晶），表层细晶粒区，中间柱状晶粒区，中心等轴状晶粒区，铸锭中的缺陷，定向凝固，急冷凝固，准晶态金属。

2. 什么是晶胚？金属结晶时晶胚转变成晶核需满足哪些条件？

3. 若在液态金属中形成一个半径为 r 的球形晶核，证明临界形核功 ΔG^* 与临界晶核体积 V^* 之间的关系为 $\Delta G^* = -\frac{1}{2}V^*\Delta G_V$。

4. 如果结晶时形成的晶胚是边长为 a 的正方体，求临界晶核边长和临界形核功，并与球形晶核进行比较。

5. 已知：铝的熔点为 993K，结晶潜热为 $1.836\times10^9\text{J/m}^3$，液固界面比表面能为 93mJ/m^2，当过冷度为 1℃和 10℃时，试计算：

(1) 从液态向固态转变时单位体积自由能变化；

(2) 临界形核半径和临界形核功，并比较随过冷度增大它们的变化关系；

(3) 若结晶时铝的晶格常数为 2.8nm，求临界晶核中的原子个数。

6. 试比较均匀形核与非均匀形核的异同。

7. 分析晶体生长的界面形态与温度梯度的关系。

8. 控制晶粒大小或细化晶粒的主要途径有哪些？

9. 分析金属铸锭组织的基本构成与特点。

10. 晶体缺陷与铸锭缺陷有何不同？

11. 单晶体形成的方法有哪些？

12. 分析金属急冷凝固技术与常规结晶规律之间的关系。

第3章 合金相结构与二元合金相图

★ 掌握合金相结构的基本类型及结构特点

★ 了解二元合金相图的建立，掌握三种相图的基本形态特征

★ 注意平衡结晶与非平衡结晶的区别，掌握偏析相关基本概念

知识要点	掌握程度	相关知识
合金相结构	理解合金相结构基本概念； 掌握置换固溶体和间隙固溶体的主要特点； 掌握金属化合物的形成条件与性能特征	组元、合金系、相和相结构； 合金固溶体及类型、固溶度、电负性、电子浓度； 中间相
液态合金固化及二元合金相图的建立	掌握溶质的分配和成分过冷的概念； 熟悉相图测定方法 理解相律及应用相律分析相图； 掌握二元相图杠杆定律	合金凝固时溶质的分配； 成分过冷的临界条件； 热分析法建立二元合金相图； 相律，杠杆定律
常见二元合金相图	了解二元合金相图的基本类型； 熟悉二元匀晶、共晶、包晶相图的形态特征； 掌握二元合金平衡结晶和非平衡结晶分析； 注重偏析概念的学习	二元匀晶相图； 二元共晶相图； 二元包晶相图； 其他类型的二元合金相图； 平衡结晶、非平衡结晶、伪共晶，包晶偏析、区域偏析和比重偏析
二元合金相图与二元合金相图性能的关系	了解相图与合金性能之间的基本关系	合金相的力学性能和物理性能； 二元合金的加工工艺性能

由于纯金属性能上的局限性，因此实际使用的金属材料绝大多数是合金。所谓合金是指由两种或两种以上的金属，或金属与非金属，经熔炼烧结或用其他方法组合而成的具有金属特性的物质。例如，应用最广泛的碳钢和铸铁是由铁和碳组成的合金，黄铜是由铜和锌组成的合金等。合金化是提高纯金属性能的最主要途径。

合金的性能主要是由金属的本性及其结构、组织状态所决定的。生产金属材料之所以能从技艺上升成为科学，在于人们认识到了材料的性能与其结构、组织之间的关系，并能通过合金化、熔铸、压力加工和热处理等工艺过程对组织、结构进行合理的控制，从而控制材料的性能。合金相图是研究合金中各种相结构、组织的形成和变化规律的一种有效工具。掌握相图的分析和使用方法，有助于了解合金的组织状态和预测合金的性能，并根据要求研制新的合金。在生产实践中，合金相图可作为制定合金熔炼、铸造、锻造及热处理工艺的重要依据。

3.1 合金相结构

3.1.1 基本概念

1. 组元

组成合金最基本的、独立的物质称为组元。组元可以是纯元素，如铜镍合金中的 Cu 和 Ni；也可以是化合物，如铁硫化铁合金中的 FeS，镍磷合金中的 Ni_3P，等等。由两个组元组成的合金称为二元合金，由三个组元组成的合金称为三元合金，由三个以上组元组成的合金称为多元合金。

2. 合金系

由给定的组元以不同的比例配制成一系列成分不同的合金，这一系列合金就构成一个合金系统，简称合金系。由两个组元组成的为二元系，三个组元组成的为三元系，多个组元组成的为多元系。例如，凡是由铜和锌组成的合金，不论其成分如何，都属于铜锌二元合金系。已知元素周期表中的元素有一百多种，除了少数气体元素外，几乎都可以用来配制合金。如果从其中取出 80 种元素配制合金，那么，由在这 80 种元素中任取两种元素组成的二元系合金就有 3160 种，由在这 80 种元素中任取三种元素组成的三元系合金就有 82160 种。这些合金除了具有更高的力学性能外，有的还可能具有强磁性、耐蚀性等特殊的物理性能和化学性能。

3. 相和相结构

当不同的组元经熔炼或烧结组成合金时，这些组元间由于物理、化学的相互作用，就会形成具有一定晶体结构和一定成分的相。相是指合金中结构相同、成分和性能均一并以界面相互分开的组成部分。例如，纯金属在固态时为一个相(固相)，在熔点以上为另一个相(液相)，而在熔点时，固体与液体共存，两者之间有界面分开，它们各自的结构不同，所以此时为固相和液相共存的混合物。由一种固相组成的合金称为单相合金，由几种不同固相组成的合金称为多相合金。$w_{Zn}=30\%$的 Cu - Zn 合金是单相合金，一般称为单相黄铜，它是锌溶入铜中的固溶体；而 $w_{Zn}=40\%$的 Cu - Zn 合金，则是两相合金。

各种合金中的组成相虽然是多种多样的，但归纳起来，可分为固溶体和金属化合物两种基本类型。如果在合金相中，组成合金的异类原子能够以不同比例均匀混合，相互作用，其晶体结构与组成合金的某一组元相同，这种合金相就称为固溶体。如果在合金相中，组成合金的异类原子有固定的比例，而且晶体结构与组成合金的某一组元均不相同，则这种合金相称为金属化合物。工业上使用的金属材料，有的是全部由固溶体组成的单相合金，有的则是由固溶体为基础再加上少量金属化合物的多相合金，还有的是以金属化合物为主而用少量的金属固溶体黏合起来的硬质合金，也还有利用具有特殊物理性质和化学性质的金属化合物作为功能材料应用的。

在金属和合金中，由于形成条件不同，形成的相可能不同，相的数量、形态及分布状态也可能不同，因此形成不同的组织。合金的组织与纯金属组织概念相同，反映合金中晶粒的尺寸大小、形状、分布，是一个与相紧密相关的概念。相是组织的基本组成部分，合金的组织取决于组成相的类型、形状、大小、数量、分布等。同样的相，当它们的形态及分布不同时，就会出现不同的组织，使材料表现出不同的性能。因此，在工业生产中，控制和改变合金的组织具有极重要的意义。

3.1.2 合金固溶体及类型

1. 固溶体的分类

与溶液相似，在由 A、B 两个组元组成的固溶体中，如果 A 是溶剂，B 就是溶质。固溶体与溶剂 A 的晶体结构相同。如果 A 是纯金属，B 溶入 A 后形成的固溶体(即以纯金属为基形成的固溶体)称为第一类固溶体。如果 A 本身是金属化合物(如 Ni_3P)，这时若有其他元素(如钴、铁)再溶入 A，所形成的固溶体(即以化合物为基的固溶体)称为第二类固溶体。许多金属化合物可以溶解组成该金属化合物的组元，例如，CuZn 是金属化合物，它既可以溶解铜，又可以溶解锌。工业上所使用的金属材料，绝大部分以固溶体为基体，有的甚至完全由固溶体所组成。例如，广泛应用的碳钢和合金钢，均以固溶体为基体，其含量占组织中的绝大部分。因此，对固溶体的研究有很重要的实际意义。

根据溶质原子在固溶体中存在的位置，固溶体又可分为置换固溶体和间隙固溶体，如图 3.1 所示。当溶质原子溶入溶剂形成固溶体时，溶质原子占据溶剂原子应占的位置，即该处的溶剂原子被溶质原子所置换，这种固溶体称为置换固溶体。如果溶质原子存在于溶剂原子的间隙中，这样的固溶体就称为间隙固溶体。某些固溶体可

(a) 置换固溶体

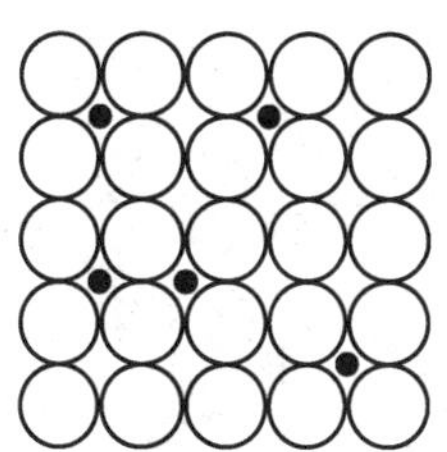

(b) 间隙固溶体

● ● 溶质原子　○ 溶剂原子

图 3.1 固溶体的两种类型

能同时兼有两种形式，如硅和锰溶入固态铁中可以形成置换固溶体，如果合金中同时含有碳、氮、硼等元素，则这些元素又可以以间隙固溶的方式溶入这个固溶体。所有这些元素都溶解在铁中，形成一个单一的固溶体。

在一定条件下，溶质组元在固溶体中的浓度有一定的限度，超过这个限度就不再溶解了，这一限度称为溶解度或固溶度。不同溶质原子在同一溶剂中的溶解度不同，有的可以以任何比例相互溶解，如镍和铜、铁和铬、金和银等，这种情况称为无限互溶。如果溶质在溶剂中的溶解度有一定限度则称为有限互溶。以上形成的相应固溶体分别称为无限固溶体和有限固溶体。在有限互溶的情况下，溶解度与温度有关，多数随温度升高而增大。图 3.2所示为无限置换固溶体中两组元原子置换示意。由此可见，无限固溶体只可能是置换固溶体。

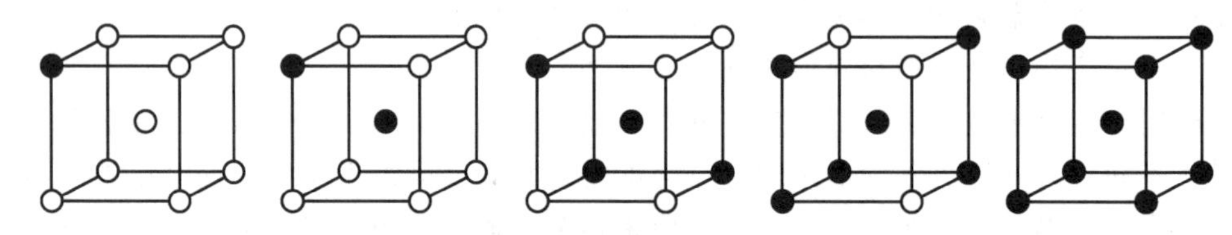

图 3.2　无限置换固溶体中两组元原子置换示意

无限置换固溶体中两组元原子置换示意

在置换固溶体和间隙固溶体中，溶质原子的分布一般是无序的，即溶质呈统计分布。但在一定条件下，它们可能局部或全部成为有序排列。这时溶质原子与溶剂原子分别占据固定位置，而且每个晶胞中溶质和溶剂原子之比都是一定的。这样的固溶体称为有序固溶体。这种有序结构称为超结构或超点阵。

事实上，完全无序的固溶体在自然界中是不存在的。可以认为，在热力学上处于平衡状态的无序固溶体中，溶质原子的分布在宏观上是均匀的，但从微观尺度看，它们并不均匀。图 3.3 为固溶体中溶质原子分布示意。图 3.3(a)是溶质原子完全无序分布时的情况，图 3.3(b)、图 3.3(c)、图 3.3(d)则分别为偏聚、部分有序(又称短程有序)和完全有序(又称长程有序)时的情况。这主要取决于同类原子(即 A－A、B－B)间的结合能 E_{AA} 与 E_{BB} 和异类原子(即 A－B)间结合能 E_{AB} 的相对大小。如果 $E_{AA}=E_{BB}=E_{AB}$，那么溶质原子倾向于呈无序分布。如果同类原子间结合能大于异类原子间结合能，那么溶质原子易呈偏聚状态。当异类原子间结合能较同类原子间结合能大时，溶质原子就会呈部分有序排列。对于某些合金，当溶质原子浓度达到一定原子分数时呈完全有序排列。

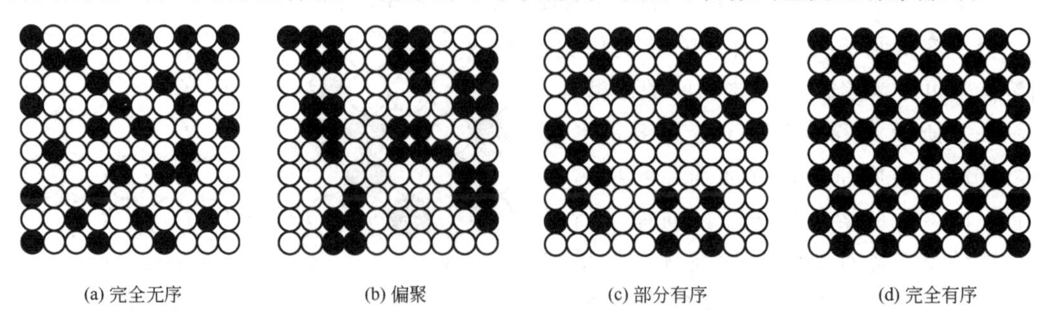

图 3.3　固溶体中溶质原子分布示意

有序固溶体在加热到某一温度以上时，将变为无序固溶体，重新冷却到该温度以下时，又会变为有序固溶体。冷却时发生的无序到有序转变称为有序化。当固溶体有序化时，许多性能就会发生突变。

2. 置换固溶体

金属元素彼此之间一般都能形成置换固溶体，但固溶度的大小相差悬殊。例如，铜与镍可以无限互溶，锌仅能在铜中溶解 $w_{Zn}=39\%$，而铅在铜中几乎不溶解。大量的实践表明，随着溶质原子的溶入，往往引起合金的性能发生显著的变化，因而研究影响固溶度的因素很有实际意义。很多学者做了大量的研究工作，发现不同元素间的原子尺寸、电负性、电子浓度和晶体结构等因素对固溶度均有明显的规律性影响。

(1) 原子尺寸因素

原子尺寸因素可用溶剂、溶质原子半径之差与溶剂原子半径之比 $\Delta r=\frac{r_A-r_B}{r_A}$ 描述。Δr 对置换固溶体的固溶度有重要影响。组元间的原子半径越相近，即 Δr 越小，则固溶体的固溶度越大；而当 Δr 越大时，则固溶体的固溶度越小。有利于大量固溶的原子尺寸条件是 $\Delta r\leqslant15\%$，或者溶质与溶剂的原子半径比 $\frac{r_{溶质}}{r_{溶剂}}=0.85\sim1.15$。当超过以上数值时，就不能大量固溶。在以铁为基的固溶体中，当铁与其他溶质元素的原子半径相对差别 $\Delta r<8\%$ 且两者的晶体结构相同时，才有可能形成无限固溶体，否则，就只能形成有限固溶体。在以铜为基的固溶体中，只有当 $\Delta r<10\%$ 时，才可能形成无限固溶体。

原子尺寸因素对固溶度的影响可以做如下定性说明。当溶质原子溶入晶格后，会引起晶格畸变，即与溶质原子相邻的溶剂原子要偏离其平衡位置，如图 3.4 所示。若溶质原子半径大于溶剂原子半径，则溶质原子将排挤它周围的溶剂原子；若溶质原子半径小于溶剂原子半径，则其周围的溶剂原子将向溶质原子靠拢。不难理解，形成这样的状态必然引起能量的升高，这种升高的能量称为晶格畸变能。组元间的原子半径相差越大，晶格畸变能越高，晶格越不稳定。同样，溶质原子溶入越多，单位体积的晶格畸变能也越高，直至溶剂晶格不能再维持时，便达到了固溶体的固溶度极限。若此时再继续加入溶质原子，溶质原子将不再能溶入固溶体中，只能形成其他新相。

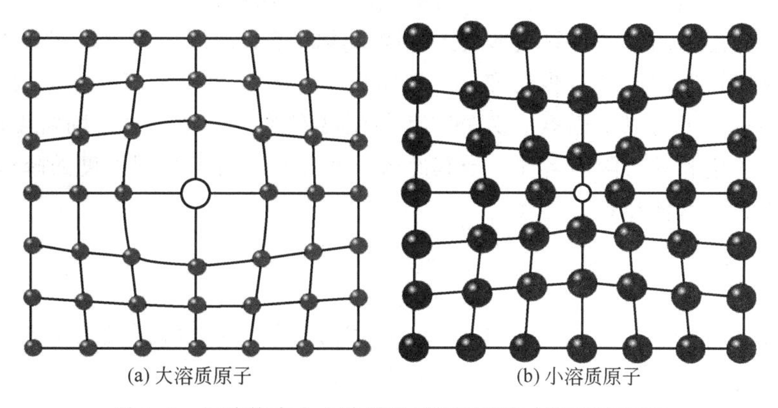

图 3.4 固溶体中大小溶质原子所引起的点阵畸变示意

（2）电负性因素

元素的电负性是元素的原子获得或吸引电子的相对倾向。在元素周期表中，同一周期的元素，其电负性自左向右依次递增；同一族的元素，其电负性自下而上依次递增。两元素在元素周期表中的位置相距越远，电负性差值越大，越不利于形成固溶体，而易于形成金属化合物。两元素间的电负性差值越小，形成的置换固溶体的固溶度越大。

（3）电子浓度因素

在研究以ⅠB族金属为基的合金(即铜基、银基和金基)时，发现这样的规律：在尺寸因素比较有利的情况下，溶质元素的化合价越高，则其在Cu、Ag、Au中的固溶度越小。例如，二价的锌在铜中的最大固溶度(以摩尔分数表示)为$x_{Zn}=38\%$，三价的镓为$x_{Ga}=20\%$，四价的锗为$x_{Ge}=12\%$，五价的砷为$x_{As}=7\%$。以上数值表明，溶质元素的化合价与固溶体的固溶度之间有一定的关系。进一步的分析表明，溶质化合价的影响实质上是由合金的电子浓度决定的。合金的电子浓度是指合金晶体结构中的价电子总数与原子总数之比，即e/a，计算公式为

$$\frac{e}{a}=\frac{A(100-x)+Bx}{100} \tag{3-1}$$

式中，A、B分别为溶剂和溶质的化合价；x为溶质的原子百分数(%)。

计算一下形成固溶体时的电子浓度e/a就会发现，这些合金达到最大溶解度时的e/a都近似地等于1.4。这一数值被视为极限电子浓度。极限电子浓度的大小与溶剂晶体结构类型有关。对一价的面心立方金属，极限电子浓度为1.36，而对一价的体心立方金属极限电子，极限电子浓度则为1.48。在计算极限电子浓度时，对于过渡元素如何确定价电子数还是个有争议的问题。

（4）晶体结构因素

溶质与溶剂的晶体结构相同，是置换固溶体形成无限固溶体的必要条件。只有晶体结构类型相同，溶质原子才有可能连续不断地置换溶剂晶格中的原子，直到溶剂原子完全被溶质原子置换完为止。若组元的晶格类型不同，则组元间的固溶度只能是有限的，只能形成有限固溶体。即使晶格类型相同的组元间也不能形成无限固溶体，那么，其固溶度也将大于晶格类型不同的组元间的固溶度。

综上所述，原子尺寸、电负性、电子浓度和晶体结构是影响固溶体固溶度大小的四个主要因素。当以上四个因素都有利时，所形成的固溶体的固溶度就可能较大，甚至形成无限固溶体。但上述的四个条件只是形成无限固溶体的必要条件，还不是充分条件，无限固溶体的形成规律还有待于进一步研究。一般情况下，各元素间大多只能形成有限固溶体。固溶体的固溶度除了与以上因素有关外，还与温度有关，温度越高，固溶度越大。因此，在高温下已达到饱和的有限固溶体，当其冷却至低温时，由于其固溶度的降低，将使固溶体发生分解而析出其他相。

3. 间隙固溶体

一些原子半径很小的溶质原子溶入溶剂中时，不是占据溶剂晶格的正常结点位置，而是填入到溶剂晶格的间隙中，形成间隙固溶体，其结构如图3.1(b)所示。形成间隙固溶体的溶质元素，都是一些原子半径小于0.1nm的非金属元素，如氢(0.046nm)、氧

(0.061nm)、氮(0.071nm)、碳(0.077nm)、硼(0.097nm)等，而溶剂元素则都是过渡族元素。试验证明，只有当溶质与溶剂的原子半径比值$\frac{r_{溶质}}{r_{溶剂}}<0.59$时，才有可能形成间隙固溶体。

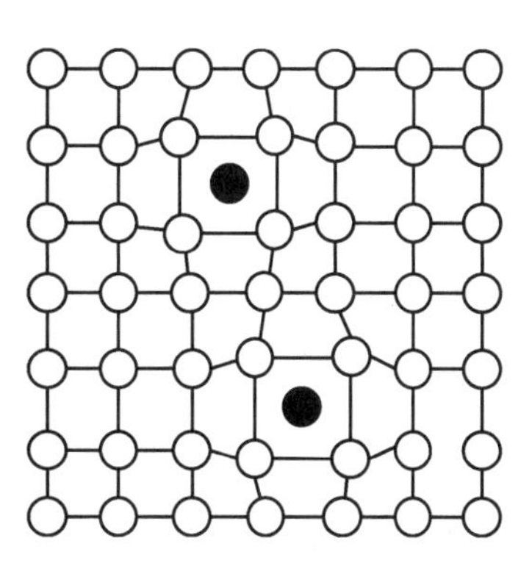

图 3.5 间隙固溶体中的晶格畸变示意

间隙固溶体的固溶度与溶质原子的大小及溶剂的晶格类型有关。当溶质原子(间隙原子)较大时，溶入溶剂后，将使溶剂的晶格常数增加，并使晶格发生畸变，如图 3.5 所示。溶入的溶质原子越多，引起的晶格畸变越大，当畸变量达到一定数值后，溶剂晶格将变得不稳定。当溶质原子较小时，它所引起的晶格畸变也较小，因此就可以溶入更多的溶质原子，固溶度也较大。晶格类型不同，则其中的间隙形状、大小也不同。例如，面心立方晶格的最大间隙是八面体间隙，所以溶质原子都位于八面体间隙中。体心立方晶格的致密度虽然比面心立方晶格的低，但因它的间隙数量多，每个间隙的直径都比面心立方晶格的小，所以它的固溶度要比面心立方晶格的小。

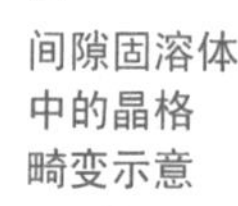

3.1.3 金属化合物(中间相)

两组元 A 和 B 组成合金时，除了可形成以 A 为基或以 B 为基的固溶体(端际固溶体)外，还可能形成晶体结构与 A、B 两组元均不相同的新相。由于它们在二元相图上的位置总是位于中间，因此通常把这些相称为中间相。中间相常具有金属特性，有时称为金属化合物，通常可用化合物的化学分子式表示。当中间相属于固溶体时，溶质原子可以置换中间相的某一组元，如由 A、B 组成的中间相，B 组元可以置换中间相中的 A 原子。中间相也可能是缺位固溶体，这时其中某一组元 B 所占据的结点空缺，这相当于 A 组元相对增多，可以看作是空位溶解在 A、B 组元组成的中间相中形成的固溶体。

对于已经研究过的中间相，可以分为主要受电负性控制的正常价化合物，以原子尺寸为主要控制因素的间隙相、间隙化合物和拓扑密堆相，以及由电子浓度起主要控制作用的电子化合物。

应当指出，大多数中间相中的价电子有一部分可以自由地运动。这意味着大多数中间相中原子间的结合方式是金属结合与其他典型结合(离子结合、共价结合和分子结合)相混合的一种结合方式，因此它们多具有金属特性。

由于中间相中各组元原子间的结合含有金属结合的成分，因此表示它们组成的化学分子式并不一定符合化合价规律，如 CuZn、Fe_3C、TiC 等。

在中间相中，不同组元的原子各占据一定的位置，呈有序排列。

1. 正常价化合物

正常价化合物是由两种电负性差值较大的元素按通常的化合价形成的化合物，主要是金属元素与ⅣA～ⅥA 族元素形成的一些化合物，其成分符合化合价规律。例如，正二价的 Mg 与负四价的 Pb、Sn、Ge 和 Si 形成 Mg_2X(X 表示 Pb、Sn、Ge 或 Si)化合物。化合物的稳定性与两组元的电负性差值大小有关。电负性差值越大，稳定性越高，越接近于盐类的离子化合物。电负性差值较小的 Mg_2Pb 显示典型的金属性质，因其电阻随温度升高而增加，金属键占主导地位。电负性差值较大的 Mg_2Sn 则显示半导体性质，其电阻比 Mg_2Pb 大 188 倍，且其电导率随温度升高而增大，主要为共价键结合。电负性差值更大的 MgS 则为典型的离子化合物。这类化合物的晶体结构与离子化合物 NaCl 和 CaF_2 相同，固溶度范围很小，在相图中常为一条垂直线，性硬而脆，并且常常具有较高的熔点。

2. 电子化合物

休姆·罗瑟里（Hume Rothery）在研究ⅠB 族的贵金属(Ag、Au、Cu)与ⅡB（Zn）、ⅢA（Ga）、ⅣA 族元素(Ge)组成的合金时，首先发现随着第二组元的增加，依次出现一系列的金属化合物(ε、γ、β 等)。这类化合物虽然不符合化合价规律，但相对应的化合物却具有相同的电子浓度和晶体结构类型。后来这类化合物又在 Fe－Al、Ni－Al、Co－Zn 等其他合金中被发现。

这类化合物的特点是电子浓度成为决定晶体结构的主要因素。若具有相同的电子浓度，则相的晶体结构类型相同。电子浓度用化合物中每个原子平均所占有的价电子数(e/a)来表示。计算包含ⅠB、ⅡB 的过渡元素时，其价电子数视为零。因其 d 层的电子未被填满，在组成合金时它们实际上不贡献价电子。电子浓度为$\frac{21}{12}$的化合物称为 ε 相，具有密排六方结构；电子浓度为$\frac{21}{13}$的为 γ 相，具有复杂立方结构；电子浓度为$\frac{21}{14}$的为 β 相，一般具有体心立方结构，但有时还可能呈复杂立方结构（β－Mn）或密排六方结构。这是由于除主要受电子浓度影响外，其晶体结构也同时受尺寸因素及电化学因素的影响。常见的电子化合物及其结构类型见表 3－1。

表 3－1　常见的电子化合物及其结构类型

电子浓度				
$\frac{3}{2}\left(\frac{21}{14}\right)$β 相			$\frac{21}{13}$γ 相	$\frac{7}{4}\left(\frac{21}{12}\right)$ε 相
体心立方结构	复杂立方结构(β－Mn 结构)	密排六方结构	复杂立方结构(γ 黄铜结构)	密排六方结构
CuZn	Cu_5Si	Cu_3Ga	Cu_5Zn_8	$CuZn_3$
CuBe	Ag_3Al	Cu_5Ge	Cu_5Cd_8	$CuCd_3$
Cu_3Al	Au_3Al	AgZn	Cu_5Hg_8	Cu_3Sn
Cu_3Ga*	$CoZn_3$	AgCd	Cu_9Al_4	Cu_3Si
Cu_3In	—	Ag_3Al	Cu_9Ga_4	$AgZn_3$
Cu_5Si*	—	Ag_3Ga	Cu_9In_4	$AgCd_3$
Cu_5Sn	—	Ag_3In	$Cu_{31}Si_8$	Ag_3Sn
AgMg	—	Ag_5Sn	$Cu_{31}Sn_8$	Ag_5Al_3
AgZn*	—	Ag_7Sd	Ag_5Zn_8	$AuZn_3$

续表

电子浓度				
$\frac{3}{2}\left(\frac{21}{14}\right)\beta$ 相			$\frac{21}{13}\gamma$ 相	$\frac{7}{4}\left(\frac{21}{12}\right)\varepsilon$ 相
体心立方结构	复杂立方结构(β－Mn 结构)	密排六方结构	复杂立方结构(γ 黄铜结构)	密排六方结构
AgCd*	—	Au_3In	Ag_5Cd_8	$AuCd_3$
Ag_3Al*	—	Ag_5Sn	Ag_5Hg_8	Au_3Sn
Ag_3In*	—	—	Ag_9In_4	Au_5Al_3
AuMg	—	—	Au_5In_8	—
AuZn	—	—	Au_5Cd_8	—
AuCd	—	—	Au_9In_4	—
FeAl	—	—	Fe_5Zn_{21}	—
CoAl	—	—	Co_5Zn_{21}	—
NiAl	—	—	Ni_5Be_{21}	—
PdIn	—	—	$Na_{31}Pb_8$	—

* 为不同温度出现不同的结构。

电子化合物虽然可用化学分子式表示，但不符合化合价规律，实际上其成分是在一定范围内变化的，可视其为以化合物为基的固溶体，其电子浓度也在一定范围内变化。

电子化合物中原子间的结合方式以金属键为主，故具有明显的金属特性。

3. 原子尺寸因素化合物

当两种元素形成金属化合物时，若它们的原子半径差别较小，则倾向于形成电子化合物；若两种原子半径差别很大，则形成明显的尺寸因素化合物。这种化合物有两种类型：间隙相或间隙化合物(间隙型)和拓扑密堆相(置换型)。现分别讨论如下。

(1) 间隙相或间隙化合物

间隙相和间隙化合物主要受组元的原子尺寸因素控制，通常是由过渡金属与原子半径很小的非金属元素（H、N、C、B）所组成。根据非金属元素(以 X 表示)与金属元素(以 M 表示)原子半径的比值，可将其分为两类：当 $\frac{r_X}{r_M}<0.59$ 时，形成具有简单结构的化合物，称为间隙相；当 $\frac{r_X}{r_M}>0.59$ 时，则形成具有复杂晶体结构的化合物，称为间隙化合物。由于氢和氮的原子半径较小，因此过渡金属的氢化物和氮化物都是间隙相。由于硼的原子半径最大，因此过渡金属的硼化物都是间隙化合物。碳的原子半径也比较大，但比硼的原子半径小，所以一部分碳化物是间隙相，另一部分则为间隙化合物。间隙相和间隙化合物中的原子间结合键为金属键与共价键相混合。

① 间隙相。间隙相都具有简单的晶体结构，如面心立方、体心立方、密排六方或简

单六方结构等，金属原子位于晶格的正常结点上，非金属原子则位于晶格的间隙位置。间隙相的化学成分可以用简单的分子式表示（如 M_4X、M_2X、MX、MX_2），但是它们的成分可以在一定的范围内变动，这是由于间隙相的晶格中的间隙未被填满，即某些本应为非金属原子占据的位置出现空位，相当于以间隙相为基的固溶体，这种以缺位方式形成的固溶体称为缺位固溶体。

间隙相不但可以溶解组元元素，而且可以溶解其他间隙相。有些具有相同结构的间隙相甚至可以形成无限固溶体，如 TiC－ZrC、TiC－VC、TiC－NbC、TiC－TaC、ZrC－NbC、ZrC－TaC、VC－NbC、VC－TaC 等。

应当指出，间隙相和间隙固溶体之间有本质的区别，间隙相是一种化合物，它具有与其组元完全不同的晶体结构，而间隙固溶体则仍保持着溶剂组元的晶格类型。钢中常见的间隙相见表 3－2。

表 3－2　钢中常见的间隙相

间隙相的化学式	钢中的间隙相	结构类型
M_4X	Fe_4N、Mn_4N	面心立方
M_2X	Ti_2H、Zr_2H、Fe_2N、Cr_2N、V_2N、Mn_2C、W_2C、Mo_2C	密排六方
MX	TaC、TiC、ZrC、VC、ZrN、VN、TiN、CrN、ZrH、TiH	面心立方
	TaH、NbH	体心立方
	WC、MoN	简单六方
MX_2	TiH_2、ThH_2、ZnH_2	面心立方

间隙相具有极高的熔点和硬度，具有明显的金属特性，如具有金属光泽和良好的导电性。间隙相是硬质合金的重要组成相。用硬质合金制作的高速切削刀具、拉丝模及各种冷冲模具已得到了广泛的应用。间隙相还是合金工具钢和高温金属陶瓷的重要组成相。此外，用渗入或涂层的方法使钢的表面形成含有间隙相的薄层，可显著提高钢的表面硬度和耐磨性，延长零件的使用寿命。工程结构钢中 Fe_3C 量随含碳量的增大，其强度提高，但其焊接性能变差，因此一些高性能钢采用间隙相 Nb(C、N)、TiN、TiC 和 VC 等做强化相，而不是像过去采用间隙化合物做强化相。

② 间隙化合物。间隙化合物都具有复杂的晶体结构，Cr、Mn、Fe 的碳化物均属此类。间隙化合物的种类很多，在合金钢中经常遇到的有 M_3C（如 Fe_3C、Mn_3C）、M_7C_3（如 Cr_7C_3）、$M_{23}C_6$（如 $Cr_{23}C_6$）和 M_6C（如 Fe_3W_3C、Fe_4W_2C）等。其中 Fe_3C 是钢铁材料中的一种基本组成相，称为渗碳体。Fe_3C 中的铁原子可以被其他金属原子（如 Mn、Cr、Mo、W）置换，形成以间隙化合物为基的固溶体，如 $(Fe, Mn)_3C$、$(Fe, Cr)_3C$ 等，称为合金渗碳体。其他的间隙化合物中金属原子也可被其他金属元素所置换。

间隙化合物也具有很高的熔点和硬度，但与间隙相相比，它们的熔点和硬度要低一些，而且加热时也较易分解。这类化合物是碳钢及合金钢中的重要组成相。钢中常见碳化物的硬度及熔点见表 3－3。

表 3-3 钢中常见碳化物的硬度及熔点

类型	间隙相								间隙化合物	
	NbC	W_2C	WC	Mo_2C	TaC	TiC	ZrC	VC	$Cr_{23}C_6$	Fe_3C
熔点/℃	3770±125	3130	2867	2960±50	4150±140	3410	3805	3023	1577	1227
硬度/HV	2050	—	1730	1480	1550	2850	2840	2010	1650	≈800

(2) 拓扑密堆相

拓扑密堆相是由两种大小不同的金属原子所构成的一类中间相，其中大小原子通过适当的配合构成空间利用率和配位数都很高的复杂结构。由于这类结构具有拓扑特征，因此称这些相为拓扑密堆相，简称 TCP 相，以区别于通常的具有 FCC 或 HCP 的几何密堆相。

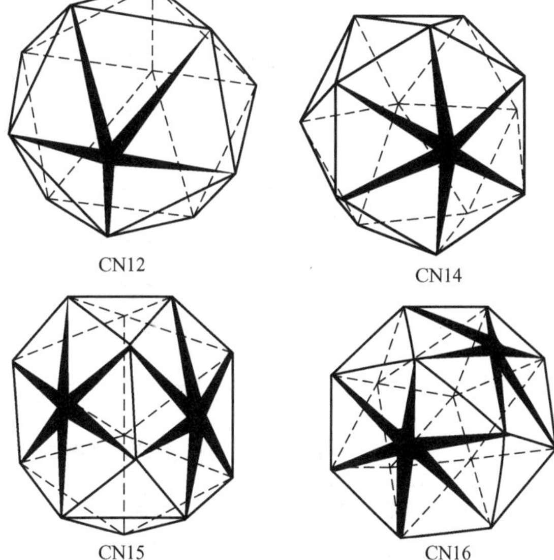

图 3.6 拓扑密堆相中的配位多面体形状

这种结构的特点如下。

① 由配位数为 12、14、15、16 的配位多面体堆垛而成。所谓配位多面体是以某一原子为中心，将其周围紧密相邻的各原子中心用一些直线连接起来所构成的多面体，每个面都是三角形。图 3.6所示为拓扑密堆相中的配位多面体形状。

② 呈层状结构。原子半径小的原子构成的密排面，其中嵌镶有原子半径大的原子，由这些密排层按一定顺序堆垛而成，从而构成空间利用率很高，只有四面体间隙的密排结构。

③ 网格结构。原子密排层是由三角形、正方形或六角形组合起来的网格结构。网格结构通常可用一定的符号表示，取网格中的任一原子，依次写出围绕着它的多边形类型。图 3.7 所示为原子密排层的网格结构。

拓扑密堆相的种类很多，已经发现的有拉弗斯相(如 $MgCu_2$、$MgNi_2$、$MgZn_2$、$EPSe_2$)、σ 相(如 FeCr、FeV、FeMo、CrMo、WCo)、μ 相(如 Fe_7W_6、Co_7Mo_6)、Cr_3Si 型相(如 Cr_3Si、Nb_3Sn、Nb_3Sb)，R 相(如 $Cr_8Mo_{31}Co_{51}$)、P 相(如 $Cr_8Ni_{40}Mo_{42}$)。下面简单介绍拉弗斯相的晶体结构。

许多金属之间形成的金属化合物属于拉弗斯相。二元合金拉弗斯相的典型分子式为 AB_2，其形成条件如下。

① 原子尺寸因素。A 原子半径略大于 B 原子，其理论比值应为 $r_A/r_B=1.255$，而实际比值为 1.05～1.68。

② 电子浓度。一定的结构类型对应着一定的电子浓度。

拉弗斯相的晶体结构有三种类型，典型代表为 $MgCu_2$、$MgZn_2$ 和 $MgNi_2$，二种典型的拉弗斯相的结构类型和电子浓度范围见表 3-4。

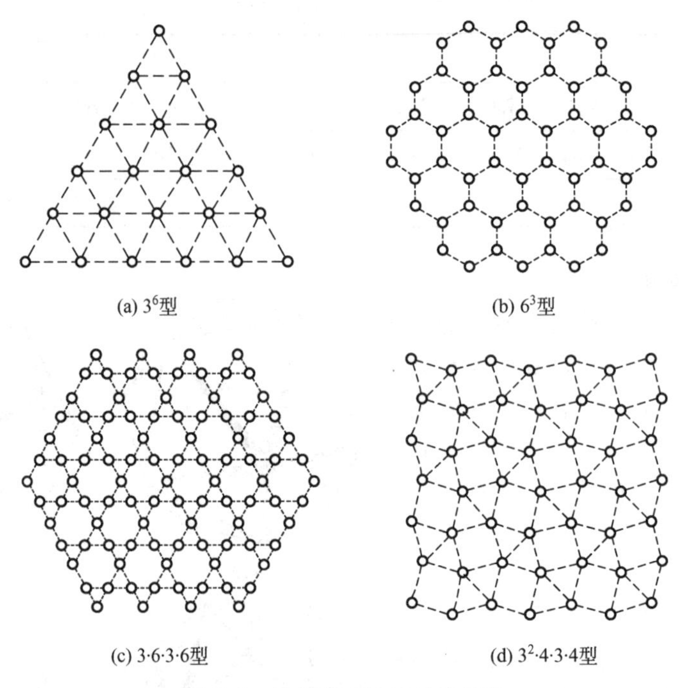

图 3.7 原子密排层的网格结构

表 3-4 三种典型的拉弗斯相的结构类型和电子浓度范围

典型合金	结构类型	电子浓度范围	属于同类的拉弗斯相举例
$MgCu_2$	复杂立方	1.33～1.75	AgB_2 $NaAu_2$ $ZrFe_2$ CuMnZr $AlCu_3Mn_2$
$MgZn_2$	复杂六方	1.80～2.00	$CaMg_2$ $MoFe_2$ $TiFe_2$ $TaFe_2$ AlNbNi FeMoSi
$MgNi_2$	复杂六方	1.80～1.90	$NbZn_2$ $HfCr_2$ $SeFe_2$

3.2 液态合金固化(二元合金的凝固理论)

液态合金的凝固过程除了遵循金属结晶的一般规律外，由于二元合金中第二组元的加入，溶质原子要在液、固两相中发生重新分布，这对合金的凝固方式和晶体的生长形态产生重要影响，而且会引起宏观偏析和微观偏析。本节主要讨论二元合金在匀晶转变中的凝固理论。

3.2.1 合金凝固时溶质的分配

除少数成分特殊的合金(如共晶合金)外，一般合金在平衡凝固时都要经过匀晶转变过程。图 3.8 所示是匀晶转变的平衡分配系数，展示了常见二元合金相同的局部，将在后面章节中对它进行详细分析。这里需要强调两点：①不同成分的液体，凝固温度不同；②由母液凝固的固相成分与母液成分不同，此时溶质(剂)原子将在固液两相之间迁移。在

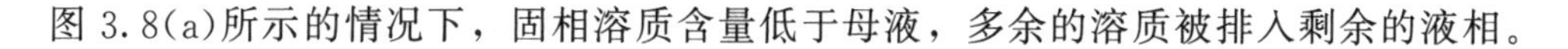

图 3.8(a)所示的情况下，固相溶质含量低于母液，多余的溶质被排入剩余的液相。

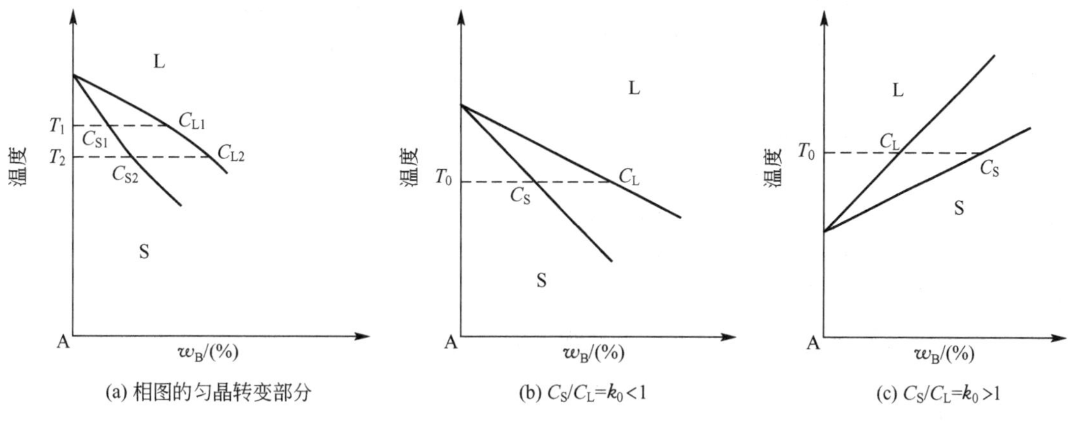

图 3.8　匀晶转变的平衡分配系数

图 3.8 表明，不同温度下液固两相平衡成分的差值不同。如果近似地把液相线和固相线画成图 3.8(b)、图 3.8(c)所示的直线，则尽管上述差值在不同温度下仍旧不同，但两相平衡成分的比值却保持为恒量，即

$$C_S/C_L=k_0 \tag{3-2}$$

式中，C_S 和 C_L 分别代表固相和液相中溶质的浓度；k_0 为平衡分配系数。

图 3.8(b)中 $k_0<1$，图 3.8(c)中 $k_0>1$。k_0 越接近于 1，表示该合金凝固时重新分布的溶质成分与原合金成分越接近，即重新分布的程度越小。下面以 $k_0<1$ 的相图为例进行讨论。

为了便于研究，假定水平圆棒自左端向右端逐渐凝固，并假设液固界面保持平面。如果冷却极为缓慢，达到了平衡凝固状态，即在凝固过程中，在每一个温度下，液体和固体中的溶质原子都能够充分混合均匀，虽然先后凝固出来的固体成分不同，但凝固完毕后，固体中各处的成分均变为原合金成分 C_0，不存在溶质的偏析，如图 3.9 中的 a 线所示。

实际上要达到平衡凝固是极困难的。特别是在固相中，成分的均匀化是靠原子扩散来完成的，所以溶质是不可能达到完全均匀的。一般金属在稍低于熔点时，其固体中的扩散系数很小，约为 $10^{-8}\,cm^2/s$，而液体中的扩散系数却大得多，约为 $10^{-5}\,cm^2/s$。所以在讨论金属合金的实际凝固问题时，一般不考虑固相内部的扩散，即把凝固过程中先后析出的固相成分看作没有变化，而仅讨论液相中的溶质原子混合均匀程度的问题。

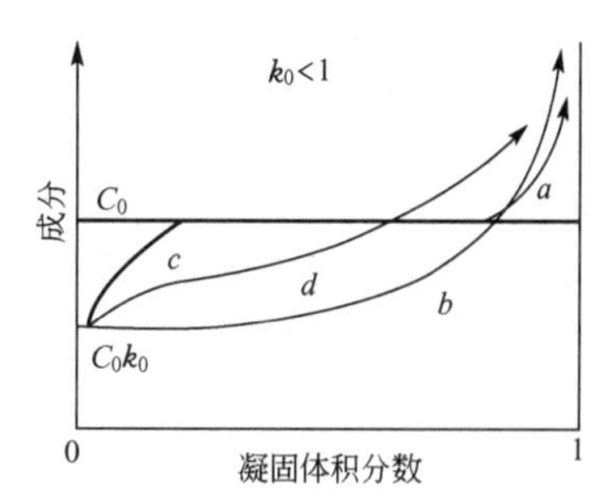

a—平衡凝固；b—液体中溶质完全混合；c—液体中溶质仅借扩散而混合；d—液体中溶质部分地混合

图 3.9　C_0 合金凝固后的溶质分布曲线

当合金从熔体自然凝固时，液体中溶质的混合可能有两种传输机制：扩散和液体的自然对流(或者加上搅拌)。比较起来，前者比后者要慢得多。当合金液凝固时，由于液体低黏度和高密度的特性，因此会有一定的自然对流产生而促使

溶质混合。但是当液体在管中流动时有一个基本特性，就是管中间部分的液体流速尽管很大，而靠近管壁处的液体流速却几乎为零，即在管壁处总是存在一无流动性的边界层。这样的边界层在凝固时的液固界面处的液体中也总是同样存在的，故在界面的法线方向不可能有原子的对流传输。在边界层中，溶质只能通过缓慢的扩散过程传输到边界层外面的对流液体中去。而扩散传输往往不能将凝固所排出的溶质同时都输送到对流的液体中去，结果在边界层中就产生了溶质的聚集，如图 3.10(a)中的虚线所示。在边界层以外的液体，由于有对流混合而获得均匀的液体成分$(C_L)_B$。由于液固界面上总是达到或接近局部平衡，因此$(C_S)_i=k_0(C_L)_i$。因为有溶质聚集而使$(C_L)_i$迅速上升，从而使$(C_S)_i$也随之迅速升高，所以固体成分的升高要比不存在溶质聚集时快，如图 3.10(a)所示。由此可见，边界层的溶质聚集对凝固圆棒的成分分布具有很大的影响。

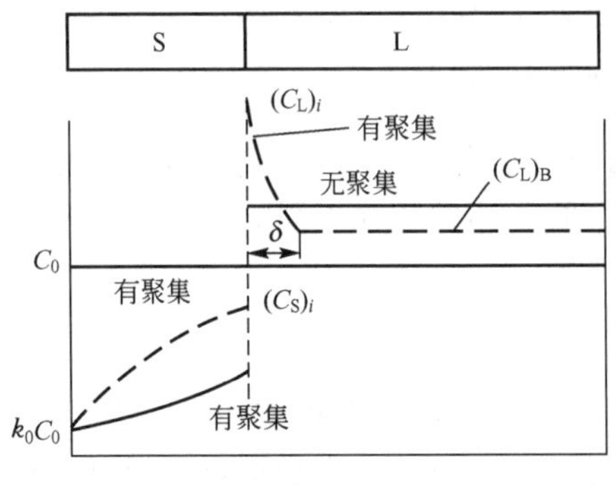

(a) 液固边界层的溶质聚集对凝固圆棒成分的影响

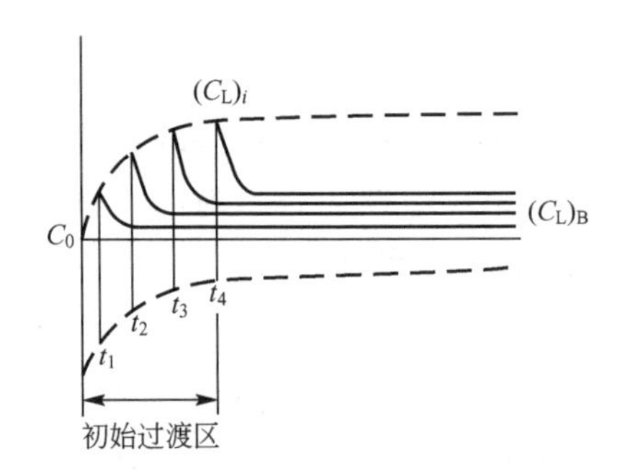

(b) 初始过渡区的建立

图 3.10 凝固过程中溶质的聚集现象

溶质开始从凝固界面连续不断地排入边界层液体中，从而使溶质在界面上富集越来越多，边界层的浓度梯度也越来越大，因此原子的下坡扩散速度也越来越快。当从固体界面输出溶质的速度等于溶质从界面层扩散出去的速度时，达到稳定状态。这种达到稳定状态后的凝固过程，称为稳态凝固过程。于是$(C_L)_i/(C_L)_B$比值变为常数。从凝固开始至建立稳定的边界层的这一段长度称为初始过渡区，如图 3.10(b)所示。

在稳态凝固过程中，常常采用有效分配系数k_e，它定义为

$$k_e=\frac{\text{凝固时液固界面处固相的浓度}(C_S)_i}{\text{边界层以外的液体平均浓度}(C_L)_B} \tag{3-3}$$

在初始过渡区建立后的稳态凝固过程中，k_e为常数。利用扩散方程可推导出k_e与平衡分配系数k_0、凝固速度R、边界层厚度δ及扩散系数D之间的关系为

$$k_e=\frac{k_0}{k_0+(1-k_0)e^{-\frac{R\delta}{D}}} \tag{3-4}$$

当k_0为定值时，k_e随$R\delta/D$的变化图解如图 3.11 所示。从图中可以看出，当$R\delta/D$从小增大时，k_e由最小值k_0增大至 1。对此可分为三种情况讨论。

① 当凝固速度非常缓慢时，$R\delta/D\to 0$，则$k_e\to k_0$，即为液体中溶质完全混合的情况。

② 如果凝固速度很大，$e^{-\frac{R\delta}{D}}\to 0$，则$k_e\to 1$，此为液体中溶质仅有通过扩散而混合的情况。

③ 凝固速度介于上面二者中间，即当$k_0<k_e<1$时，为液体中溶质部分混合的情况。

通常把这些凝固过程统称为正常凝固过程。下面对这三种液体混合情况下凝固时的溶质分布分别进行讨论。

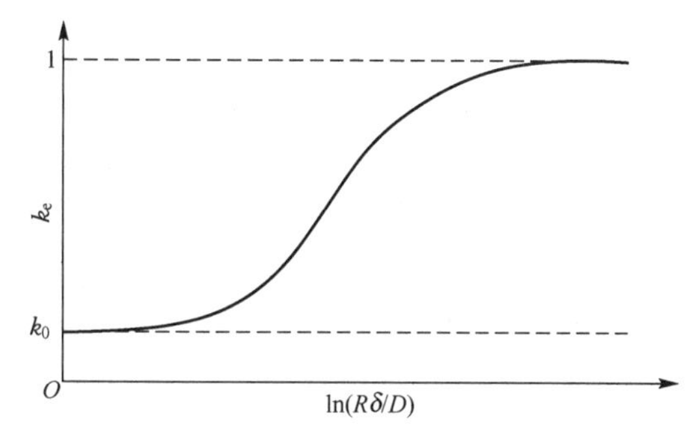

图 3.11 当 k_0 为定值时，k_e 随 $R\delta/D$ 的变化图解

（1）液体中溶质完全混合的情况

如果凝固过程非常缓慢，凝固时排出至界面的溶质，通过扩散、对流甚至搅拌而使液体中的溶质完全混合均匀，如图 3.12 所示。在 T_1 温度开始凝固时，固相成分为 k_0C_0，液相成分为 C_{L1}。当温度降至 T_2 时，析出的固相成分为 a，液相成分变为 c。当温度降至 T_3 时，析出的固相成分为 b，液相成分为 d。由于固相中几乎不进行原子扩散，因此先后凝固部分的成分分布仍保持 $k_0C_0 \to a \to b$，而液相成分却在每一温度下都是完全混合均匀的。凝固完毕，合金圆棒中的溶质分布曲线如图 3.9 中 b 线所示。合金中的大量溶质被排挤富集于圆棒的右端，而左端则获得纯化。这种圆棒从左端至右端的宏观范围内存在的成分不均匀现象，称为宏观偏析。在这种凝固条件下，固体圆棒离左端距离 x 处的溶质浓度 $C_S(x)$ 可表示为

$$C_S(x)=k_0C_0\left(1-\frac{x}{l}\right)^{k_0-1} \tag{3-5}$$

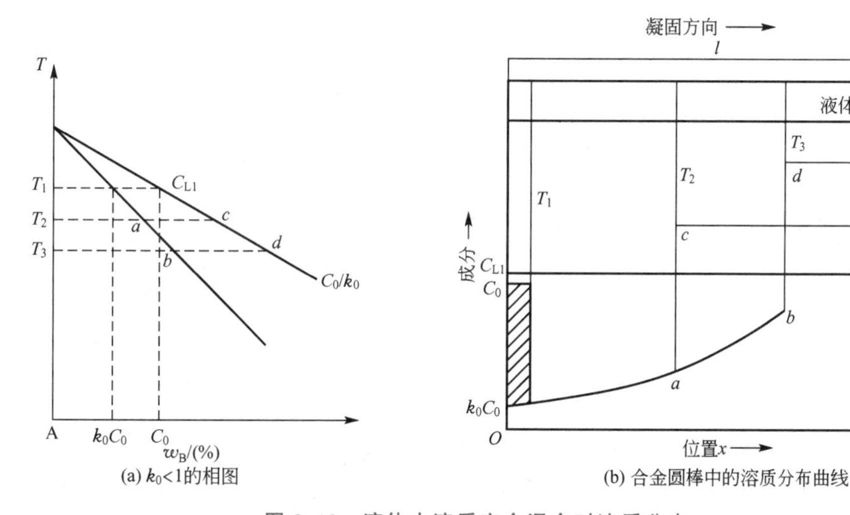

(a) k_0<1的相图　　(b) 合金圆棒中的溶质分布曲线

图 3.12 液体中溶质完全混合时溶质分布

与其平衡对应的液体成分 $C_L(x)$ 则为

$$C_L(x)=C_0\left(1-\frac{x}{l}\right)^{k_0-1} \tag{3-6}$$

式中，l 为合金圆棒长度。

（2）液体中溶质仅借扩散而混合的情况

当凝固速度很大时，凝固所排出的溶质富集于界面处液体中，如果无对流和搅拌作用，仅靠液体中的浓度梯度所引起的原子扩散，则是一个较缓慢的过程。其扩散速度随浓度梯度增大而增大。在凝固初期，由于浓度梯度较小，其扩散速度也较小，因此在固相中出现初始浓度过渡区（$k_0C_0-C_0$）。设液体过冷至固相线温度后，溶质被排出至界面的速度

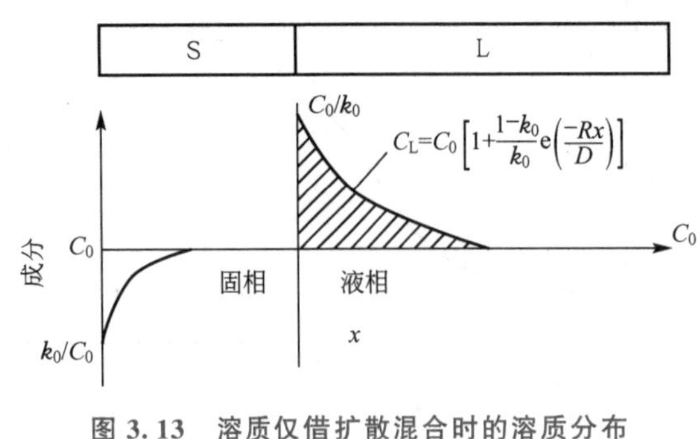

图 3.13　溶质仅借扩散混合时的溶质分布

恰等于溶质离开界面的扩散速度，保持稳定凝固状态，即固相成分保持原合金成分 C_0，液固界面处的液相成分保持 C_0/k_0。由于扩散进行很慢，在边界层以外的液体成分仍保持为 C_0，如图 3.13 所示。直至凝固临近终了，最后剩余的少量液体，其浓度开始升高，故圆棒末端又有一个浓度升高的过渡区。凝固完毕后圆棒的溶质浓度分布曲线如图 3.9 中 c 线所示。

在稳定凝固状态下，边界层液体中的溶质分布方程为

$$C_L=C_0\left[1+\frac{1-k_0}{k_0}e\left(\frac{-Rx}{D}\right)\right] \tag{3-7}$$

式中，C_L 为液体离液固界面 x 处的溶质浓度；R 为凝固速度；D 为溶质在液体中的扩散系数。

由式(3－7)可见，边界层液体中的溶质分布受制于 R、D 和 k_0 等因素。图 3.14 则说明了边界层液体中的溶质分布随 R、D 和 k_0 而变化的情况。当凝固速度快，溶质的扩散系数小时，溶质分布曲线就变得陡而短；当 k_0 很小时，液固界面上的溶质浓度增高。

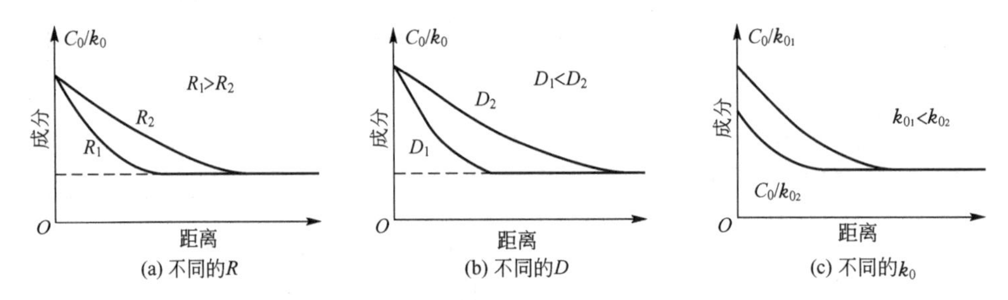

图 3.14　边界层液体中的溶质分布随 R、D 和 k_0 而变化的情况

（3）液体中溶质部分混合的情况

只有在非常缓慢的凝固条件下才能实现液体中溶质的完全混合，这是很难达到的。一般情况下，仅借扩散和对流的作用只能达到部分混合，介于前二者之间。由于对流仅对离开边界层的液体混合有作用，而对边界层以内的法线方向的原子传输作用不大，因此穿过边界层的溶质传输只能由缓慢的扩散机制承担，结果在界面层造成溶质的聚集，如图 3.10(a)中的虚线所示。边界层以外的液体，则因对流而获得均匀混合。当界面层的溶质输入和输出相等，达到稳定时，界面上的液体成分与均匀的液体成分之比 $(C_L)_i/(C_L)_B$ 为常数。界面层厚度 δ 随混合作用的加强而减小，强烈搅拌时约为 10^{-2}mm，自然对流时约为 1mm。与完全混合相比，边界层液体中溶质的聚集使 $(C_L)_i$ 也随之升高，但是液固界面上仍处于局部平衡，即 $(C_S)_i=k_0(C_L)_i$。凝固完毕后的溶质分布曲线如图 3.9 中 d 线所示。部分混合的溶质分布曲线可以表示为

$$C_S = k_e C_0 \left(1 - \frac{x}{l}\right)^{k_e - 1} \tag{3-8}$$

式中，k_e 为有效分配系数。

图 3.15 为简单铸锭的凝固过程示意。与锭模内壁接触的液体直接将热量传递给锭模，因而以相当快的速度冷却并迅速凝固。接下来是与之毗邻的液体凝固，液固界面逐步向中心推移，直至铸锭完全凝固。

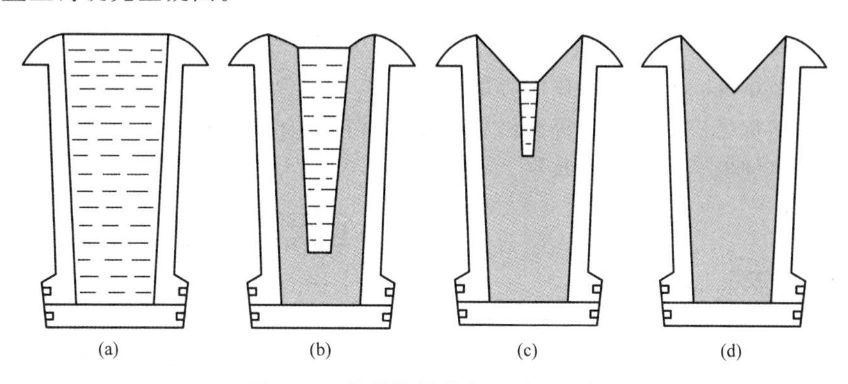

图 3.15 简单铸锭的凝固过程示意

在 $k_0<1$ 的情况下，溶质原子被排入界面前沿，使界面前沿的液相成分与其他部位出现差异。通过对流和扩散，这种差异将有所减小，使剩余液相成分趋于一致。凝固条件不同，剩余液相均匀程度不同。如果对流剧烈，而且原子扩散迅速，液固界面推移速度又比较缓慢，剩余液相成分可能完全均匀，这种情况就可以看作完全混合。与此相反，如果界面是在液相中既未发生对流又未进行扩散的条件下向前推移，大体积剩余液相与界面前沿的少量液相在成分上将始终存在巨大差异，这种情况就是液体中溶质仅借扩散而混合或完全不混合。这两种情况都是极端情况，实际铸件多在介于二者之间的条件下凝固，多属于部分混合的情况。

(4) 区域熔炼

前面已经指出，正常凝固可在金属圆棒的一侧获得提纯的效果。20 世纪 50 年代以来，人们应用这个原理发展了区域熔炼技术，获得了极好的提纯效果。区域熔炼并不是一次把金属圆棒全部熔化，而是将圆棒分成小段逐步进行熔化和凝固，也就是使金属圆棒从一端向另一端顺序地进行局部熔化，凝固过程也随之顺序地进行。当熔化区走完一遍之后，圆棒中的杂质就富集到另一端，如图 3.16 所示。若 $k_0<1$，则结晶出来的固体浓度总是低于液固界面处的液体成分。于是，当熔化区从始端移到终端时，杂质元素就富集于终端，照此重复移动几次，金属圆棒(除去终端)的纯度将大大提高。若 $k_0>1$，则溶质将富集于金属圆棒的始端。

可以用类似于液体中溶质完全混合时的正常凝固方程式的推导方法，求得区域熔炼的溶质分布方程式，差别仅在于区域熔炼时液相区是从一端到另一端逐步移动的，其结果为

$$C_S = C_0 \left[1 - (1 - k_0) e^{-\frac{k_0 x}{L}}\right] \tag{3-9}$$

式中，L 为液相区长度。

如果液体不是完全混合，即 $k_e>k_0$，则

$$C_S=C_0\left[1-(1-k_0)e^{-\frac{k_e x}{L}}\right] \tag{3-10}$$

式(3－9)和式(3－10)是每经过一次区域熔炼后的金属圆棒溶质分布公式。为了获得更大的纯度，就要求 k_e 尽可能接近 k_0，也就是 $R\delta/D$ 值应尽可能小，因此需要有低的液固界面运动速度和高程度的混合，以尽量减少边界层厚度 δ。

区域熔炼

虽然一次区域熔炼后金属圆棒的纯度比正常凝固所得到的纯度要低，但是区域熔炼可反复多次，每次区域熔炼后的纯度都会提高，从而获得高纯材料，如图 3.17 所示。例如，对于 $k_0=0.1$ 的情况，只需反复进行五次区域熔炼，就可把圆棒前半部分的杂质平均含量降为原来的 1‰。因此，区域熔炼已广泛应用于提纯许多半导体材料、金属、有机及无机化合物等，可使其纯度达到很高的水平。

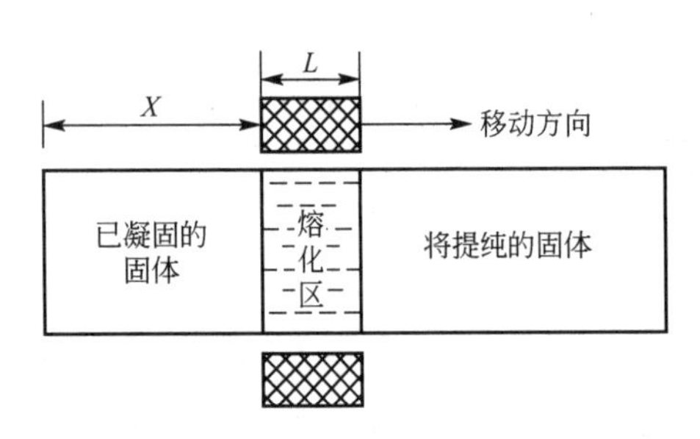

图 3.16　区域熔炼示意

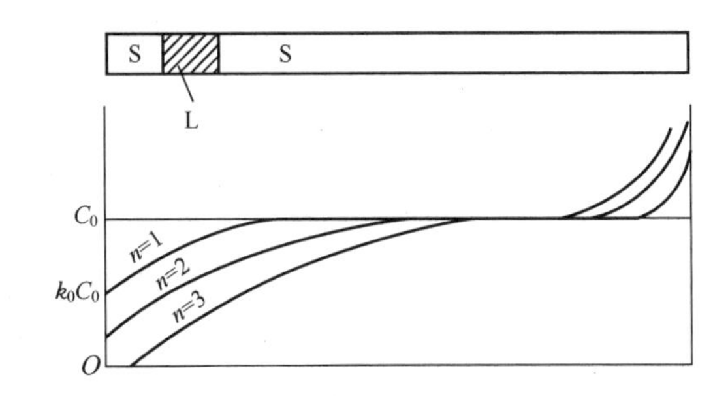

图 3.17　由区域熔炼而得到的沿金属圆棒的成分变化(n 为区域熔炼次数)

3.2.2　成分过冷

1. 成分过冷的概念

纯金属熔液在凝固时理论凝固温度(熔点)不变，过冷度完全取决于实际温度的分布，这样的过冷称为热过冷。在合金的凝固过程中，虽然实际温度分布一定，但由于液相中溶质分布发生变化，改变了液相的熔点(即由相图中的液相线所决定)，此时过冷是由成分变化与实际温度分布这两个因素共同决定的，称为成分过冷。

图 3.18 为当 $k_0<1$ 时合金的成分过冷示意。设有一个 $k_0<1$ 的合金，其相图一角如图 3.18(a)所示，熔液的实际温度分布如图 3.18(b)所示。因为在实际凝固过程中，不可能通过扩散而达到均匀一致的成分，所以一般只是在液固界面处建立局部的平衡浓度。在凝固过程中，液体内溶质按图 3.18(c)所示的曲线进行分布(假定液体中仅有扩散的情况)：在界面处有溶质的富集，而远离界面处溶质浓度趋于 C_0。由相图可知，合金熔液的凝固温度随成分变化而变化，即沿液相线发生变化。若把图 3.18(c)与图 3.18(a)对照，就可作出界面前沿熔液中因浓度变化而造成的凝固温度变化曲线，如图 3.18(d)所示。然后，把图 3.18(b)的实际温度分布线叠加在图 3.18(d)上，就可得到图 3.18(e)，其中剖线阴影部分为成分过冷区。

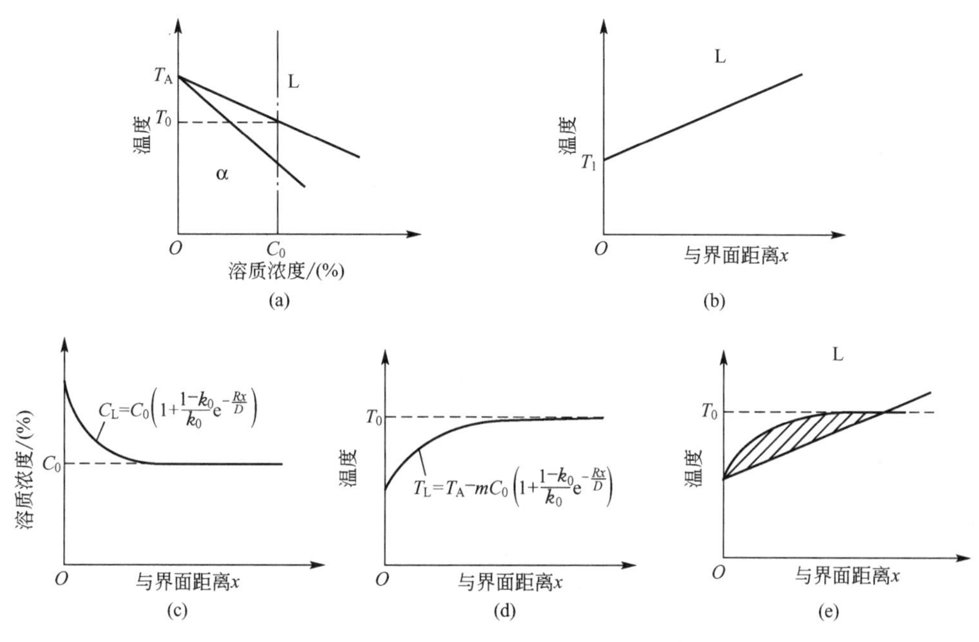

图 3.18　$k_0<1$ 时合金的成分过冷示意

2. 出现成分过冷的临界条件

为便于推导，假定溶质仅依靠扩散而混合，则图 3.18(c)所示的液体溶质分布曲线表示为

$$C_L=C_0\left(1+\frac{1-k_0}{k_0}e^{-\frac{Rx}{D}}\right) \tag{3-11}$$

曲线上每一点 x 所对应的开始凝固温度可直接从图 3.18(a)上得到。若 k_0 是常数，液相线斜率 m 也是常数，则可用计算方法求得

$$T_L=T_A-mC_L \tag{3-12}$$

式中，T_L 是成分为 C_L 的合金的开始凝固温度；T_A 是纯溶剂金属的凝固温度。

由式(3-11)和式(3-12)可得

$$T_L=T_A-mC_0\left(1+\frac{1-k_0}{k_0}e^{-\frac{Rx}{D}}\right) \tag{3-13}$$

这就是图 3.18(d)中曲线的数学表达式。

现在确定图 3.18(b)的实际温度分布线表达式。设界面温度为 T_i，液体中自液固界面开始的温度梯度为 G，则在距离界面为 x 处的液体实际温度 T 为

$$T=T_i+Gx \tag{3-14}$$

原始成分为 C_0 的合金，在稳态凝固条件下，界面温度 T_i 可从式(3-13)在 $x=0$ 的条件下求出，即

$$T_i=(T_L)_{x=0}=T_A-\frac{mC_0}{k_0} \tag{3-15}$$

因此

$$T=T_A-\frac{mC_0}{k_0}+Gx \tag{3-16}$$

这是图 3.18(b)中实际温度分布线的表达式。显然，只有在 $T<T_L$，即实际温度低于液体的平衡凝固温度时，才会获得成分过冷。因此 $T=T_L$ 是出现成分过冷的临界条件，这时

$$T_A-m\frac{C_0}{k_0}+Gx=T_A-mC_0\left(1+\frac{1-k_0}{k_0}e^{-\frac{Rx}{D}}\right)$$

$$Gx=mC_0\left[\frac{1}{k_0}-\left(1+\frac{1-k_0}{k_0}e^{-\frac{Rx}{D}}\right)\right]=mC_0\frac{(1-k_0)(1-e^{-\frac{Rx}{D}})}{k_0}$$

对液体而言，一般 D 很大，即 $\left(-\frac{Rx}{D}\right)$ 很小，由级数展开得 $1-e^{-\frac{Rx}{D}}\approx\frac{Rx}{D}$，于是上式可近似写成

$$\frac{G}{R}=\frac{mC_0}{D}\cdot\frac{1-k_0}{k_0} \tag{3-17}$$

若 $\frac{G}{R}<\frac{mC_0}{D}\cdot\frac{1-k_0}{k_0}$，则出现成分过冷。

3. 影响成分过冷的因素

式(3-17)的等号右边是合金本身的参数，而等号左边则是外界条件的参数，所以影响成分过冷的因素如下。

(1) 合金本身：液相线越陡，合金含溶质浓度越高，液体中扩散系数越小。$k_0<1$ 时的 k_0 值越小，或 $k_0>1$ 时的 k_0 值越大，都会促使成分过冷倾向越大。

(2) 外界条件：温度梯度越平缓，凝固速度越快，则使成分过冷倾向越大。

一般固溶体中溶质质量分数为 0.2%以上时，易出现成分过冷。成分过冷是实际合金凝固时的普遍现象，对于晶体生长的形态、铸件的宏观组织和凝固方式等都有重要的影响。

上面的推导是假定液体中只有扩散所造成的溶质混合，如果考虑其他的混合情况，就要进行修正计算。

4. 成分过冷对晶体生长形状和铸锭组织的影响

固溶体合金凝固时，在正温度梯度下，由于液固界面前沿存在成分过冷，随着成分过冷度从小变大，而使界面成长形状从平直界面向胞状和树枝状发展。设液固界面原为平直面，其前沿存在一定的成分过冷区。如果在界面的某一点偶然长出一个凸瘤，则凸瘤尖端将伸入成分过冷区，从而加速凸瘤成长而超前发展，如图 3.19(a)所示。其超前的最大距离不能超过成分过冷区，一般为 0.01～0.1mm。凸瘤成长的同时，在其液固界面的顶端和侧面排出溶质原子。由于侧面液体中的溶质量增加，因此阻止了它的侧向成长，并使凸瘤能保持稳定的形状。由于凸瘤成长受到过冷区范围的限制，因此凸瘤总是保持在一定的长度范围内，不能无限制地单独发展，也可说是等待其他凸瘤一起发展。这样一个个凸瘤

开始形成，一直扩展到整个界面，形成所谓胞状界面，如图 3.19(b)所示。胞的纵截面具有光滑的边缘和抛物线似的形状，其横截面常见的形态有两种，即扁片状［图 3.19(c)］和圆柱状［图 3.19(d)］，有时也呈规则的六边形状。胞状组织是稀固溶体的典型组织，在纯度不高的单晶体中经常出现。此外，在一些钢的焊缝组织中也有出现。

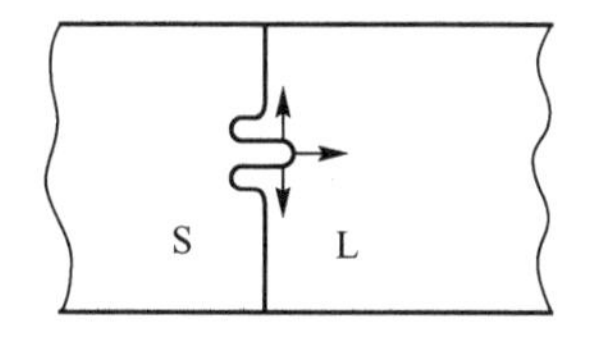

(a) 胞的形成

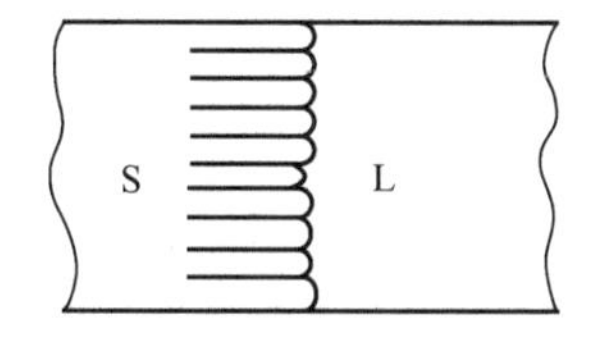

(b) 胞晶成长的胞状界面

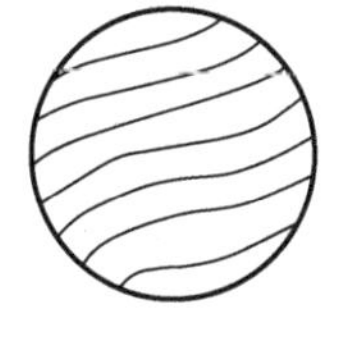

(c) 胞的扁片状横截面形态

(d) 胞的圆柱状横截面形态

图 3.19　胞状晶形成示意

随着成分过冷的增大，胞状组织开始变得不规则，最后会形成分枝的树枝状构造，一般的固溶体都是以这种方式生长的。

综上所述，固溶体晶体的生长形态与成分过冷有密切的关系。随着成分过冷的增大，固溶体晶体由平面状向胞状、树枝状的形态发展。在各组织之间还有过渡形态，即介于平面状与胞状之间的平面胞状晶及介于胞状与树枝状之间的胞状树枝晶。合金含量 C_0（溶质浓度）、液相内的温度梯度 G 和凝固速度 R 是影响成分过冷的主要因素。图 3.20 所示为$\frac{G}{\sqrt{R}}$和 C_0 对固液体晶体生长形状的影响。

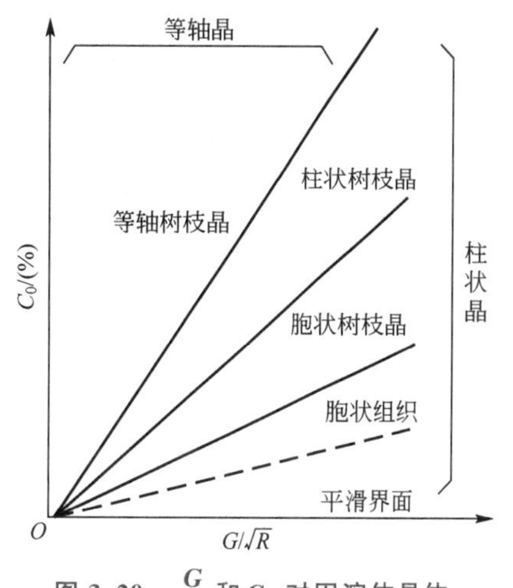

图 3.20　$\frac{G}{\sqrt{R}}$和 C_0 对固溶体晶体生长形状的影响

对于一定成分的合金，成分过冷的大小取决于$\frac{G}{\sqrt{R}}$，由于 R 值的影响是平方根关系，因此决定固溶体晶体生长形态的最主要因素是 G。由于呈平直界面成长所需要的温度梯度很大，一般难以达到。一般铸锭和铸件中的温度梯度小于 3～5℃/cm，因此在工业生产中，固溶体合金凝固总是形成胞状晶或树枝晶。

研究晶体生长形态和各种因素的影响，在生产上具有实际的意义。如有些钢的焊缝组织中，胞状晶和树枝晶都可能出现，对钢的性能有不同的影响，控制生产条件，改变$\frac{G}{\sqrt{R}}$值，就能在一定程度上控制焊缝的组织和性能。

3.3　二元合金相图的建立

纯金属结晶后只能得到单相的固体，合金结晶后，既可获得单相的固溶体，又可获得单相的金属化合物，但更常见的是获得既有固溶体又有金属化合物的多相组织。组元不同，获得的固溶体和化合物的类型也不同，即使组元确定后，结晶后所获得的相的性质、数目及其相对含量也随着合金成分和温度的变化而变化，即在不同的成分和温度时，合金将以不同的状态存在。为了研究不同合金系中的状态与温度、成分之间的变化规律，就要利用相图这一工具。

相图是表示在平衡条件下合金系中合金的状态与温度、成分间关系的图解。由于相图是在平衡条件下测定的，因此又称平衡状态图。利用相图，可以一目了然地了解不同成分的合金在不同温度下的平衡状态，它存在哪些相、相的成分及相对含量如何，以及在加热和冷却时可能发生哪些转变等。显然，相图是研究金属材料的一个十分重要的工具。

3.3.1 相图测定方法

合金存在的状态通常由合金的成分、温度和压力三个因素决定，用图形表示其相态变化，需要采用成分、温度和压力三个坐标轴。鉴于三坐标立体图的复杂性，在研究体系中通常处于一个大气压(常压)的状态下，因此，二元相图仅考虑体系在成分和温度两个变量下的热力学平衡状态。二元相图的横坐标表示成分，纵坐标表示温度。如果体系由 A、B 两组元组成，横坐标一端为组元 A，另一端为组元 B，那么体系中任意两组元不同配比的成分均可在横坐标上找到相应的点。

合金成分按现在国家标准有两种表示方法：质量分数(w)和摩尔分数(x)。如果没有特别说明，通常都是指质量分数。假如组元 A、B 的相对原子量分别为 M_A、M_B，以 w_A 和 w_B 分别表示二元合金中 A、B 的质量分数，以 x_A 和 x_B 分别表示它们的摩尔分数，则质量分数与摩尔分数换算关系为

$$\left.\begin{aligned} w_A &= \frac{M_A x_A}{M_A x_A + M_B x_B} \\ w_B &= \frac{M_B x_B}{M_A x_A + M_B x_B} \end{aligned}\right\} \tag{3-18}$$

$$\left.\begin{aligned} x_A &= \frac{\dfrac{w_A}{M_A}}{\dfrac{w_A}{M_A} + \dfrac{w_B}{M_B}} \\ x_B &= \frac{\dfrac{w_B}{M_B}}{\dfrac{w_A}{M_A} + \dfrac{w_B}{M_B}} \end{aligned}\right\} \tag{3-19}$$

建立相图的方法有试验测定和理论计算两种，但目前所用的相图大部分都是根据试验测定建立起来的。测定相图常用的方法有热分析法、X 射线衍射分析法、金相组织法、硬度法、电阻法、热膨胀法、磁性法等。这些方法都是以合金相变时发生某些物理变化为基础而选定的。为了精确地建立相图，常常需要同时采用几种不同的方法。这里只简要介绍热分析法。

合金凝固时释放凝固潜热，用热分析法可以方便地测定合金的凝固温度。建立二元合

金相图的具体步骤如下。

① 配制一系列不同成分的同一合金系。

② 将合金熔化后，分别测出它们的冷却曲线。

③ 根据冷却曲线上的转折点确定各合金的状态变化温度。

④ 将上述数据引入以温度(℃)为纵轴、成分(质量分数)为横轴的坐标平面中。

⑤ 连接意义相同的点，作出相应的曲线，标明各区域所存在的相，便得到合金系相图。

下面以 Cu－Ni 合金为例，说明用热分析法测定二元合金相图的过程。首先配制一系列不同成分的 Cu－Ni 合金，测出从液态到室温的冷却曲线。图 3.21(a)给出纯铜和含镍量分别为 30%、50%、70%的 Cu－Ni 合金及纯镍的冷却曲线。可见，纯铜和纯镍的冷却曲线都有一水平阶段，表示其结晶的临界点。其他三种合金的冷却曲线都没有水平阶段，但有两次转折，两个转折点所对应的温度代表两个临界点，表明这些合金都是在一个温度范围内进行结晶的，温度较高的临界点是结晶开始的温度，称为上临界点，温度降低的临界点是结晶终了温度，称为下临界点。结晶开始后，由于会放出结晶潜热，致使温度的下降变慢，在冷却曲线上出现了一个转折点；结晶终了后，不再放出结晶潜热，温度的下降变快，因此又出现了一个转折点。

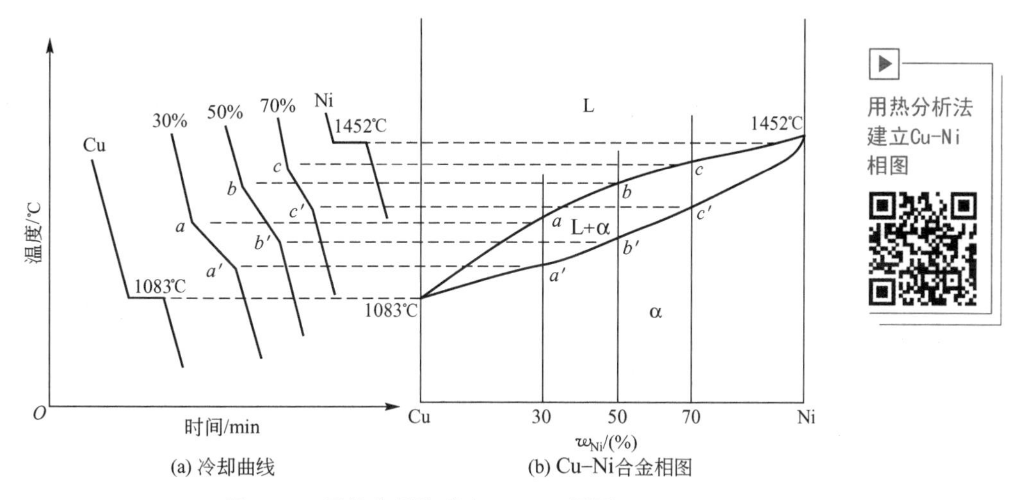

图 3.21　用热分析法建立 Cu－Ni 相图

将上述的临界点标在温度-成分坐标图中，再将两类临界点连接起来，就得到图 3.21(b)所示的 Cu－Ni 合金相图。其中上临界点的连线称为液相线，表示合金结晶的开始温度或加热过程中熔化终了温度；下临界点的连线称为固相线，表示合金结晶终了的温度或在加热过程中开始熔化的温度。这两条曲线把 Cu－Ni 合金相图分成三个相区：在液相线之上，所有的合金都处于液态，是液相单相区，以 L 表示；在固相线以下，所有的合金都已结晶完毕，处于固态，是固相单相区，经 X 射线结构分析或金相分析表明，所有的合金都是单相固溶体，以 α 表示；在液相线和固相线之间，合金已开始结晶，但结晶过程尚未结束，是液相和固相的两相共存区，以 L＋α 表示。至此，相图的建立工作即完成。

测定时所配制的合金数目越多、所用金属纯度越高、测温精度越高、冷却速度越慢

(0.5～1.5℃/min)，则所测得的相图越精确。

使用二元合金相图的基本方法如下。

① 表象点。在温度轴和成分轴构成的坐标平面上，任意一点都称为表象点。一个表象点的坐标值反映一个给定合金的成分和温度。在相图中，根据表象点所在的相区，便可以确定这个合金在这个温度下含有哪些相。例如，图 3.21(b)中，成分坐标值为 50%Ni，温度坐标值为 1200℃的表象点位于 L+α 二相平衡区，表明在 Cu－Ni 合金系中，含 50% Ni 的合金在 1200℃时处于液相与固相共存状态。推而广之，可以由相图查出整个合金系中所有合金在不同温度下的状态。

② 由相图确定给定合金的相变温度。对应给定合金的成分值作垂线，垂线与相图中各条曲线交点的温度坐标便是相应的相变温度。例如，用这个办法可以很容易地查出，含 50%Ni 的液态铜镍合金冷却时在 1320℃开始凝固，在 1240℃凝固终了。

3.3.2 相律

相律是检验、分析和使用相图的重要工具，所测定的相图是否正确，要用相律检验，在研究和使用相图时，也要用到相律。相律是表示在平衡条件下，系统的自由度数、组元数和相数之间的关系，是系统平衡条件的数学表达式。相律可表示为

$$f=c-p+2 \tag{3-20}$$

式中，f 为平衡系统的自由度数；c 为平衡系统的组元数；p 为平衡系统的相数。

相律的含义：在只受外界温度和压力影响的平衡系统中，它的自由度数等于系统的组元数和相数之差再加 2。平衡系统的自由度数是指平衡系统的独立可变因素(如温度、压力、成分)的数目。这些因素可在一定范围内任意独立地改变而不会影响原有的共存相数。当系统的压力为常数时，相律可表达为

$$f=c-p+1 \tag{3-21}$$

此时，合金的状态由成分和温度两个因素确定。因此，对纯金属而言，成分固定不变，只有温度可以独立改变，所以纯金属的自由度数最多只有一个。而对二元系合金来说，已知一个组元的含量，则合金的成分即可确定，因此合金成分的独立变量只有一个，再加上温度因素，所以二元合金的自由度数最多为两个，以此类推，三元系合金的自由度数最多为三个，四元系合金最多为四个，等等。

下面讨论应用相律的几个例子。

① 利用相律确定系统中可能共存的最多平衡相数。例如，对单元系来说，组元数 $c=1$，由于自由度不可能出现负值，因此当 $f=0$ 时，同时共存的平衡相数应具有最大值，带入式(3－21)，即得 $p=1-0+1=2$，可见，对单元系合金来说，同时共存的平衡相数不超过两个。例如，纯金属结晶时，温度固定不变，自由度为零，同时共存的平衡相为液、固两相。同样，对二元系合金来说，组元数 $c=2$，当 $f=0$ 时，$p=2-0+1=3$，说明二元系合金中同时共存的平衡相数最多为三个。

② 利用相律解释纯金属与二元合金结晶时的一些差别。例如，纯金属结晶时存在液、固两相，其自由度为零，说明纯金属在结晶时只能在恒温下进行。二元合金结晶时，在两相平衡条件下，其自由度 $f=2-2+1=1$，说明温度和成分中只有一个独立可变因素，即

在两相区内任意改变温度，则成分随之改变，反之亦然。此时，二元系合金将在一定温度范围内结晶。如果二元系合金出现三相平衡共存，则其自由度 $f=2-3+1=0$，说明此时的温度不但恒定不变，而且三个相的成分也恒定不变，结晶只能在各个因素完全恒定不变的条件下进行。

3.3.3 二元相图杠杆定律

在合金的结晶过程中，随着结晶过程的进行，合金中各个相的成分及它们的相对含量都在不断地发生变化。为了了解某一具体合金中相的成分及其相对含量，需要应用杠杆定律。在二元系合金中，杠杆定律主要适用于两相区，因为对单相区来说无此必要，而三相区又无法确定，这是由于三相恒温线上的三个相可以以任何比例相平衡。

要确定相的相对含量，首先必须确定相的成分。根据相律可知，当二元系合金处于两相共存时，其自由度为1，这说明只有一个独立变量。例如，如果温度发生变化，那么两个平衡相的成分均随温度的变化而改变；当温度恒定时，自由度为零，两个平衡相的成分也随之固定不变。两个相成分点之间的连线(等温线)称为连接线。实际上两个平衡相成分点即为连接线与两条平衡曲线的交点，下面以Cu－Ni合金为例进行说明。

如图3.22所示，在Cu－Ni合金相图中，液相线是表示液相的成分随温度变化的平衡曲线，固相线是表示固相的成分随温度变化的平衡曲线。含镍量为 $x\%$ 的合金Ⅰ在温度 T_1 时，处于两相平衡状态，即 $L \rightleftharpoons \alpha$，要确定液相L和固相 α 的成分，可通过温度 T_1 作一水平线 arb，分别与液、固相线交于 a 点和 b 点，a、b 两点在成分坐标轴上的投影 x_L 和 x_α，即分别表示液、固两相的成分。

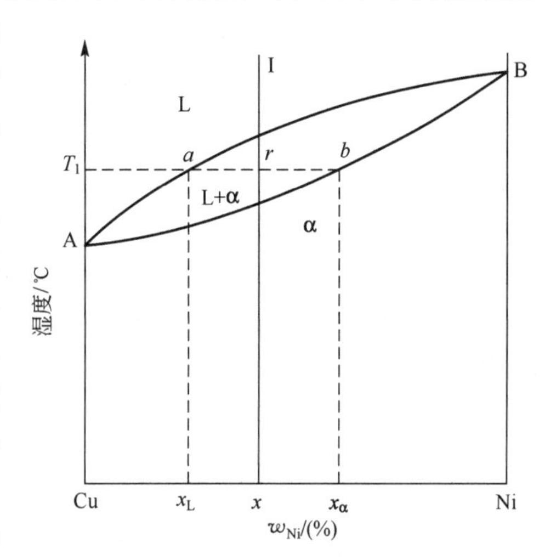

图3.22 杠杆定律的证明

下面计算液相和固相在温度 T_1 时的相对含量。设合金的总质量为1，液相的含量为 w_L，固相的含量为 w_α，则

$$w_L+w_\alpha=1$$

此外，合金Ⅰ中镍的含量应等于液相中镍的含量与固相中镍的含量之和，即

$$w_L x_L+w_\alpha x_\alpha=1x$$

由以上两式可以得出

$$\frac{w_L}{w_\alpha}=\frac{rb}{ar} \tag{3-22}$$

如果将合金Ⅰ成分 x 的 r 点看作支点，将 w_L、w_α 看作作用于 a 和 b 的力，则按力学的杠杆原理就可得出式(3－22)，如图3.23所示，因此将式(3－22)称为杠杆定律，但这只是一种比喻。

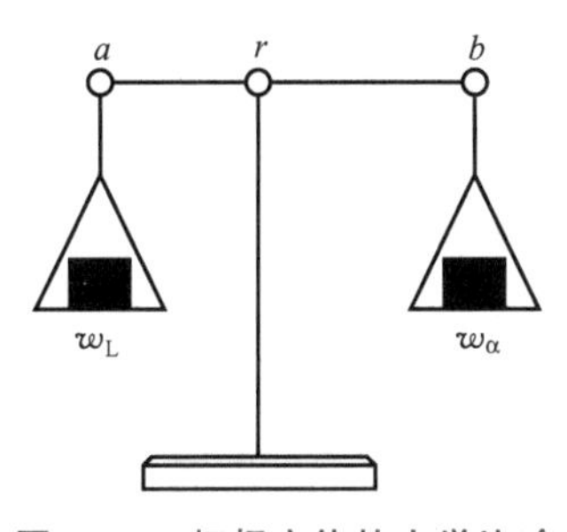

图3.23 杠杆定律的力学比喻

式(3－22)也可以写成下列形式

$$w_L=\frac{rb}{ab}\times100\%$$

$$w_\alpha=\frac{ar}{ab}\times100\%$$

这两式可以直接用来求两相的含量。

值得注意的是，在推导杠杆定律的过程中，并没有涉及 Cu－Ni 合金相图的性质，而是基于相平衡的一般原理导出的。因而不管怎样的系统，只要满足相平衡的条件，那么在两相共存时，其两相的含量就能用杠杆定律确定。

3.4　二元匀晶相图

两组元不但在液态时能无限互溶，而且在固态时也能无限互溶的二元合金系所形成的相图，称为匀晶相图。具有这类相图的二元合金系主要有 Cu－Ni、Au－Ag、Au－Pt、Fe－Ni 和 Si－Be 等。应该指出，几乎所有的二元合金相图都包含匀晶转变部分，因此掌握这一类相图是学习二元合金相图的基础。

Cu－Ni 合金相图是最典型的匀晶相图(图 3.21)。铜和镍两组元在液态及固态时都无限互溶。在 L＋α 的两相区内，自由度为 1，结晶是在一个温度范围内进行的。

匀晶相图还可以有其他形式，如 Au－Cu、Fe－Co、Mn－Co、Cr－Mo 等，在相图上具有极小点，如图 3.24(a)所示，它们两组元的原子半径一般相差较大(＞8%)；有的合金(如 Pb－Ti)，在相图上具有极大点，如图 3.24(b)所示。对应于极大点和极小点处成分的合金，其液相线和固相线在此重合，不存在结晶温度间隔，即在恒温下结晶。对于这种特殊情况，在应用相律时要注意修正。因为前面推导相律时，考虑了各相的成分变量，而在极大点或极小点处，液、固两相的成分却相同，所以此时用来确定体系状态的变量数应该减去一个，于是 $f=c-p=2-2=0$，自由度等于零。

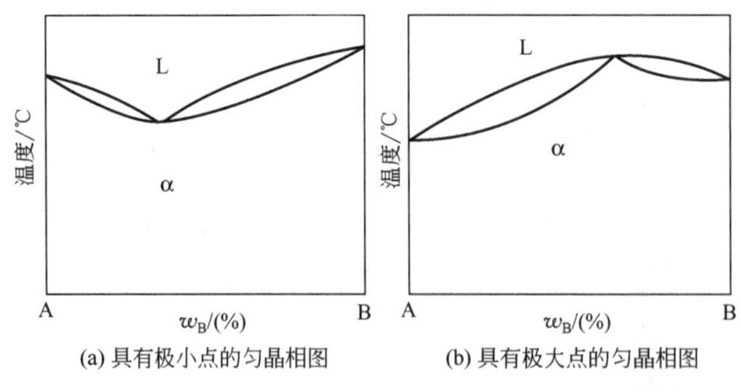

(a) 具有极小点的匀晶相图　　(b) 具有极大点的匀晶相图

图 3.24　匀晶相图

3.4.1　相图分析

Cu－Ni 合金相图及典型合金平衡结晶过程分析如图 3.25 所示。该相图十分简单，只有两条曲线，上面一条是液相线，下面一条是固相线，液相线和固相线把相图分为三个区域：液相区 L、固相区 α 及液、固两相并存区 L＋α。

Cu-Ni合金相图及典型合金平衡结晶过程

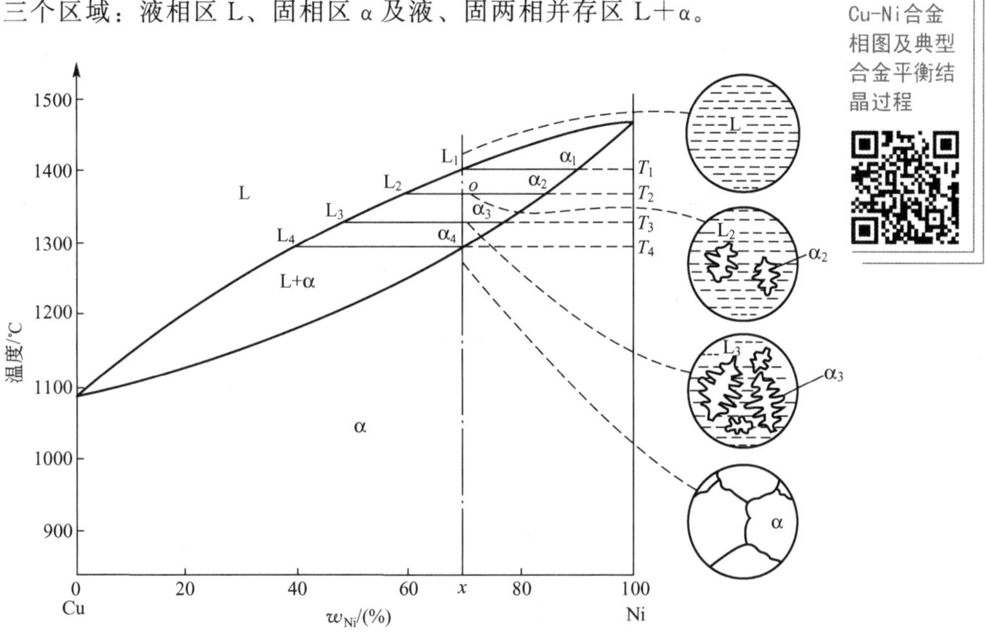

图 3.25 Cu－Ni 合金相图及典型合金平衡结晶过程分析

3.4.2 平衡结晶过程

平衡凝固是指合金从液态很缓慢地冷却，使合金在相变过程中能有充分的时间进行组元间的互相扩散，达到平衡相的均匀成分。现以图 3.25 的 x 合金为例进行说明。当合金冷至略低于液相线温度 T_1 时，开始凝固出含有 $α_1$ 成分的固相来。由于 $α_1$ 中的含镍量比 x 合金高，故其近旁液体中的含镍量必然降低，通过扩散达到平衡后的液体成分为 L_1，此时的凝固量很少。当温度降至 T_2 温度时，凝固出来的固相成分沿固相线变为 $α_2$，与之平衡的液相成分则沿液相线变至 L_2。若在 T_2 温度保温，两相内部均达到平衡成分 L_2 和 $α_2$，建立平衡后，凝固过程就停止了。此时两相的含量分别为

$$w_{L2}=\frac{α_2 o}{L_2 α_2}\times 100\%$$

$$w_{α2}=\frac{L_2 o}{L_2 α_2}\times 100\%$$

欲使凝固过程继续进行，必须再降低温度，直至温度下降至 T_4，遇到固相线后，凝固才完毕。凝固完毕后的固相成分为 $α_4$，相当于原合金成分，其组织为均匀的 α 固溶体晶粒。凝固过程的组织变化示于图 3.25 的右边。

由上述可见，固溶体合金凝固过程有两个特点(与纯金属比较)：①固溶体合金凝固时析出的固相成分与原液相成分不同；②固溶体合金凝固需在一定温度范围内进行，在此温度范围内的每一温度下，只能凝固出来一定数量的固相。随着温度的降低，固相的量增加，同时，固相和液相的成分也分别沿固相线和液相线而连续地改变，直至遇上固相线，凝固完毕。

由于第一个特点，在固溶体合金凝固形核时，除了与纯金属形核一样需要能量起伏和结构起伏外，还需要成分起伏，因此固溶体合金形核比纯金属困难，容易过冷。过冷度越大，则形核所需的成分起伏越小，形核就越容易。由于第二个特点，固溶体合金凝固须依赖于异类原子的互相扩散，除了两相界面间的原子扩散外，两相内部均需有一个均匀成分的原子扩散过程，这就需要时间，因此其凝固速率比纯金属慢。

3.4.3 非平衡结晶

固溶体的凝固过程依赖于组元原子的扩散，欲使其扩散完全，则需极缓慢地冷却或分段停留很长的时间。但在工业生产中，液态合金经浇注后(铸锭或铸件)，一般冷却较快，扩散尚未充分进行就已继续冷却，使凝固过程偏离平衡条件，称为非平衡凝固。

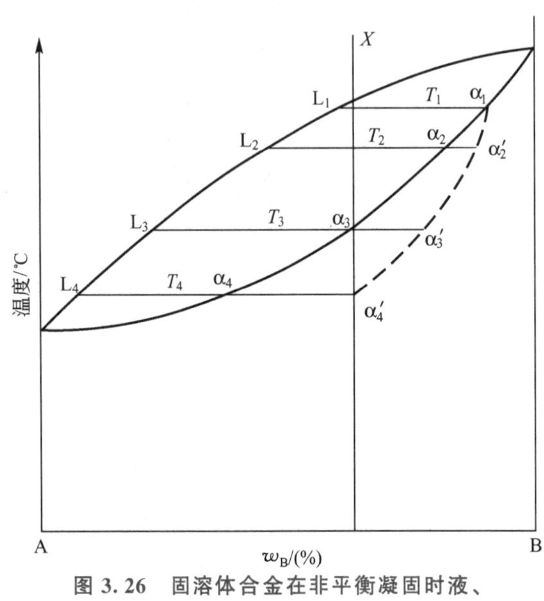

图 3.26 固溶体合金在非平衡凝固时液、固两相的成分变化

下面就分析固溶体合金的非平衡凝固过程及其对组织的影响。如图 3.26 所示，当冷却较快时，设液相中能够进行均匀扩散，而固相中的均匀扩散来不及进行。x 合金过冷至 T_1 温度时开始凝固，首先析出的固相成分为 α_1，液相成分变为 L_1。当冷却至 T_2 温度时，析出的固相成分为 α_2，与之平衡的液相成分变为 L_2。这时析出的 α_2 覆盖在 α_1 上面，由于冷却时间短，晶体内外不可能扩散均匀，故晶体的平均成分为 α_2'。而液体中的扩散较快，设其能扩散均匀，成分为 L_2。当温度降至 T_3 时，析出的固相成分为 α_3。按照平衡凝固，T_3 温度已相当于凝固完毕的固相线温度，全部液体都应该在此温度凝固完毕。但由于在每一温度下的固相成分并未扩散均匀，因此实际的固相成分只能取其平均成分 α_3'，故偏离于固相线的右边，还有相当于 $\alpha_3'\alpha_3$ 量的液体尚未凝固。如果停留在 T_3 温度进行长期保温，让固相中的成分有充分的时间扩散均匀，就可凝固完毕。但实际情况是没有时间让它扩散均匀，温度已经下降，以致到 T_4 温度才全部凝固完毕。这时固相的平均成分达到 α_4'，与合金原始成分一致。

如果将每一温度下固相平均成分点连接起来，则得到图 3.26 虚线所示的$\alpha_1\alpha_2'\alpha_3'\alpha_4'$固相平均成分线，它偏离在固相线的下方。必须注意，固相平均成分线与固相线的意义是不同的，固相线与冷却速度无关，位置固定，而固相平均成分线却随冷却速度的改变而定，冷却速度越大，偏离于固相线越远，若冷却极其缓慢，可以达到平衡凝固，平均成分线又与固相线重合。

固溶体非平衡凝固时，由于先从液体中析出的固体成分不同，并因冷却较快而不能扩散均匀，结果会使每一晶粒内部成分不均匀：先结晶部分含高熔点组元(如 Cu－Ni 合金的镍)较多，后结晶部分含低熔点组元(如 Cu－Ni 合金的铜)较多，因此会存在浓度差别，固溶体合金在非平衡凝固时的组织变化示意如图 3.27 所示。这种在晶粒内部出现的成分不均匀的现象，称为晶内偏析。由于工业用合金的固溶体通常以树枝状生长方式凝固结晶，使枝干和分枝间的成分不一致，因此常称枝晶偏析，枝晶偏析示意如图 3.28 所示。对存在晶内偏析的组织做显微分析时，可以见到由于成分差别而引起的侵蚀浓度差别。

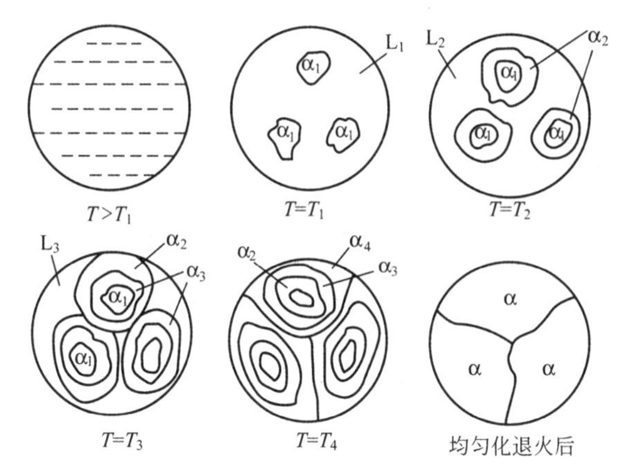

图 3.27　固溶体合金在非平衡凝固时的组织变化示意

图 3.28　枝晶偏析示意

晶内偏析是一种微观偏析。严重的晶内偏析会使合金的塑性显著下降，导致压力加工困难，并使合金的抗腐蚀性能下降。为了消除晶内偏析，一般是将铸件加热，在低于固相线 100～200℃的温度范围内长时间保温，使偏析元素进行扩散，以达到成分均匀化的目的。这种处理方法称为扩散退火或均匀化退火。

晶内偏析程度取决于浇注时的冷却速度、偏析元素的扩散能力及相图上液相线与固相线之间的距离。当其他条件相同时，冷却速度越快，原子扩散越难以充分进行，晶内偏析就越显著。但是当过冷度极大时，晶内偏析反而减弱。这是因为开始凝固温度越低，其凝固出来的固相成分越接近于原合金成分。若过冷至固相线温度时，则析出的固相成分就是原合金成分，不过在生产条件下，很难达到这么大的过冷度。元素的扩散能力越低，晶内偏析越大。合金相图上液相线与固相线之间的距离越大，晶内偏析越严重。Cu－Sn 合金的晶内偏析比 Cu－Zn 合金严重，主要原因就在于此。

3.5　二元共晶相图

两组元在液态时相互无限互溶，在固态时相互有限互溶，发生共晶转变，形成共晶组织的二元合金系相图，称为二元共晶相图。Pb－Sn、Pb－Sb、Ag－Cu、Pb－Bi 等合金系的相图都属于共晶相图，在 Fe－C、Al－Mg 等相图中，也包含共晶相图。下面以 Pb－Sn 相图为例，对共晶相图及其合金的结晶进行分析。

3.5.1　相图分析

图 3.29 所示为 Pb－Sn 合金相图，图中 A、B 点分别是纯铅和纯锡的熔点，E 点称为

共晶点，AE 和 BE 为液相线，$AMENB$ 为固相线，MF 和 NG 分别是表明锡在 α 固溶体中的溶解度及铅在 β 固溶体中的溶解度随温度变化的曲线，称为溶解度曲线或固溶线。其中 α 是锡溶于铅的固溶体，β 是铅溶于锡的固溶体。

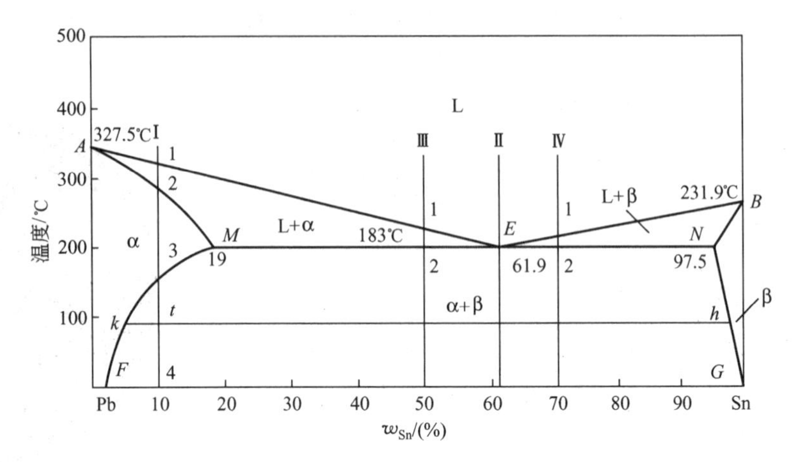

图 3.29 Pb-Sn 合金相图

相图中有三个单相区，即液相 L、固溶体 α 和固溶体 β。各个单相区之间有三个两相区，即 L+α、L+β 和 α+β。在 L+α、L+β 与 α+β 两相区之间的水平线 MEN 表示 α+β+L 三相共存区。

在三相共存水平线所对应的温度下，成分相当于 E 点的液相(L_E)同时结晶出与 M 点相对应的 α_M 和 N 点所对应的 β_N 两个相，形成两个固溶体的混合物。这种转变的反应式是

$$L_E \xrightleftharpoons{T_E} \alpha_M + \beta_N$$

根据相律可知，在发生三相平衡转变时，自由度等于零($f=2-3+1=0$)，所以这一转变必然在恒温下进行，而且三个相的成分应为恒定值，在相图上的特征是三个单相区与水平线只有一个接触点，其中液体单相区在中间，位于水平线之上，两端是两个固相单相区。这种在一定的温度下，由一定成分的液相同时结晶出成分一定的两个固相的转变过程，称为共晶转变或共晶反应。共晶转变的产物为两个固相的混合物，称为共晶组织。

相图中的 MEN 水平线称为共晶线，水平线所对应的温度称为共晶温度。成分对应于共晶点 E 的合金称为共晶合金，成分位于共晶点以左、M 点以右的合金称为亚共晶合金，成分位于共晶点以右、N 点以左的合金称为过共晶合金。

3.5.2 平衡结晶过程

1. 二次相析出合金($w_{Sn}<19\%$的 Pb-Sn 合金，合金Ⅰ)

现以 $w_{Sn}=10\%$的合金Ⅰ为例进行分析。从图 3.29 可以看出，当合金Ⅰ缓慢冷却到 1 点时，开始从液相中凝固出 α 固溶体。随着温度的降低，α 固溶体的数量不断增多，而液相的数量不断减少。此时它们的成分分别沿固相线 AM 和液相线 AE 变化。当合金冷却到 2 点时，结晶完毕，全部结晶成单相 α 固溶体，其成分与原始的液相成分相同。这一过程与匀晶系合金的结晶过程完全相同。

继续冷却时，在2～3点温度范围内，α固溶体不发生变化。当温度下降到3点以下时，锡在α固溶体中呈过饱和状态，因此，多余的锡就以β固溶体的形式从α固溶体中析出。随着温度的继续降低，α固溶体的溶解度逐渐减小，因此这一析出过程将不断进行，α相和β相的成分分别沿*MF*线和*NG*线变化，如在*t*温度时，析出的β相成分为*h*，与成分为*k*的α相维持平衡。由固溶体中析出另一个固相的过程称为脱溶过程，即过饱和固溶体的析出新相过程。析出的相称为次生相或二次相，次生的β固溶体以β_{II}表示，以区别于从液体中直接结晶出来的β固溶体(初晶β)。β_{II}优先从α相晶界析出，有时也从晶粒内的缺陷部位析出。由于固态下的原子扩散能力小，因此析出的次生相不易长大，一般都比较细小。合金结晶结束后形成以α为基体的两相组织。Pb－Sn合金的冷却曲线如图3.30所示，图3.31所示为$w_{\text{Sn}}=10\%$的Pb－Sn合金平衡结晶过程示意。

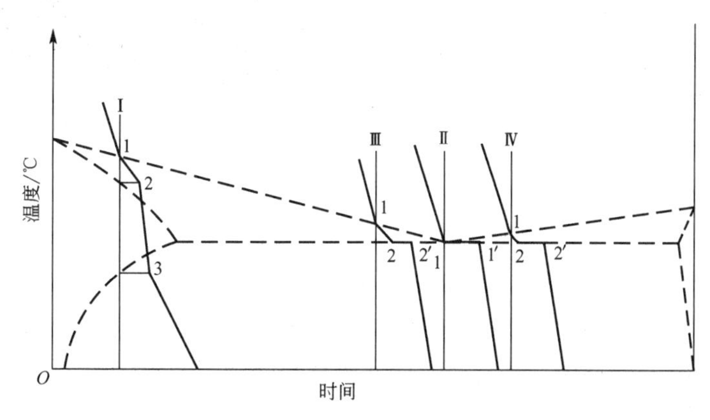

图3.30　Pb－Sn合金的冷却曲线

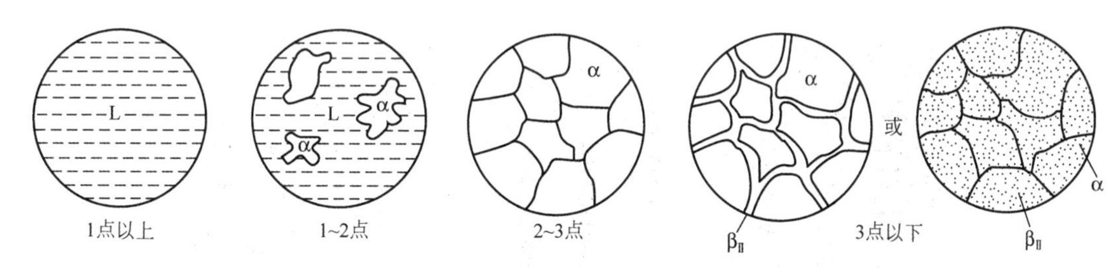

图3.31　$w_{\text{Sn}}=10\%$的Pb－Sn合金平衡结晶过程示意

成分位于*F*和*M*点之间($2\%<w_{\text{Sn}}<19\%$)的所有合金，其平衡凝固过程都与上述合金相似，只是成分越靠近*F*点，β_{II}质量分数越小。含锡量低于*F*点($w_{\text{Sn}}\leqslant 2\%$)的合金，无$\beta_{\text{II}}$析出。

2. 共晶合金(合金II)

$w_{\text{Sn}}=61.9\%$的Pb－Sn合金称为共晶合金(与图3.29中的*E*点相对应)。该合金从液态缓慢冷却到$T_E=183℃$时，发生共晶转变

$$L_E \xrightleftharpoons{183℃} \alpha_M+\beta_N$$

这一过程在恒温183℃一直进行，直到凝固完毕为止。这时得到的共晶组织由α_M和β_N两个固溶体组成。它们的相对量可用杠杆定律计算，即

$$w_{\alpha_M}=\frac{EN}{MN}\times 100\%=\frac{97.5-61.9}{97.5-19}\times 100\%\approx 45.4\%$$

$$w_{\beta_N}=\frac{ME}{MN}\times 100\%=\frac{61.9-19}{97.5-19}\times 100\%\approx 54.6\%$$

继续冷却时，α、β的成分分别沿 MF 和 NG 变化，并由α和β中分别析出 β_{II} 和 α_{II}。这些次生相常与共晶体中的同类相(β、α)合并在一起，难以在显微镜下分辨。Pb－Sn共晶合金的平衡结晶过程示意如图3.32所示。

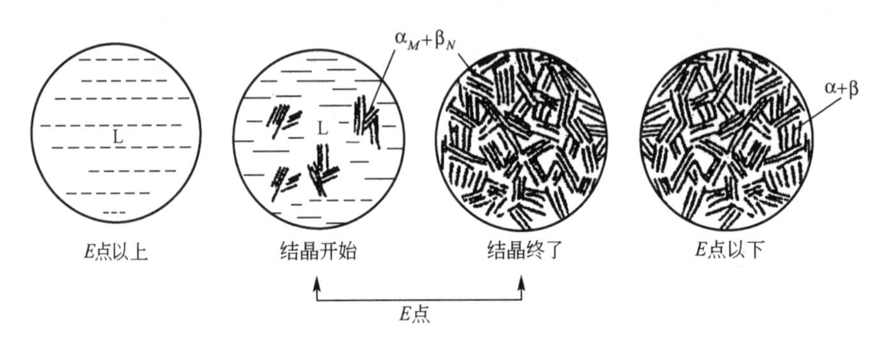

图3.32　Pb－Sn共晶合金的平衡结晶过程示意

共晶组织的基本特征是两相交替排列，但两相的形态因组成相的本质、冷却速度及组成相的相对量不同，可以有多种多样的形态，如层片状、棒状(条状或纤维状)、球状(短棒状)、针状(片状)、螺旋状，还有花朵状和树枝状(骨骼状)等。图3.33所示为三种常见共晶组织的立体模型。

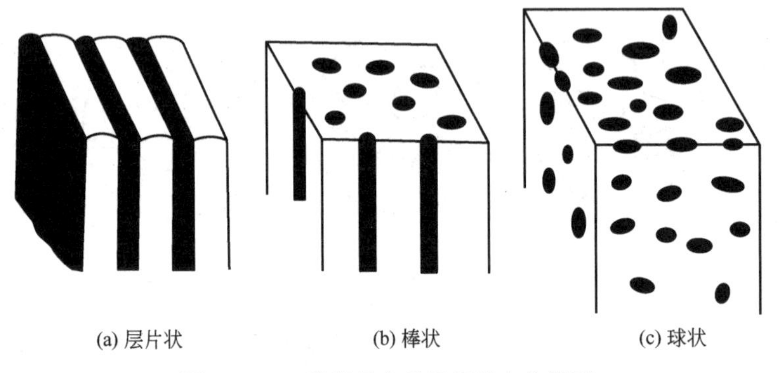

图3.33　三种常见共晶组织的立体模型

层片状共晶是由两种组成相似层片状交替排列而组成的。棒状共晶的一个相明显地呈连续分布，另一个相则嵌于其中，呈棒状、条状或叶片状，这两类共晶形态是常见的。球状或短棒状共晶是一个相呈球状或短棒状分散在另一个连续相基体中，如Cu－Cu_2O、Cd－Sn共晶属于这种类型。针状或片状共晶从其三维形态来看，一些针或片并不独立存在，而是在一定范围内相互连接成花朵状的整体，如Fe－C、Al－Si等共晶便是如此。少数合金如Mg－Zn、Al－Th等共晶表现为螺旋状，实际上它是层片状共晶呈螺旋方式生长的一种变形态。

按共晶组织形态分类虽然可以描述各系共晶组织的相似性和差异，但不能说明各类共晶组织形成的本质原因。在研究纯金属凝固时可知，晶体的生长形态与液固界面结构有关，利用它来研究共晶生长的组织形态可以说明一些本质问题。如果按共晶两相的液固界面特性进行分类，可将共晶组织形成的体系分成三类：①粗糙-粗糙界面(金属-金属型)共晶；②粗糙-平滑界面(金属-非金属型)共晶；③平滑-平滑界面(非金属-非金属型)共晶。对金属而言，只涉及前两类共晶。

(1) 粗糙-粗糙界面共晶(金属-金属型共晶，规则共晶)

粗糙-粗糙界面共晶包括金属-金属共晶和许多金属-金属间化合物共晶。当金属较纯时，它们往往呈简单规则的组织形态：层片状或棒状，故又称规则共晶。形成层片状还是棒状共晶，虽然在某些条件下会受到生长速率、结晶前沿的温度梯度等参数的影响，但是主要受界面能所控制，这取决于下面两个因素。

① 共晶中两组成相的相对量(体积分数)。用数学推导可得到：如果层片间或棒间的中心距离 λ 相同，并且两相中的一个相体积占 30%以下，那么棒状分布的总界面面积比层片状分布的总界面面积小，故从总的界面能来看，将有利于获得棒状共晶。反之，当两相中的一个相体积占 30%～50%时，则层片状分布的总界面面积较小，从而有利于获得层片状共晶。

② 共晶中两组成相配合时的单位面积界面能。当共晶的两组成相以一定取向关系互相配合时，它们之间的单位面积界面能将会降低。要维持这一有利的取向，两相只能以层片状分布，这样就有利于形成层片状共晶。

因此，当共晶中的一个相体积量在 30%以下时，就要看是降低界面面积还是降低单位面积界面能占主导地位。若为前者，倾向于得到棒状共晶；若为后者，将形成层片状共晶。

现以层片状共晶为例讨论共晶组织是怎样形成的。

共晶结晶时必有一个相在液相中领先形核和生长，称为领先相(设为富含组元 A 的 α)。由于领先相所含的另一组元(如 B)低于液相的平均成分，因此随着 α 的生长，其结晶前沿的液相中便富集组元 B，这就有利于另一个相(设为 β)的形核和生长，它通常是以领先相作形成基底的。β 相的形成又使结晶前沿的液相成分有利于 α 相形核，于是两相就交替地形核和生长，构成了共晶组织，如图 3.34(a)所示。实际上两相并不需要反复形核，很可能是由图 3.34(b)所示的搭桥机构来形成层片状共晶，即 α 相或 β 相是以“搭桥”的方式又在另一相上生长，以至于逐渐长成一个由近乎平行的层片所共同构成的共晶领域，或称共晶团。在每一个共晶团内，为了降低界面能，两相之间一般都存在一定的晶体学位向关系。例如，Al - $CuAl_2$ 共晶中的 $(111)_{Al}$ // $(211)_{CuAl_2}$，$[101]_{Al}$ // $[120]_{CuAl_2}$，且层片交界面 // $(111)_{Al}$。这种取向关系，使层片交界面上的单位面积界面能降低。

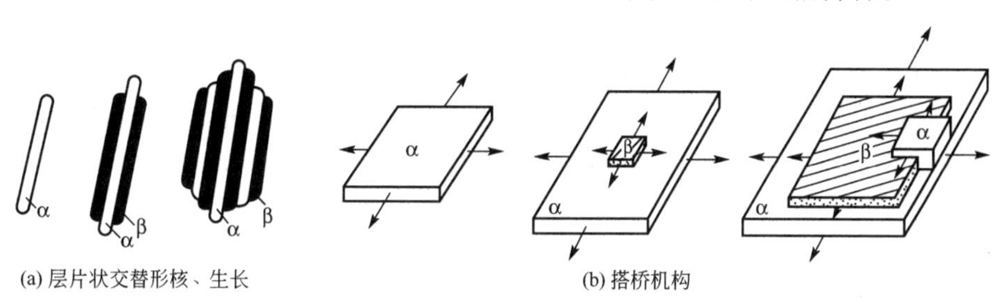

(a) 层片状交替形核、生长　　(b) 搭桥机构

图 3.34　层片状共晶的形核与生长示意

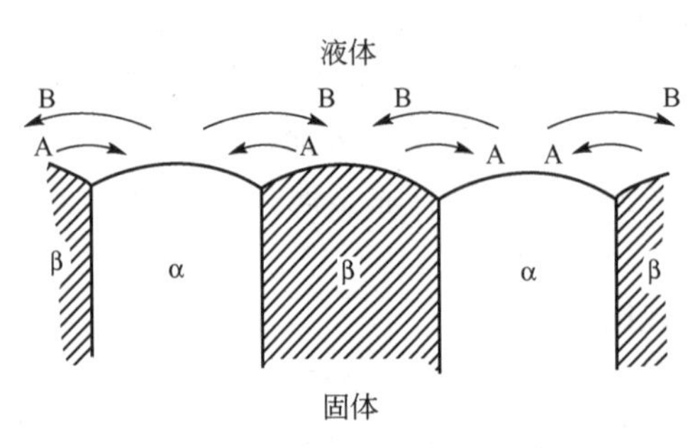

图 3.35　层片状共晶凝固时的横向扩散示意

由于金属-金属型共晶的两个组成相的液固界面都呈非光滑界面，因此结晶时界面的推移方向主要取决于散热方向，它们沿垂直于液固界面的方向并排生长。因共晶的层片间距 λ 很小，在生长时结晶前沿熔液中的横向扩散是主要的，α 相前沿富集 B 组元，而 β 相前沿富集 A 组元，两者之间的相互短程扩散(图 3.35)保证了两个相共同从液相中结晶析出。层片间距越短，对组元间相互扩散越有利，但是层片间距的减小又意味着层片数目的增多，使界面面积增大，从而增大了总的界面能，又对共晶生长不利。

共晶形成时，结晶前沿的过冷度越大，则凝固速度 R 越大，而 R 与层片状共晶的层片间距 λ 有下列关系，即

$$\lambda = kR^{-n} \tag{3-23}$$

式中，k 为系数，因不同合金而异；n 值对一般合金来说，为 0.4～0.5。

一般过冷度越大，凝固速度越大，而共晶的层片间距越小，即共晶组织越细。

共晶合金具有良好的铸造性能，被广泛用于各种铸件，其力学性能可通过控制凝固条件和适当的合金化加以提高。此外，在棒状共晶中，如果棒状相很硬，而基体具有良好的塑性和韧性，则有可能得到兼有高强度与塑性的复合材料。不过在制备这类纤维增强的复合材料时，需要选择合适的成分和进行定向凝固，并要仔细地控制凝固生长的条件，以控制组成相的间距、平行度和取向等。

(2) 粗糙-平滑界面共晶(金属-非金属型共晶，不规则或复杂规则共晶)

粗糙-平滑界面共晶主要指金属-非金属型共晶，现代工业上广泛应用的 Fe－C 系和 Al－Si 系两类铸造合金即属于这类共晶。这类共晶具有不规则或复杂规则的组织形态。金属-非金属型共晶与金属-金属型共晶的形态不同，其原因可能是金属-金属型共晶的光滑与非光滑两种界面的动态过冷度不同。当两个相的液固界面都具有非光滑界面时，各相前端都在共晶温度以下约 0.02℃范围内，故它们的结晶前沿基本上处于相等温度，液固界面呈平直状，如图 3.36(a)所示。然而，对于金属-非金属型共晶的情况却不同：光滑界面的前端必须过冷 1～2℃，而非光滑界面相只须过冷约 0.02℃。于是，光滑界面相的前端必然要在比非光滑界面相的前端低 1～2℃的温度下生长，如熔液具有正温度梯度，前者将滞后于后者，如图 3.36(b)所示。显然，这种配置方式是不稳定的，领先的非光滑界面相将超越光滑界面相而任意地生长，其超越之后就会迫使之后生长的光滑界面相也相应发生分枝化，从而得到不规则形态的显微组织。此外，也有人认为这类共晶的不规则形态主要是由于非金属相(光滑界面相)生长时的各向异性所造成的，即非金属相的生长形态是决定性的因素。例如，Si 从其自身的熔液中结晶时往往以薄带 {111} 晶体的形态生长，而当它在 Al－Si 共晶中生长时，也长成以 {111} 为界面的薄带状晶体(从一个核心辐射状地生长成花朵形整体)。

应当指出，并不是所有的非光滑-光滑界面系统的共晶都具有复杂的形态，如 Ag－Bi、

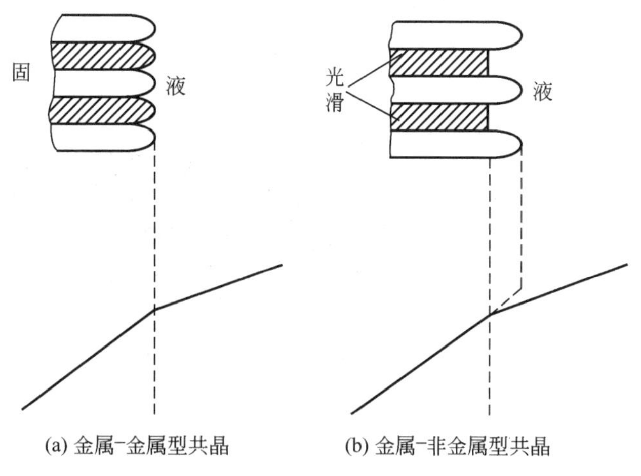

(a) 金属-金属型共晶　　(b) 金属-非金属型共晶

图 3.36　两种共晶的结晶前沿

Al - Al_3Ni、高温合金- TaC 等共晶仍具有层片状或棒状等规则形态，其原因至今尚不清楚。因此说明上述的共晶分类方法还不十分完善。

在金属-非金属型共晶合金中加入少量第三组元，有时会使共晶组织发生很大变化。例如，在 Al - Si 合金中加入少量钠盐，可使硅晶体分枝增多而且细化；在铸铁中加入少量镁和稀土元素，可使石墨不再分枝而成球状，这种处理方法称为变质处理。

3. 亚共晶合金(合金Ⅲ)

下面以 $w_{Sn}=50\%$的 Pb - Sn 合金(合金Ⅲ)为例(图 3.29)，分析亚共晶合金的平衡结晶过程。

当合金Ⅲ缓冷至 1 点时，开始结晶出 α 固溶体。在 1～2 点温度范围内，随着温度的缓慢冷却，α 固溶体的数量不断增多，α 相的成分和液相的成分分别沿着 AM 和 AE 线变化。这一阶段的转变属于匀晶转变。

当温度降至 2 点时，α 相和剩余液相的成分分别达到 M 点和 E 点，两相的含量分别为

$$w_\alpha=\frac{E2}{ME}\times100\%=\frac{61.9-50}{61.9-19}\times100\%\approx27.8\%$$

$$w_\beta=\frac{M2}{ME}\times100\%=\frac{50-19}{61.9-19}\times100\%\approx72.2\%$$

在 T_E 温度时，成分为 E 点的液相便发生共晶转变

$$L_E \xrightleftharpoons{183℃} \alpha_M+\beta_N$$

这一转变一直进行到剩余液相全部形成共晶组织为止。共晶转变前形成的 α 固溶体称为初晶或先共晶相。亚共晶合金在共晶转变刚刚结束之后的组织是由先共晶相 α 和共晶组织(α+β)所组成的。其中共晶组织的量即为温度刚到达 T_E 时液相的量。

在 2 点以下继续冷却时，将从 α 相(包括先共晶 α 相和共晶组织中的 α 相)和 β 相(共晶组织中的)分别析出次生相 $\beta_{Ⅱ}$ 和 $\alpha_{Ⅱ}$。在显微镜下，只有从先共晶 α 相中析出的 $\beta_{Ⅱ}$ 相可能

观察到，共晶组织中析出的 α_{II} 相和 β_{II} 相一般难以分辨。该合金的冷却曲线如图 3.30 所示，Pb－Sn 亚共晶合金的平衡结晶过程示意如图 3.37 所示。

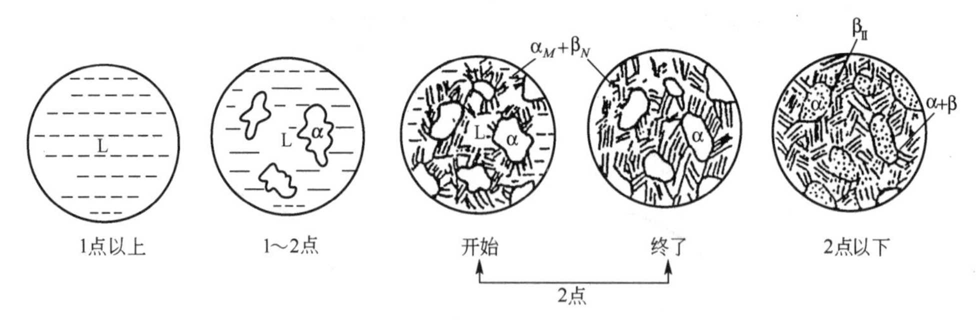

图 3.37　Pb－Sn 亚共晶合金的平衡结晶过程示意

4. 过共晶合金（合金Ⅳ）

过共晶合金的平衡结晶过程和显微组织与亚共晶合金相似，不同的是先共晶相不是 α，而是 β。室温时的组织是由初晶 β、α_{II} 和共晶体（α＋β）组成的。

在亚共晶和过共晶合金中，除了共晶组织之外，还有在凝固过程中先从液体析出的初晶。初晶的形态在很大程度上取决于它的液固相界面的微观结构。具有微观粗糙界面的金属型初晶，长大时各向异性表现不明显，一般呈树枝状。具有微观光滑界面的非金属初晶，长大时各向异性表现比较强烈，常形成规则的多面体。

图 3.38 为不同方向上截取的树枝晶截面示意，可以看出，由于截取方向不同，有时呈明显的树枝状，有时则表现为孤立的卵形。

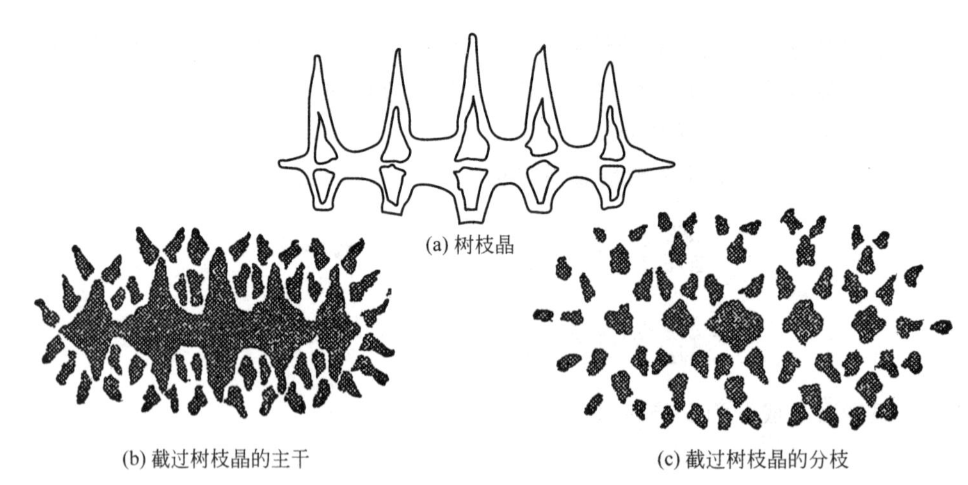

(a) 树枝晶

(b) 截过树枝晶的主干

(c) 截过树枝晶的分枝

图 3.38　不同方向上截取的树枝晶截面示意

根据上述分析，可以将 Pb－Sn 合金相图重新划分为若干区间，并标明处于这些区间的合金的组织，如图 3.39 所示。这种图称为组织分区图。图中所标的 α、β、α_{II}、β_{II}、（α＋β）等称为组织组成物。这些组织组成物中，有的是单一的相，如 α、α_{II} 等；有的则是两个相的混合物，如（α＋β）共晶体。

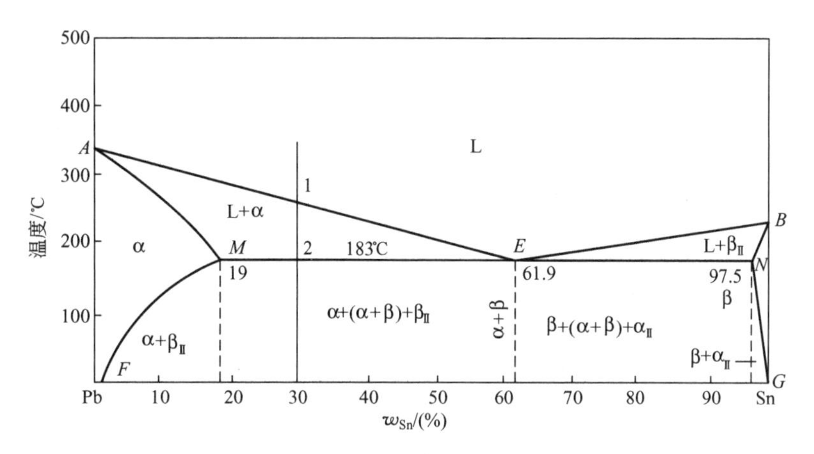

图 3.39　Pb－Sn 合金组织分区图

尽管不同成分合金的组织有所不同，但室温时都是由 α 和 β 两个相构成的，因此对这类合金来说，α 和 β 为其组成相。在分析合金相时，通常将共晶体作为合金相组织中的一种组成物来对待，称为组织组成物。当合金的显微组织由两种组织组成物构成时，可以用杠杆定律求得它们的质量分数。例如，$w_{\mathrm{Sn}}=30\%$的亚共晶合金在 183℃共晶转变结束后，初晶 α 和共晶体(α＋β)的质量分数分别为

$$w_{\alpha}=\frac{2E}{ME}\times 100\%=\frac{61.9-30}{61.9-19}\times 100\%\approx 74.4\%$$

$$w_{(\alpha+\beta)}=\frac{2M}{ME}\times 100\%=\frac{30-19}{61.9-19}\times 100\%\approx 25.6\%$$

如果从“相”的角度看，该合金在上述状态是由 α 和 β 两相组成的，两个相的质量分数分别为

$$w_{\alpha}=\frac{2N}{MN}\times 100\%=\frac{97.5-30}{97.5-19}\times 100\%\approx 86\%$$

$$w_{\beta}=\frac{M2}{MN}\times 100\%=\frac{30-19}{97.5-19}\times 100\%\approx 14\%$$

3.5.3　非平衡结晶

前面讨论了共晶系合金在平衡条件下的结晶过程，但在实际生产中，冷却速度往往较快，凝固时的原子扩散过程不能充分进行，致使共晶系合金的凝固过程与正常状态发生了某些偏离。

1. 伪共晶

在平衡凝固条件下，只有有共晶成分的合金才能获得全部共晶组织，在共晶点左右的其他合金均获得初晶加共晶的混合组织。但在非平衡凝固时，共晶合金可能获得亚(或过)共晶组织，非共晶合金也可能获得全部共晶组织，这种由非共晶合金所获得的全部共晶组织称为伪共晶。

如果单纯从热力学考虑，当合金熔液过冷到两条液相线的延长线所包围的影线区(图 3.40)时，就可得到共晶组织。因为这时对 α 相和 β 相来说都具有过冷度，既可结晶出 α 相又可结晶出 β 相，它们同时结晶出来，就形成共晶组织，所以图中的影线区称为伪共晶区。从形式上看，越靠近共晶成分的合金，越容易得到伪共晶组织。但是这种考虑并不全面，因为它没有考虑 α 相和 β 相的凝固速度问题。实际上，如果两相的结晶速度相差很大，那么结晶快的那一个相就会单独生长而成为先共晶相，这样就不能得到全部的共晶组织。

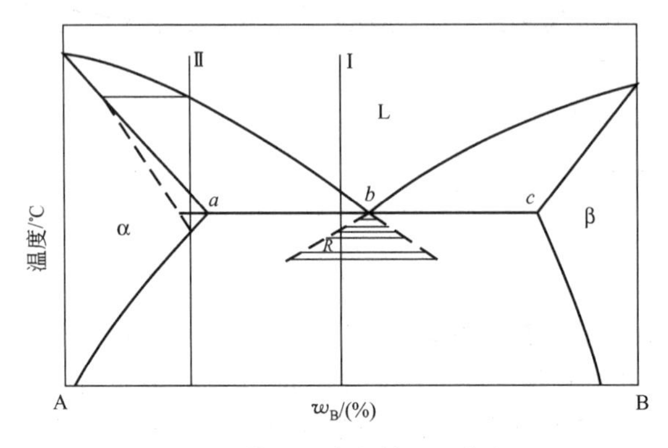

图 3.40　共晶系合金的不平衡凝固

在金属合金系中，伪共晶区有两类形状。

① 两组成相具有相近熔点时，随温度降低，伪共晶区相对于共晶点呈近乎对称地扩大，如图 3.41(a)所示，金属-金属型共晶属于这一类，如 Pb－Sn、Ag－Cu 和 Cd－Zn 合金系。

② 两组成相熔点相差悬殊、共晶点偏向低熔点相时，随温度的降低，伪共晶区偏向高熔点相的一边扩大，如图 3.41(b)所示，金属-非金属型(或亚金属)型共晶属于这一类，如 Al－Si、Fe－C 和 Sn－Bi 合金系。

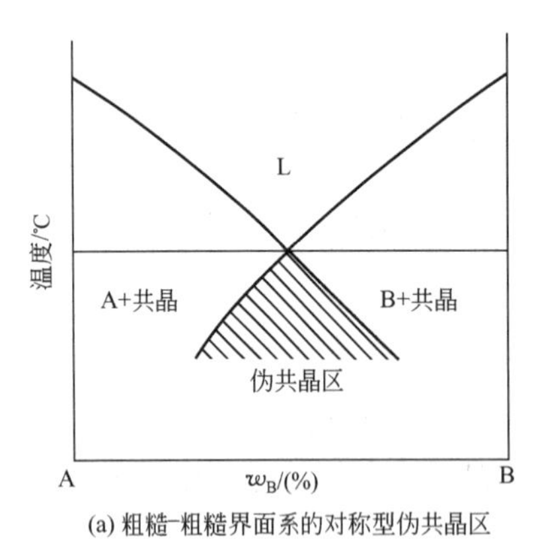

(a) 粗糙-粗糙界面系的对称型伪共晶区

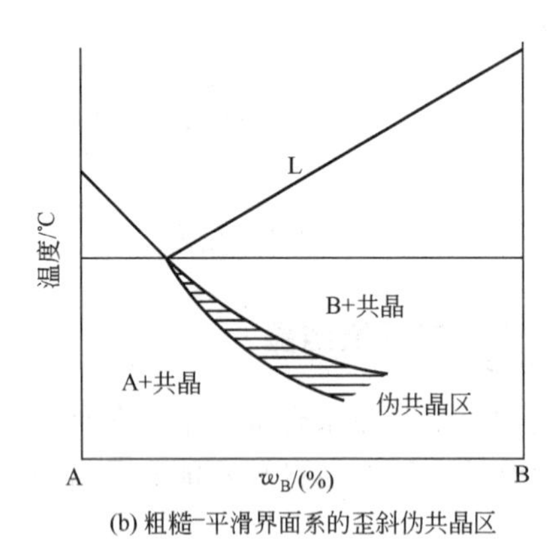

(b) 粗糙-平滑界面系的歪斜伪共晶区

图 3.41　两类伪共晶区相图

一般来说，第一类伪共晶区形成的共晶具有规则的组织形态，第二类伪共晶区形成的共晶具有不规则的组织形态。但是也有一些例外，例如，Al－Al_3Ni、Ni－Ni_3Nb、Al－Al_9Co、Zn－$Zn_{15}Ti$ 合金系等虽具有歪斜伪共晶区，属于粗糙-平滑界面共晶，但却具有规则的共晶组织，其原因目前尚不清楚。

共晶中两组成相的成分都与液相不同，它们的形核与长大都需要两组元的扩散。如果某组成相的成分与液相差别较大，则通过扩散而达到其要求的成分就较困难，于是其结晶速度较低。这就是两组成相熔点相差悬殊，即共晶点偏向低熔点相时，伪共晶区偏向于高熔点相的基本原因。

伪共晶区在相图中的位置，对说明合金中出现不平衡组织有一定的帮助。例如，在 Al－Si 合金系中，共晶成分的 Al－Si 合金在快冷条件下得到的组织不是共晶组织，而是亚共晶组织，即细小的共晶体和初晶 α。其原因可从图 3.42 看出：由于伪共晶区偏向硅的一边，共晶成分的过冷液体表象点 a 不会落在伪共晶区内，只有先结晶出 α 相而使液相成分右移至 b 点后，才能发生共晶转变，仿佛共晶点向右移了，因此 Al－Si 共晶合金得以形成亚共晶组织。同理也可说明过共晶 Al－Si 合金在快冷时可能获得共晶组织或亚共晶组织。

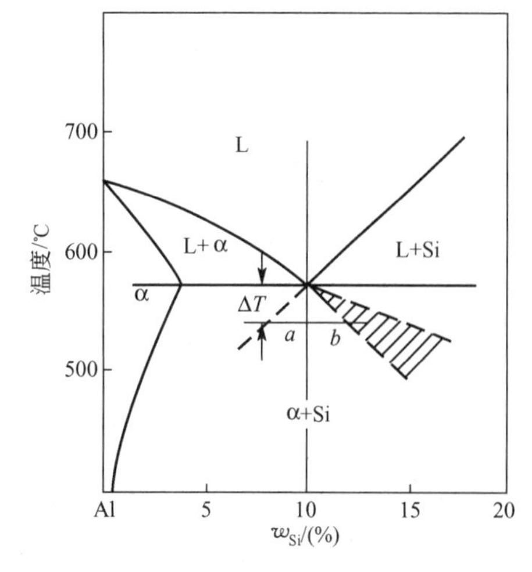

图 3.42 Al－Si 合金的伪共晶区

2. 不平衡共晶组织

对于小于饱和溶解度的合金(图 3.40 中 a 点以左或 c 点以右的合金)，由于凝固时快冷的结果，固溶体呈枝晶偏析，其平均浓度将偏离相图中固相线所指出的浓度，变成图 3.40 中的虚线，于是合金冷却到固相线时还未完全凝固，仍剩有少量液体。当冷却至共晶温度，剩余液相的成分达到共晶成分，它将发生共晶转变而形成共晶。这是一种不平衡的共晶组织，分布在 α 晶界及枝晶间等最后凝固处。因此，该合金凝固后的组织为树枝状固溶体和少量共晶体。如果在稍低于共晶温度处进行较长时间的加热保温，使原子扩散均匀，则可消除不平衡的共晶组织及固溶体的枝晶偏析而得到单相均匀的 α 固溶体组织。

3. 离异共晶

在先共晶相数量较多而共晶相组织甚少的情况下，有时共晶组织中与先共晶相相同的相，会依附于先共晶相上生长，剩下的另一相则单独存在于晶界处，从而使共晶组织的特征消失，这种两相分离的共晶称为离异共晶。离异共晶可以在平衡条件下获得，也可以在不平衡条件下获得。例如，在合金成分偏离共晶点很远的亚共晶(或过共晶)合金中，它的共晶转变是在已存在大量先共晶相的条件下进行的。如果冷却速度十分缓慢，过冷度很小，那么共晶中的 α 相如果在已有的先共晶 α 上长大，要比重新形核再长大容易得多。这样，α 相易与先共晶 α 相合为一体，而 β 相则存在于 α 相的晶界处，此时形成的是离异共晶，离异共晶的形成示意如图 3.43 所示。当合金成分越接近 M 点(或 N 点)时(图 3.44 合金Ⅰ)，越易产生离异共晶。

此外，M 点以左的合金(合金Ⅱ)在平衡冷却时，结晶的组织中不可能存在共晶组织，但是在不平衡结晶条件下，其固相的平均成分线将偏离平衡固相线，如图 3.44 中的虚线所示。于是合金冷却至共晶温度时仍有少量的液相存在。此时的液相成分接近于共晶成分，这部分剩余液体将会发生共晶转变，形成共晶组织。但是，由于此时的先共晶相已长大，因此形成离异共晶。

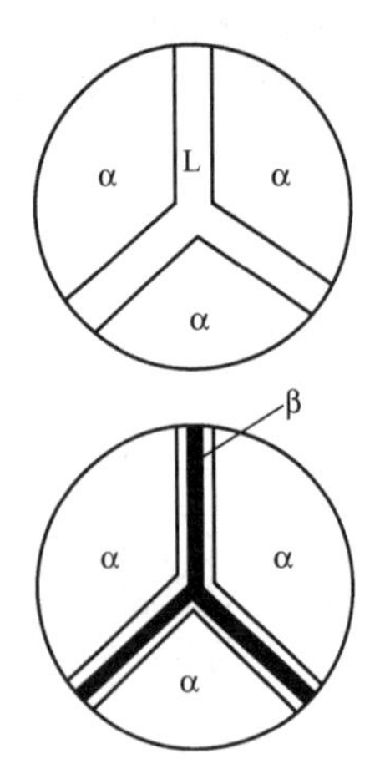

图 3.43　离异共晶的形成示意

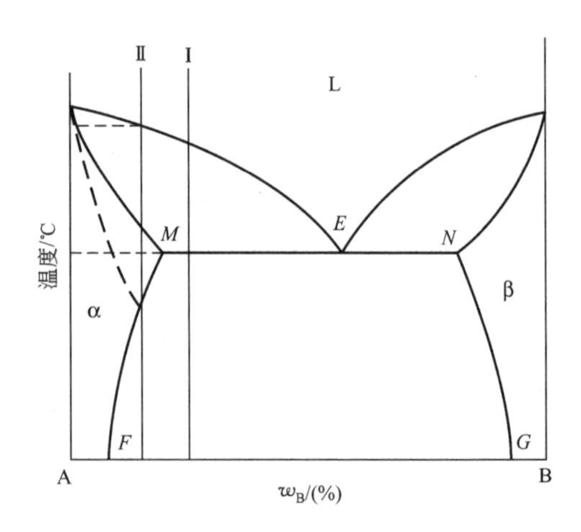

图 3.44　可能产生离异共晶示意

离异共晶可能会给合金的性能带来不良影响，对于不平衡结晶所出现的这种组织，经均匀化退火后能转变为平衡态的固溶体组织。

3.6　二元包晶相图

两组元在液态相互无限溶解，在固态相互有限溶解，并发生包晶转变的二元合金系相图，称为包晶相图。具有包晶转变的二元合金系有 Pt－Ag、Sn－Sb、Cu－Sn、Cu－Zn 等。下面以 Pt－Ag 合金系为例，对包晶相图及其合金的结晶过程进行分析。

3.6.1　相图分析

Pt－Ag 合金相图如图 3.45 所示。图中 *ACB* 为液相线，*APDB* 为固相线，*PE* 和 *DF* 分别是银溶于铂和铂溶于银中的溶解度曲线。

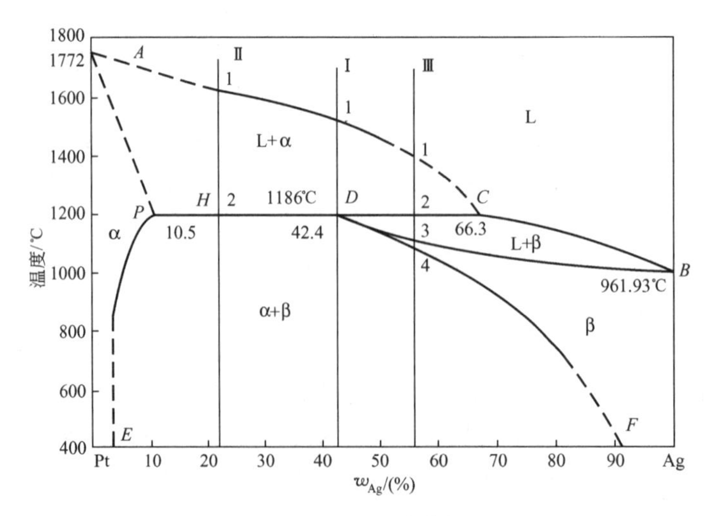

图 3.45　Pt－Ag 合金相图

相图中有三个单相区：液相 L 及固相 α 和 β。其中 α 相是银溶于铂中的固溶体，β 相是铂溶于银中的固溶体。单相区之间有三个两相区，即 L+α、L+β 和 α+β。两相区之间存在一条三相(L、α、β)共存水平线，即 *PDC* 线。

水平线 *PDC* 是包晶转变线，所有成分在 *P* 与 *C* 范围内的合金在 *D* 点所对应的温度(T_D)下都将发生三相平衡的包晶转变，这种转变的反应式为

$$L_C+\alpha_P \xrightleftharpoons{T_D} \beta_D$$

这种在一定的温度下，由一定成分的固相与一定成分的液相作用，形成另一个一定成分的固相的转变过程，称为包晶转变或包晶反应。根据相律可知，在包晶转变时，其自由度为零($f=2-3+1=0$)，即三个相的成分不变，且转变在恒温下进行。在相图上，包晶转变区的特征是反应相是液相和一个固相，其成分点位于水平线的两端，所形成的固相位于水平线中间的下方。

相图中的 *D* 点称为包晶点，*D* 点所对应的温度称为包晶温度，*PDC* 线称为包晶线。

3.6.2 平衡结晶过程

1. $w_{Ag}=42.4\%$的 Pt-Ag 合金(合金Ⅰ)

从图 3.45 可以看出，当合金Ⅰ自液态缓慢冷却到与液相线相交的 1 点时，开始从液相中结晶出 α 相。在继续冷却的过程中，α 相的数量不断增多，液相的数量不断减少，α 相和液相的成分分别沿固相线 *AP* 和液相线 *AC* 线变化。

当温度降低到 T_D(1186℃)时，合金中 α 相的成分达到 *P* 点，液相成分达到 *C* 点，它们的含量可分别由杠杆定律求出

$$w_L=\frac{PD}{PC}\times 100\%=\frac{42.4-10.5}{66.3-10.5}\times 100\%\approx 57.17\%$$

$$w_\alpha=\frac{DC}{PC}\times 100\%=\frac{66.3-42.4}{66.3-10.5}\times 100\%\approx 42.83\%$$

在温度 T_D 时，液相 L 和固相 α 发生包晶转变

$$L_C+\alpha_P \xrightleftharpoons{T_D} \beta_D$$

转变结束后，液相和 α 相消失，全部转变为 β 固溶体。

合金继续冷却时，由于铂在 β 相中的溶解度随着温度的降低而沿 *DF* 线不断减小，将不断地从 β 固溶体中析出次生相 α_{II}。合金的室温组织为 $\beta+\alpha_{II}$，合金Ⅰ的平衡结晶过程如图 3.46 所示。

在进行包晶转变时，β 相依附于初晶 α 相的表面形核，并消耗液相和 α 相而生长。从图 3.45 可以看出，成分为 *D* 的 β 相比成分为 *C* 的液相含银量低，但 β 相中的含银量又比成分为 *P* 的 α 相高。因此，只有液相中的银原子不断向 β 相中扩散，继而向 α 相中扩散，及 α 相中的铂原子也不断向 β 相中扩散，继而向液相方向扩散，如图 3.47 所示，β 相才能够生长。这样，β 相就在不断消耗液相和 α 相的过程中，同时向液相和 α 相方向生长，直到液相和 α 相全部消耗完毕为止。包晶转变结束后，在平衡组织中已看不出任何包晶转变过程的特征。

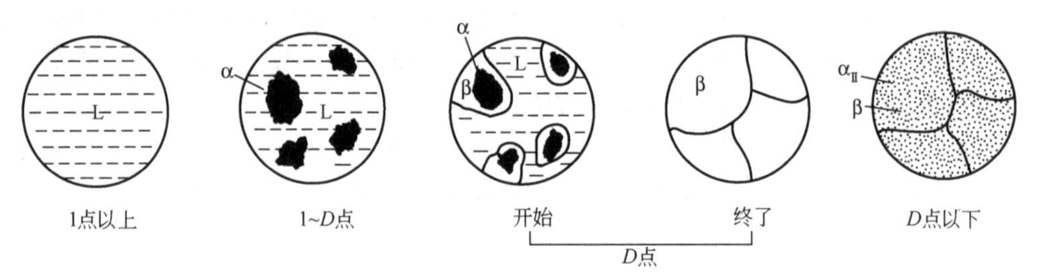

图 3.46　合金Ⅰ的平衡结晶过程

2. w_{Ag}＝10.5%～42.4%的 Pt－Ag 合金(合金Ⅱ)

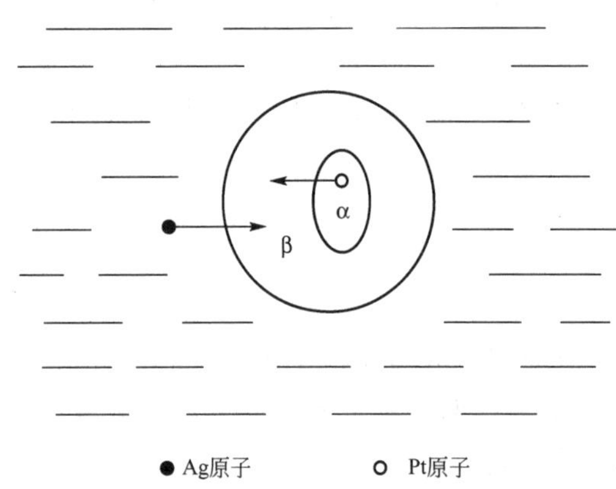

图 3.47　包晶反应时原子迁移示意

现以图 3.45 中的合金Ⅱ为例进行分析。当合金缓慢冷却至液相线的 1 点时，开始结晶出初晶 α 相，随着温度的降低，α 相的数量不断增多，液相的数量不断减少，α 相和液相的成分分别沿着 AP 线和 AC 线变化。在 1～2 点之间属于匀晶转变。

当温度降低至 2 点时，α 相和液相的成分分别为 P 点与 C 点，两者的含量分别为

$$w_L=\frac{PH}{PC}\times 100\%$$

$$w_\alpha=\frac{HC}{PC}\times 100\%$$

在温度为 T_D(2 点)时，成分相当于 P 点的 α 相与 C 点的液相共同作用，发生包晶转变，转变为 β 固溶体，即

$$L_C+\alpha_P\xrightleftharpoons{T_D}\beta_D$$

与合金Ⅰ相比较，合金Ⅱ在 T_D 温度时的 α 相的相对量较多，因此，包晶转变结束后，除了新形成的 β 相外，还有剩余的 α 相。在 T_D 温度以下，由于 β 和 α 固溶体的溶解度变化，随着温度的降低，将不断地从 β 固溶体中析出 $\alpha_{Ⅱ}$，从 α 固溶体中析出 $\beta_{Ⅱ}$，因此该合金的室温组织为 $\alpha+\beta+\alpha_{Ⅱ}+\beta_{Ⅱ}$。合金Ⅱ的平衡结晶过程示意如图 3.48 所示。

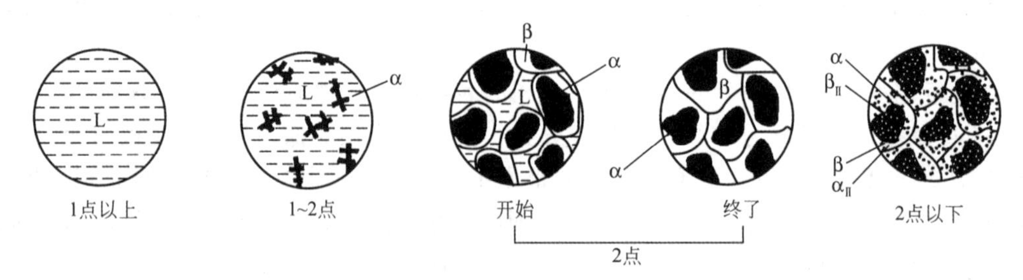

图 3.48　合金Ⅱ的平衡结晶过程示意

3. w_{Ag}=42.4%~66.3%的 Pt-Ag 合金(合金Ⅲ)

当合金Ⅲ（图 3.45）冷却到与液相线相交的 1 点时，开始结晶出初晶 α 相。在 1~2 点之间，随着温度的降低，α 相的数量不断增多，液相的数量不断减少，这一阶段的转变属于匀晶转变。当冷却到 T_D 时，发生包晶转变，即 $L_C + \alpha_P \xrightleftharpoons{T_D} \beta_D$。用杠杆定律可以计算出，合金Ⅲ中液相的相对量大于合金Ⅰ中液相的相对量，所以包晶转变结束后，仍有液相存在。

当合金的温度从 2 点继续降低时，剩余的液相继续结晶出 β 相，在 2~3 点之间，合金的转变属于匀晶转变，β 相的成分沿 DB 线变化，液相的成分沿 CB 线变化。在温度降低到 3 点时，合金Ⅲ全部转变为 β 固溶体。

在 3~4 点之间的温度范围内，合金Ⅲ为单相固溶体，不发生变化。在 4 点以下，将从 β 固溶体中析出 α_{II}。因此，该合金的室温组织为 $\beta + \alpha_{II}$。合金Ⅲ的平衡结晶过程示意如图 3.49 所示。

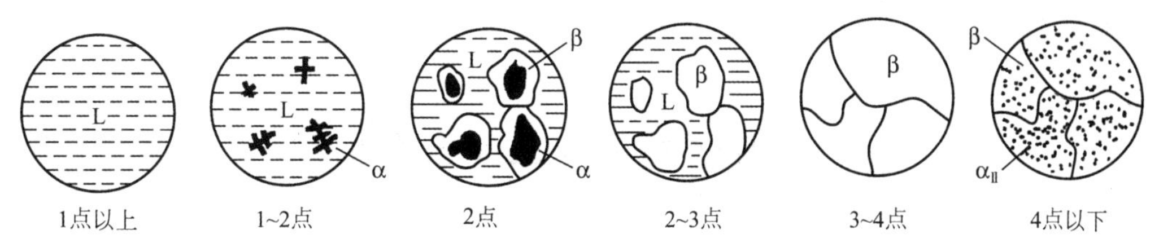

图 3.49　合金Ⅲ的平衡结晶过程示意

3.6.3 非平衡结晶

1. 包晶偏析

由于包晶转变所产生的 β 相依附于已有的初晶 α 相表面，并靠消耗 α 相而生长，因此通常包围在 α 相的外面(这也是“包晶”名称的由来)，这样就使 α 相和液相中的原子不能直接交换，而必须通过在 β 相中的扩散来传递。原子在固相中的扩散速度比在液相中低得多，因此包晶转变的速度往往是很缓慢的。在实际生产条件下，由于冷却速度较快，包晶转变将被抑制而不能继续进行，剩余的液相在低于包晶转变温度下直接转变为 β 相。这样一来，在平衡转变时本来不存在的 α 相就被保留下来，同时 β 相的成分也很不均匀，即呈枝晶偏析，这种由于包晶转变不能充分进行而产生的化学成分不均匀现象称为包晶偏析。

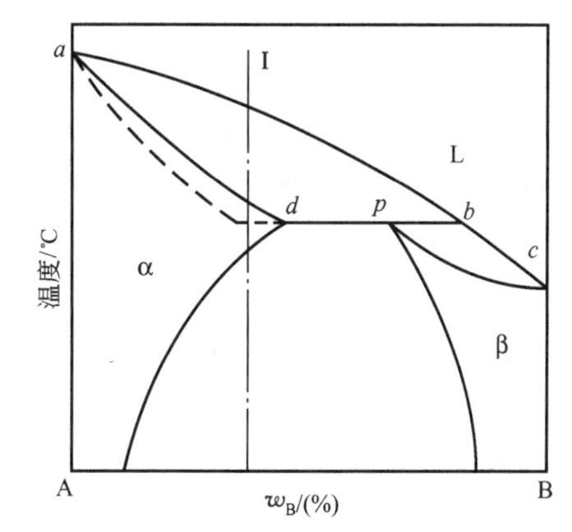

图 3.50　因快冷而可能发生的包晶反应示意图

此外，在不平衡条件下，一些原来不应发生包晶反应的合金，如图 3.50 中的合金Ⅰ，由于固相平均成分线的向下移动，使剩余的液相和 α 相发生包晶反应，便出现了在平衡状态下不应该出现的β相。

包晶反应的不完全性，特别容易在那些包晶转变温度较低或原子扩散速率小的合金中出现。反之，如果包晶转变在高温下进行，如 Fe－C 合金在 1495℃发生包晶反应，或者原子扩散速率很快，则包晶转变就较容易进行完全。

包晶转变产生的不平衡组织，可采用长时间的扩散退火来减少或消除。

2. 区域偏析和比重偏析

区域偏析指宏观范围晶体的一部分与另一部分在较大范围内化学成分不均匀的现象。当合金组成相与合金溶液之间密度相差较大时，初生相便会在液体中上浮或下沉而造成偏析，这种由于比重导致的区域偏析称为比重偏析。如亚共晶合金、过共晶合金的先共晶相或包晶转变先析相的比重比溶液大或小，缓慢结晶时在液体中上浮或下沉，形成比重偏析。合金组元间的密度相差越大，在相图上结晶的区间越大，初生相与剩余液相的密度差便越大，合金在相图中的结晶温度间隔越大、冷却速度越小，初生相在液体中便有更多的时间上浮或下沉，合金的比重偏析越严重。用退火方法很难消除区域偏析，可采用增大冷却速度或搅拌以减轻或防止区域偏析和比重偏析。

3.7 其他类型的二元合金相图

除了匀晶、共晶和包晶三种最基本的二元相图之外，还有其他类型的二元合金相图，现简要介绍如下。

3.7.1 具有共晶型恒温转变的其他相图

1. 共析转变

一定成分的固相，在一定温度下分解为另外两个一定成分固相的过程，称为共析转变，其反应式为

$$\gamma_0 \xrightleftharpoons{T_0} \alpha_a + \beta_b$$

如 Fe－C 合金在 727℃发生共析转变(图 3.51)：$\gamma \rightarrow \alpha + Fe_3C$。这种转变与共晶转变相似，所不同的只是反应相不是液相，而是固相。

2. 偏晶转变

偏晶转变是在一定温度下，由一个一定成分的液相 L_1，凝固出一个一定成分的固相，并分解出另一个一定成分的液相 L_2 的过程。Cu－Pb 合金系中存在偏晶转变(图 3.52)，其反应式为

$$L_{36} \xrightleftharpoons{955℃} Cu + L_{87}$$

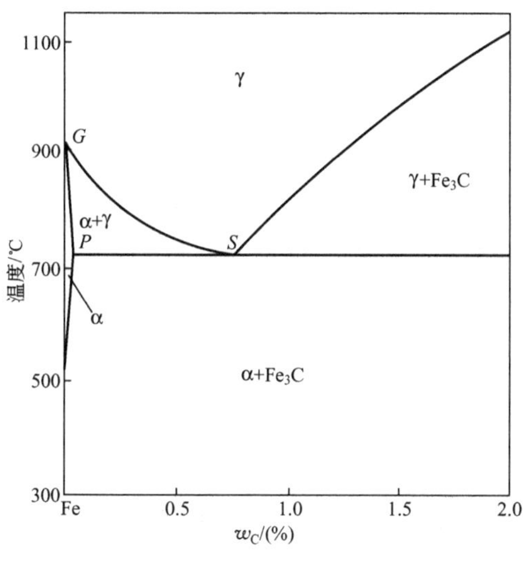

图 3.51　Fe－C 合金相图的左下角

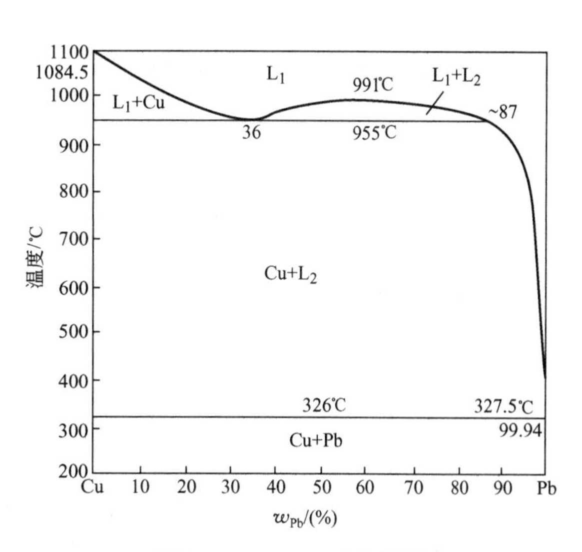

图 3.52　Cu－Pb 合金相图

3. 熔晶转变

某些合金冷却到一定温度时，会从一个已结晶完毕的固相转变为一个液相和另一个固相，这种转变称为熔晶转变。Fe－B 合金系中存在熔晶转变（图 3.53）。Fe－B 合金相图的 1381℃水平线即为熔晶线，熔晶反应式为

$$\delta \rightleftharpoons \gamma + L$$

此外，Fe－S、Cu－Sb、Cu－Sn 等合金系均存在熔晶转变。

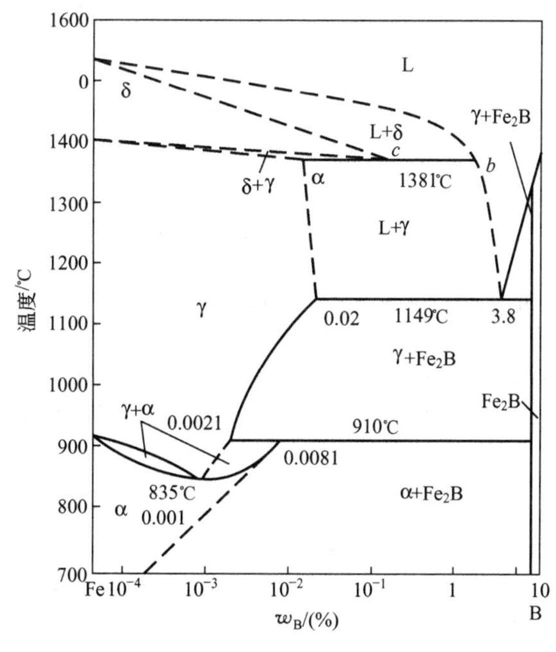

图 3.53　Fe－B 合金相图

3.7.2 具有包晶型恒温转变的其他相图

1. 包析转变

包析转变是两个一定成分的固相在恒温下转变为一个新的一定成分的固相的过程。包析转变在相图上的特征与包晶转变类似，不同的是包析转变的两个反应相都是固相，而包晶转变的反应相中有一个液相。例如，Fe－B 合金系(图 3.53)中的 910℃水平线即为包析线，其反应式为

$$\gamma + Fe_2B \rightleftharpoons \alpha$$

2. 合晶转变

合晶转变是由两个一定成分的液相 L_1 和 L_2 相互作用，形成一个固相的恒温转变。图 3.54 所示为 Na－Zn 合金相图，557℃水平线为合晶线，反应式为

$$L_1 + L_2 \rightleftharpoons \beta$$

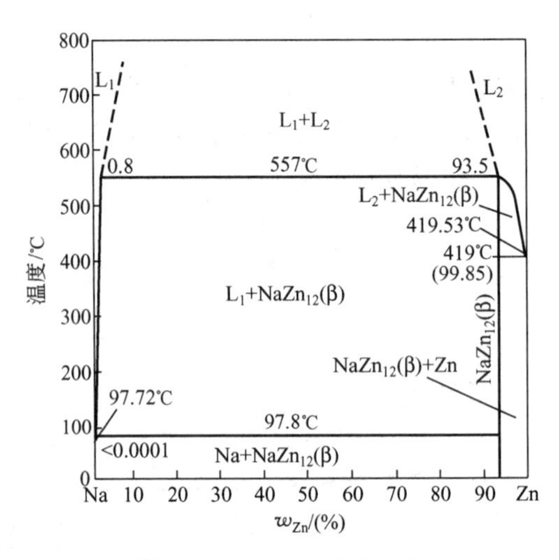

图 3.54 Na－Zn 合金相图

3.7.3 具有中间相形成的二元合金相图

在有些二元合金系中，组元间可能形成金属化合物，这些化合物可能是稳定的，也可能是不稳定的。根据化合物的稳定性，形成金属化合物的二元合金相图也有两种不同的类型。

1. 两组元形成稳定化合物的相图

稳定化合物是指具有一定熔点，在熔点以下保持其固有结构而不发生分解的化合物。

Mg－Si 合金相图，就是一种形成稳定化合物的相图，如图 3.55 所示。当 w_{Si}＝36.6％时，Mg 与 Si 形成稳定的化合物 Mg_2Si。相图中部的垂线是 Mg_2Si 单相区，这条垂线把整个相图划分成两部分。如果把 Mg_2Si 看成一个组元，则可以把 Mg－Si 相图看成是由 Mg－Mg_2Si 和 Mg_2Si－Si 两个共晶相图并列而成的。

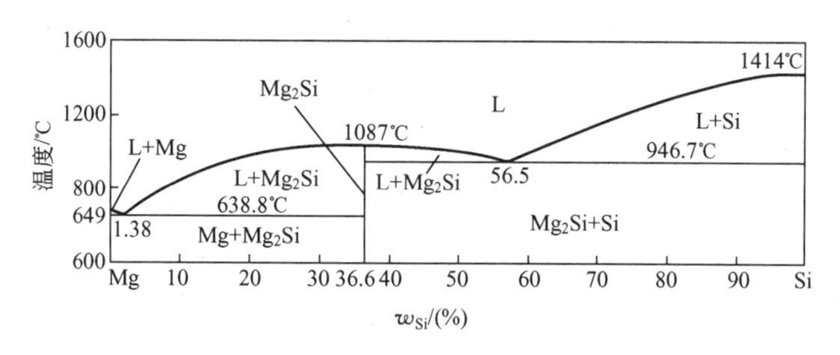

图 3.55 Mg－Si 合金相图

如果稳定化合物可以溶解其组成元素，构成以化合物为溶剂的固溶体，则相图中部的垂线将变为有宽度的相区。

2. 两组元形成不稳定化合物的相图

不稳定化合物是指加热时发生分解的那些金属化合物。

图 3.56 所示为 K－Na 合金相图。从图中可以看出，K－Na 合金在 6.9℃时分解为液体和钠晶体。这个化合物是包晶转变的产物，即 L＋Na ⇌ KNa_2。

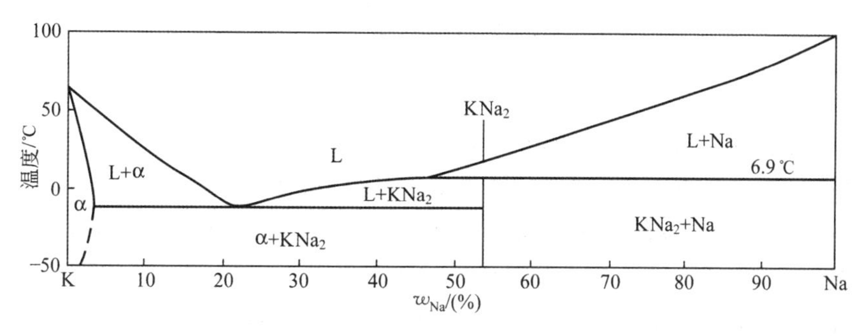

图 3.56 K－Na 合金相图

组元间形成不稳定化合物时，不能将整个相图截然分开。当化合物不能溶解其组成元素时，这个中间相的相区为一条垂线。如果它能作为溶剂溶解其组成元素，则这个相区将具有一定的成分范围(图 3.56)。

3.8 二元合金相图与二元合金性能的关系

合金的性能很大程度上取决于组元的特性及其所形成的合金的性质和相对量，借助于相图所反映出的这些特性和参量来判定合金的使用性能(如力学和物理性能)及工艺性能(如铸造性能、压力加工性能、热处理性能)，对于实际生产具有一定的借鉴作用。

3.8.1 合金相的力学性能与物理性能

相图与合金在平衡状态下的性能有一定的联系。图 3.57 所示为相图与合金力学性能和物理性能的关系。对于匀晶系合金而言，合金的强度与硬度均随溶质组元含量的增加而提高。如果A、B两组元的强度大致相同，则合金的最高强度应是$x_B=50\%$的地方，若B组元的强度明显高于A组元，则其强度的最大值稍偏向B组元一侧。合金塑性的变化规律正好与上述相反，固溶体的塑性随着溶质组元含量的增加而降低。这正是固溶强化的现象。固溶强化是提高合金强度的主要途径之一，在工业生产中获得了广泛应用。

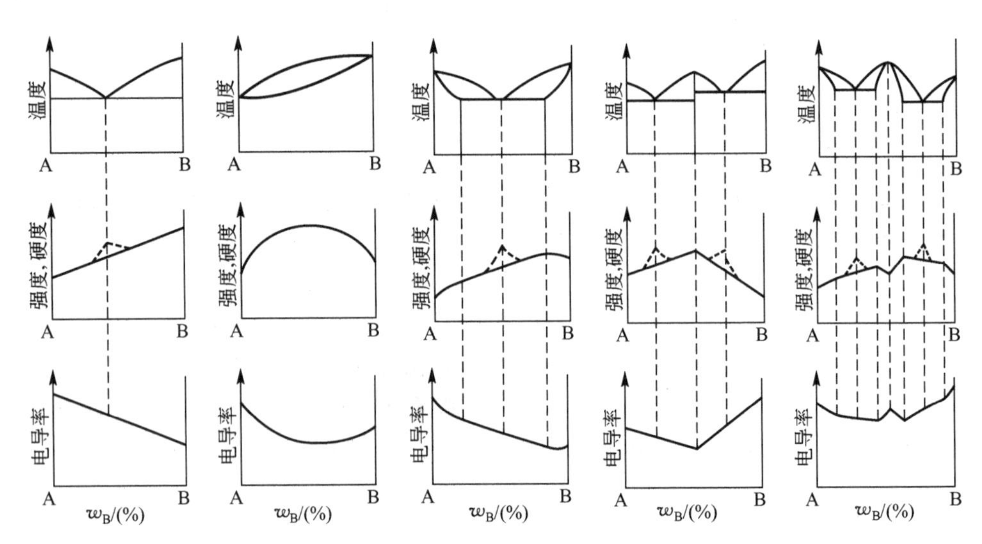

图3.57　相图与合金力学性能和物理性能的关系

固溶体合金的电导率与成分的变化关系呈曲线变化。这是由于随着溶质组元含量的增加，晶格畸变增大，从而增大了合金中自由电子的阻力。同理可以推测，热导率的变化关系与电导率的变化相同，随着溶质组元含量的增加，热导率逐渐降低。因此工业上常采用$w_{Ni}=50\%$的Cu－Ni合金作为制造加热原件、测量仪表及可变电阻器的材料。

共晶相图的端部若为固溶体，则其成分与性能间的关系如上所述。相图的中间部分为两相混合物，在平衡状态下，当两相的大小和分布都比较均匀时，合金的性能大致是两相性能的算术平均值，即性能与成分呈直线关系。当形成稳定混合物时，化合物的性能在曲线上出现奇点。在形成机械混合物的合金中，各相的分散度对组织敏感的性能有较大的影响。例如共晶成分的合金，如果组成相细小且分散，则其强度、硬度提高，如图3.57上虚线所示。

3.8.2　二元合金的加工工艺性能

1. 根据相图判断合金的铸造性能

合金的铸造性能主要表现为流动性(即液态金属本身的流动能力，它决定了合金的充型能力)、缩孔及热裂倾向等。对于固溶体合金而言，这些性能主要取决于合金相图上液相线与固相线之间的水平距离和垂直距离，即结晶的成分间隔和温度间隔，相图与合金铸造性能之间的关系如图3.58所示。

相图上的成分间隔与温度间隔越大，则合金的流动性越差，因此固溶体合金的流动性不如纯金属高。这是由于具有宽的成分间隔和温度间隔时，液固界面前沿的液体中很容易产生宽的成分过冷区，使整个液体都可以形核，并呈枝晶向四周均匀生长，形成较宽的液固两相混合区，这些多枝的晶体会阻碍液体的流动，这种结晶方式称为糊状凝固，如图 3.59(a)所示。结晶的温度间隔越大，则给枝晶的长大提供了更多的时间，使枝晶彼此错综交叉，更加降低了液体的流动性。如果合金具有较窄的成分间隔和温度间隔，则液固界面前沿液体中不易产生宽的成分过冷区，结晶自铸件表面开始后循序向心部推进，难于在液相中形核，使液固之间的界面分明，已结晶固相表面也比较光滑，对液体的流动阻力小，这种结晶方式称为壳状凝固或逐层凝固，如图 3.59(b)所示。

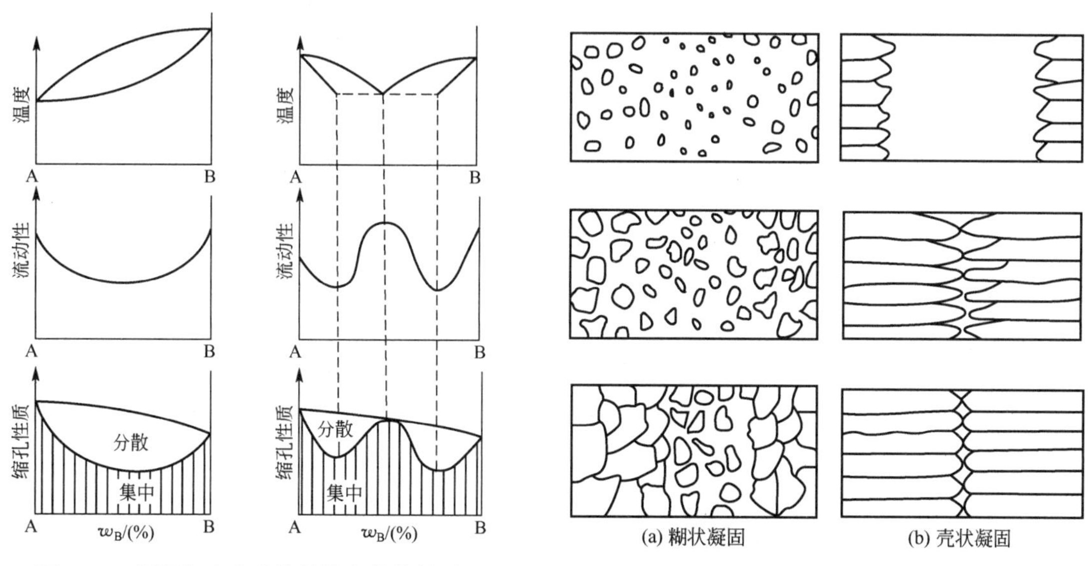

图 3.58 相图与合金铸造性能之间的关系

图 3.59 不同凝固方式示意

当结晶方式为糊状凝固时，枝晶越发达，液体被枝晶分割的越严重。这些被分隔开的枝晶间的液体，在凝固收缩时，由于得不到液体的补充，将形成较多的分散缩孔，而集中缩孔较小。当结晶温度间隔很大时，将使合金晶粒间存在一定量液相的状态，并保持较长时间，这时的合金强度很低，在已结晶的固相不均匀收缩应力的作用下，有可能引起铸件内部出现裂纹，这种现象称为热裂。凡是具有糊状凝固的合金，如球墨铸铁、铝合金、镁合金及锡青铜等铸件，不但致密性较差，而且缩松(分散缩孔)严重，热裂倾向也较大。相反，具有壳状凝固的合金，如灰铸铁、低碳合金钢、铝青铜等，不但流动性好，液体易于补缩，铸件中分散缩孔很少，在结晶的最后部分形成集中缩孔，而且铸件的致密性较好，热裂倾向也很小。

对共晶系合金来说，共晶成分的合金熔点低，并且是恒温凝固，故液体的流动性好，凝固后容易形成集中缩孔，而分散缩孔(缩松)少，热裂倾向也小。因此，铸造合金宜选择共晶成分的合金。

2. 根据相图分析合金热处理的可能性

相图能够表明合金可以进行何种热处理，并能为指定热处理工艺提供参考：①对于没有固态相变的合金，只能进行消除枝晶偏析的扩散退火，其加热温度应选在固相线以下尽可能高的温度，但不能使合金发生过烧(局部熔化)；②当合金具有同素异构转变时，可以通过重结晶退火或正火使合金的晶粒细化；③当合金中的固溶体在加热、冷却过程中有溶解度变化时，如图3.60所示，凡是成分位于 ab 之间或略超过 b 的合金都有可能通过固溶处理(即加热到高温，使第二相溶入固溶体，然后淬火得到过饱和固溶体)及随后的时效处理(在一定温度下，使B原子聚集或析出)，来提高强度，这种处理称为时效强化。这是铝合金及耐热合金的主要热处理方式。但是含B量小于或接近于 a 的合金不可能进行这种处理。

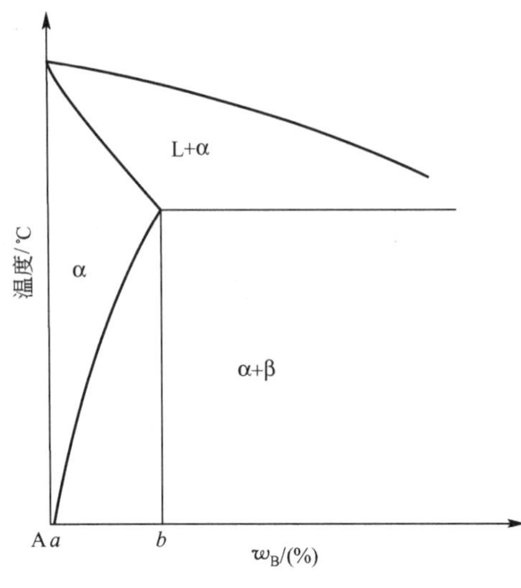

图3.60　淬火时效处理与相图的关系

3. 根据相图判断合金的塑性加工性能

压力加工好的合金通常是单相固溶体，因为固溶体的强度低，塑性好，变形均匀；而两相化合物，由于它们的强度不同，变形不均匀，变形大时，两相的界面也易开裂，尤其是存在的脆性相对压力加工更为不利，因此，需要压力加工的合金通常是取单相固溶体或接近单相固溶体，即只含少量第二相的合金。

3.9　二元相图热力学初步

合金相图尽管都是实验测绘的，但其理论基础却是热力学。因此，了解一些相图热力学的基本原理，对正确测绘相图，正确理解和应用相图均有重要意义。

3.9.1　合金自由能概念

1. 固溶体的自由能-成分曲线

利用固溶体的准化学模型可以计算固溶体的自由能。固溶体准化学模型只考虑最邻近原子间的键能，因此对混合焓 ΔH_{m} 作近似处理。假定固溶体的溶剂原子和溶质原子半径相同，两者的晶体结构也相同，而且无限互溶，由此可得组元混合前后的体积不变，即混合后的体积变化 $\Delta V_{\mathrm{m}}=0$。除此之外，准化学模型只考虑两种组元不同排列方式产生的混合熵，而不考虑温度引起的振动熵。由此可得固溶体的自由能为

$$G=\underbrace{x_{\mathrm{A}}\mu_{\mathrm{A}}^{\circ}+x_{\mathrm{B}}\mu_{\mathrm{B}}^{\circ}}_{G^{\circ}}+\underbrace{\Omega x_{\mathrm{A}}x_{\mathrm{B}}}_{\Delta H_{\mathrm{m}}}+\underbrace{RT(x_{\mathrm{A}}\ln x_{\mathrm{A}}+x_{\mathrm{B}}\ln x_{\mathrm{B}})}_{-T\Delta S_{\mathrm{m}}} \tag{3-24}$$

式中，x_{A} 和 x_{B} 分别表示A、B组元的摩尔分数；μ_{A}° 和 μ_{B}° 分别表示A、B组元在 T(K)温度时的摩尔自由能；R 是气体常数；Ω 为相互作用参数，其表达式为

$$\Omega=N_{\mathrm{A}}z\left(e_{\mathrm{AB}}-\frac{e_{\mathrm{AA}}+e_{\mathrm{BB}}}{2}\right) \tag{3-25}$$

式中，N_A 为阿伏伽德罗常数；z 为配位数；e_{AA}、e_{BB} 和 e_{AB} 分别为 A－A、B－B、A－B 对组元的结合能。

由式(3－24)可知，固溶体的自由能 G 是 G^{o}、ΔH_m 和 $-T\Delta S_m$ 三项的综合结果，是成分(摩尔分数 x)的函数，由此可按三种不同的 Ω，分别作出固溶体的自由能-成分曲线，如图 3.61 所示。

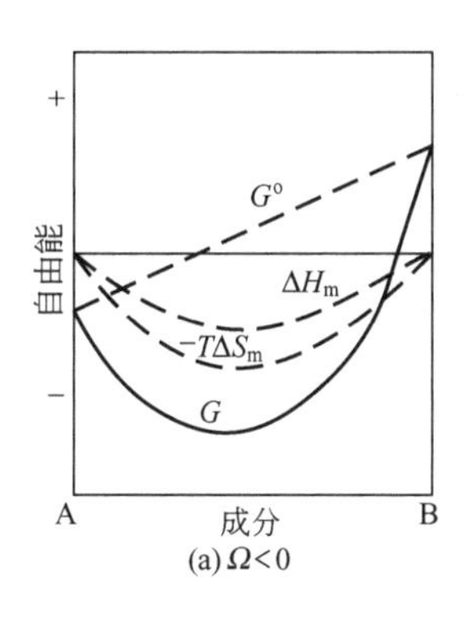

(a) $\Omega<0$

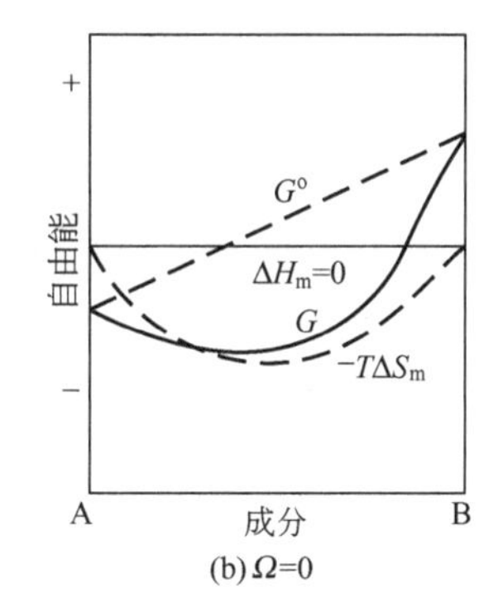

(b) $\Omega=0$

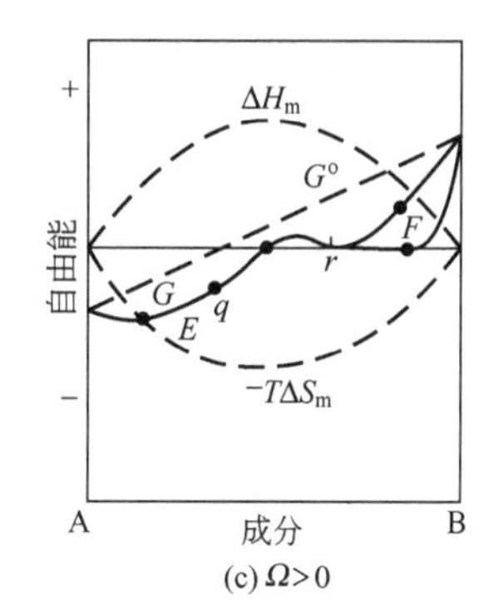

(c) $\Omega>0$

图 3.61 固溶体的自由能-成分曲线

图 3.61(a)是 $\Omega<0$ 的情况，在整个成分范围内，曲线为 U 形，只有一个最小值，其曲率 $\dfrac{d^2G}{dx^2}>0$。

图 3.61(b)是 $\Omega=0$ 的情况，曲线也是 U 形。

图 3.61(c)是 $\Omega>0$ 的情况，自由能-成分曲线有两个最小值，即 E 点和 F 点。在拐点 $\left(\dfrac{d^2G}{dx^2}=0\right)q$ 和 r 之间的成分内，曲率 $\dfrac{d^2G}{dx^2}<0$，故曲线为∩形；在 E 点和 F 点之间成分范围内的体系，都分解成两个不同的固溶体，即固溶体有一定的溶解度间隙。关于这点将在以后再予以分析。

相互作用参数的不同，导致自由能-成分曲线的差异，其物理意义如下。

① 当 $\Omega<0$，由式(3－25)可知，即 $e_{AB}<(e_{AA}+e_{BB})/2$ 时，由于 A－B 对的能量低于 A－A 和 B－B 对的平均能量，因此固溶体的 A、B 组元互相吸引，形成短程有序分布，在极端情况下会形成长程有序分布，此时 $\Delta H_m<0$。

② 当 $\Omega=0$，即 $e_{AB}=(e_{AA}+e_{BB})/2$ 时，A－B 对的能量等于 A－A 和 B－B 对的平均能量，组元的配置是随机的，这种固溶体称为理想固溶体，此时 $\Delta H_m=0$。

③ 当 $\Omega>0$，即 $e_{AB}>(e_{AA}+e_{BB})/2$ 时，A－B 对的能量高于 A－A 和 B－B 对的平均能量，意味着 A－B 对结合不稳定，A、B 组元倾向于分别聚集起来，形成偏聚状态，此时 $\Delta H_m>0$。

2. 多相平衡的公切线原理

在任意一相的自由能-成分曲线上每一点的切线两端分别与纵坐标相截，与 A 组元的截距表示 A 组元在固溶体成分为切点成分时的化学势 μ_A；而与 B 组元的截距表示 B 组元在固溶体成分为切点成分时的化学势 μ_B。在二元系中，当两相(如固相 α 和固相 β)平衡时，热力学条件 $\mu_A^{\alpha}=\mu_A^{\beta}$，$\mu_B^{\alpha}=\mu_B^{\beta}$，即两组元分别在两相中的化学势相等，因此，两相平衡时的成分由两相自由能-成分曲线的公切线确定，如图 3.62 所示。

由图 3-61 可知

$$
\begin{aligned}
\frac{dG_\alpha}{dx} &= \frac{\mu_B^\alpha - \mu_A^\alpha}{\overline{AB}} = \mu_B^\alpha - \mu_A^\alpha \\
\frac{dG_\beta}{dx} &= \frac{\mu_B^\beta - \mu_A^\beta}{\overline{AB}} = \mu_B^\beta - \mu_A^\beta
\end{aligned} \tag{3-26}
$$

式中，$\overline{AB}=1$，根据上述相平衡条件，可得两者切线斜率相等。

对于二元合金系，在特定温度下可出现三相平衡，若出现 α、β 和 γ 三相平衡，其热力学条件为 $\mu_A^\alpha=\mu_A^\beta=\mu_A^\gamma$，$\mu_B^\alpha=\mu_B^\beta=\mu_B^\gamma$。根据上述分析可知，三相的切线斜率相等，即为它们的公切线，其切点所示的成分分别表示 α、β 和 γ 三相平衡时的成分，切线与 A、B 组元坐标轴相交的截距就是 A、B 组元在该条件下的化学势，如图 3.63 所示。

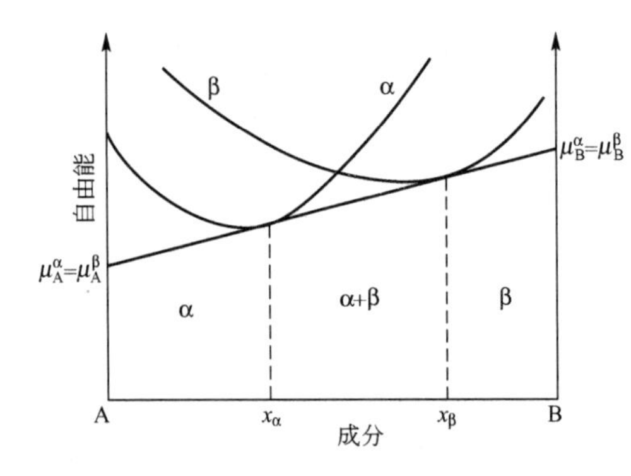

图 3.62　二元合金系中两相平衡时的自由能-成分曲线

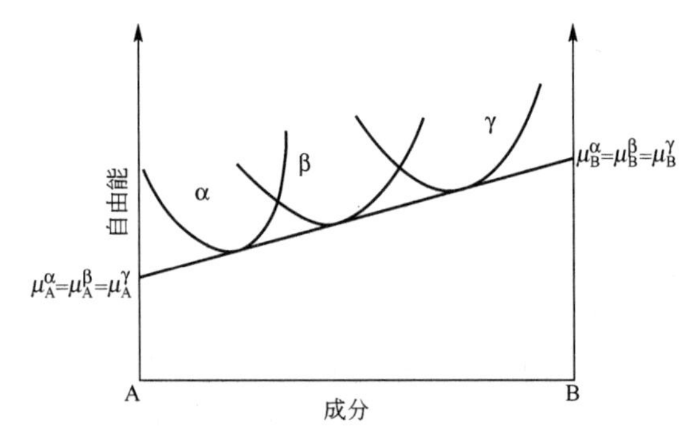

图 3.63　二元合金系中三相平衡时的自由能-成分曲线

3. 混合物的自由能和杠杆法则

设由 A、B 两组元所形成的 α 和 β 两相，它们物质的量和摩尔吉布斯自由能分别为 n_1、n_2 和 G_{m1}、G_{m2}。又设 α 和 β 两相中含 B 组元的摩尔分数分别为 x_1 和 x_2，则混合物中 B 组元的摩尔分数为

$$\frac{n_1 x_1 + n_2 x_2}{n_1 + n_2}$$

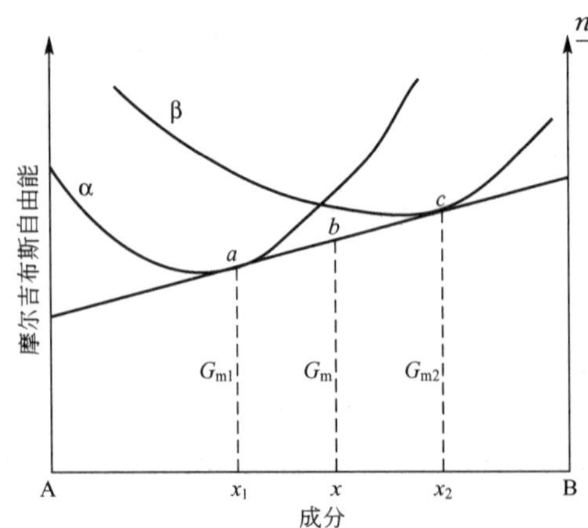

图 3.64　混合物的自由能-成分曲线

而混合物的摩尔吉布斯自由能为

$$G_m = \frac{n_1 G_{m1} + n_2 G_{m2}}{n_1 + n_2}$$

由上述两式可得

$$\frac{G_m - G_{m1}}{x - x_1} = \frac{G_{m2} - G_m}{x_2 - x} \tag{3-27}$$

式(3-27)表明，混合物的摩尔吉布斯自由能 G_m 应与两组成相 α 和 β 的摩尔吉布斯自由能 G_{m1} 和 G_{m2} 在同一直线上，并且 x 位于 x_1 和 x_2 之间。该直线即为 α 相和 β 相平衡时的公

切线，如图 3.64 所示。

当二元系的成分 $x \leqslant x_1$ 时，α 固溶体的摩尔吉布斯自由能低于β固溶体，故α相为稳定相，即体系处于单相α状态；当 $x \geqslant x_2$ 时，β固溶体的摩尔吉布斯自由能低于α固溶体，则体系处于单相β状态；当 $x_1 < x < x_2$ 时，公切线上表示混合物的摩尔吉布斯自由能低于α固溶体或β固溶体的摩尔吉布斯自由能，故α和β两相混合(共存)时体系能量最低。两平衡相共存时，多相的成分是切点所对应的成分 x_1 和 x_2，即固定不变。此时，可导出

$$\frac{n_1}{n_1+n_2}=\frac{x_2-x}{x_2-x_1}$$
$$\frac{n_2}{n_1+n_2}=\frac{x-x_1}{x_2-x_1} \qquad (3-28)$$

式(3－28)称为杠杆法则，在α和β两相共存时，可用杠杆法则求出两相的相对量，α相的相对量为 $\frac{x_2-x}{x_2-x_1}$，β相的相对量为 $\frac{x-x_1}{x_2-x_1}$，两相的相对量随体系的成分 x 而变。

3.9.2 二元合金的几何规律

1. 从自由能-成分曲线推测相图

根据公切线原理可求出体系在某一温度下平衡相的成分。因此，根据二元系的不同温度下的自由能-成分曲线可画出二元合金系相图。图 3.65 表示由 T_1、T_2、T_3、T_4 及 T_5 温度下液相(L)和固相(S)的自由能-成分曲线求得的两组元组成的匀晶相图。图 3.66 表示了在上述五个不同温度下，由一系列自由能-成分曲线求得的两组元组成的共晶相图。图 3.67 和图 3.68 分别表示包晶相图、形成化合物的相图与自由能-成分曲线的关系。

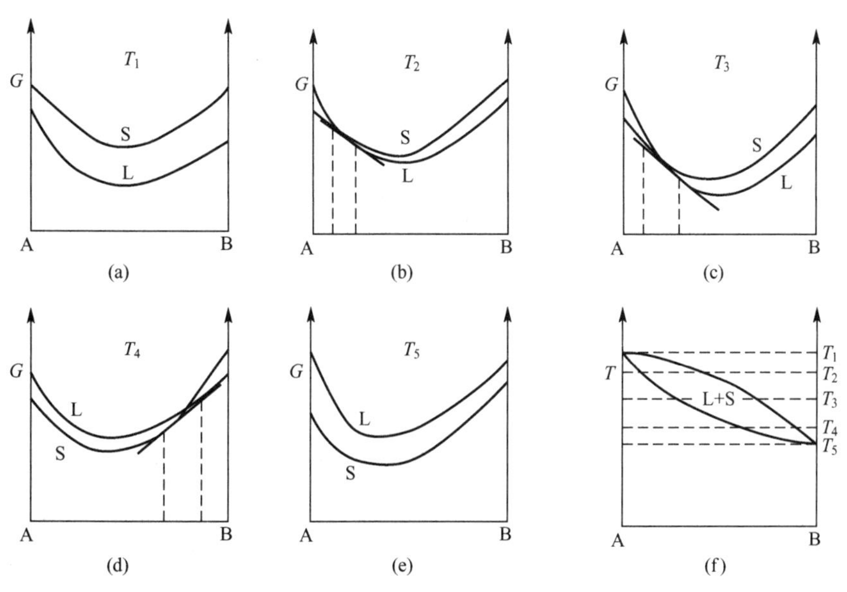

图 3.65 由自由能-成分曲线求得的两组元组成的匀晶相图

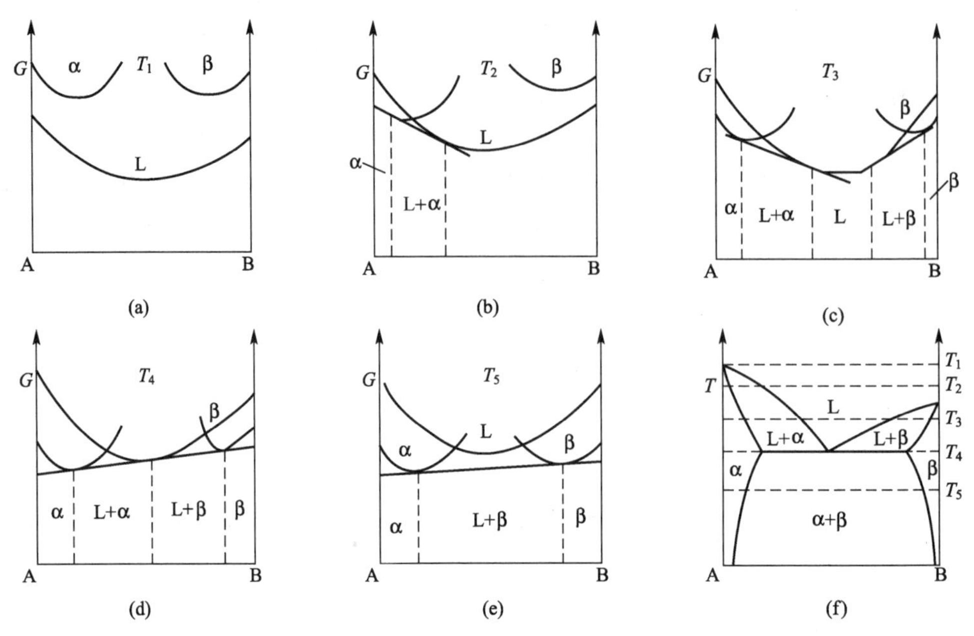

图 3.66　由一系列自由能-成分曲线求得的两组元组成的共晶相图

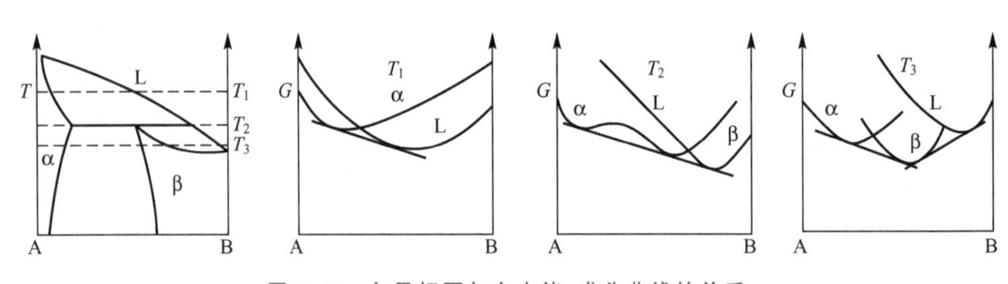

图 3.67　包晶相图与自由能-成分曲线的关系

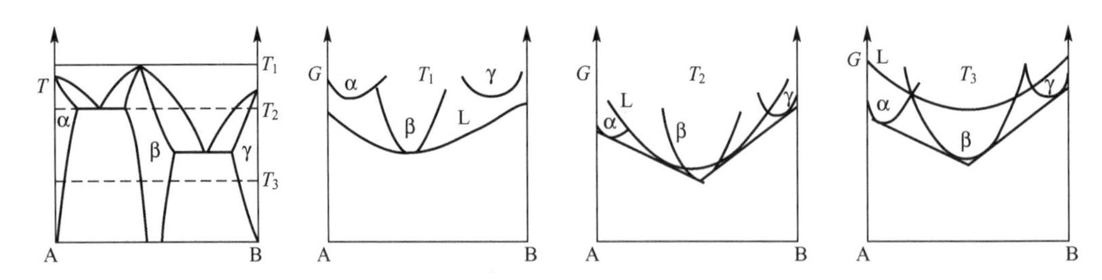

图 3.68　形成化合物的相图与自由能-成分曲线的关系

2. 二元合金相图的一些几何规律

根据热力学的基本原理，可以推导出相图所遵循的一些几何规律，由此能帮助理解相图的构成，并判断所测定的相图中可能出现的错误。

① 两个单相区之间必定有一个由这两个相所组成的两相区隔开，而不能以一条曲线

作为分界线。两个两相区之间必须有一个单相区或三相区隔开。也就是说，相图中相邻相区的相数之差均为1(点接触除外)。这个规律称为相区接触法则。

② 在二元相图中，三相平衡区必定是一条水平线，这条水平线上有三个表示平衡相成分的点。其中两个点在水平线段的两端。这三个点都是单相区与水平线的接触点。

③ 如果两个三相区中有两个共同的相，这两条水平线之间必定是这两个相组成的两相区。

④ 单相区边界线的延长线应进入相邻的两相区。

习　题

1. 解释下列基本概念和术语。

组元，合金系，相，相结构，固溶体，金属化合物，区域熔炼，成分过冷，相图，相律，杠杆定律，匀晶相图，共晶相图，包晶相图，晶内偏析，枝晶偏析，伪共晶，离异共晶，包晶偏析，区域偏析，比重偏析，稳定化合物，自由能，公切线原理。

2. 固溶体有哪些类型？影响置换固溶体溶解度的因素是什么？为什么间隙固溶体只能是有限固溶体，而置换固溶体可以是有限固溶体也可以是无限固溶体？

3. 固溶体中溶剂原子和溶质原子的分布是有序、无序还是偏聚主要取决于什么因素？为什么有些固溶体在低温条件下有序而在高温条件下会变成无序？

4. 从以下几方面总结和比较正常化合物、电子化合物和间隙化合物：①组成元素；②结合键；③形成化合物的主要控制因素；④结构特点；⑤力学性能特点；⑥典型例子。

5. 试从成分和晶体结构的角度，说明间隙固溶体和间隙相的异同。

6. 什么是合金平衡相图？相图能给出任一条件下合金的显微组织吗？

7. 枝晶偏析是怎样产生的？枝晶偏析对性能有何影响？为了消除枝晶偏析，常用的方法是什么？

8. 什么是成分过冷？成分过冷对固溶体结晶时晶体长大方式和铸锭组织有何影响？

9. 在正的温度梯度下，为什么纯金属凝固时不能呈树枝状长大，而固溶体合金却能呈树枝状长大？

10. 有两个形状、尺寸均相同的Cu－Ni合金铸件，其中一个铸件$w_{Ni}=90\%$，另一个铸件$w_{Ni}=50\%$，铸后自然冷却。请问：①凝固后哪个铸件的枝晶偏析严重？②哪种合金成分过冷倾向较大？③室温下哪个铸件的硬度较高？

11. 假定需要用$w_{Zn}=30\%$的Cu－Zn合金和$w_{Sn}=10\%$的Cu－Sn合金制造尺寸、形状相同的铸件，参照Cu－Zn和Cu－Sn二元合金相图，回答下述问题：①哪种合金的流动性好？②哪种合金形成疏松的倾向大？③哪种合金的热裂倾向大？④哪种合金的偏析倾向大？

12. 已知A(熔点600℃)与B(熔点500℃)在液态时无限互溶，固态时A在B中的最大固溶度(质量分数)为$w_A=30\%$，室温时$w_A=10\%$；但B在固态和室温时均不溶于A。

在300℃时，$w_B=40\%$的液态合金发生共晶反应。试绘出A-B合金相图；试计算$w_A=20\%$，$w_A=45\%$，$w_A=80\%$的合金在室温下组织组成物和相组成物的相对量。

13. 根据下列条件绘出二元相图。A和B的熔点分布是1000℃和700℃，$w_B=25\%$的合金正好在500℃完全凝固，它的平衡组织由73.3%的先共晶α和26.7%的$(\alpha+\beta)_{共晶}$组成。而$w_B=50\%$的合金在500℃时的组织由40%的先共晶α和60%的$(\alpha+\beta)_{共晶}$组成，并且此合金的α总量为50%。

14. 根据下列数据，绘出概略的A-B二元相图。已知A组元比B组元有较高的熔点，B在A中没有溶解度，该合金存在下列恒温转变。

(1) 700℃　$L(w_B=70\%)+A\rightarrow\beta(w_B=60\%)$

(2) 600℃　$\beta(w_B=55\%)+A\rightarrow\gamma(w_B=30\%)$

(3) 500℃　$L(w_B=95\%)+\beta(w_B=75\%)\rightarrow\alpha(w_B=90\%)$

(4) 300℃　$\beta(w_B=65\%)\rightarrow\alpha(w_B=85\%)+\gamma(w_B=50\%)$

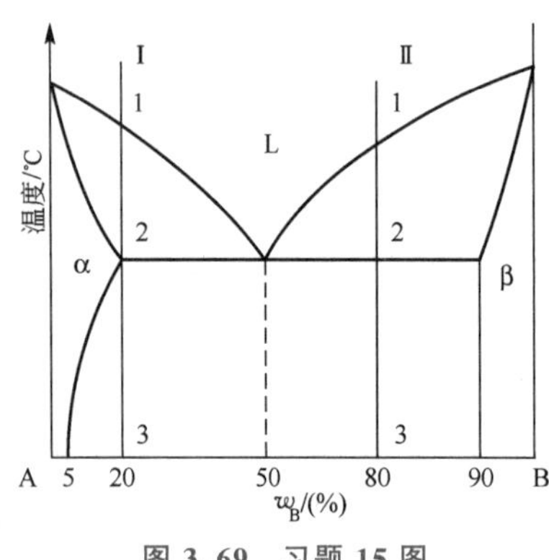

图3.69　习题15图

15. 根据图3.69所示的二元共晶相图，分析合金Ⅰ、Ⅱ的结晶过程，并画出冷却曲线。说明室温下合金Ⅰ、Ⅱ的相和组织是什么？并计算出相和组织组成物的相对量。如果希望得到共晶组织加上5%的$\beta_{初}$的合金，求该合金的成分。合金Ⅰ、Ⅱ在快冷不平衡状态下结晶，组织有何不同？

16. A-D二元共晶相图如图3.70所示，试回答下列问题：①用组织组成物填写相图中的各区；②说明合金Ⅰ、Ⅱ室温时的平衡组织和快冷不平衡凝固时得到的组织有何不同？

17. 图3.71所示为Pb-Sb合金相图。若用铅锑合金制成的轴瓦，要求其组织为在共晶体基体上分布有相对量为5%的β(Sb)作为硬质点，试求该合金的成分及硬度。已知α(Pb)的硬度为3HBW，β(Sb)的硬度为30HBW。

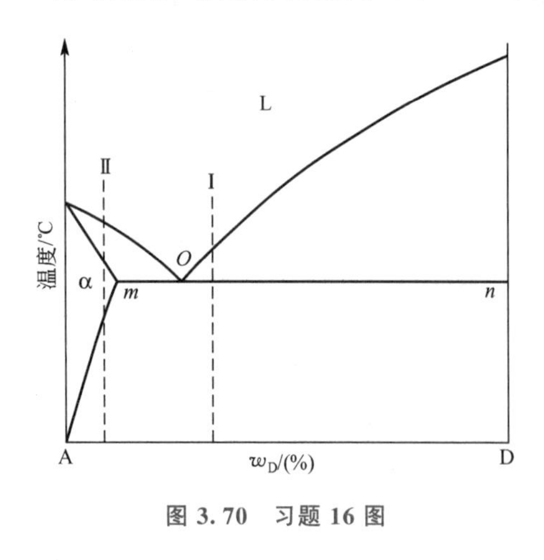

图3.70　习题16图

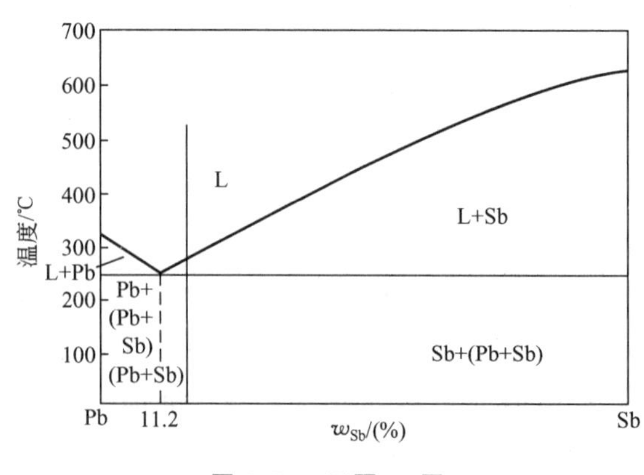

图3.71　习题17图

18. 由Al-Cu合金相图(图3.72)，试分析：①什么成分的合金适于压力加工？什么成分的合金适于铸造？②用什么方法可提高$w_{Cu}<5.6\%$的铝合金的强度？

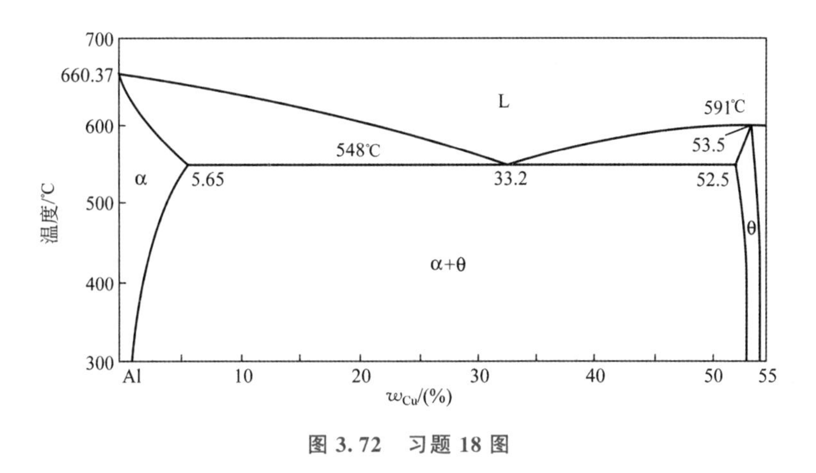

图 3.72 习题 18 图

19. 利用相律判断图 3.73 所示各相图中的错误之处。

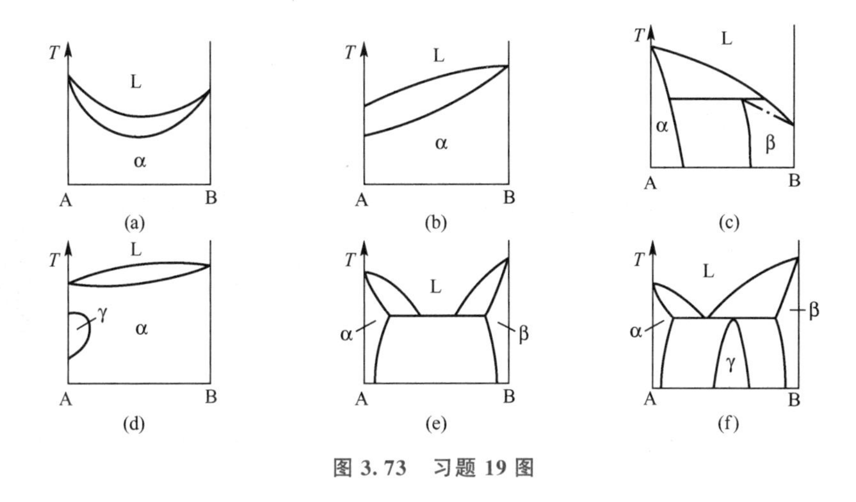

图 3.73 习题 19 图

20. 指出图 3.74 相图中的错误之处，根据相律说明理由，并改正图中的错误。

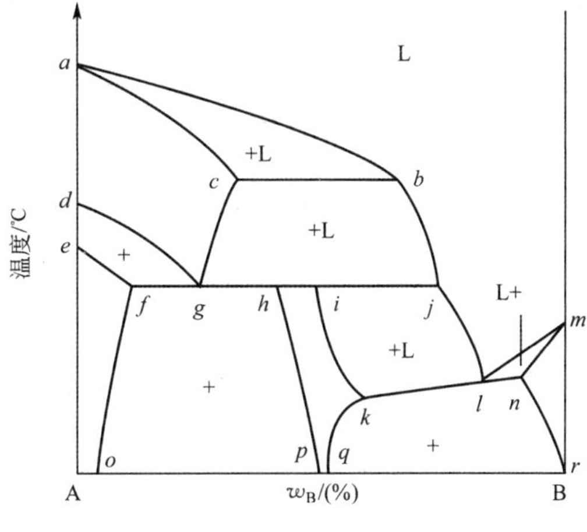

图 3.74 习题 20 图

第4章 铁碳合金相图

★ 了解铁碳二元合金的基本性质，熟练掌握 $Fe-Fe_3C$ 合金相图各存在相和平衡反应

★ 熟悉 $Fe-Fe_3C$ 相图典型合金平衡结晶过程，掌握铁碳合金的成分、组织和性能之间的关系

★ 了解钢中常存的杂质元素，掌握碳素结构钢和碳素工具钢编号原则

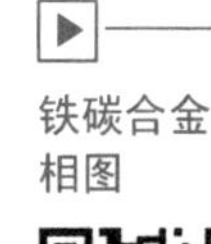

知识要点	掌握程度	相关知识
铁碳合金组元性质	熟悉铁和碳元素性质； 掌握铁的同素异晶转变	铁、碳、渗碳体； $\delta-Fe$、$\gamma-Fe$、$\alpha-Fe$； 固溶体铁素体、奥氏体
$Fe-Fe_3C$ 相图分析及典型合金平衡结晶过程	熟悉 $Fe-Fe_3C$ 相图各点、线、区的意义，掌握相图中的基本反应； 注重典型合金平衡结晶过程分析和杠杆定律的应用	$Fe-Fe_3C$ 相图分析：线、区的意义，平衡反应； 典型合金平衡结晶过程：工业纯铁、碳钢、白口铸铁
$Fe-Fe_3C$ 相图的应用	掌握以组织组成物标示的 $Fe-Fe_3C$ 相图； 熟悉相图在制定加工工艺上的应用	组织组成物标示的 $Fe-Fe_3C$ 相图，含碳量对力学性能的影响，相图在选材、制定加工工艺上的应用
碳素钢（简称碳钢）	掌握碳钢编号原则和分类	钢中常存的杂质元素，碳钢的分类，常用碳钢

碳钢和铸铁都是铁碳合金，是使用极广泛的金属材料。铁碳合金相图是研究铁碳合金的重要工具，对研究钢铁材料的组织和性能，制定各种热加工工艺，分析废品产生和工件破坏的原因等方面有很重要的指导意义。

铁碳合金中的碳有两种存在形式：渗碳体 Fe_3C 和石墨。渗碳体在热力学上是一个亚稳定的相，而石墨是稳定相。由于石墨的表面能很大，形核需要克服很高的能垒，因此在一般条件下，铁碳合金中的碳大部分和铁化合成渗碳体。不过在一定的条件下，如极为缓慢的冷却或加入某些合金元素使石墨的表面能降低，铁碳合金中的碳仍以石墨的形式存在。

因此，铁碳合金中的相平衡有两种情况：一种是合金的液体、固溶体和渗碳体之间的亚稳定平衡；另一种是合金的液体、固溶体和石墨之间的稳定平衡。与这两种情况相对应的铁-碳合金双重相图如图 4.1 所示。

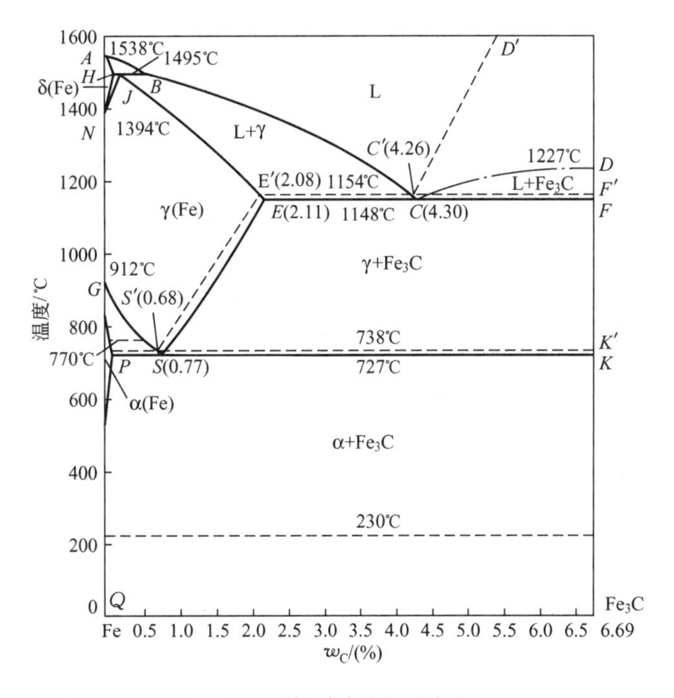

图 4.1 铁-碳合金双重相图

① 亚稳定的 $Fe-Fe_3C$ 合金相图，由于 $w_C > 6.69\%$ 的铁碳合金脆性极大，没有使用价值。另外，渗碳体中 $w_C > 6.69\%$，是个稳定的金属化合物，可以作为一个组元。因此，研究的铁碳合金相图实际上是 $Fe-Fe_3C$ 相图，如图 4.1 的实线所示。它实际上是亚稳定的铁碳合金相图的铁端部分，即 $w_C = 0 \sim 6.69\%$ 的部分。

② 稳定的铁-石墨合金相图，它从 $w_C = 0$ 一直延伸到 $w_C = 100\%$。通常把这亚稳定的 $Fe-Fe_3C$ 合金相图和稳定的铁-石墨合金相图中含碳量相同的部分画在一起(图 4.1)，用实线表示前者，虚线表示后者。无虚线部分(两端)为两种相图共有。

4.1 铁碳合金组元性质

4.1.1 铁元素和碳元素

1. 铁元素

铁元素在地壳中的含量为4.75%，储量集中，易于开采，而且易于从矿石中还原成金属。铁元素是元素周期表上的第26个元素，原子量为55.85，属于过渡族金属。在一个标准大气压(101.325kPa)下，熔点为1538℃，沸点为2738℃。在20℃时的密度是7.87g/cm^3。铁原子外层电子的组态是$3d^6 4s^2$，它的K、L电子层和M电子层中的s和p次层都是被填满的。

2. 碳元素

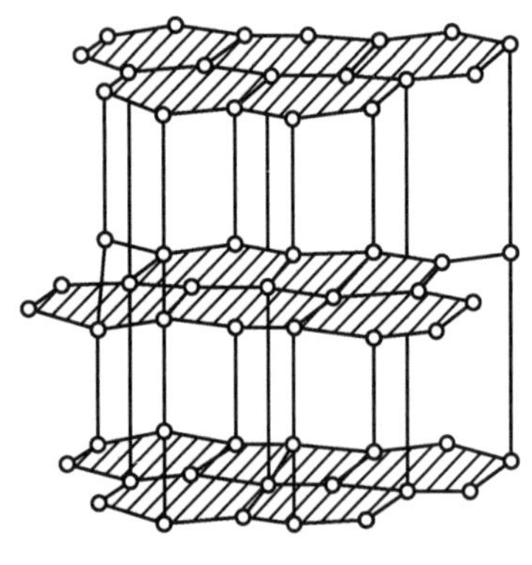

图4.2 石墨的晶体结构

碳的原子序数为6，原子量为12.01，原子半径为0.077nm，20℃时的密度为2.25g/cm^3。在自然界中，碳以石墨、金刚石、富勒烯和碳纳米管等多种形式存在。在铁碳合金中碳一般以固溶单质原子或石墨等形式存在。石墨具有成层的结构(图4.2)。六方层中的紧邻原子间距为0.142nm，层间距为0.340nm。碳原子在六方层中具有很强的共价键，层与层之间则是以较弱的范德瓦耳斯力结合，因此石墨很容易沿着这些层发生滑动。它的空间点阵属于六方晶系，每个阵点含四个原子，晶格常数$a=0.246$nm，$c=0.670$nm。石墨的硬度很低，只有3～5HBW，而塑性几乎接近于零，它在铁碳合金中是优良的固体润滑剂。铁碳合金中的石墨常用符号G或C表示。

4.1.2 铁碳合金组元

1. 纯铁及其性能特点

工业纯铁的含铁量一般为99.8%～99.9%，含有的杂质量为0.1%～0.2%，杂质中主要是碳。纯铁的力学性能因其纯度和晶粒大小的不同而差别很大，其大致范围如下。

抗拉强度R_m：176～274MPa。

屈服强度$R_{p0.2}$：98～166MPa。

伸长率A：30%～50%。

断面收缩率Z：70%～80%。

冲击吸收能量KV_2：130～160J。

硬度：50～80HBW。

纯铁的塑性和韧性很好，但其强度很低，并且制取纯铁的成本远大于钢，很少用作结构材料。工业上炼制的电工纯铁和工程纯铁具有高的磁导率，可用于要求软磁性的场合，如各种仪器仪表的铁芯等。

2. 铁的同素异晶转变

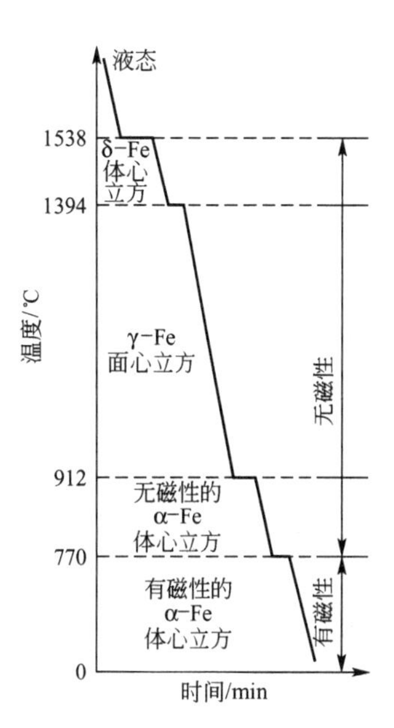

图 4.3 纯铁的冷却曲线及晶体结构变化

铁具有多晶型性。图 4.3 所示是纯铁的冷却曲线及晶体结构变化。从图中可以看出，纯铁在 1538℃凝固为体心立方晶格的 δ－Fe。继续冷却至 1394℃时，δ－Fe 转变为面心立方的晶格 γ－Fe。通常把 δ－Fe→γ－Fe 的转变称为 A_4 转变，转变的平衡临界点温度称为 A_4 温度。当温度继续降至 912℃时，面心立方晶格的 γ－Fe 又转变为体心立方晶格的 α－Fe，通常把 γ－Fe→α－Fe 的转变称为 A_3 转变，转变的平衡临界点温度称为 A_3 温度。在 912℃以下，铁的结构不再发生变化。这样，铁就具有三种同素异晶状态，即 δ－Fe、γ－Fe 和 α－Fe，发生这些同素异晶转变时都会产生热效应。纯铁在凝固后的冷却过程中，经两次同素异晶转变后晶粒得到细化，如图 4.4 所示。铁的同素异晶转变具有很重大的实际意义。钢性能的多样变化是由于能够对它进行合金化和热处理，而合金化的基础和热处理的可能性是铁碳合金的固态相变，后者来源于铁的同素异晶转变。

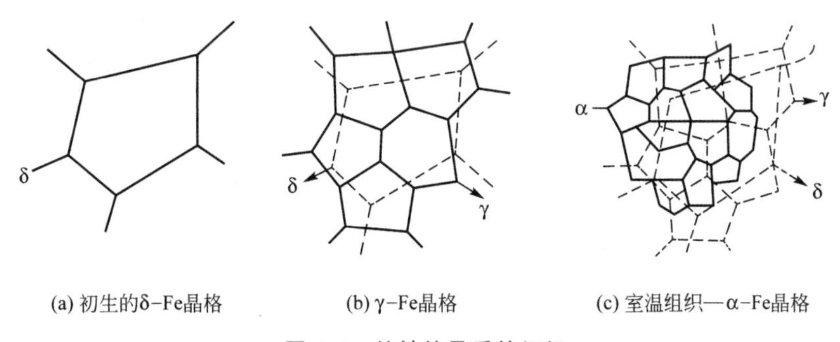

(a) 初生的δ-Fe晶格　　(b) γ-Fe晶格　　(c) 室温组织—α-Fe晶格

图 4.4 纯铁结晶后的组织

应当指出，α－Fe 在 770℃还将发生磁性转变，即由高温的顺磁性转变为低温的铁磁性。通常把这种磁性转变称为 A_2 转变，把磁性转变点称为铁的居里点，对应温度称为居里温度。在发生磁性转变时铁的晶格类型不变，所以磁性转变不属于相变。

3. 铁素体和奥氏体

铁素体是碳溶于 α－Fe 中的间隙固溶体，为体心立方晶格，常用符号 F 或 α 表示。奥氏体是碳溶于 γ－Fe 中的间隙固溶体，为面心立方晶格，常用符号 A 或 γ 表示。铁素体和奥氏体是铁碳相图中两个十分重要的基本相。

铁素体的溶碳能力比奥氏体小得多。根据测定，奥氏体的最大溶碳量为 2.11%(在温度为 1148℃时)，而铁素体的最大溶碳量仅为 0.0218%(在温度为 727℃时)，在室温下的溶碳能力更低，一般在 0.0008%以下。

面心立方晶格比体心立方晶格具有较大的致密度，而奥氏体比铁素体具有较大的溶碳能力，其原因是与晶体结构中的间隙尺寸有关。根据测量和计算，γ-Fe 的晶格常数(950℃时)为 0.36563nm，其八面体间隙半径为 0.0535nm，和碳原子半径 0.077nm 比较接近，所以碳在奥氏体中的溶解度较大。α-Fe 在 20℃时的晶格常数为 0.28663nm，碳原子通常溶于八面体间隙中，而八面体的间隙半径只有 0.01862nm，远小于碳的原子半径，所以碳在铁素体中的溶解度很小。

碳溶于体心立方晶格 δ-Fe 中的间隙固溶体称为 δ 铁素体，以 δ 表示，于 1495℃时的最大溶碳量为 0.09%。

铁素体的性能与纯铁基本相同，居里温度也是 770℃。奥氏体的塑性很好，且具有顺磁性。

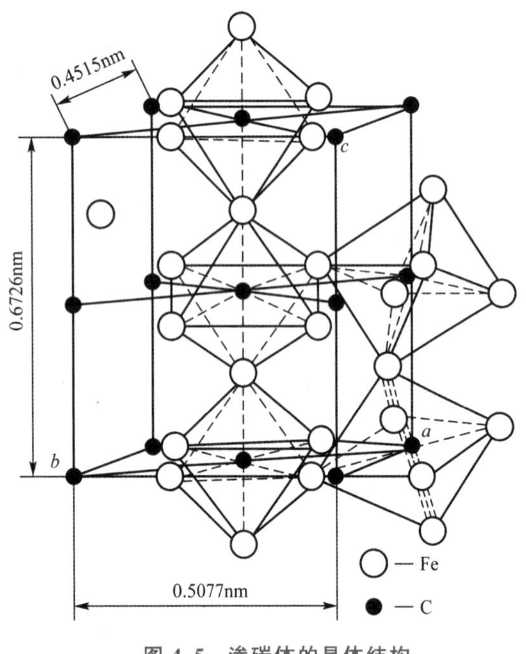

图 4.5 渗碳体的晶体结构

4. Fe_3C 及其性能特点

渗碳体是铁与碳形成的间隙化合物 Fe_3C，$w_C=6.69\%$，可以用符号 C_m 表示，是铁碳相图中的重要基本相。

渗碳体属于正交晶系，晶体结构十分复杂，三个晶格常数分别为 $a=0.4515$nm，$b=0.5077$nm，$c=0.6726$nm。图 4.5 给出了渗碳体的晶体结构，晶胞中含有 12 个铁原子和 4 个碳原子，符合 Fe∶C=3∶1 的关系。

渗碳体具有很高的硬度，约为 800HBW，但塑性很差，伸长率接近于零。渗碳体于低温下具有一定的铁磁性，但是在 230℃以上，这种铁磁性就消失了，所以 230℃是渗碳体的磁性转变温度，称这种转变为 A_0 转变。根据理论计算，渗碳体的熔点为 1227℃。

4.2 Fe-Fe_3C 相图分析

4.2.1 相图中的点、线、区及其意义

图 4.6 所示为以相组成物标示的 Fe-Fe_3C 相图，铁碳合金相图中的特性点及含义见表 4-1。各特性点的符号是国际通用的，不能随意更换。

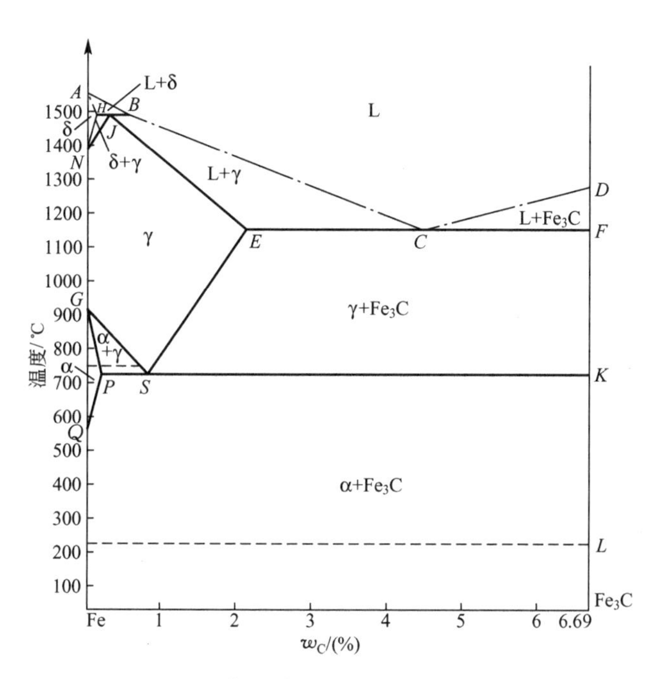

图 4.6 以相组成物标示的 Fe－Fe_3C 相图

表 4－1 铁碳合金相图中的特性点及含义

符号	温度/℃	w_C/(%)	含义
A	1538	0	纯铁的熔点
B	1495	0.53	包晶转变时液态合金的成分
C	1148	4.30	共晶点
D	1227	6.69	渗碳体的熔点
E	1148	2.11	碳在 γ－Fe 中的最大溶解度
F	1148	6.69	渗碳体的成分
G	912	0	α－Fe$\rightleftharpoons$γ－Fe 转变温度(A_3)
H	1495	0.09	碳在 δ－Fe 中的最大溶解度
J	1495	0.17	包晶点
K	727	6.69	渗碳体的成分
N	1394	0	γ－Fe$\rightleftharpoons$δ－Fe 转变温度(A_4)
P	727	0.0218	碳在 α－Fe 中的最大溶解度
S	727	0.77	共析点(A_1)
Q	600	0.0057	600℃时碳在 α－Fe 中的溶解度

相图上的液相线是 *ABCD*，固相线是 *AHJECF*。

相图中有五个单相区：

ABCD 以上——液相区；

AHNA——δ 固溶体区；

NJESGN——奥氏体区；

GPQG——铁素体区；

DFKL 垂线——渗碳体区。

七个两相区：

ABJHA——液相＋固溶体区；

JBCEJ——液相＋奥氏体区；

DCFD——液相＋渗碳体区；

HJNH——固溶体区＋奥氏体区；

GSPG——铁素体区＋奥氏体区；

ECFKSE——奥氏体区＋渗碳体区；

QPSKL 以下——铁素体区＋渗碳体区。

两条磁性转变线：

过 770℃的虚线——铁素体的磁性转变线；

过 230℃的虚线——渗碳体的磁性转变线。

三条水平线：

HJB——包晶转变线；

ECF——共晶转变线；

PSK——共析转变线。

事实上，$Fe-Fe_3C$ 相图由包晶反应、共晶反应和共析反应三部分连接而成，下面对这三部分进行分析。

4.2.2 包晶转变（水平线 HJB）

在 1495℃的恒温下，$w_C=0.53\%$的液相与 $w_C=0.09\%$的 δ 铁素体发生包晶反应，形成 $w_C=0.17\%$的奥氏体，其反应式为

$$L_B+\delta_H \xrightleftharpoons{1495℃} \gamma_J$$

由相图可以看出，凡是 $w_C=0.09\%\sim0.53\%$的合金，都将经历这一转变，而且不论它们在包晶转变前的历程如何，包晶转变后得到的组织都是单相奥氏体。

$w_C<0.09\%$的合金按匀晶转变凝固为单相 δ 固溶体后，继续冷却时将在 *NH* 与 *NJ* 线之间发生固溶体的同素异晶转变，变为单相的奥氏体。

$w_C=0.53\%\sim2.11\%$的合金，在 *BC* 和 *JE* 线之间按匀晶转变凝固后得到的组织也是单相奥氏体。

总之，$w_C<2.11\%$的合金在冷却的历程中，都可在一个温度区间得到单相的奥氏体组织。

应当指出，对铁碳合金来说，由于包晶反应温度高，碳原子的扩散较快，因此包晶偏

析并不严重。但对于高合金钢来说，合金元素的扩散较慢，就可能造成严重的包晶偏析。包晶偏析造成钢凝固剩余有 δ 相，其与 γ 相致密度不同会造成巨大的组织应力，使铸坯出现热裂纹，尤其对连铸坯，这种包晶钢的热裂纹仍是一个需要克服的难点。

4.2.3 共晶转变（水平线 ECF）

$Fe-Fe_3C$ 相图上的共晶转变是在 1148℃的恒温下，由 $w_C=4.3\%$的液相转变为 $w_C=2.11\%$的奥氏体和渗碳体组成的混合物，其反应式为

$$L_C \xrightleftharpoons{1148℃} \gamma_E + Fe_3C$$

共晶转变所形成的奥氏体和渗碳体的混合物，称为莱氏体，以符号 Ld 表示。凡是 $w_C=2.11\%\sim6.69\%$的合金，都要进行共晶转变。

在莱氏体中，渗碳体是连续分布的相，奥氏体呈颗粒状分布在渗碳体的基底上。由于渗碳体很脆，因此莱氏体是塑性很差的组织。

4.2.4 共析转变（水平线 PSK）

$Fe-Fe_3C$ 相图上的共析转变是在 727℃的恒温下，由 $w_C=0.77\%$的奥氏体转变为 $w_C=0.0218\%$的铁素体和渗碳体组成的混合物，其反应式为

$$\gamma_S \xrightleftharpoons{727℃} \alpha_P + Fe_3C$$

共析转变的产物称为珠光体，用符号 P 表示。共析转变的水平线 PSK，称为共析线或共析温度，常用符号 A_1 表示。凡是含碳量 $w_C>0.0218\%$的铁碳合金都将发生共析转变。

经共析转变形成的珠光体是层片状的，其中的铁素体相和渗碳体相的含量可以分别用杠杆定律进行计算

$$w_\alpha=\frac{SK}{PK}=\frac{6.69-0.77}{6.69-0.0218}\times100\%\approx88.8\%$$

$$w_{Fe_3C}=100\%-w_\alpha\approx11.2\%$$

渗碳体相与铁素体相含量的比值为$\frac{w_{Fe_3C}}{w_\alpha}\approx\frac{1}{8}$。这就是说，如果忽略铁素体和渗碳体体积上的细小差别，那么铁素体相的体积大约是渗碳体相的 8 倍。在金相显微镜下观察时，珠光体组织中较厚的片是铁素体，较薄的片是渗碳体。在腐蚀金相试样时，被腐蚀的是铁素体和渗碳体的相界面，但在一般金相显微镜下观察时，由于放大倍数不足，渗碳体两侧的截面有时分辨不清，看起来合成了一条线。

图 4.7 珠光体的显微组织

图 4.7 所示为珠光体的显微组织。珠光体组织中片层排列方向相同的领域称为一个珠光体领域或珠光体团。相邻珠光体团的取向不同。

在显微镜下，不同的珠光体团的片层粗细不同，这是由它们的取向不同所致的。

4.2.5 三条重要的特性曲线

1. *GS* 线

GS 线又称 A_3 线，它是在冷却过程中由奥氏体析出铁素体的开始线，或者说在加热过程中铁素体溶入奥氏体的终了线。事实上，*GS* 线是由 *G* 点（A_3 点）演变而来的，随着含碳量的增加，奥氏体向铁素体的同素异晶转变温度逐渐下降，使得 A_3 点变成了 A_3 线。

2. *ES* 线

ES 线是碳在奥氏体中的溶解度曲线。当温度低于此曲线时，就要从奥氏体中析出次生渗碳体，通常称为二次渗碳体，用 Fe_3C_{II} 表示，因此该曲线又是二次渗碳体的开始析出线。*ES* 线又称 A_{cm} 线。

由相图可以看出，*E* 点表示奥氏体的最大溶碳量，即奥氏体的溶碳量在 1148℃时为 $w_C=2.11\%$，其摩尔比相当于 9.1%。这表明，此时铁与碳的摩尔比约为 10∶1，相当于 2.5 个奥氏体晶胞中才有一个碳原子。

3. *PQ* 线

PQ 线是碳在铁素体中的溶解度曲线。铁素体中的最大溶碳量，于 727℃时达到最大值 $w_C=0.0218\%$。随着温度的降低，铁素体中的溶碳量逐渐减少，在 300℃以下，$w_C<0.001\%$。室温下铁素体溶碳量约为 0.0008%。因此，当铁素体从 727℃冷却下来时，要从铁素体中析出渗碳体，称为三次渗碳体，用 Fe_3C_{III} 表示。

4.3 Fe-Fe_3C 相图典型合金平衡结晶过程

工业上应用最广泛的碳钢、铸铁和工业纯铁均可近似地用 Fe-Fe_3C 相图来分析。$w_C<0.0218\%$的铁碳合金为工业纯铁，$w_C=0.0218\%\sim2.11\%$的铁碳合金为碳钢，$w_C>2.11\%$的铁碳合金为铸铁。根据相变和组织特征将碳钢分为共析钢（$w_C=0.77\%$）、亚共析钢（$w_C=0.0218\%\sim0.77\%$）和过共析钢（$w_C=0.77\%\sim2.11\%$）。同样，铸铁也可分为共晶铸铁（$w_C=4.3\%$）、亚共晶铸铁（$w_C=2.11\%\sim4.3\%$）和过共晶铸铁（$w_C=4.3\%\sim6.69\%$）。根据碳的存在状态又将铸铁分为白口铸铁和灰铸铁两种。全部碳都以 Fe_3C 形态存在时称为白口铸铁，部分或全部碳以石墨形态存在时称为灰铸铁。Fe-Fe_3C 相图仅是 Fe-C 相图的一种亚稳定状态。现从每种类型中选择一个合金来分析其平衡结晶过程和组织。所选取的合金成分在相图上的位置如图 4.8 所示。

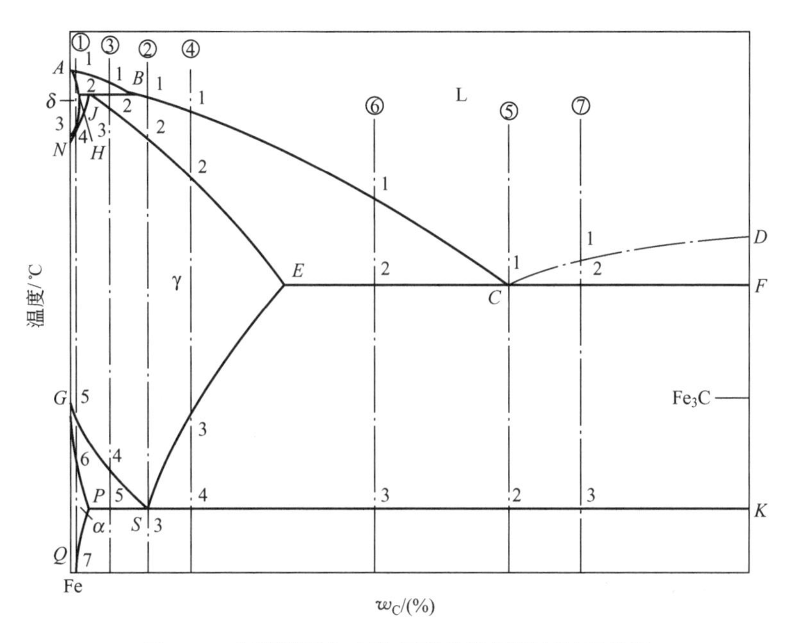

图 4.8　典型铁碳合金冷却时的组织转变过程分析

4.3.1　工业纯铁结晶过程

以图 4.8 中 w_C=0.01%的合金①为例，其结晶过程如图 4.9 所示。合金熔液在 1～2 点温度区间内，按匀晶转变结晶出 δ 固溶体，δ 固溶体冷却至 3 点时，开始发生固溶体的同素异晶转变δ→γ。奥氏体的晶核通常优先在 δ 相的晶界上形成并长大。这一转变在 4 点结束，合金全部呈单相奥氏体。奥氏体冷却到 5 点时又发生同素异晶转变 γ→α，同样，铁素体也是在奥氏体晶界上优先形核，然后长大。当温度达到 6 点时，奥氏体全部转变为铁素体。当铁素体冷却到 7 点以下时，渗碳体将从铁素体中析出，这种从铁素体中析出的渗碳体即为三次渗碳体（$Fe_3C_{Ⅲ}$）。在缓慢冷却条件下，这种渗碳体常沿铁素体晶界呈片状析出。工业纯铁的室温显微组织如图 4.10 所示。

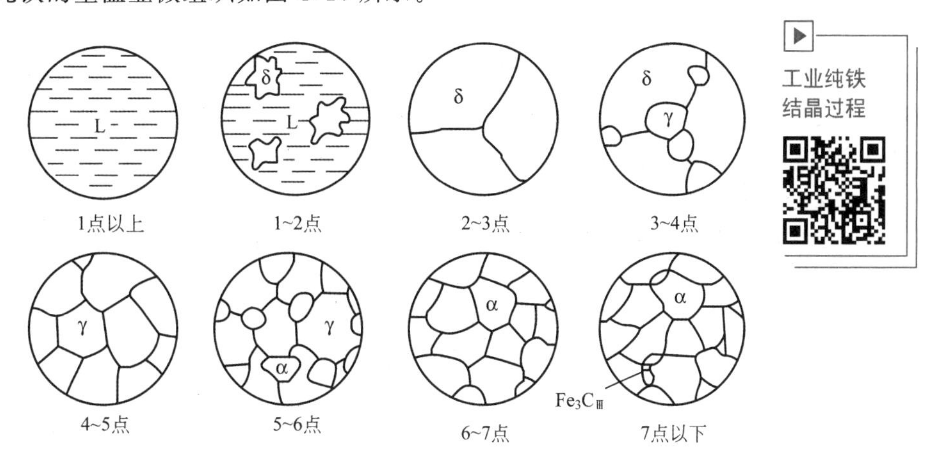

图 4.9　w_C=0.01%的工业纯铁结晶过程示意

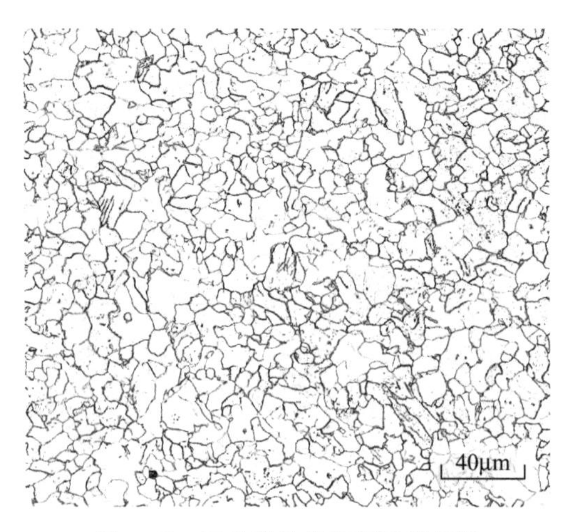

图 4.10　工业纯铁的室温显微组织

4.3.2　碳钢结晶过程

1. 共析钢

共析钢即图 4.8 中的合金②，其结晶过程示意如图 4.11 所示。在 1～2 点温度区间，合金按匀晶转变结晶成奥氏体。奥氏体冷却到 3 点(727℃)，在恒温下发生共析转变 $\gamma \rightarrow \alpha + Fe_3C$，转变产物为珠光体。珠光体中的渗碳体称为共析渗碳体。

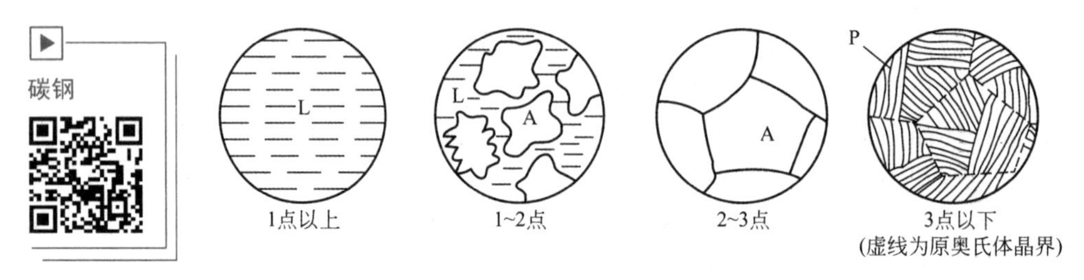

图 4.11　$w_C = 0.77\%$的碳钢结晶过程示意

在随后的冷却过程中，铁素体中的含碳量沿 PQ 线变化，于是从珠光体的铁素体相中沿 PQ 线析出渗碳体。在缓慢冷却条件下，这部分渗碳体相在原珠光体的铁素体相与渗碳体相的相界上形成，与共析渗碳体联结在一起，在显微镜下难以分辨，同时其数量也很少，对珠光体的组织和性能没有明显影响。

根据杠杆定律，室温时共析钢的相组成物的相对含量为

$$w_\alpha = \frac{6.69 - 0.77}{6.69} \times 100\% \approx 88.5\%$$

$$w_{Fe_3C} = 1 - 88.5\% \approx 11.5\%$$

2. 亚共析钢

现分析 $w_C = 0.40\%$的碳钢，其在相图上的位置如图 4.8 所示的合金③，结晶过程示意如图 4.12 所示。在结晶过程中，冷却至 1～2 点温度区间，合金按匀晶转变结晶出 δ 固

溶体，当冷却到2点时，δ固溶体的含碳量为0.09%，液相的含碳量为0.53%，此时的温度为1495℃，于是液相和δ固溶体于恒温下发生包晶转变：$L+\delta \rightleftharpoons \gamma$，形成奥氏体。但由于钢中的含碳量(0.40%)大于0.17%，因此包晶转变终了后，仍有液相存在，这些剩余的液相在2～3点之间继续匀晶结晶成奥氏体，此时液相的成分沿 BC 线变化，奥氏体的成分则沿 JE 线变化，温度降到3点，合金全部由 $w_C=0.40\%$ 的奥氏体组成。

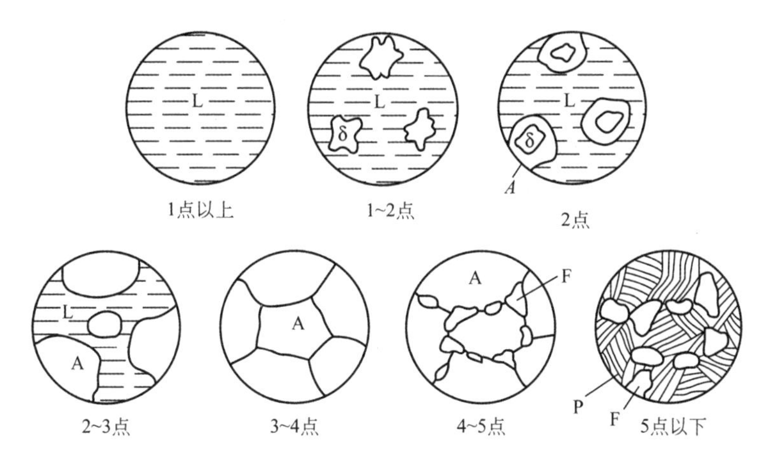

图 4.12 $w_C=0.40\%$ 的碳钢结晶过程示意

单相的奥氏体冷却到4点时，在晶界上开始析出铁素体，随着温度的降低，铁素体的数量不断增多，此时铁素体的成分沿 GP 线变化，而奥氏体的成分则沿 GS 线变化。温度降至5点与共析线(727℃)相遇时，奥氏体的成分达到了 S 点，即含碳量达到0.77%，在恒温下发生共析转变：$\gamma \rightleftharpoons \alpha+Fe_3C$，形成珠光体。在5点以下，先共析铁素体及珠光体中的铁素体都将析出三次渗碳体，但其数量很少，一般可忽略不计。因此，该合金室温下的组织由先共析铁素体和珠光体组成。

亚共析钢的室温组织均由铁素体和珠光体组成。钢中含碳量越高，则组织中的珠光体量越多。图4.13所示为亚共析钢的室温显微组织，图中黑色为珠光体，白色为铁素体。

利用杠杆定律，可以计算出 $w_C=0.40\%$ 的亚共析钢在室温下组织组成物和相组成物的相对含量。$w_C=0.40\%$ 的合金在室温下平衡态时的组织是先共析铁素体和共析转变产物珠光体，其中珠光体的形成与共析转变完时一样，其组织组成物的相对含量如下。

先共析铁素体，即

$$w_F=\frac{0.77-0.40}{0.77-0.0218}\times 100\%\approx 49.5\%$$

珠光体，即

$$w_P=1-49.5\%\approx 50.5\%$$

室温时相组成物的相对含量为

$$w_\alpha=\frac{6.69-0.40}{6.69}\times 100\%\approx 94.0\%$$

$$w_{Fe_3C}=1-94.0\%\approx 6.0\%$$

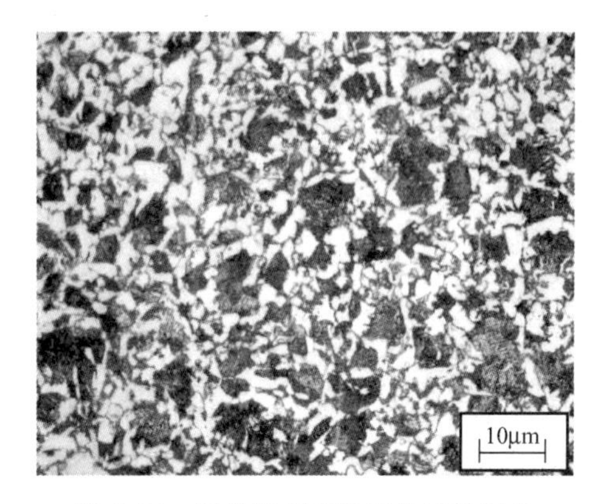

图 4.13 亚共析钢室温下的显微组织

根据亚共析钢的平衡组织，测出先共析铁素体的相对含量，计算出其含碳量，即可找出对应钢种。

3. 过共析钢

现分析 $w_C=1.2\%$的碳钢，其在相图上的位置如图 4.8 所示的合金④，其结晶过程示意如图 4.14 所示。合金在 1～2 点按匀晶转变为单相奥氏体。当冷至 3 点与 ES 线相遇时，开始从奥氏体中析出二次渗碳体，直到 4 点为止。这种先共析渗碳体一般沿着奥氏体晶界呈网状分布。由于渗碳体的析出，奥氏体中的含碳量沿 ES 线变化，当温度降到 4 点时 (727℃)，奥氏体的含碳量正好达到 0.77%，在恒温下发生共析转变，形成珠光体。因此，过共析钢的室温平衡态组织为珠光体和二次渗碳体，如图 4.15 所示。

根据杠杆定律，$w_C=1.2\%$的合金在室温下平衡态组织组成物的相对含量为

$$w_P=\frac{6.69-1.2}{6.69-0.77}\times 100\%\approx 92.7\%$$

$$w_{Fe_3C_{II}}=1-92.7\%\approx 7.3\%$$

室温时相组成物的相对含量为

$$w_\alpha=\frac{6.69-1.2}{6.69}\times 100\%\approx 82.1\%$$

$$w_{Fe_3C}=1-82.1\%\approx 17.9\%$$

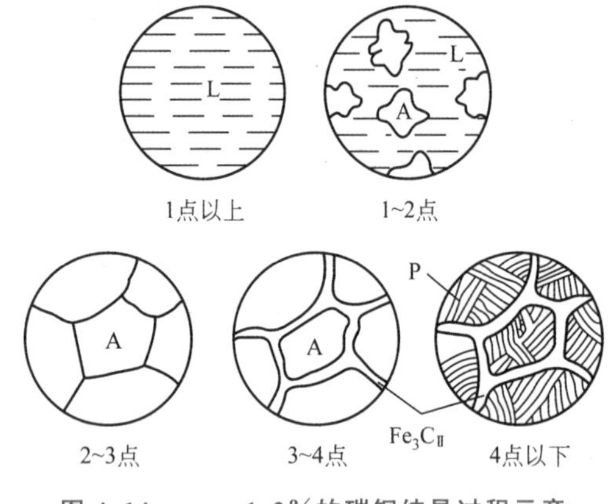

图 4.14　$w_C=1.2\%$的碳钢结晶过程示意

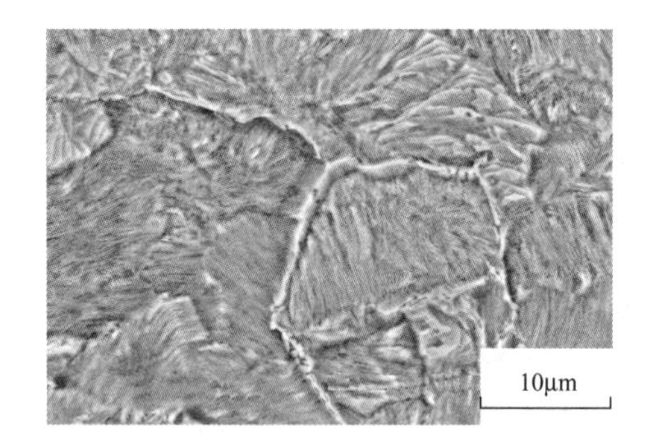

图 4.15　$w_C=1.2\%$的过共析钢室温显微组织

4.3.3 白口铸铁结晶过程

1. 共晶白口铸铁

共晶白口铸铁的 $w_C=4.3\%$，如图 4.8 所示的合金⑤，其结晶过程示意如图 4.16 所示。液态合金冷却到 1 点(1148℃)时，在恒温下发生共晶转变：$L \rightleftharpoons \gamma+Fe_3C$，形成莱氏体(Ld)。当冷却至 1 点以下时，碳在奥氏体中的溶解度不断下降，因此从共晶奥氏体中不断析出二次渗碳体，但由于它依附在共晶渗碳体上析出并长大，因此难以分辨。当温度降至 2 点(727℃)时，共晶奥氏体的含碳量降至 0.77%，在恒温下发生共析转变，即共晶

奥氏体转变为珠光体。最后室温组织是珠光体分布在共晶渗碳体的基体上，即室温莱氏体。室温莱氏体保持了高温下共晶转变后所形成的莱氏体的形态特征，但组织组成物和相组成物均发生了改变。因此，常将室温莱氏体称为低温莱氏体或变态莱氏体，用符号 Ld′ 表示，共晶白口铸铁的室温显微组织如图 4.17 所示。其中白色的部分为共晶渗碳体基体，黑色的部分为奥氏体转变的产物即珠光体。

莱氏体的组成相为 $\gamma+Fe_3C$ 相，根据杠杆定律，1148℃时共晶莱氏体中两相的相对含量为

$$w_\gamma=\frac{6.69-4.3}{4.3-2.11}\times 100\%\approx 52.2\%$$

$$w_{Fe_3C}=1-52.2\%\approx 47.8\%$$

727℃时共晶莱氏体中两相的相对含量为

$$w_\gamma=\frac{6.69-4.3}{6.69-0.77}\times 100\%\approx 40.4\%$$

$$w_{Fe_3C}=1-40.4\%\approx 59.6\%$$

室温莱氏体的组成相为 $\alpha+Fe_3C$，室温时低温莱氏体两相的相对含量为

$$w_\alpha=\frac{6.69-4.3}{6.69}\times 100\%\approx 35.7\%$$

$$w_{Fe_3C}=1-35.7\%\approx 64.3\%$$

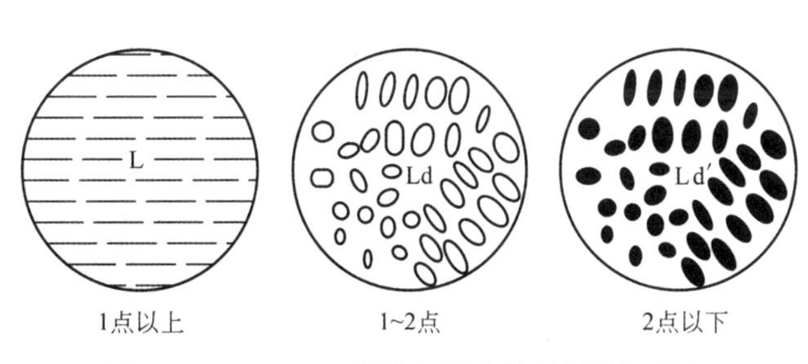

图 4.16　$w_C=4.3\%$的白口铸铁结晶过程示意

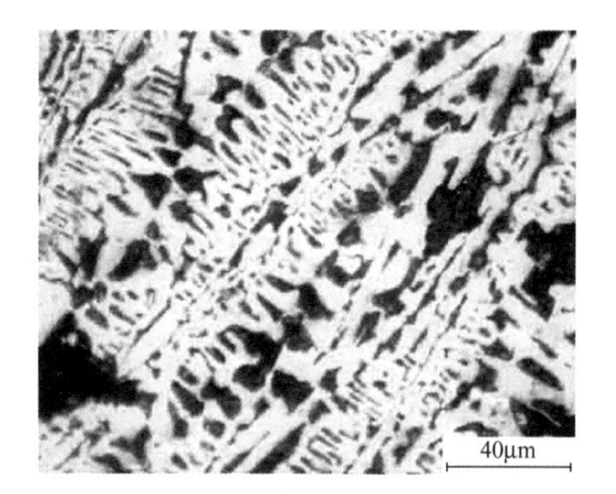

图 4.17　共晶白口铸铁的室温显微组织

2. 亚共晶白口铸铁

亚共晶白口铸铁的结晶过程要比共晶白口铸铁复杂，以 $w_C=3.0\%$的亚共晶白口铸铁(图 4.8 中的合金⑥)为例。在结晶过程中，在 1～2 点之间按匀晶转变结晶出初晶(或先共晶)奥氏体，奥氏体的成分沿 JE 线变化，而液相的成分沿 BC 线变化。当温度降至 2 点时，液相成分到达共晶点 C，在恒温(1148℃)下发生共晶转变，即 $L \rightleftharpoons \gamma+Fe_3C$，形成莱氏体。当温度冷却到 2～3 点温度区间时，从初晶奥氏体和共晶奥氏体中都析出二次渗碳体。随着二次渗碳体的析出，奥氏体的成分沿着 ES 线变化，含碳量不断降低，当温度到达 3 点(727℃)时，奥氏体的成分也到达了 S 点，在恒温下发生共析转变，所有的奥氏体都转变为珠光体。图 4.18 所示为其结晶过程示意，图 4.19 所示为该合金的室温显微组

织，图中大块黑色部分是由初晶(先共晶)奥氏体转变成的珠光体，由初晶奥氏体析出的二次渗碳体与共晶渗碳体连成一片，难以分辨。

根据杠杆定律计算，$w_C=3.0\%$亚共晶白口铸铁的组织组成物中，1148℃初晶奥氏体的含量为

$$w_{A_{初}}=\frac{4.3-3.0}{4.3-2.11}\times100\%\approx59.4\%$$

莱氏体的含量为

$$w_{Ld}=1-59.4\%\approx40.6\%$$

727℃从初晶奥氏体中析出的二次渗碳体含量为

$$w_{Fe_3C_{II}}=\frac{2.11-0.77}{6.69-0.77}\times59.4\%\approx13.4\%$$

剩余初晶奥氏体转变为珠光体，含量为

$$w_P=59.4\%-13.40\%\approx46.0\%$$

所以室温时，$w_C=3.0\%$的亚共晶白口铸铁的组织组成物为莱氏体、珠光体和二次渗碳体，相对含量分别为$w_{Ld'}=w_{Ld}\approx40.6\%$，$w_P\approx46.0\%$，$w_{Fe_3C_{II}}\approx13.4\%$。

室温时相组成物的相对含量为

$$w_\alpha=\frac{6.69-3.0}{6.69}\times100\%\approx55.2\%$$

$$w_{Fe_3C}=1-82.1\%\approx44.8\%$$

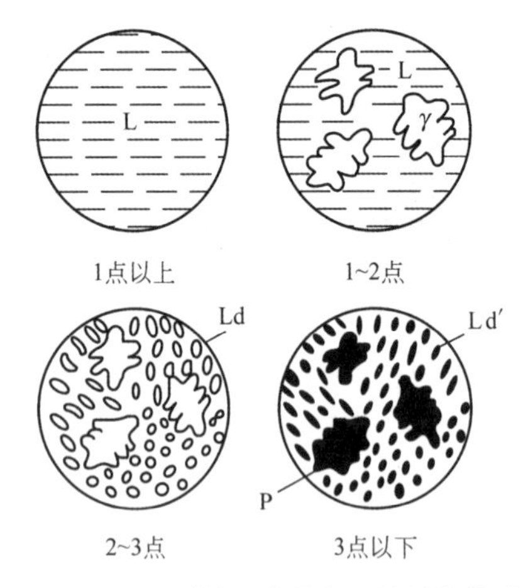

图 4.18 $w_C=3.0\%$的亚共晶白口铸铁结晶过程示意

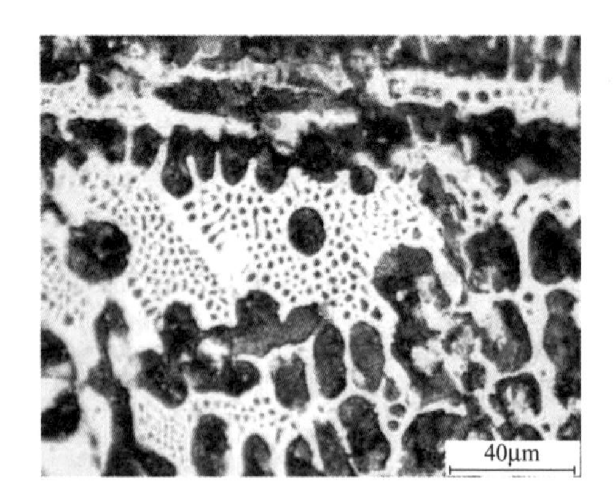

图 4.19 $w_C=3.0\%$的亚共晶白口铸铁的室温显微组织

3. 过共晶白口铸铁

以$w_C=5.0\%$的过共晶白口铸铁(图 4.8 中的合金⑦)为例。在结晶过程中，在 1～2 点温度之间从液相中结晶出粗大的先共晶渗碳体，称为一次渗碳体，可用Fe_3C_I表示。随结晶过程的进一步进行，一次渗碳体数量逐步增多，液相成分沿着 *DC* 线变化。当温度降

低到 2 点时，液相成分达到 4.3%，剩余液相在恒温(1148℃)下发生共晶转变，形成莱氏体，从而形成一次渗碳体和共晶莱氏体组织。继续冷却，组织的变化仅仅是莱氏体形成变态莱氏体。图 4.20 所示为其结晶过程示意。过共晶白口铸铁室温组织为一次渗碳体和莱氏体，其室温显微组织如图 4.21 所示。

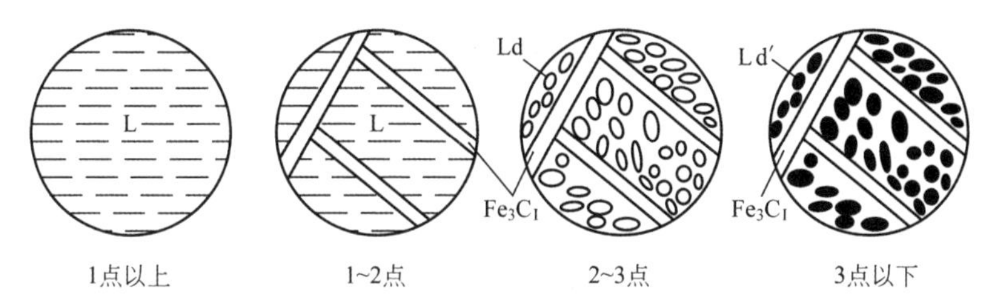

图 4.20 $w_C=5.0\%$的过共晶白口铸铁结晶过程示意

根据杠杆定律计算，$w_C=5.0\%$过共晶白口铸铁的组织组成物中，先共晶渗碳体的含量为

$$w_{Fe_3C_I}=\frac{5.0-4.3}{6.69-4.3}\times 100\%\approx 29.3\%$$

莱氏体的含量为

$$w_{Ld}=w_{Ld'}=1-29.3\%\approx 70.7\%$$

也可根据杠杆定律计算该白口铸铁室温时相组成物的相对含量。其中铁素体相的相对含量为

$$w_\alpha=\frac{6.69-5.0}{6.69}\times 100\%\approx 25.3\%$$

渗碳体相的相对含量为

$$w_{Fe_3C}=1-25.3\%\approx 74.7\%$$

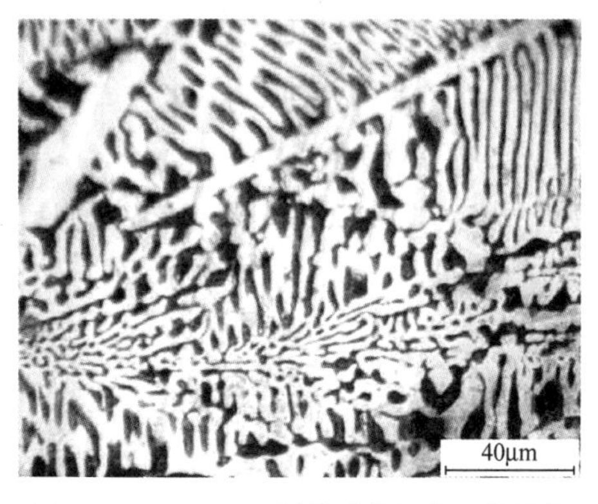

图 4.21 $w_C=5.0\%$的过共晶白口铸铁的室温显微组织

4.4 Fe - Fe_3C 相图的应用

4.4.1 以组织组成物标示的 Fe - Fe_3C 相图

1. 含碳量对平衡组织的影响

根据前面对各类铁碳合金平衡结晶过程的分析，可将 Fe - Fe_3C 相图中的相区按组织组成物加以标示，按组织组成物标示的 Fe - Fe_3C 相图，如图 4.22 所示。

根据杠杆定律进行计算的结果，可将铁碳合金的成分与平衡结晶后的组织组成物及相组成物之间的定量关系进行总结，如图 4.23 所示。从相组成的角度来看，铁碳合金在室温下的平衡相均由铁素体（α）相和渗碳体（Fe_3C）相两相组成。当含碳量为 0 时，全部为铁素体相，随着含碳量的增加，铁素体相的含量呈直线下降，直到含碳量为 $w_C=6.69\%$时铁素体相的含量降低到 0。与此相反，渗碳体相的含量则由 0 增到 100%。

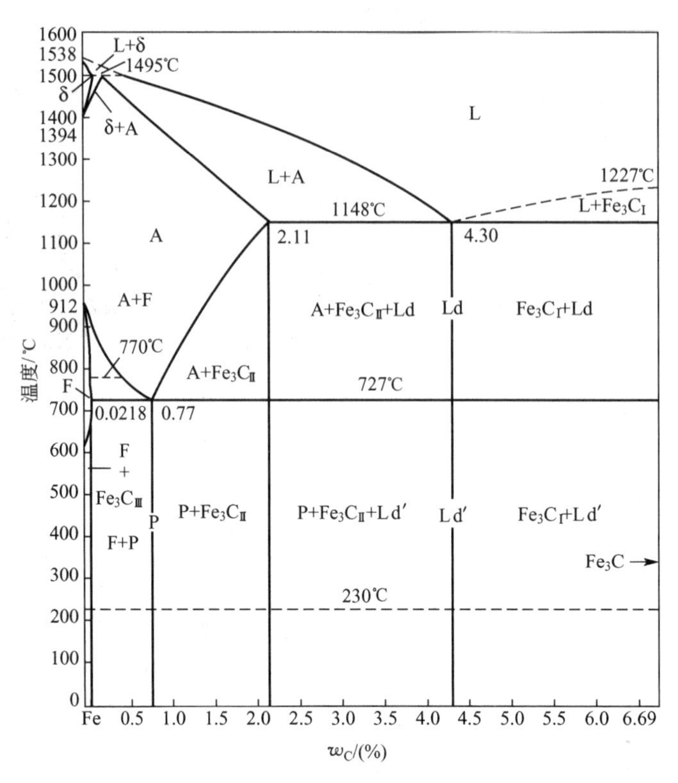

图 4.22　按组织组成物标示的 Fe－Fe_3C 相图

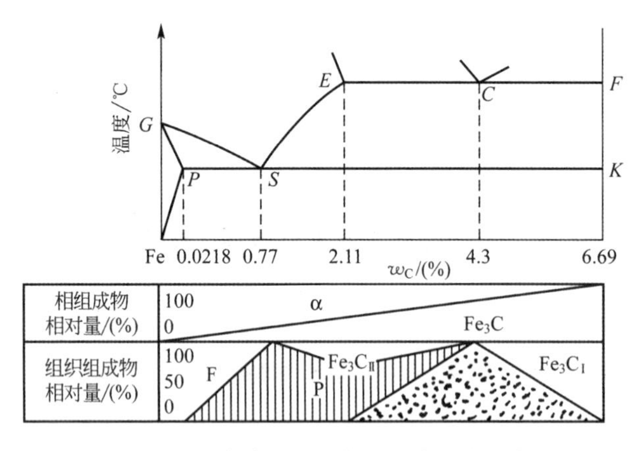

图 4.23　含碳量对平衡组织的影响示意

含碳量的变化，不但会引起铁素体相和渗碳体相相对含量的变化，而且会引起组织组成物及相对含量的变化。这是由于成分的变化所引起不同性质的结晶过程，从而使相发生变化而造成的。随着含碳量的增加，铁碳合金的组织变化顺序为 F→F＋P→P→P＋Fe_3C_{II}→P＋Fe_3C_{II}＋Ld′→Ld′→Ld′＋Fe_3C_{I}。

同一种组成相，由于生成条件的不同，其形态可能有很大的差异。例如，从奥氏体中析出的铁素体一般呈块状，而经共析反应生成的珠光体中的铁素体，由于同渗碳体的相互制约，则呈交替层片状。又如渗碳体，由于生成条件的不同，其形态会变得十分复杂，铁碳合金的上述组织变化主要是由它引起的。当含碳量低于0.0218%时，三次渗碳体从铁素体中析出，沿晶界呈小片状分布。共析渗碳体是经共析反应生成的，与铁素体呈交替层片状，而从奥氏体中析出的二次渗碳体，则以网状分布于奥氏体的晶界上。共晶渗碳体是与奥氏体相关形成的，在莱氏体中为连续的基体，比较粗大，有时呈鱼骨状。一次渗碳体是从液体中直接结晶的，呈规则的长条状。可见，化学成分的变化，不但会引起相的相对含量的变化，而且会引起组织的变化，对铁碳合金的性能产生很大影响。

2. 含碳量对力学性能的影响

铁素体有很好的塑性和韧性，但其强度和硬度很低，渗碳体是硬脆相。珠光体由铁素体和渗碳体所组成，且渗碳体以细片状分散地分布在铁素体的基体上，起到了强化作用。因此珠光体有较高的强度和硬度，但塑性较差。珠光体内的层片越薄，则强度越高。在平衡结晶条件下，珠光体的力学性能大体如下。

抗拉强度 R_m：1000MPa。

屈服强度 $R_{P0.2}$：600MPa。

伸长率 A：10%。

断面收缩率 Z：12%～15%。

硬度：241HBW。

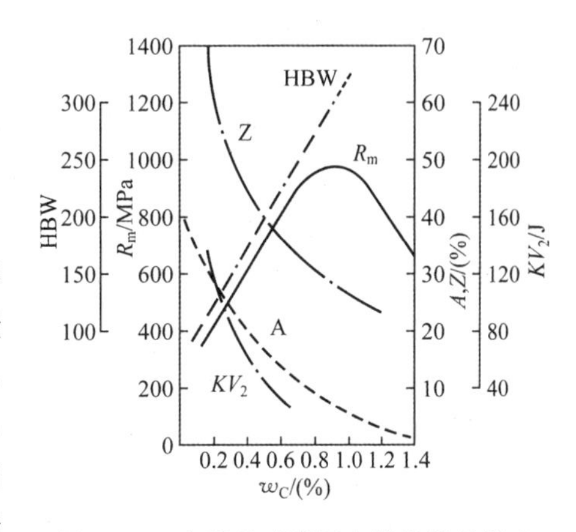

图 4.24 含碳量对碳钢力学性能的影响

图4.24所示是含碳量对碳钢力学性能的影响。由图可以看出，在亚共析钢中，随着含碳量的增加，珠光体逐渐增多，强度、硬度升高，而塑性、韧性下降。当含碳量达到0.77%时，其性能就是珠光体的性能。在过共析钢中，当含碳量接近1.0%时其强度达到最高值，含碳量继续增加，强度下降。这是由于脆性的二次渗碳体在含碳量高于1.0%时于晶界呈连续的网状，使钢的脆性大大增强。因此在用拉伸试验测定其强度时，会在脆性的二次渗碳体处出现早期裂纹，并发展至断裂，使抗拉强度下降。

值得注意的是：现代冶金行业采用控制轧制和控制冷却技术，就是对铁素体钢采用在奥氏体和铁素体两相区控制轧制，可以将含碳量很低的钢的抗拉强度提高到1000MPa，其屈服强度达到800MPa，因此，图4.24表现的仅仅为普通碳钢的力学性能规律。

在白口铸铁中，由于含有大量渗碳体，因此脆性很大，强度很低。渗碳体的硬度很高，但是极脆，不能使合金的塑性提高，合金的塑性变形主要由铁素体来提供。因此，合金中含碳量增加而使铁素体减少时，铁碳合金的塑性不断降低。当组织中出现以渗碳体为基体的莱氏体时，塑性接近零值。

4.4.2 Fe-Fe$_3$C 相图在选材上的应用

Fe-Fe$_3$C 相图总结了合金组织及性能随成分的变化规律，这样就便于根据工件的工作环境和性能要求来选择材料。若需要塑性、韧性高的材料，应选用低碳钢(含碳量为 0.10%～0.25%）；需要强度、塑性及韧性都较好的材料，应选用中碳钢（含碳量为 0.25%～0.60%）；需要硬度高、耐磨性好的材料，应选用高碳钢（含碳量为 0.60%～1.3%）。一般低碳钢和中碳钢主要用来制造机器零件或建筑结构，高碳钢主要用来制造各种工具。当然为了进一步提高钢的性能，还需要有相应的合理工艺与之相配合。

白口铸铁具有很高的硬度和脆性，抗磨损能力也很好，可用来制造需要耐磨而不受冲击载荷的工件，如球磨机的铁球等。另外，白口铸铁也是可锻铸铁的原料。

4.4.3 Fe-Fe_3C 相图在制定加工工艺上的应用

Fe-Fe_3C 相图总结了不同成分的合金在缓慢加热和冷却时组织转变的规律，即组织随温度变化的规律，这就为制定热加工及热处理工艺提供了依据。

在铸造生产方面，根据 Fe-Fe_3C 相图可以确定铸钢和铸铁的浇注温度。浇注温度一般在液相线以上 150℃左右。另外，从相图中还可看出接近共晶成分的铁碳合金，熔点低、结晶温度范围窄，因此它们的流动性好，分散缩孔少，可以得到组织致密的铸件。所以，在铸造生产中，接近共晶成分的铸铁得到较广泛的应用。

在锻造生产方面，钢处于单相奥氏体时，塑性好、变形抗力小，便于锻造成形。因此，钢材在热轧、锻造时要将钢加热到单相奥氏体区。始轧和始锻温度不能过高，以免钢材氧化严重和发生奥氏体晶界熔化（也称过烧），一般控制在固相线以下 100～200℃。而终轧和终锻温度也不能过高，以免奥氏体晶粒粗大，但又不能过低，以免塑性降低，导致产生裂纹。一般对亚共析钢的终轧和终锻温度控制在稍高于 *GS* 线（即 A_3 线）；过共析钢控制在稍低于 *ES* 线（即 A_{cm}线）。实际生产中各种碳钢的始轧和始锻温度为 1150～1250℃，终轧和终锻温度为 750～850℃。

在焊接方面，由焊缝到母材在焊接过程中处于不同的温度条件，因而整个焊缝区会出现不同组织，引起性能不均匀，可以根据 Fe-Fe_3C 相图来分析碳钢的焊接组织，并用适当的热处理方法来减轻或消除组织不均匀性和焊接应力。

对热处理来说，Fe-Fe_3C 相图更为重要。热处理的加热温度都以相图上的 A_1、A_3、A_{cm}线为依据。图 4.25给出了 Fe-Fe_3C 相图在制定热加工工艺方面的应用。

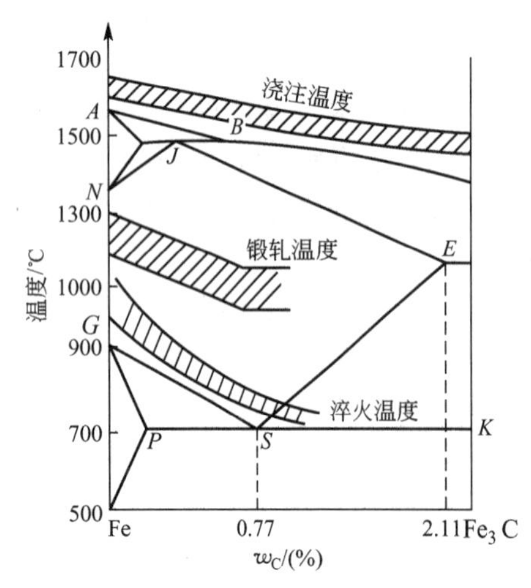

图 4.25　Fe-Fe_3C 相图在制定热加工工艺方面的应用

此外，应用铁碳合金相图应注意的问题如下。

① 铁碳合金相图不能表示快速加热或冷却时铁碳合金组织的变化规律。

② 可参考铁碳合金相图来分析快速冷却和加热的问题，但还应借助其他理论知识。

③ 利用相图可以表示铁碳合金可能进行的相变，但不能看出相变过程所经过的时间。相图反映的是平衡相和平衡组织的概念，而不是实际冷却或加热组织的概念。

④ 铁碳合金相图是用极纯的 Fe 和 C 配制的合金测定的，而实际的钢铁材料中还含有或有意加入的许多其他元素。其中某些元素对临界点和

相的成分都可能有很大的影响，此时必须借助三元或多元相图来分析和研究。

4.5 碳 钢

目前工业上使用的钢铁材料中，碳钢占有很重要的地位。由于碳钢容易冶炼和加工，并具有一定的力学性能，在一般情况下，它能够满足工农业生产的需要，加之价格低廉，因此其应用非常广泛。为了合理选择和正确使用各种碳钢，需要对碳钢深入分析和了解。

4.5.1 钢中常存的杂质元素

在钢的冶炼过程中，由于原料和冶炼工艺的限制，不可能除尽所有的杂质，因此实际使用的钢中都含有少量的硅、锰、硫、磷、氢、氧、氮等元素。其中硅和锰是在钢的冶炼过程中必须加入的脱氧剂，而硫、磷、氧、氮、氢等则是从原料或大气中带来但在冶炼时不能去除干净的杂质。这些元素的存在对钢的组织和性能都有一定的影响。

1. 硅和锰

硅和锰是炼钢过程中必须加入的脱氧剂，用以去除溶于钢液中的氧。硅和锰可把 FeO 还原成铁，并形成 SiO_2 和 MnO。锰还可与钢液中的硫形成硫化锰。这些反应产物大部分进入炉渣，小部分残留在钢中成为非金属夹杂物。

脱氧剂中的硅和锰，由于化学平衡的原因，总有一部分溶于钢液中，凝固以后则溶于奥氏体或铁素体中。锰还可溶于渗碳体，形成$(Fe, Mn)_3C$。

锰能提高钢的强度和硬度，当锰含量不高($w_{Mn}<0.8\%$)时，可以稍微提高或保持钢的塑性和韧性。锰提高强度的原因是它溶入铁素体而引起固溶强化，并使钢材在轧后冷却时得到层片较细、强度较高的珠光体，在同样冷却条件下随锰含量增加珠光体的相对量增加。

碳钢中的硅含量一般小于 0.5%，它也是钢中的有益元素。在沸腾钢中的含量很低，镇静钢中含量较高。硅溶于铁素体后有很强的固溶强化作用，能显著提高钢的强度和硬度，但硅含量较高时，则使钢的塑性和韧性下降。

需要指出的是，用作冷镦件和冷冲压件的钢材，常因硅对铁素体的强化作用，使钢的弹性极限升高，以至于在加工过程中造成模具磨损过快，动力消耗增大。为此冷镦料和冷冲压件常常采用硅含量很低、不脱氧的沸腾钢制造。

2. 硫

硫是钢中的有害元素，它是在炼钢时由矿石和燃料带到钢中的杂质。根据图 4.26 所示的 Fe-S 相图可知，硫只能溶于钢液中，在固态铁中几乎不能溶解，所以碳钢中硫杂质是以 FeS 的形式存在的。

硫的最大危害是引起钢在热加工时开裂，这种现象称为热脆。造成热脆的原因是 FeS

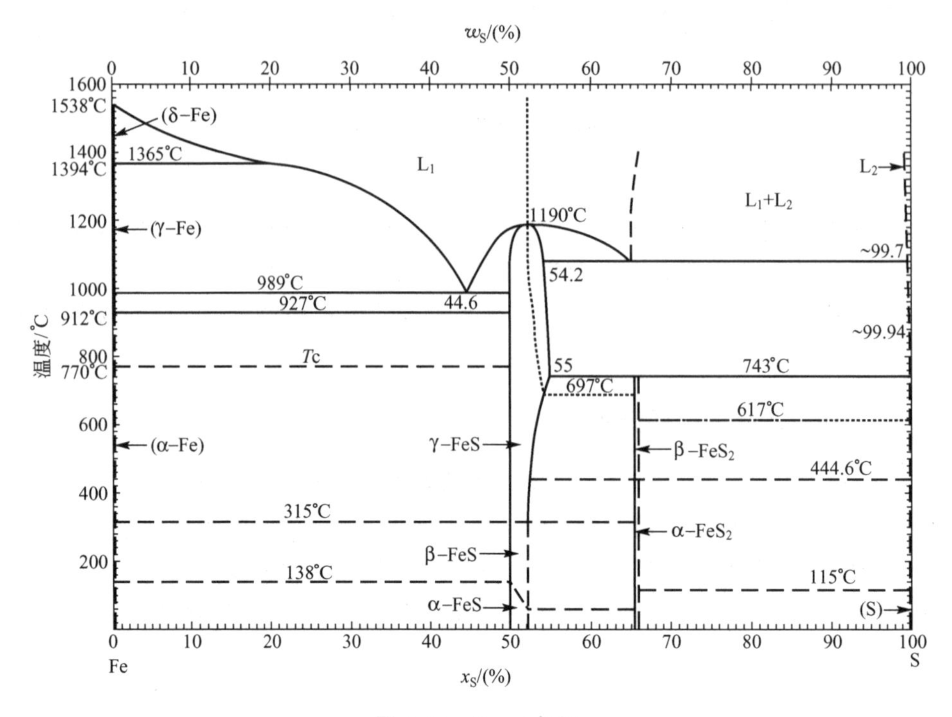

图 4.26　Fe-S 相图

的严重偏析。即使钢中含硫量不算高，也会出现(Fe＋FeS)共晶。钢在凝固时，共晶组织中的铁依附在先共晶相——铁晶体上生长，最后把 FeS 留在晶界处，形成离异共晶。(Fe＋FeS)共晶的熔化温度很低(989℃)，而热加工的温度一般为 1150～1250℃，这时位于晶界上的(Fe＋FeS)共晶已处于熔融状态，从而导致热加工时开裂。这种现象称为热脆或红脆。如果钢液中含氧量也高，还会形成熔点更低(940℃)的 Fe＋FeO＋FeS 三相共晶，其危害性更大。

防止热脆的方法是减少钢中硫含量和加入适量的锰。由于锰与硫的化学亲和力大于铁与硫的化学亲和力，因此在含锰的钢中，硫易与锰形成 MnS，从而避免了 FeS 的形成。MnS 的熔点为 1600℃，高于热加工温度，并在高温下具有一定的塑性，故不会产生热脆。在一般工业用钢中，锰含量常为硫含量的 5～10 倍。由于硫化锰夹杂物沿轧制方向变形，会导致钢的各向异性，使钢的疲劳性能降低，因此现代冶金中钢水精炼后加硅钙合金或稀土进行变质处理，使夹杂物变细小和成球状。

此外，硫含量高时，还会使钢铸件在铸造应力作用下产生热裂纹，同样，也会使焊接件在焊缝处产生热裂纹。在焊接时产生的 SO_2 气体，还会使焊缝产生气孔和缩松。

综上所述，硫在钢中是一种有害元素，只在个别情况下表现出对钢性能的有利作用。例如，在易削钢中可提高硫的含量，使钢中含有较多的硫化物，硫化物具有自润滑特性，使切削易于断裂，可减小刀具与工件之间的摩擦，延长刀具寿命。

3. 磷

一般说来，磷是有害的杂质元素，它是由矿石和生铁等炼钢原料带入的。从图 4.27

所示的 Fe－P 相图可以看出，磷在 α－Fe 中的最大溶解度在 1049℃时可达 2.55%。虽然随着温度的降低，溶解度将不断下降，但在室温时仍达 1%左右，远大于钢中的一般磷含量。因此在一般情况下钢中的磷全部存在于固溶体中。

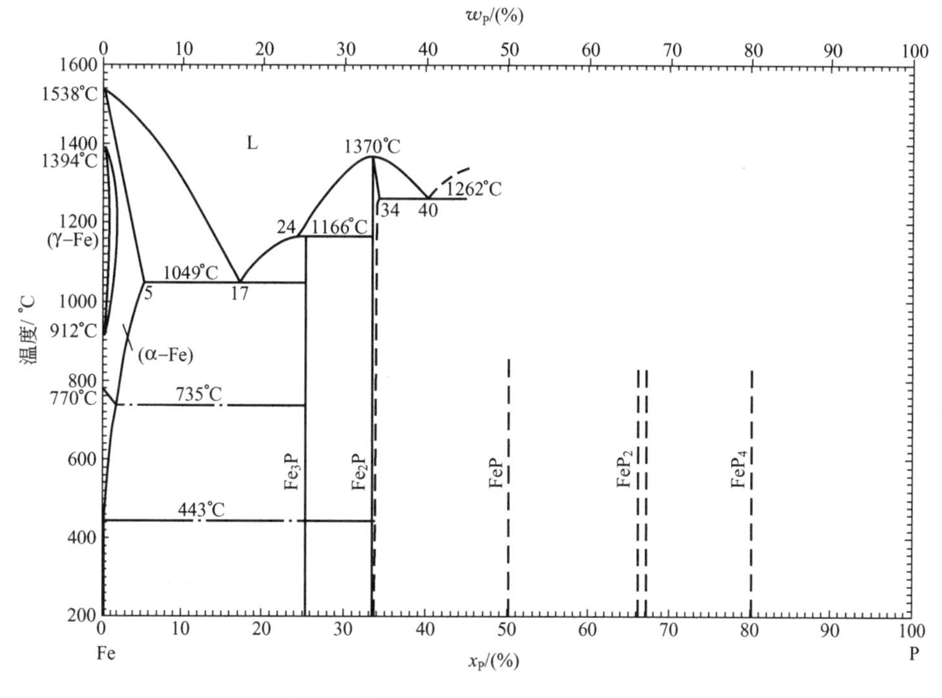

图 4.27 Fe－P 相图

Fe－P 相图的液相线和固相线的距离很大，因此磷在铁中具有很强的偏析倾向。又因磷在铁中的扩散速度很慢，所以对具有磷偏析的钢，要想获得均匀的组织是困难的。有时必须采用长时间的高温扩散退火才能使钢的组织有所改善。

在铁基合金中，磷对铁素体比其他元素具有更强的固溶强化能力，但是在磷含量较高时会剧烈地降低钢的塑性和韧性，尤其是低温韧性，称为冷脆。磷的有害影响主要就在于此。

综上所述，磷的有害作用虽然要在含量较高时才能显示出来，但是它的强烈偏析倾向却会使低磷钢也表现出较大的脆性。因此在一般情况下，需要对钢中的磷含量加以严格的限制。不过磷的这种有害作用在某些场合也可加以利用。例如，在炮弹钢中加入较多的磷可使炮弹在爆炸时产生更多的弹片，杀伤更多的敌人。又如，在低碳易削钢中把磷含量提高到 0.08%～0.15%，可使铁素体适当脆化，降低切削加工零件的表面粗糙度值。一般碳素易削钢中都含有较高的磷、硫和锰。将磷和铜一起加入钢中，可以提高钢的耐大气腐蚀能力。

4. 氮

氮是在冶炼时由炉料及炉气带入钢中的。一般认为，钢中的氮是有害元素，但是氮作为钢中合金元素的应用，已日益受到重视。

氮的有害作用主要是由淬火时效和应变时效造成的。氮在 α－Fe 中的溶解度在 591℃ 时最大，约为 0.1%。随着温度的降低，溶解度急剧下降，在室温时小于 0.001%。如果将氮含量较高的钢从高温急速冷却下来(淬火)，就会得到氮在 α－Fe 中的过饱和固溶体，将此钢材在室温下长期放置或稍加热时，氮就逐渐以氮化铁的形式从铁素体中析出，使钢的强度、硬度升高，塑性、韧性下降，使钢材变脆，这种现象称为淬火时效。

另外，含有氮的低碳钢材经冷塑性变形后，性能也将随着时间的变化，即强度、硬度升高，塑性、韧性明显下降，这种现象称为应变时效。无论是淬火时效，还是应变时效，对低碳钢材性能的影响都是十分有害的。解决的方法是在钢中加入足够数量的铝，铝能与氮结合成 AlN，这样就可以减弱或完全消除这两种元素在较低温度下发生的时效现象。此外，AlN 还阻碍加热时奥氏体晶粒的长大，从而起到细化晶粒的作用。

氮是使钢产生蓝脆现象的主要原因。所谓蓝脆是指钢在加热到 150～300℃时产生的硬度升高，塑性、韧性下降的现象。因为钢在空气中加热到 150～300℃时，由于氧化作用，钢的表面呈现蓝色，因此称这种现象为蓝脆。蓝脆一般是有害的，但在截断钢材时也可加以利用。

5. 氢

氢是在冶炼过程中，由含水的炉料及潮湿的大气带入钢中的。在含氢的还原性保护气氛中加热钢材、酸洗钢件及在酸性溶液中电镀钢件时，氢都可以被钢件吸收，并通过扩散进入钢的内部。

氢对钢的危害是很大的：一是引起氢脆，即在低于钢材强度极限的应力作用下，经一定时间后，在无任何预兆的情况下突然断裂，往往造成灾难性的后果。其原因是钢中固溶单质氢在夹杂处汇聚，形成氢分子，其体积膨胀产生巨大的内应力，导致材料裂纹扩张。钢的强度越高，对氢脆的敏感性越大。二是导致钢材内部产生大量细微裂纹缺陷——白点，在钢材纵断面上呈光滑的银白色的斑点，在酸洗后的横断面上则呈较多的发丝状裂纹。白点使钢材的伸长率显著下降，尤其是断面收缩率和冲击吸收功降低得很多，甚至可接近于零值，因此存在白点的钢是不能用的，这种缺陷主要发生在合金钢中。

6. 氧

炼钢是靠氧化除去原料中的杂质的。尽管最后经过脱氧，但总有一定数量的氧残留在钢中。氧在钢中的溶解度非常小，几乎全部以氧化物夹杂的形式存在于钢中，如 FeO、Al_2O_3、SiO_2、MnO、CaO、MgO 等。除此之外，钢中往往还存在硫化铁(FeS)、硫化锰(MnS)、硅酸盐、氮化物及磷化物等。这些非金属夹杂物破坏了钢的基体的连续性，在静载荷和动载荷的作用下，往往成为裂纹的起点。它们的性质、大小、数量及分布状态不同程度地影响钢的各种性能，尤其是对钢的塑性、韧性、疲劳强度和耐腐蚀性能等危害很大。因此，对非金属夹杂物应严加控制。在对钢材质量要求高时，炼钢生产中应用真空技术、渣洗技术、惰性气体净化、电渣重熔等炉外精炼手段，可以有效地减少钢中气体和非金属夹杂物。

4.5.2 碳钢的分类

碳钢的分类方法很多，下面只介绍几种常用的分类方法。

1. 按钢的含碳量分类

① 低碳钢：$w_C \leqslant 0.25\%$。
② 中碳钢：$0.25\% < w_C \leqslant 0.60\%$。
③ 高碳钢：$w_C > 0.60\%$。

2. 按钢的用途分类

① 碳素结构钢。这类钢主要用于制造各类工程构件(如桥梁、船舶、建筑物)及各种机器零件(如齿轮、螺钉、螺母、连杆)。它多属于低碳钢和中碳钢。

② 碳素工具钢。这类钢主要用于制造各种刀具、量具和模具。这类钢中碳的含量较高，一般属于高碳钢。

3. 按钢的质量分类

按钢的质量分类，主要是按钢中有害杂质硫、磷含量划分，主要有以下几种。
① 普通碳钢 $w_S \leqslant 0.050\%$，$w_P \leqslant 0.045\%$。
② 优质碳钢 $w_S \leqslant 0.035\%$，$w_P \leqslant 0.035\%$。
③ 高级优质碳钢 $w_S \leqslant 0.030\%$，$w_P \leqslant 0.030\%$。
④ 特级优质碳钢 $w_S \leqslant 0.020\%$，$w_P \leqslant 0.025\%$。

4.5.3 常用碳钢

我国的碳钢钢号采用汉语拼音字母、化学元素符号和阿拉伯数字相结合的方法表示：①钢号中化学元素采用国际化学符号表示，如 Si、Mn、Cr 等，混合稀土元素用 RE(或 Xt)表示；②产品名称、用途、冶炼和浇注方法等，一般采用汉语拼音的缩写字母表示；③钢中主要化学元素含量(%)采用阿拉伯数字表示。

1. 普通碳素结构钢

普通碳素结构钢的牌号通常由如下四部分组成。

第一部分：Q+数字。其中 Q 是屈服强度“屈”字的汉语拼音字首，紧跟后面的数字是钢材的屈服强度值，单位是 N/mm^2 或 MPa。如 Q235 表示屈服强度为 235MPa 的普通碳素结构钢。

第二部分（必要时）：钢的质量等级，用英文字母 A、B、C、D、E、F…表示，质量依次提升。

第三部分（必要时）：钢的脱氧方式表示符号，沸腾钢在钢号后加 F，半镇静钢在钢号后加 b，Z 表示镇静钢，TZ 表示特殊镇静钢。镇静钢、特殊镇静钢表示符号通常可以省略，即 Z 和 TZ 都可不标。

第四部分（必要时）：钢产品的用途、特性和工艺方法表示符号，通常是在钢号后附加表示用途的字母。如钢牌号尾部加 R 表示压力容器用钢，R 是压力容器“容”的汉语拼音首字母。又如钢牌号尾部加 Q 表示桥梁用钢，加 NH 表示耐候钢，加 GNH 表示高耐候钢等。

2. 优质碳素结构钢

优质碳素结构钢的牌号通常由如下五部分组成。

第一部分：以两位数字表示平均含碳量的万分之几，如 45 表示平均含碳量为 0.45% 的优质碳素结构钢。

第二部分（必要时）：较高含锰量的优质碳素结构钢加锰元素符号 Mn，如 50Mn 表示高含锰量（含锰量为 0.7%～1.0%）的优质碳素结构钢。

第三部分（必要时）：钢材冶金质量，即高级优质碳素结构钢以 A 表示、特级优质碳素结构钢以 E 表示，优质碳素结构钢不用字母表示。

第四部分（必要时）：脱氧方法表示符号，与普通碳素结构钢类似分别以 F、b、Z 表示沸腾钢、半镇静钢、镇静钢，但镇静钢表示符号通常可以省略。

第五部分（必要时）：钢产品的用途、特性和工艺方法表示符号，标法与普通碳素结构钢相同。

3. 碳素工具钢

碳素工具钢的牌号通常由如下四部分组成。

第一部分：碳素工具钢表示符号为 T，T 是碳素工具钢“碳”的汉语拼音首字母。

第二部分：以平均含碳量的“千分之几”计的阿拉伯数字，如 T8、T12 分别表示平均含碳量为 0.8%、1.2%的碳素工具钢。

第三部分（必要时）：较高含锰量的碳素工具钢，加锰元素符号 Mn，如 T8Mn。

第四部分（必要时）：钢材冶金质量，即高级优质碳素工具钢以 A 表示，如 T0MnA，优质碳素工具钢不用字母表示。

4.5.4 连铸坯

钢铁材料在国民经济建设中起着重要的作用。连铸坯是钢材的初级产品，它是炼钢炉炼成的钢水经过连铸机铸造后得到的产品。连铸坯有圆钢坯、方坯、板坯及各种近终形产品（薄带、异型坯等）。采用连铸坯取代模铸作轧材，从工艺角度来讲，明显提高了钢材的收得率，因为连铸工艺完全消除了浇注系统及冒口切损问题，使得成材率提高10%～15%。连铸坯一般经历了三个凝固阶段：钢水在结晶器内激冷形成的初生坯壳；带有液心的坯壳在二次冷却区稳定生长；临近凝固末期的坯壳迅速增长。由于连铸机内各冷却区的冷却强度都比钢锭模大，因此铸坯组织除三晶区外，还有自己的特点。图 4.28 为连铸坯的凝固组织。

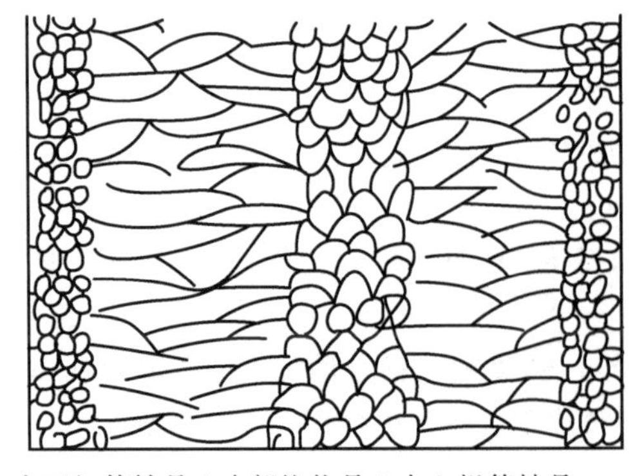

表面细等轴晶＋内部柱状晶＋中心粗等轴晶

图 4.28 连铸坯的凝固组织

1. 激冷层

结晶器的激冷作用，使得连铸坯表面有一层比钢锭更细更宽的激冷晶带，该等轴晶带的宽度与钢水过热带成反比，生产上希望尽量得到厚的激冷晶层。

2. 柱状晶带

激冷晶的冷却收缩使铸坯与结晶器间产生气隙，降低了传热速度，同时内部钢液使固液界面处温度升高，降低了形核率，柱状晶带便开始形成。起初柱状晶带不分叉且无倾角。随着在液相穴内流动的钢液冲洗接近前沿溶质富集边界层，柱状晶方向性变强，它迎着钢流且偏离热流方向上倾 10°左右。在随后凝固阶段它也会发展成为高次枝晶。连铸坯柱状晶细长且致密，其发达程度与铸坯断面尺寸或冷却速度有关。

3. 锭心带

同模铸钢锭一样，连铸坯在结晶后期能产生大量等轴晶，形成无规则排列的等轴晶带。但锭心较窄且晶粒细小，有的铸坯定向传热强烈，柱状晶可生长到中心，发展成为穿晶结构，这将降低铸坯质量。

凝固条件的不同，各晶区所占的比率也将不同。影响等轴晶及柱状晶的主要因素有浇注温度及钢液中的温度梯度、钢液成分、凝固速度、钢液流动状态、添加元素等。在实际生产中采用的各种方式均是从这几个方面考虑的，如采用合适的浇注温度、优化二冷制度、电磁搅拌、加孕育剂等措施。

习　题

1. 绘出 $Fe-Fe_3C$ 相图，并叙述各特性点、线的名称及含义。标出各相区的相和组织组成物。

2. 试分析碳在 $\gamma-Fe$ 中的固溶度为什么比在 $\alpha-Fe$ 中的大？

3. 分析 $w_C=0.2\%$、$w_C=0.6\%$、$w_C=1.2\%$的铁碳合金从液态平衡冷却至室温的转变过程，用冷却曲线和组织示意图说明各阶段的组织，并分别计算室温下的相组成物和组织组成物的含量。

4. 分析 $w_C=3.5\%$、$w_C=4.7\%$的铁碳合金从液态平衡冷却至室温的平衡结晶过程，画出冷却曲线和组织变化示意图，并计算室温下的组织组成物和相组成物的含量。

5. 分析一次渗碳体、二次渗碳体、三次渗碳体、共晶渗碳体、共析渗碳体的异同。

6. 计算铁碳合金中二次渗碳体和三次渗碳体最大可能含量。

7. 分别计算变态莱氏体中共晶渗碳体、二次渗碳体和共析渗碳体的含量。

8. 为了区分两种弄混的碳钢，工作人员分别截取了 A、B 两块试样，加热至 850℃保温后以极缓慢的速度冷却至室温，观察金相组织，结果如下：A 试样的先共析铁素体所占的面积为 41.6%，珠光体的所占面积为 58.4%；B 试样的二次渗碳体所占的面积为

7.3%，珠光体所占的面积为92.7%。

设铁素体和渗碳体的密度相同，铁素体中的含碳量为零，试求A、B两种碳钢的含碳量。

9. 某一碳钢在平衡冷却条件下，所得显微组织中，含有50%的珠光体+50%的铁素体，请问：①此合金中碳的质量分数是多少？②若该合金加热至730℃时，在平衡条件下将获得什么组织？③若加热至850℃时，又将得到什么组织？

10. 已知某铁碳合金，其组成相为铁素体和渗碳体，铁素体占82%，试求该合金含碳量和组织组成物的相对量。

11. 同样形状和大小的两块铁碳合金，其中一块是低碳钢，另一块是白口铸铁。试问用什么简便方法可迅速将它们区分开来？

12. 试比较45、T8、T12钢的硬度、强度和塑性有何不同？

13. 利用Fe-Fe_3C相图说明铁碳合金的成分、组织和性能之间的关系。

14. 什么是钢的热脆性？冷脆性？它们是怎样产生的？如何防止？

15. Fe-Fe_3C相图有哪些应用？有哪些局限性？

第5章 三元合金相图

★ 掌握三元合金相图成分三角形中各点成分表示方法

★ 熟悉典型三元合金相图空间模型，掌握三元相图等温截面、变温截面、投影图的分析方法

★ 了解单相、两相、三相、四相相平衡规则，应用相平衡定量法则进行相对量的计算

知识要点	掌握程度	相关知识
三元合金相图表示方法	熟悉相图成分三角形和特定意义的点、线； 掌握定量法则； 了解相图建立过程和热力学规律	成分三角形，特定意义的点和线； 相图的建立，定量法则，热力学概述
典型三元合金相图	熟悉匀晶、共晶相图的空间模型； 掌握其截面图和投影图	三元匀晶相图：空间模型、平衡结晶过程、截面图分析、投影图； 三元共晶相图：相图分析、等温截面、变温截面、投影图； 三元合金相图总结：单相平衡、两相平衡、三相平衡、四相平衡
三元合金相图应用实例分析	着重根据相平衡规则分析实际三元合金相图相存在	Fe－C－Si 三元相图的垂直截面； Fe－C－Cr 三元相图的等温截面

工业上所使用的金属材料，如各种合金钢和有色合金，大多由两种以上的组元构成。常用的二元合金中有时也或多或少地含有其他加入或带入的微量元素或杂质，当研究第三组元和这些微量元素或杂质对材料的影响时，都应该将其作为三元或更多元材料来对待。这些材料的组织、性能和相应的加工、处理工艺等与二元合金相比会出现新的变化。例如，第三组元或多元的加入，会改变原二元合金组元间的溶解度，出现新的相变和产生新的组成相等。为了更好地了解和掌握金属材料，除了会使用二元合金相图外，还需应用多元合金相图来分析多元材料。由于多元合金相图较复杂，受测定、分析及表达等方面的限制，用得较多的是三元合金相图（简称三元相图）。相对于二元相图，三元相图的类型多而复杂，现在所测定的完整的三元相图只有十多种，应用最多的是三元相图中某些特定意义的截面图和投影图。掌握三元相图的基本规律，有助于研究三元合金的成分、组织结构与性能之间的关系和合金从液态到固态的结晶过程及固态相变过程的特点。

5.1 三元合金相图表示方法

三元系合金有两个独立的成分参数，故成分坐标轴有两个，构成一个成分平面。其成分构成常用等边三角形来表示，有时也用等腰三角形或直角三角形来表示。

5.1.1 三元合金相图的成分表示方法

1. 等边成分(浓度)三角形

以等边三角形为例，如图 5.1 所示，三个顶点上 A、B、C 分别表示三组元，三角形的三边 AB、BC、CA 分别表示三个二元系 A-B、B-C、C-A 的成分，三角形内任一点则代表一定成分的三元合金。

设三条边 AB、BC、CA 按顺时针方向分别代表三组元 B、C、A 的含量，对三角形内任一点 O，自 O 点引平行于三边的线段 Oa、Ob、Oc，分别交 BC、CA、AB 于 a、b、c 点。根据等边三角形的性质：由等边三角形内任一点作平行于三边的三条线段，三线段之和为一定值，且等于三角形的任一边长。因此：$Oa+Ob+Oc=AB=BC=CA$。

如果将三角形的边长当作合金总量，定为 100%，则 Oa、Ob、Oc 三条线段则代表合金 O 中三组元 A、B、C 的含量。

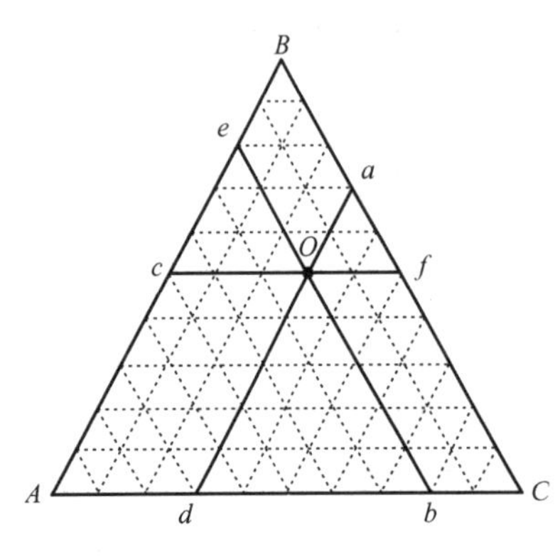

图 5.1 等边三角形成分坐标表示法

由图 5.1 可知，$Oa=Cb$、$Ob=Ac$、$Oc=Ba$，通常在三角形边上标出刻度，一般均按顺时针方向标注组元的成分，这样就可从三角形三条边刻度上直接读出三个组元的成分。为了便于使用，在成分三角形内常画出成分坐标的网格，如图 5.2 所示。

若已知三组元的含量，欲确定在成分三角形中的位置，可在三个边上代表三组元成分的点，分别作对边的平行线，这些平行线交点即为该合金在成分三角形中的成分点。

当三元系合金中某一组元含量较小，而另两组元含量较大时，合金成分点将靠近等边成分三角形的某一边。为了使该部分相图清晰地表示出来，常采用等腰三角形，即将两腰的刻度放大，而底边的刻度不变，如图5.3所示。

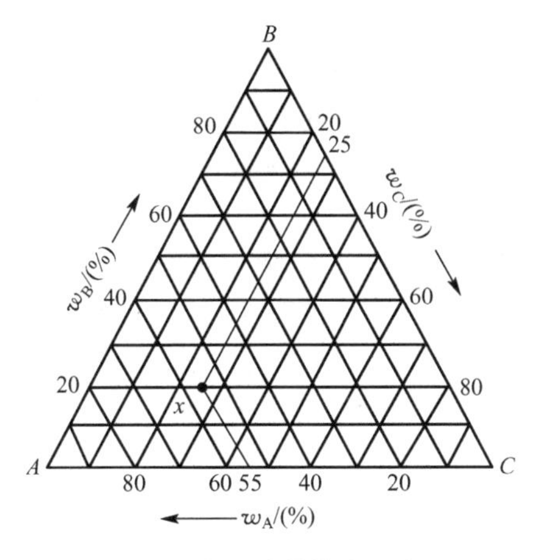

图5.2 有网格的等边三角形

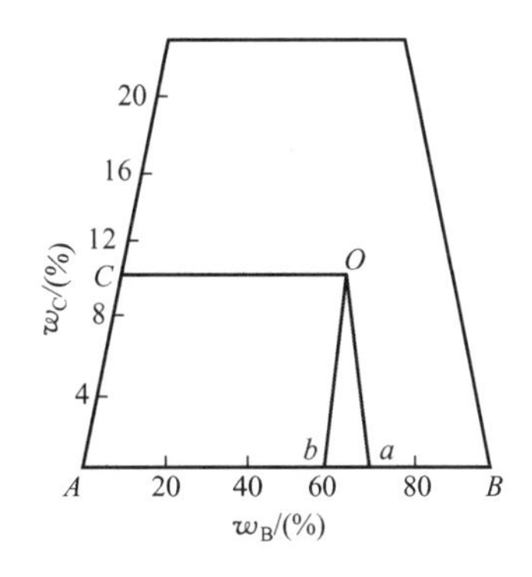

图5.3 等腰成分三角形

如图5.4所示，当三元系合金成分以某一组元为主，其他两个组元含量很少时，合金成分点将靠近等边三角形某一顶点。若采用直角坐标表示成分，则可使该部分相图更为清楚地表示出来，一般用坐标原点代表高含量组元，而两个互相垂直的坐标轴代表其他两个组元的成分。

2. 等边成分三角形中具有特定意义的点和线

① 三个顶点：代表三个纯组元。

② 三个边上的点：分别代表两两组元组成的二元系合金成分点。

③ 平行于三角形某一条边的直线：凡成分位于该线上的合金，与该线对应顶点所代表的组元含量为一定值。如图5.5所示，成分在 GQ 线上各点所代表的所有合金B组元含量都是 $w_B = AG\%$。

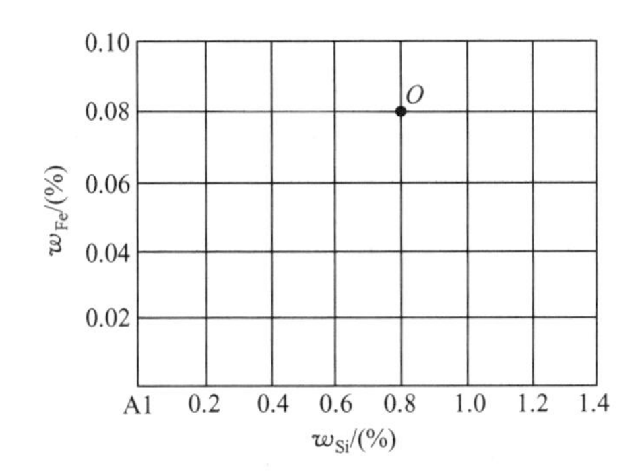

图5.4 直角成分三角形

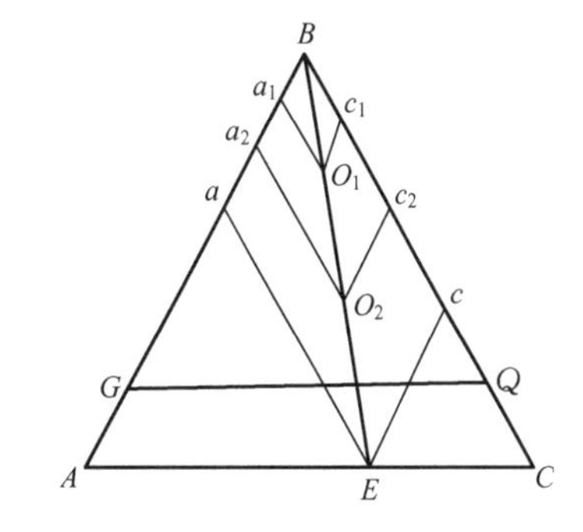

图5.5 成分三角形中两条特殊直线

④ 通过三角形某顶点的任一直线：凡成分位于该线上的合金，它们所含的由另外两

个顶点所代表的两组元的含量之比为一定值，又称比例直线。如图 5.5 所示在 BE 线上的各种合金，其 A、C 两组元的含量之比为一常数，即 $\frac{w_A}{w_C}=\frac{Ba_1}{Bc_1}=\frac{Ba_2}{Bc_2}=\frac{Ba}{Bc}=\frac{EC}{AE}$。

5.1.2 三元合金相图的建立

三元相图以水平成分三角形表示成分，以垂直于成分三角形的纵坐标表示温度，整个三元相图是一个三角棱柱的空间图形。三元相图是由一系列相区、相界面和相界线所组成的，其测定方法与二元相图相同，可由热分析、X 射线衍射和其他方法测定和建立。下面以金属材料为例简单介绍如下。

取三元系合金 A－B－C，A、B、C 为合金系的纯组元，成分平面采用成分三角形。在坐标框中 $T=T_1$ 处取一平行于底面的平面，即等温截面(截面处的温度为 T_1)。配置足够多的不同成分的合金，全部加热至熔融液相，再缓冷至温度 T_1，并测定出各成分的合金在 T_1 温度时的状态，然后将测定结果绘入 T_1 截面中，结果如图 5.6(a)所示。

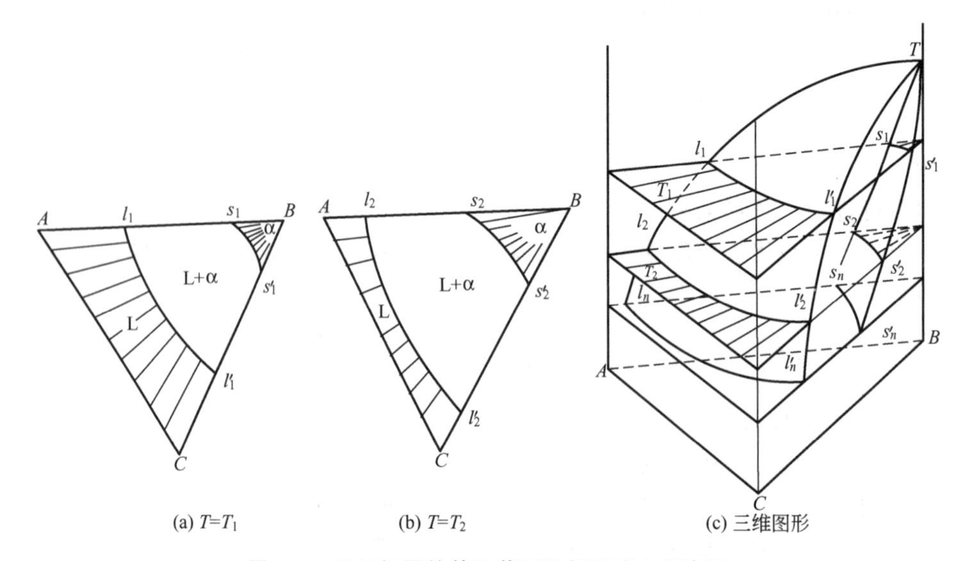

图 5.6 三元相图的等温截面及相图建立示意图

由图可知，此三元合金系在温度下随成分不同出现三个相区：曲线 s_1s_1' 右侧为 α 固相区，曲线 l_1l_1' 左侧为 L 液相区，两曲线之间为 L＋α 两相区。若另取一温度 T_2 作等温截面，并利用与 T_1 相同的测定方法，得到图 5.6(b)，各相区的位置相对于 T_1 截面有所变化。

若取足够多的等温截面 T_1，T_2，T_3，…，T_n，用同样方法制出各温度下三元系合金 A－B－C 的状态，然后按温度高低顺序将这些等温截面叠加起来，得到图 5.6(c)所示的三维图形。各等温截面图的分界线 s_1s_1'，s_2s_2'，…，s_ns_n' 及 l_1l_1'，l_2l_2'，…，l_nl_n' 分别构成了图 5.6(c)中的 Ts_ns_n' 曲面和 Tl_nl_n' 曲面，这两个曲面称为一对共轭面。从图 5.6(c)可以看出：曲面 Tl_nl_n' 以上为 L 液相区，曲面 Ts_ns_n' 以下为 α 固相区，两曲面所包围区域为 L＋α 区。

对照二元相图，二元相图上的曲线，在三元相图上扩展为曲面；二元相图中的相区

(二维)，在三元相图中扩展为一空间区域。

结合相律，在三元相图的三相区，$f=c-p+1=3-3+1=1$，说明三元相图的三相区也占有一定空间的区域；并当 T 恒定时，$f=0$，说明此时各相的成分是确定的。对三元相图中的四相区，$f=c-p+1=3-4+1=0$，说明三元相图四相平衡时成分及温度恒定，四相平衡区为一水平面。

另外，有相接触规律 $n=c-\Delta p$(n 为空间维度；c 为组元数，对于三元系合金 $c=3$；Δp 为相邻两相区相数差)，有

当 $\Delta p=1$ 时，$n=2$，即相邻相区为二维接触(面接触)，三元相图中的单相区与两相区、两相区与三相区、三相区与四相区均为面接触。

当 $\Delta p=2$ 时，$n=1$，即相邻相区为一维接触(线接触)，三元相图中的单相区与三相区、两相区与四相区均为线接触。

当 $\Delta p=3$ 时，$n=0$，即相邻相区为零维接触(点接触)，三元相图中的只有单相区与四相区为点接触。

通过以上分析可以看出三元相图的基本特点如下。

① 完整的三元相图是三维的立体图形。

② 三元系合金中可以发生四相平衡转变。由相律可以确定二元系合金中的最大平衡相数为3，而三元系合金中最大平衡相数为4。三元相图中的四相平衡区是恒温水平面。

③ 除单相区及两相平衡区外，三元相图中三相平衡区也占有一定空间。根据相律，三元系合金三相平衡时存在一个自由度，所以三相平衡转变是变温的过程，反映在相图上，三相平衡区必将占有一定空间，不再是二元相图中的水平线。

5.1.3 三元合金相图定量法则

当三元系合金处于两相平衡或三相平衡时，各相的相对含量及其成分可用直线法则、杠杆定律和重心法则来进行定量计算。

1. 直线法则和杠杆定律

给定合金处于两相平衡时，$f=2$，若温度固定，则 $f=1$，说明两相中只有一个相的成分可独立改变，而另一相成分随之改变。两平衡相的成分存在一定的对应关系——直线法则，其含义是指三元系合金处于两相平衡时，合金的成分点和两相平衡的成分点，必须在同一直线上，且合金的成分点必然位于两平衡相的成分点之间。

例如，如图5.7所示，当合金O某一温度处于α和β两相平衡时，成分点分别是 a 和 b，则 aOb 必定在一条直线上，且 O 位于 a、b 两点之间，并符合杠杆定律

$$\frac{w_\alpha}{w_\beta}=\frac{Ob}{Oa}$$

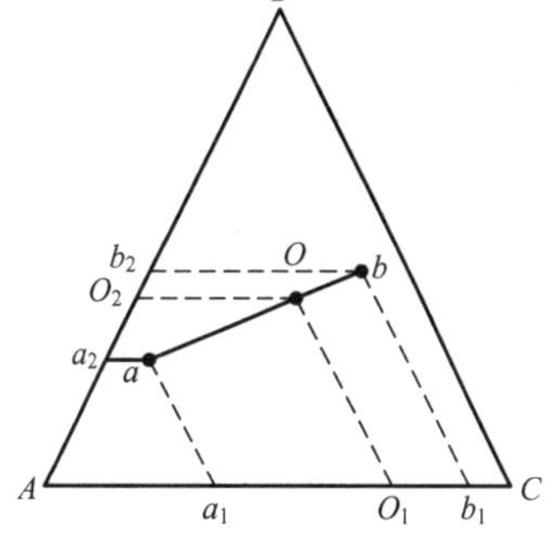

图5.7 杠杆定律及证明

直线法则证明如下。

设合金O的质量为 w_O，α相的质量为 w_α，β相的质量为 w_β，则 $w_O=w_\alpha+w_\beta$。

由于合金 O、α 相和 β 相中 A 组元的含量分别为 C_{O1}、C_{a1} 和 C_{b1}；B 组元的含量分别为 A_{O2}、A_{a2} 和 A_{b2}。而 α 相和 β 相中组元质量之和等于合金中 A 组元质量，即

$$w_\alpha \cdot C_{a1} + w_\beta \cdot C_{b1} = w_O \cdot C_{O1}$$

$$w_\alpha \cdot C_{a1} + w_\beta \cdot C_{b1} = (w_\alpha + w_\beta) C_{O1}$$

$$w_\alpha (C_{a1} - C_{O1}) = w_\beta (C_{O1} - C_{b1})$$

$$\frac{w_\alpha}{w_\beta} = \frac{C_{O1} - C_{b1}}{C_{a1} - C_{O1}} = \frac{O_1 b_1}{a_1 O_1} = \frac{Ob}{aO}$$

同理

$$\frac{w_\alpha}{w_\beta} = \frac{O_2 b_2}{a_2 O_2} = \frac{Ob}{aO}$$

直线法则和杠杆定律应用如下。

① 给定合金在一定温度处于两相平衡时，若一相成分给定，另一相成分点必位于两已知成分点的延长线上。

② 如果两平衡相的成分点已知，则合金成分点必然位于两相成分点连线上。

如图 5.8 所示，已知合金 P 中 $w_A = 60\%$、$w_B = 20\%$、$w_C = 20\%$，合金 Q 中 $w_A = 20\%$、$w_B = 40\%$、$w_C = 40\%$，配制新合金 R 中 P 占 75%，新合金成分为

$$\frac{RQ}{PQ} = \frac{R_1 Q_1}{P_1 Q_1} = \frac{R_1 C - 20}{60 - 20} = 75\%$$

求得

$$w_A = R_1 C = 50\%$$

同理可求出另两组元成分。

2. 重心法则

由相律可知，三元系合金处于三相平衡时，$f=1$，三相平衡成分随温度变化而变，当温度恒定时，$f=0$，三相平衡的成分也确定，且存在三个两相平衡，两相平衡时连线为直线，形成连接三角形。

如图 5.9 所示，当成分为 N 的合金在某一温度下处于 α、β、γ 三相平衡时，若三个相的成分点分别为 D、E、F，则合金成分点必定位于 D、E、F 三点所连成三角形重心（三相质量重心）位置，而且合金的质量 w_N 与 α、β、γ 三相的质量满足下列关系：

$$w_N \cdot Nd = w_\alpha \cdot Dd$$

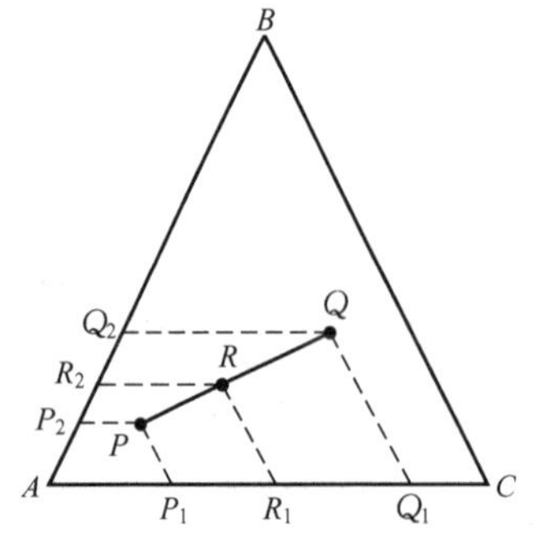

图 5.8　杠杆定律应用

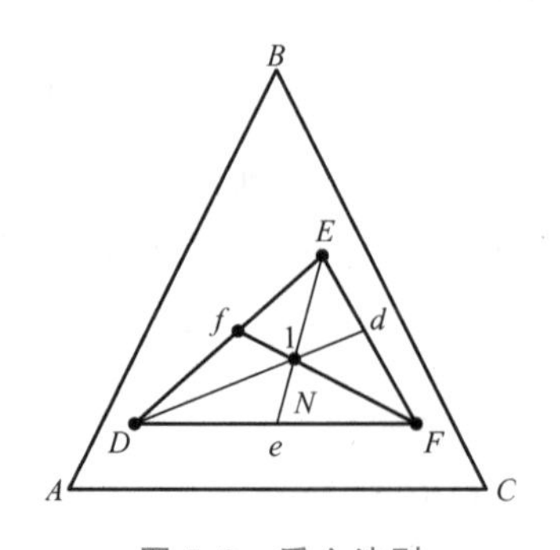

图 5.9　重心法则

$$w_N \cdot Ne = w_\beta \cdot Ee$$
$$w_N \cdot Nf = w_\gamma \cdot Ff$$

各平衡相含量分别为

$$w_\alpha = \frac{Nd}{Dd} \times 100\%$$

$$w_\beta = \frac{Ne}{Ee} \times 100\%$$

$$w_\gamma = \frac{Nf}{Ff} \times 100\%$$

5.1.4 三元合金相图热力学概述

1. 自由能-成分曲面

三元系合金的自由能与二元系合金相比多了一个成分变量，所以在等温恒压条件下，其自由能-成分间的关系应扩展为一个内凹的空间曲面 $G=G(c_1, c_2)$，三元系合金中的自由能-成分曲面如图 5.10 所示。

2. 公切面定律

三元系合金两相平衡共存时，每一组元在各相中的化学位应相等，即

$$\mu_A^\alpha = \mu_A^\beta, \quad \mu_B^\alpha = \mu_B^\beta, \quad \mu_C^\alpha = \mu_C^\beta$$

两个平衡相(α 及 β)各有一个自由能-成分曲面(图 5.11)。作两个自由能-成分曲面的公切面，在 α 相自由能-成分曲面及 β 相自由能-成分曲面的公切面上，可得到两个公切点。两切点的连线轨迹即为对应切点成分的 α 相及 β 相的共轭连线。公切面在各自由能-成分曲面上所有切点的轨迹即为两相区的边界线，其投影就是等温截面上两相区 α+β 的共轭曲线，如图 5.11 所示中 $a'b'$ 曲线及 $c'd'$ 曲线。

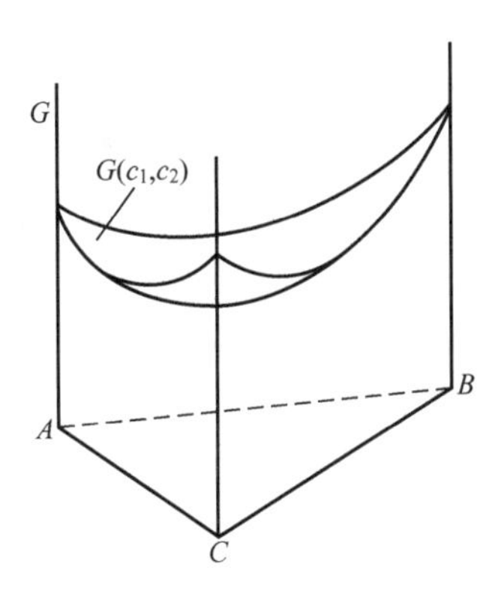

图 5.10 三元系合金中的自由能-成分曲面

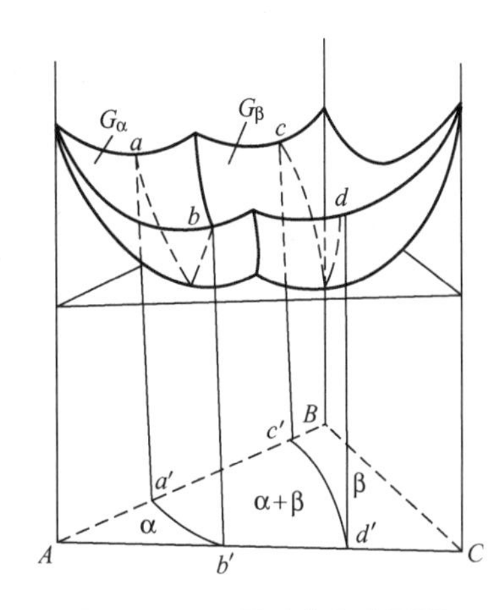

图 5.11 三元系合金中两相平衡时自由能成分曲面的公切面

3. 三元系合金三相平衡与共轭三角形

当三元系合金在恒温恒压下处于三相平衡状态时，每一组元在各相中的化学位为

$$\mu_A^\alpha = \mu_A^\beta = \mu_A^\gamma$$
$$\mu_B^\alpha = \mu_B^\beta = \mu_B^\gamma$$
$$\mu_C^\alpha = \mu_C^\beta = \mu_C^\gamma$$

三个平衡相有三个自由能-成分曲面，很显然三个自由能-成分曲面只能有一个公切平面，三个切点对应的成分即为三个共存相的平衡浓度，三个切点所连接的三角形为三相共存的共轭三角形，两两切点的连线组成共轭三角形的三条边。共轭三角形中所有成分的合金的自由能应处于公切平面上，三元系合金中三相平衡时自由能-成分曲面的公切平面如图 5.12 所示。

4. 三元系合金四相平衡与四相平衡平面

三元系合金四相平衡的条件如下：

$$\mu_A^\alpha = \mu_A^\beta = \mu_A^\gamma = \mu_A^\delta$$
$$\mu_B^\alpha = \mu_B^\beta = \mu_B^\gamma = \mu_B^\delta$$
$$\mu_C^\alpha = \mu_C^\beta = \mu_C^\gamma = \mu_C^\delta$$

四相平衡共存要求四个平衡相的自由能-成分曲面必须公切于一个空间平面，显然这种四点共面的情况只能发生在某一特定条件下，即在某一特定温度 T 下才出现，此温度即是四相平衡温度。根据四个切点的位置，可连接成三种不同类型的四相平衡反应(后面内容讨论)。为了清晰起见，图 5.13 只画出来公切平面及公切平面与四个平衡相自由能-成分曲面的四个切点(图中四相平衡反应为包共晶型反应)。

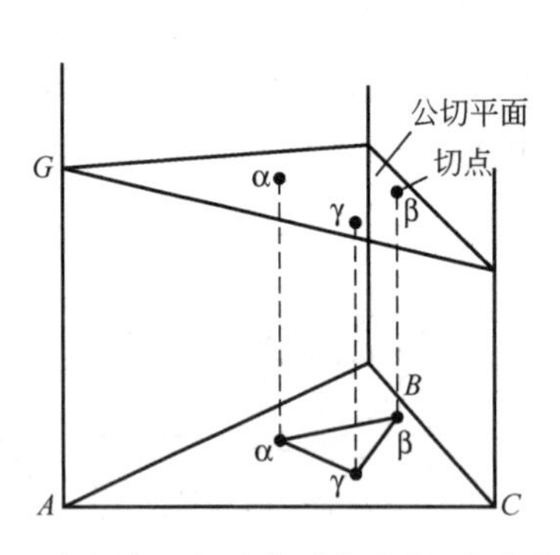

图 5.12　三元系合金中三相平衡时自由能-成分曲面的公切平面

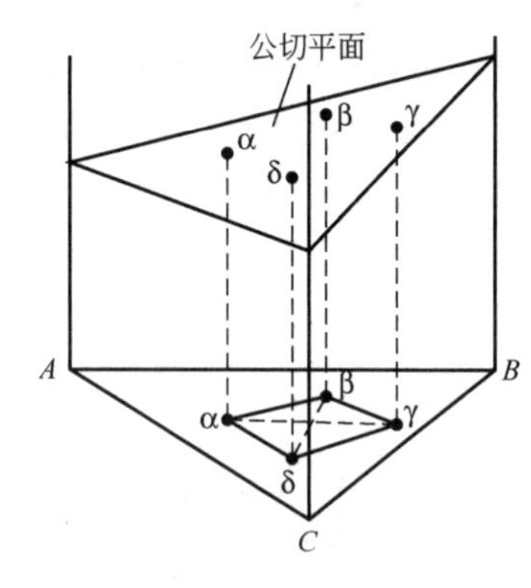

图 5.13　四相平衡的公切平面

5.2　三元匀晶相图

5.2.1　相图的空间模型

三元系合金中如果任意两个组元都可以无限互溶，那么它们所组成的三元系合金也可

以形成无限固溶体。这样的三元系合金相图称为三元无限互溶型相图，也称三元匀晶相图。

三元匀晶相图如图 5.14 所示，其底面是成分三角形，三个顶点所引垂线为温度轴，形成三棱柱轮廓。T_A、T_B、T_C 为三个组元熔点，侧面是三个二元匀晶相图，其液相线和固相线分别连接成两个空间曲面：上方向上凸起的为液相面，下方向下凹陷的为固相面。液相面以上空间为 L 液相区，固相面以下空间为 α 固相区，两曲面之间为液、固共存的两相区 L+α。

5.2.2 固溶体合金的平衡结晶过程

以合金 O 为例(图 5.15)，液相面以上处于液态。当温度缓慢降至 T_1，结晶出成分为 α_1 的固溶体。当温度缓慢降至 T_2 时，固相数量不断增多，液相数量不断减少，此时固相的成分沿曲面由 α_1 变为 α_2，液相成分由 L_1 变为 L_2。在冷却过程中各个温度下液、固两相均处于平衡状态。液相成分沿液相面变化，固相成分沿固相面变化，投影图呈蝴蝶形规律变化。

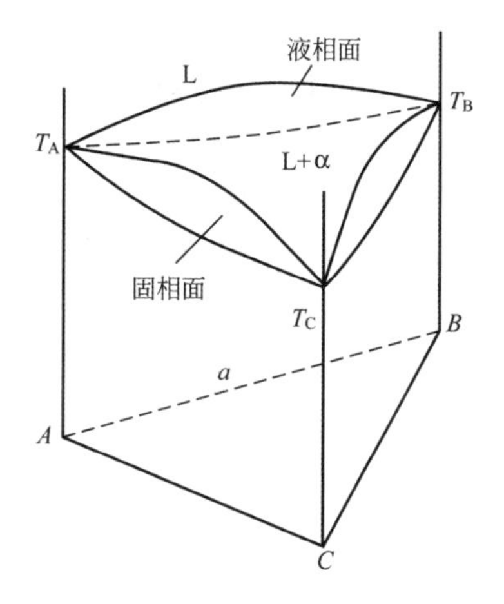

图 5.14 三元匀晶相图

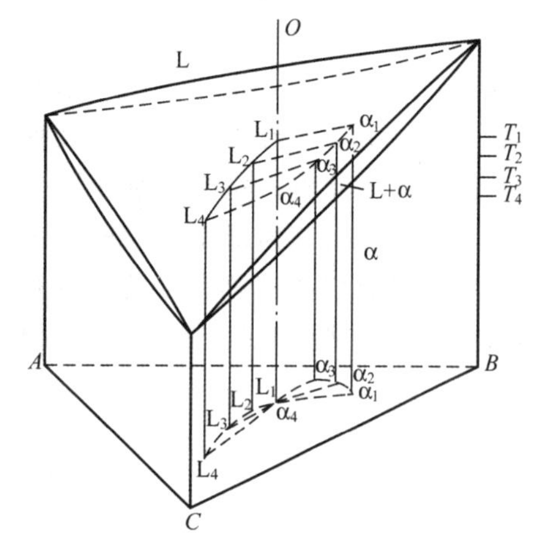

图 5.15 三元匀晶相图结晶过程及蝴蝶形投影

根据直线法则，两平衡相成分点连线必定通过原合金成分点。在 T_1 时，连接线为 $L_1\alpha_1$，在 T_2 连接线为 $L_2\alpha_2$，在 T_3 温度时，其连接线为 $L_3\alpha_3$，当冷至与固相面相交温度 T_4 时，结晶终了，转变为单相的固溶体，连接线为 $L_4\alpha_4$，此时固相成分即为合金成分。相图中平衡相成分点的连接线称为共轭连线。

匀晶合金凝固过程中在每一温度下平衡都有对应的连接线，即液相的成分点沿着液相面上的空间曲线 $L_1L_2L_3L_4$ 变化，固相的成分点沿着固相面上的空间曲线 $\alpha_1\alpha_2\alpha_3\alpha_4$ 变化，两条空间曲线既不处于同一垂直平面上，又不处于同一水平平面上，将这些连接线投影到成分平面上，为一系列绕成分点 O 旋转的线段，O 点分连接线两线段的比不断变化，得到的图形类似一只蝴蝶，称为固溶体合金结晶过程中的蝴蝶形规律。

5.2.3 截面图分析

应用立体三元相图很不方便，难以确定合金的开始结晶温度和结晶终了温度，也不能确定在一定温度下两个平衡相的对应成分和相对含量等。通常采取将三维立体图形分解成二维平面图形，设法“减少”一个变量的分析方法。例如，可将温度固定，只剩下两个成分变量，所得的平面图表示一定温度下三元系合金状态随成分变化的规律；也可将一个成分变量固定，剩下一个成分变量和一个温度变量，所得的平面图表示温度与该成分变量组成的变化规律。无论选用哪种方法，得到的图形都是三维空间相图的一个截面，故称为截面图。

1. 等温截面(水平截面)

等温截面(isothermal section)是由表示温度的水平面与空间模型中各个相界面相截得到的交线投影到成分三角形中得到的，又称水平截面(horizontal section)，它表示三元系合金在某一温度下的状态。相当于通过某一恒定温度所作的水平面与三元相图空间模型相交截得到的图形在成分三角形上的投影。三元匀晶相图的等温截面图如图 5.16 所示，界面分三个区域，凡是位于液相区的合金在此温度下尚未凝固。曲线 L_1L_2 为液相等温线，该线上合金在此温度刚开始凝固；s_1s_2 为固相等温线，位于此线上的合金在此温度结晶刚好完毕。

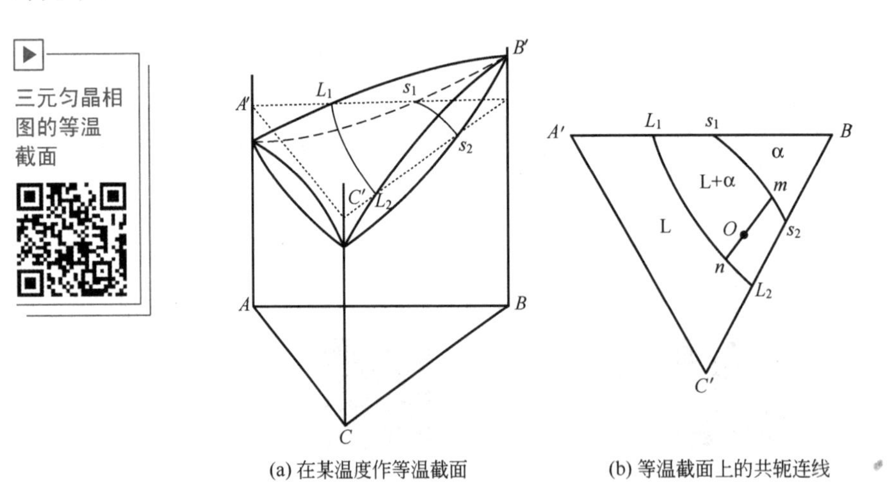

(a) 在某温度作等温截面　　(b) 等温截面上的共轭连线

图 5.16　三元匀晶相图的等温截面图

在两相区内 $f=2$，当温度一定时 $f=1$。说明等温截面中两个平衡相中只要有一个平衡相成分可以独立改变，另一相成分必须随之改变。如果用实验方法测出一个平衡相的成分，通过直线法就可确定相应的另一相的成分。根据直线法则，两成分点间的连接线必定通过合金的成分点 O，显然，mO 延长线与 L_1L_2 的交点 n 即为液相的成分点。连接线确定后，就可以利用杠杆定律计算两平衡相的相对含量。

如果采用一系列等温截面(图 5.17)。不但可以分析某合金 O 的平衡冷却过程及其显微组织的变化。而且可以运用等温截面上的连接线来确定两个平衡相的成分，并可应用杠杆定律来确定它们的相对量。如 O 点成分合金，在 T_1 温度时开始凝固，在 T_2、T_3 温度时则液、固两相共存处于凝固过程中，当冷却到 T_4 温度时凝固过程结束。

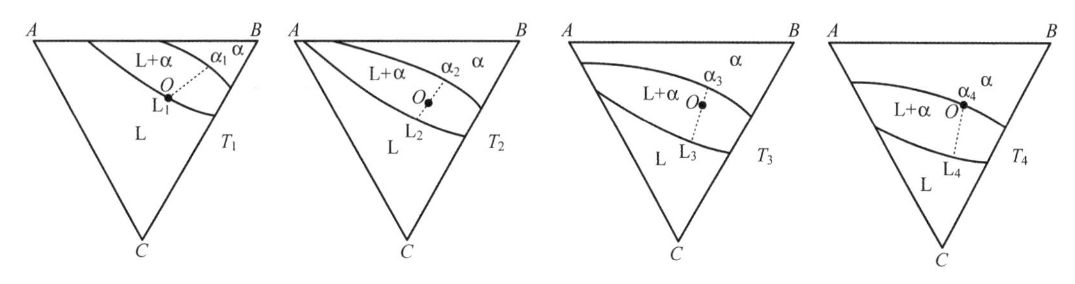

图 5.17　不同温度下的等温截面图

$T_1>T_2>T_3>T_4$

等温截面的作用如下。

① 确定该温度下三元合金的状态。

② 可根据杠杆定律和重心法则计算平衡相的相对含量。

③ 反映液相面、固相面的走向和坡度，确定合金的熔点、凝固点。

2. 变温截面(垂直截面)

变温截面(variable temperature section)是以垂直于成分三角形的平面去截三元立体相图所得到的截面图，又称垂直截面(vertical section)。利用这些垂直截面可以分析合金发生的结晶过程(相转变)及其温度变化范围、结晶过程中的组织变化。

常用变温截面有如下两种。

① 通过成分三角形的顶角，使其他两组元的含量比固定不变(图 5.18，$w_A/w_B=K$)；

② 固定一个组元的成分，其他两组元的成分可相对变动(图 5.19，$w_C=K$)。

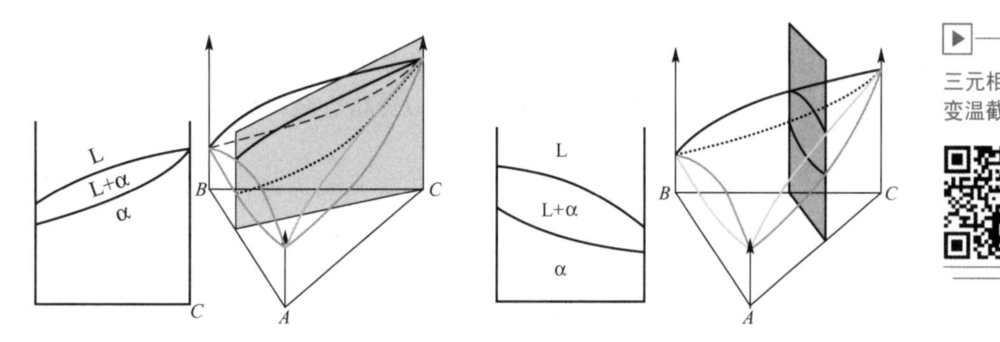

三元相图的变温截面

图5.18　三元相图的变温截面 $w_A/w_B=K$　　图 5.19　三元相图的变温截面 $w_C=K$

变温截面的应用如下。

由图 5.20 可看出，三元相图的变温截面与二元相图很相似，分析过程也类似，它可以说明截面上的合金在各温度下存在的状态和相变过程。

例如，O 点成分合金在 T_1 温度以上为液相，冷却到 T_1 开始凝固进入两相区，T_2 温度结晶完成变成固相。

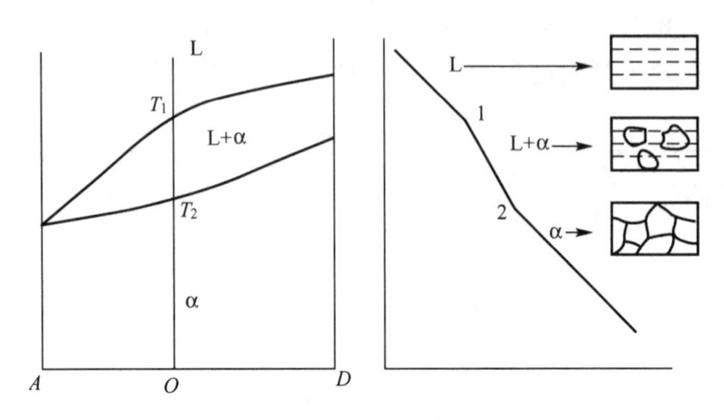

图 5.20　三元相图变温截面的应用

关于垂直截面的两点说明如下。

① 截面过分析合金的成分点，不同温度下该成分在图中为一垂直线，垂线和两曲线的交点即为合金凝固开始和结束温度，曲线给出了冷却过程经历的各种相平衡，即清楚地表达了凝固冷却过程，和冷却曲线有完好的对应关系。

② 固溶体凝固时，液相和固相成分变化是空间曲线，并不都在截面上。它是垂直截面与立体相图的相区分界面的交线，而不是平衡相的成分随温度变化的曲线。它类似二元相图，但不能用杠杆定律分析平衡相成分和数量。

5.2.4　投影图

三元相图的等温截面仅反映了某一温度下三元合金的相平衡情况，而变温截面则只反映了三元系合金很有限一部分合金的相变化情况，实际应用均有局限性。如果把一系列等温截面上的有关曲线画在一个成分三角形中，使用起来就比较方便。三元相图的投影图可以很好地解决这个问题。

投影图(projection drawing)有两种。

① 单变量相投影图：把三元相图中所有曲线的交线都垂直投影到成分三角形中，就得到了三元相图的投影图，又称综合投影图。利用它可以分析合金在加热和冷却过程中的转变。

② 等温线投影图：把一系列不同温度的水平截面中的相界面投影到浓度三角形中，并在每一条投影上标明相应的温度下所得到的图形。它可以反映空间相图中各种相界面的高度随成分变化的趋势，还可以分析特定合金进入或离开特定相区的大致温度。

三元匀晶相图的液相面和固相面上无任何相交的点和线，所以作单变量相投影图无任何意义。一般应用的是等温线投影图，如图 5.21 所示。图 5.21(a)是液相面等温线投影图；图 5.21(b)是固相面等温线投影图。液相面等温线投影图应用较广，利用它可以很方便地确定合金的熔点(开始凝固的温度)。例如，从图5.21(a)、图5.21(b)可以看出成分为O的合金在高于T_4低于T_3的温度开始凝固，在高于T_6低于T_5的温度凝固结束。

图5.22所示是三元匀晶相图等温线综合投影图，若相邻等温线的温度间隔一定，则等温线距离越小，表明相界面坡度随成分变化越陡；若等温线距离越大，则相界面坡度随成分变化越平缓(图中实线为液相线，虚线为固相线)。

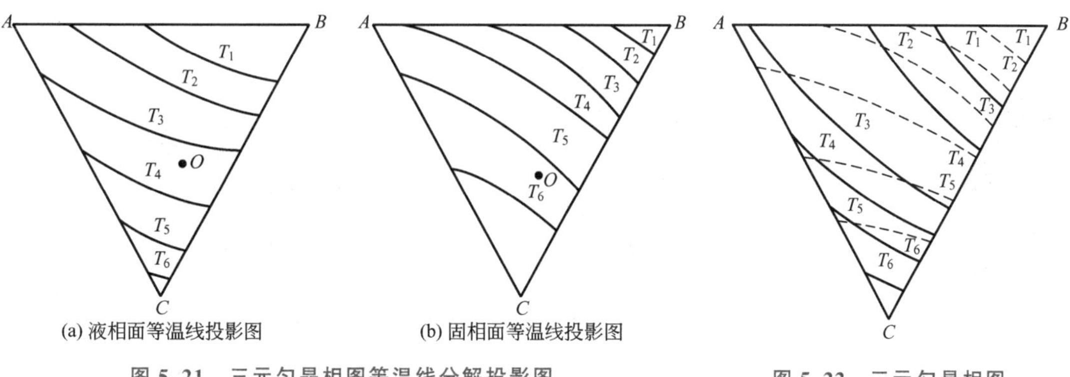

图5.21 三元匀晶相图等温线分解投影图

图5.22 三元匀晶相图等温线综合投影图

5.3 三元共晶相图

5.3.1 组元在固态完全不溶的共晶相图

1. 相图分析

液态能无限互溶，固态下几乎完全不互溶，任意两个组元之间发生共晶转变，形成简单的三元共晶系，三元共晶相图如图5.23所示。T_A、T_B、T_C分别为A、B、C三组元的熔点，且$T_A>T_B>T_C$。三个侧面是三个二元共晶相图，E_1、E_2、E_3分别表示A-B、B-C和C-A的二元共晶点，并且$T_{E1}>T_{E2}>T_{E3}$。$T_AE_1EE_3T_A$、$T_BE_1EE_2T_B$、$T_CE_2EE_3T_C$是三块液相面，合金冷至低于液相面的温度时，就开始分别结晶出A、B或C晶体。三块液相面的交线分别为二元共晶线E_1E、E_2E、E_3E。由相律可知，三元系合金中处于三相平衡共晶转变时，$f=1$。说明二元共晶不是在恒温、恒成分下进行的，而是在一定温度范围内，各平衡相成分也随着温度的变化而变化。因此三个二元共晶点E_1、E_2和E_3就变成了三条二元共晶线，且在冷却过程中液相成分达到三条线时，发生L→A+B、L→A+C和L→B+C等二元共晶反应。

E是E_1E、E_2E、E_3E三个二元共晶线交点，称为三元共晶点。它表示E点成分的液相冷却至T_E温度时发生三元共晶转变，形成三元共晶：L→A+B+C。

三元共晶转变时$f=0$，说明三元共晶转变是四相平衡转变，转变在恒温下进行，且液相和析出的三个固相的成分均保持不变。过E点作平行于成分三角形的平面$\triangle A_1B_1C_1$，称三元共晶面，是该相图的固相面。

在液相面以下、固相面以上有六个二元共晶空间曲面：$A_1A_3E_1EA_1$、$B_1B_3E_1EB_1$、$A_1A_2E_3EA_1$、$C_1C_2E_3EC_1$、$C_1C_3E_2EC_1$、$B_1B_2E_2EB_1$，如图 5.23 所示。它们位于液相面之下，三元共晶水平面之上。为了分析方便，这里以 $A_1A_3E_1EA_1$ 和 $B_1B_3E_1EB_1$ 为例进行讨论，三元系合金中的二元共晶曲面如图 5.24 所示。

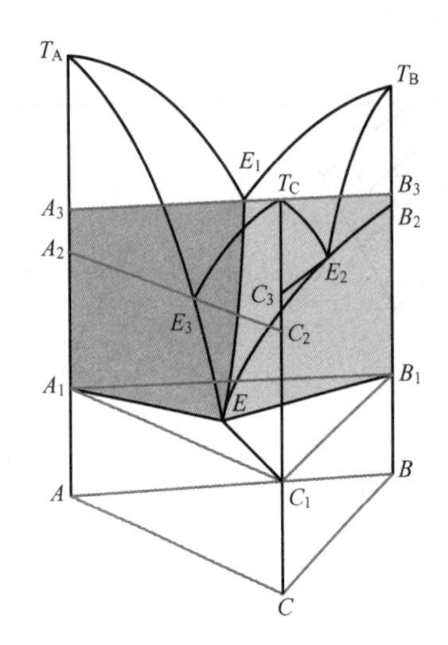

图 5.23　三元共晶相图

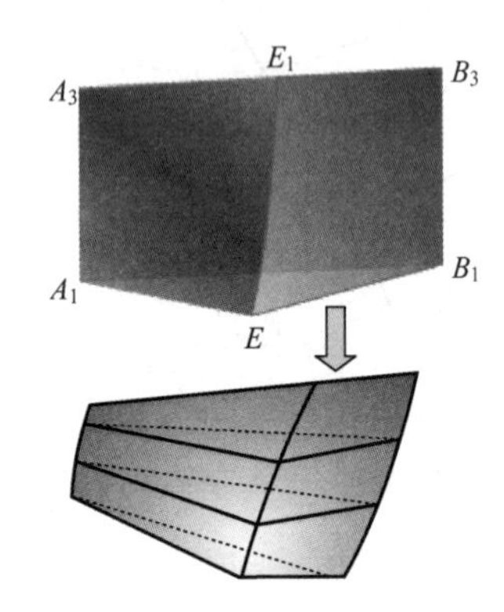

图 5.24　三元系合金中的二元共晶曲面

已知二元系合金 A－B 共晶线为 $A_3E_1B_3$，冷却至共晶温度 T_{E1} 时将发生二元共晶转变，$f=0$。此时，三个平衡相成分为 E_1、A_3 和 B_3。由于加入 C，f 变为 1，说明三个平衡相的成分是依赖温度 T 而变化的，其中液相的成分沿二元共晶线 E_1E 变化，固相的成分分别按 A_3A_1 和 B_3B_1 变化。

E_1E、A_3A_1 和 B_3B_1 三条线代表三个平衡相的成分随温度变化的规律，称为单变量线。温度确定后，$f=0$，三个相的成分也随之确定下来，三个平衡相的成分点之间即构成了一个等温三角形，又称连接三角形。根据重心法则，只有成分位于此等温三角形之内的合金才会有此三相平衡。三相平衡时，其中任意两相之间必然平衡。二元共晶曲面及相图侧面实际上是三组两相平衡连接线在 $T_{E1}\sim T_E$ 之间变化的轨迹，三相区是以三条单变量线作棱边的空间三棱柱体。

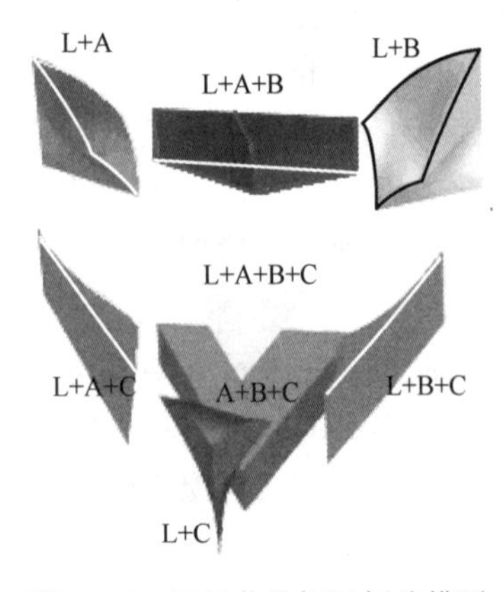

图 5.25　三元共晶相区拆分模型

综上，固态完全互不溶的三元共晶相图，三个液相面、六个二元共晶曲面和一个三元共晶平面把相图分割成九个区：液相面以上液相区 L；液相面和二元共晶曲面间 L＋A、L＋B、L＋C 共三个两相区；二元共晶曲面和三元共晶面之间是三个三相区，即 L＋A＋B、L＋B＋C、L＋C＋A；三元共晶面以下是 A＋B＋C 三相区；包含 E 点面是四相共存区，即 L＋A＋B＋C。二元共晶线 E_1E、E_2E、E_3E 是液相面交线，也是二元共晶面及液相面与二元共晶面交线，三元共晶相区拆分模型如图 5.25所示。

2. 等温截面

图 5.26 所示为不同温度下的三元共晶相图的等温截面，可以看出三相平衡区都是直边三角形，与三角形的三个边相邻接的是两相区，三角形的三个顶点与对应单相区相接，分别表示该温度下三平衡相的成分。三角形的三个直边实际上是水平截面与三棱柱侧面的交线，三个顶点是水平截面与二棱柱体棱边(单变量线)的交点。

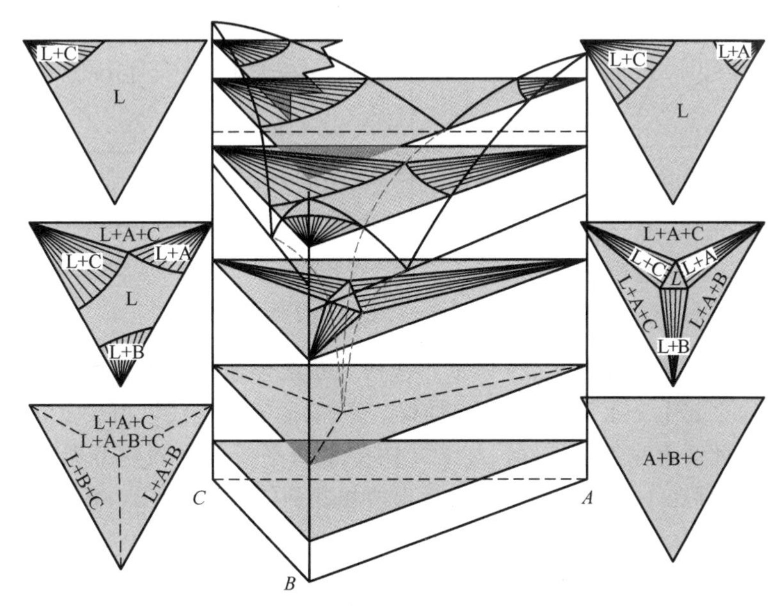

图 5.26 不同温度下的三元共晶相图的等温截面

利用等温截面可以确定合金在该温度下所存在的平衡相，并可运用直线法则、杠杆定律和重心法则确定合金中各相的成分和相对含量。

3. 变温截面

图 5.27(b)所示为平行于 AB 边的 cd 垂直平面与空间模型［图 5.27(a)］中各种结晶面的交线，从而得到的 cd 变温截面图。图 5.27(c)所示为 cd 垂直平面在成分三角形中的位置。

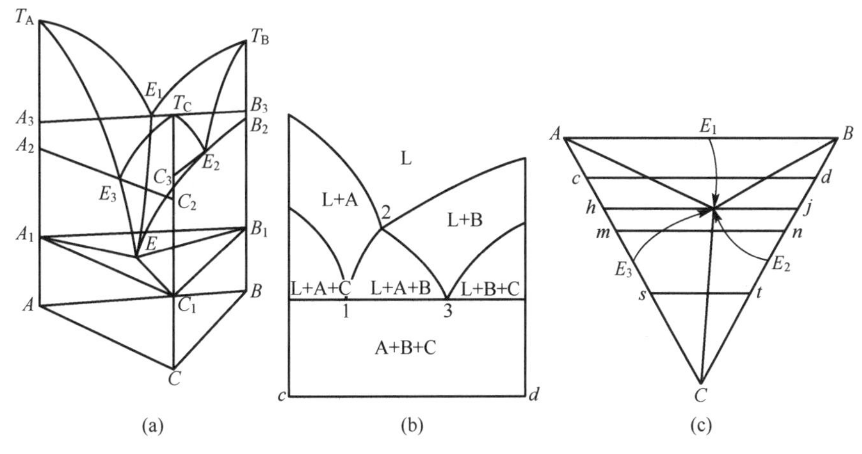

图 5.27 平行于 AB 边的 cd 变温截面

平行于 AB 边的变温截面如图 5.28 所示。利用这些垂直截面可分析成分点位于该截面上合金平衡结晶过程，并可确定相变临界温度。如合金 O 位于 mn 上，冷却到 1 开始从液相中析出初晶 A，到 2 发生二元共晶，直至 3 发生三元共晶。室温组织：初晶 A＋二元共晶(A＋C)＋三元共晶(A＋B＋C)。

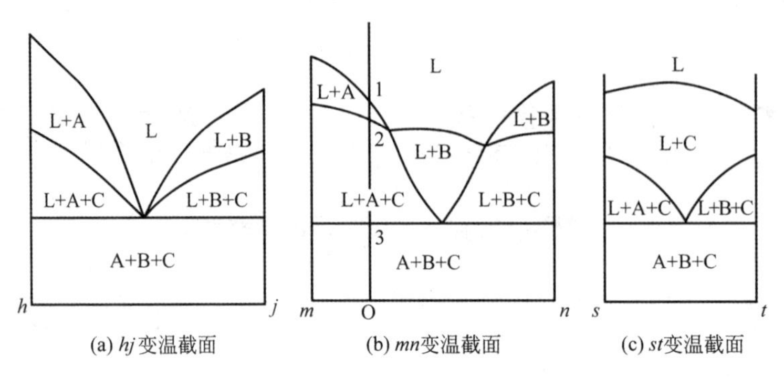

图 5.28　平行于 AB 边的变温截面

过顶点 A 的变温截面如图 5.29 所示，这种三元系合金中的所有材料在结晶时都会发生四相平衡反应，其中 2 水平线为垂直截面与三元共晶面的交线，由于三元共晶面平行于成分三角形，因此 2 为一条水平线。注意：图中 1 水平线并不表示等温转变，它仅表示 Ag 线段上的合金都在 1 水平线温度开始析出两相共晶体 L→A＋B，直到三元共晶温度才凝固完毕。

注意：变温截面不能分析相变过程中相成分变化，因为成分不在此截面上，所以也不能用杠杆定律（或直线法则）计算相组成物和组织组成物的相对量。

4. 投影图

为简化和便于研究，可将空间模型中的各类区、面、线投影到成分三角形上，构成平面投影图。图 5.30 中 E_1E、E_2E、E_3E 是二元共晶线的投影，三条虚线是二元共晶曲面与三元共晶面的交线。此外，AE_1EE_3A、BE_1EE_2B 和 CE_2EE_3C 分别是三个液相面的投影。AEE_1、BEE_1、BEE_2、CEE_2、CEE_3、AEE_3 则分别为六个二元共晶曲面的投影。$\triangle ABC$ 为三元共晶面投影，E 点是三元共晶点的投影。

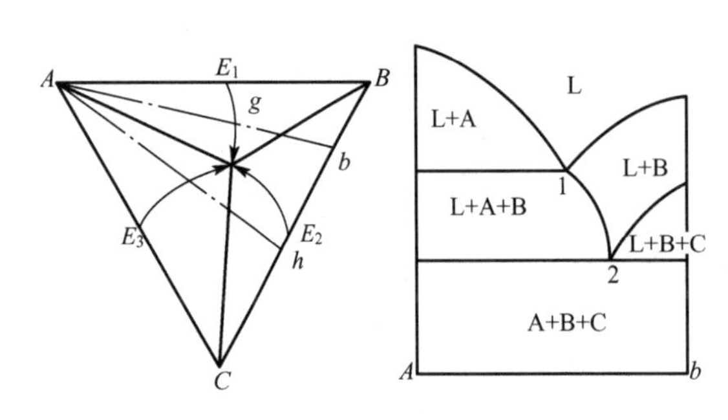

图 5.29　过顶点 A 的变温截面

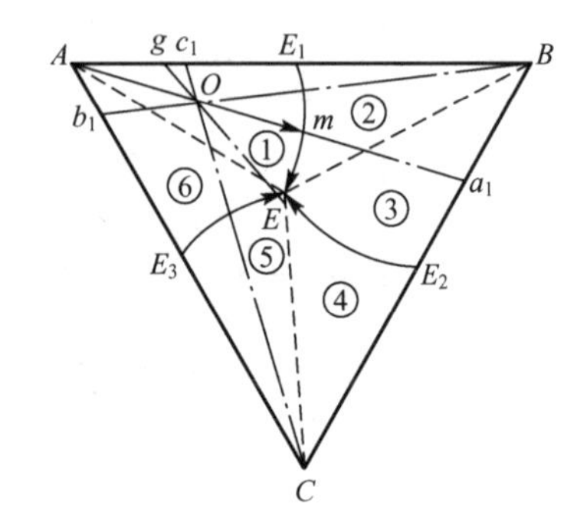

图 5.30　三元共晶相图的投影图

5. 典型合金的平衡结晶过程

利用投影图可以分析合金的结晶过程，并能确定平衡相的组成和含量。现以合金O为例进行讨论，如图5.30所示。合金O自液态冷至液相面（相当于T_1）开始结晶出初晶A，由于A晶体成分固定不变，根据直线法则，液相成分由O点沿AO的延长线逐渐变化。当液相成分变到与E_1E线相交m点(相当于T_2)时，发生二元共晶反应L→A+B，温度继续降低，二元共晶体逐渐增多，液相成分沿着E_1E二元共晶线变化。当液相的成分变化至E点(相当于T_3)时，发生四相平衡三元共晶反应L→A+B+C，直至液相全部消失。

合金O室温组织：初晶A+二元共晶(A+B)+三元共晶(A+B+C)。

组织组成物相对含量：初晶A，液相成分(温度)刚刚达到m点，由于A成分不变，因此可用直线法则及杠杆定律，即

$$w_{\mathrm{A}}=\frac{Om}{Am}\times100\%$$

m点后发生二元共晶，直到E点，剩余液相(三元共晶)为

$$w_{\mathrm{L}}=w_{(\mathrm{A+B+C})}=\frac{Og}{Eg}\times100\%$$

m点温度到E点温度二元共晶数量为

$$w_{(\mathrm{A+B})}=\left(1-\frac{Om}{Am}-\frac{Og}{Eg}\right)\times100\%$$

相组成物相对含量分别为

$$w_{\mathrm{A}}=\frac{Oa_1}{Aa_1}\times100\%,\quad w_{\mathrm{B}}=\frac{Ob_1}{Bb_1}\times100\%,\quad w_{\mathrm{C}}=\frac{Oc_1}{Cc_1}\times100\%$$

利用上述同样的方法可以求出不同成分的合金平衡结晶后室温时组织组成物及相组成物的相对含量。表5-1列出合金在投影图(图5.30)中平衡结晶后的室温组织组成物(注意表中六条线的特殊含义和室温组织)。

表5-1 合金在投影图(图5.30)中平衡结晶后的室温组织组成物

成分范围	结晶顺序和室温组织组成物
①区	初晶A+二元共晶(A+B)+三元共晶(A+B+C)
②区	初晶B+二元共晶(A+B)+三元共晶(A+B+C)
③区	初晶B+二元共晶(B+C)+三元共晶(A+B+C)
④区	初晶C+二元共晶(B+C)+三元共晶(A+B+C)
⑤区	初晶C+二元共晶(C+A)+三元共晶(A+B+C)
⑥区	初晶A+二元共晶(C+A)+三元共晶(A+B+C)
E_1E线	二元共晶(A+B)+三元共晶(A+B+C)
E_2E线	二元共晶(B+C)+三元共晶(A+B+C)
E_3E线	二元共晶(C+A)+三元共晶(A+B+C)
AE线	初晶A+三元共晶(A+B+C)

续表

成分范围	结晶顺序和室温组织组成物
BE 线	初晶 B+三元共晶(A+B+C)
CE 线	初晶 C+三元共晶(A+B+C)
E 点	三元共晶(A+B+C)

5.3.2 组元在固态有限互溶的共晶相图

固态下有限互溶的三元相图由三对在液态无限互溶，而在固态有限互溶的二元共晶相图组成，它与固态下互不溶解的三元相图基本相同，只是在相图中增加了三个单相区 α、β 和 γ 相区及与之相对应的溶解度曲面。

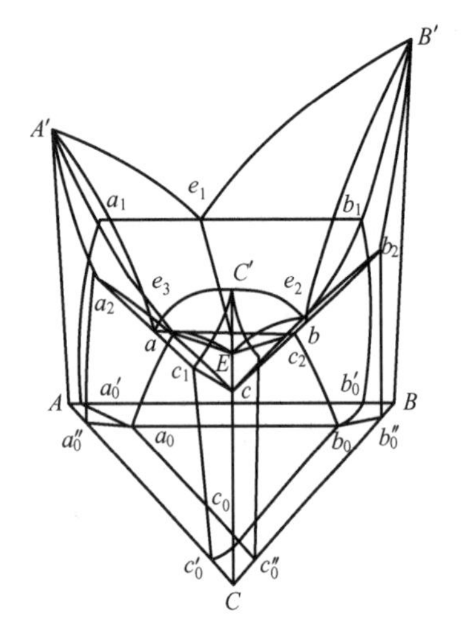

图 5.31　固态下有限互溶的三元共晶相图

1. 相图分析

固态下有限互溶的三元共晶相图如图 5.31 所示，设图中各关键点所处温度 $B'>A'>C'>e_1>e_2>e_3$。

(1) 三块液相面

$A'e_1Ee_3A'$、$B'e_1Ee_2B'$、$C'e_2Ee_3C'$ 在液相面之上是液相区，当合金冷却到与液相面相交时，分别析出 α、β 和 γ 相，三个液相面的交线 e_1E、e_2E、e_3E 为三条二元共晶线，在此线上的液相，当温度降低到与之相交时，发生三相平衡二元共晶反应：L→α+β、L→β+γ、L→γ+α。

(2) 七个固相面

① 三个固溶体 α、β、γ 相区的固相面，分别为 $A'a_1aa_2A'$(α)、$B'b_1bb_2B'$(β)、$C'c_1cc_2C'$(γ)，进行 L→α、L→β、L→γ 匀晶转变完成后，得到单相固溶体的结束面。

② 一个三元共晶面：abc。

③ 三个二元共晶结束面：$a_1abb_1a_1$→(α+β)、$b_2bcc_2b_2$→(β+γ)、$c_1caa_2c_1$→(γ+α)。表示 L→α+β、L→β+γ、L→γ+α 分别结束，并与三个两相区相邻，如图 5.32 所示。

(3) 二元共晶区

二元共晶区共有三组，每组构成一个空间三棱柱，每个三棱柱是一个三相平衡区。图 5.33画出了三元共晶相图的两相区和三相区。

在 L+α+β 三相平衡棱柱中：$a_1aEe_1a_1$ 和 $b_1bEe_1b_1$ 是开始面，$a_1abb_1a_1$ 是二元共晶结束面，也是一块固相面，底面是三元共晶平面一部分，上端是一条水平线。三棱柱的三条棱边 e_1E、a_1a、b_1b 是 L、α、β 的单变量线。另外两个三相区与此大致相同。从图 5.31 可以看出，$b_2bEe_2b_2$ 和 $c_2cEe_2c_2$ 为(β+γ)的二元共晶转变开始面，b_2bcc_2 为(β+γ)二元共晶转变结束面。三个曲面构成的三棱柱是 L+α+β 的三相平衡区，b_2b、c_2c、e_2E 分别是 β、γ 和 L 相的单变量线。$c_1cEe_3c_1$ 和 $a_2cEe_3a_2$ 为(α+γ)二元共晶转变的开始面，a_2acc_1

是其转变结束面，三个曲面构成的三棱柱是 L＋α＋γ 的三相平衡区。c_1c、a_2a、e_3E 分别是 γ、α 和 L 相的单变量线。

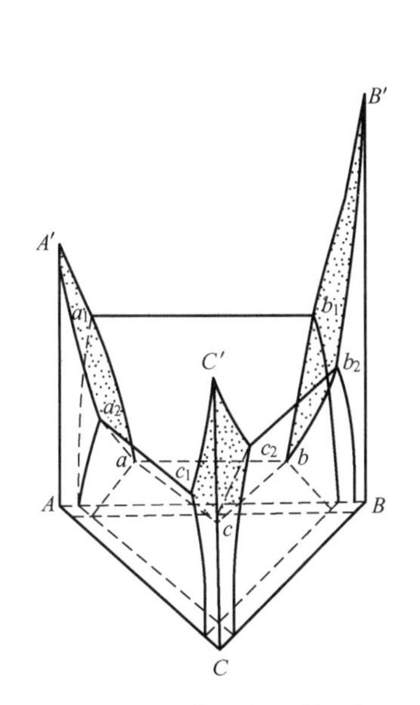

图 5.32　三元共晶相图的固相面

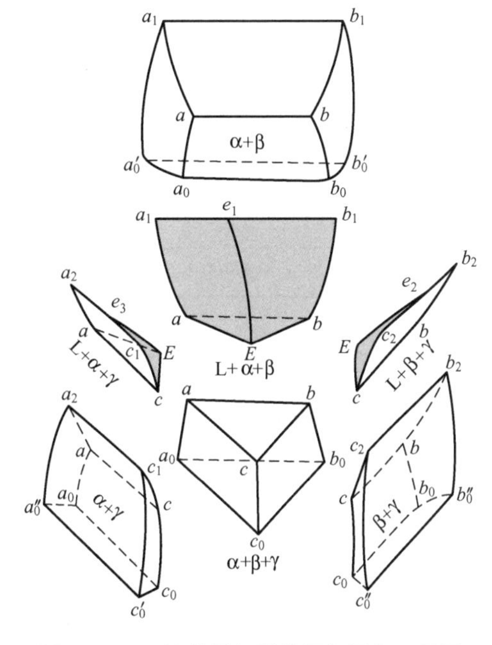

图 5.33　三元共晶相图的两相区和三相区

(4) 溶解度曲面

由于加入第三组元，原二元相图的溶解度曲线变成曲面，并且随着温度的降低，与二元相图一样，同样将从固溶体中析出次生相来，这些溶解度曲面的存在，是三元系合金进行热处理强化的重要依据。图 5.34 给出的 α 和 β 的溶解度曲面分别是 $a_1aa_0a'_0a_1$、$b_1bb_0b'_0b_1$，其中 a 点表示组元 B 和 C 在 α 中最大溶解度，a_0 表示组元 B 和 C 在 α 中室温最大溶解度；b 点与之类似。在此成分范围内的合金冷却到溶解度曲面以下要发生固溶体脱溶转变，如 $\alpha\rightarrow\beta_{\mathrm{II}}$、$\beta\rightarrow\alpha_{\mathrm{II}}$。这样的曲面还有四个（图 5.33），即 $b_2bb_0b''_0b_2$、$c_2cc_0c''_0c_2$、$c_1cc_0c_0c_1$、$a_2aa_0a_0a_2$。

此外，a_0a、b_0b、c_0c 分别为两两溶解度曲面的交线，它们又是三相平衡区 α＋β＋γ 三棱柱的三个棱边（图 5.33），也是 α＋β＋γ 三相的成分变温线及单变量线。其成分相当于 a_0a 线上的 α 固溶体，当温度降低时，将从 α 相中同时析出 β_{II} 和 γ_{II} 两种次生相。同样，相当于 b_0b、c_0c 线上的合金，当温度降低时，也分别从 β 和 γ 中同时析出 $\alpha_{\mathrm{II}}+\gamma_{\mathrm{II}}$ 和 $\alpha_{\mathrm{II}}+\beta_{\mathrm{II}}$ 两种次生相来，所以又称这三条线为同析线。

(5) 相区

典型三元共晶相图有 15 个相区，其中：单相区 4 个、两相区 6 个、三相区 4 个、四相区 1 个。典型三元共晶相图的相区见表 5－2。

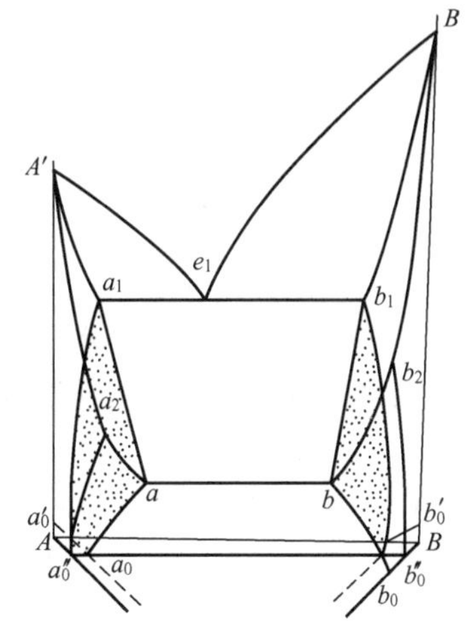

图 5.34　α 和 β 的溶解度曲面

表 5-2　典型三元相图的相区

	固态完全不溶三元共晶				固态有限互溶三元共晶			
单相区	L	A	B	C	L	α	β	γ
两相区	L+A　L+B　L+C		—		L+α　L+β　L+γ		—	
	—	A+B	B+C	C+A	—	α+β	β+γ	γ+α
三相区	L+A+B　L+B+C　L+C+A	A+B+C			L+α+β　L+β+γ　L+γ+α	α+β+γ		
四相区	L+A+B+C				L+α+β+γ			

2. 等温截面

组元在固态有限互溶的三元共晶相图的等温截面示意如图 5.35 所示，所列温度截面形态的分析方法同前。

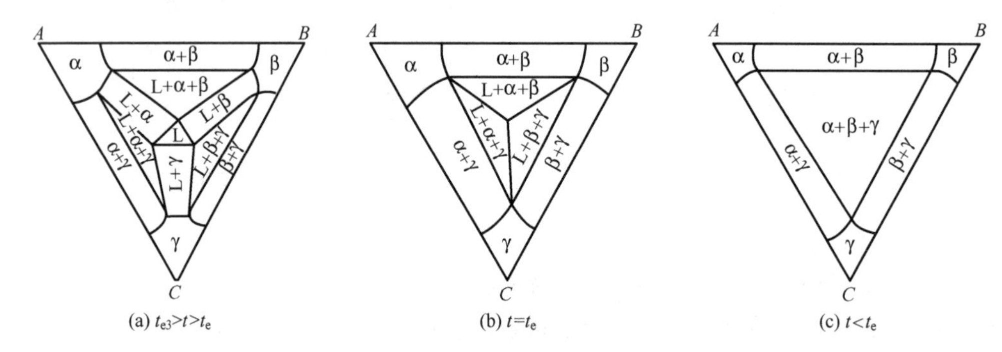

(a) $t_{e3}>t>t_e$　(b) $t=t_e$　(c) $t<t_e$

图 5.35　组元在固态有限互溶的三元共晶相图的等温截面示意

从图 5.35 中可以看出，三相共晶平衡区是一直边三角形，三角形顶点分别与三个单相区相连接，并且是该温度下三个平衡相的成分点。三条边是相邻三个两相区的共轭线。两相区的边界一般是一对共轭曲线或两条直线。某些情况下，边界会退化成一条直线或一个点。两相区与其两个组成相的相界面是成对的共轭曲线，与三相区的边界为直线。单相区的形状不规则。水平截面图可给出在一定温度下不同成分三元系合金所处相的状态，可利用直线法则和重心法则确定两相区和三相区中各相的成分和相对含量。

3. 变温截面

变温截面如图 5.36 所示，凡是过四相平面的变温截面，在垂直截面中都形成如水平线 *VW* 和 *QR* 的截面图，水平线下方是固相三相区。与完全不溶的三元相图相比，两侧均出现固溶体两相区。它同样符合相接触法则及相同的局限性，即可分析结晶过程，但不适于使用杠杆定律。

(1) 典型变温截面分析之一

VW 变温截面(上)可清楚地看到四相平衡共晶平面和与之相连的四个三相平衡区。共晶型反应(四相反应)的特征是：三个三相平衡区分布在等温反应线的上方，一个三相平衡区分布在等温反应线的下方。

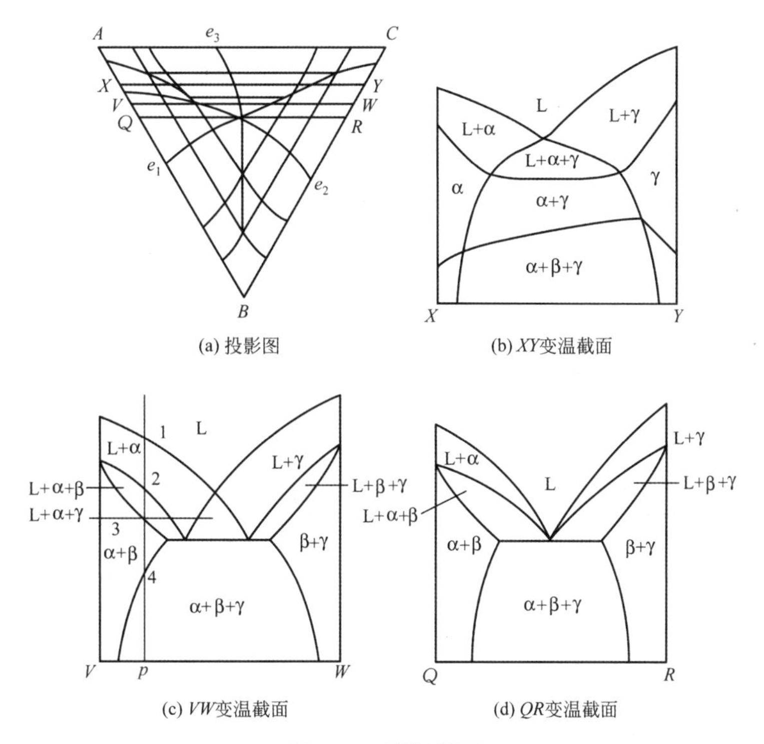

(a) 投影图　(b) *XY*变温截面

(c) *VW*变温截面　(d) *QR*变温截面

图 5.36　变温截面

(2) 典型变温截面分析之二

XY 变温截面(上)截到了 L＋α＋γ 三相平衡区的共晶转变起始面和共晶转变的终止面，形成顶点朝上的曲边三角形，显示了共晶型三相平衡区的典型特征。

(3) 典型变温截面分析之三

用 *VW* 变温截面分析材料 P 的平衡凝固过程。从 1 点起凝固出初晶 α，至 2 点进入三相区，发生二元共晶转变 L→α＋β，冷却至 3 点凝固终止，4 点以下因溶解度变化而进入三相区析出 γ_{II} 相。室温平衡组织为 α＋(α＋β)＋少量次生相 γ_{II}。

4. 投影图

图 5.37 所示是三元共晶相图的综合投影图。图中 Ae_1Ee_3A、Be_2Ee_1B、Ce_3Ee_2C 分别为 α、β、γ 相的液相面投影，Aa_1aa_2A、Bb_1bb_2B、Cc_1cc_2C 分别为 α、β、γ 相的固相面投影，冷却到液相面以下分别凝固出初晶 α、β、γ。开始进入三相平衡区的六个两相共晶面的投影为 $a_1e_1Eaa_1$、$b_2e_1Ebb_2$（L＋α＋β)、$b_1e_2Ebb_1$、$c_2e_2Ecc_2$（L＋β＋γ)、$a_2e_3Eaa_2$、$c_1e_3Ecc_1$(L＋α＋γ)。固溶体溶解度曲面投影为 $a_1aa_0a_0'a_1$、$b_2bb_0b_0''b_2$(α＋β)、$b_1bb_0b_0'b_1$、$c_2cc_0c_0''c_2$(β＋γ)、$c_1cc_0c_0'c_1$ 和 $a_2aa_0a_0''a_2$(α＋γ)。三角形 *abc* 为四相平衡三元共晶面投影。图中有箭头的线表示三相平衡时的三个平衡相单变量线，箭头所指的方向是温度降低的方向。三相共晶点 *E* 处于三个单变量线的交汇处，这是三元共晶型转变相图投影图的共同特征。投影图的作用可以用来分析合金结晶过程、计算相组成物相对量和计算组织组成物相对量。

下面利用投影图分析合金的平衡凝固过程。

以合金 O 为例，如图 5.37 所示，冷却到液相面 Ae_1Ee_3A，开始凝固出初晶 α，其成

分点位于固相面 Aa_1aa_2A 上，可用连线来确定。随温度降低，初晶 α 数量不断增多，L 和 α 相的成分分别沿液相面和固相面呈蝴蝶形规律变化。当冷却到二元共晶曲面 a_1aEe_1 时，进入L＋α＋β 三相区，并发生 L→α＋β 共晶转变，转变过程中，L、α、β 分别沿单变量线 e_1E、a_1a、bb_2 变化。当温度达到四相平衡共晶温度 T_E 时，L、α、β 成分分别为 E、a、b，并发生三元共晶转变：L→α＋β＋γ，直至液相全部消失为止。继续降温，固相成分分别沿 aa_0、bb_0、cc_0 曲线变化，即每个固相中不断析出另两个固相。室温的平衡组织为α＋(α＋β)＋(α＋β＋γ)＋β_{II}＋γ_{II}，共晶组织(α＋β)和(α＋β＋γ)在冷却至室温过程中析出了 α_{II}、β_{II} 和 γ_{II} 等次生相，但组织形态不改变，仍记作(α＋β)和(α＋β＋γ)。

图 5.38 是三元共晶相图的投影图及组织分区，图中标注的六个区域，反映了该三元系合金中各种类型合金的结晶过程和特点。表 5－3 中列出了典型区域合金的凝固过程及室温组织。

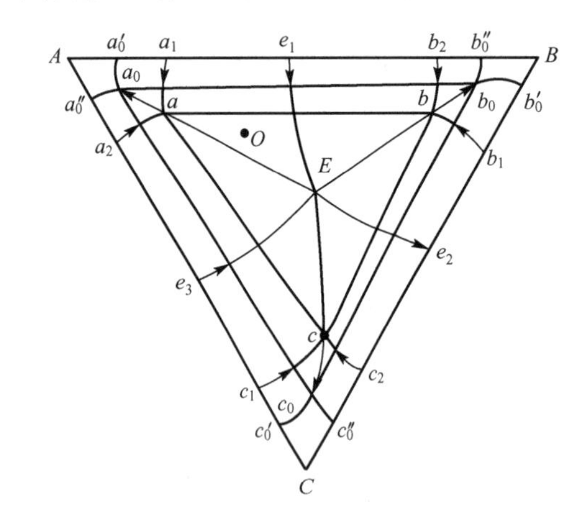

图 5.37　三元共晶相图的综合投影图

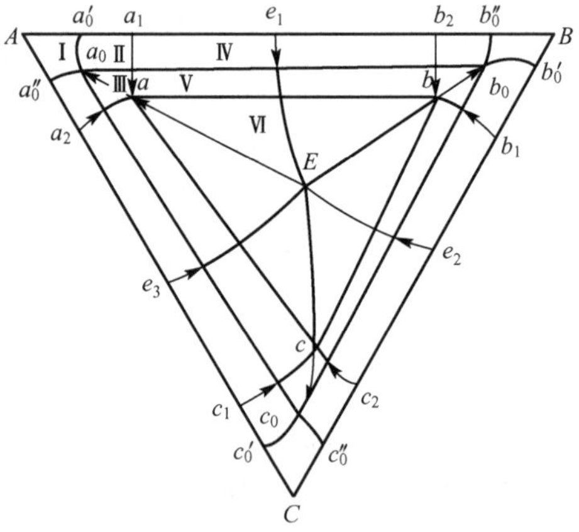

图 5.38　三元共晶相图的投影图及组织分区

表 5－3　典型区域合金的凝固过程及室温组织

区域	液固过程	室温组织
Ⅰ	L→α	α
Ⅱ	L→α，α→β_{II}	α＋β_{II}
Ⅲ	L→α，α→β_{II}＋γ_{II}	α＋β_{II}＋γ_{II}
Ⅳ	L→α，L→α＋β，α→β_{II}	α＋(α＋β)＋β_{II}
Ⅴ	L→α，L→α＋β，α→β_{II}＋γ_{II}	α＋(α＋β)＋β_{II}＋γ_{II}
Ⅵ	L→α，L→α＋β，L→α＋β＋γ，α→β_{II}＋γ_{II}	α＋(α＋β)＋(α＋β＋γ)＋β_{II}＋γ_{II}

5.4　其他形式的三元合金相图

5.4.1　两个共晶型二元系与一个匀晶型二元系构成的三元相图

图 5.39 为两个共晶型二元系和一个匀晶型二元系构成的三元相图。图中 A－B、B－C 均为组元间固态有限互溶的共晶型二元系，A－C 为匀晶型二元系。这里 α 是以 A 或 C 组元为溶剂的三

元固溶体，β是以B组元为溶剂的固溶体。可根据图5.39对该三元系中不同成分合金的平衡结晶过程进行分析。

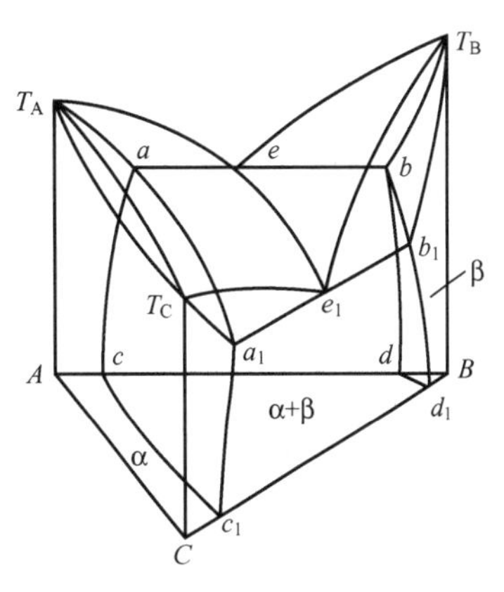

图5.39 两个共晶型二元系和一个匀晶型二元系构成的三元相图

5.4.2 包共晶型三元相图

典型的三元包共晶相图是三个组元在液态下无限互溶，在固态下有限互溶，并且由一对组元形成的二元包晶相图和另两对组元形成的二元共晶相图所组成。三元包共晶相图如图5.40所示，设 $T_A > p_1 > T_C > e_2 > T_B > p > e_1$，则A-B系具有包晶转变，A-C系和B-C系具有共晶转变。四边形 $abpd$ 为包共晶转变平面，其上方有两个三相平衡棱柱与之相接：L+α+β、L+α+γ；其下方有两个三相平衡区与之相接：L+α+β、α+β+γ。其四相平衡包共晶转变面呈四边形，反应相和生成相成分点的连接线是四边形两条对角线。p 点表示四相平衡温度，在该温度下发生包共晶转变，反应式为

$$L+\alpha \rightarrow \beta+\gamma$$

从反应相的数目看，这种转变具有包晶转变的性质；从生成相的数目看，这种转变又具有共晶转变的性质。

5.4.3 具有四相平衡包晶转变的三元相图

图5.41所示为具有四相平衡包晶转变的三元相图。其中包晶型四相平衡区为一平面 abp，称为四相平衡包晶转变面，在其上方有一个三相平衡(L+α+β)棱柱与之接合，下方有三个三相平衡棱柱与之接合。p 点表示四相平衡温度，在该温度下发生包晶转变，反应式为

$$L+\alpha+\beta \rightarrow \gamma$$

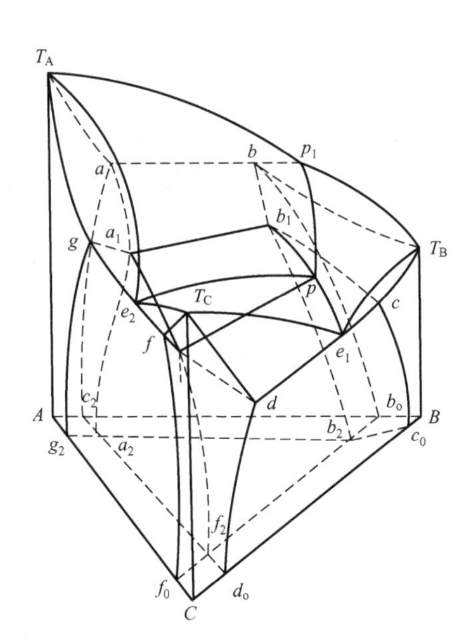

图5.40 三元包共晶相图

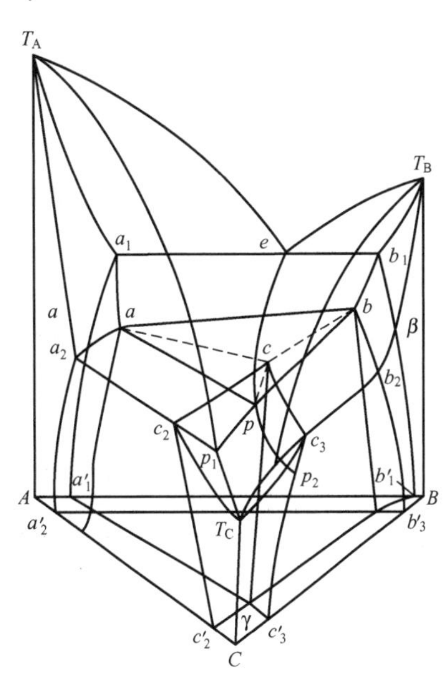

图5.41 具有四相平衡包晶转变的三元相图

5.5 三元合金相图总结

三元相图的种类繁多，结构复杂，以上仅以几种典型的三元相图为例，说明其主体模型、等温截面、投影图及合金结晶过程的一般规律性。现把所涉及的某些规律性再进行归纳整理，掌握了这些规律性，就可以举一反三，触类旁通，有助于对其他相图的分析和使用。

从前几节内容可以看出，相平衡数为1、2、3、4。

1. 单相平衡

单相平衡中 $f=3-1+1=3$，一个温度变量和两个成分变量之间没有任何相互制约的关系，因此，无论是等温截面还是变温截面，单相区可能具有多种多样的形状。

2. 两相平衡

二元相图的两相区以一对共轭曲线为边界，三元相图的两相区以一对共轭曲面为边界，投影图上就有这两个面的投影。由于两相区的自由度为2，因此无论是等温截面还是变温截面都截取一对曲线作为边界的区域。在等温截面上，平衡相的成分由两相区的连接线确定，可以用杠杆定律计算相的含量。当温度变化时，如果其中一个相的成分不变，则另一个相的成分沿不变相的成分点与合金成分点的延长线变化。如果两相成分均随温度而变化，则两相的成分按蝴蝶形规律变化。在变温截面上，只能判断两相转变的温度范围，不反映平衡相的成分，故不能用杠杆定律计算相的含量。

3. 三相平衡

三元系合金的三相平衡，其自由度为1。三相平衡区的立体模型是一个三棱柱，三条棱边为三个相成分的单变量线。三相区的等温截面是一个直边三角形，三个顶点即三个相的成分点，各连接一个单相区，三角形的三个边各邻接一个两相区，可以用重心法则计算各相的含量。在变温截面上，若垂直截面截过三相区的三个侧面，则呈曲边三角形，三角形的定点并不代表三个相的成分，所以不能用重心法则来计算三个相的含量。

如何判断三相平衡是二元共晶反应还是二元包晶反应呢？可以从以下两方面判断。

① 从三相空间结构的连接线三角形随温度下降的移动规律判定，如图5.42所示。三相共晶和三相包晶的空间模型虽然都是三棱柱体，但其结构有所不同，图5.42(a)中的 $\alpha\beta$ 线为二元共晶线，位于中间的 L 为共晶点，加入第三组元后，随温度的降低，L 的单变量线在前面，α和β的单变量线在后面。图5.42(b)中的 αL 线为二元包晶线，中间的 β 为包晶点，加入第三组元后，随着温度的降低，α和L的单变量线在前面，β的单变量线在后面。凡是

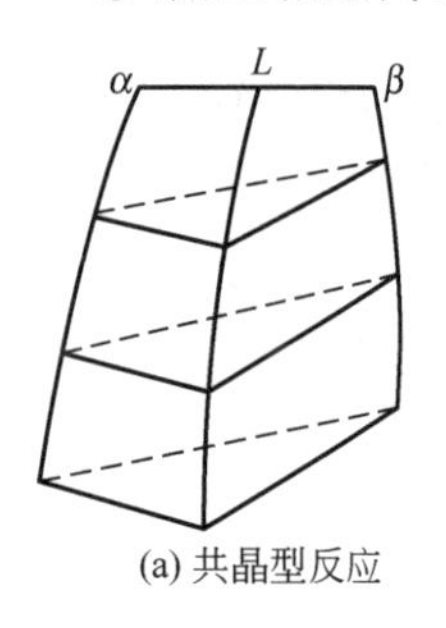

(a) 共晶型反应

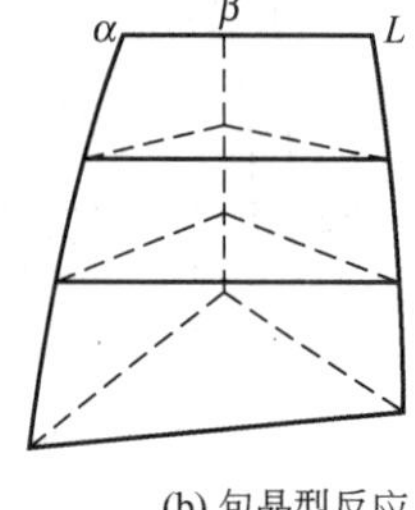

(b) 包晶型反应

图5.42 三元相图中三相平衡的两种基本形式

位于前面的都是参与反应相，位于后面的是反应生成相。故图5.42(a)为二元共晶型反应，而图5.42(b)为二元包晶型反应。

② 从变温截面上三相区的曲边三角形判定。垂直截面过三相区的三个侧面时，会出现图5.43所示的两种不同的三相区。两个曲边三角形的顶点均与单相区衔接，其中图5.43(a)居中的单相区(L)在三相平衡区上方；图5.43(b)居中的单相区(γ)在三相平衡区的下方，遇到这种情况，可以立刻判定，图5.43(a)中的三相区内发生二元共晶反应，图5.43(b)的三相区内发生二元包晶反应，这与二元相图的情况非常相似，差别仅在于水平线改换为三角形，若曲边三角形的三个顶点邻接的不是单相区，则不能据此判断反应的类型，而需要根据邻区分布特点进行分析。

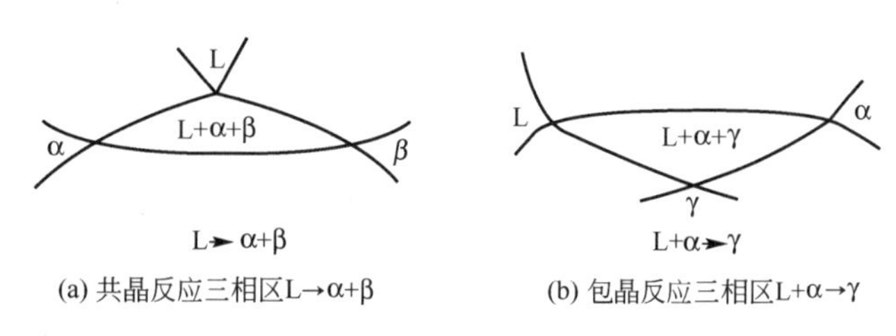

(a) 共晶反应三相区L→α+β (b) 包晶反应三相区L+α→γ

图5.43 变温截面截取的两种不同形状的三相区

4. 四相平衡

相律 $f=3-4+1=0$ 表明，三元系合金处于四平衡状态时，平衡温度和平衡成分都是一定的，故四相平衡区在三元相图中是一个水平面，在垂直截面中是一条水平线。如果四相平衡中有一相是液体，其余三相是固体，则四相平衡可能有以下三种类型。

共晶型转变：$L\rightarrow\alpha+\beta+\gamma$。

包共晶型转变：$L+\alpha\rightarrow\beta+\gamma$。

包晶型转变：$L+\alpha+\beta\rightarrow\gamma$。

三元相图立体模型中的四相平衡是由四个成分点所构成的等温面，这四个成分点就是四个相的成分，因此四相平面和四个单相区相连，以点接触；四相平衡时其中任意两相之间也必然平衡，所以四个成分点的任意两点之间的连接线必然是两相区的连接线，这样的连接线共有六根，即四相平面和六个两相区相连，以线接触。四相平衡时其中任意三相之间也必然平衡，四个点中任意三个点连成的三角形必然是三相区的连接三角形，这样的三角形共有四个，所以四相平面和四个三相区相连，以面接触。这一点最重要，因为根据三相区和四相区平面的接触情况，就可以确定四相平衡平面的反应性质。

四个三相区与四相平面的邻接关系有三种类型。

① 在四相平面之上邻接三个三相区，在四相平面之下邻接一个三相区。这样的四相平面为三角形，三角形的三个顶点连接三个固相区，液相的成分点位于三角形之中。这种四相平衡反应为三元共晶反应。

② 在四相平面之上邻接两个三相区，在四相平面之下邻接另两个三相区。这样的四相平面为四边形，反应式左边的两相(参加反应相)和反应式右边的两相(反应生成相)分别位于四边形对角线的两个端点。这种四相平衡反应为包共晶反应。

③ 在四相平面之上邻接一个三相区，在四相平面之下邻接三个三相区。这样的四相平面为三角形，参与反应相的三个成分点即三角形的顶点，反应生成相的成分点位于三角形之中。这种四相平衡反应为包晶反应。

三元系中的四相平衡转变见表 5-4。

表 5-4　三元系中的四相平衡转变

转变类型	L→α+β+γ	L+α→β+γ	L+α+β→γ
转变前的三相平衡	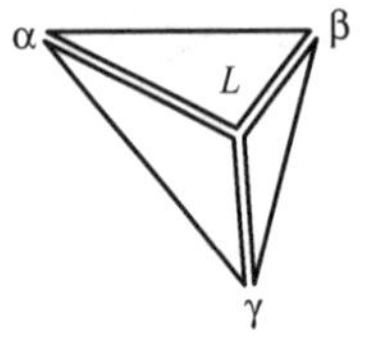	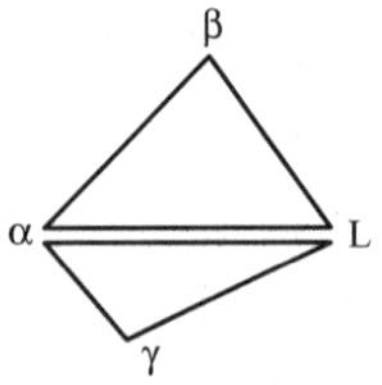	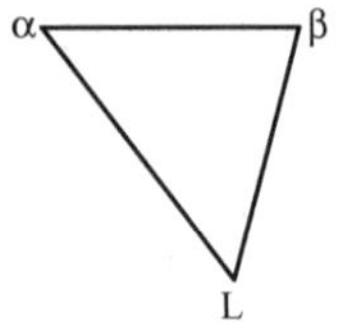
四相平衡	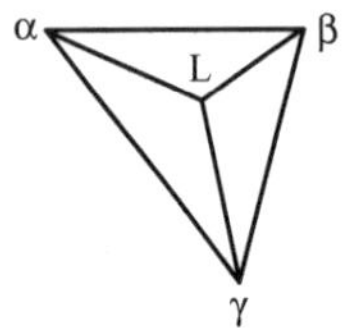	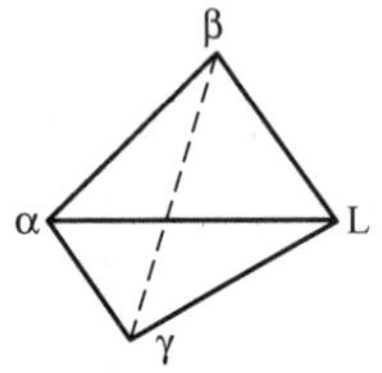	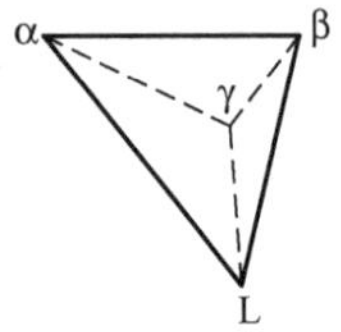
转变后的三相平衡	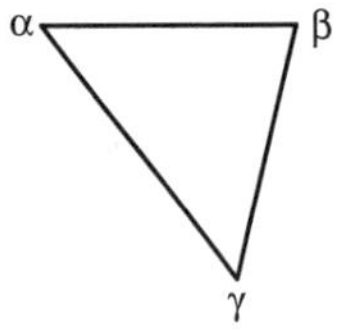	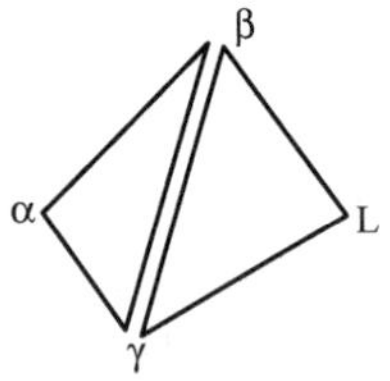	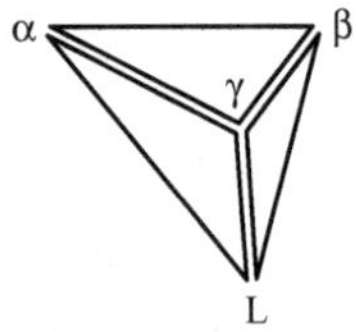

从表 5-4 中可以看出，对于三元共晶反应，反应之前为三个小三角形 Lαβ、Lαγ、Lβγ 所代表的三相平衡，反应之后则为一个大三角形 αβγ 所代表的三相平衡；三元包共晶反应，反应之前为两个三角形 Lαβ 和 Lαγ 所代表的三相平衡，反应之后则为另两个三角形 αβγ 和 Lβγ 所代表的三相平衡；三元包晶反应，反应之前为三角形 Lαβ 所代表的三相平衡，反应之后为三角形 Lαγ、Lβγ、αβγ 所代表的三相平衡。

在等温截面上，当截面温度稍高于四相平衡平面时，属于三元共晶反应的有三个三相区，包共晶反应的有两个三相区，三元包晶反应的仅有一个三相区。当截面温度稍低于四相平衡平面时，属于三元共晶反应的有一个三相区，三元包共晶反应的有两个三相区，三元包晶反应的有三个三相区。

在变温截面上，由于四相平面是一个水平面，因此四相区一定是一条水平线。如果垂直截面都能截过四个三相区，那么对于三元共晶反应，在四相水平线之上有三个三相区，水平线之下有一个三相区，如图 5.44(a)所示。对于包共晶反应，在四相水平线之上有两个三相区，水平线之下也有两个三相区，如果 5.44(b)所示。对于包晶反应，在四相水平线之上有一个三相区，水平线之下有三个三相区，如图 5.44(c)所示。如果垂直截面不能同时与四个三相区相截，那么就不能靠变温截面图来判断四相反应的类型。

四相平衡平面和四个三相区相连，每一个三相区都有三根单变量线，四相平衡平面必然与十二根单变量线相连接。因此，投影图主要反映这十二根单变量线的投影关系。根据单变量线的位置和温度走向，可以判断四相平衡类型，如图 5.45(a)～图 5.45(c)所示。

液相面的投影图应用十分广泛，等温线常用细实线画出并标明温度，液相单变量线常

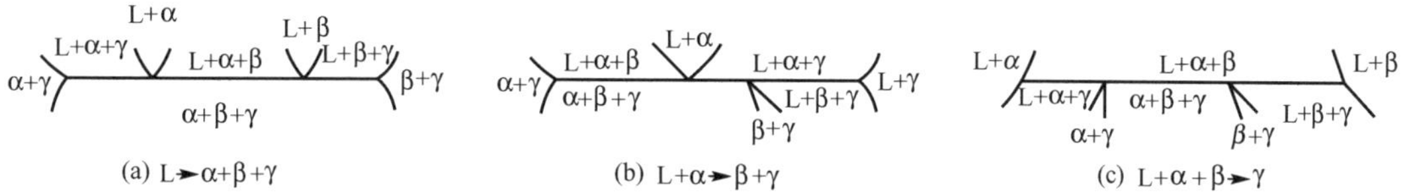

(a) L→α+β+γ　(b) L+α→β+γ　(c) L+α+β→γ

图 5.44　从变温截面判断四相平衡反应类型

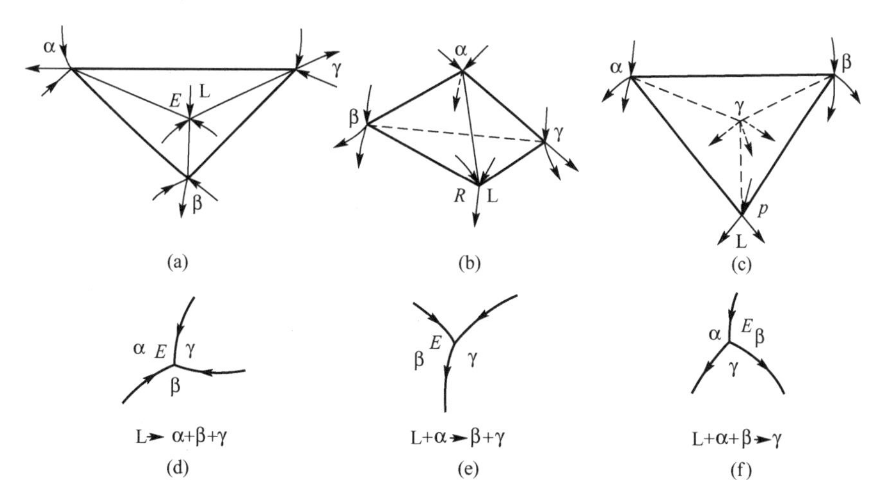

图 5.45　不同类型的四相平衡反应液相线走向规律

用粗实线画出并用箭头标明从高温到低温的方向。以单变量线的走向判断四相反应类型时，最常用的是液相的单变量线。当三条液相单变量线相交于一点时，交点所对应的温度必然发生四相平衡转变。若三条液相单变量线上的箭头同时指向交点，则交点所对应的温度发生三元共晶转变；若两条液相单变量线的箭头指向交点，一条背离交点，则发生包共晶转变；若一条液相单变量线的箭头指向交点，两条背离交点，则发生包晶转变。反应式的写法遵循以下原则：三元共晶反应是由液相生成三条液相单变量线组成的三个液相面所对应的相；包共晶反应是由液相和箭头指向交点的那两根单变量线组成的液相面所对应的相生成另两个液相面所对应的相；包晶反应是由液相及箭头背离交点的两条液相单变量线外侧的两液相面所对应的相反应生成另一液相面所对应的相。根据以上原则，图 5.45(d)～图 5.45(f)中三种类型的四相反应式可分别写为：L→α＋β＋γ、L＋α→β＋γ、L＋α＋β→γ。

5.6　三元合金相图应用实例分析

5.6.1　Fe－C－Si 三元相图的垂直截面

普遍应用的灰铸铁，主要是在铁碳合金的基础上加入石墨化元素硅所组成的。铸铁中的碳和硅对铸铁的凝固过程及组织有着重大的影响。图 5.46 所示为 Fe－C－Si 三元系合金垂直截面，其中图 5.46(a)的 w_{Si}＝2.4％，图 5.46(b)的 w_{Si}＝4.8％，由此可知它们在成分三角形中都是平行于 Fe－C 边的。

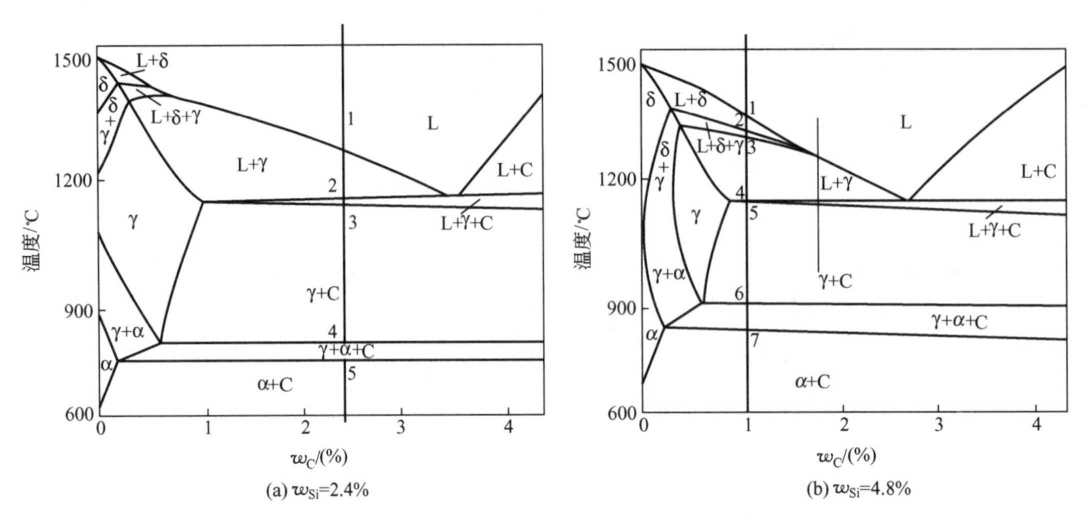

图 5.46 Fe－C－Si 三元系合金垂直截面

也就是说，硅含量确定后，变温截面实质是平行于成分三角形 Fe－C 边的垂直截面。

在 Fe－C 二元系合金中加入第三组元 Si 时，其垂直截面图除保持 Fe－C 二元相图原有的相区分布规律之外还体现了三元相图特征，如三相区在垂直截面上呈现为曲边三角形。图 5.46 中存在五个单相区：液相 L、铁素体 α、高温铁素体 δ、奥氏体 γ 和 C（石墨）。此外还有七个两相区和三个三相区。在分析相图时，要设法搞清楚各相区转变的类型，两相区比较简单，容易分析，而判断三相区的转变类型就比较复杂。

L＋δ＋γ 三相区是一曲边三角形，三个顶点分别与三个单相区相连接，并且居中的单相区在三相区的下方，根据上节介绍的原则可知，该三相区发生二元包晶转变 L＋δ→γ，它与二元相图中的包晶转变差别仅在于不是在等温条件下进行的，而是在一个温度区间内进行的。

L＋γ＋C(石墨)三相区上面的顶点与单相区 L 相连接，左边的顶点与单相区 γ 相连，但右面不与单相区相连。由此可知，该截面未通过三棱柱的三个侧面。在这种情况下，可根据与之相邻的二相平衡区来判断它的转变类型：在 L＋γ＋C 三相区下方是 γ＋C 两相区，说明这里将要发生液相 L 消失而形成 γ 和 C 的共晶转变，即 L→γ＋C。用同样的方法可以判断在 γ＋α＋C 三相区发生的是 γ→α＋C 的共析转变。此处的共晶和共析转变都在一个温度区间内进行。

(1) w_{Si}＝2.4%合金结晶过程分析

含 w_C＝2.3%合金的平衡凝固过程。当温度高于 1 点时，合金处于液态；在 1～2 之间，从液相中析出 γ，即 L→γ；从 2 点开始发生共晶转变 L→γ＋C；冷却到 3 点，共晶转变结束；在 4～5 点之间发生共析反应 γ→α＋C。在室温下该合金的相组成物为 α＋C。

(2) w_{Si}＝4.8%合金结晶过程分析

含 w_C＝1%合金的平衡凝固过程。冷却至 1 点时，L 相中析出 δ 相而进入 L＋δ 两相区；冷却至 2 点时，发生包晶反应 L＋δ→γ_1 并进入 L＋δ＋γ 三相区；冷却至 3 点时，包晶反应结束，δ 相消失进入 L＋γ 两相区；冷却至 4 点时，发生共晶反应进入 L＋γ＋C 三相区；冷却至5点时，共晶反应结束，液相L消失进入γ+C两相区；冷却至6点时，共析反应进入γ+α+C三相区；冷却至7点时，共析反应结束，γ相消失进入α+C两相区。

室温下该合金的相组成物为α+C，而组织组成物为α+C(由先共晶γ经共析分解得α+C)和共晶产物(α+C)，这两类组织组成物仍能区分开来。

利用Fe-C-Si三元系合金的变温截面可以确切地了解合金的相变温度，以作为制定热加工工艺的依据。例如，$w_{Si}=2.4\%$、$w_C=2.5\%$的灰铸铁，由于距共晶点很近，结晶温度间隔很小，因此它的流动性很好。在相图上可以直接读出该合金的熔点(≈1200℃)，据此可确定它的熔炼温度和浇注温度。又如$w_{Si}=2.4\%$、$w_C=0.1\%$的硅钢片，由截面图可知，只有将其加热到980℃以上，才能得到单相奥氏体。因此，对这种钢进行轧制时，其始轧温度应为1120～1190℃。

此外，从这两个截面图可以看出硅对Fe-C合金系的影响。随着硅含量的增加，包晶转变温度降低，共晶转变和共析转变温度升高，γ相区逐渐缩小。而且，硅使共晶点左移，从截面图可知，大约每增加$w_{Si}=2.4\%$，就使共晶点的含碳量减少0.8%。也就是说，为了获得流动性好的共晶灰铸铁，对于$w_C=3.5\%$的铁碳合金，只要加入$w_{Si}=2.4\%$的硅即可。

5.6.2 Fe-C-Cr三元相图的等温截面

图5.47所示为Fe-C-Cr三元系合金在1150℃时的等温截面，C和Cr的含量在这里是用直角坐标表示的。图中有六个单相区，九个两相区和四个三相区，其中的C_1、C_2、C_3分别代表碳化物$(Cr, Fe)_7C_3$、$(Cr, Fe)_{23}C_6$及合金渗碳体$(Cr, Fe)_3C$。

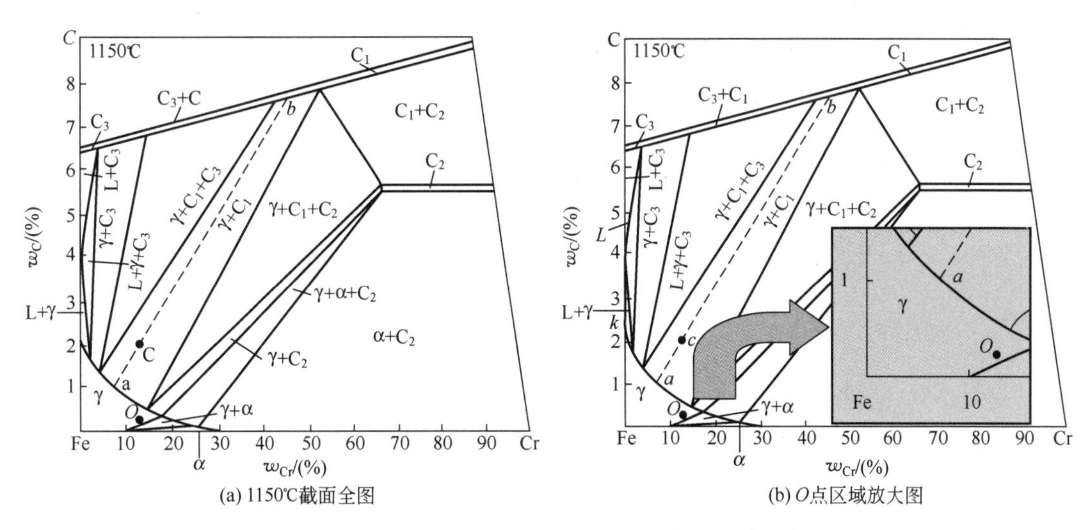

(a) 1150℃截面全图 (b) O点区域放大图

图5.47 Fe-C-Cr三元系合金在1150℃时的等温截面

利用等温截面图可以分析合金在该温度下的相组成，并可运用杠杆定律和重心法则对合金的相组成进行定量计算。下面以几种典型合金为例进行分析。

1. 20Cr13不锈钢($w_C=0.2\%$，$w_{Cr}=13\%$)

由于是直角坐标，作垂线，交点O即为合金成分，O点正好位于γ单相的奥氏体区，这表明在1150℃为单相γ状态。

2. Cr12模具钢($w_C=2\%$,$w_{Cr}=13\%$)

该合金成分点c位于$\gamma+C_1$两相区,说明此温度由γ和C_1两相组成。为了计算相的含量,需要作出两平衡相间的连接线,近似的画法是将两条相界直线延长相交,自交点向c作直线,abc即为近似的连接线。由a、b两点可读出,γ相中铬含量约为7%、碳含量约为0.95%;C_1相中铬含量约为47%、碳含量约为7.6%。这样,可应用杠杆定律得

$$w_\gamma=\frac{cb}{ab}=\frac{7.6-2}{7.6-0.95}\times100\%\approx84.2\%$$

$$w_{C_1}=(100-84.2)\times100\%\approx15.8\%$$

计算结果表明,当加热到1150℃时,Cr12模具钢仍有约15.8%的碳化物未能溶入奥氏体。

习　题

1. 解释下列基本概念及术语。

成分(浓度)三角形,直线法则,重心法则,共轭连线,共轭三角形,蝴蝶形规律,单变量线,液相面,固相面,溶解度曲面,四相平衡温度,投影图,垂直截面,等温截面。

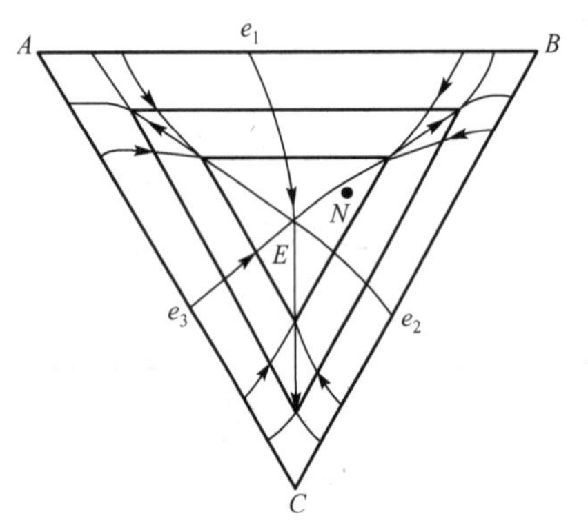

图5.48　习题4图

2. 杠杆定律与重心法则有什么关系?在三元相图的分析中怎样运用杠杆定律和重心法则?

3. 三元合金的匀晶转变和共晶转变与二元合金的匀晶转变和共晶转变有何区别?

4. 图5.48所示为固态有限互溶三元共晶相图的投影图,请回答下列问题。

① 指出三个液相面的投影区。

② 指出e_3E线和E点表示的意义。

③ 分析合金N的平衡结晶过程。

5. Al-Cu-Mg合金系是航空工业上广泛应用的三元合金系,图5.49所示为是Al-Cu-Mg三元相图富Al一角的液相面投影图。在所示的成分范围内,共有四个液相单变量线的交叉点,它们代表四个四相平衡反应,分别写出反应类型。

6. 图5.50所示是$w_{Cr}=13\%$的Fe-C-Cr三元相图的垂直截面图。图中,C_1、C_2、C_3分别代表$(Cr,Fe)_7C_3$、$(Cr,Fe)_{23}C_6$、$(Fe,Cr)_3C$碳化物。在$w_{Cr}=13\%$的垂直截面中,有八个两相区、八个三相区和三条代表四相反应的水平线。试判断$L+\gamma+C_1$、$\alpha+\gamma+C_1$和$\alpha+\gamma+C_2$三个三相区的反应类型。

7. 同上题,试判断三条代表四相反应的水平线的反应类型。

8. 利用图5.51分析20Cr13($w_C=0.2\%$,$w_{Cr}=13\%$)不锈钢的凝固过程及组织组成物。

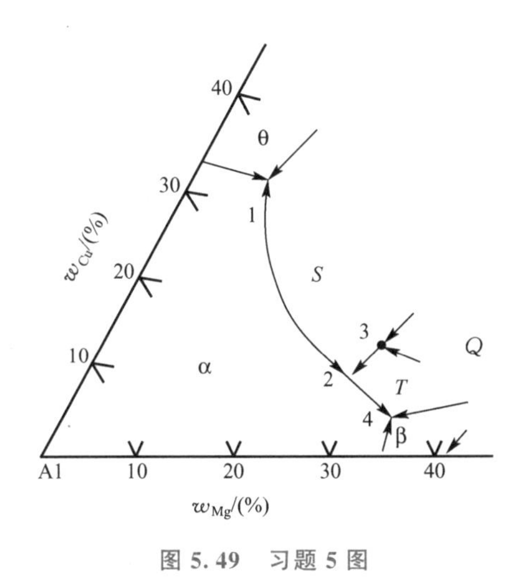

图 5.49 习题 5 图

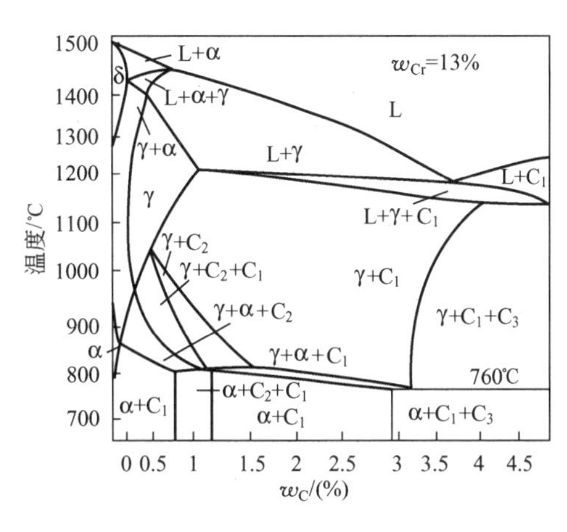

图 5.50 习题 6 图

9. 根据图 5.52 所示的 Fe－W－C 三元系合金低碳部分的液相面投影图，试标出所有四相反应。

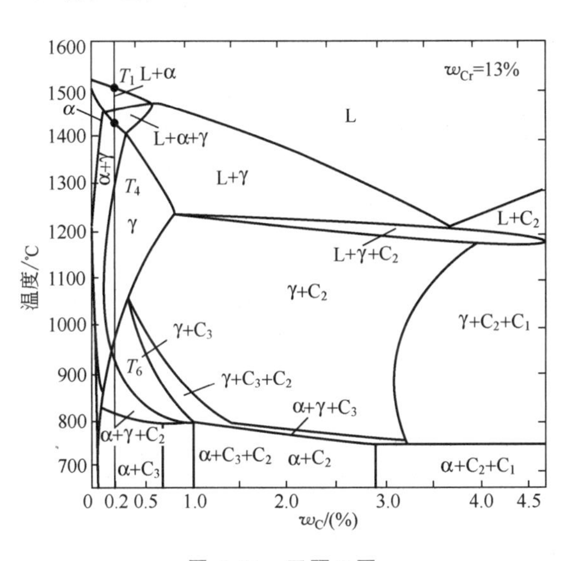

图 5.51 习题 8 图

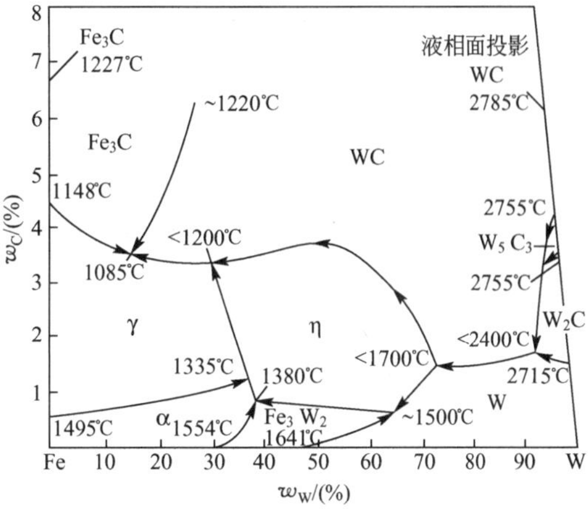

图 5.52 习题 9 图

10. 某三元合金 K 在温度为 T_1 时分解为 B 组元和液相，两个相的相对量 $w_B/w_L=2$。已知合金 K 中 A 组元和 C 组元的质量比为 3，液相中 $w_B=40\%$，试求合金 K 的成分。

11. 已知 A、B、C 三组元固态完全不互溶，成分为 $w_A=80\%$、$w_B=10\%$、$w_C=10\%$的 O 合金在冷却过程中将进行二元共晶反应和三元共晶反应，如图 5.53 所示。在二元共晶反应开始时，该合金液相成分(a 点)为 $w_A=60\%$、$w_B=20\%$、$w_C=20\%$，而三元共晶反应开始时的液相成分(E 点)为 $w_A=$

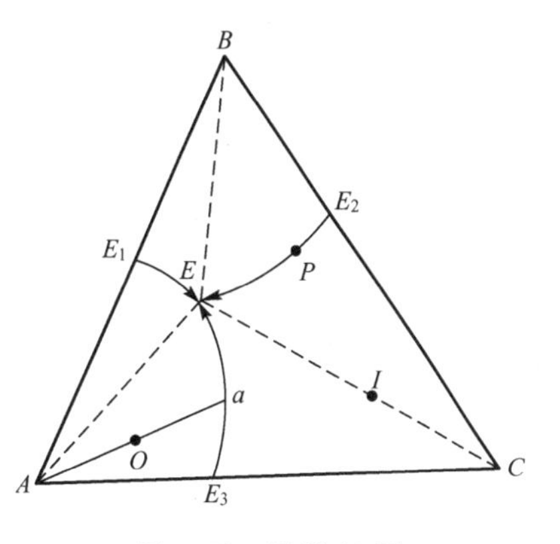

图 5.53 习题 11 图

50%、$w_B=10\%$、$w_C=40\%$。

(1) 试计算 $w_{A_{初}}$、$w_{(A+B)}$ 和 $w_{(A+B+C)}$ 的相对量。

(2) 写出在图中的 I 点和 P 点合金的室温平衡组织。

12. 成分为 $w_A=40\%$、$w_B=30\%$ 和 $w_C=30\%$ 的三元系合金在共晶温度形成三相平衡，三相成分见表 5-5。

表 5-5　三相成分

液相	$w_A=50\%$	$w_B=40\%$	$w_C=10\%$
α 相	$w_A=85\%$	$w_B=10\%$	$w_C=5\%$
β 相	$w_A=10\%$	$w_B=20\%$	$w_C=70\%$

计算液相、α 相和 β 相各占多少?

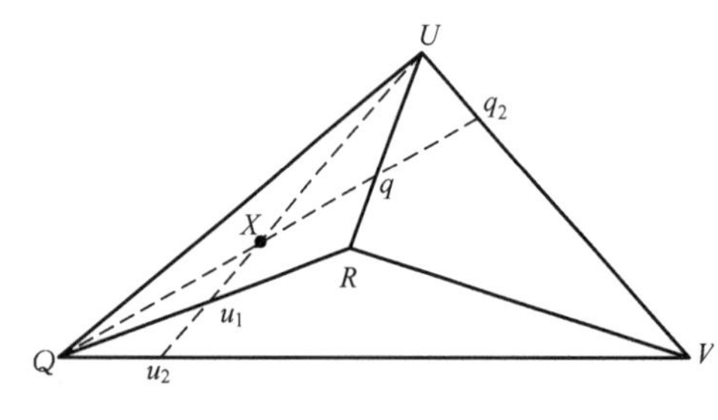

图 5.54　习题 13 图

13. 如图 5.54 所示，设成分为 X 的合金，在四相反应前为 Q+R+U 三相平衡，四相反应后为 U+Q+V 三相平衡。试证明该反应为 R→Q+U+V 类型的反应。

14. 如图 5.55 所示，设成分为 X 的合金，在四相反应前为 Q+R+U 三相平衡，四相反应后为 U+Q+V 三相平衡。试证明该反应为 R+Q→U+V 类型反应。

15. 图 5.56 所示是在固态下有限互溶的 A-B-C 三元系合金相图的投影图(A、B、C 三组元附近对应 α、β、γ 单相区)，试分析合金①、合金②的平衡结晶过程，并写出室温下的组织。

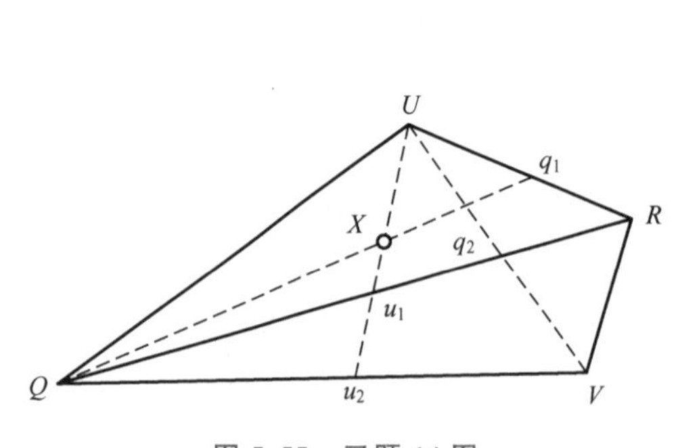

图 5.55　习题 14 图

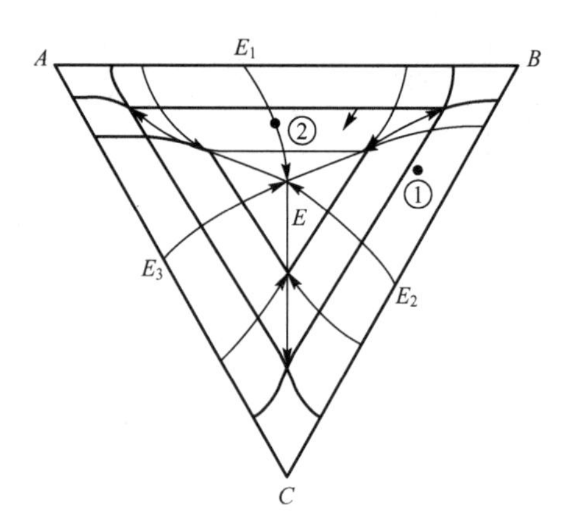

图 5.56　习题 15 图

第6章 金属的塑性变形

★ 了解金属变形的三个阶段

★ 熟悉金属塑性变形基本过程，熟练掌握三种典型金属晶体结构的滑移系

★ 了解滑移的基本过程及塑性变形的实质，掌握临界分切应力计算和位错增殖原理

★ 熟悉塑性变形对组织和性能的影响，理解固溶强化、弥散强化、加工硬化的基本含义

知识要点	掌握程度	相关知识
金属变形的三个阶段	熟悉应力-应变曲线	弹性变形：应力-应变曲线、广义胡克定律、弹性模量、滞弹性； 塑性变形：屈服强度、抗拉强度、断后伸长率； 断裂：冲击韧性、断裂韧度
单晶体的塑性变形	了解滑移和孪生的概念及比较； 掌握滑移基本过程和原理	塑性变形基本方式； 滑移特征，滑移的临界分切应力； 塑性变形的实质； 孪生条件
多晶体和合金的塑性变形	熟悉多晶体和合金的塑性变形过程	多晶体塑性变形：晶界的影响、晶粒位向的影响； 合金的塑性变形：固溶体溶质的影响、第二相存在的影响
塑性变形对组织和性能的影响	了解塑性变形过程组织和性能在不同阶段的变化规律； 掌握加工硬化基本原理	纤维组织，加工硬化，形变织构，变形内应力

金属材料在静载荷下主要有三种失效形式，即过量弹性变形、塑性变形、断裂。许多金属机件或工具在实际服役时常常承受轴向压缩、扭转或弯曲作用，因此必须测定此类机件或工具的材料在相应承载条件下的力学性能指标。本章将分别介绍金属材料的弹性变形、塑性变形和塑性变形对金属材料组织及性能的影响。

6.1 金属变形的三个阶段

6.1.1 弹性变形

1. 应力-应变曲线

金属材料拉伸室温试验一般是在室温大气环境中，通过拉力拉伸金属试样，一般拉至断裂以测定金属材料力学性能的方法。拉伸试验机一般带有自动记录或绘图功能，记录绘制金属试样所受载荷与伸长量之间的关系，这种曲线称为拉伸图或应力-伸长曲线。图 6.1 所示为退火低碳钢的拉伸图及应力-应变曲线，应力-应变曲线与拉伸图虽然具有相同或相似的形状，但其坐标不同，所包含的意义也不同。

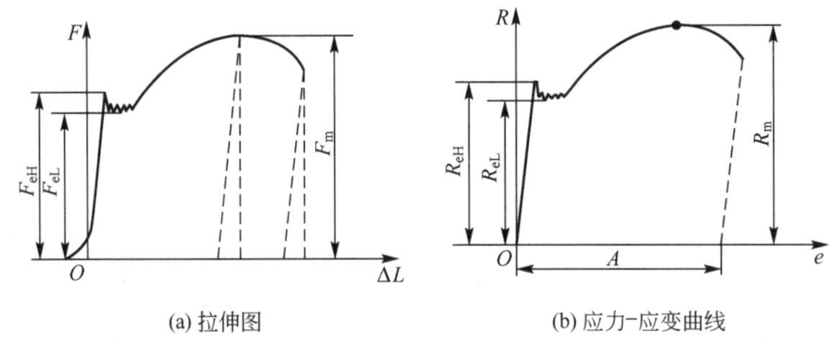

(a) 拉伸图　　(b) 应力-应变曲线

图 6.1　退火低碳钢的拉伸图及应力-应变曲线

对退火的低碳钢，在拉伸应力-应变曲线上，出现平台，即在应力不增加的情况下材料可以继续变形，将这一平台称为屈服平台。平台的拉伸长度随钢中含碳量的增加而减少，当含碳量增至 0.6%以上时，屈服平台将消失。低碳钢在拉伸过程中分为以下四个阶段：弹性变形、不均匀塑性变形、均匀塑性变形和不均匀集中塑性变形四个阶段。

对大多数金属材料，其拉伸应力-应变曲线如图 6.2(a)所示。虽然图 6.2(a)是铝合金的应力-应变曲线，但铜合金和中碳合金结构钢(经淬火及中高温回火处理)的应力-应变曲线也是如此，其特点是材料由弹性变形连续过渡到塑性变形，塑性变形时没有锯齿平台，而变形时总伴随着加工硬化。对高分子材料和苏打石灰玻璃的应力-应变曲线则表现出不同的特点：聚氯乙烯材料的应力-应变曲线如图 6.2(b)所示，在拉伸开始时应力与应变就不成直线关系，不服从胡克定律，同时变形表现为黏弹性；而苏打石灰玻璃的应力-应变曲线如图 6.2(c)所示，应力-应变曲线上只显示弹性变形，没有经过塑性变形就断裂，这是完全脆断的情形，淬火态的高碳钢、普通灰铸铁等也类似于这种情况，钢中含碳量增加，则材料变为脆性材料。

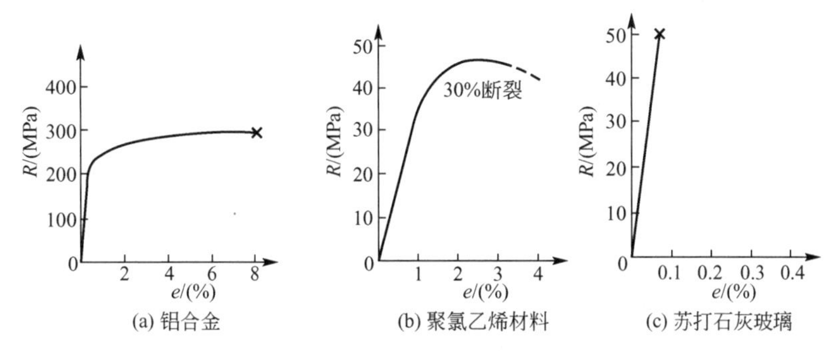

图 6.2 几种典型材料的应力-应变曲线

2. 广义胡克定律

已知在单向应力状态下应力和应变的关系为

$$\sigma=E\varepsilon \tag{6-1}$$

$$\tau=G\gamma \tag{6-2}$$

一般应力状态下各向同性材料的广义胡克定律为

$$\left.\begin{aligned}
\varepsilon_x&=\frac{1}{E}[\sigma_x-\nu(\sigma_y+\sigma_z)]\\
\varepsilon_y&=\frac{1}{E}[\sigma_y-\nu(\sigma_z+\sigma_x)]\\
\varepsilon_z&=\frac{1}{E}[\sigma_z-\nu(\sigma_x+\sigma_y)]\\
\gamma_{xy}&=\frac{\tau_{xy}}{G}\\
\gamma_{yz}&=\frac{\tau_{yz}}{G}\\
\gamma_{zx}&=\frac{\tau_{xy}}{G}
\end{aligned}\right. \tag{6-3}$$

式中，$G=\dfrac{E}{2(1+\nu)}$。

如用主应力状态表示广义胡克定律，则有

$$\left.\begin{aligned}
\varepsilon_1&=\frac{1}{E}[\sigma_1-\nu(\sigma_2+\sigma_3)]\\
\varepsilon_2&=\frac{1}{E}[\sigma_2-\nu(\sigma_3+\sigma_1)]\\
\varepsilon_3&=\frac{1}{E}[\sigma_3-\nu(\sigma_1+\sigma_2)]
\end{aligned}\right. \tag{6-4}$$

3. 弹性模量

在弹性变形阶段，大多数金属的应力与应变符合胡克定律的正比关系，如拉伸情况下

$\sigma=E\varepsilon$，剪切情况下 $\tau=G\gamma$，其中 E 和 G 分别为拉伸杨氏模量和剪切模量，它们都属于弹性模量。工程上把弹性模量 E、G 称为材料的刚度，它表示材料在外载荷下抵抗弹性变形的能力。在机械设计中，有时对刚度要求是第一位的。精密机床的主轴如果不具有足够的刚度，就不能保证零件的加工精度。若汽车、拖拉机中的曲轴弯曲刚度不足，就会影响活塞、连杆及轴承等重要零件的正常工作；若扭转刚度不足，则可能会产生强烈的扭转振动。曲轴的结构和尺寸常常由刚度决定，然后做强度校核。通常由刚度决定的尺寸远大于按强度计算的尺寸。所以，曲轴只有在个别情况下，才会从轴颈到曲柄的过渡圆角处发生断裂，这一般是制造工艺不当所致。

不同类型的材料，其弹性模量差别很大，因而在给定载荷下，产生的弹性挠曲变形也就会相差悬殊。材料的弹性模量主要取决于结合键的本性和原子间的结合力，而材料的成分和组织对它的影响不大，所以说它是一个对组织不敏感的性能指标，这是弹性模量在性能上的主要特点(金属的弹性模量是一个结构不敏感的性能指标，而高分子和陶瓷材料的弹性模量则对结构与组织很敏感)。改变材料的成分和组织会对材料的强度(如屈服强度、抗拉强度)有显著影响，但对材料的刚度影响不大。从大的范围来说，材料的弹性模量首先取决于结合键。共价键结合的材料弹性模量最高，像 SiC、Si_3N_4 陶瓷材料和碳纤维的复合材料有很高的弹性模量，而主要依靠分子键结合的高分子，由于键力弱其弹性模量最低。金属键有较强的键力，材料容易塑性变形，其弹性模量适中，但由于各种金属原子结合力的不同，弹性模量也会有很大的差别，如铁的弹性模量约为 210GPa，约为铝(铝合金)的 3 倍($E_{Al}\approx70$GPa)，而钨的弹性模量($E_W\approx410$GPa)又近乎铁的两倍。弹性模量是和材料的熔点成正比的，越是难熔的材料弹性模量也越高。表 6-1 为几种金属材料的弹性模量。

表 6-1　几种金属材料的弹性模量

材料名称	E/GPa	G/GPa	ν
铝	70.3	26.1	0.345
铜	129.8	48.3	0.343
铁	211.4	81.6	0.293
镁	44.7	17.3	0.291
镍	199.5	76.0	0.312
铌	104.9	37.5	0.397
钽	185.7	69.2	0.342
钛	115.7	43.8	0.321
钨	411.0	160.6	0.280
钒	127.6	46.7	0.365

4. 滞弹性

理想的弹性体其弹性变形速度很快，相当于声音在弹性体中的传播速度。因此，在加载时可认为变形时立即达到应力-应变曲线上的相应值，卸载时也立即恢复原状，曲线上的加载与卸载应在同一直线上，也就是说应变与应力始终保持同步。但是，在实际材料中有应变落后于应力的现象，这种现象称为滞弹性，如图 6.3 所示。对于多数金属材料，如果不是在微应变范围内精密测量，其滞弹性不是十分明显，而有少数金属像铸铁、高铬不锈钢则有明显的滞弹性。例如，普通灰铸铁在拉伸时，在其弹性变形范围内应力和应变并不遵循直线 AC 关系(图 6.3)，而是加载时沿着曲线 ABC 产生弹性变形，卸载时沿着 CDA 恢复原状而不是沿着原途径 BCA。也就是说，加载时试样储存的弹性变形功为 $ABCE$，卸载时释放的弹性变形功为 $ADCE$，这样在加载与卸载的循环中，试样储存了 $ABCDA$ 即图中阴影线面积的弹性变形功。这个滞后环面积虽然很小，但在工程上对一些产生振动的零件却很重要，它可以减小振动，使振动幅度很快地衰减下来，正是因为铸铁有此特性，所以常被用来制作机床床身和内燃机的支座。滞弹性也有不好的一面，如在精密仪表中的弹簧、油压表或气压表的测力弹簧，要求弹簧薄膜的弹性变形能灵敏地反映出油压或气压的变化，因此不允许材料有显著的滞弹性。对于高分子材料，滞弹性表现为黏弹性并成为材料的普遍特性，这时高分子材料的力学性能都与时间有关了，其应变也不再是应力的单值函数而与时间有关了。高分子材料的黏弹性主要是由于大的分子量使应变对应力的响应较慢所致。

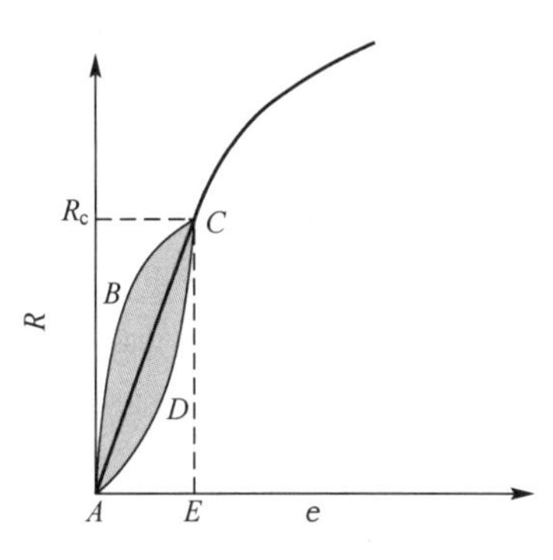

图 6.3　弹性滞后环

6.1.2 塑性变形

1. 屈服强度

(1) 屈服现象

屈服现象是指当材料试样所受应力达到一定值时（超过弹性极限），虽然应力不增加（或者在小范围内波动），但是变形却急剧增长的现象。它标志着材料的力学影响由弹性变形阶段进入塑性变形阶段。

工程上反应材料弹性应力的指标为比例极限和弹性极限。比例极限是材料能够承受的没有偏离应力-应变比例特性的最大应力，依赖于记录数据或实验结果的观察水平。弹性极限是材料在应力完全释放时能够保持没有永久应变的最大应力，可以看作与下屈服点 R_{eL} 相对应。

屈服强度是材料呈现屈服现象时，在试验期间发生塑性变形而力不增加时的应力。应区分上屈服强度 R_{eH} 和下屈服强度 R_{eL}。上屈服强度是试样发生屈服而力首次下降前的最高应力值；下屈服强度是在屈服期间，不计初始瞬时效应时的最低应力值。

对于材料上、下屈服强度不明显的可采用规定塑性延伸强度（又称规定非比例延伸强度）R_p 来反应材料的屈服强度。规定塑性延伸强度 R_p 是塑性延伸率等于规定的引伸计标距 L_e 百分率时所对应的应力。使用时用符号下脚标说明所规定的塑性延伸率，如常用的规定塑性延伸率为 0.2%时的应力以 $R_{P0.2}$ 表示。

(2) 影响屈服强度的因素

影响屈服强度的内在因素有结合键、组织、结构、原子本性。如将金属的屈服强度与陶瓷、高分子材料比较可看出结合键的影响是根本性的。从组织结构的影响来看，可以有四种强化机制影响金属材料的屈服强度，分别是：①固溶强化；②形变强化；③沉淀强化和弥散强化；④细晶强化和亚晶强化。沉淀强化和细晶强化是工业合金中提高材料屈服强度的最常用的手段。在这几种强化机制中，前三种机制在提高材料强度的同时，也降低了塑性，只有细化晶粒和亚晶，才能既提高强度又增加塑性。

影响屈服强度的外在因素有温度、应变速率、应力状态。随着温度的降低与应变速率的提高，材料的屈服强度升高，尤其是体心立方金属对温度和应变速率特别敏感，这导致了钢的低温脆化。应力状态的影响也很重要，虽然屈服强度是反映材料的内在性能的一个本质指标，但应力状态不同，屈服强度值也不同。通常所说的材料的屈服强度一般是指在单向拉伸时的屈服强度。

（3）屈服强度的工程意义

传统的强度设计方法，对塑性材料，以屈服强度为标准，规定许用应力 $[\sigma]=R_{el}/n$，安全系数 n 一般取 2 或更大；对脆性材料，以抗拉强度为标准，规定许用应力 $[\sigma]=R_m/n$，安全系数 n 一般取 6。引起许用应力较低的原因很多，需要考虑应力集中因素、温度和环境的影响及难以估计、预料的载荷变化等。很明显，如果选取高屈服强度的材料，许用应力提高，相应减轻了零件或构件的自重，减小了零件的尺寸和体积。此处需要说明的是，单向拉伸所确定的屈服强度，不仅只对承受单向拉伸的零件有意义，还对复杂的受力状态有重要参考意义。

需要注意的是，按照传统的强度设计方法，必然会导致片面地追求材料的高屈服强度，但是随着材料屈服强度的提高，材料的抗脆断强度在降低，材料的脆断危险性也在增加。

屈服强度不仅具有直接的使用意义，在工程上也是材料的某些力学行为和工艺性能的大致度量。例如，材料屈服强度高，对应力腐蚀和氢脆敏感；材料屈服强度低，冷加工成型的性能和焊接性能好，等等。因此，屈服强度是材料性能中不可缺少的重要指标。

2. 抗拉强度

在材料不产生颈缩时抗拉强度代表断裂抗力。脆性材料用于产品设计时，其许用应力是以抗拉强度为依据的。

抗拉强度是拉伸试验时试样拉断过程中最大试验力所对应的应力，等于最大试验力与试样原始横截面面积的比值，即

$$R_m=\frac{F_m}{s_0} \tag{6-5}$$

根据拉伸试验求得的 R_m 只代表金属材料所能承受的最大拉伸应力。

抗拉强度对一般的塑性材料具有实际意义。虽然抗拉强度只代表产生最大均匀塑性变形抗力，但它表示了材料在静拉伸条件下的极限承载能力。对应抗拉强度 R_m 的外载荷，是试样所能承受的最大载荷，尽管颈缩在不断发展，实际应力也在不断增加，但外载荷却在很快下降。

① 抗拉强度标志塑性金属材料的实际承载能力，但这种承载能力也仅限于光滑试样单向拉伸的受载条件。若材料承受更复杂的应力状态，则 R_m 并不代表材料的实际有用强

度。正是由于 R_m 代表实际工件在静拉伸条件下的最大承载能力，因此 R_m 是工程上金属材料的重要力学性能指标之一。由于 R_m 易于测定，重现性好，因此广泛用于产品规格说明或质量控制指标。

② 在有些场合，使用 R_m 作为设计依据。如对变形要求不高的机件，无须靠 R_m 来控制产品的变形量；此外，在使用中对于重量限制很严而服役时间不长的构件，为了减轻自重，有时会按 R_m 进行设计，比如火箭上的部分构件就是如此。

③ R_m 与硬度、疲劳强度等之间有一定的经验关系。R_m 越大，材料的硬度、疲劳强度就越大。

3. 断后伸长率

拉伸试验时，试样能够进行的伸长量说明了该金属材料的延性大小。金属的延性通常都是用在一定标距长度(一般为 50mm)内的断后伸长率(A)进行表示的。一般情况下，延性越好，断后伸长率越高。如厚度为 1.6mm 的工业纯铝板在退火状态下的断后伸长率可高达 35%，而同样厚度的高强度铝合金在充分强化状态的断后伸长率仅为 11%。

测定断后伸长率时，将拉断后的试样在断口处贴紧，用卡尺来测量标距的最终长度，之后计算断后伸长率，公式为

$$A=\frac{L_u-L_0}{L_0}\times 100\% \tag{6-6}$$

式中，L_0 为标距的原始长度；L_u 为标距的最终长度。

断后伸长率在工程上具有重要意义，一方面可作为延性的一种度量，另一方面也是代表金属质量的一个指标。若金属中含有孔隙、夹杂物，或者存在由于过热引起的损伤，则会使断后伸长率低于正常值。

4. 断面收缩率

除了利用断后伸长率表示金属材料的延性，断面收缩率(Z)也可以表示金属材料的延性。断面收缩率(Z)通常是用直径为 10mm 的试样进行拉伸试验获得的，测出试样的原始直径和拉断后断口处的直径，断面收缩率(Z)的计算公式为

$$Z=\frac{s_0-s_u}{s_0}\times 100\% \tag{6-7}$$

式中，s_0 为试样的原始横截面面积；s_u 为拉断后断口的横截面面积。

作为进行延性的一种度量，断面收缩率也是代表金属质量的一个指标。若金属中含有孔隙或夹杂物，断面收缩率也会相应降低。

6.1.3 断裂

1. 断裂方式及特征

金属材料在应力的作用下被分成两个或几个部分的现象称为断裂。金属材料的断裂一般可以分为延性断裂和脆性断裂两种，有时二者兼有。金属的延性断裂是在进行了大量塑性变形后发生的，其特征是裂纹扩展缓慢，断口呈杯锥状。而脆性断裂则恰好相反，一般

都是沿着特定的镜面(又称解理面)或晶界上进行，裂纹扩展迅速，前者断口呈解理状，后者断口呈萘状。

（1）延性断裂

延性断裂的特征是断裂前产生了明显的宏观塑性变形，故容易引起人们的注意，其产生的破坏性影响小于脆性断裂。断裂时的工作应力高于材料的屈服强度。延性断裂的断口多为纤维状或剪切状，具有剪切唇和韧窝特征。研究表明，大多数面心立方金属如 Cu、Al、Au、Ni 及其固溶体的断裂都属于延性断裂。

（2）脆性断裂

脆性断裂的特征是断裂前没有明显的宏观塑性变形。脆性断裂通常沿着特定的晶面(解理面)进行，作用的应力垂直于解理面。很多具有密排六方结构的金属，由于其滑移系的数目有限而发生脆性断裂，如锌单晶体在垂直于(0001)面承受高应力时，就会发生脆性断裂；此外，很多体心立方金属如 α-铁、钼、钨等，在低温或高应变率条件下也会发生脆性断裂。脆性断裂的特点：材料的工作应力低于其屈服强度；脆断的裂纹源多从材料内部的宏观缺陷处开始；温度越低，脆断的倾向越大；断口平齐光亮，与正应力垂直，断口常呈人字纹或放射花样。

2. 冲击韧性

在实际生产中，大多数机件都有键槽、轴肩、螺纹、油孔等，机件界面由此产生急剧变化，这种截面急剧变化的部位类似存在“缺口”。缺口的存在，使机件在载荷作用下，缺口截面上的应力状态将发生变化，产生“缺口效应”，进一步影响金属材料的力学性能。此外金属机件在冲击载荷的作用下也会出现失效现象，其类型表现为弹性变形、过量塑性变形和断裂。

为评定加载速率和缺口效应对材料韧性的影响，需进行缺口试样冲击试验来测定材料的冲击韧性。冲击韧性是指材料在冲击载荷作用下吸收塑性变形能量和断裂能量的能力，常用标准试样的冲击吸收能量 K 表示。

冲击吸收能量 K 的大小并不能真正反映材料的脆韧程度，因为缺口试样冲击吸收的能量并非完全用于试样变形和破断，其中有一部分能量消耗在试样掷出、机身振动、空气阻力和轴承与测量机构的摩擦中。一般情况下，材料在摆锤冲击试验机上试验时，这些功是忽略不计的，但当摆锤轴线与缺口中心线不一致时，上述功耗较大。所以在不同试验机上测得的 K 值大小彼此可能相差 10%～30%。此外，根据断裂理论，断裂的类型取决于裂纹扩展过程中所消耗的能量(断裂能量)。消耗能量大，断裂表现为延性断裂，反之则为脆性断裂。但 K 值相同的材料，断裂能量并不一定相同。

金属材料常用夏比冲击试验来评定材料的冲击韧性。夏比冲击试验用的是有缺口或预裂纹的试样，测量摆锤冲击并折断试样时所吸收的能量 K。吸收能量 K 等于摆锤冲击前所具有的势能和试样断裂后残留的能量差，且风阻和摩擦损耗已被补偿，可以从试验机的读数装置上直接读出。

3. 断裂韧度

断裂是工程构件最危险的一种失效方式，尤其是脆性断裂，它是突然发生的破坏，断裂前没有明显的征兆，这就常常引起灾难性的事故。20 世纪 40 年代之后，脆性断裂的事故明显增加。例如，巨型豪华邮轮——泰坦尼克号，就是在航行中撞到冰山，船体发生突然断裂造成了旷世悲剧。

按照传统力学设计，只要工作应力 σ 小于许用应力 $[\sigma]$，即 $\sigma<[\sigma]$，就被认为是安全的了。但经典的强度理论无法解释为什么工作应力远低于材料屈服强度时还会发生所谓低应力脆断的现象。传统力学是把材料看成均匀的、没有缺陷的、没有裂纹的理想固体，但是实际的工程材料，在制备、加工及使用过程中，都会产生各种宏观缺陷乃至宏观裂纹。

人们在随后的研究中发现低应力脆断总是和材料内部含有一定尺寸的裂纹有关，当裂纹在给定的作用应力下扩展到一临界尺寸时，就会突然破裂。因为传统力学或经典的强度理论解决不了带裂纹构件的断裂问题，断裂力学就应运而生。可以说断裂力学就是研究带裂纹体的力学，它给出了含裂纹体的断裂判据，并提出一个材料固有性能的指标——断裂韧性，用它来比较各种材料的抗断能力。

(1) 理论断裂强度

金属的理论断裂强度可由原子间结合力的图形算出，原子间结合力随距离变化示意如图 6.4 所示。图中纵坐标表示原子间结合力，纵轴上方为引力，下方为斥力，当两原子间距为 a，即点阵常数时，原子处于平衡位置，原子间的作用力为零。若金属原子受拉伸离开平衡位置，则位移越大需克服的引力越大，引力和位移的关系以正弦函数关系表示，当位移达到 X_m 时引力最大，以 σ_c 表示，拉力超过此值以后，引力逐渐减小，在位移达到正弦周期之半 $\lambda/2$ 时，原子间的作用力为零，即原子的键合已完全破坏，达到完全分离的程度。可见理论断裂强度相当于克服最大引力 σ_c。该力和位移的关系为 $\sigma=\sigma_c\sin(2\pi x/\lambda)$。

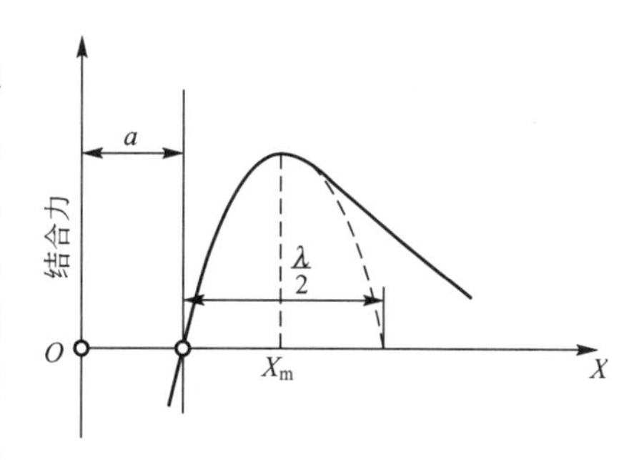

图 6.4 原子间结合力随距离变化示意

图 6.4 中正弦曲线下所包围的面积代表使金属原子完全分离所需的能量。分离后形成两个新表面，设裂纹面上单位面积上的表面能为 γ_s。

可得出 $\sigma_c=\left(\frac{E\gamma_s}{a}\right)^{\frac{1}{2}}$，若以 $\gamma_s=0.1\text{J/m}^2$，$a=3.0\times10^{-8}\text{cm}$ 代入，可得到 $\sigma_c\approx\frac{1}{10}E$。

(2) 格里菲斯断裂理论

金属的实际断裂强度要比理论计算的断裂强度低得多，粗略言之，至少低一个数量级，即 $\sigma_c\approx\frac{1}{100}E$。

实际断裂强度低的原因是材料内部存在裂纹。玻璃结晶后，由于热应力产生固有的裂纹；陶瓷粉末在压制烧结时也不可避免地残存裂纹。金属结晶是紧密的，并不是先天性地就含有裂纹。金属中含有的裂纹来自两方面：一是在制造工艺过程中产生，如锻压和焊接等；二是在受力时由于塑性变形不均匀，由于变形受到阻碍而产生了很大的应力集中，当应力集中达到理论断裂强度，而材料又不能通过塑性变形使应力松弛，这样便开始萌生裂纹。

材料内部含有裂纹对材料强度有多大影响呢？早在 20 世纪 20 年代格里菲斯首先研究

了含裂纹的玻璃强度，并得出断裂应力和裂纹尺寸的关系，即

$$\sigma=\left(\frac{2E\gamma_p}{\pi c}\right)^{\frac{1}{2}} \tag{6-8}$$

这就是著名的格里菲斯公式，其中 c 是裂纹尺寸。

(3) 奥罗万的修正

格里菲斯成功地解释了材料的实际断裂强度远低于其理论强度的原因，定量地说明了裂纹尺寸对断裂强度的影响，但他研究的对象主要是玻璃这类很脆的材料，因此这一实验结果在当时并未引起重视。直到20世纪40年代之后，金属的脆性断裂事故不断发生，人们又开始重新审视格里菲斯的断裂理论了。

对大多数金属材料，虽然裂纹尖端由于应力集中的作用，导致局部应力很高，但是一旦超过材料的屈服强度，就会发生塑性变形。在裂纹尖端有一塑性区，材料的塑性越好强度越低，产生的塑性区尺寸就越大。裂纹扩展必须首先通过塑性区，裂纹扩展功主要耗费在塑性变形上，金属材料和陶瓷的断裂过程不同，主要区别也在这里。由此，塑性变形功 γ_p 控制着裂纹的扩展，奥罗万修正了格里菲斯的断裂公式，得

$$\sigma=\left[\frac{2E\ (\gamma_s+\gamma_p)}{\pi c}\right]^{\frac{1}{2}} \tag{6-9}$$

大多数金属材料裂纹尖端塑性变形较大，塑性变形功 γ_p 远大于表面能 γ_s，这时便要采用奥罗万的修正公式。

(4) 裂纹扩展的能量判据

在格里菲斯或奥罗万的断裂理论中，裂纹扩展的阻力为 $2\gamma_s$ 或者为 $2(\gamma_s+\gamma_p)$。设裂纹扩展单位面积所耗费的能量为 R，则 $R=2\gamma_s$ 或 $R=2(\gamma_s+\gamma_p)$。而裂纹扩展的动力，对于上述的格里菲斯试验情况来说，只来自系统弹性应变能的释放。在此定义

$$G=-\frac{\partial u}{\partial(2c)}=-\frac{\partial}{\partial(2c)}\left(-\frac{\pi\sigma^2c^2}{E}\right)=\frac{\pi\sigma^2c}{E} \tag{6-10}$$

G 表示弹性应变能的释放率或者为裂纹扩展力。因为 G 是裂纹扩展的动力，当 G 达到怎样的数值时，裂纹就开始失稳扩展呢？

按照格里菲斯断裂条件 $G\geqslant R$，$R=2\gamma_s$。

按照奥罗万修正公式 $G\geqslant R$，$R=2(\gamma_s+\gamma_p)$。

因为表面能 γ_s 和塑性变形功 γ_p 都是材料常数，它们是材料固有的性能，令 $G_{1C}=2\gamma_s$ 或 $G_{1C}=2(\gamma_s+\gamma_p)$，则

$$G_1\geqslant G_{1C} \tag{6-11}$$

这就是断裂的能量判据。原则上讲，对不同形状的裂纹，其 G_1 是可以计算的，而材料的性能 G_{1C} 是可以测定的。因此可以从能量平衡的角度研究材料的断裂是否发生。

(5) 裂纹扩展的基本形式

含裂纹的金属机件(或构件)，根据外加应力与裂纹扩展面的取向关系，裂纹扩展分为三种基本形式，如图6.5所示。

① 拉伸张开型裂纹。外加正应力垂直于裂纹面，在应力 σ 作用下裂纹尖端张开，扩展方向和正应力垂直。这种拉伸张开型裂纹也属于平面应变型裂纹，简称Ⅰ型裂纹。实际金属材料中的裂纹大多为工型裂纹。

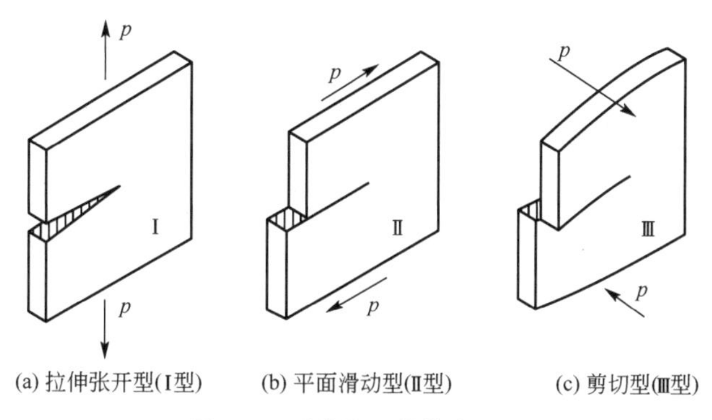

图 6.5 裂纹扩展的基本形式

② 平面滑动型裂纹。剪切应力平行于裂纹面，裂纹滑开扩展，这种平面滑动型裂纹也属于平面应变型裂纹，简称Ⅱ型裂纹。例如，轮齿或花键根部沿切线方向的裂纹，或者一个受扭转的薄壁圆筒上的环形裂纹都属于这种情形。

③ 剪切型裂纹。在切应力作用下，一个裂纹面在另一裂纹面上滑动脱开，裂纹前缘平行于滑动方向，这种剪切型裂纹也属于非平面应变型裂纹，简称Ⅲ型裂纹。

因为实际工程构件中裂纹形式大多属于Ⅰ型裂纹，也是最危险的一种裂纹形式，最容易引起低应力脆断。所以一般情况下都是重点讨论Ⅰ型裂纹。

(6) 平面应变张开型应力强度因子 K_{I}

根据裂纹尖端应力场的理论计算，若给定裂纹尖端某点的位置时［即距离(r, θ)已知］，裂纹尖端某点的应力、位移和应变完全由 K_{I} 决定，将应力写成一般通式为

$$\sigma_{ij} = \frac{K_{\mathrm{I}}}{(2\pi r)^{1/2}} f_{ij}(\theta) \tag{6-12}$$

可以看出，裂纹尖端应力应变场的强弱程度完全由 K_{I} 决定，因此把 K_{I} 称为应力强度因子。应力强度因子 K_{I} 是对物体在承受Ⅰ型裂纹时，裂纹尖端平面应变弹性应力场的大小，其决定于裂纹的形状和尺寸，也决定于应力的大小。它是施加的力、裂纹长度、试样尺寸和形状的函数，单位是力（N）乘以长度（mm）的负二分之三次方（$\mathrm{N \cdot mm^{-3/2}}$）。

(7)平面断裂韧度 K_{C} 和平面立变断裂韧度 K_{IC}

对于受载的裂纹体，应力强度因子 K_{I} 是描写裂纹尖端应力场强弱程度的力学参量，可以推断当应力增大时，K_{I} 也逐渐增加，当 K_{I} 达到某一临界值时，带裂纹的构件就断裂了。这一临界值便称为平面应变断裂韧度 K_{IC}，该值是当裂纹尖端的应力状态主要是平面应变状态，塑性变形被限制，当Ⅰ型裂纹加载时，材料阻止裂纹扩展的一种度量，是 K_{I} 的特殊值。

K_{I} 是受外界条件影响的反映裂纹尖端应力场强弱程度的力学度量，它不仅和外加应力和裂纹长度有关，还随裂纹的形状类型及加载方式有关，但它和材料本身的固有性能无关。而 K_{IC}则反映平面应变条件下材料阻止裂纹扩展的能力，是材料的力学性能指标，它和材料的成分、组织结构有关，因此是材料本身的特性，即是一材料常数。当材料的应力强度因子 K_{I} 增大到材料平面应变断裂韧度 K_{IC}时，裂纹立即失稳并开始扩展，构件发生脆性断裂。于是平面应变Ⅰ型裂纹断裂判据可表达为 $K_{\mathrm{I}} \geqslant K_{\mathrm{IC}}$。

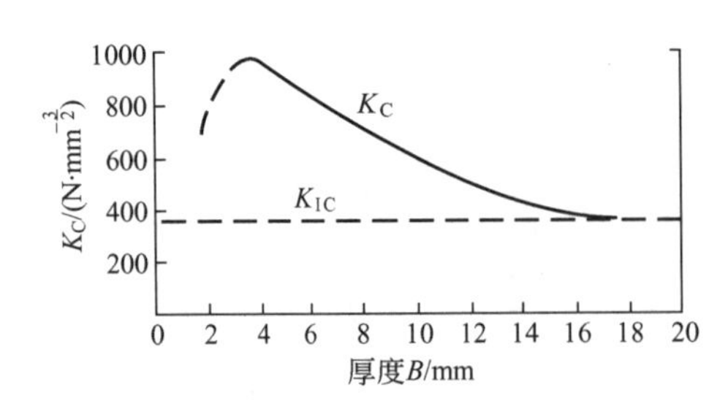

（材料：30CrMnSiN12A，900℃加热，230℃等温，200～220℃回火）

图6.6　平面应力断裂韧度K_C与试样厚度B的关系

对于平面应力断裂韧度K_C来说虽然也是材料的力学性能指标，但它和板材或试样的厚度有关。当板材厚度增加到平面应变状态时，断裂韧度就趋于一稳定的最低值（即K_{IC}），这时便与板材或试样的厚度无关了，平面应力断裂韧度K_C与试样厚度B的关系如图6.6所示。

通常测定的材料断裂韧度，就是平面应变的断裂韧度K_{IC}。而建立的断裂判据也是以K_{IC}为标准的，因为它反映了最危险的平面应变断裂情况。从平面应力向平面应变过渡的板材厚度取决于材料的屈服强度，材料的屈服强度越高，达到平面应变状态的板材厚度越小。

6.2　单晶体的塑性变形

6.2.1　塑性变形基本方式

当所受应力超过弹性极限后，材料将发生塑性变形，产生不可逆的永久变形。而塑性变形对晶体材料，尤其是对金属材料的加工和应用，具有特别重要的意义。利用材料的塑性，可以对材料进行压力加工(如轧制、锻造、挤压、拉拔、冲压)，不但为金属材料的成形提供了经济有效的途径，而且对改善材料的组织和性能也提供了一套行之有效的手段。同时在实际应用中，所选用材料的强度、塑性是零件设计时必须考虑的，这些指标都是材料的塑性变形特征。

虽然常用金属材料大多是多晶体，但考虑到多晶体的变形是以其中各个单晶体变形为基础的，所以需要首先来认识单晶体变形的基本过程。

在常温和低温条件下，单晶体的塑性变形主要通过滑移方式进行，此外，还有孪生和扭折等方式。至于扩散性变形及晶界滑动和移动等方式主要见于高温形变。

1. 滑移和孪生

(1) 滑移现象

滑移现象是指在切应力的作用下，晶体的一部分沿一定晶面和晶向，相对于另一部分发生相对移动的一种运动状态。

(2) 孪生

孪生是晶体塑性变形的另一种常见方式，是指在切应力作用下，晶体的一部分沿一定的晶面(孪生面)和一定的晶向(孪生方向)相对于另一部分发生均匀切变的过程。

图6.7所示是晶体经滑移和孪生变形后的结构与外形变化示意。由图可见，孪生是一种均匀切变过程，而滑移则是不均匀切变过程；发生孪生的部分与原晶体形成了镜面对称

关系，而滑移则没有位向变化。

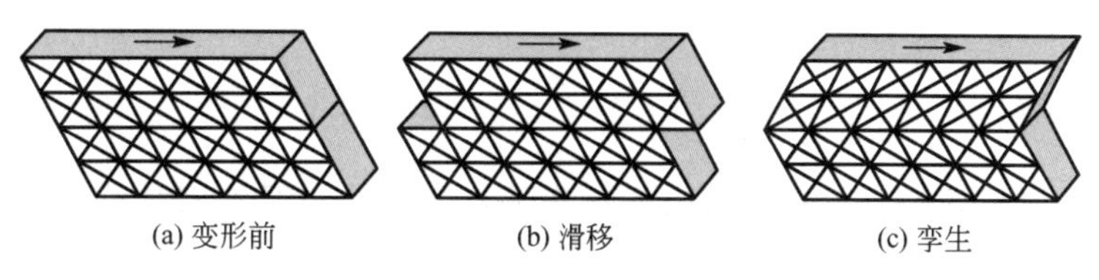

图 6.7　晶体经滑移和孪生变形后的结构与外形变化示意

孪生变形的应力-应变曲线也与滑移变形时有着明显的不同，图 6.8 所示为铜单晶在温度为 4.2K 条件下的应力-应变曲线，塑性变形开始阶段的光滑曲线是与滑移过程相对应的，但应力增高到一定程度后发生突然下降，然后又反复地上升和下降，出现了锯齿形的变化，这就是由于孪生变形所造成的。因为形变孪晶的生成大致可以分为形核和扩展两个阶段，晶体变形时先是以极快的速度突然爆发出薄片孪晶(常称之为“形核”)，然后孪晶界面扩展开来使孪晶增宽。在一般情况下，孪晶形核所需的应力远高于扩展所需要的应力，所以当孪晶形成后载荷就会急剧下降。在形变过程中由于孪晶不断形成，因此应力-应变曲线呈锯齿状，当通过孪生形成了合适的晶体位向后，滑移又可以继续进行了。

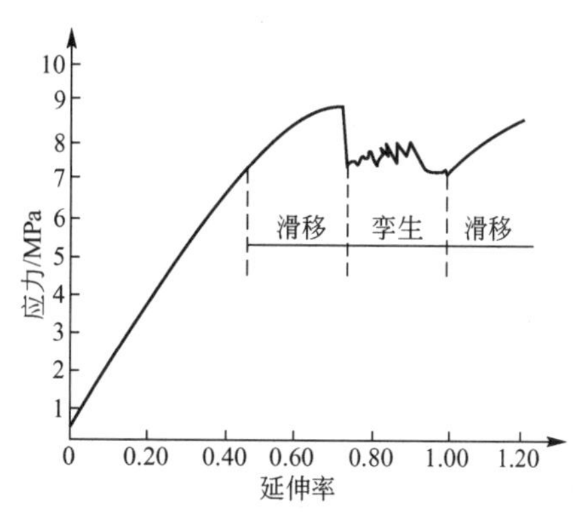

图 6.8　铜单晶在温度为 4.2K 条件下的应力-应变曲线

2. 滑移和孪生的比较

(1) 相同点

滑移和孪生的相同点如下。

① 宏观上，都是切应力作用下发生的剪切变形。

② 微观上，都是晶体塑性变形的基本形式，是晶体的一部分沿一定晶面和晶向相对另一部分的移动过程。

③ 两者都不会改变晶体结构。

④ 从机制上看，都是位错运动结果。

(2) 不同点

滑移和孪生的不同点如下。

① 滑移不会改变晶体的位向，孪生会改变晶体的位向。

② 滑移是全位错运动的结果，而孪生是不全位错运动的结果。

③ 滑移是不均匀切变过程，而孪生是均匀切变过程。

④ 滑移比较平缓，在应力-应变曲线上表现得较光滑、连续，而孪生则呈锯齿状。

⑤ 两者发生的条件不同，孪生所需临界分切应力值远大于滑移，因此只有在滑移受阻情况下晶体才以孪生方式形变。

⑥ 滑移产生的切变较大，取决于晶体的塑性，而孪生切变较小，取决于晶体结构。

6.2.2 滑移特征

1. 滑移作用力

滑移的作用力是切应力。在切应力的作用下，晶体的一部分相对于另一部分发生相对移动，产生塑性变形。

2. 滑移线和滑移带

如果对经过抛光的退火态工业纯铜多晶体试样施以适当的塑性变形，然后在金相显微镜下观察，发现在原抛光面呈现出很多相互平行的细线，工业纯铜中的滑移线如图 6.9 所示。

最初人们将金相显微镜下看见的那些相互平行的细线称为滑移线，产生细线的原因是由于铜晶体在塑性变形时发生了滑移，最终在试样的抛光表面上产生了高低不一的台阶所造成的。

实际上，电子显微镜问世后，人们发现原先所认为的滑移线并不是一条线，而是存在更细微的结构，如图 6.10 所示。在普通金相显微镜中发现的滑移线其实由多条平行的更细的线构成，所以现在称前者为滑移带，后者为滑移线。这些滑移线间距约为 10^2 倍原子间距，而沿每一滑移线的滑移量可达 10^3 倍原子间距，同时也可发现滑移变形的不均匀性，在滑移线内部及滑移带之间的晶面都没有发生明显的滑移。

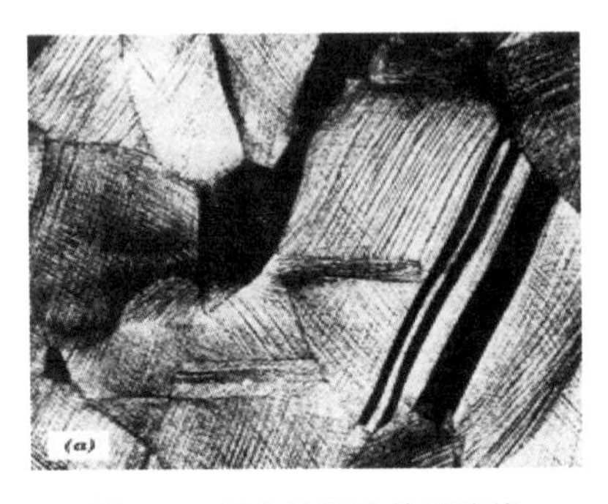

图 6.9　工业纯铜中的滑移线

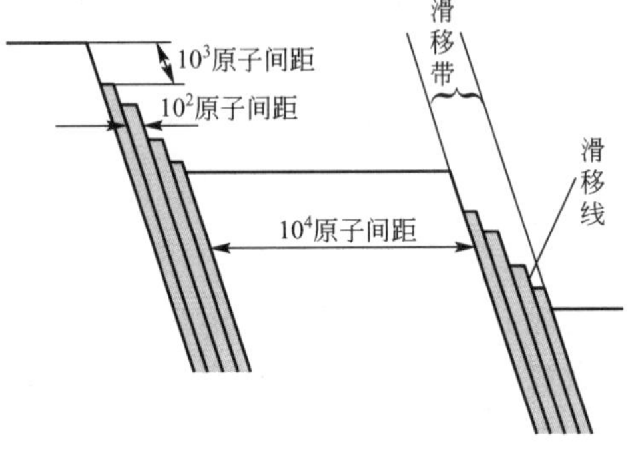

图 6.10　滑移带形成示意

3. 滑移系

观察发现，在晶体塑性变形中出现的滑移线并不是任意的，它们之间或者相互平行，或者成一定角度，说明晶体中的滑移只能沿一定的晶面和该面上一定的晶体学方向进行，这样的面和方向称为滑移面和滑移方向。

滑移面和滑移方向往往是晶体中原子最密排的晶面和晶向，这是由于最密排面的面间距最大，因而点阵阻力最小，容易发生滑移，而沿最密排方向上的点阵间距最小，从而使导致滑移的位错的柏氏矢量也最小。

每个滑移面及此面上的一个滑移方向称为一个滑移系。滑移系表明了晶体滑移时的可能空间取向，一般来说，在其他条件相同时，滑移系数量越多，滑移过程就越容易进行，从而金属的塑性就越好。当然，金属塑性的好坏除了与滑移系数量相关外，还与滑移面上原子排列密排程度以及滑移方向的数目等因素有关。

晶体结构不同时，其滑移系也不同。下面来了解金属晶体中三种常见晶体结构(面心立方、体心立方、密排六方)的滑移面及滑移方向的情况。

(1) 面心立方晶体中的滑移系

面心立方晶体的滑移面为 {111}，滑移方向为 <110>，因此其滑移系共有 4×3=12 个，如图 6.11 所示。

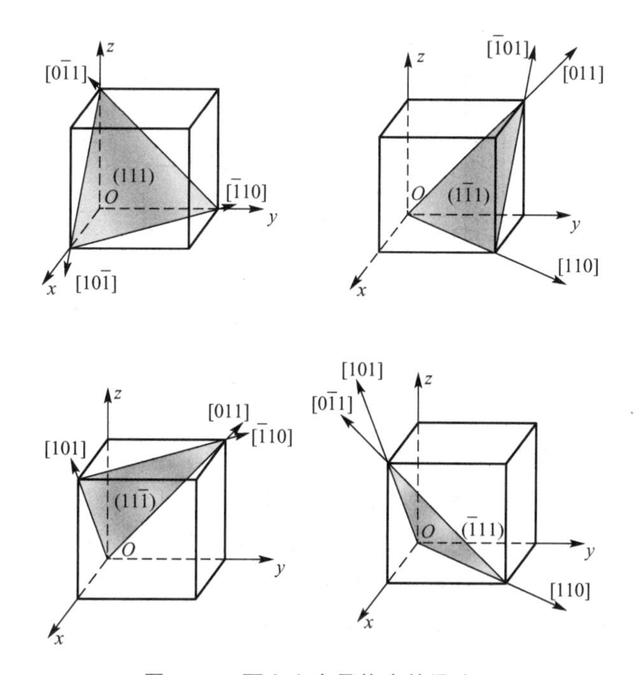

图 6.11 面心立方晶体中的滑移系

(2) 体心立方晶体中的滑移系

体心立方晶体的滑移面为 {110}，滑移方向为 <111>，因此其滑移系共有 6×2=12 个。

由于体心立方结构是一种非密排结构，因此其滑移面并不稳定，一般在低温时多为 {112}，中温时多为 {110}，而高温时多为 {123}，不过其滑移方向很稳定，总为 <111>，因此其滑移系可能有 12～48 个。

(3) 密排六方晶体中的滑移系

密排六方晶体的滑移面为 {0001}，滑移方向为 $<11\bar{2}0>$，因此其滑移系共有 1×3=3 个。

但密排六方晶体滑移面与轴比有关，当 c/a 接近或大于 1.633 时，{0001} 为最密排面，滑移方向为$<11\bar{2}0>$，滑移系共有 3 个；当 c/a 小于 1.633 时，{0001} 不再是密排面，滑移面将变为柱面 $\{10\bar{1}0\}$ 或斜面 $\{10\bar{1}1\}$，滑移方向仍为 $<11\bar{2}0>$，滑移系分别为 3 个和 6 个。

由于滑移系数量较少，因此密排六方结构晶体的塑性通常都不太好。

4. 滑移时晶体的转动

图 6.12 所示为晶体滑移示意，从图中可以看出假设的滑移面和滑移方向。当轴向拉力 F 足够大时，晶体各部分将发生分层移动，也就是滑移。可以设想如果两端自由的话，滑移的结果将使得晶体的轴线发生偏移。

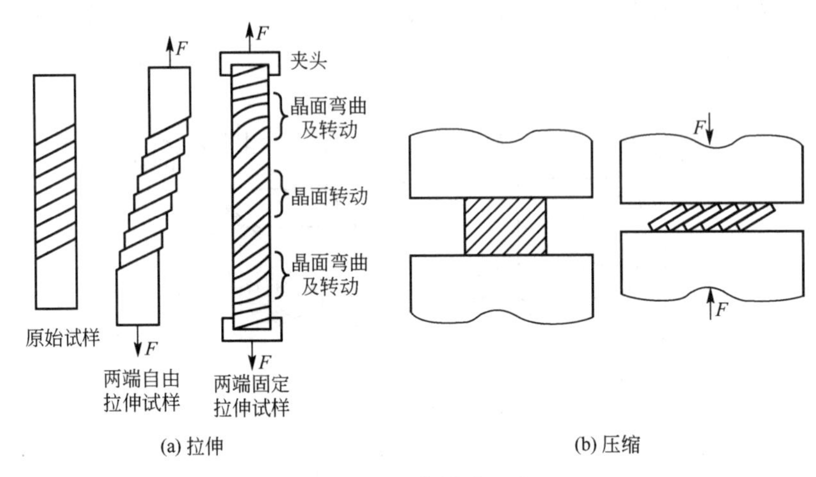

图 6.12　晶体滑移示意

不过，通常晶体的两端并不能自由横向移动，或者拉伸轴线保持不变，这时单晶体的取向必须进行相应转动，转动的结果使得滑移面逐渐趋向于平行轴向，同时滑移方向逐渐与应力轴平行，而由于夹头的限制，晶面在接近夹头的地方会发生一定程度的弯曲。此时转动的结果将使滑移面和滑移方向趋于与拉伸方向平行。

同样的道理，晶体在受压变形时，晶面也要发生相应转动，转动的结果使得滑移面逐渐趋向于与压力轴线相垂直，如图 6.12(b)所示。

下面以单轴拉伸的情况来分析滑移过程中晶面发生转动的原因。

图 6.13 所示为单轴拉伸时晶体转动的情况。

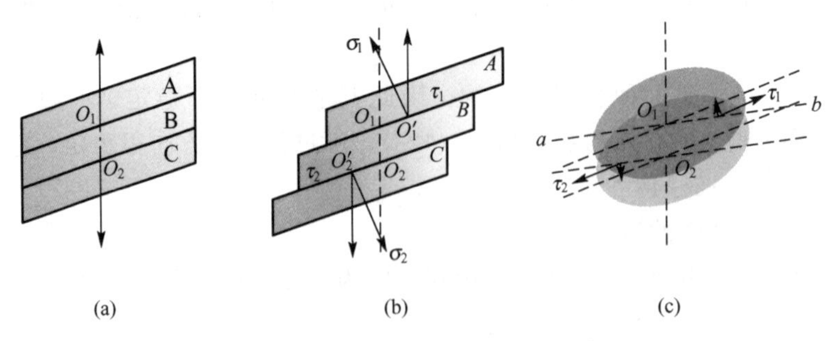

图 6.13　单轴拉伸时晶体转动的情况

在滑移前，作用在 B 层晶体上的力作用于 O_1、O_2 两点。当滑移开始后，由于 A、B、C 三部分发生了相对位移，结果这两个力的作用点分别移至 O_1'、O_2'两点，此时的作用力可按垂直于滑移面和平行于滑移面分别分解为 σ_1、τ_1 及 σ_2、τ_2，如图 6.13（b）所示。

可以明显地看出，正是力偶使得滑移面发生了趋向于拉伸轴的转动。

在滑移面内的两个分力 τ_1 及 τ_2 可以沿平行于滑移方向(ab)和垂直于滑移方向进一步分解，如图 6.13 (c) 所示。平行于滑移方向的分量就是引起滑移的分切应力，而另外两个分量构成了一对力偶，使得滑移方向转向最大切应力方向。

由于滑移过程中晶面的转动，滑移面上的分切应力值也随之发生变化，当拉力与滑移面法线的夹角为 45°时，此滑移系上的分切应力最大。但拉伸变形时晶面的转动将使起始角增大，若起始角原先小于 45°，滑移的进行将使起始角逐渐趋向于 45°，分切应力逐渐增加；若起始角原先等于或大于 45°，滑移的进行使起始角更大，分切应力逐渐减小，此滑移系的滑移就会趋于困难。

6.2.3 滑移的临界分切应力

1. 切应力公式推导

在外力作用下，晶体中滑移是在一定滑移面上沿一定滑移方向进行的，因此，对滑移真正有贡献的是在滑移面上沿滑移方向上的分切应力，也只有当这个分切应力达到某一临界值后，滑移过程才能开始进行，这时的分切应力就称为临界分切应力。

如图 6.14 所示，圆柱形单晶体受轴向拉伸载荷 F 的作用，假设其横截面面积为 A，φ 为滑移面法线与中心轴线夹角，λ 为滑移方向与外力 F 夹角，则外力 F 在滑移方向上的分力为 $F\cos\lambda$，而滑移面的面积则为 $A/\cos\varphi$，此时在滑移方向上的分切应力为

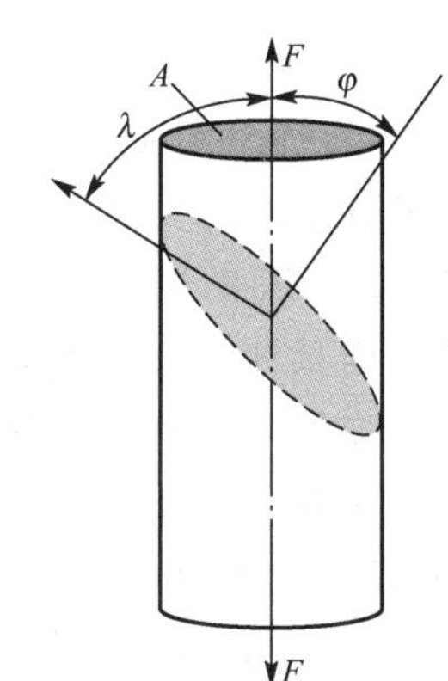

图 6.14 分切应力

$$\tau=\frac{F\cos\lambda}{A/\cos\varphi}=\frac{F}{A}\cos\lambda\cos\varphi=\sigma\cos\lambda\cos\varphi \qquad (6-13)$$

式(6-13)表示当在滑移面的滑移方向上的分切应力达到临界值时，晶面间的滑移开始，这也与宏观上的屈服相对应，因此这时 F/A 应当等于屈服强度 R_{eH}，即

$$\tau_s=R_{eH}\cos\lambda\cos\varphi \qquad (6-14)$$

式中，τ_s 称为临界分切应力，是一个与材料本性及试验温度、加载速度等相关的量，与加载方向等无关，可通过实验测得。表 6-2中列举了一些常见金属晶体的临界分切应力值。

表 6-2 一些常见金属晶体的临界分切应力值

金属	温度	纯度/(%)	滑移面	滑移方向	临界切应力/MPa
Ag	室温	99.99	{111}	＜110＞	0.47
Al	室温	—	{111}	＜110＞	0.79
Cu	室温	99.9	{111}	＜110＞	0.98
Ni	室温	99.8	{111}	＜110＞	5.68
Fe	室温	99.96	{110}	＜111＞	27.44
Nb	室温	—	{110}	＜111＞	33.8
Ti	室温	99.99	{10$\bar{1}$0}	＜11$\bar{2}$0＞	13.7

续表

金属	温度	纯度/(%)	滑移面	滑移方向	临界切应力/MPa
Mg	室温	99.95	{0001}	<1120>	0.81
					0.76
	330℃	99.98	{10$\bar{1}$1}		0.64
					3.92

2. 位向因子和软位向、硬位向

式(6-14)中的 $\cos\lambda\cos\varphi$ 称为位向因子或 Schmid 因子。位向因子 $\cos\lambda\cos\varphi$ 较大时，材料只需较小的 R_{eH} 作用即可达到临界分切应力 τ_s，从而发生滑移。

从式(6-14)中可以看出，当滑移面的滑移方向上的分切应力达到临界分切应力时，晶体开始屈服，$\cos\lambda\cos\varphi$ 值越大，则分切应力越大。显然，当滑移面的法线、滑移方向和外力中心轴三者处于同一平面，且滑移面的倾斜角为 45°时，位向因子 $\cos\lambda\cos\varphi$ 具有最大值 0.5；此时的分切应力最大，也是最有利于滑移的位向。$\cos\lambda\cos\varphi$ 值大时称为软位向；反之，$\cos\lambda\cos\varphi$ 值小时称为硬位向。当然，一般所谓软位向、硬位向只是相对而言的。

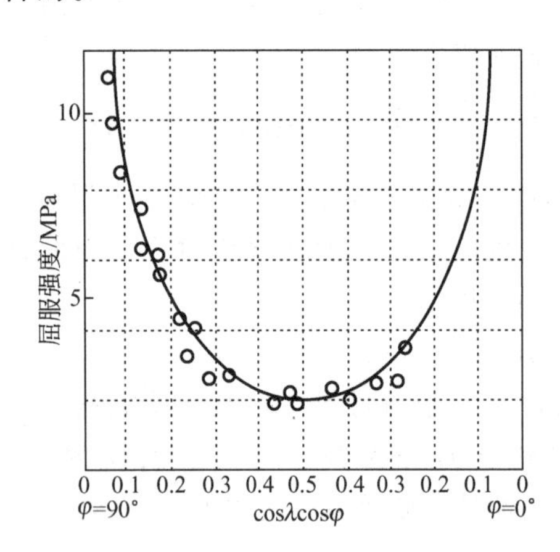

图 6.15　镁晶体拉伸的位向因子-屈服强度的关系

上述分析结果得到了实验的验证。图 6.15 所示为镁晶体拉伸的位向因子-屈服强度的关系，图中曲线为按式(6-13)的计算值，而圆圈则为实验值，从图中可以看出前述规律，而且计算值与实验值吻合较好。由于镁晶体在室温变形时只有一组滑移面(0001)，因此对晶体位向的影响十分明显，对具有多组滑移面的立方结构金属，位向因子最大，即分切应力最大的这组滑移系将首先发生滑移，而对晶体位向的影响就不太显著，以面心立方金属为例，不同位向晶体的拉伸屈服应力相差只有约 2 倍。

临界分切应力 τ_s 作为表示晶体屈服实质的一个物理量，不随试样的取向而变化，只取决于晶体内部的实际状态。τ_s 的大小既与晶体的类型、纯度及温度等因素有关，又与该晶体加工和处理状态、变形速度及滑移系类型等因素有关。比如，除少数金属如 Fe、Ni 的 τ_s 略大外，大多数金属的 τ_s<1MPa，比按理想晶体所计算出的数值小 3～4 个数量级。又如，滑移系较多的面心立方或体心立方金属，其塑性一般大于滑移系较少的六方金属，但是在三向等拉伸的受力条件下，由于不产生切应力，即使塑性很好的材料也可以不发生塑性变形而脆断；反之，一些塑性较低的材料，如果给予合适的受力条件，使晶体只产生单纯的切应力或主要为切应力，而正应力很小(如挤压成型法)，则可以使塑性显著增大。

6.2.4 塑性变形的实质

1. 位错运动

由于位错的易动性，含有位错晶体的滑移过程实质上是位错的运动过程。塑性变形主要通过“滑移”方式进行，无数个滑移便形成宏观塑性变形，而滑移主要通过位错运动来实现。

2. 位错的交割与塞积

（1）位错的交割

当两条位错线交割时，每条位错线上都可能出现长度等于另一条位错线柏氏矢量模的割阶，这就增加了位错长度，使位错能量升高，使得变形所需的总能量升高；另外，当割阶垂直于滑移面时，此割阶有阻止位错运动的作用，会使晶体进一步滑移的抗力增加，这是加工硬化的主要原因。

（2）位错的塞积

位错的塞积是在同一滑移面上许多同号位错在障碍物前堆积而形成的一种位错组态。若障碍物足够强，领先位错难以通过障碍，会使堆积的位错数目不断增加并最后导致位错源停止开动。障碍物可以是晶界、杂质粒子、固定位错等，形成所谓的位错塞积群。整个塞积群对位错源有一定的反作用力。当塞积位错的数目达到一定数量 n 时，这种反作用力与外加切应力可能达到平衡，此时，位错源则会关闭。要想继续滑移，就必须增大外力，这就是应变硬化的机制之一。

（3）应变时效

与低碳钢屈服现象相关联的还存在一种应变时效行为，如图 6.16 所示。当退火状态低碳钢试样拉伸到超过屈服点发生少量塑性变形后(曲线 a)卸载，然后立即重新加载拉伸，则可见其拉伸曲线不再出现屈服点(曲线 b)，此时试样不发生屈服现象。如果不采取上述方案，而是将预变形试样在常温下放置几天或经 200℃左右短时加热后再行拉伸，则屈服现象又复现，且屈服应力进一步提高(曲线 c)，此现象通常称为应变时效。

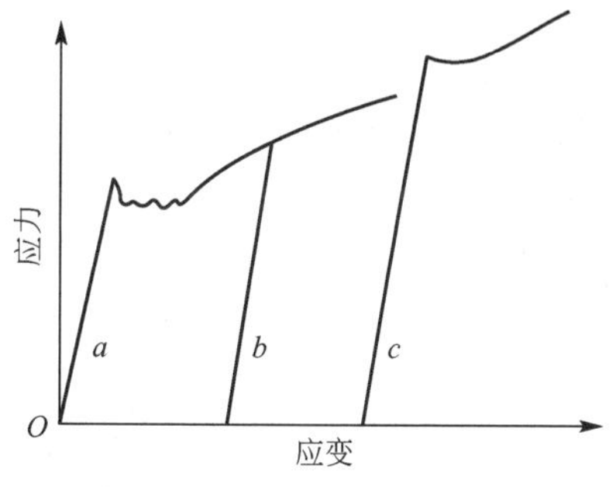

a—预塑性变形；b—卸载后立即再进行加载；c—卸载后放置一段时间或在 200℃左右加热后加载

图 6.16 低碳钢的拉伸试验

螺型位错滑移导致晶体塑性变形的过程

刃型位错滑移导致晶体塑性变形的过程

（4）位错增殖原理

位错的概念最早是在研究晶体滑移过程时提出来的。金属晶体受力发生塑性变形时，一般是通过滑移过程进行的，即晶体中相邻两部分在切应力作用下沿着一定的晶面和晶向相对滑动，滑移的结果是在晶体表面上出现明显的滑移痕迹——滑移线。为了解释此现象，根据刚性相对滑动模型，对晶体的理论抗剪强度进行了理论计算，所估算出的使完整晶体产生塑性变形所需的临界切应力约等于 $G/30$，其中 G 为切变模量。但是，由实验测得的实际晶体的屈服强度要比这个理论值低 3～4 个数量级。为了解释这种差异，泰勒、奥罗万和波拉尼他们认为：晶体实际滑移过程并不是滑移面两边的所有原子都同时做整体刚性滑动，而是通过在晶体存在的称为位错的线缺陷来进行的，位错在较低应力的作用下就能开始移动，使滑移区逐渐扩大，直至整个滑移面上的原子都先后发生相对位移。按照这一模型进行理论计算，其理论屈服强度比较接近于实验值。在此基础上，位错理论也有了很大发展，直至 20 世纪 50 年代后，随着电子显微分析技术的发展，位错模型才被实验所证实，位错理论也有了进一步的发展。目前，位错理论不但成为研究晶体力学性能的基础理论，而且还广泛地被用来研究固态相变、晶体的光（电、声、磁、热）学性，以及催化和表面性质等。

由于在晶体中一开始已存在一定数量的位错，因此晶体在受力时，这些位错会发生运动，最终移至晶体表面而产生宏观变形。

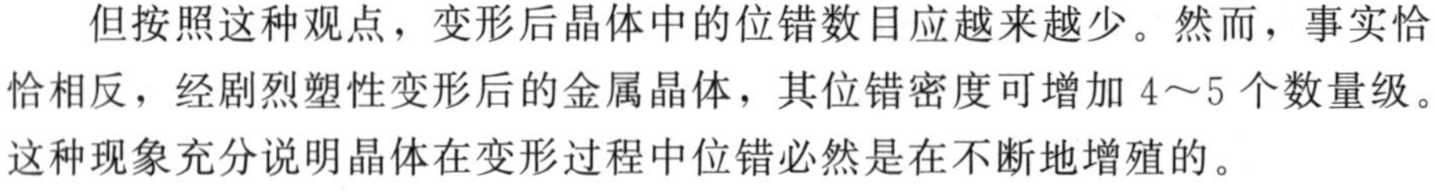

弗兰克-瑞德位错增殖机制

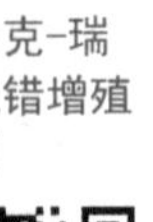

但按照这种观点，变形后晶体中的位错数目应越来越少。然而，事实恰恰相反，经剧烈塑性变形后的金属晶体，其位错密度可增加 4～5 个数量级。这种现象充分说明晶体在变形过程中位错必然是在不断地增殖的。

位错的增殖机制有多种，其中最主要的是弗兰克-瑞德（Frank－Read）位错源的位错增殖机制。

图 6.17 所示为弗兰克-瑞德位错源的位错增殖机制过程示意。若某滑移面上有一段刃型位错 AB，它的两端被位错网节点钉住，不能运动。现沿位错 b 方向加切应力，使位错沿滑移面向前滑移运动。但由于 AB 两端固定，因此只能使位错线发生弯曲［图 6.17(b)］。单位长度位错线所受的滑移力 $F_d=\tau b$，它总是与位错线本身垂直，所以弯曲后的位错每一小段继续受到 F_d 的作用沿它的法线方向向外扩展，其两端则分别绕节点 A、B 发生回转［图 6.17(c)］。当两端弯出来的线段相互靠近时［图 6.17(d)］，由于该两线段平行于 b，但位错线方向相反，分别属于左螺旋和右螺旋位错，它们互相抵消，形成一闭合的位错环和位错环内的一小段弯曲位错线。只要外加应力继续作用，位错环便继续向外扩张，同时环内的弯曲位错在线张力作用下又被拉直，恢复到原始状态，并重复以前的运动，不断地产生新的位错环，从而造成位错的增殖，并使晶体产生很大的滑移量。

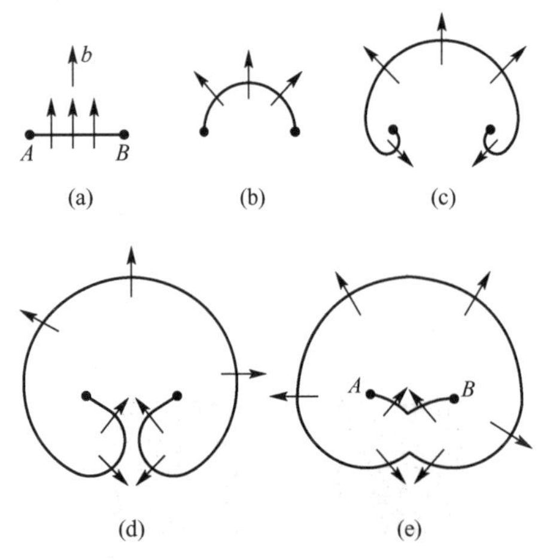

图 6.17　弗兰克-瑞德位错源的位错增殖机制过程示意

为使弗兰克-瑞德位错源开动，外应力需克服位错线弯曲时线张力所引起的阻力。由位错的线张力可知，外加切应力 τ 与位错弯曲时的曲率半径 r 之间的关系为 $\tau = Gb/2r$，即曲率半径越小，要求与之相平衡的切应力越大。从图 6.17 可以看出当 AB 弯成半圆形时，曲率半径最小，所需的切应力最大，此时 $r = L/2$，L 为 A 与 B 之间的距离，故使弗兰克-瑞德位错源发生作用的临界切应力为

▶ 刃位错攀移增殖

$$\tau_c = \frac{Gb}{L} \tag{6-15}$$

弗兰克-瑞德位错源的位错增殖机制已为实验所证实，人们已在硅、镉、Al－Cu 合金、Al－Mg 合金、不锈钢和氯化钾等晶体直接观察到类似的弗兰克-瑞德位错源的迹象。

位错的增殖机制还有很多，如双交滑移增殖、攀移增殖等。前面已指出，螺型位错经双交滑移后可形成刃型割阶，由于此割阶不在原位错的滑移面上，因此它不能随原位错线一起向前运动，对原位错产生“钉扎”作用，并使原位错在滑移面上滑移时成为一个弗兰克-瑞德位错源。图 6.18 所示为双交滑移的位错增殖模型。由于螺型位错线发生交滑移后形成了两个刃型割阶 AC 和 BD，因而使位错在新滑移面(111)上滑移时成为一个弗兰克-瑞德位错源。有时在第二个滑移面(111)上扩展出来的位错圈又可以通过交滑移转移到第三个滑移面(111)上进行增殖。从而使位错迅速增加，因此，它是比上述的弗兰克-瑞德位错源更有效的增殖机制。

▶ 双交滑移的位错增殖

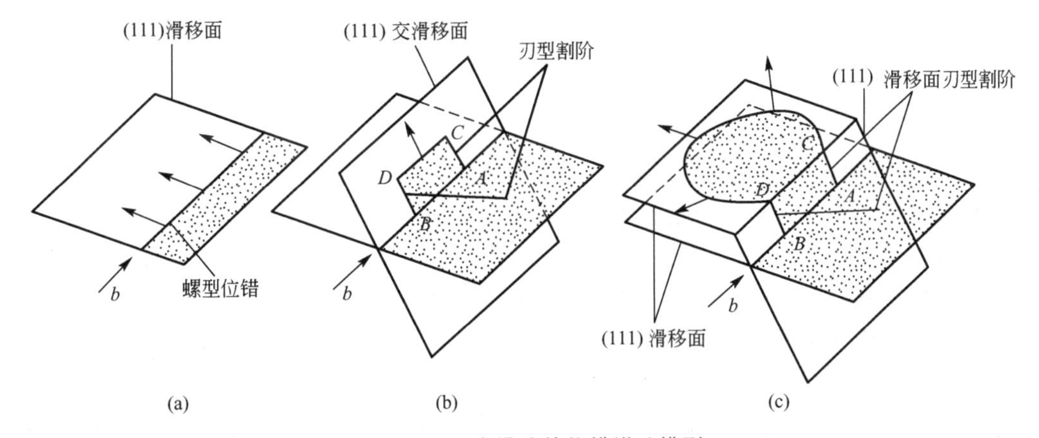

图 6.18 双交滑移的位错增殖模型

6.2.5 孪生变形

在晶体变形过程中，当滑移由于某种原因难以进行时，晶体常常会采用孪生变形方式进行形变。例如，对具有密排六方结构的晶体，如锌、镁、镉等，由于其滑移系较少，当其都处于不利位向时，常常会出现孪生的变形方式；而体心立方和面心立方晶系虽然具有较多的滑移系，但在变形条件恶劣时，如体心立方的铁在高速冲击载荷作用下或在极低温度下的变形及面心立方的铜在 4.2K 时变形或室温受爆炸变形后，都可能出现孪生的变形方式。

孪生形成与位错运动有关，面心立方晶体中孪晶的形成如图 6.19 所示，在面心立方晶体 {111} 面△以上有许多平行刃型位错，当位错从晶体左端滑移到右端，△面上堆垛由 B 变为 C 时，孪生开始成核，由三层面 CAC 构成 [图 6.19(a)、图 6.19(b)]，位错运动使孪生长大 [图 6.19(c)、图 6.19(d)]。

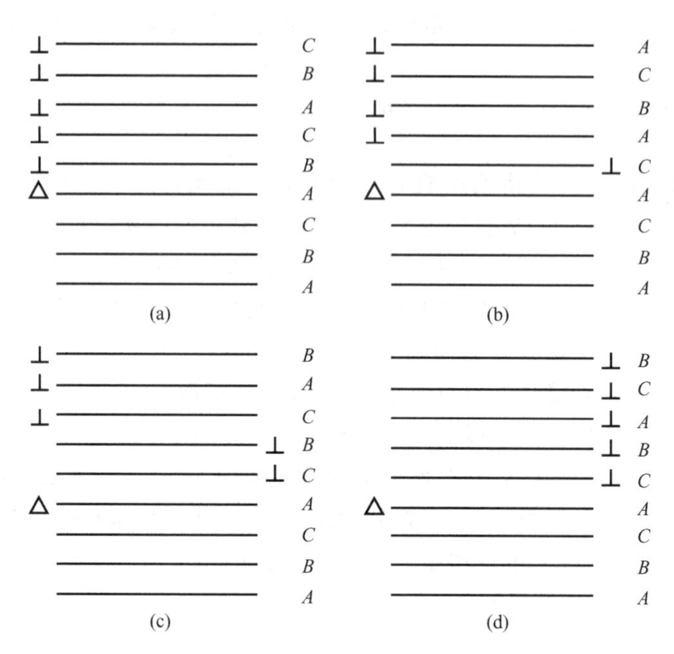

图 6.19 面心立方晶体中孪晶的形成

1. 孪生条件

大量研究表明，孪生变形总是萌发于局部应力高度集中的地方(在多晶体中往往是晶界)，其所需要的临界分切应力远大于滑移变形所需临界分切应力。

例如，对锌而言，其形成孪晶的切应力必须超过 $10^{-1}G$，不过，当孪晶形成后的长大却容易得多，一般只需略大于 $10^{-4}G$ 即可，因此孪晶长大速度非常快，与冲击波的速度相当。在应力-应变曲线上表现为锯齿状波动，有时随着能量的急剧释放还可出现“咔嚓”声。

与滑移相比，孪生的变形量是十分有限的，如对锌单晶而言，即使全部晶体都发生孪生变形，其总形变量也仅为 7.2%，但是正是由于孪生改变了晶体位向，使得某些原处于不利位向的滑移系转向有利位置，从而可以发生滑移变形，最终可能获得较高变形量。

2. 孪生面和孪生方向

以面心立方为例，图 6.20(a)给出了一组孪生面与孪生方向，图 6.20(b)所示为孪生变形时晶面移动情况，晶体的(111)面垂直于纸面，面心立方结构就是由该面按照 $ABCABC\cdots$ 的顺序堆垛成晶体。假设晶体内局部地区(面 AH 与 GN 之间)的若干层(111)面间沿 $[11\bar{2}]$ 方向产生一个切动距离 $a/6\ [11\bar{2}]$ 的均匀切变，即可得到如图 6.20(b)所示情况。

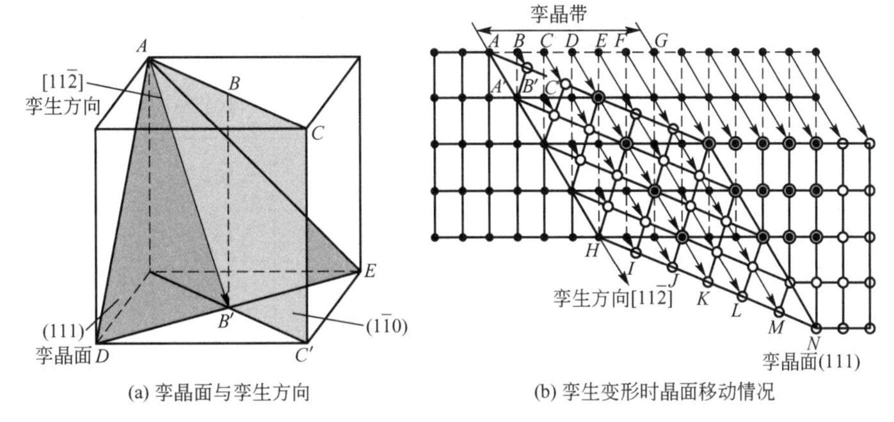

(a) 孪晶面与孪生方向　　(b) 孪生变形时晶面移动情况

图 6.20　面心立方晶体孪生变形示意

切变的结果使均匀切变区中的晶体仍然保持面心立方结构，但位向发生了变化，与未切变区呈镜面对称，因此这种变形过程称为孪生。这两部分晶体合称为孪晶，而均匀切变区和未切变区的分界面称为孪晶界，发生均匀切变的晶面称为孪晶面，孪晶面的移动方向称为孪生方向。

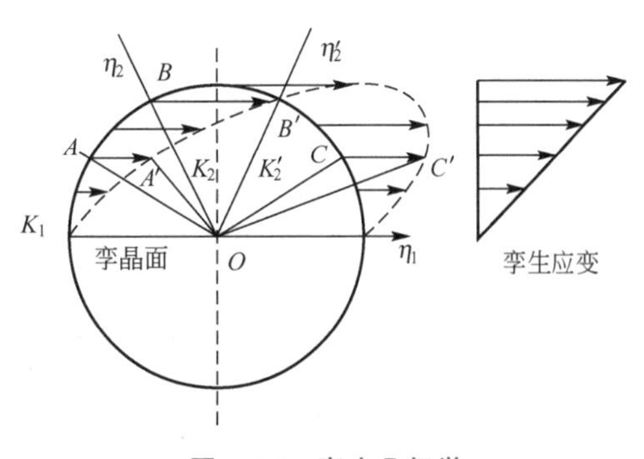

图 6.21　孪生几何学

为了进一步分析孪生的几何特性，这里来讨论晶体中一个球形区域进行孪生变形的情况(图 6.21)，设孪生发生于上半球，故孪晶面 K_1 是此球的赤道平面，孪生的切变方向为 η_1。发生孪生变形时，孪晶面以上的晶面都发生了切变，切变位移量与它离开孪晶面的距离成正比，因此经孪生变形后，原来的半球将成为半椭圆球，即原来的 AO 平面被移到 $A'O$ 位置，由于 $AO>A'O$，此平面被缩短了，而原来的 CO 平面则被拉长成 $C'O$，可见，孪生切变使原晶体中各个平面产生了畸变，即平面上的原子排列有了变化，但是从图中也可找到其中有两组平面没有受到影响：第一组不畸变面是孪晶面 K_1，第二组不畸变面是面 $BO(K_2)$，孪生后为 $B'O(K_2')$，$B'O=BO$，其长度不变，且由于切应变沿 η_1 方向进行，因此垂直于纸面的宽度也不受影响，K_2 面与切变平面(即纸面)的交截线为 η_2，表示孪生时此方向上原子排列不发生变化。K_1、K_2、η_1、η_2 称为孪生要素，由这四个参数就可掌握晶体孪生变形的情况。常见金属晶体的孪生参数见表 6-3。

表 6-3　常见金属晶体的孪生参数

金属	晶体结构	c/a	K_1	K_2	η_1	η_2
Al, Cu, Au, Ni, Ag, γ-Fe	面心立方	—	{111}	{11$\bar{1}$}	<110> <11$\bar{2}$>	<112>
α-Fe	体心立方	—	{112}	{$\bar{1}\bar{1}$2}	<$\bar{1}\bar{1}$1>	<111>

续表

金属	晶体结构	c/a	K_1	K_2	η_1	η_2
Cd	密排六方	1.886	$\{10\bar{1}2\}$	$\{\bar{1}012\}$	$<10\bar{1}\bar{1}>$	$<10\bar{1}1>$
Zn	密排六方	1.856	$\{10\bar{1}2\}$	$\{\bar{1}012\}$	$<10\bar{1}\bar{1}>$	$<10\bar{1}1>$
Mg	密排六方	1.624	$\{10\bar{1}2\}$ $\{11\bar{2}1\}$	$\{\bar{1}012\}$ $\{0001\}$	$<10\bar{1}\bar{1}>$ $<11\bar{2}\bar{6}>$	$<10\bar{1}1>$ $<11\bar{2}0>$
Zr	密排六方	1.589	$\{10\bar{1}2\}$ $\{11\bar{2}1\}$ $\{11\bar{2}2\}$	$\{\bar{1}012\}$ $\{0001\}$ $\{11\bar{2}\bar{4}\}$	$<10\bar{1}1>$ $<11\bar{2}\bar{6}>$ $<11\bar{2}\bar{3}>$	$<10\bar{1}1>$ $<11\bar{2}0>$ $<22\bar{4}\bar{3}>$
Ti	密排六方	1.587	$\{10\bar{1}2\}$ $\{11\bar{2}1\}$ $\{11\bar{2}2\}$	$\{\bar{1}012\}$ $\{0001\}$ $\{11\bar{2}\bar{4}\}$	$<10\bar{1}\bar{1}>$ $<11\bar{2}\bar{6}>$ $<11\bar{2}\bar{3}>$	$<10\bar{1}1>$ $<11\bar{2}0>$ $<22\bar{4}\bar{3}>$
Be	密排六方	1.568	$\{10\bar{1}2\}$	$\{\bar{1}012\}$	$<10\bar{1}\bar{1}>$	$<10\bar{1}1>$

6.3 多晶体的塑性变形

实际使用的材料通常是由多晶体组成的。室温下，多晶体中每个晶粒变形的基本方式与单晶体相同，但由于相邻晶粒之间取向不同，以及晶界的存在，因此多晶体的变形既需要克服晶界的阻碍，又要求各晶粒的变形相互协调与配合，故多晶体的塑性变形较复杂，下面分别加以讨论。

6.3.1 晶界对塑性变形的影响

晶界上原子排列不规则，点阵畸变严重，而且晶界两侧的晶粒取向不同，滑移方向和滑移面彼此不一致，因此，滑移要从一个晶粒直接延续到下一个晶粒是极其困难的。也就是说，在室温下晶界对滑移具有阻碍效应。

对只有2～3个晶粒的试样进行拉伸试验表明，在晶界处呈竹节状(图6.22)，这说明晶界附近滑移受阻，变形量较小，而晶粒内部变形量较大，整个晶粒变形是不均匀的。

多晶体试样经拉伸后，每一晶粒中的滑移带都终止在晶界附近，产生位错塞积。通过电子显微镜仔细观察，可看到在变形过程中位错难以通过晶界被堵塞在晶界附近的情形，位错在相邻晶粒中的作用示意如图6.23所示。这种在晶界附近产生的位错塞积群会对晶内的位错源产生一反作用力。此反作用力随位错塞积的数目 n 的增大而增大，即

$$n=\frac{k\pi\tau_0 L}{Gb} \tag{6-16}$$

式中，τ_0为作用于滑移面上外加分切应力；L为位错源到晶界的距离；k为系数（螺型位错$k=1$，刃型位错$k=1-\nu$）。当它增大到某一数值时，可使位错源停止开动，使晶体显著强化。

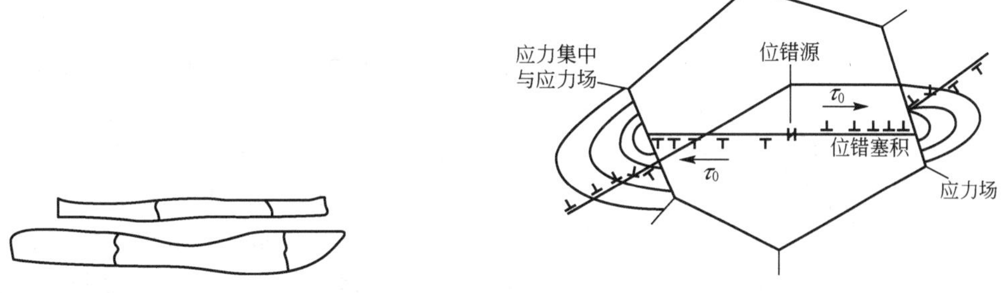

图 6.22　经拉伸后晶界处呈竹节状

图 6.23　位错在相邻晶粒中的作用示意

总之，由于晶界上点阵畸变严重且晶界两侧的晶粒取向不同，因此在一侧晶粒中滑移的位错不能直接进入第二晶粒，要使第二晶粒产生滑移，就必须增大外加应力以启动第二晶粒中的位错源动作。因此，对多晶体而言，外加应力必须大到足以激发大量晶粒中的位错源动作，产生滑移，才能觉察到宏观的塑性变形。

由于晶界数量直接取决于晶粒的大小，因此，晶界对多晶体起始塑变抗力的影响可通过晶粒大小直接体现。实践证明，多晶体的强度随其晶粒细化而提高。多晶体的上屈服强度R_{eH}与晶粒的平均直径d的关系可用著名的霍尔-佩奇(Hall-Petch)公式表示，即

$$R_{eH}=\sigma_0+Kd^{-\frac{1}{2}} \tag{6-17}$$

式中，σ_0反映晶内对变形的阻力，相当于极大单晶的屈服强度；K反映晶界对变形的影响系数，与晶界结构有关。

图 6.24 所示为一些低碳钢的下屈服强度与晶粒直径间的关系，与霍尔-佩奇公式符合得很好。

尽管霍尔-佩奇公式最初是一经验关系式，但也可根据位错理论，利用位错群在晶界附近引起的塞积模型导出。进一步实验证明，其适用性甚广。亚晶粒大小或者是两相片状组织的层片间距对上屈服强度的影响(图 6.25)、塑性材料的流变应力与晶粒大小之间、脆性材料的脆断应力与晶粒大小之间，以及金属材料的疲劳强度、硬度与其晶粒大小之间的关系也都可用霍耳-佩奇公式来表示。

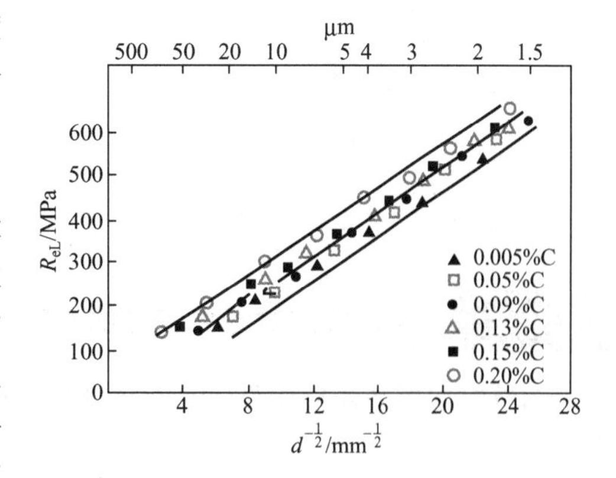

图 6.24　一些低碳钢的下屈服强度与晶粒直径间的关系

因此，一般在室温使用的结构材料都希望获得细小而均匀的晶粒。因为细晶粒不但使材料具有较高的强度、硬度，而且也使它具有良好的塑性和韧性，即具有良好的综合力学

性能。

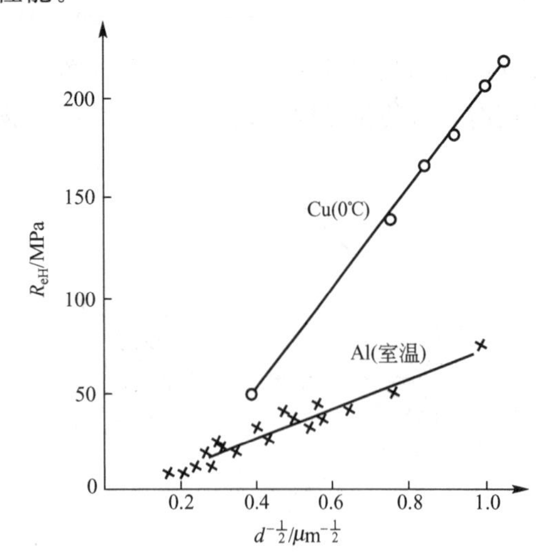

图 6.25　铜和铝的上屈服强度与其亚晶尺寸的关系

但是，当变形温度高于 $0.5T_m$（熔点）以上时，由于原子活动能力的增大，以及原子沿晶界的扩散速率加快，使高温下的晶界具有一定的黏滞性特点，它对变形的阻力大为减弱，即使施加很小的应力，只要作用时间足够长，也会发生晶粒沿晶界的相对滑动，成为多晶体在高温时的一种重要的变形方式。此外，在高温时，多晶体特别是细晶粒的多晶体还可能出现另一种称为扩散性蠕变的变形机制，这个过程与空位的扩散有关，这种机制可用图 6.26 所示的扩散蠕变机制来说明。设 *ABCD* 为多晶体中一四方形晶粒，当它受拉伸变形时，其中受拉的晶界 *AB*、*CD* 附近形成空位比较容易，空位浓度较高；相反，受压的晶界 *AD*、*BC* 附近形成空位比较困难，空位浓度较低。这样，在晶粒内部造成了空位浓度梯度，从而导致空位从 *AB*、*CD* 向 *AD*、*BC* 定向移动，而原子则发生反方向的迁移，其结果必然使晶粒沿拉伸方向变长。据此，在多晶体材料中往往存在一“等强温度 T_E”，低于 T_E 时晶界强度高于晶粒内部，高于 T_E 时则得到相反的结果(图 6.27)。

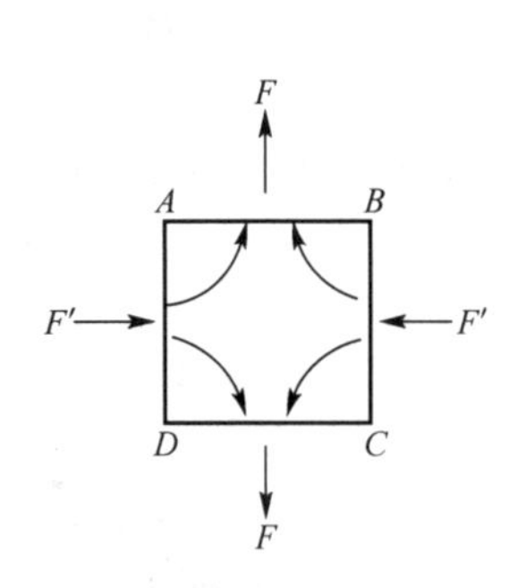

图 6.26　扩散蠕变机制

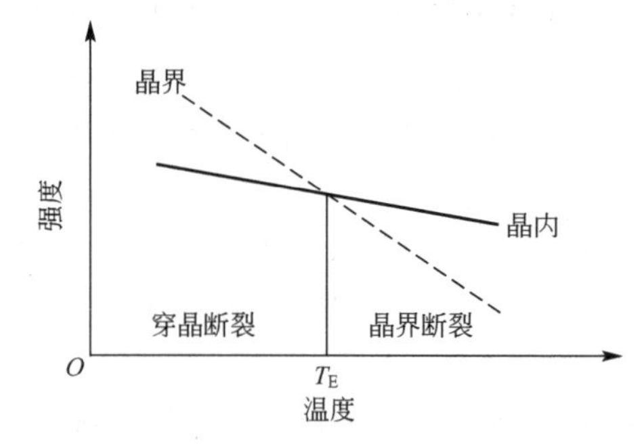

图 6.27　等温强度示意

6.3.2　晶粒位向对塑性变形的影响

晶粒位向对多晶体塑性变形的影响，主要表现在各晶粒变形过程中的相互制约和协调性。

当外力作用于多晶体时，由于晶体的各向异性，位向不同的各个晶体所受应力并不一致，而作用在各晶粒的滑移系上的分切应力更因晶粒位向不同而相差很大，因此各晶粒并非同时开始变形，处于有利位向的晶粒开始发生滑移时，处于不利方位的晶粒却还未开始滑移。而且，不同位向晶粒的滑移系取向也不相同，滑移方向也不相同，故滑移不可能从一个晶粒直接延续到另一个晶粒中。但多晶体中每个晶粒都处于其他晶粒包围之中，它的变形必然与其邻近晶粒相互协调配合，不然就难以进行变形，甚至不能保持晶粒之间的连续性，就会造成空隙而导致材料的破裂。为了使多晶体中各晶粒之间的变形得到相互协调与配合，每个晶粒不只是在取向最有利的单滑移系上进行滑移，还必须在几个滑移系(包括取向并非有利的滑移系)上进行，其形状才能相应做出各种改变。理论分析指出，多晶体塑性变形时要求每个晶粒至少能在五个独立的滑移系上进行滑移。因为任意变形均可用 ε_{xx}、ε_{yy}、ε_{zz}、γ_{xy}、γ_{yz}、γ_{zx} 六个应变分量来表示，但塑性变形时，晶体的体积不变 $\left(\frac{\Delta V}{V}=\varepsilon_{xx}+\varepsilon_{yy}+\varepsilon_{zz}=0\right)$，所以只有五个独立的应变分量，每个独立的应变分量是由一个独立滑移系来产生的。可见，多晶体的塑性变形通过各晶粒的多系滑移来保证相互间的协调，即一个多晶体是否能够塑性变形，取决于它是否具备五个独立的滑移系来满足各晶粒变形时相互协调的要求。这就与晶体的结构类型有关：滑移系较多的面心立方和体心立方晶体能满足这个条件，故它们的多晶体具有很好的塑性；相反，密排六方晶体由于滑移系少，晶粒之间的应变协调性很差，故其多晶体的塑性变形能力很低。

6.4 合金的塑性变形

工程上使用的金属材料绝大多数是合金。其变形方式，总的说来和金属的情况类似，只是由于合金元素的存在，又具有一些新的特点。

按合金组成相不同，主要可分为单相固溶体合金和多相合金，它们的塑性变形又各具有不同的特点。

6.4.1 固溶体中的塑性变形

1. 固溶强化

固溶体随着溶质原子的溶入使晶格发生畸变，增大位错运动的阻力，使金属的滑移变形变得更加困难，从而提高合金的强度和硬度，这种通过形成固溶体使金属强度和硬度提高的现象称为固溶强化。溶质原子的存在及其固溶度的增加，使基体金属的变形抗力随之提高。

图 6.28 所示为 Cu－Ni 固溶体性能与成分的关系，可以发现其强度、硬度随溶质含量的增加而增加，而塑性指标则呈现相反的规律。

研究发现，溶质原子的加入通常同时提高了屈服强度和整个应力-应变曲线的水平，并使材料的加工硬化速率增高，图 6.29 所示为铝溶有镁后的应力-应变曲线。

不同溶质原子引起的固溶强化效果是不同的，如图 6.30 所示。其影响因素很多，主要有以下几个方面。

① 溶质原子的浓度：浓度越高，一般其强化效果越好，但并不是线性关系，低浓度时显著。

② 原子尺寸：溶质与溶剂原子尺寸相差越大，其强化作用越好，但通常原子尺寸相差较大时，溶质原子的溶解度也很低。

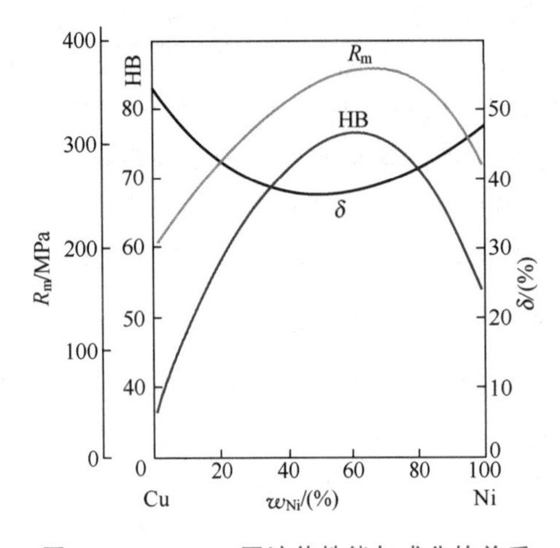

图 6.28　Cu－Ni 固溶体性能与成分的关系

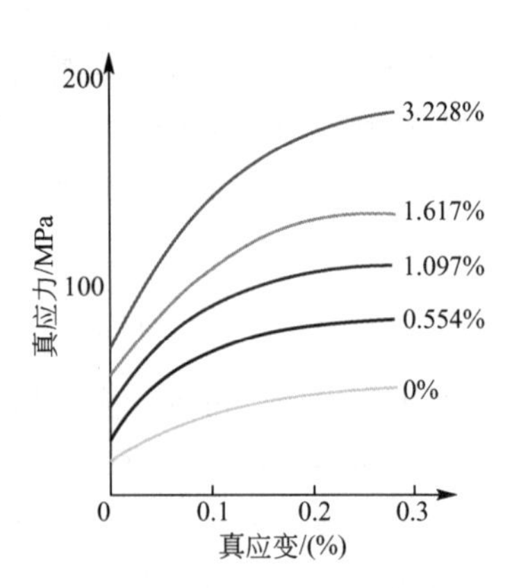

图 6.29　铝溶有镁后的应力-应变曲线

③ 溶质原子类型：间隙型溶质原子的强化效果好于置换型，特别是体心立方晶体中的间隙原子。

④ 相对价(电子因素)：溶质原子与基体金属的价电子数相差越大，固溶强化效果越显著，图 6.31 所示为电子浓度对 Cu 固溶体屈服应力的影响，可见其屈服应力随电子浓度增加而增加。

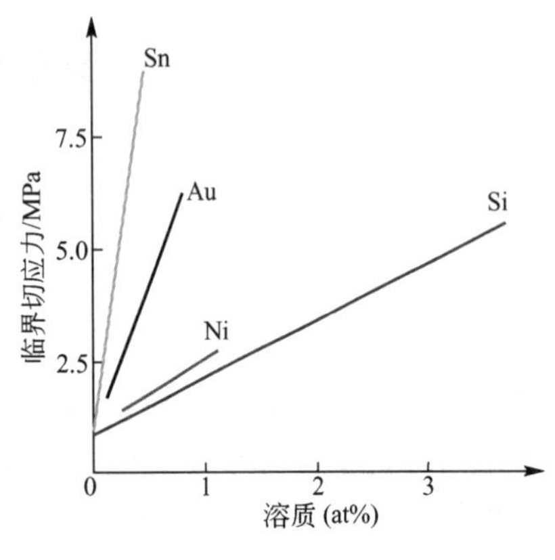

图 6.30　不同溶质原子引起的固溶强化效果

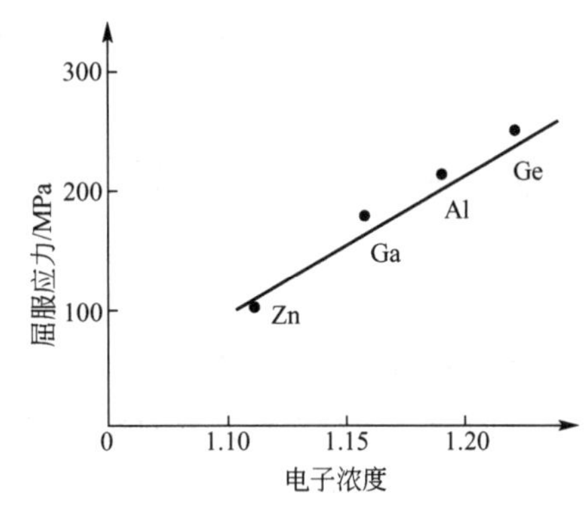

图 6.31　电子浓度对 Cu 固溶体屈服应力的影响

2. 屈服现象

图 6.32 所示为低碳钢典型的应力-应变曲线及屈服现象，与一般拉伸曲线不同，其出现了明显的屈服点。当拉伸试样开始屈服时，应力随即突然下降，并在应力基本恒定情况下继续发生屈服伸长，所以拉伸曲线出现应力平台区。开始屈服与下降时所对应的应力值分别为上、下屈服点。在发生屈服延伸阶段，试样的应变是不均匀的。当应力达到上屈服点时，首先在试样的应力集中处开始塑性变形，并在试样表面产生一个与拉伸轴约成 45°交角的变形带——吕德斯带，与此同时，应力降到下屈服点。随后这种变形带沿试样长度方向不断形成与扩展，从而产生拉伸曲线平台(屈服伸长)。其中，应力的每一次微小波

动，即对应一个新变形带的形成，如图6.32中放大部分所示。当屈服扩展到整个试样标距范围时，屈服延伸阶段结束。需指出的是屈服过程的吕德斯带与滑移带不同，它是由许多晶粒协调变形的结果，即吕德斯带穿过了试样横截面上的每个晶粒，而其中每个晶粒内部则仍按各自的滑移系进行滑移变形。

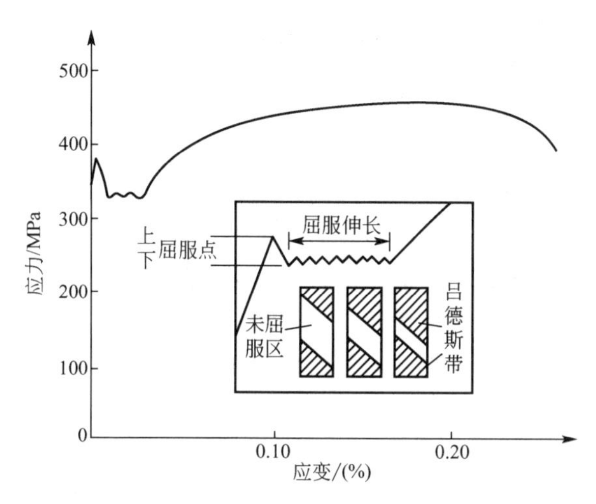

图6.32　低碳钢典型的应力-应变曲线及屈服现象

屈服现象最初是在低碳钢中发现的。在适当条件下，上、下屈服点的差别可达10%～20%，屈服伸长可超过10%。后来在许多其他的金属和合金(如Mo、Ti、Zn单晶、黄铜)中，只要这些金属材料中含有适量的溶质原子足以钉扎住位错，屈服现象即可发生。

通常认为在固溶体合金中，溶质原子或杂质原子可以与位错交互作用而形成溶质原子气团，即所谓的科氏气团。由刃型位错的应力场可知，在滑移面以上，位错中心区域为压应力，而滑移面以下的区域为拉应力。若有间隙原子C、N或比溶剂尺寸大的置换溶质原子存在，就会与位错交互作用偏聚于刃型位错的下方，以抵消部分或全部的张应力，从而使位错的弹性应变能降低。当位错处于能量较低的状态时，位错趋向稳定不易运动，即对位错有着“钉扎作用”，尤其在体心立方晶体中，间隙型溶质原子和位错的交互作用很强，位错被牢固地钉扎住。若位错要运动，必须在更大的应力作用下才能挣脱科氏气团的钉扎而移动，这就形成了上屈服点；而一旦挣脱之后位错的运动就比较容易，因此应力下降，出现下屈服点和水平台。这就是屈服现象的物理本质。

3. 上、下屈服点的不利作用及控制

晶体中间隙型溶质原子将位错牢固地钉扎住，位错必须在更大的应力作用下才能挣脱此钉扎，使晶体塑性变形；而一旦挣脱之后位错的运动就比较容易，使应力-应变曲线的屈服点出现上、下屈服点或具有水平台阶，这种现象会危害一些金属制品的冷加工质量，使之成形性变差，甚至出现冲压制耳。例如，广泛应用于汽车行业的超深冲钢板就要求消除这一物理现象。因而出现了第三代汽车用的IF钢(interstitial free steel)，或称无间隙原子钢。

IF钢的概念是1949年由科姆斯托克（Comstock）提出的，但直到20世纪60年代后期日本钢铁行业采用真空脱气技术，IF钢才开始商品化。该钢中碳含量极低（$w_C=0.001\%\sim0.005\%$），并加入适量的强化元素钛、铌与钢中残存的间隙原子碳和氮结合形成碳化物和氮化物[Nb(CN)、TiN等]的质点。这样用钛、铌夺走碳和氮，钢的基体中已没有间隙原子C、N存在，从而消除了对上、下屈服点的不利作用。IF钢具有优异的深冲性、无时效性、非常高的钢板表面质量，可冲制极薄的制品、零件，主要用于制造汽车薄板。

6.4.2 第二相存在对塑性变形的影响

当第二相以弥散分布形式存在时，一般将产生显著的强化作用。这种强化相颗粒如果是通过过饱和固溶体的时效处理沉淀析出的，就称为沉淀强化或时效强化；如果是借助粉末冶金或其他方法加入的，则称为弥散强化。

在讨论第二相颗粒的强化作用时，通常将颗粒分为“可变形的”和“不可变形的”两大类来考虑。一般来说，弥散强化的颗粒属于不可变形的，而沉淀强化的颗粒多数属于可变形的，但当沉淀粒子长大到一定程度后，也会变为不可变形的。由于这两类颗粒与位错的作用机理不同，因此强化的途径和效果也不同。

1. 不可变形颗粒的强化作用

位错绕过第二相粒子的示意如图 6.33 所示。当运动位错与颗粒相遇时，由于颗粒的阻挡，使位错线绕着颗粒发生弯曲；随着外加应力的增加，弯曲加剧，最终围绕颗粒的位错相遇，并在相遇点抵消，在颗粒周围留下一个位错环，而位错线将继续前进，很明显，这个过程需要额外做功，同时位错环将对后续位错产生进一步的阻碍作用，这些都将导致材料强度的上升。

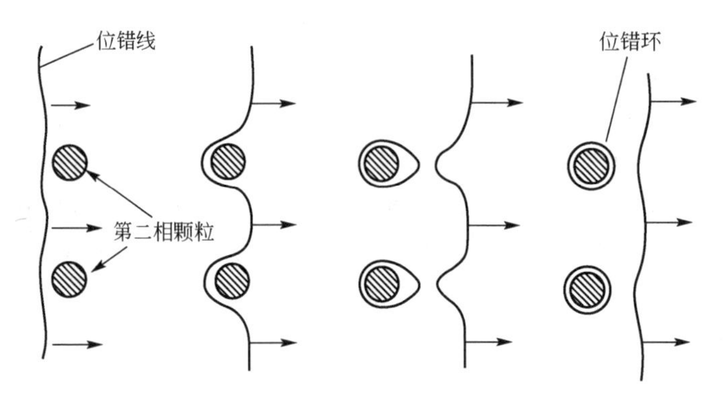

图 6.33 位错绕过第二相粒子的示意

根据前述位错理论，位错弯曲至半径 R 时所需切应力为

$$\tau=\frac{Gb}{2R} \tag{6-18}$$

式中，G 为切变弹性模量；$\boldsymbol{b}$ 为柏氏矢量。

当 R 为颗粒间距 λ 的一半时，所需切应力最小，即

$$\tau=\frac{Gb}{\lambda} \tag{6-19}$$

可见，不可变形颗粒的强化与颗粒间距成反比，颗粒越多、越细，则强化效果越好。这就是奥罗万机制。按此计算得某些合金的屈服强度值与实验所得结果符合得较好，在薄膜样品的透射电镜观察中也证实了位错环围绕着第二相微粒现象的存在(图 6.34)。

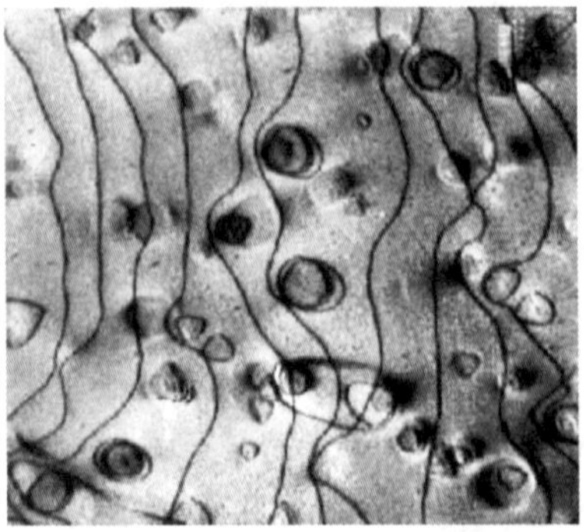

图 6.34 第二相颗粒周围的位错环

2. 可变形颗粒的强化作用

当第二相颗粒为可变形颗粒时，位错将切过颗粒，使其与基体一起变形，即位错切过机制，如图 6.35 所示。此时强化作用主要取决于粒子本身的性质及其与基体的联系，其强化机制较复杂，主要由以下因素决定。

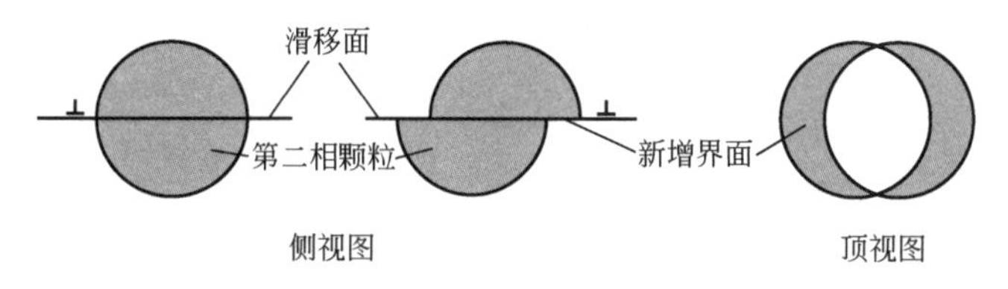

图 6.35 位错切过机制

① 位错切过颗粒后，在其表面产生台阶，增加了颗粒与基体两者间的界面，这需要相应的能量。

② 如果颗粒为有序结构，将在滑移面上产生反相畴界，从而导致有序强化。

③ 由于两相的结构存在差异(至少两相点阵常数不同)，因此当位错切过颗粒后，在滑移面上导致原子错配，需要额外做功。

④ 颗粒周围存在弹性应力场(由于颗粒与基体的比体积差别，而且颗粒与基体之间往往保持共格或半共格结合)与位错交互作用，对位错运动有阻碍作用。

下面举例说明。

对于 Al－1.6%Cu 合金，先在 773K 进行固溶处理，对照图 6.36 所示的 Al－Cu 二元合金相图，此时组织为单相的(Al)过饱和固溶体，然后在 463K 进行时效处理，此时固溶在铝中的过饱和铜将产生析出。在析出的初始阶段，析出的是很细小的共格过渡相，位错切过时受到很大阻力，因此合金强度显著提高；继续进行时效处理，颗粒的尺寸增大、数量也增加，强度随之增加，并逐渐达到其最大值；进一步时效处理时，由于析出颗粒总量在增加，因此此时颗粒将发生粗化现象，同时与基体间的共格关系也逐渐消失，合金的强度开始下降。图 6.37 所示就是表明这一过程的时效曲线。

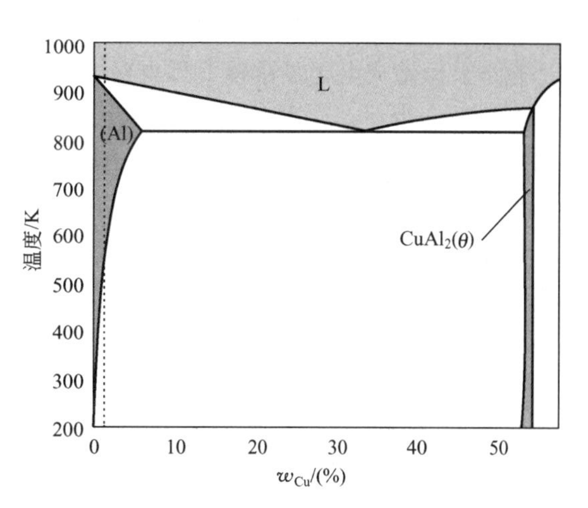

图 6.36 Al－Cu 二元合金相图

由前述的位错与颗粒交互作用机制可知，在颗粒开始析出阶段，它们可以变形，位错采用切过机制，因此屈服强度随颗粒含量及尺寸的增加而增加，如图 6.38 所示。当颗粒尺寸增加到一定程度后，位错就以绕过粒子的方式移动，同时此时由于过饱和固溶体中的溶质基本都已析出，强度随着颗粒尺寸的增加而下降。这样就可以解释图 6.37 中时效曲线的变化情况。显然，当时效达到 P 点的颗粒尺寸时，合金具有最佳的屈服强度。

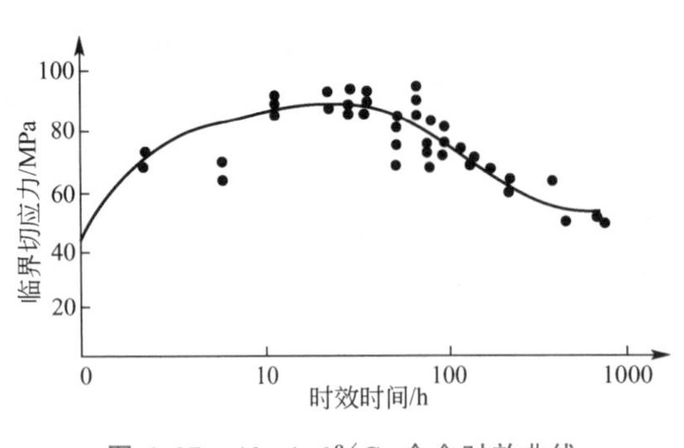

图 6.37　Al－1.6%Cu 合金时效曲线

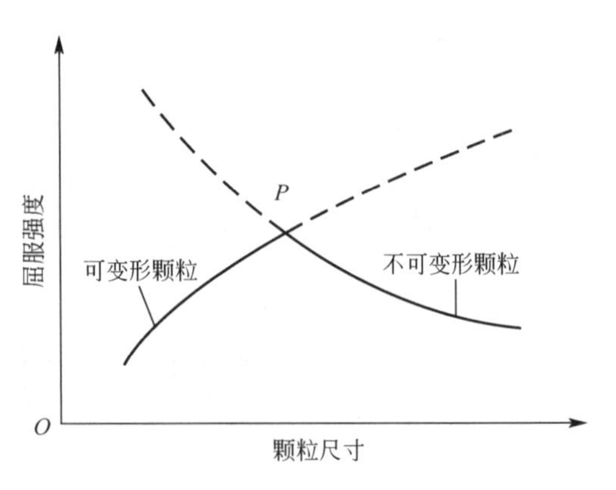

图 6.38　可变形颗粒与不可变形颗粒尺寸对屈服强度影响

6.5　塑性变形对组织和性能的影响

晶体发生塑性变形后，不但其外形发生了变化，而且其内部组织及各种性能也都发生了变化。

6.5.1　纤维组织

将用适当方法(如侵蚀)处理后的金属试样的磨面或其复型(或用适当方法制成的薄膜)置于光学显微镜或电子显微镜下可观察金属塑性变形的组织。

经塑性变形后，金属材料的显微组织发生了明显的改变，各晶粒中除了出现大量的滑移带、孪晶带以外，其晶粒形状也会发生变化：随着变形量的逐步增加，原来的等轴晶粒逐渐沿变形方向被拉长，当变形量很大时，晶粒沿材料流变伸展的方向变成纤维状，称为纤维组织，铜经过不同程度冷轧后的光学显微镜下的组织如图 6.39 所示。纤维组织使金属的性能具有明显的方向性，其纵向的强度和塑性高于横向，出现了性能的各向异性。

应当注意的是：在观察时应当注意取样和观察部位，才能获得上述变化的结果。

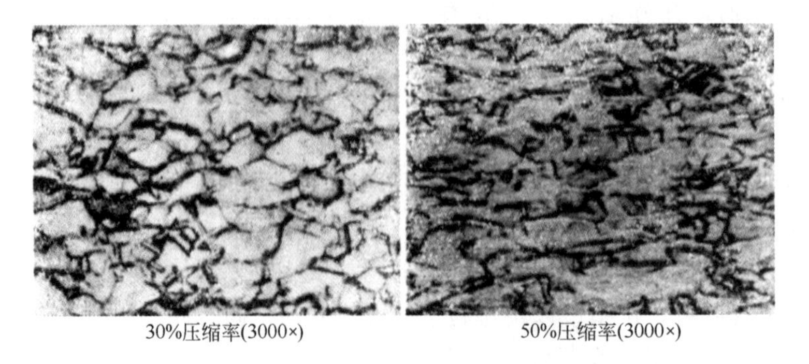

图 6.39　铜经过不同程度冷轧后的光学显微镜下的组织

99%压缩率(3000×)

图 6.39 铜经过不同程度冷轧后的光学显微镜下的组织（续）

6.5.2 加工硬化

1. 亚结构变化

金属晶体在进行塑性变形时，位错密度迅速提高，如可从变形前经退火的 $10^9 \sim 10^{10}\,m^{-2}$ 增至 $10^{14} \sim 10^{16}\,m^{-2}$。

通过透射电子显微镜对薄膜样品的观察可以发现，经塑性变形后，多数金属晶体中的位错分布不均匀，当变形量较小时，形成位错缠结结构；当形变量继续增加时，大量位错发生聚集，形成胞状亚结构，胞壁由位错构成，胞内位错密度较低，相邻胞间存在微小取向差，随着形变量的增加，这种胞的尺寸减小，数量增加；如果形变量非常大，如强烈冷变形或拉丝，则会构成大量排列紧密的细长条状形变胞，铜经过不同程度冷轧后的电子显微镜下的组织如图 6.40 所示。

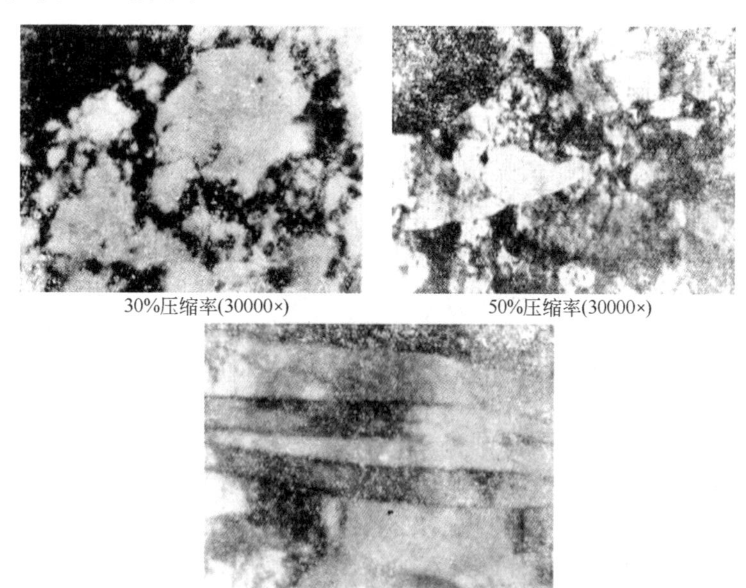

30%压缩率(30000×)　50%压缩率(30000×)

99%压缩率(30000×)

图 6.40 铜经过不同程度冷轧后的电子显微镜下的组织

研究表明，胞状亚结构的形成与否与材料的层错能有关，一般来说，高层错能晶体易形成胞状亚结构，而低层错能晶体形成这种结构的倾向较小。这是由于对层错能高的金属而言，在变形过程中，位错不易分解，在遇到阻碍时，可以通过交滑移继续运动，直到与其他位错相遇缠结，从而形成位错聚集区域(胞壁)和少位错区域(胞内)。层错能低的金属由于其位错易分解，不易交滑移，其运动性差，因而通常只形成分布较均匀的复杂位错结构。

2. 加工硬化分析

随着塑性变形的发生，晶粒内部的位错和亚结构将产生十分复杂的变化。总体来说，在切应力作用下，位错源扩展会产生大量的位错。位错与晶界、相界、亚晶界和第二相粒子相互作用，产生位错堆积、缠结等，使晶粒破碎成为细小的亚晶粒。变形越大，晶粒破碎的程度越大，亚晶界的数量越多，位错密度也越大。

图 6.41 所示是冷轧对铜及钢性能的影响。从中可以明显看出，随着塑性变形程度的增加，由于晶粒破碎和位错密度增加，晶体的塑性变形能力迅速增大，材料的强度、硬度显著升高，而塑性、韧性显著下降，这一现象称为加工硬化，有时也称冷变形强化或冷作硬化等。

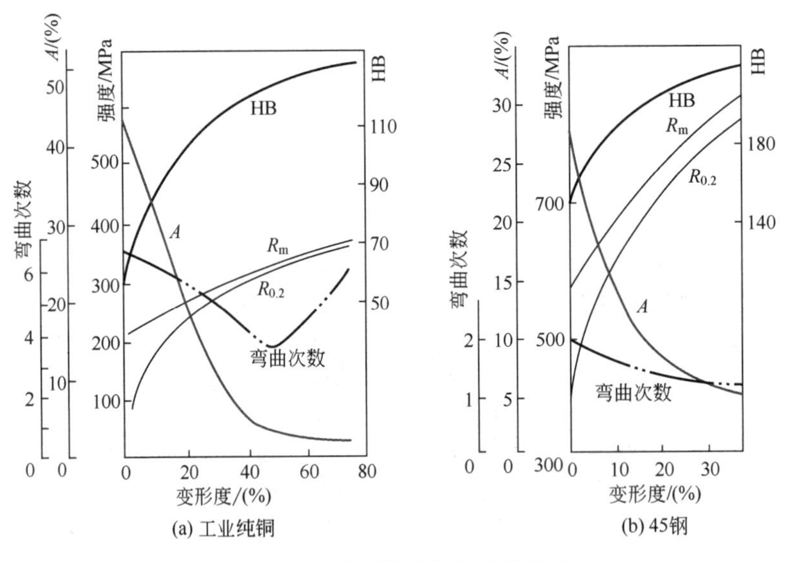

图 6.41　冷轧对铜及钢性能的影响

金属的加工硬化特性可以从其应力-应变曲线上反映出来。图 6.42 所示是单晶体的应力-应变曲线，图中该曲线的斜率 $\theta = d\tau/d\gamma$，称为硬化系数。根据曲线 θ 的变化，单晶体的塑性变形可划分为三个阶段描述。

第Ⅰ阶段，当切应力达到晶体的临界分切应力值时，滑移首先从一个滑移系中开始，由于位错运动所受的阻碍很小，因此硬化效应也较小，τ_c 一般在 $10^{-4}G$ 左右。因此该阶段称为易滑移阶段。

第Ⅱ阶段，滑移可以在几组相交的滑移面中发生，由于运动位错之间的交互作用及其所形成不利于滑移的结构状态(有可能在相交滑移面上形成割阶与缠结，致使位错运动变得非常困难），因此其硬化系数急剧增大，一般恒定在 $3\times10^{-2}G$ 左右，故该阶段称为线性硬化阶段。

第Ⅲ阶段，在应力进一步增高的条件下，已产生的滑移障碍将逐渐被克服，并通过交滑移的方式继续进行变形。硬化系数随应变的增大而不断下降，由于该段曲线呈抛物线变化，因此该阶段称为抛物线形硬化阶段。

上述具有硬化特性三阶段的应力-应变曲线是经典硬化的情况。而各种晶体由于其结构类型、取向、杂质含量及试验温度等因素的影响，实际曲线有所改变。图 6.43 所示为三种常见结构的纯金属单晶体处于软取向时的应力-应变曲线，其中面心立方和体心立方结构显示出上述典型的三阶段加工硬化的情况。面心立方结构的铜第Ⅱ阶段比较长，加工硬化效果显著。密排六方结构的镁由于只沿一组相互平行的滑移面做单系滑移，位错的交截作用很弱，第Ⅰ阶段很长以至于几乎没有第Ⅱ阶段，就产生了断裂。体心立方结构的铌则具有典型的三阶段硬化现象。

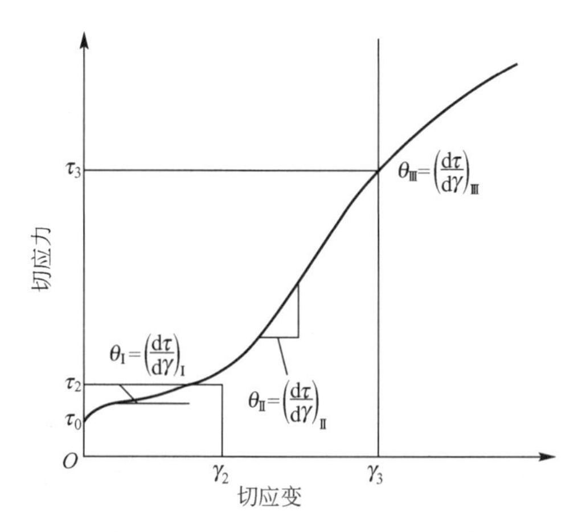

图 6.42 单晶体的应力-应变曲线

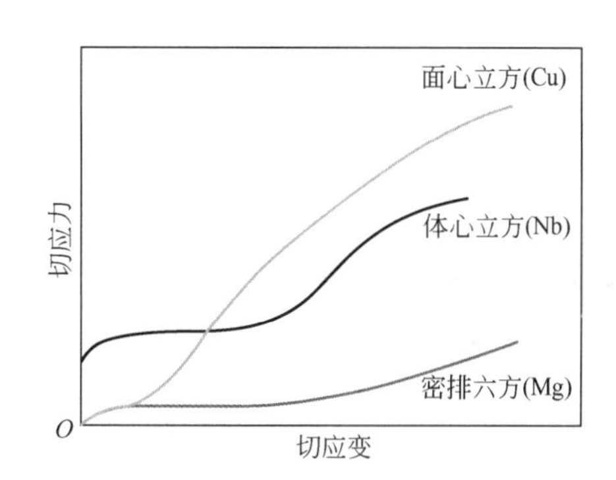

图 6.43 三种常见结构的纯金属单晶体处于软取向时的应力-应变曲线

晶体中的杂质可使应力-应变曲线的硬化系数有所增大。曲线第Ⅰ阶段将随杂质含量的增加而缩短，甚至消失。在体心立方金属中，微量的间隙原子（C、N、O 等）也由于会发生与位错的交互作用而产生屈服现象，从而使曲线有所变化。

加工硬化的实质在于位错运动受阻。在实际材料中有许多位错运动的障碍，最主要的是：其他位错、晶界和亚晶界、溶质原子、第二相微粒、表面膜。其中晶界和亚晶界、溶质原子、第二相微粒障碍分别对应于细晶强化、固溶强化和第二相强化（包括沉淀强化及弥散强化）。对纯金属单晶体而言，上述三种位错运动的障碍都不存在，但仍能出现加工硬化现象，因此可以认为，其他位错对运动位错的阻碍是产生加工硬化的根本原因。

有关加工硬化的机制针对不同条件和不同材料有不同的解释，但总的表达形式是一样的，即流变应力是位错密度的平方根的线性函数。因此，在塑性变形过程中位错密度的增加及其所产生的钉扎作用是导致加工硬化的决定性因素。图 6.44 为材料强度与位错密度的关系。图中的理论值是根据刚体模型计算的理想晶体的强度。然而金属晶体服从熵学规律，其原子总倾向无规则排列，也就是说晶体中总存在缺陷，因此理论值与实际值相

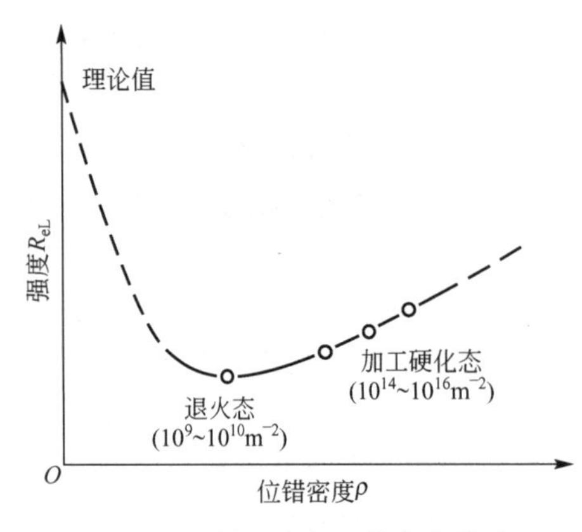

图 6.44 材料强度与位错密度的关系

差3～4个数量级。当材料的位错密度在 10^9～$10^{10}\,m^{-2}$时，相当于材料的退火态，强度最低。随着塑性变形材料位错密度增加（10^{14}～$10^{16}\,m^{-2}$）产生加工硬化，材料强度提高。这一途径在工业生产中得到了广泛的应用。加工硬化现象作为变形金属的一种强化方式（R_{eL}可提高 3～4 倍，R_m可提高 1～2 倍），有其实际应用意义，如许多不能通过热处理强化的金属材料，可以利用冷变形加工同时实现成形与强化的目的。不过加工硬化现象也存在不利之处，当连续变形加工时，由于加工硬化使金属的塑性大为降低，继续变形加工困难，因此必须进行中间软化退火处理，以便继续变形加工。

3. 其他性能变化

经塑性变形后的金属，由于点阵畸变、位错与空位等晶体缺陷的增加，其物理性能和化学性能也会发生一定的变化，如电阻率增加、电阻温度系数降低、磁滞与矫顽力略有增加和磁导率、热导率下降。此外，由于原子活动能力增大，还会使扩散加速，抗腐蚀性减弱。

6.5.3 形变织构

如同单晶体形变时晶面转动一样，多晶体变形时，各晶粒的滑移也将使滑移面发生转动，由于转动是有一定规律的，因此当塑性变形量不断增加时，多晶体中原本取向随机的各个晶粒会逐渐调整到其取向趋于一致，这样就使经过强烈变形后的多晶体材料形成了择优取向，即形变织构。

依据产生塑性变形的方式不同，形变织构主要有两种类型：丝织构和板织构。

丝织构主要是在拉拔过程中形成的，其主要特征是各晶粒的某一晶向趋向于与拔丝方向平行，一般这种织构也就以相关方向表示。例如，铝拉丝为 ＜111＞ 织构，而冷拉铁丝为 ＜110＞ 织构。

板织构主要是在轧板时形成，其主要特征为各晶粒的某一晶面和晶向趋向于与轧面和轧向平行，一般这种织构也就以相关面和方向表示。例如，冷轧黄铜的 {110} ＜112＞ 织构。

实际上，无论形变进行的程度如何，各晶粒都不可能形成完全一致的取向。

形变织构的出现，使材料性能呈现一定程度的方向性，对材料的加工和使用都会带来一定的影响。图 6.45 所示的加工过程中的“制耳”现象使所制作的杯形边缘不齐，杯壁四周薄厚不均。而在有些情况下，织构也很有用，如变压器用的硅钢片，如果采用具有{100}＜100＞织构的硅钢片制作，并在制作中使其 ＜100＞ 晶向平行于磁场，如图 6.46 所示。由于{100}＜100＞织构处于最易磁化方向，将使变压器铁芯的磁导率显著增大，磁滞损耗大为减少，从而提高变压器的工作效率。

图 6.45 金属制品的形变“制耳”

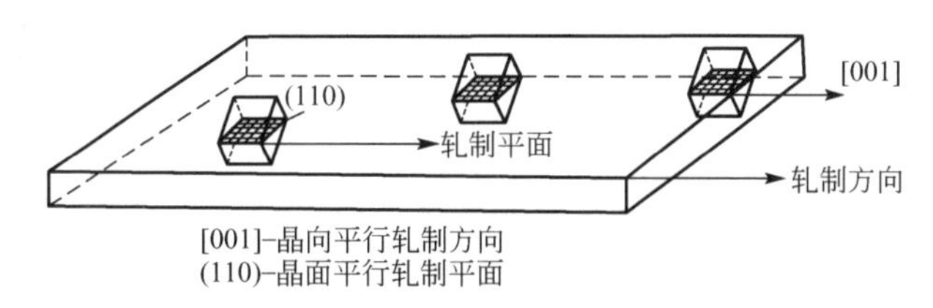

图 6.46 硅钢片织构示意

6.5.4 变形内应力

金属进行塑性变形需要做大量的功，其中绝大部分都以热量的形式散发了，一般只有不到10%的功保留在金属内部，即塑性变形的储存能，其大小与金属的变形量、变形方式、温度及材料本身的一些性质有关。

这部分储存能在材料中以残余应力的方式表现出来，残余应力是由材料内部各部分之间不均匀变形引起的，是一种内应力，对材料整体而言处于平衡状态。就残余应力平衡范围的大小，可将其进一步分为三类。

第一类内应力，又称宏观残余内应力，作用在工件尺度范围内，是由于金属材料各部分变形不均匀而造成的宏观范围内的平衡内应力。例如，金属线材经拔丝模变形加工时，由于模壁的阻力作用，冷拔材的表面较心部变形少，故表面受拉应力，而心部则受压应力。于是，两种符号相反的宏观应力彼此平衡，共存在工件之内。这类应力所对应的畸变能不大，占总储存能的0.1%左右。

第二类内应力，又称微观残余内应力，作用在晶粒尺度范围内，是金属材料晶粒之间、晶粒内部或亚晶粒之间变形不均匀造成的微观范围内的平衡内应力，其作用范围与晶粒尺寸相当。尽管这种内应力所占储存能的比例也不大(1%～2%)，但是其应力数值却可能很大，有时甚至会造成显微裂纹从而导致工件断裂。

第三类内应力，又称点阵畸变内应力，作用在点阵尺度范围内，是因金属材料在形变过程中形成了大量点阵缺陷如位错、亚晶界等晶体缺陷引起晶格畸变造成的平衡内应力。塑性变形时所吸收的能量主要形成晶格畸变内应力，这部分能量占整个储存能中的绝大部分。其增加使位错运动的阻力增大，是材料产生强化的主要原因。

正是由于塑性变形后晶体中存在储存能，特别是点阵畸变能，导致系统处于不稳定状态，这样在外界条件合适时，将会发生趋向于平衡状态的转变。

残余应力通常是有害的，容易导致材料及工件的变形、开裂或应力腐蚀；但有时残余应力也是有利的，比如，沿着工件表面的残余压应力能使承受交变载荷的零件(如齿轮、弹簧)的疲劳寿命增加。在生产中广为采用的表面滚压或喷丸处理，就是根据这一原理进行的。对于变形金属已经产生的残余应力，可以通过适当的热处理加以消除(如去应力退火处理)。

习 题

1. 解释下列基本概念及术语。

弹性变形，塑性变形，断裂，弹性模量，滞弹性，比例极限，弹性极限，屈服强度，抗拉强度，断后伸长率，断面收缩率，延性断裂，脆性断裂，冲击韧性，断裂韧度，滑移，交滑移，滑移系，孪生，孪生面，孪生方向，临界分切应力，软位向，硬位向，位错的交割、位错的塞积，位错增殖机制，纤维组织，加工硬化，形变织构，内应力。

2. 影响屈服强度的因素有哪些？

3. 简述金属材料的断裂方式及特征。

4. 解释滑移和孪生的概念及其特征，滑移和孪生的异同点。

5. 影响临界分切应力的主要因素是什么？

6. 体心立方晶体的 {111} <111>，{112} <111> 和 {111} <111> 组成的滑移系各有多少个？可否产生交滑移？为什么？

7. 铁单晶体拉力轴方向为 [011]，请问哪些滑移系首先启动？若 τ_s＝33.8MPa，求多大应力时材料产生屈服？

8. 铜单晶体拉力轴方向为 [001]，请问哪些滑移系首先启动？若 τ_s＝0.7MPa，求多大应力时材料产生屈服？

9. 面心立方单晶体以 [131] 为力轴，进行拉伸，当拉应力为 10MPa 时，(111) $[0\bar{1}1]$，(111) $[10\bar{1}]$ 和(111) $[1\bar{1}0]$ 滑移系上的分切应力各为多少？

10. 简述晶粒位向对多晶体塑性变形的影响。

11. 沿密排六方单晶体 [0001] 方向分别加拉伸力和压缩力。说明在两种情况下，形变的可能性及形变所采取的主要方式。

12. 试用位错理论解释低碳钢的屈服。举例说明吕德斯带对工业生产的影响及防止办法。

13. 什么是固溶强化？引起固溶强化的原因有哪些？

14. 加工硬化的本质是什么？

15. 什么是形变织构？形变织构的特点是什么？

16. 变形内应力包括哪些？对材料性能会产生什么影响？

第7章 回复与再结晶

★ 了解回复与再结晶基本过程，掌握再结晶温度和临界形变量对再结晶晶粒大小的影响

★ 掌握金属热塑性变形过程中的动态回复和动态再结晶原理

知识要点	掌握程度	相关知识
冷塑性变形金属在加热时的转变	熟悉冷塑性变形金属在加热时组织和性能的变化特点	显微组织变化：回复、再结晶、晶粒长大； 性能变化：强度、硬度、电阻率、密度、内应力、储存能
回复阶段	了解回复动力学和回复机制	回复动力学曲线、激活能； 回复机制：低温回复、中温回复、高温回复
再结晶	熟悉再结晶动力学； 掌握再结晶温度表达方法，以及临界形变量与再结晶晶粒大小的关系	再结晶动力学，再结晶晶核的形成与核长大过程，影响再结晶的因素，再结晶晶粒大小的控制
金属的热塑性变形	了解冷、热塑性变形的区别； 掌握动态回复和动态再结晶基本原理； 理解超塑性的概念	冷、热塑性变形的区别，动态回复和动态再结晶，热塑性变形对组织和性能的影响，超塑性

金属或合金经过冷塑性变形后，其组织结构与性能发生一系列变化的同时，金属材料内部存在各种不同形式的储存能，包括残余弹性应变能和结构缺陷能，从而使金属处于不稳定状态。当冷变形金属加热时，随着温度的升高，原子的扩散能力增强，其组织和性能又会产生一系列变化，根据不同温度和保温时间产生的组织变化，可以分为回复、再结晶和晶粒长大三个阶段。

7.1 冷塑性变形金属在加热时的转变

7.1.1 显微组织的变化

冷变形金属在加热时，其组织和性能会发生变化，根据观察可以将这个过程分为回复、再结晶和晶粒长大三个阶段。回复是指新的无畸变晶粒出现前，材料内部所产生的亚结构和性能的变化，而显微组织几乎没有变化的阶段；再结晶是指新的等轴状晶粒不断形核并长大，逐步取代原来的变形组织，金属或合金的性能也发生显著变化的阶段；晶粒长大是指再结晶结束后，有新晶粒通过晶界的迁移而将相邻的其他新晶粒吞并形成更大尺寸的再结晶晶粒的过程。

1. 回复

冷变形金属在加热温度较低时会产生回复现象。由于温度较低，回复时原子或点缺陷(见第1章)只在微小的距离内发生迁移。回复后的光学显微组织中，晶粒仍保持冷变形后的形状，但电子显微镜显示其精细结构已有变化。金属中的一些点缺陷和位错的迁移，使晶格畸变逐渐减小，内应力逐渐降低，而其强度、硬度和塑性等力学性能变化不大，但理化性能(电阻、磁性等)明显改变。回复时形成亚结构主要借助于点缺陷间彼此复合或抵消，点缺陷在位错或晶界处的湮没，位错偶极子湮没和位错攀移运动，使位错排列成稳定组态，如排列成位错墙而构成小角度亚晶界，即所谓的“多边形化”。回复过程的驱动力来自变形时材料内部存在的储存能。回复后宏观性能的变化取决于回复温度和时间。温度一定时，回复速率随时间增加而逐渐降低。

工业上，对冷变形后的金属既要保持其加工硬化效果，又要消除残余内应力时，需在低温下加热保温，这种热处理称为回复退火或去应力退火。例如，用冷拉钢丝绕制弹簧，绕成后应在280～300℃去应力退火使其定型。

再结晶

2. 再结晶

当冷变形金属的加热温度高于回复阶段后，随温度升高，原子活动能力增大，金属的显微组织发生明显的变化，由破碎、拉长或压扁变形的晶粒变为均匀细小的等轴晶粒。这一过程实质上是一个新晶粒重新形核和长大的过程，故称为“再结晶”。再结晶以后，只是晶粒外形发生了变化，而晶格类型与原始晶粒相同。

再结晶的晶核一般在变形晶粒的晶界、滑移带或晶格畸变严重的地方形成，晶核形成后，依靠原子的扩散移动，向附近周围长大，直至各晶核长大到相互接触，形成新的等轴晶粒为止。

通过再结晶，金属的显微组织发生了彻底的改变，故其强度和硬度显著降低，而塑性和韧性大大提高，加工硬化现象得以消除，变形金属的所有机械和物理性能全部恢复到冷变形之前的状态。因此，再结晶在工业上主要用于金属在冷变形之后或在变形过程中，使其硬度降低，塑性升高，以便于进一步加工，这样的热处理称为再结晶退火。

3. 晶粒长大

再结晶完成以后，若再继续升高加热温度或过分延长加热时间，金属的晶粒就会继续长大。因为通过晶粒长大可减少晶界的面积，使表面能降低，所以晶粒长大是一个能量降低的自发过程。只要温度足够高，使原子具有足够的活动能力，晶粒便会迅速长大。晶粒长大实际上是一个晶界迁移的过程，即边界通过一个晶粒向另一晶粒迁移，把另一晶粒中的晶格位向逐步转变为与这个晶粒相同的晶格位向，于是另一晶粒便逐步被这一晶粒“吞并”，合并成为一个大晶粒，晶粒长大示意如图 7.1 所示。

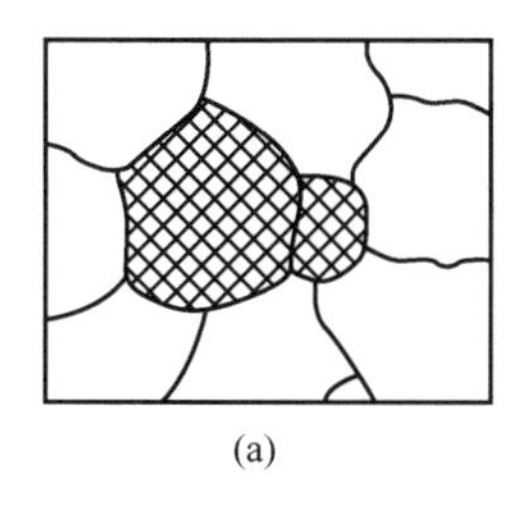
(a)

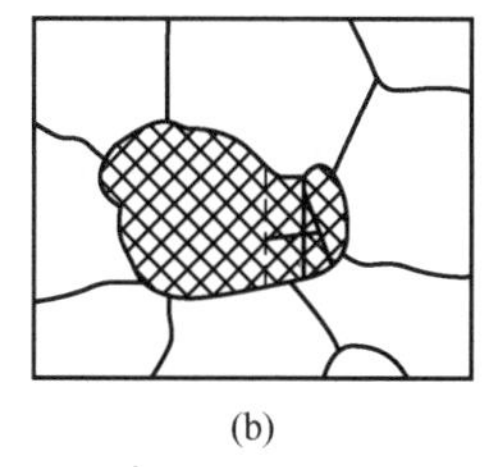
(b)

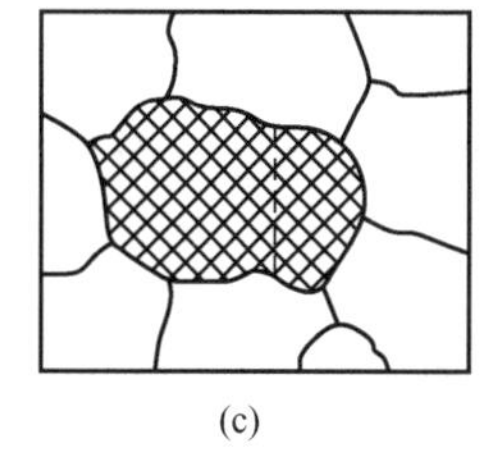
(c)

图 7.1 晶粒长大示意

通常在再结晶后获得细小均匀的等轴晶粒的情况下，晶粒长大的速度并不很大。但如果原来的变形不均匀，经过再结晶后得到的也是大小不均匀的晶粒，这样，由于大小晶粒之间的能量相差悬殊，便很容易发生大晶粒吞并小晶粒而越长越大的现象，从而得到异常粗大的晶粒，使金属的机械性能显著降低。为了区别于通常的晶粒正常长大，常把晶粒的这种不均匀急剧长大的现象称为“二次再结晶”。

冷变形金属退火晶粒形状变化如图 7.2 所示，与冷变形状态相比，回复阶段的显微组织几乎没有发生变化，仍保持形变结束时的晶粒形貌，但通过透射电子显微镜发现其位错

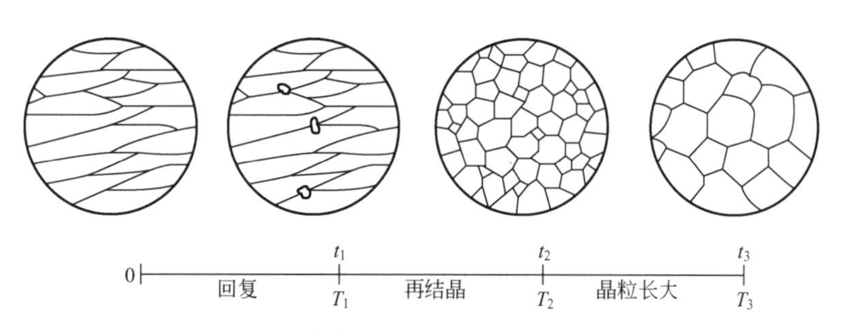

图 7.2 冷变形金属退火晶粒形状变化

组态或亚结构已开始发生变化；在再结晶开始阶段，先在畸变较大的区域产生新的无畸变的晶粒核心，再进行结晶形核过程，然后通过逐渐消耗周围变形晶粒而长大，转变成为新的等轴晶粒，直到冷变形晶粒完全消失；之后进入晶粒长大阶段，在晶界界面能的驱动下，晶界推移新晶粒合并长大，最终达到一个相对稳定的尺寸。

7.1.2 性能的变化

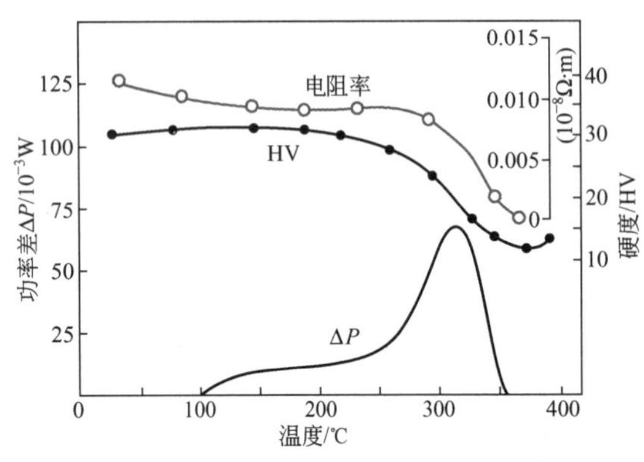

图 7.3 冷变形金属退火时某些性能的变化

伴随着回复、再结晶和晶粒长大过程的进行，冷变形金属的组织发生了变化，金属的性能也会发生相应的变化。图 7.3 所示为冷变形金属退火时某些性能的变化。

1. 强度与硬度的变化

回复阶段的强度、硬度变化很小，约占总变化的 1/5，而再结晶阶段下降明显，这主要与金属中的位错密度及组态有关，即在回复阶段时，变形金属仍保持很高的位错密度，而发生再结晶后，则由于位错密度显著降低，导致强度与硬度明显下降。

2. 电阻率的变化

变形金属的电阻率在回复阶段已表现明显的下降趋势。这是因为电阻是标志晶体点阵对电子在电场作用下定向运动的阻力，由于分布在晶体点阵中的各种点缺陷(空位、间隙原子等)对电阻的贡献远大于位错的作用，故回复过程中变形金属的电阻下降明显，说明该阶段点缺陷密度发生了显著的减小。

3. 密度的变化

变形金属的密度在再结晶阶段发生急剧增高的原因主要是再结晶阶段中位错密度显著降低所致。

4. 内应力的变化

金属经塑性变形所产生的第一类内应力在回复阶段基本得到消除，而第二、三类内应力只有通过再结晶方可全部消除。

5. 储存能的变化

当冷变形金属加热到足以引起应力松弛的温度时，储存能就被释放出来。回复阶段材料所释放的储存能较小，再结晶晶粒出现的温度对应于储存能释放曲线的高峰处。

7.2 回复阶段

7.2.1 回复动力学

在回复阶段，材料性能的变化是随温度和时间的变化而变化的，图 7.4 所示是多晶体铁在不同温度下的回复动力学曲线，图中纵坐标为剩余应变硬化率(1−R)，R 为屈服应力回复率，$R=(\sigma_m-\sigma_r)/(\sigma_m-\sigma_0)$。其中$\sigma_m$、$\sigma_r$和$\sigma_0$分别代表变形后、变形前及回复后的屈服应力。显然，屈服应力回复率 R 越大，则剩余应变硬化率(1−R)越小。

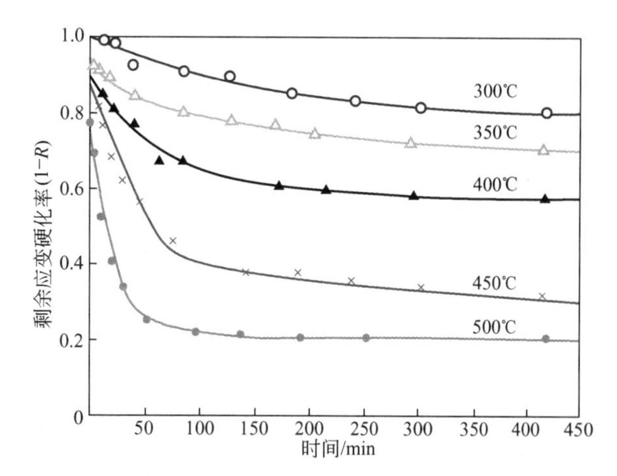

图 7.4 多晶体铁在不同温度下的回复动力学曲线

从回复动力学曲线可以发现，回复过程特点如下。

① 回复过程在加热后立刻开始，没有孕育期。

② 回复开始的速率很大，随着时间的延长，逐渐降低，直至趋于零。

③ 加热温度越高，最终回复程度也越高。

④ 变形量越大，初始晶粒尺寸越小，越有助于加快回复速率。

动力学曲线表明，回复是一个弛豫过程：恒温回复时，开始阶段的性能回复速率较快，而随保温时间增长，回复速率则逐渐减小，直至难以测试其变化。此外，随着回复温度的升高，回复速率与回复程度明显增加，这与热激活条件下晶体缺陷密度的急剧降低有关。这种回复特征通常可用一级反应方程来表达，即

$$\frac{dx}{dt}=-cx \tag{7-1}$$

式中，x 为冷变形导致的性能增量经加热后的残留分数；t 为恒温下的加热时间；c 为与材料和温度有关的比例常数，c 值与温度的关系具有典型的热激活过程的特点，即

$$c=c_0 e^{-Q/RT} \tag{7-2}$$

式中，c_0为比例常数；Q 为激活能；R 为气体常数[8.31×10^{-3}J/(kg・mol・K)]；T 为热力学温度。

将式(7-2)代入式(7-1)中并积分，以 x_0表示开始时性能增量的残留分数，则

$$\int_{x_0}^{x}\frac{dx}{x}=-c_0 e^{-Q/RT}\int_0^t dt \tag{7-3}$$

$$\ln\frac{x_0}{x}=c_0 t e^{-Q/RT} \tag{7-4}$$

在不同温度下如与回复到相同程度做比较，即式(7-4)左边为常数，这样对两边同时

取对数，得

$$\ln t = A + Q/RT$$

于是，通过作图所得到的直线关系，由其斜率即可求出回复过程的回复激活能 Q。变形金属的不同性能(如电阻率、硬度)可能以各不相同的速率发生回复，这主要与其回复激活能不同有关。

有关回复激活能测定结果表明，锌的回复激活能与其自扩散激活能相近。由于自扩散激活能包括空位形成能和空位迁移能，因此可以认为在回复过程中空位的形成与迁移将同时进行。已知空位的产生与位错的攀移密切相关，这也表明位错在回复阶段存在攀移运动。然而，铁的回复实验表明，短时间回复时，其激活能与空位迁移激活能相近，长时间回复时，其激活能与铁的自扩散激活能相近。因此有人认为，在回复的开始阶段，其主要机制是空位的迁移，而在后期则以位错攀移机制为主。

7.2.2 回复机制

回复过程中发生的组织结构变化及变化程度主要取决于回复温度。回复阶段的加热温度不同，回复过程的机制也存在差异。随着温度由低到高，冷变形金属所发生的回复主要与以下三种不同的缺陷运动方式有关。

1. 低温回复

变形金属在较低温度下加热时所发生的回复过程称为低温回复。这一阶段的回复主要涉及点缺陷(即空位)的变化。此时因温度较低，原子活动能力有限，一般局限于点缺陷的运动，通过空位迁移至晶界、位错或与间隙原子结合而消失，使冷变形过程中形成的过饱和空位浓度下降，即空位浓度力求趋于平衡以降低能量。此时对点缺陷敏感的电阻率会发生明显下降。

2. 中温回复

变形金属在中等温度下加热时所发生的回复过程称为中温回复。这一阶段回复因温度升高，除点缺陷的运动外，位错也被激活。在内应力作用下位错开始滑移并重新分布，部分异号位错发生抵消，因此位错密度略有降低。

3. 高温回复

变形金属在较高温($\approx 0.3T_m$)下加热时所发生的回复过程称为高温回复。这时，变形金属的回复机制主要与位错的攀移运动有关。同一滑移面上的同号刃型位错在本身弹性应力场作用下，通过攀移和滑移使这些位错从同一滑移面变为在不同滑移面上竖直排列的位错墙，如图 7.5 所示，从而降低总畸变能。

图 7.6 所示为经弯曲变形的单晶体产生高温回复多边化过程示意。其中，图 7.6(a)为弯曲变形后滑移面上存在的同号刃型位错塞积群；图 7.6(b)为高温回复时，按上述攀移与滑移模型，沿垂直于滑移面方向排列并具有一定取向差的位错墙(小角度亚晶界)及由此所产生的亚晶(回复亚晶)，即多边化结构。

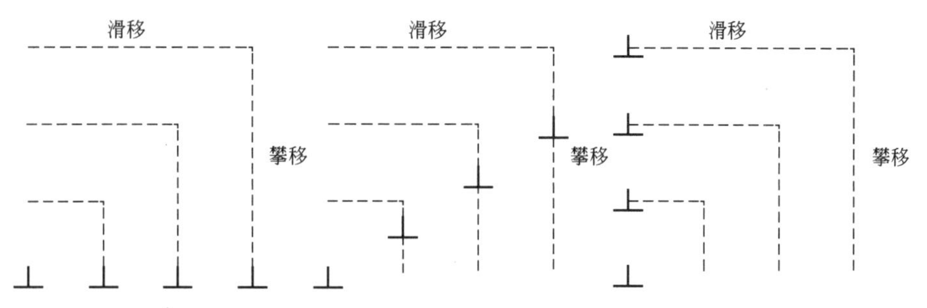

图 7.5 回复过程中的位错攀移与滑移

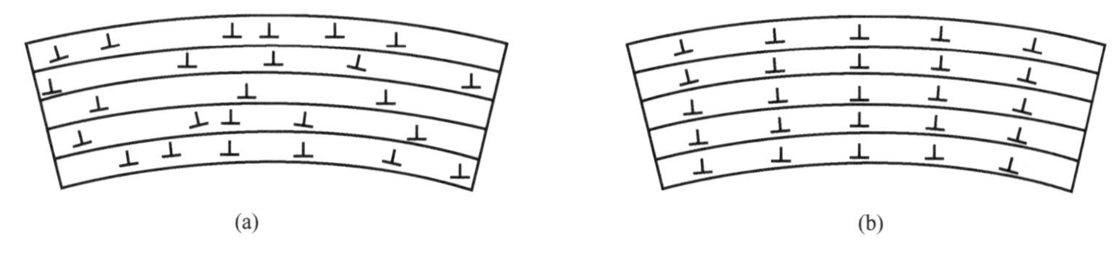

图 7.6 经弯曲变形的单晶体产生高温回复多边化过程示意

7.3 再 结 晶

7.3.1 再结晶动力学

人们对再结晶动力学进行了大量的研究，实验测得的动力学曲线具有如图 7.7 所示的 S 形特征。图中纵坐标表示已再结晶晶粒体积分数，横坐标表示保温时间。可见，再结晶过程存在孕育期，即只有在保温一定时间后才能发生再结晶过程，并且刚开始再结晶速度很小，然后逐渐加快，直至再结晶晶粒体积分数约为 0.5 时达到最大，然后逐渐降低。同时可以看出，温度越高，再结晶转变速度越快。

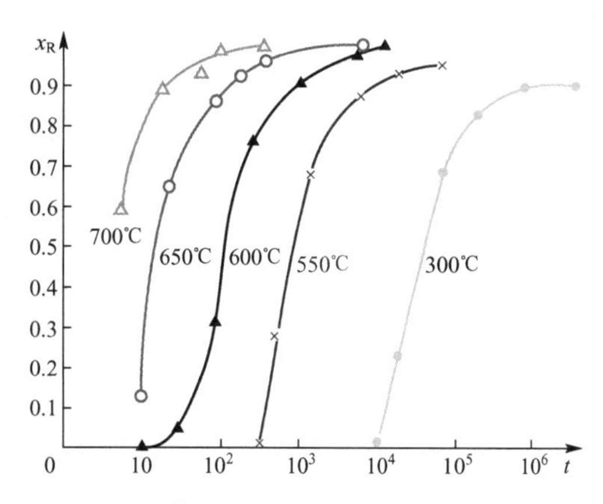

图 7.7 铁在不同温度下的再结晶动力学曲线

在恒温再结晶时，根据阿弗拉密(Avrami)方程有

$$x_R = 1 - \exp(-Bt^k) \qquad (7-5)$$

式中，x_R 为再结晶晶粒体积分数；B 为随温度升高而增大的系数；k 为一个常数，其值因材料与条件不同而不同，为 1～9。

如对式(7-5)两边取自然对数，可得

$$\ln\frac{1}{1-x_R} = Bt^k \qquad (7-6)$$

作 $\ln\frac{1}{1-x_R}$- lg$t$ 图，其直线的斜率就是 k，截距就是 lg$B$。图 7.8 所示为含铜量为 0.0034%的区熔铝经在 0℃冷轧 40%并再结晶退火时的 $\ln[1/(1-x_R)]$ 与时间的双对数坐标关系。

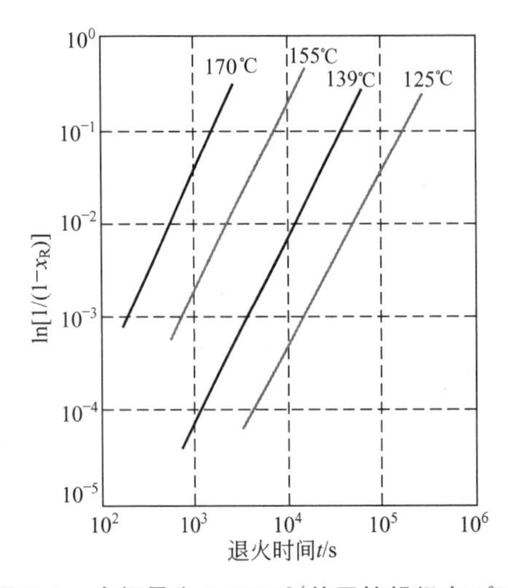

图 7.8　含铜量为 0.0034%的区熔铝经在 0℃冷轧 40%并再结晶退火时的 ln[1/(1−x_R)] 与时间的双对数坐标关系

如前所述，形核和长大都是热激活过程，形核率 I 和长大速率 u 符合阿伦尼乌斯方程，即

$$I = I_0\exp(-Q_I/RT) \quad (7-7)$$

$$u = u_0\exp(-Q_u/RT) \quad (7-8)$$

式中，Q_I与 Q_u分别为形核和长大的激活能；I_0与 u_0是常数。

在约翰逊-梅厄方程中，如取 x_R为常数，即取一定的再结晶体积分数，并将式(7-8)代入，两边取对数，化简后可得

$$t = A\exp\left(\frac{Q_I + 3Q_u}{4RT}J\right) \quad (7-9)$$

式中，A 为一个常数。

对式(7-9)两边取对数，并令$\frac{Q_I+3Q_u}{4RT}=Q_R$，则

$$\ln t = \ln A + \frac{Q_R}{R}\cdot\frac{1}{T} \quad (7-10)$$

式(7-10)表明了达到一定体积分数的再结晶所需的加热温度和时间之间的关系。不难看出，如将 ln$t$ 对 1/T 作图，可得一条直线。直线的斜率即为 Q_R/R。用实验测得一定再结晶体积分数时的几对 T-t 数据，便可求出再结晶激活能 Q_R。式(7-10)还说明，如取 x_R=0.95 并以此作为再结晶完成的标志，则加热时间越长，再结晶温度便越低。这样，再结晶温度便是个不确定的值。习惯上取加热 1h 完成再结晶的温度为金属的再结晶温度。在实际应用中，再结晶退火的温度要比再结晶温度高些。

一些金属材料的再结晶温度见表 7-1。

表 7-1　一些金属材料的再结晶温度

材料	再结晶温度/℃	材料	再结晶温度/℃
铜(99.999%)	120	镍-30%铜	600
无氧铜	210	电解铁	400
铜-5%锌	320	低碳钢	540
铜-5%铝	290	镁(99.99%)	65
铜-2%铍	370	镁合金	230
铝(99.999%)	85	锌	10

续表

材料	再结晶温度/℃	材料	再结晶温度/℃
铝(99.0%)	240	锡	<15
铝合金	320	铅	<15
镍(99.99%)	370	钨(高纯)	1200～1300
镍(99.4%)	630	钨(含显微气泡)	1600～2300

7.3.2 再结晶晶核的形成与长大

再结晶过程是一个形核和核长大过程，即通常在变形金属中能量较高的局部区域优先形成无畸变的再结晶晶核，然后通过晶核逐渐长大成为等轴晶，从而完全取代变形组织的过程。与一般相变不同，再结晶没有晶体结构转变。

1. 再结晶晶核的形成

近代再结晶形核理论认为，再结晶核心是在邻接严重畸变区的无畸变区或低畸变区首先形成的。实验观察到的再结晶核心常产生在大角度界面上，如晶界、相界、孪晶或滑移带界面上，有时也产生在晶粒内某些特定的位向差较大的亚晶界上。研究表明，再结晶形核机制一般根据其形变量的不同，存在如下一些形式。

(1) 弓出形核机制

对于变形程度较小的金属(一般小于20%)，再结晶晶核往往采用弓出形核机制生成，弓出形核机制如图7.9所示。

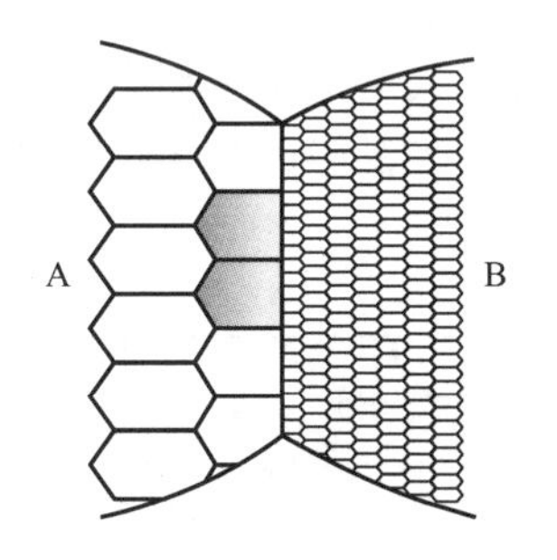

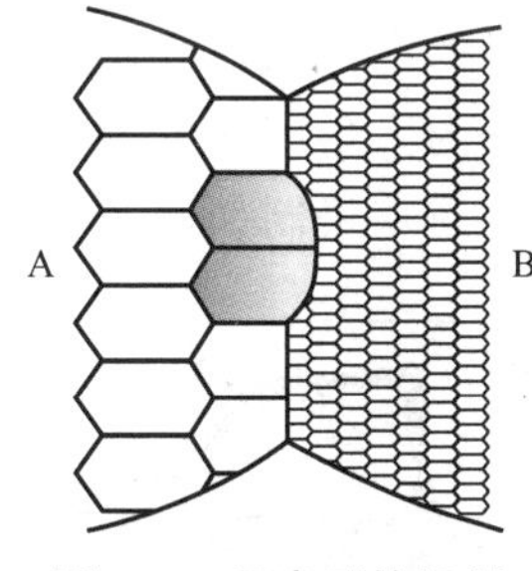

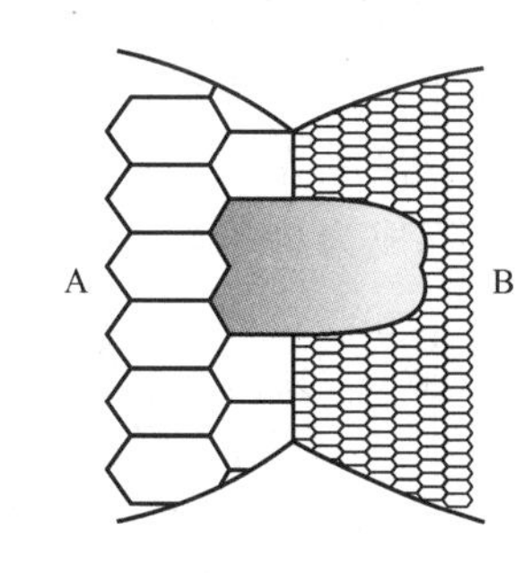

图7.9 弓出形核机制

这是因为当变形程度较小时，变形在各晶粒中往往不够均匀，处于软取向的晶粒变形较大。如图7.10所示的晶界弓出形核模型，设A、B为两相邻晶粒，其中由于B晶粒变形时处于软取向，因此变形程度大于A晶粒，其形变后位错密度高于A晶粒，在回复阶段所形成的亚晶尺寸也较小。为降低系统能量，在再结晶温度下，晶界某处可能向B晶粒侧弓出，并吞食B中亚晶，形成缺陷含量大大降低的晶

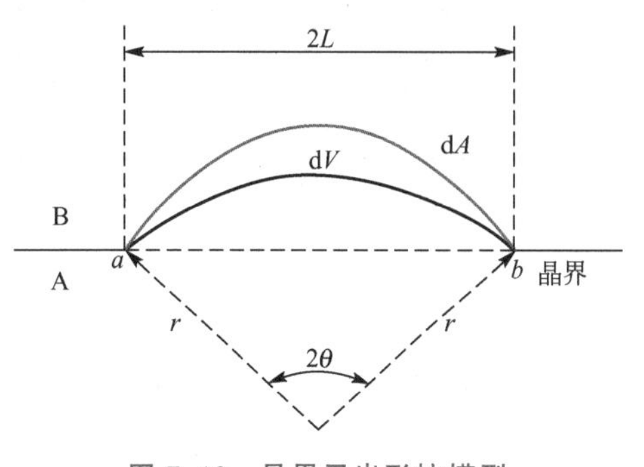

图7.10 晶界弓出形核模型

核。可见，并非晶界上任何地方都能够弓出形核，只有能量满足一定条件才可能。

假设弓出形核核心为球冠型，球冠半径为 L，晶界界面能为 γ，冷变形金属中单位体积储存能为 E_s，若界面由 A 推进至 B，其扫过的面积为 $\mathrm{d}V$，界面的面积为 $\mathrm{d}A$，若 $\mathrm{d}V$ 体积内全部储存能都被释放出来，则此过程中的自由能变化为

$$\Delta G=-E_s+\gamma\frac{\mathrm{d}A}{\mathrm{d}V} \tag{7-11}$$

若晶界为球面，设其半径为 r，则$\frac{\mathrm{d}A}{\mathrm{d}V}=\frac{2}{r}$，则

$$\Delta G=-E_s+\gamma\frac{\mathrm{d}A}{\mathrm{d}V}=-E_s+\frac{2\gamma}{r} \tag{7-12}$$

显然，若晶界弓出段两端 a、b 固定，且 γ 值恒定，则开始阶段随 ab 弓出弯曲，r 逐渐减小，ΔG 值增大。当 r 达到最小值($r=ab/2=L$)时，ΔG 将达到最大值。此后，若继续弓出，由于 r 的增大而 ΔG 减小，于是，晶界将自发地向前推移。因此，一般段长为 $2L$ 的晶界，其弓出形核的能量条件为 $\Delta G<0$，即

$$E_s\geqslant 2\gamma/L \tag{7-13}$$

由此可见，变形金属再结晶时，若满足式(7－13)能量条件的原晶界线段，均能以弓出方式形核。

(2) 亚晶形核机制

对冷变形形变量较大的金属，再结晶晶核往往采用亚晶形核机制生成。这是由于形变量较大，晶界两侧晶粒的变形程度大致相似，因此弓出机制就不显著了。这时再结晶直接可借助于晶粒内部的亚晶作为其形核核心。

亚晶形核方式有以下两种。

① 亚晶合并形核机制。某些取向差较小的相邻亚晶界上的位错网络通过解离、拆散并转移到其他亚晶界上，导致亚晶界的消失而形成亚晶间的合并，同时由于不断有位错运动到新亚晶晶界上，因此其逐渐转变为大角度晶界，它具有比小角度晶界大得多的迁移速度，从而成为再结晶晶核，亚晶合并形核机制如图 7.11 所示。

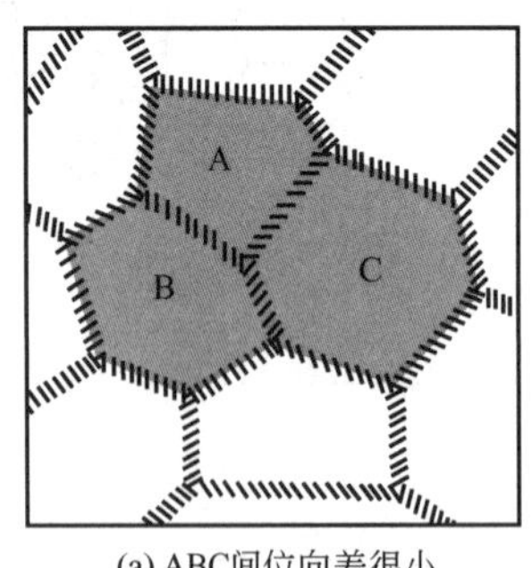

(a) ABC间位向差很小

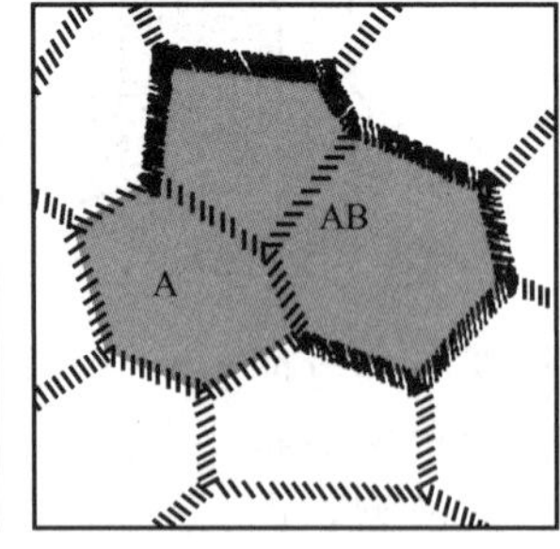

(b) A和B合并

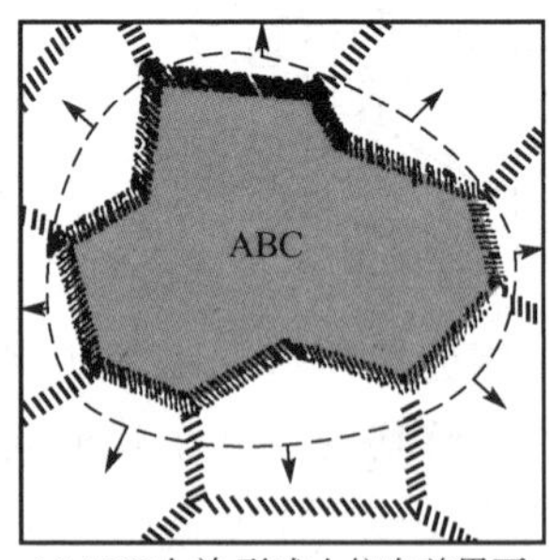

(c) ABC合并,形成大位向差界面

图 7.11　亚晶合并形核机制

② 亚晶直接长大形核机制。某些取向差较大的亚晶界具有较高的活性，可以直接吞食周围亚晶，并逐渐转变为大角晶界，这实际上是某些亚晶的直接长大，亚晶直接长大形核机制如图 7.12 所示。

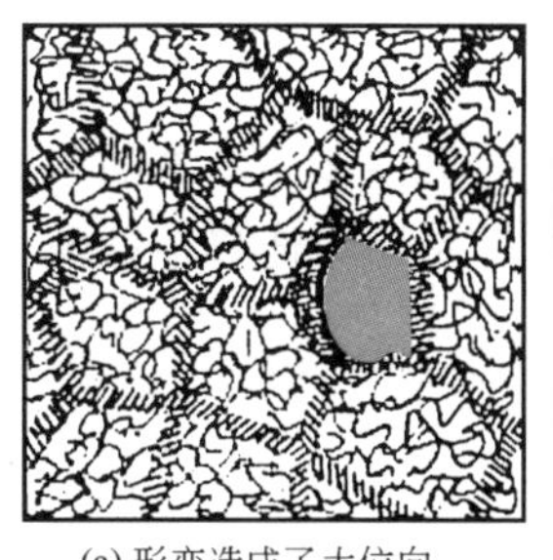
(a) 形变造成了大位向差的界面

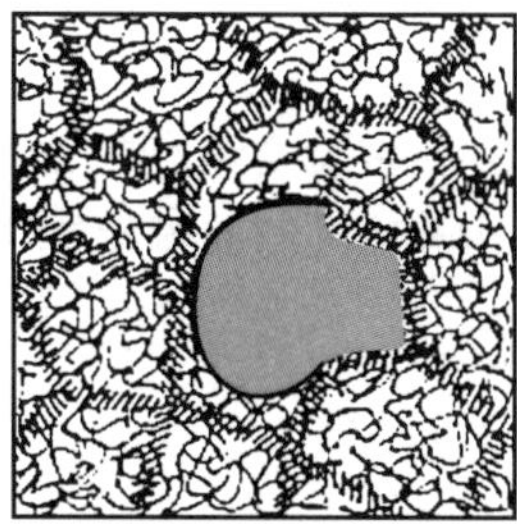
(b) 界面迁移

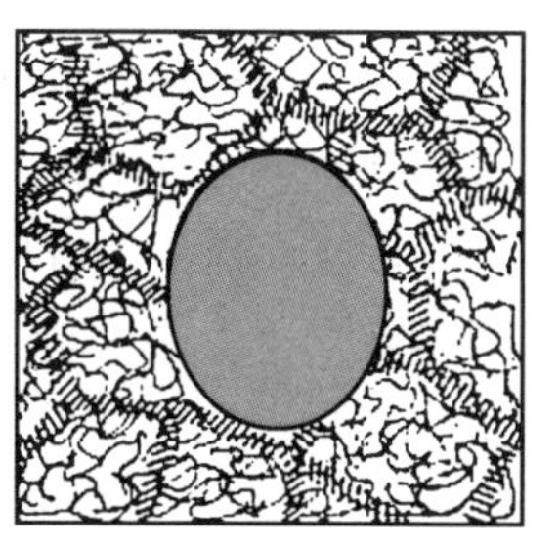
(c) 再结晶晶核

图 7.12 亚晶直接长大形核机制

2. 再结晶晶核的长大

再结晶晶核形成以后，就可以借助界面的移动而向周围畸变区域不断长大，长大的条件与弓出机制的能量条件相似。

总的看来，再结晶的驱动力是变形畸变能，再结晶过程实际上就是变形畸变能的释放过程，主要体现在金属内部位错密度的显著下降。从再结晶的形核和长大机制可见，晶界迁移的驱动力是两晶粒间的畸变能差，晶界总是背离其曲率中心方向移动，直至无畸变的等轴晶完全取代畸变严重的形变晶粒为止。

7.3.3 影响再结晶的因素

当无畸变的等轴新晶粒全部取代了变形晶粒后，再结晶即完成，此时晶粒大小 d 与形核率 I 以及长大速率 u 密切相关，即

$$d=C(u/I)^{1/4} \tag{7-14}$$

式中，C 为与晶粒形状有关的常数。

凡是影响再结晶的形核率 I、长大速率 u 和再结晶温度 T_R 的因素也都是影响再结晶的因素，其影响因素主要有以下几方面。

1. 温度

冷变形金属开始进行再结晶的最低温度称为再结晶温度。再结晶开始的主要标志是从金相组织观察看到的第一个新晶粒或因晶界突出形核出现的锯齿状边缘的形貌。

再结晶温度可由实验具体测定，工业中常以经 1h 保温能完成再结晶的最低退火温度作为材料的再结晶温度。再结晶温度并不是一个物理常数，而是一个自某一温度开始的温度范围。金属冷变形程度越大，产生的位错等晶体缺陷便越多，内能越高，组织越不稳定，再结晶温度越低。当形变量达到一定程度后，再结晶温度将趋于某一个极限值，此极限值称为最低再结晶温度。大量实验结果表明，很多工业纯金属的最低再结晶温度 T_R 和其熔点 T_m 按照热力学温度有如下的经验关系，即

$$T_R\approx(0.4-0.5)T_m \tag{7-15}$$

通常，金属纯度越高，再结晶温度就越低。如果金属中存在微量杂质与合金元素(特别是高熔点元素)，甚至存在第二相杂质时，就会阻碍原子扩散和晶界迁移，从而显著提

高再结晶温度，如钢中加入钼、钨就能提高再结晶温度。很显然，凡是影响形核率及长大速率的因素都可以影响再结晶温度。

温度对再结晶的影响表现为，再结晶温度越高，位错的攀移和亚晶界的移动、转动及聚合越容易，所以使形核率 I 增加。同时再结晶温度越高，晶界的迁移率就越大，所以长大速率 u 也越大。

2. 变形程度

变形量是影响再结晶晶粒大小的最主要因素。例如，纯铝在变形很小的时候不发生再结晶；形变量在2%～8%(临界形变量)时再结晶晶粒十分粗大；此后随着形变量增加，晶粒尺寸变小。其原因是当形变量很小时，不足以形核；在临界形变量时，少数取向晶粒形变，其储存能足以产生新晶粒核心，此时形核率 I 很小，因此形成特别粗大的晶粒；变形量增大时，u/I 减小，晶粒尺寸也减小。当金属的原始晶粒细小并有微量溶质原子存在时，u/I 的比值均减小，再结晶后可以得到细小的晶粒。

变形程度对再结晶的影响表现为，随形变量增大，再结晶的形核率及长大速率都呈现上升趋势，这是因为形变量大，储存能高，是再结晶形核及长大的驱动力增加的必然结果。此外，在形成再结晶晶核时，体系要有足够的储存能克服界面能增加的阻力。所以发生再结晶需要一个最小变形量，一般不超过2%，低于这一变形量不能发生再结晶。

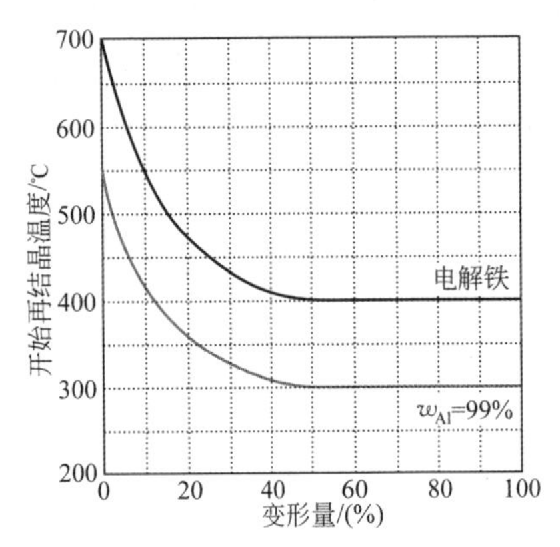

图 7.13　再结晶温度与变形量的关系曲线

金属的冷变形程度越大，其储存的能量越高，再结晶的驱动力也越大，因此不但结晶温度随形变量增加而降低，而且等温再结晶退火时的再结晶速度也加快。不过当变形量达到一定程度后，再结晶温度就基本不变了。图7.13所示为再结晶温度与变形量的关系曲线。

3. 二次再结晶

当变形量很大(≥90%)时，某些金属再结晶后又会出现晶粒异常长大现象，称为二次再结晶。一般认为二次再结晶与织构的产生有关。

晶粒异常长大是指晶粒正常长大(又称一次再结晶)后又有少数几个晶粒突发性地生长成为特大晶粒的不均长大过程。图7.14所示为Mg-3%Al-0.8%Zn合金的退火组织。这是在二次再结晶的初期得到的结果，从图中可以看出大小悬殊的晶粒组织。

二次再结晶的一般规律可以归纳如下。

① 二次再结晶中形成的大晶粒不是重新形核后长大的，它们是在初次再结晶中形成的某些特殊晶粒的继续长大。

② 这些大晶粒在开始时长大得很慢，只是在长大到某一临界尺寸后才迅速长大。可以认为在二次再结晶开始之前，有一个孕育期。

③ 二次再结晶完成以后，有时也有明显的织构。这种织构总是和初次再结晶得到的

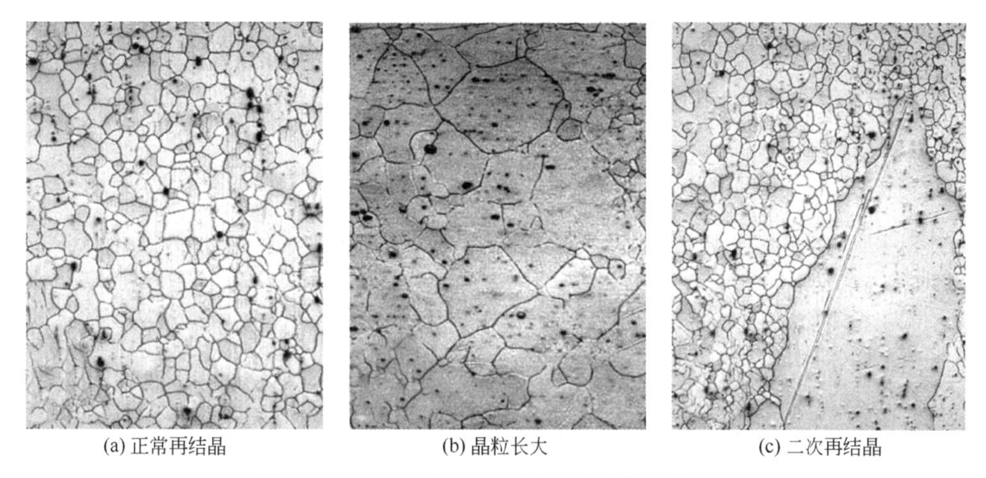

(a) 正常再结晶　　(b) 晶粒长大　　(c) 二次再结晶

图 7.14　Mg－3%Al－0.8%Zn 合金的退火组织

织构明显不同。

④ 要发生二次再结晶，加热温度必须在某一温度以上。通常最大的晶粒尺寸是在加热温度刚刚超过这一温度时得到的。当加热温度更高时，得到的二次再结晶晶粒的尺寸反而较小。

⑤ 和正常的晶粒长大一样，二次再结晶的驱动力也是晶界能。

晶粒的异常长大一般是在晶粒正常长大过程中被分散相粒子、结构或表面热蚀沟等强烈阻碍的情况下发生的。

这里先简要介绍金属表面热蚀沟及其对晶粒长大的阻碍作用。金属薄板经高温长时间加热时，在晶界与板面相交处，为了达到表面张力间的互相平衡，会通过表面扩散产生如图 7.15 所示的热蚀沟。图 7.15 中的热蚀沟张开角($180°-2\varphi$)取决于晶界能 γ_b 和表面能 γ_s 的比值，当 φ 很小时有

$$\tan\varphi \approx \sin\varphi = \frac{\gamma_b}{2\gamma_s} \tag{7-16}$$

表面热蚀沟对薄板中的晶界迁移具有一定影响。如果晶界在自热蚀沟处移开，必然引起晶界面积增加和晶界能增大，于是，就导致晶界迁移阻力的产生。显然，当晶界能所提供的晶界迁移驱动力与热蚀沟对晶界迁移的阻力相等时，晶界即被固定在热蚀沟处，并使金属薄板中的晶粒尺寸大都达到极限而不再长大。在正常晶粒长大受到上述因素阻碍而形成晶粒尺寸较为稳定的组织情况下，若继续加热到较高的温度，此时某些晶粒(如再结晶中的一些尺寸较大的晶粒、再结晶织构组织中某些取向差较大的晶粒及无杂质或第二相粒子的微区等)有可能优先长大，它们与周围小晶粒在尺寸、取向和曲率上的差别也相应增大。由于其晶粒边界多大于六边而凹向周围小晶粒，因此在晶界迁移速度显著增加的同时，通过吞并周围大量小晶粒而异常长大，直到粗大晶粒彼此相接触，二次再结晶即告完成。

同样道理，高温下部分原阻碍晶界迁移的颗粒相的溶解也将导致晶粒的异常长大。图 7.16所示为 Fe－3%Si 合金冷轧退火在不同温度下退火 1h 的晶粒尺寸变化情况。图 7.16 中曲线 1 表示不含 MnS 第二相微粒的高纯合金在退火温度升高时的正常晶粒长大。曲线 2 表示当合金中含有 MnS 颗粒相时，发生二次再结晶的晶粒尺寸变化。其中，晶粒约在 930℃突然长大，与 MnS 的溶解温度相对应(即与阻碍晶界迁移因素的消失有关)。温度继

续升高时，晶粒尺寸有所下降，可能与二次再结晶晶粒数量增多，其晶粒平均尺寸减小有关。曲线3表示那些未被吞并的细小晶粒长大特性，其晶粒尺寸变化符合正常长大规律，但与曲线1相比，由于MnS颗粒的阻碍作用，减缓了晶粒长大速度。

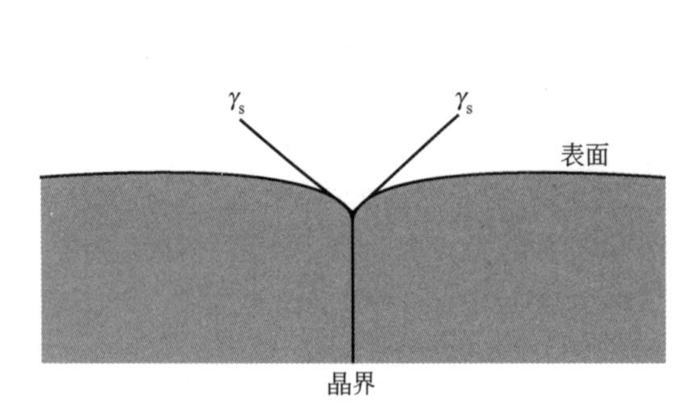

图7.15　金属薄板表面热蚀沟对晶粒尺寸的影响

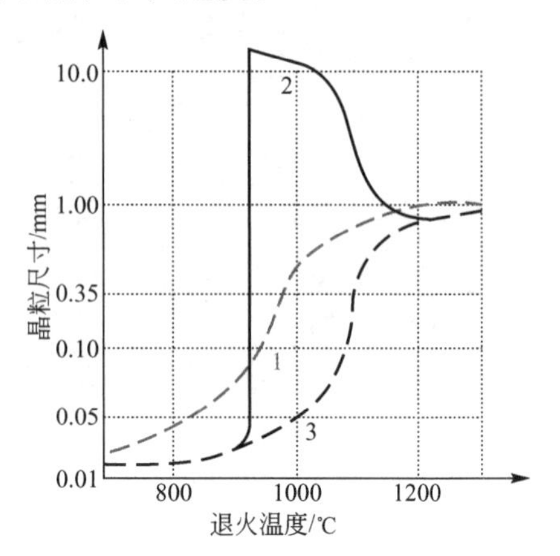

图16　Fe－3%Si合金冷轧退火在不同温度下退火1h的晶粒尺寸变化

当再结晶后存在再结晶织构时，也会导致再结晶完成后晶粒的异常长大。这时，多数晶粒间位向差较小，晶界不易发生迁移，只有少数晶界位向差较大，容易发生迁移。最终导致晶粒长大过程中少数晶界的迁移，使再结晶退火后晶粒尺寸不均匀。

4. 原始晶粒尺寸

原始晶粒越小，则由于晶界较多，其变形抗力越大，形变后的储存能越高，使再结晶温度降低。此外，再结晶形核通常在原晶粒边界处发生，所以原始晶粒尺寸越小，u/I的比值越小，所形成的再结晶晶粒越小，而再结晶温度也越低。

5. 微量溶质原子

微量溶质原子的存在一般会显著提高金属的再结晶温度，主要原因可能是溶质原子与位错及晶界间存在交互作用，倾向于在位错和晶界附近偏聚，从而对再结晶过程中位错和晶界的迁移起着牵制的作用，不利于再结晶的形核和长大，阻碍再结晶过程的进行。如图7.17所示为微量溶质原子纯度与铜再结晶温度的关系。

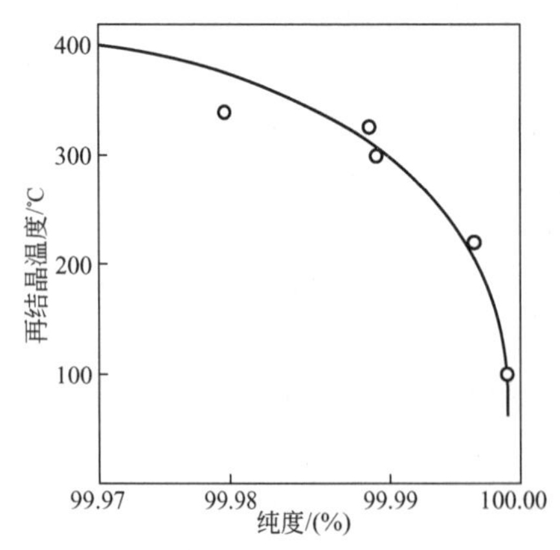

图7.17　微量溶质原子纯度与铜再结晶温度的关系

6. 第二相颗粒

当合金中溶质浓度超过其固溶度后，就会形成第二相。多数情况下，这些第二相为硬脆的化合物，在冷变形过程中，一般不考虑其变形，所以合金的再结晶也主要发生在基体上，这些第二相颗粒对基体再结晶的影响主要由第二相的尺寸和分布决定。

当第二相颗粒较粗时，变形时位错会绕过颗粒，并在颗粒周围留下位错环，或塞积在颗粒附近，从而造成颗粒周围畸变严重，因此会促进再结晶，需降低再结晶温度。

当第二相颗粒细小，分布均匀时，不会使位错发生明显聚集，因此对再结晶形核作用不大，相反，其对再结晶晶核的长大过程中的位错运动和晶界迁移起阻碍作用，因此会阻碍再结晶，需提高再结晶温度。

7.3.4 再结晶晶粒大小的控制

1. 临界形变量

如前所述，形变量很小(＜2％)或未变形的金属不发生再结晶。晶粒大小保持原样不变。这是因为晶格畸变能很小，再结晶驱动力不够，不能引发再结晶。

当形变量达到2％～8％时，再结晶后其晶粒会出现异常的大晶粒，这个形变量称为临界形变量。形变量与再结晶后晶粒尺寸的关系可用图7.18表示，不同金属具体的临界形变量数值会有所不同。在临界形变量下金属内部的变形极不均匀，仅有少量晶粒发生变形。因而再结晶时也仅能产生少量晶核。这可能就是在临界形变量下出现异常大晶粒的原因，在金属塑性变形加工时，一般避开这个形变量，但是出于特殊需要，这也是一种获得大晶粒，甚至单晶体的工艺方法。

2. 再结晶退火温度

再结晶退火温度对刚完成再结晶时的晶粒尺寸影响较小，但是提高再结晶退火温度可使再结晶速度加快，再结晶后晶粒尺寸增大。适当控制再结晶退火温度可控制再结晶晶粒的大小。

将再结晶退火温度及形变量与再结晶后晶粒尺寸的关系表示在一张图上，如图7.19所示，就构成了再结晶全图。再结晶全图对控制冷变形后退火的金属材料的晶粒尺寸有很好的参考作用，可以更直观地了解再结晶晶粒度的问题。

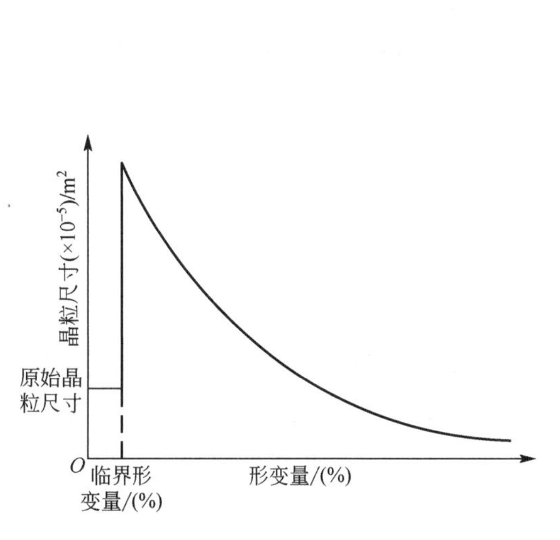

图7.18 形变量与再结晶后晶粒尺寸的关系

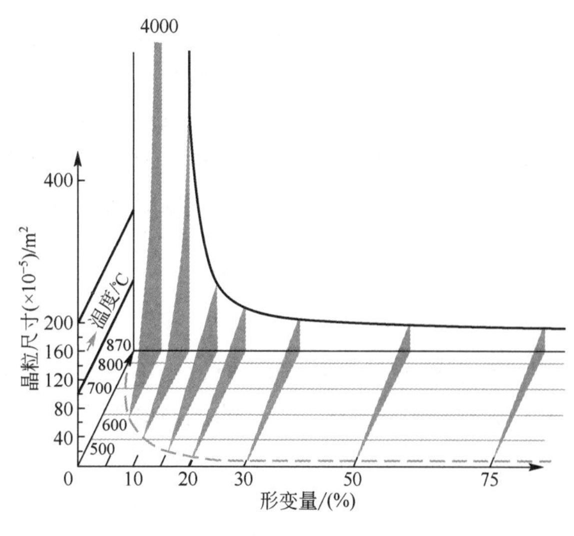

图7.19 再结晶退火温度及形变量与再结晶后晶粒尺寸的关系

7.4 金属的热塑性变形

7.4.1 冷、热塑性变形的区别

1. 冷、热塑性变形的区别

冷、热塑性变形的区别

冷、热塑性变形加工的分界线是再结晶温度。凡在金属再结晶温度以下进行的塑性变形加工，统称为冷塑性变形加工或简称冷塑性变形，在生产上称为冷加工。凡在金属再结晶温度以上进行的塑性变形加工，统称为热塑性变形加工或简称热塑性变形，在生产上称为热加工。冷塑性变形加工产生加工硬化的同时没有再结晶发生，而热塑性变形加工是在产生加工硬化的同时进行动态的再结晶。

晶体的高温塑性变形是材料科学与工程的一个重要研究领域。高温通常是指晶体点阵中原子具有较大热运动能力的温度环境，一般粗略地用热力学温度 T/T_m 的比值来界定，$T/T_m>0.5$ 即为高温。认识高温变形的规律对材料加工成形和高温构件使用时变形的控制都是极有意义的。

晶体在再结晶温度以上进行热塑性变形时，随着温度的提高，点阵原子的活动能力不断增加，晶体的变形抗力逐渐降低。当温度高到使晶体在形变的同时又迅速发生回复和再结晶时，晶体的强度大大降低，因此，晶体在高温下更容易变形。由于高温下回复和再结晶与塑性变形同时发生，为了区别常温下先进行塑性变形然后进行回复和再结晶的情况，将高温形变时发生的回复和再结晶称为动态回复和动态再结晶。

一般来说，金属材料的热塑性变形在再结晶温度以上进行，保障动态回复和动态再结晶充分进行，不引起加工硬化，就算缓慢冷却，也不会出现内应力。

冷、热塑性变形加工各有所长。冷塑性变形加工可以达到较高的精度和较低的表面粗糙度，并有加工硬化的效果，但变形抗力大，一次形变量有限，多用于截面尺寸较小，要求表面粗糙度值低的零件和坯料。而热塑性变形加工与此相反，多用于形状较复杂的零件毛坯及大件毛坯的锻造和热轧钢锭成钢材等。

2. 动态回复和动态再结晶

(1) 动态回复

冷变形金属在高温回复时，由于螺型位错的交滑移和刃型位错的攀移，产生多边形化和位错胞壁的规整化，对层错能高的晶体，这些过程会进行得相当充分，从而形成稳定的亚晶，因此经动态回复后就不会发生动态再结晶了。同理这些高层错能的晶体，如铝、α-铁、铁素体钢及一些密排六方金属(Zn、Mg、Sn 等)，因易于交滑移和攀移，热加工时主要的软化机制是动态回复而没有动态再结晶。图 7.20 所示为动态回复时的真应力-真应变曲线，可将其分成三个阶段。第Ⅰ阶段为微应变阶段，热加工初期，高温回复尚未进行，晶体以加工硬化为主，位错密度增加。因此，应力增加很快，但应变量却很小(<1%)。第Ⅱ阶段为均匀变形阶段，晶体开始均匀地塑性变形，位错密度继续增大，加工硬化逐步加强。但同时动态回复也在逐步增加，使形变位错不断消失，其造成的软化逐渐抵消一部分加工硬化，使曲线斜率下降并趋于水平。第Ⅲ阶段为稳态流变阶段，由变形产生的加工硬化与动态回复产生的软化达到平衡，即位错的增殖和湮灭达到了动力学平衡状态，位错密度维持恒定，在变形温度 T 和速度 V 一定时，多边形化和位错胞壁规整化形成的亚晶界是不稳定的，它们随位错的增减而被破坏的速度和重新形成的速度相等，从而使亚晶得以保持等轴状和稳定的尺寸与位向。此时，流变应力不再随应变的增加而增大，曲线保持水平。

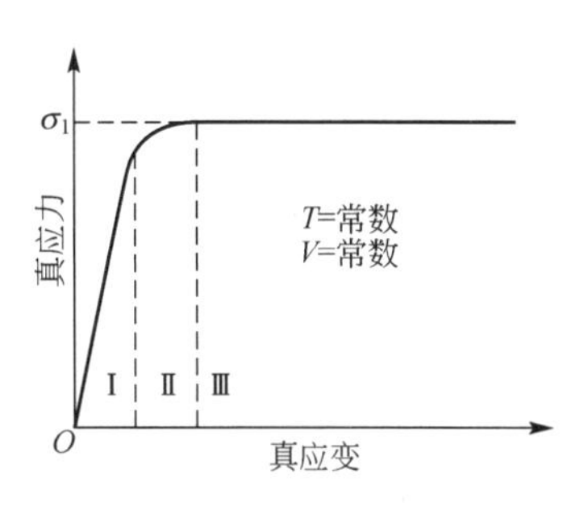

图 7.20　动态回复时的真应力-真应变曲线

显然，加热时只发生动态回复的金属，由于内部有较高的位错密度，若能在热加工后快速冷却至室温，可使材料具有较高的强度。但若缓慢冷却则会发生静态再结晶而使材料彻底软化。

(2) 动态再结晶

对于一些层错能较低的金属，由于位错的攀移不利，滑移的运动性较差，高温回复不可能充分进行，其热加工时的主要软化机制为动态再结晶。一些面心立方金属如铜及其合金、镍及其合金、γ-铁、奥氏体钢等都属于这种情况。图 7.21 所示为动态再结晶时的真应力-真应变曲线。可见，随应变速率不同曲线有所差异，但大致也可分为三个阶段。第Ⅰ阶段为加工硬化阶段，应力随应变上升很快，动态再结晶没有发生，金属出现加工硬化。第Ⅱ阶段为动态再结晶开始阶段，当应变量达到临界值时，动态再结晶开始，其软化作用随应变增加逐渐加强，使应力随应变增加的幅度逐渐降低，当应力超过最大值后，软化作用超过加工硬化，应力随应变增加而下降。第Ⅲ阶段为稳态流变阶段，此时加工硬化与动态再结晶软化达到动态平衡。当应变以高速率进行时，曲线为一水平线；而应变以低速率进行时，曲线出现波动。这是由于应变速率低时，位错密度增加慢，因此在动态再结晶引起软化后，位错密度增加，所驱动的动态再结晶一时不能与加工硬化相抗衡，金属又硬化而使曲线上升。当位错密度增加至足以使动态再结晶占主导地位时，曲线便又下降。以后这一过程循环往复，但波动幅度逐渐衰减。

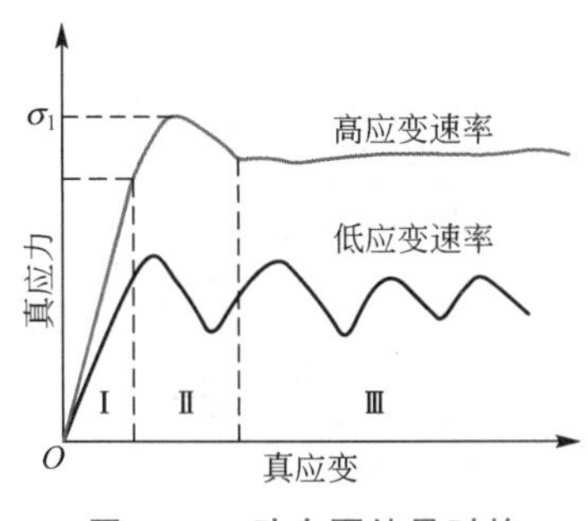

图 7.21　动态再结晶时的真应力-真应变曲线

动态再结晶同样是形核长大过程，其机制与冷变形金属的再结晶基本相同，也是大角度晶界的迁移。但动态再结晶具有反复形核、有限长大的特点，已形成的再结晶核心在长大时继续受到变形作用，使已再结晶部分位错增殖，储存能增加，与临近变形基体的能量差减小，长大驱动力降低而停止长大。而当这一部分的储存能增高到一定程度时，又会重新形成再结晶核心。如此反复进行此过程。

因此，与一般再结晶相比，动态再结晶具有以下特点：①动态再结晶晶粒发生有限长大时，持续的变形会形成缠结的胞状亚结构；②动态再结晶的晶粒大小与变形达到稳定阶段时的应力有关，与变形温度无关；③在高温下变形结束时再结晶并未结束，仍会发生静态再结晶。

7.4.2 热塑性变形对组织和性能的影响

1. 热加工后金属的组织与性能

热加工不但改变了材料的形状，而且由于其对材料组织和微观结构的影响，也使材料性能发生改变，主要体现在以下几方面。

(1) 改善铸态组织，减少缺陷

热变形可焊合铸态组织中的气孔、疏松和显微裂纹等缺陷，增加组织致密性，并通过反复的形变和再结晶破碎粗大的铸态组织(大枝晶和柱状晶)，减小偏析，改善材料的机械性能。

(2) 形成流线和带状组织，使材料性能各向异性

热加工后，材料中的偏析、夹杂物、第二相、晶界等将沿金属变形方向呈断续、链状(脆性夹杂)和带状(塑性夹杂)延伸，形成流动状的纤维组织，称为流线。通常，沿流线方向比垂直流线方向具有较高的机械性能。流线使金属具有各向异性，拉伸时沿流线方向的力学性能好，垂直流线方向的力学性能较差。

在制定热加工工艺时，应尽量使流线与工件所受的最大拉应力方向一致，而与外剪切应力或冲击应力的方向垂直。在图 7.22 中，图 7.22(a)所示的曲轴锻坯流线分布合理，图 7.22(b)所示的曲轴由锻钢切削加工而成，其流线分布不合理，在轴肩处容易断裂。

另外，在共析钢中，热加工可使铁素体和珠光体沿变形方向呈带状或层状分布，称为带状组织，低碳钢中的带状组织如图 7.23 所示。有时，在层、带间还伴随着夹杂或偏析元素的流线，使材料表现出较强的各向异性，横向的塑、韧性显著降低，切削性能也变差。

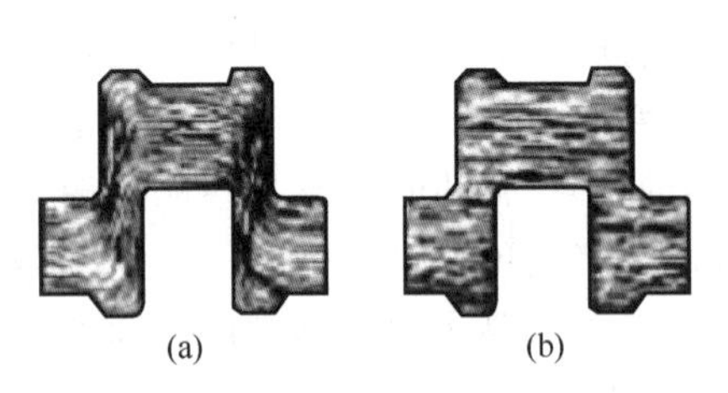

图 7.22 曲轴锻坯流线组织

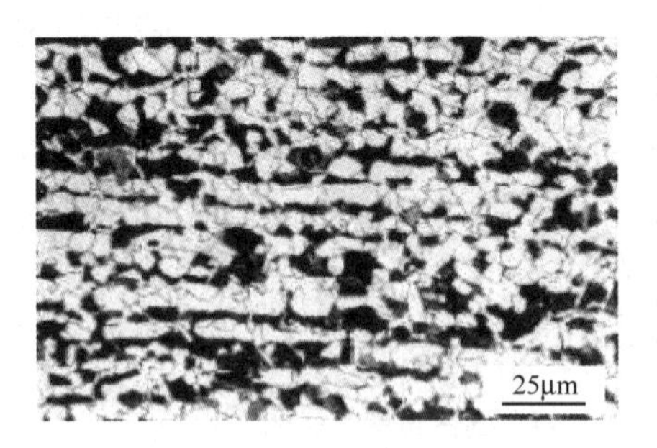

图 7.23 低碳钢中的带状组织

(3) 晶粒大小的控制

热加工时动态再结晶的晶粒大小主要取决于变形时的流变应力，应力越大，晶粒越细小。因此要想在热加工后获得细小的晶粒必须控制形变量、变形的终止温度和随后的冷却速度，同时添加微量的合金元素抑制热加工后的静态再结晶也是很好的方法。热加工后的细晶材料具有较高的强韧性。

常用金属的热加工（锻造）温度范围见表 7－2。

表 7-2 常见金属的热加工(锻造)温度范围

材料	始锻温度/℃	终锻温度/℃
碳素结构钢及合金结构钢	1200～1280	750～800
碳素工具钢及合金工具钢	1150～1180	800～850
高速钢	1090～1150	930～950
马氏体类不锈钢(15Cr13)	1120～1180	870～925
奥氏体类不锈钢(08Cr18Ni10Ti)	1175～1200	870～925
纯铝	450	350
纯铜	860	650

2. 超塑性及其应用与发展

(1) 超塑性

超塑性可以说是非晶态固体或玻璃的正常状态，如玻璃在高温下可通过黏滞性流变被拉得很长而不发生颈缩，金属及合金通常没有这种性质。当一种晶体在某种显微组织、形变温度和形变速度条件下表现出了特别大的均匀塑性变形而不产生颈缩，伸长率达到500%～2000%时，就称这个材料具有超塑性。这种超塑性的范围主要取决于显微组织的变化，故也称组织超塑性。超塑性的本质特点：在高温发生，应变硬化很小或者等于零。要将塑性流变用黏滞性流变来分析，可写成状态方程，即

$$\sigma = K\dot{\varepsilon}^{m} \tag{7-17}$$

式中，σ 为流变应力；K 为由材料决定的常数；$\dot{\varepsilon}$ 为应变速率；$m=\lg\sigma/\lg\dot{\varepsilon}$，称为应变速率敏感系数。

由此可见，产生超塑性是有条件的，具体如下。

① 材料具有细小等轴的原始组织。可以肯定地说，材料产生超塑性的唯一必要的显微组织条件就是尺寸为微米级的超细晶粒，一般晶粒尺寸为 0.5～5μm，同时要求在热加工过程中晶粒不能长大或长得很慢，即要始终保持细小的晶粒组织。由于第二相的存在是稳定晶粒尺寸的最佳方法，因此产生超塑性的最佳组织应是由两个或多个紧密交错相的超细晶粒组成的组织，这就解释了为什么大多数超塑性材料都是共晶、共析或析出型合金。

② 在高温下变形。一般情况下超塑性材料的加工温度范围为(0.5～0.65)T_{m}。高温下的超塑性变形不同于热加工时的动态回复与动态再结晶变形，共变形机制主要是晶界滑动和扩散性蠕变。

③ 低应变速率和高应变速率敏感系数。超塑性加工时的应变速率通常在 10^{-2}～$10^{-4}\mathrm{s}^{-1}$，以保证晶界扩散过程充分进行，但应变速率的敏感系数要大。如图 7.24 所示的 $\lg\sigma-\lg\varepsilon$ 曲线，超塑性发生在最大斜率区，此时 $0.5 \leqslant m \leqslant 0.7$。因为当 m 值较大时，试样横截面积 A 随时间 t 的变化率 $\mathrm{d}A/\mathrm{d}t$ 的变化不敏感，拉伸时不易产生颈缩，呈现出超塑性。经超塑性变形后的材料的组织结构具有以下特征：a. 超塑性变形时尽管形变量很大，但晶粒没有被拉长，仍保持等轴状；b. 超塑性变形没有晶内滑移和位错密度的变化，抛

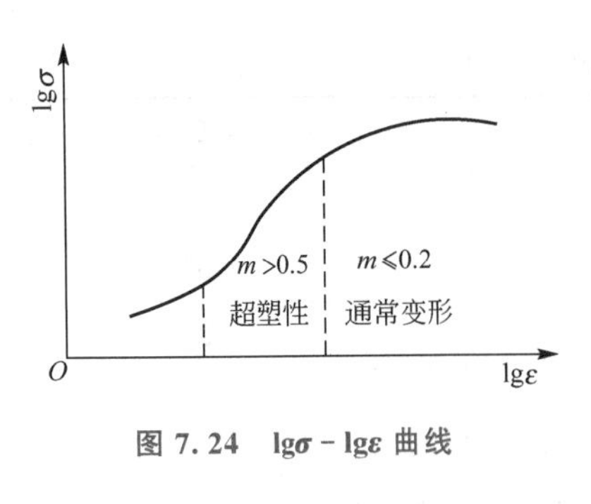

图 7.24 lgσ－lgε 曲线

光试样表面也看不到滑移线；c. 超塑性变形过程中晶粒有所长大，且形变量越大，应变速率越小，晶粒长大越明显；d. 超塑性变形时产生晶粒换位，使晶粒趋于无规则排列，并可因此消除再结晶织构和带状组织。

(2) 超塑性应用及发展

金属的塑性越好，在加工过程中越能有效抑制颈缩等现象的发生，越容易成形，可以制造出形状复杂的零件。

超塑性合金在一定的温度下，以适当的速度拉伸，其拉伸长度可以是原来长度的几倍，甚至十几倍，目前已有近百种金属具有这种超塑性能，如 Ti－6Al－4V、Al－6Cu－0.5Zr 等。

超塑性合金正是由于具有大延伸、无颈缩、易成形等性质，因此它对那些结构复杂，难用金属压力加工的零件，显示出它在制备上独特的优势。目前金属材料超塑性的主要应用发展如下所示。

① 金属间化合物的超塑性。金属间化合物主要是指不同金属元素组成的有序固溶体，它们的结构特点决定了它们不但有良好的高温强度、较好的抗氧化和抗腐蚀性，而且密度较小，因此是理想的航天和航空材料。当前世界上研究较多的金属间化合物有 TiAl、Ti_3Al、NiAl、Ni_3Al、FeAl、Fe_3Al 等。然而，这些材料的室温塑性和韧性一般较差，加工性能也较差。金属间化合物研制过程的主要目标是在其主要优点不受很大损失的前提下，改善其塑性、韧性及加工性。而实现这些目标的主要措施是添加合金元素以形成塑性较好的第二相，超塑性实现一般还需要通过一定的形变热处理以得到等轴细晶显微组织。近年来的研究结果表明，金属间化合物可以获得很高的超塑性水平，如 Ni_3Al 合金的 m 值达 0.8，伸长率达 646%；Ti_3Al 合金的伸长率超过 1000%；TiAl 合金的伸长率达 470%。目前，金属间化合物的超塑性应用仍在探索阶段。美国曾实验用金属间化合物的超塑性研制出 Ni_3Al 合金的涡轮盘，用超塑成形-扩散焊的方法制造出 F100 发动机加力燃烧室收放喷口封片并通过 64h 试车。

② 金属基复合材料的超塑性。金属基复合材料基本上可以分为连续纤维增强型和非连续增强体增强型两大类，后者主要有碳化硅及其晶须、氧化铝晶须几种增强体。金属基体有铝钛镁合金、高温合金、金属间化合物等。金属基复合材料具有高比强、高比模、耐高温、良好的导热导电性、热膨胀系数小等优点，在航天、航空、先进武器系统、新型汽车等领域具有广阔的应用前景。然而，比起常规金属材料来，金属基复合材料的超塑性和加工性能差，这是影响其应用的一个重要障碍，因此开发金属基复合材料的超塑性具有重要的实际意义。

超塑性研究主要是针对非连续增强型复合材料，特别是以铝合金为基体的复合材料。这些复合材料的制备主要有铸造和粉末冶金两种手段，通过挤压、轧制等形变处理细化晶粒、颗粒、晶须等增强体有助于晶粒细化，并在超塑性变形中使变形材料的显微组织保持稳定。然而在超塑性拉伸变形中易在增强体与基体的界面处形成孔洞，超塑性变形或成形中若试样或成形坯料处在静水压中，可以抑制孔洞的发生。美、日等国的研究人员把铝合金基体复合材料细化为纳米细晶组织，在比常规超塑性变形高出几个数量级的速率下实现了超塑性变形，称为高速率超塑性。铝合金复合材料的超塑性成形已经得到应用。

③ 新型金属材料的超塑性成形。金属材料是最古老的工业材料。在当今科技迅速发展的情况下，金属材料的大家庭中也在不断增加新的成员。除了上述金属基复合材料和金属间化合物之外，新型铝锂合金、新型高温合金、记忆合金、一些超导材料等都属于新型的金属材料。

锂是密度最小的金属元素，铝锂合金与其他铝合金相比，密度显著降低，然而强度和弹性模量却显著增加，因此铝锂合金是航天与航空的理想材料。铝锂合金的缺点是其室温加工性能较差，这使超塑成形对于铝锂合金具有重要意义。研究表明：铝锂合金不仅可以获得很好的超塑性，而且可以通过超塑成形-扩散连接的复合工艺成形。

高温合金是航空航天发动机中的关键材料，对航空航天发动机不断的改进，对高温合金材料性能的要求也在逐渐提高。镍基高温合金超塑性研究早有报道，然而由于这类合金的超塑性温度较高，很难选择其成形的模具材料。俄罗斯的研究人员采用两种措施解决这一难题：一种是采用石墨基材料做模具，这类材料虽然在室温下强度并不高，但是在高温下其强度仍然不降低，因此可以用来作为高温合金超塑成形的模具材料。其主要难点就是防止模具在高温下氧化。另一种是降低高温合金的超塑性变形温度，通过一定的处理手段改变高温合金的显微组织晶粒形态，使其超塑性温度大幅度下降，从而降低对模具材料的要求。

习 题

1. 解释下列基本概念及述语。

回复，再结晶，二次再结晶，低温回复，中温回复，高温回复，临界形变量，再结晶温度，冷塑性变形，热塑性变形，动态回复，动态再结晶，带状组织，超塑性。

2. 冷变形后的金属在加热时，其组织有哪几种变化？

3. 伴随着回复、再结晶和晶粒长大过程的进行，冷变形金属的组织发生了变化，金属的性能发生相应的变化有哪些？

4. 回复过程有哪些特点？

5. 简述回复机制。

6. 金属铸件能否通过再结晶退火来细化晶粒？

7. 固态下无相变的金属及合金，如不重熔，能否改变其晶粒大小？用什么方法改变？

8. 为细化某纯铝件晶粒，将其冷变形5%后于650℃退火1h，组织反而粗化；增大冷变形形变量至80%后，再于650℃退火1h，仍然得到粗大晶粒。试分析原因，指出上述工艺不合理处，并制定一种合理的晶粒细化工艺。

9. 冷拉铜导线在用作架空导线(要求一定的强度)和电灯导线(花线，要求韧性好)时，应分别采用什么样的最终热处理工艺才合适？

10. 试比较去应力退火过程与动态回复过程位错运动有何不同？从显微组织上如何区分动、静态回复和动、静态再结晶？

11. 某低碳钢零件要求各向同性，但在热加工后形成比较明显的带状组织。请提出几种具体方法来减轻或消除在热加工中形成的带状组织。

第8章 金属的固态扩散

★ 掌握固态扩散第一、第二定律的物理意义及应用范围

★ 掌握影响扩散的主要因素，理解扩散激活能相关概念

知识要点	掌握程度	相关知识
扩散概述	熟悉固态扩散的分类方法； 理解扩散的微观机制	固态扩散分类：上坡扩散和下坡扩散，自扩散和互扩散，原子扩散和反应扩散，体扩散和短路扩散； 扩散微观机制：换位机制、间隙扩散机制、空位扩散机制
固态扩散定律	理解扩散定律各参数的物理意义； 掌握扩散第一、第二定律及应用	扩散第一定律，扩散第二定律，误差函数解和高斯函数解
扩散系数及影响扩散的因素	着重理解扩散系数公式； 掌握扩散激活能，以及温度、成分、晶体结构对扩散的影响	原子跳动和扩散系数，扩散激活能，柯肯德尔效应与扩散驱动力，影响扩散的因素，反应扩散与应用

物质中的原子随时进行着热振动，温度越高，振动频率越快。当某些原子具有足够高的能量时，便会离开原来的位置，跳向邻近的位置，这种由于物质中原子(或者其他微观粒子)的微观热运动所引起的宏观迁移现象称为扩散。在气态和液态物质中，原子迁移可以通过对流和扩散两种方式进行，与扩散相比，对流要快得多。

然而，在固态物质中，扩散是原子迁移的唯一方式。固体中的扩散现象是法拉第在研究 Fe-Pt 合金时首先发现的。固体和流体的扩散是质点迁移的一种较为普遍的现象。例如，将两块表面磨平抛光的铜和锌紧密接触，在温度为 493K 的环境下放置 1h 后，就可以发现接触面上形成约 3×10^{-4} m 厚的扩散层。固态物质中的扩散与温度有很强的依赖关系，温度越高，原子扩散越快。

固体中的扩散有与气体和液体不同的特点：首先，固体粒子的扩散是在远低于熔点的温度下在凝聚体内发生的；其次，固态凝聚体有一定的结构，粒子间内聚力很大，粒子迁移必须克服较大的势垒，因此固体的扩散过程进行得极为缓慢。

固体中的扩散过程的研究方法有两种：一种是宏观的方法，它把扩散系统看成是连续介质，而不考虑具体的原子的跃迁过程。这样，扩散问题就变成了如何建立和求解一个适当的微分方程的问题。从这个微分方程的解可以得出在一定温度下，扩散物质的分布和时间的关系，求出扩散系数，以定量地讨论固相中的各种反应过程，如固体的烧结、固相反应、相变及金属与合金的热处理等。另一种是微观的方法，它从原子在晶格中的跃迁出发，建立起某些扩散机理的模型，说明扩散系数的实质，从微观方面来理解晶体缺陷及其运动及质点的扩散行为。

在金属材料的生产和使用过程中，有许多物理及化学过程均与扩散有关。例如，金属与合金的熔炼与结晶；偏析与均匀化；钢及合金的各种热处理和焊接；加热过程的氧化和脱碳；冷变形金属的回复与再结晶等。要深入了解这些过程，就必须掌握有关扩散的知识。本章将概括介绍扩散的微观机理、宏观规律及影响扩散的因素等内容。

8.1 扩散概述

8.1.1 固态扩散的分类

物质中的原子在不同的情况下可以按不同的方式扩散，扩散速度可能存在明显的差异，固态扩散可以从以下几个方面进行分类。

1. 根据扩散方向是否与浓度的方向相同进行分类

(1) 上坡扩散

上坡扩散是指沿着浓度升高的方向进行的扩散，即由低浓度向高浓度方向扩散，使浓度发生两极分化。例如，在奥氏体向珠光体转变的过程中，碳原子从浓度低的奥氏体向浓度较高的渗碳体扩散，就是上坡扩散。

引起上坡扩散还可能有以下几种情况。

① 弹性应力的作用。晶体中存在弹性应力梯度时，它促使较大半径的原子扩散至点阵伸长部分，较小半径的原子扩散至受压部分，造成固溶体中溶质原子的不均匀分布。

② 晶界的内吸附。晶界能量比晶内高，原子规则排列较晶内差，如果溶质原子位于晶界上可降低体系总能量，它们会优先向晶界扩散，富集于晶界上，此时溶质在晶界上的浓度就高于晶内的浓度。

③ 大的电场或温度场也促使晶体中原子按一定方向扩散，造成扩散原子的不均匀性。

（2）下坡扩散

下坡扩散是指沿着浓度降低的方向进行的扩散，使浓度趋于均匀化。如铸锭的均匀化退火、渗碳等过程都属于下坡扩散。

2. 根据扩散过程是否发生浓度变化进行分类

（1）自扩散

自扩散是指不伴有浓度变化的扩散，它与浓度梯度无关。自扩散只发生在纯金属和均匀固溶体中，如纯金属和均匀固溶体的晶体长大是大晶粒逐渐吞并小晶粒的过程。在晶界移动时，金属原子由小晶粒向大晶粒迁移，不伴有浓度的变化，扩散的驱动力为表面能的降低。尽管自扩散在所有的材料中都会连续发生，但总的来说，它对材料行为的影响并不重要。

（2）互扩散

互扩散是指伴有浓度变化的扩散，它与异类原子的浓度差有关。如在不均匀固溶体中、不同相之间或不同材料制成的扩散偶之间的扩散过程中，异类原子互相扩散，互相渗透，所以又称化学扩散或异扩散。

3. 根据扩散过程是否出现新相进行分类

（1）原子扩散

在扩散过程中晶格类型始终不变，没有新相产生，这时扩散就称为原子扩散。

（2）反应扩散

通过扩散使固溶体的溶质组元浓度超过固溶度极限而形成新相的过程称为反应扩散或相变扩散。

4. 根据扩散过程经过的路径进行分类

（1）体扩散

原子在晶格内部的扩散称为体扩散或晶格扩散。

（2）短路扩散

原子沿晶体中缺陷进行的扩散称为短路扩散，主要包括表面扩散、晶界扩散、位错扩散等。短路扩散比体扩散快得多。

8.1.2 扩散的微观机制

人们通过理论分析和实验研究试图建立起扩散的宏观量和微观量之间的内在联系，由此提出了各种不同的扩散机制，这些机制具有各自的特点和各自的适用范围。下面主要介绍三种比较成熟的机制：换位机制、间隙扩散机制和空位扩散机制。为了对扩散机制的发展过程有一定的了解，首先介绍原子的换位机制。

1. 换位机制

换位机制是一种提出较早的扩散模型，该模型是通过相邻原子间以直接调换位置的方式进行扩散的，如图 8.1 所示。在纯金属或者置换固溶体中，有两个相邻的原子 A 和 B［图 8.1(a)］，这两个原子采取直接互换位置进行迁移［图 8.1(b)］，当两个原子相互到达对方的位置后，迁移过程结束［图 8.1(c)］，这种换位方式称为 2 -换位或直接换位。可以看出，原子在换位过程中，势必要推开周围原子以让出路径，从而引起很大的点阵膨胀畸变，原子按这种方式迁移的能垒太高，可能性不大，到目前为止尚未得到实验的证实。

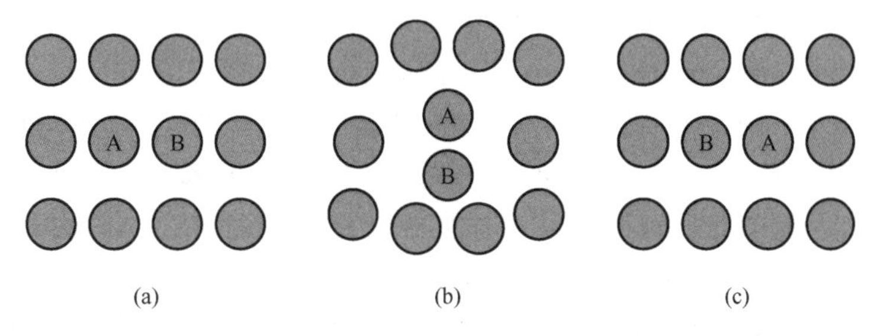

图 8.1　2 -换位扩散模型

为了降低原子扩散的能垒，曾考虑有 n 个原子参与换位，这种换位方式称为 n -换位或环形换位，n -换位扩散模型如图 8.2 所示。图 8.2(a)和 8.2(b)给出了面心立方结构中原子的 3 -换位和 4 -换位模型，参与换位的原子是面心原子。图 8.2(c)给出了体心立方结构中原子的 4 -换位模型，它是由两个顶角和两个体心原子构成的换位环。由于 n -换位时原子经过的路径呈圆形，对称性比 2 -换位高，引起的点阵畸变小一些，因此扩散的能垒有所降低。

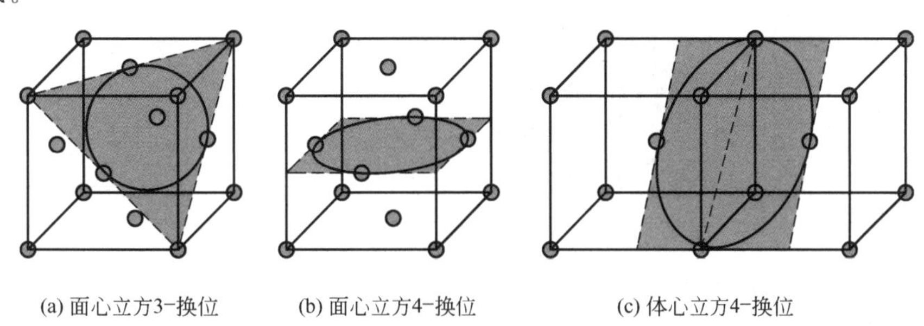

图 8.2　n -换位扩散模型

应该指出，n-换位机制及其他扩散机制只有在特定条件下才能发生，一般情况下它们仅仅是间隙扩散机制和空位扩散机制的补充。

2. 间隙扩散机制

间隙扩散机制适合于间隙固溶体中间隙原子的扩散，这一机制已被大量实验所证实。在间隙固溶体中，尺寸较大的溶剂原子构成了固定的晶体点阵，而尺寸较小的间隙原子处在点阵的间隙中。由于固溶体中间隙数目较多，而间隙原子数量又很少，这就意味着在任何一个间隙原子周围几乎都是间隙位置，这就为间隙原子的扩散提供了必要的结构条件。例如，当碳固溶在 γ-Fe 中形成的奥氏体达到最大溶解度时，平均每 2.5 个晶胞就只含有一个碳原子。这样，当某个间隙原子具有较高的能量时，就会从一个间隙位置跳向相邻的另一个间隙位置，从而发生间隙原子的扩散。

图 8.3(a)给出了面心立方结构中八面体间隙中心的位置，图 8.3(b)是八面体结构中(001)晶面上的原子排列方式。如果间隙原子由间隙 1 跳向间隙 2，必须同时推开沿途两侧的溶剂原子 3 和 4，引起点阵畸变；当它正好迁移至 3 和 4 原子的中间位置时，引起的点阵畸变最大，畸变能也最大。畸变能构成了原子迁移的主要阻力。图 8.4 为原子的自由能与位置之间的关系。当原子处在间隙中心的平衡位置时(1 和 2 位置)，自由能最低，而处于两个相邻间隙的中间位置时（3～4 位置），自由能最高。二者的自由能差就是原子要跨越的自由能垒，即 $\Delta G=G_2-G_1$，称为原子的扩散激活能。扩散激活能是原子扩散的阻力，只有原子的自由能高于扩散激活能，才能发生扩散。由于间隙原子较小，间隙扩散激活能较小，因此扩散比较容易。

▶ 间隙扩散机制

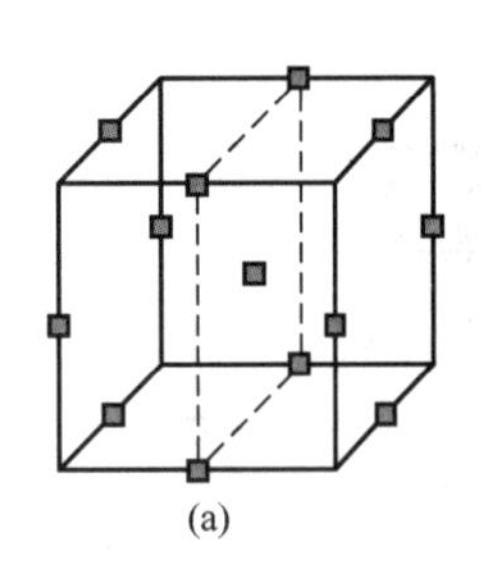

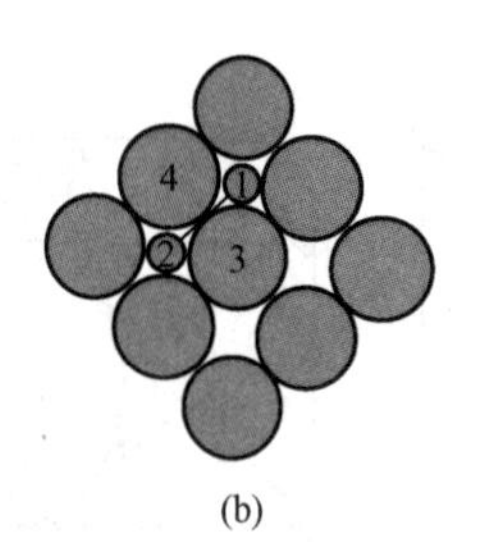

图 8.3 面心立方晶体的八面体间隙及(001)晶面

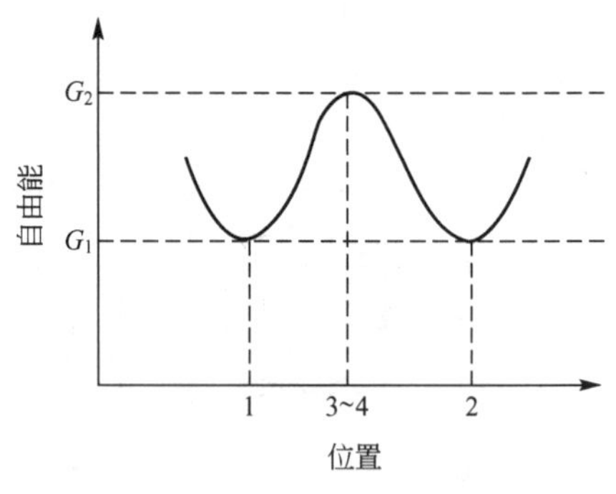

图 8.4 原子的自由能与位置之间的关系

3. 空位扩散机制

空位扩散机制适合于纯金属的自扩散和置换固溶体中原子的扩散，甚至在离子化合物和氧化物中也起主要作用，这种机制也已被实验所证实。在置换固溶体中，由于溶质和溶剂原子的尺寸都较大，因此原子不太可能处在间隙中通过间隙进行扩散，而是通过空位进行扩散。

空位扩散与晶体中的空位浓度有直接关系。晶体在一定温度下总存在一定数量的空位，温度越高，空位数量越多，因此在较高温度下在任一原子周围都有可能出现空位，这便为原子扩散创造了结构上的有利条件。

图 8.5 给出面心立方晶体的空位扩散机制。图 8.5(a)所示为(111)面的原子排列，如果在该面上的位置 4 出现一个空位，则其近邻的位置 3 的原子就有可能跳入这个空位。图 8.5(b)能更清楚地反映出原子跳动时周围原子的相对位置变化。在原子从(100)面的位置 3 跳入(010)面的空位 4 的过程中，当迁移到画有暗影线的($\bar{1}$10)面时，它要同时推开包含 1 和 2 原子在内的四个近邻原子。如果原子直径为 d，可以计算出 1 和 2 原子间的空隙是 $0.73d$。因此，直径为 d 的原子通过 $0.73d$ 的空隙，需要足够的能量去克服空隙周围原子的阻碍，并且引起空隙周围的局部点阵畸变。晶体结构越致密，或者扩散原子的尺寸越大，引起的点阵畸变越大，扩散激活能也越大。当原子通过空位扩散时，原子跳过自由能垒需要能量，形成空位也需要能量，使得空位扩散激活能比间隙扩散激活能大得多。

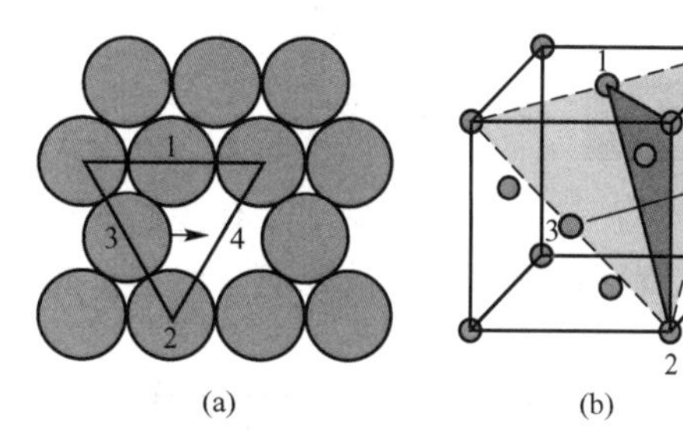

图 8.5　面心立方晶体的空位扩散机制

衡量一种机制是否正确有多种方法，通常的方法是，先用实验测出原子的扩散激活能，然后将实验值与理论计算值加以对比看二者的吻合程度，从而做出合理的判断。

8.2　固态扩散定律

8.2.1　扩散第一定律

在纯金属中，原子的跳动是随机的，形成不了宏观的扩散流；在合金中，虽然单个原子的跳动也是随机的，但是在有浓度梯度的情况下，就会产生宏观的扩散流。例如，具有严重晶内偏析的固溶体合金在高温扩散退火过程中，原子不断从高浓度向低浓度方向扩散，最终合金的浓度逐渐趋于均匀。

菲克(A. Fick)于 1855 年参考导热方程，通过实验确立了扩散物质量与其浓度梯度之间的宏观规律——扩散第一定律(菲克第一定律)，即单位时间内通过垂直于扩散方向的单位截面积的物质量(扩散通量)与该物质在该面积处的浓度梯度成正比，数学表达式为

$$J=-D\frac{\partial C}{\partial x} \tag{8-1}$$

式中，J 为扩散通量，表示扩散物质单位时间通过单位截面积的流量，单位为 ($kg/m^2\cdot s$)；x 为扩散距离；C 为扩散组元的体积浓度，单位为 kg/m^3；$\partial C/\partial x$ 为沿 x 方向的浓度梯度；D 为原子的扩散系数，单位为 m^2/s；负号表示扩散由高浓度向低浓度方向进行。

对于扩散第一定律应该注意以下问题。

① 扩散第一定律与经典力学的牛顿第二定律、量子力学的薛定谔方程一样，是被大量实验所证实的公理，是扩散理论的基础。

② 浓度梯度一定时，扩散仅取决于扩散系数，扩散系数是描述原子扩散能力的基本物理量。扩散系数并非常数，而与很多因素有关，但是与浓度梯度无关。

③ 当 $\partial C/\partial x=0$ 时，$J=0$，表明在浓度均匀的系统中，尽管原子的微观运动仍在进行，但是不会产生宏观的扩散现象，这一结论仅适合于下坡扩散的情况。有关扩散驱动力的问题请参考后面内容。

④ 在扩散第一定律中没有给出扩散与时间的关系，故此定律适合于描述 $\partial C/\partial t=0$ 的稳态扩散，即在扩散过程中系统各处的浓度不随时间变化。

⑤ 扩散第一定律不仅适合于固体，还适合于液体和气体中原子的扩散。

8.2.2 扩散第二定律

稳态扩散的情况很少见，有些扩散虽然不是稳态扩散，只要原子浓度随时间的变化很缓慢，就可以按稳态扩散处理。但是，实际中的绝大部分扩散属于非稳态扩散，这时系统中的浓度不但与扩散距离有关，而且与扩散时间有关，即 $\partial C(x,t)/\partial t\neq 0$。对于这种非稳态扩散可以通过扩散第一定律和物质平衡原理两个方面加以解决。

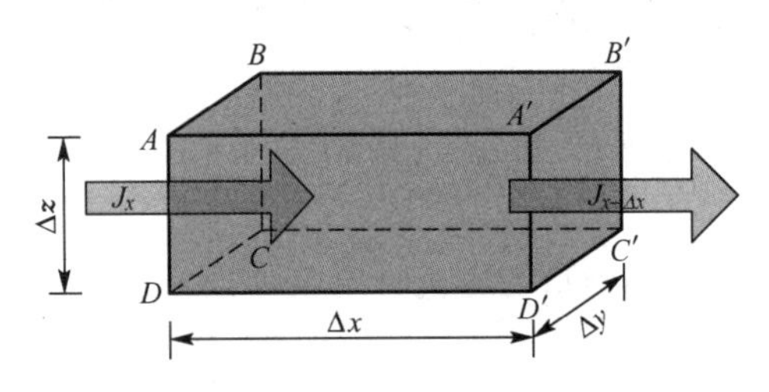

图 8.6　原子通过微元体的情况

由图 8.6 所示的原子通过微元体的情况可知，扩散物质沿 x 方向通过横截面积为 $A(A=\Delta y\Delta z)$、长度为 Δx 的微元体，假设流入微元体（x 处）和流出微元体（$x+\Delta x$ 处）的扩散通量分别为 J_x 和 $J_{x+\Delta x}$，则在 Δt 时间内微元体中累积的扩散物质量为

$$\Delta m=(J_xA-J_{x+\Delta x}A)\Delta t$$

$$\frac{\Delta m}{\Delta xA\Delta t}=\frac{J_x-J_{x+\Delta x}}{\Delta x}$$

当 $\Delta x\to 0$，$\Delta t\to 0$ 时，则

$$\frac{\partial C}{\partial t}=-\frac{\partial J}{\partial x} \tag{8-2}$$

将扩散第一定律表达式(8-1)代入式(8-2)，得

$$\frac{\partial C}{\partial t}=\frac{\partial}{\partial x}\left(D\frac{\partial C}{\partial x}\right) \tag{8-3}$$

扩散系数一般是浓度的函数，当它随浓度变化不大或者浓度很低时，可以视为常数，故式(8-3)可简化为

$$\frac{\partial C}{\partial t}=D\frac{\partial^2 C}{\partial x^2} \tag{8-4}$$

式(8-2)、式(8-3)和式(8-4)是描述一维扩散的扩散第二定律（菲克第二定律）。

对于三维扩散，根据具体问题可以采用不同的坐标系，在直角坐标系下的扩散第二定律表达式可由式(8-3)拓展得到，即

$$\frac{\partial C}{\partial t}=\frac{\partial}{\partial x}\left(D_x\frac{\partial C}{\partial x}\right)+\frac{\partial}{\partial y}\left(D_y\frac{\partial C}{\partial y}\right)+\frac{\partial}{\partial z}\left(D_z\frac{\partial C}{\partial z}\right) \tag{8-5}$$

当扩散系统为各向同性时，如立方晶系，有 $D_x=D_y=D_z=D$，若扩散系数与浓度无

关，则式(8－5)转变为

$$\frac{\partial C}{\partial t}=D\left(\frac{\partial^2 C}{\partial x^2}+\frac{\partial^2 C}{\partial y^2}+\frac{\partial^2 C}{\partial z^2}\right) \tag{8-6}$$

或者简记为

$$\frac{\partial C}{\partial t}=D\nabla^2 C \tag{8-7}$$

与扩散第一定律不同，扩散第二定律中的浓度可以采用任何浓度单位。

8.2.3 扩散第二定律表达式的解及其应用

对非稳态扩散，可以先求出扩散第二定律表达式的通解，再根据问题的初始条件和边界条件，求出问题的特解。为了方便应用，下面介绍几种常见的特解，并且在下面讨论中均假定扩散系数 D 为常数。

1. 误差函数解

误差函数解适合于无限长或者半无限长物体的扩散。无限长的意义是相对于原子扩散区长度而言，只要扩散物体的长度比扩散区长得多，就可以认为物体是无限长的。

(1) 无限长扩散偶的扩散

将两根溶质原子浓度分别是 C_1 和 C_2、横截面面积和浓度均匀的金属棒沿着长度方向焊接在一起，形成无限长扩散偶，然后将扩散偶加热到一定温度保温，考察溶质原子浓度沿长度方向随时间的变化，无限长扩散偶中的溶质原子分布情况如图 8.7 所示。将焊接面作为坐标原点，扩散沿 x 轴方向，列出扩散问题的初始条件和边界条件，分别为

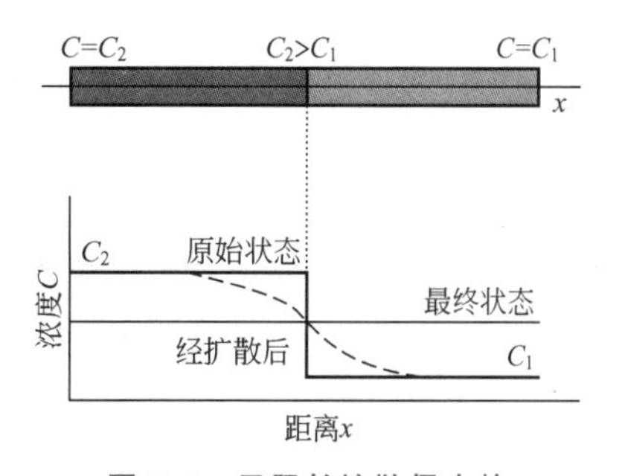

图 8.7 无限长扩散偶中的溶质原子分布情况

当 $t=0$ 时：$x<0$，$C=C_2$；$x>0$，$C=C_1$；

当 $t\geqslant 0$ 时：$x=-\infty$，$C=C_2$；$x=+\infty$，$C=C_1$。

为得到满足上述条件的扩散第二定律的解 $C(x,t)$，采用变量代换法，令 $\beta=x/2\sqrt{Dt}$，并将其代入式(8－4)，这样做的目的是将浓度由二元函数转化为 β 的单变量函数，从而将式(8－4)转化为常微分方程，然后解之，即

$$\frac{\partial C}{\partial t}=\frac{\mathrm{d}C}{\mathrm{d}\beta}\cdot\frac{\partial\beta}{\partial t}=-\frac{\beta}{2t}\cdot\frac{\mathrm{d}C}{\mathrm{d}\beta}$$

$$\frac{\partial^2 C}{\partial x^2}=\frac{\mathrm{d}^2 C}{\mathrm{d}\beta^2}\cdot\left(\frac{\partial\beta}{\partial t}\right)^2=\frac{1}{4Dt}\cdot\frac{\mathrm{d}^2 C}{\mathrm{d}\beta^2}$$

将以上二式代入式(8－4)，得

$$\frac{\mathrm{d}^2 C}{\mathrm{d}\beta^2}+2\beta\frac{\mathrm{d}C}{\mathrm{d}\beta}=0 \tag{8-8}$$

方程的通解为

$$C=A_1\int_0^\beta \exp(-\beta^2)\mathrm{d}\beta+A_2 \tag{8-9}$$

式中，A_1 和 A_2 为积分常数。

式(8－9)不能得到准确解，只能用数值解法。现在定义一个 β 的误差函数，即

$$\mathrm{erf}(\beta)=\frac{2}{\sqrt{\pi}}\int_0^\beta \exp(-\beta^2)\,\mathrm{d}\beta \tag{8－10}$$

误差函数具有如下性质：$\mathrm{erf}(+\beta)=1$，$\mathrm{erf}(-\beta)=-\mathrm{erf}(\beta)$，因此它是一个原点对称的函数，误差函数 $\mathrm{erf}(\beta)$值见表 8－1。由式(8－10)和误差函数的性质，当 $\beta\to\pm\infty$时，有

$$\int_0^{\pm\infty}\exp(-\beta^2)\,\mathrm{d}\beta=\pm\frac{\sqrt{\pi}}{2}$$

利用上式和初始条件，当 $t=0$ 时，$x<0$，$\beta=-\infty$；$x>0$，$\beta=+\infty$。将它们代入式(8－9)，得

$$C_1=\frac{\sqrt{\pi}}{2}A_1+A_2；\quad C_2=-\frac{\sqrt{\pi}}{2}A_1+A_2$$

解出积分常数

$$A_1=\frac{C_1-C_2}{\sqrt{\pi}},\quad A_2=\frac{C_1+C_2}{2}$$

然后代入式(8－9)，则

$$C=\frac{C_1+C_2}{2}+\frac{C_1-C_2}{2}\mathrm{erf}\left(\frac{x}{2\sqrt{Dt}}\right) \tag{8－11}$$

式(8－11)就是无限长扩散偶中的溶质浓度随扩散距离和时间的变化关系，如图 8.7 所示。

表 8－1　误差函数 erf(β)值

β	0	1	2	3	4	5	6	7	8	9
0.0	0.0000	0.0113	0.0226	0.0338	0.0451	0.0564	0.0676	0.0789	0.0901	0.1013
0.1	0.1125	0.1236	0.1348	0.1439	0.1569	0.1680	0.1790	0.1900	0.2009	0.2118
0.2	0.2227	0.2335	0.2443	0.2550	0.2657	0.2763	0.2869	0.2974	0.3079	0.3183
0.3	0.3286	0.3389	0.3491	0.3593	0.3684	0.3794	0.3893	0.3992	0.4090	0.4187
0.4	0.4284	0.4380	0.4475	0.4569	0.4662	0.4755	0.4847	0.4937	0.5027	0.5117
0.5	0.5204	0.5292	0.5379	0.5465	0.5549	0.5633	0.5716	0.5798	0.5879	0.5979
0.6	0.6039	0.6117	0.6194	0.6270	0.6346	0.6420	0.6494	0.6566	0.6638	0.6708
0.7	0.6778	0.6847	0.6914	0.6981	0.7047	0.7112	0.7175	0.7238	0.7300	0.7361
0.8	0.7421	0.7480	0.7358	0.7595	0.7651	0.7707	0.7761	0.7864	0.7867	0.7918
0.9	0.7969	0.8019	0.8068	0.8116	0.8163	0.8209	0.8254	0.8249	0.8342	0.8385
1.0	0.8427	0.8468	0.8508	0.8548	0.8586	0.8624	0.8661	0.8698	0.8733	0.8168
1.1	0.8802	0.8835	0.8868	0.8900	0.8931	0.8961	0.8991	0.9020	0.9048	0.9076
1.2	0.9103	0.9130	0.9155	0.9181	0.9205	0.9229	0.9252	0.9275	0.9297	0.9319
1.3	0.9340	0.9361	0.9381	0.9400	0.9419	0.9438	0.9456	0.9473	0.9490	0.9507
1.4	0.9523	0.9539	0.9554	0.9569	0.9583	0.9597	0.9611	0.9624	0.9637	0.9649

续表

β	0	1	2	3	4	5	6	7	8	9
1.5	0.9661	0.9673	0.9687	0.9695	0.9706	0.9716	0.9726	0.9736	0.9745	0.9755
β	1.55	1.6	1.65	1.7	1.75	1.8	1.9	2.0	2.2	2.7
erf（β）	0.9716	0.9763	0.9804	0.9838	0.9867	0.9891	0.9928	0.9953	0.9981	0.9999

下面针对误差函数解讨论几个问题。

① $C(x, t)$曲线的特点：根据式(8－11)可以确定扩散开始以后焊接面处的浓度 C_s，即当 $t>0$，$x=0$ 时，$C_s=\frac{C_1+C_2}{2}$，表明界面浓度为扩散偶原始浓度的平均值，该值在扩散过程中一直保持不变。若扩散偶右边金属棒的原始浓度 $C_1=0$，则式(8－11)简化为

$$C=\frac{C_2}{2}\left[1-\mathrm{erf}\left(\frac{x}{2\sqrt{Dt}}\right)\right] \tag{8-12}$$

而焊接面浓度 $C_s=C_2/2$。

在任意时刻，浓度曲线都相对于 $x=0$，$C_s=(C_1+C_2)/2$ 为中心对称。随着时间的延长，浓度曲线逐渐变得平缓，当 $t\to\infty$时，扩散偶各点浓度均达到均匀浓度$(C_1+C_2)/2$。

② 扩散的抛物线规律：由式(8－11)和式(8－12)看出，如果要求距焊接面为 x 处的浓度达到 C，则所需要的扩散时间为

$$x=K\sqrt{Dt} \tag{8-13}$$

式中，K 是与晶体结构有关的常数。

式(8－13)表明，原子的扩散距离与时间呈抛物线关系，许多扩散型相变的生长过程也满足这种关系。

③ 在应用误差函数(表 8－1)去解决扩散问题时，若初始浓度曲线上只有一个浓度突变台阶(相当于有一个焊接面，就像图 8.7 那样)，则可以将浓度分布函数写成

$$C=A+B\mathrm{erf}\left(\frac{x}{2\sqrt{Dt}}\right) \tag{8-14}$$

然后由具体的初始条件和边界条件确定比例常数 A 和 B，从而获得问题的解。同样，若初始浓度曲线上有两个浓度突变台阶(相当于有两个焊接面)，则可以在浓度分布函数式(8－14)中再增加一个误差函数项，这样就需要确定三个比例常数。

(2) 半无限长物体的扩散

化学热处理是工业生产中最常见的热处理工艺，它是将零件置于化学活性介质中，在一定温度下，活性原子由零件表面向内部扩散，从而改变零件表层的组织、结构及性能。钢的渗碳就是经常采用的化学热处理工艺之一，它可以显著提高钢的表面强度、硬度和耐磨性，在生产中得到广泛应用。由于渗碳时，活性碳原子附在零件表面上，然后向零件内部扩散，这就相当于无限长扩散偶中的一根金属棒，因此称为半无限长扩散。

将碳浓度为 C_0 的低碳钢放入含有渗碳介质的渗碳炉中，并在一定温度下渗碳，渗碳温度通常选择在 900～930℃范围内的一定温度。渗碳开始后，零件的表面碳浓度将很快达到这个温度下奥氏体的饱和浓度 C_s(它可由 $Fe-Fe_3C$ 相图上的 A_{cm}线和渗碳温度水平线的

交点确定，如927℃时，为$w_C=1.3\%$)，随后表面碳浓度保持不变。随着时间的延长，碳原子不断由表面向内部扩散，渗碳层中的碳浓度曲线不断向内部延伸，深度不断增加。碳浓度分布曲线与扩散距离及时间的关系可以根据式(8-14)求出。将坐标原点$x=0$放在表面上，x轴的正方向由表面垂直向内，即碳原子的扩散方向。列出此问题的初始条件和边界条件，分别为

当$t=0$时：$x>0$，$C=C_0$；

当$t>0$时：$x=0$，$C=C_s$；$x=+\infty$，$C=C_0$。

将上述条件代入式(8-14)，确定比例常数A和B，就可求出渗碳层中碳浓度分布函数，即

$$C=C_s-(C_s-C_0)\mathrm{erf}\left(\frac{x}{2\sqrt{Dt}}\right) \tag{8-15}$$

该函数的分布特点与图8.7中焊接面右半边的曲线非常类似。若为纯铁渗碳，$C_0=0$，则式(8-15)简化为

$$C=C_s\left[1-\mathrm{erf}\left(\frac{x}{2\sqrt{Dt}}\right)\right] \tag{8-16}$$

由式(8-15)和式(8-16)可以看出，渗碳层深度与时间的关系同样满足式(8-13)。渗碳时，经常根据式(8-15)、式(8-16)或者式(8-13)估算达到一定渗碳层深度所需要的时间。

当扩散系数为常数时，很容易得到在同一温度下渗入距离和时间关系的一般表达式为$x=A\sqrt{Dt}$(A为常数)。

除了化学热处理外，金属的真空除气、钢铁材料在高温下的表面脱碳也是半无限长扩散的例子，只不过对于后者来说，表面浓度始终为零。

2. 高斯函数解

在金属的表面上沉积一层扩散元素薄膜，然后将两个相同的金属沿沉积面对焊在一起，形成在两个金属中间夹着一层无限薄的扩散元素薄膜源的扩散偶。若扩散偶沿垂直于薄膜源的方向上为无限长，则其两端浓度不受扩散影响。将扩散偶加热到一定温度，扩散元素开始沿垂直于薄膜源方向同时向两侧扩散，可以观察扩散元素的浓度随时间的变化。因为扩散前扩散元素集中在一层薄膜上，所以高斯函数解也称薄膜解。

将坐标原点$x=0$选在薄膜处，原子扩散方向x垂直于薄膜，确定薄膜解的初始和边界条件，分别为

当$t=0$时：$|x|\neq 0$，$C(x,t)=0$；$x=0$，$C(x,t)=+\infty$；

当$t\geqslant 0$时：$x=\pm\infty$，$C(x,t)=0$。

可以验证满足式(8-4)和上述初始条件、边界条件的解为

$$C=\frac{a}{\sqrt{t}}\exp\left(-\frac{x^2}{4Dt}\right) \tag{8-17}$$

式中，a为待定常数。

设扩散偶的横截面积为1，由于扩散过程中扩散元素的总量M不变，则

$$M=\int_{-\infty}^{+\infty} C(x,\ t)\mathrm{d}x \tag{8-18}$$

与误差函数解一样，采用变量代换，$\beta=x/(2\sqrt{Dt})$，微分有 $\mathrm{d}x=2\sqrt{Dt}\,\mathrm{d}\beta$，将其和式(8－17)同时代入式(8－18)，得

$$M=2a\sqrt{D}\int_{-\infty}^{+\infty}\exp(-\beta^2)\mathrm{d}\beta=2a\sqrt{\pi D}$$

$$a=\frac{M}{2\sqrt{\pi D}}$$

将待定常数代入式(8－17)，最后得高斯函数解

$$C=\frac{M}{2\sqrt{\pi Dt}}\exp\left(-\frac{x^2}{4Dt}\right) \tag{8-19}$$

在式(8－19)中，令 $A=M/2\sqrt{\pi Dt}$，$B=2\sqrt{Dt}$，它们分别表示浓度分布曲线的振幅和宽度。当 $t=0$ 时，$A=\infty$，$B=0$；当 $t=\infty$时，$A=0$，$B=\infty$。因此，随着时间延长，浓度曲线的振幅减小，宽度增加，这就是高斯函数解的性质，图 8.8 所示为不同扩散时间的浓度分布曲线。

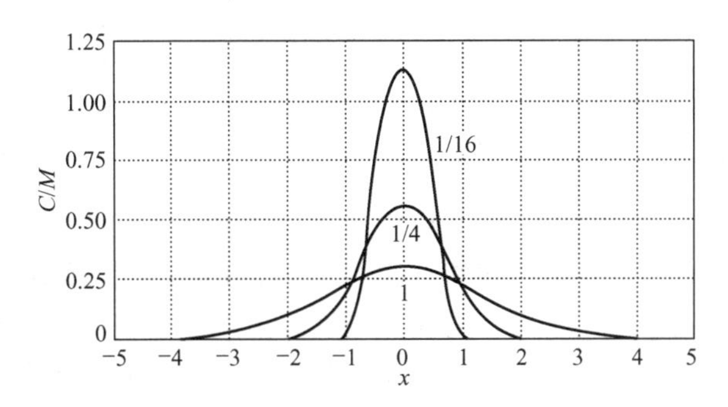

图 8.8 不同扩散时间的浓度分布曲线

【例 8.1】 $w_C=0.2\%$的碳钢在 927℃进行气体渗碳。假定表面碳浓度增加到 0.9%，试求距表面 0.5mm 处的碳浓度达 0.4%时所需的时间。已知 $D_{927℃}=1.28\times10^{-11}\mathrm{m}^2/\mathrm{s}$。

解：将 C_s、x、C_0、D、C_x 代入式(8－15)，得 $\mathrm{erf}\left(\frac{x}{2\sqrt{Dt}}\right)=0.7143$。

查表 8－1，得 erf(0.8)＝0.7421，erf(0.75)＝0.7112，通过查表或用内差法可得 $\beta=0.755$。

因此，$t=8567\mathrm{s}=2.38\mathrm{h}$。

【例 8.2】 制作半导体时，常先在硅表面涂覆一薄层硼，然后加热使之扩散。已知，1100℃硼在硅中的扩散系数 $D=4\times10^{-7}\mathrm{m}^2/\mathrm{s}$，硼薄膜质量 $M=9.43\times10^{19}$ 原子，扩散 7×10^7 s 后，求表面($x=0$)的硼浓度。

解：将 D、M、t 等已知条件带入式(8－19)，得

$$C=\frac{9.43\times10^{19}}{\sqrt{\pi\times4\times10^{-7}\times7\times10^{7}}}=1\times10^{19}(\mathrm{kg/m^3})$$

8.3 扩散系数及影响扩散的因素

扩散第一定律和第二定律及其在各种条件下的解反映了原子扩散的宏观规律，这些规律为解决许多与扩散有关的实际问题奠定了基础。在扩散定律中，扩散系数是衡量原子扩散能力的非常重要的参数，到目前为止它还是一个未知数。为了求出扩散系数，首先要建立扩散系数与扩散的其他宏观量和微观量之间的联系，这是扩散理论的重要内容。事实上，宏观扩散现象是微观世界中大量原子无规则跳动的表现形式。从原子的跳动出发，研究扩散的原子理论、扩散的微观机制及微观理论与宏观现象之间的联系是本节的主要内容。

8.3.1 原子跳动和扩散系数

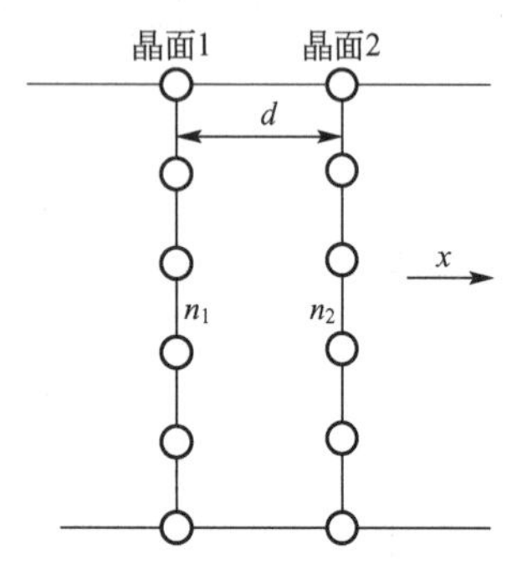

图 8.9 原子沿两相邻且平行的晶面的跳动示意

由扩散第二定律导出的扩散距离与时间的抛物线规律表明，晶体中原子在跳动时并不是沿直线迁移，而是呈折线随机跳动，就像花粉在水面上的布朗运动那样。研究表明，大量原子的跳动决定了宏观扩散距离，而扩散距离又与原子的扩散系数有关，故原子跳动与扩散系数间存在内在的联系。

在晶体中考虑的是两个相邻的并且平行的晶面，原子沿两相邻且平行的晶面的跳动示意如图 8.9 所示。由于原子跳动的无规则性，溶质原子即可由晶面 1 跳向晶面 2，也可由晶面 2 跳向晶面 1。在浓度均匀的固溶体中，在同一时间内，溶质原子由晶面 1 跳向晶面 2 或者由晶面 2 跳向晶面 1 的次数相同，不会产生宏观的扩散；但是在浓度不均匀的固溶体中则不然，会因为溶质原子朝两个方向的跳动次数不同而形成原子的净传输。

设溶质原子在晶面 1 和晶面 2 处的面密度分别是 n_1 和 n_2，两晶面间距离为 d，原子的跳动频率为 Γ，跳动概率无论是由晶面 1 跳向晶面 2，还是由晶面 2 跳向晶面 1 都为 P。原子的跳动概率 P 指：如果在晶面 1 上的原子向其周围近邻的可能跳动的位置总数为 n，其中只向晶面 2 跳动的位置数为 m，则 $P=m/n$。比如，在简单立方晶体中，原子可以向六个方向跳动，但只向 x 轴正方向跳动的概率 $P=1/6$。这里假定原子朝正、反方向跳动的概率相同。

在 Δt 时间内，在单位面积上由晶面 1 跳向晶面 2 或者由晶面 2 跳向晶面 1 的溶质原子数分别为

$$N_{1\to2}=n_1P\Gamma\Delta t$$

$$N_{2\to1}=n_2P\Gamma\Delta t$$

若 $n_1>n_2$，则晶面 1 跳向晶面 2 的原子数大于晶面 2 跳向晶面 1 的原子数，产生溶质原子的净传输，即

$$N_{1\to2}-N_{2\to1}=(n_1-n_2)P\Gamma\Delta t$$

按扩散通量的定义，可以得到

$$J=(n_1-n_2)P\Gamma \tag{8-20}$$

现将溶质原子的面密度转换成体积浓度，设溶质原子在晶面 1 和晶面 2 处的体积浓度分别为 C_1 和 C_2，参考图 8.9，分别有

$$C_1=\frac{n_1}{1\times d}=\frac{n_1}{d},\quad C_2=\frac{n_2}{1\times d}=C_1+\frac{\partial C}{\partial x}d \tag{8-21}$$

C_2 相当于以晶面 1 的浓度 C_1 作为标准，如果改变单位距离引起的浓度变化为 $\partial C/\partial x$，那么改变 d 距离的浓度变化则为$(\partial C/\partial x)d$。实际上，C_2 按泰勒级数在 C_1 处展开，仅取到一阶微商项。

由式(8-21)可得

$$n_1-n_2=-\frac{\partial C}{\partial x}\cdot d^2$$

将其代入式(8-20)，则

$$J=-d^2P\Gamma\frac{\partial C}{\partial x} \tag{8-22}$$

与扩散第一定律比较，得到原子的扩散系数为

$$D=d^2P\Gamma \tag{8-23}$$

式中，d 和 P 取决于晶体结构类型；Γ 除了与晶体结构有关外，还与温度有极大的关系。

式(8-23)的重要意义在于，建立了扩散系数与原子的跳动频率、跳动概率及晶体几何参数等微观量之间的关系。

下面以面心立方和体心立方间隙固溶体为例，说明式(8-23)中跳动概率 P 的计算。在这两种固溶体中，间隙原子都是处于八面体间隙中心的位置，如图 8.10 所示，间隙中心用“□”号表示。由于两种晶体的结构不同，间隙的类型、数目及分布也不同，将影响间隙原子的跳动概率。在面心立方结构中，每一个间隙原子周围都有 12 个与之相邻的八面体间隙，即间隙配位数为 12，如图 8.10(a)所示。由于间隙原子半径比间隙半径大得多，在点阵中会引起很大的弹性畸变，使间隙固溶体的平衡浓度降低，因此可以认为间隙原子周围的 12 个间隙是空的。当位于晶面 1 体心处的间隙原子沿 y 轴向晶面 2 跳动时，在晶面 2 上可能跳入的间隙有 4 个，则跳动概率 $P=4/12=1/3$。同时 $d=a/2$（a 为晶格常数）。将这些参数代入式(8-23)，得到面心立方结构中间隙原子的扩散系数为

$$D=d^2P\Gamma=\frac{1}{12}a^2\Gamma$$

在体心立方结构中，间隙配位数是 4，如图 8.10(b)所示。由于间隙八面体是非对称的，因此每个间隙原子的周围环境可能不同。如果间隙原子由晶面 1 向晶面 2 跳动，在晶面 1 上有两种不同的间隙位置，若原子位于棱边中心的间隙位置，当原子沿 y 轴向晶面 2 跳动时，在晶面 2 上可能跳入的间隙只有 1 个，跳动概率为 1/4，晶面 1 上这样的间隙有 $4\times(1/4)=1$ 个；若原子处于面心的间隙位置，当向晶面 2 跳动时，却没有可供跳动的间隙，跳动概率为$0/4=0$，晶面 1 上这样的间隙有 $1\times(1/2)=1/2$ 个。因此，跳动概率是不同位置上的间隙原子跳动概率的加权平均值，即 $P=\left(4\times\frac{1}{4}\times\frac{1}{4}+1\times\frac{1}{2}\times 0\right)\Big/\left(\frac{3}{2}\right)=\frac{1}{6}$。

如果间隙原子由晶面 2 向晶面 3 跳动，计算出的 P 值相同。同样将 $P=1/6$ 和 $d=a/2$ 代入式(8-23)，得到体心立方结构中间隙原子的扩散系数为

$$D=d^2P\Gamma=\frac{1}{24}a^2\Gamma$$

对于不同的晶体结构，扩散系数可以写成一般形式，即

$$D=\delta a^2\Gamma \tag{8-24}$$

式中，δ 是与晶体结构有关的几何因子；a 为晶格常数。

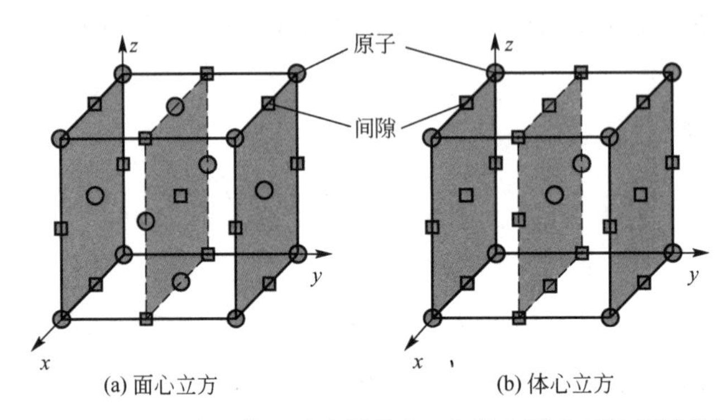

图 8.10　面心立方和体心立方晶体中八面体间隙位置及间隙扩散

8.3.2　扩散激活能

扩散系数和扩散激活能是两个息息相关的物理量。扩散激活能越小，扩散系数越大，原子扩散越快。从式(8-24)可知，$D=\delta a^2\Gamma$，其中几何因子 δ 是仅与结构有关的已知量，晶格常数 a 可以采用 X 射线衍射等方法测量，但是原子的跳动频率 Γ 是未知量。要想计算扩散系数，必须求出 Γ。下面从理论上剖析跳动频率与扩散激活能之间的关系，从而导出扩散系数的表达式。

1. 原子的激活概率

以间隙原子的扩散为例，参考图 8.4。当原子处在间隙中心的平衡位置时，原子的自由能 G_1 最低，原子要离开原来位置跳入邻近的间隙，其自由能必须高于 G_2，按照统计热力学，原子的自由能满足麦克斯韦-玻耳兹曼(Maxwell-Boltzmann)能量分布律。设固溶体中间隙原子总数为 N，当温度为 T 时，自由能大于 G_1 和 G_2 的间隙原子数分别为

$$n(G>G_1)=N\exp\left(\frac{-G_1}{kT}\right)$$

$$n(G>G_2)=N\exp\left(\frac{-G_2}{kT}\right)$$

二式相除，得

$$\frac{n(G>G_2)}{n(G>G_1)}=\exp\left(-\frac{G_2-G_1}{kT}\right)=\exp\left(-\frac{\Delta G}{kT}\right)$$

式中，$\Delta G=G_2-G_1$ 为扩散激活能，严格地说应该称为扩散激活自由能。因为 G_1 是间隙原子在平衡位置的自由能，所以 $n(G>G_1)\approx N$，则

$$\frac{n(G>G_2)}{N}=\exp\left(-\frac{G_2-G_1}{kT}\right)=\exp\left(-\frac{\Delta G}{kT}\right) \tag{8-25}$$

式(8-25)表示具有跳动条件的间隙原子数占间隙原子总数的百分比，称为原子的激活概率。可以看出，温度越高，原子被激活的概率越大，原子离开原来间隙进行跳动的可能性越大。

式(8-25)也适用于其他类型原子的扩散。

2. 间隙扩散的激活能

在间隙固溶体中，间隙原子是以间隙机制扩散的。设间隙原子周围近邻的间隙数(间隙配位数)为 z，间隙原子朝一个间隙振动的频率为 ν。由于固溶体中的间隙原子数比间隙数少得多，因此每个间隙原子周围的间隙基本是空的，利用式(8-25)，则跳动频率可表示为

$$\Gamma=\nu z\exp\left(-\frac{\Delta G}{kT}\right) \tag{8-26}$$

代入式(8-23)，并且已知扩散激活自由能 $\Delta G=\Delta H-T\Delta S\approx\Delta E-T\Delta S$，其中 ΔH、ΔE、ΔS 分别称为扩散激活焓、激活内能及激活熵，通常将扩散激活内能简称为扩散激活能，则

$$D=d^2P\nu z\exp\left(\frac{\Delta S}{k}\right)\exp\left(-\frac{\Delta E}{kT}\right) \tag{8-27}$$

在式(8-27)中，令

$$D_0=d^2P\nu z\exp\left(\frac{\Delta S}{k}\right)$$

得

$$D=D_0\exp\left(-\frac{\Delta E}{kT}\right)$$

式中，D_0 为扩散常数；k 为玻耳兹曼常数；ΔE 为间隙扩散激活能，就是一个间隙原子跳动的激活内能，即迁移能。

由于扩散系数遵循阿伦尼乌斯(Arrhenius)方程，因此可以进一步写成

$$D=D_0\exp\left(-\frac{Q}{RT}\right) \tag{8-28}$$

式中，R 为气体常数，其值为 8.314J/(mol·K)；T 为热力学温度；Q 为每摩尔原子的激活能。

3. 空位扩散的激活能

在置换固溶体中，原子是以空位机制扩散的，原子以这种方式扩散要比间隙扩散困难得多，主要原因是每个原子周围出现空位的概率较小，原子在每次跳动之前必须等待新的空位移动到它的近邻位置。设原子配位数为 z，则在一个原子周围与其近邻的 z 个原子中，出现空位的概率为 n_v/N，即空位的平衡浓度。其中，n_v 为空位数，N 为原子总数。经热力学推导，空位平衡浓度表达式为

$$\frac{n_v}{N}=\exp\left(-\frac{\Delta G_v}{kT}\right)=\exp\left(\frac{\Delta S_v}{k}\right)\exp\left(-\frac{\Delta E_v}{kT}\right)$$

式中，空位形成自由能 $\Delta G_v \approx \Delta E_v - T\Delta S_v$，$\Delta E_v$、$\Delta S_v$ 分别称为空位形成能和空位形成熵。

设原子朝一个空位振动的频率为 ν，利用上式和式(8－26)，得原子的跳动频率为

$$\Gamma = \nu z \exp\left(\frac{\Delta S_v + \Delta S}{k}\right)\left(-\frac{\Delta E_v + \Delta E}{kT}\right)$$

同样代入式(8－23)，得扩散系数，即

$$D = d^2 P \upsilon z \exp\left(\frac{\Delta S_v + \Delta S}{k}\right)\left(-\frac{\Delta E_v + \Delta E}{kT}\right) \tag{8－29}$$

令 $D_0 = d^2 P \nu z \exp\left(\frac{\Delta S_v + \Delta S}{k}\right)$，由此可以得到与间隙扩散同样的表达式，即

$$D = D_0 \exp\left(-\frac{Q}{RT}\right)$$

空位扩散的扩散系数与扩散激活能之间的关系在形式上与式(8－28)完全相同。空位扩散激活能 Q 由空位形成能 ΔE_v 和空位迁移能 ΔE(即原子的激活内能)组成。因此，空位机制比间隙机制需要更大的扩散激活能。表 8－2 列出了某些元素的扩散常数 D_0 和扩散激活能 Q 的近似值，可以看出 C、N 等原子在铁中的扩散激活能比金属元素在铁中的扩散激活能小得多。

表 8－2　某些元素的扩散常数 D_0 和扩散激活能 Q 的近似值

扩散元素	基体金属	D_0 ($\times 10^{-5}$)/($m^2 \cdot s^{-1}$)	Q($\times 10^3$)/($J \cdot mol^{-1}$)
C	γ－Fe	2.0	140
N	γ－Fe	0.33	144
C	α－Fe	0.20	84
N	α－Fe	0.46	75
Fe	α－Fe	19	239
Fe	γ－Fe	1.8	270
Ni	γ－Fe	4.4	283
Mn	γ－Fe	5.7	277
Cu	Al	0.84	136
Zn	Cu	2.1	171
Ag	Ag(晶内扩散)	7.2	190
Ag	Ag(晶界扩散)	1.4	90

4. 扩散激活能的测量

不同扩散机制的扩散激活能可能会有很大差别。不管何种扩散，扩散系数和扩散激活

能之间的关系都能表达成式(8－28)的形式，一般将这种指数形式的温度函数称为阿伦尼乌斯公式。在物理冶金中，许多是在高温下发生的与扩散有关的过程，如晶粒长大速度、高温蠕变速度、金属腐蚀速度等，也满足阿伦尼乌斯关系。

扩散激活能一般靠实验测量，首先对式(8－28)两边取对数

$$\ln D=\ln D_0-\frac{Q}{kT} \tag{8-30}$$

然后由实验测定在不同温度下的扩散系数，并以 $1/T$ 为横轴，$\ln D$ 为纵轴绘图。如果所绘的是一条直线，根据式(8－30)可知，直线的斜率为 $-Q/k$，与纵轴的截距为 $\ln D_0$，那么就可以用图解法求出扩散常数 D_0 和扩散激活能 Q。D_0 和 Q 是与温度无关的常数。

8.3.3 柯肯德尔效应与扩散驱动力

1. 柯肯德尔效应

在间隙固溶体中，间隙原子尺寸比溶剂原子小得多，可认为溶剂原子不动，而间隙原子在溶剂晶格中扩散，此时运用扩散第一定律及第二定律去分析间隙原子的扩散是完全正确的。但是，在置换固溶体中，组成合金的两组元的尺寸差不多，它们的扩散系数不同但是又相差不大，因此两组元在扩散时就必然会产生相互影响。

柯肯德尔(Kirkendall)首先用实验验证了置换型原子的相互扩散过程。他于1947年进行的实验样品如图8.11所示。在长方形的α黄铜(Cu＋30％Zn)表面敷上很细的钼丝(或其他高熔点金属丝)，再在其表面镀上一层铜，这样将钼丝完全夹在铜和黄铜中间，构成铜-黄铜扩散偶。钼丝熔点高，在扩散温度下不扩散，仅作为界面运动的标记。将制备好的扩散偶加热至785℃保温不同时间，观察铜和锌原子越过界面发生互扩散的情况。实验结果发现，随着保温时间的延长，钼丝(即界面位置)向内发生了微量漂移，1天以后，漂移了0.0015cm，56天后，漂移了0.0124cm，界面的位移量与保温时间的平方根成正比。由于这一现象首先由柯肯德尔等人发现的，因此称为柯肯德尔效应。

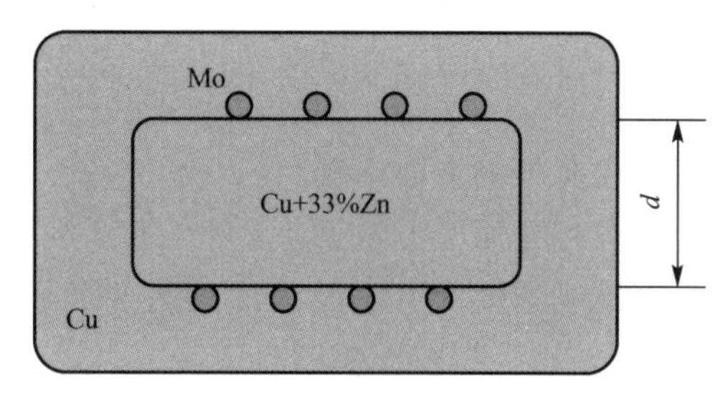

图8.11 柯肯德尔实验样品

如果铜和锌的扩散系数相同，由于锌原子尺寸大于铜原子，扩散以后界面外侧的铜晶格膨胀，内部的黄铜晶格收缩，这种因为原子尺寸的不同也会引起界面向内漂移，但位移量只有实验值的1/10左右。因此，柯肯德尔效应的唯一解释是，锌的扩散速度大于铜的扩散速度，使越过界面向外侧扩散的锌原子数多于向内侧扩散的铜原子数，出现了跨越界

面的原子净传输，导致界面向内漂移。

大量的实验表明，柯肯德尔效应在置换固溶体中普遍存在，它对扩散理论的建立起到了非常重要的作用。例如，在用物质平衡原理和扩散方程去计算某些扩散型相变的长大速度时发现，长大速度不是取决于组元各自的扩散系数，而是取决于它们的某种组合。

2. 扩散的驱动力

用浓度梯度表示的扩散第一定律 $J=-D(\partial C/\partial x)$ 只能描述原子由高浓度向低浓度方向的下坡扩散，当 $\partial C/\partial x \to 0$ 时，即合金浓度趋向均匀时，宏观扩散停止。然而，在合金中发生的很多扩散现象是由低浓度向高浓度方向的上坡扩散，如固溶体的调幅分解、共析转变等就是典型的上坡扩散，这一事实说明引起扩散的真正驱动力不是浓度梯度。

物理学中阐述了力与能量的普遍关系。例如，距离地面一定高度的物体，在重力 G 的作用下，若高度降低 ∂x，相应的势能减小 ∂E，则作用在该物体上的力定义为

$$G=-\frac{\partial E}{\partial x}$$

式中，负号表示物体由势能高处向势能低处运动。

晶体中原子间的相互作用力 F 与相互作用能 E 也符合上述关系。

根据热力学理论，系统变化方向的更广义的判断依据是，在恒温、恒压条件下，系统变化总是向吉布斯自由能降低的方向进行，自由能最低态是系统的平衡状态，过程的自由能变化 $\Delta G<0$ 是系统变化的驱动力。

合金中的扩散也是一样，原子总是从化学位高的地方向化学位低的地方扩散，当各相中同一组元的化学位相等(多相合金)，或者同一相中组元在各处的化学位相等(单相合金)时，则扩散达到平衡状态，宏观扩散停止。因此，原子扩散的真正驱动力是化学位梯度。如果合金中 i 组元的原子由于某种外界因素的作用(如温度、压力、应力、磁场)，沿 x 方向移动 ∂x 距离，其化学位降低 $\partial \mu_i$，则该原子受到的驱动力为

$$F=-\frac{\partial \mu_i}{\partial x} \tag{8-31}$$

原子扩散的驱动力与化学位降低的方向一致。

原子在晶体中扩散时，当作用在原子上的驱动力等于原子的点阵阻力时，则原子的运动速度达到极限值，设原子的运动速度为 V_i，该速度正比于原子的驱动力，即

$$V_i=B_iF_i \tag{8-32}$$

式中，B_i 为单位驱动力作用下的原子运动速度，称为扩散的迁移率，表示原子的迁移能力。

组元 i 的流量 $J_i=C_iV_i$，将式(8-31)和式(8-32)代入，得组元 i 的扩散通量为

$$J_i=-C_iB_i\frac{\partial \mu_i}{\partial x} \tag{8-33}$$

由热力学知，合金中 i 原子的化学位为

$$\mu_i = \mu_i^0 + kT\ln a_i \tag{8-34}$$

式中，μ_i^0 为 i 组元在标准状态下的化学位；a_i 为活度，$a_i = \gamma_i C_i$，其中 γ_i 为活度系数，C_i 为 i 组元的体积浓度。

对式(8-34)微分，得

$$\partial\mu_i = kT\,\partial\ln a_i = kT\,\partial\ln(\gamma_i C_i) \tag{8-35}$$

将式(8-35)代入式(8-33)，经整理得

$$J_i = -B_i kT\left(1 + \frac{\partial\ln\gamma_i}{\partial\ln C_i}\right)\frac{\partial C_i}{\partial x} \tag{8-36}$$

与扩散第一定律相比，得扩散系数的一般表达式，即

$$D_i = B_i kT\left(1 + \frac{\partial\ln\gamma_i}{\partial\ln C_i}\right) \tag{8-37}$$

式(8-37)中括号内的部分称为热力学因子。

对理想固溶体($\gamma_i = 1$)或者稀薄固溶体(γ_i 为常数)，式(8-37)简化为

$$D_i = B_i kT \tag{8-38}$$

式(8-38)称为爱因斯坦(Einstein)方程。可以看出，在理想固溶体或稀薄固溶体中，不同组元的扩散系数的差别在于它们有不同的迁移率，而与热力学因子无关。

由式(8-37)可知，热力学因子决定扩散系数正负。因为扩散通量 $J>0$，所以当热力学因子为正时，$D_i>0$，$\partial C/\partial x<0$，发生下坡扩散；当热力学因子为负时，$D_i<0$，$\partial C/\partial x>0$，发生上坡扩散，从热力学上解释了上坡扩散产生的原因。

8.3.4 影响扩散的因素

由扩散第一定律可知，在浓度梯度一定时，原子扩散仅取决于扩散系数 D。对典型的原子扩散过程，D 符合阿伦尼乌斯公式，$D = D_0\exp(-Q/kT)$。因此，D 仅取决于 D_0、Q 和 T，凡是能改变这三个参数的因素都将影响扩散过程。这些因素既与外部条件（如温度、应力、压力、介质）有关，又受到内部条件（如组织、成分和结构等因素）的影响。下面对几个主要影响因素进行介绍。

1. 温度

由扩散系数表达式(8-28)看出，温度越高，原子动能越大，扩散系数呈指数增加。以碳在 γ-Fe 中扩散为例，已知 $D_0 = 2.0\times10^{-5}\,m^2/s$，$Q = 140\times10^3\,J/mol$，计算出 927℃ 和 1027℃时碳的扩散系数分别为 $1.76\times10^{-11}\,m^2/s$、$5.15\times10^{-11}\,m^2/s$。温度升高 100℃，扩散系数增加三倍多。这说明在高温下发生的与扩散有关的过程中温度是最重要的影响因素。

一般来说，在固相线附近的温度范围内，置换固溶体的 $D = 10^{-9}\sim10^{-8}\,cm^2/s$，间隙固溶体的 $D = 10^{-6}\sim10^{-5}\,cm^2/s$；而在室温下它们分别为 $D = 10^{-50}\sim10^{-20}\,cm^2/s$ 和 $D = 10^{-30}\sim10^{-10}\,cm^2/s$。因此，扩散只有在高温下才能发生，特别是置换固溶体更是如此。一些常见元素在不同温度下铁中的扩散系数见表 8-3。

表 8-3　一些常见元素在不同温度下铁中的扩散系数

元素	扩散温度/℃	$D(\times10^{-5})/(cm^2 \cdot d^{-1})$	元素	扩散温度/℃	$D(\times10^{-5})/(cm^2 \cdot d^{-1})$
C	925	1205	Cr	1150	5.9
	1000	3100		1200	15～70
	1100	8640		1300	190～460
Al	900	33	Mo	1200	20～130
	1150	170	W	1280	3.2
Si	960	65		1330	21
	1150	125	Mn	960	2.6
Ni	1200	0.8		1400	830

2. 成分

(1) 组元性质

原子在晶体结构中跳动时必须要挣脱其周围原子对它的束缚才能实现跃迁，这就要破坏部分原子结合键，因此扩散激活能 Q 和扩散系数 D 必然与表征原子结合键大小的宏观或者微观参量有关。无论是在纯金属还是在合金中，原子结合键越弱，Q 越小，D 越大。

能够表征原子结合键大小的宏观参量主要有熔点 T_m、熔化潜热 L_m、升华潜热 L_s 以及膨胀系数 α 和压缩系数 κ 等。一般来说，T_m、L_m、L_s 越小或者 α、κ 越大，则 Q 越小，D 越大。扩散激活能与宏观参量间的经验关系式见表 8-4。

表 8-4　扩散激活能与宏观参量间的经验关系式

宏观参量	熔点 T_m	熔化潜热 L_m	升华潜热 L_s	体积膨胀系数 α	体积压缩系数 κ
经验关系式	$Q=32T_m$ 或 $Q=40T_m$	$Q=16.5L_m$	$Q=0.7L_s$	$Q=2.4/\alpha$	$Q=V_0/8\kappa$

注：V_0 为摩尔体积。

合金中的情况也一样。考虑 A、B 组成的二元合金，若 B 组元的加入能使合金的熔点降低，则合金的互扩散系数增加；反之，若能使合金的熔点升高，则合金的互扩散系数减小，几种合金相图与互扩散系数间的关系如图 8.12 所示。

在微观参量上，凡是能使固溶体溶解度减小的因素，都会降低溶质原子的扩散激活能，使扩散系数增大。例如，固溶体组元之间原子半径的相对差越大，溶质原子造成的点阵畸变越大，原子离开畸变位置扩散就越容易，使 Q 减小，D 增加。一些元素在银中的扩散系数见表 8-5。

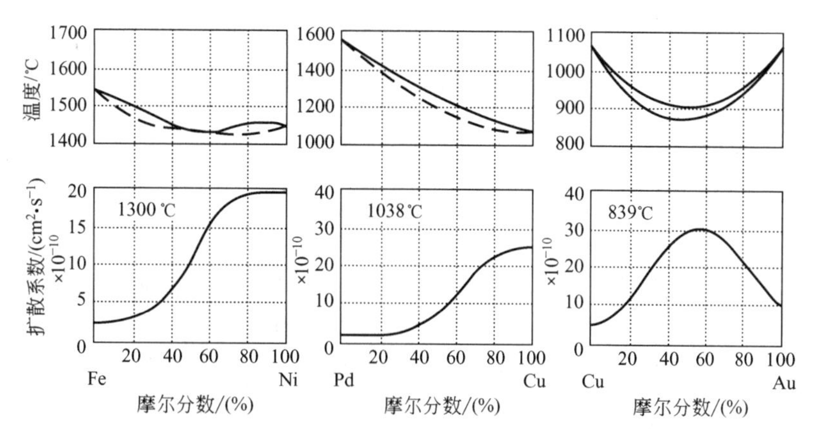

图 8.12 几种合金相图与互扩散系数间的关系

表 8-5 一些元素在银中的扩散系数

金属	Ag	Au	Cd	In	Sn	Sb
$D(\times10^{-10})/(\mathrm{cm}^2\cdot\mathrm{s}^{-1})(1000\mathrm{K})$	1.1	2.8	4.1	6.6	7.6	8.6
最大溶解度(摩尔比)	1.00	1.00	0.42	0.19	0.12	0.05
科氏半径/nm	0.144	0.144	0.1521	0.1569	0.1582	0.1614

(2) 组元浓度

在二元合金中，组元的扩散系数是一个关于浓度的函数，只有当浓度很低或者浓度变化不大时，才可将扩散系数看作与浓度无关的常数。组元的浓度对扩散系数的影响比较复杂，增加浓度能使 Q 减小，D_0 增加，D 增大。但是，通常的情况是 Q 减小，D_0 也减小；Q 增加，D_0 也增加。这种对扩散系数的影响呈相反作用的结果，使浓度对扩散系数的影响并不是很剧烈，实际上浓度变化引起的扩散系数的变化程度一般不超过2～6 倍。

图 8.13 给出了其他组元在铜中的扩散系数与其浓度间的关系。可以看出，随着组元浓度增加，扩散系数增大。碳在 γ-Fe 中的扩散系数与其浓度间的关系也呈现出同样的规律，如图 8.14 所示。实际上，碳的增加不但可以提高自身的扩散能力，而且对铁原子的扩散产生明显的影响。例如，在 950℃时，不含碳的 γ-Fe 的扩散系数为 $0.5\times10^{-12}\mathrm{cm}^2/\mathrm{s}$，而当含碳量为 1.1%时，其扩散系数则达到 $9\times10^{-12}\mathrm{cm}^2/\mathrm{s}$。

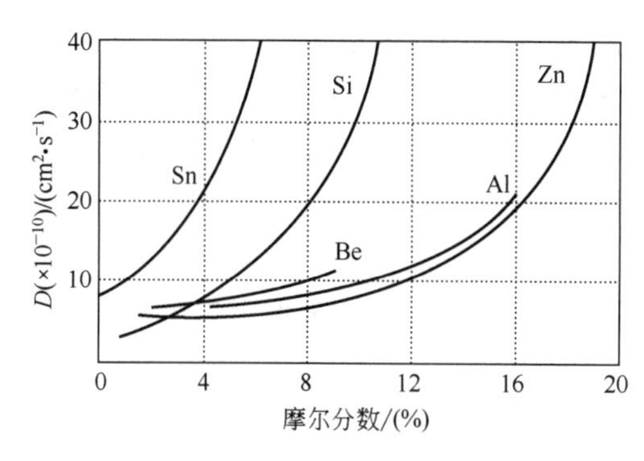

图 8.13 其他组元在铜中的扩散系数与其浓度间的关系

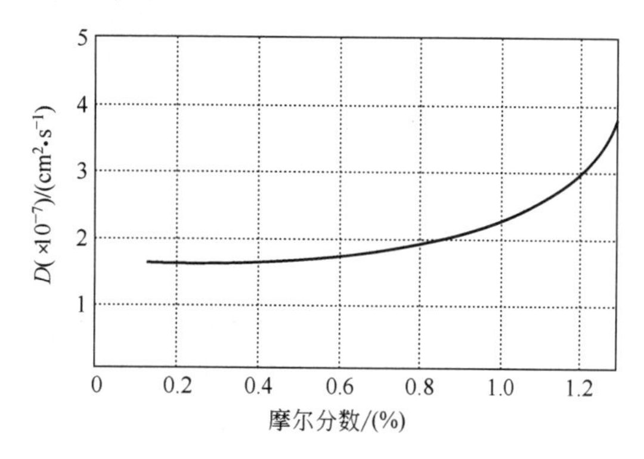

图 8.14 碳在 γ-Fe 中的扩散系数与其浓度间的关系

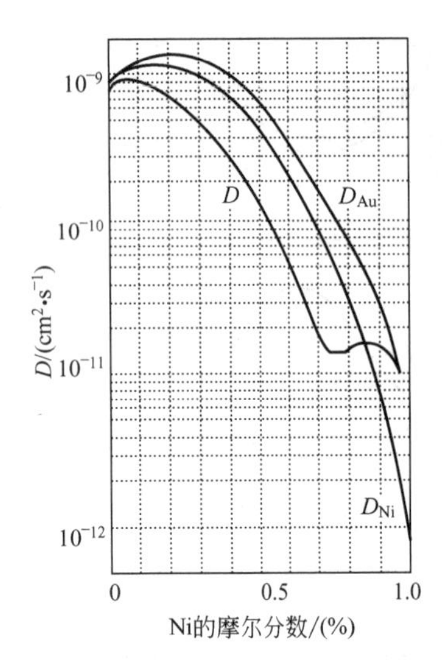

图 8.15　Au－Ni 合金中扩散系数与浓度的关系

但是在 Au－Ni 合金中却呈现出与上述不同的变化，随着镍含量的增加，扩散系数减小，Au－Ni 合金中扩散系数与浓度的关系如图 8.15 所示。例如，在 900℃时，镍在稀薄固溶体中的扩散系数约为 $10^{-9}\mathrm{cm^2/s}$，而当镍含量达到 50%时，扩散系数却为 $4\times10^{-10}\mathrm{cm^2/s}$，降低了 60%。

(3) 第三组元的影响

在二元合金中加入第三组元对原有组元的扩散系数的影响更为复杂，其根本原因是加入第三组元改变了原有组元的化学位，从而改变了组元的扩散系数。

合金元素硅对碳在钢中扩散的影响如图 8.16 所示。将 Fe－0.4%C 碳钢和 Fe－0.4%C－4%Si 硅钢的钢棒对焊在一起形成扩散偶，然后加热至 1050℃进行 13 天的高温扩散退火。实验结果发现，在退火之前，碳浓度在扩散偶中是均匀的；但是在退火之后，碳原子出现了比较大的浓度梯度。这一事实表明，在有硅存在的情况下碳原子发生了由低浓度向高浓度方向的扩散，即上坡扩散。上坡扩散产生的原因是，硅增加了碳原子的活度，从而增加了碳原子的化学位，使之从含硅的一端向不含硅的一端扩散。

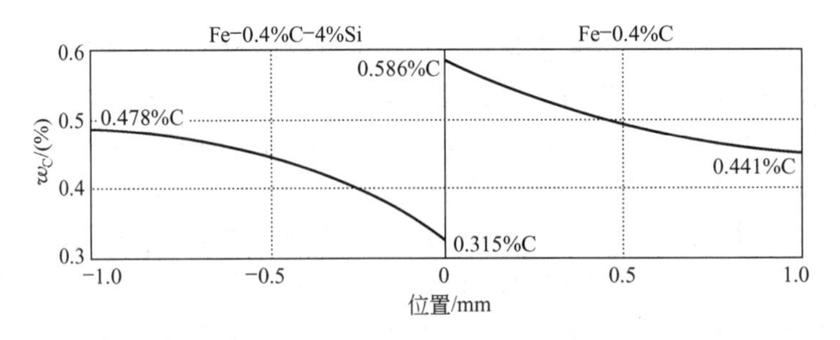

图 8.16　合金元素硅对碳在钢中扩散的影响

图 8.17 所示为扩散偶中碳和硅的浓度分布曲线。$t=t_0$ 表示原始的浓度分布。随着退火时间的延长，$t_1<t_2<t_3<t_4$，开始时碳浓度在焊接面附近逐渐变陡，然后又趋于平缓，当退火时间很长时，碳和硅的浓度最终都趋于均匀，形成均匀的固溶体。

图 8.18 所示为 Fe－C－Si 三元相图等温截面图的富 Fe 角，A、B 是在碳钢和硅钢中分别取与焊接面等距离的两点。扩散开始后，两点沿着箭头所指的实线变化。开始时硅浓度不变，这是由于硅原子扩散较慢；随后碳、硅浓度都发生变化，最后达到浓度均匀的 C 点。

合金元素对碳在奥氏体中扩散的影响对钢的奥氏体化过程起到非常重要的作用，按合金元素作用的不同可以将其分为三种类型。

① 碳化物形成元素：这类元素与碳的亲和力较强，阻碍碳的扩散，降低碳在奥氏体中的扩散系数，如 Nb、Zr、Ti、Ta、V、W、Mo、Cr 等。

② 弱碳化物形成元素：Mn，对碳的扩散影响不大。

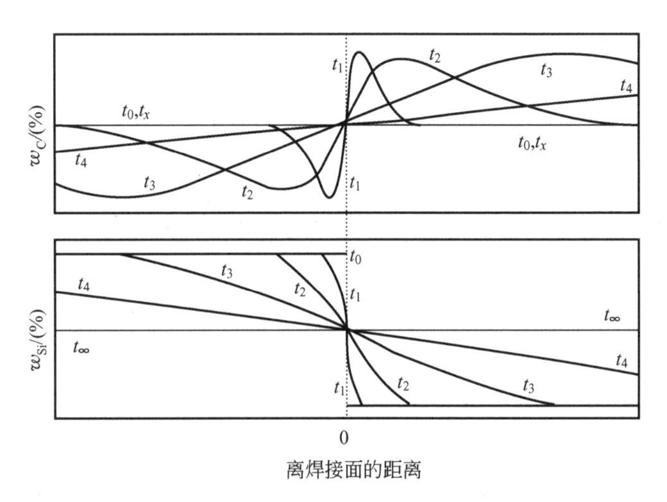

图 8.17 扩散偶中碳和硅的浓度分布曲线

③ 非碳化物形成元素：Co、Ni、Si 等，其中 Co 增大碳的扩散系数，Si 减小碳的扩散系数，而 Ni 对碳的扩散影响不大。

不同合金元素对碳（摩尔分数 1%）在奥氏体中扩散系数的影响如图 8.19 所示。

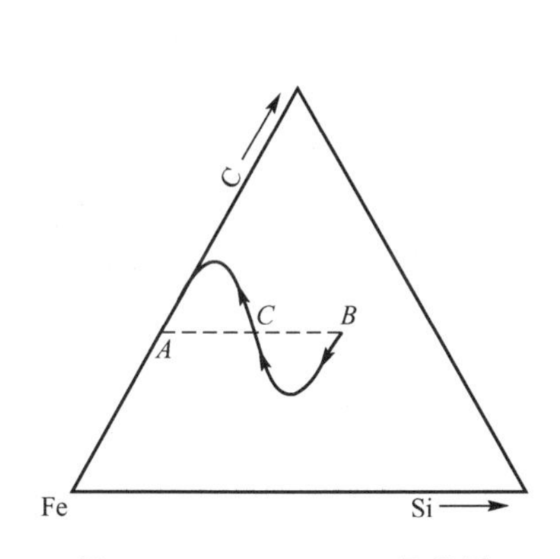

图 8.18 Fe-C-Si 三元相图等温截面图的富 Fe 角

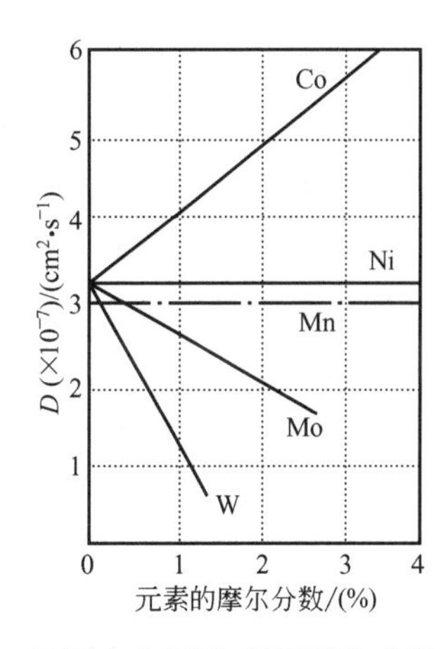

图8.19 不同合金元素对碳(摩尔分数 1%)在奥氏体中扩散系数的影响

3. 晶体结构

(1) 固溶体类型

固溶体主要有间隙固溶体和置换固溶体，在这两种固溶体中，溶质原子的扩散机制完全不同。在间隙固溶体中，溶质原子以间隙扩散为机制，扩散激活能较小，原子扩散较快；反之，在置换固溶体中，溶质原子以空位扩散为机制，由于原子尺寸较大，晶体中的空位浓度又很低，其扩散激活能比间隙扩散大得多。表 8-6 列出了不同溶质原子在 γ-Fe 中的扩散激活能 Q。

表 8-6　不同溶质原子在 γ-Fe 中的扩散激活能 Q

溶质原子类型	置换型						间隙型		
溶质原子	Al	Ni	Mn	Cr	Mo	W	N	C	H
$Q(\times 10^3)/(kJ \cdot mol^{-1})$	184	282.5	276	335	247	261.5	146	134	42

(2) 晶体结构类型

晶体结构反映了原子在空间排列的紧密程度。晶体的致密度越高，原子扩散时的路径越窄，产生的晶格畸变越大，同时原子结合能也越大，使得扩散激活能越大，扩散系数减小。这个规律无论是对纯金属还是对固溶体的扩散都是适用的。

例如，面心立方晶体比体心立方晶体致密度高，实验测定的 γ-Fe 的自扩散系数与 α-Fe 的相比，在 910℃时相差了两个数量级，$D_{\alpha\text{-Fe}} \approx 280 D_{\gamma\text{-Fe}}$。溶质原子在不同固溶体中的扩散系数也不同。910℃时，碳在 α-Fe 中的扩散系数比在 γ-Fe 中的大 100 倍。

钢的渗碳温度选择在 900～930℃，对于常用的渗碳钢来讲，这个温度范围应该处在奥氏体单相区。奥氏体是面心立方结构，碳在奥氏体中的扩散速度似乎较慢，但是由于渗碳温度较高，加速了碳的扩散，同时这也是碳在奥氏体中的溶解度远比在铁素体中的大的一个基本原因。

(3) 晶体的各向异性

理论上讲，晶体的各向异性必然导致原子扩散的各向异性。但是实验却发现，在对称性较高的立方晶体中，沿不同方向的扩散系数并未显示出差异，只有在对称性较低的晶体中，扩散才有明显的方向性，而且晶体对称性越低，扩散的各向异性越强。铜、汞在密排六方金属锌和镉中扩散时，沿(0001)晶面的扩散系数小于沿 [0001] 晶向的扩散系数，这是因为(0001)晶面是原子的密排面，溶质原子沿这个面扩散的激活能较大。但是，扩散的各向异性随着温度的升高逐渐减小。

晶体结构的三个影响扩散的因素本质上是一样的，即晶体的致密度越低，原子扩散越快；扩散方向上的致密度越低，原子沿这个方向的扩散也越快。

4. 短路扩散

固体材料中存在各种不同的点、线、面及体缺陷，缺陷能量高于晶粒内部，可以提供更大的扩散驱动力，使原子沿缺陷扩散速度更快。通常将沿缺陷进行的扩散称为短路扩散，沿晶格内部进行的扩散称为体扩散或晶格扩散，各种扩散的途径如图 8.20 所示。短路扩散包括表面扩散、晶界扩散、位错扩散及空位扩散等。一般来讲，温度较低时，以短路扩散为主，温度较高时，以体扩散为主。

在所有的缺陷中，表面的能量最高，晶界的能量次之，晶粒内部的能量最小。因此，原子沿表面扩散的激活能最大，沿晶界扩散的激活能次之，沿体扩散的激活能最小。对于扩散系数，则有 $D_s > D_b > D_l$，其中，D_s、D_b、D_l 分别是表面扩散系数、晶界扩散系数及体扩散系数，不同扩散方式的扩散系数与温度的关系如图 8.21 所示。

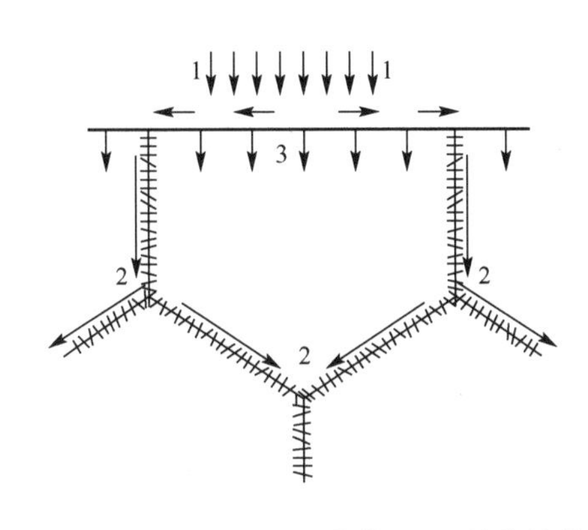

1—表面扩散；2—晶界扩散；3—晶格扩散

图 8.20 各种扩散的途径

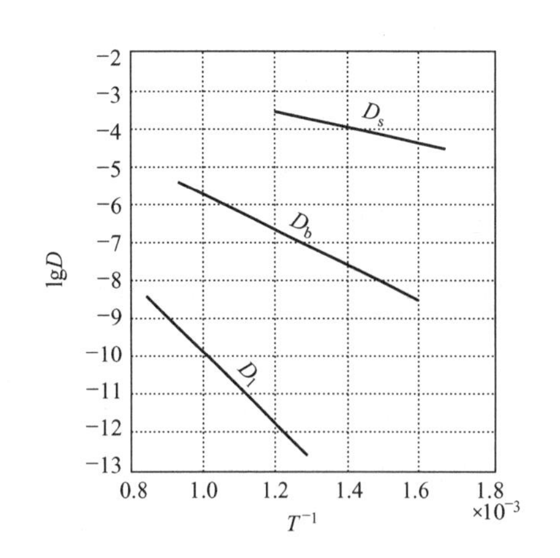

图 8.21 不同扩散方式的扩散系数与温度的关系

在多晶体金属中，原子的扩散系数实际上是体扩散和晶界扩散的综合结果。晶粒尺寸越小，金属的晶界面积越大，晶界扩散对扩散系数的贡献就越大。图 8.22 所示为锌在黄铜中的扩散系数随晶粒尺寸的变化。可以看出，黄铜的晶粒尺寸越小，扩散系数增加越明显。例如，在 700℃时，锌在单晶黄铜中的扩散系数 $D=6\times10^{-4}\,\text{cm}^2/\text{d}$，而在晶粒尺寸为 0.13mm 的多晶黄铜中的扩散系数 $D=2.3\times10^{-2}\,\text{cm}^2/\text{d}$，提高了约 37 倍。

温度对晶界扩散有很大影响，图 8.23 所示为银单晶体和多晶体的自扩散系数与温度的关系。低于 700℃时，多晶体的 lg$D$ 与 $1/T$ 直线的斜率为单晶体的 1/2；但是高于 700℃时，多晶体的直线与单晶体的直线相遇，并重合于单晶体的直线上。实验结果表明，温度较低时晶界扩散激活能比体扩散激活能小得多，晶界扩散起主导作用；温度较高时晶体中的空位浓度增加，扩散速度加快，体扩散起主导作用。晶界扩散对较低温下的自扩散和互扩散有重要影响。但是，对于间隙固溶体来说，溶质原子的体扩散激活能本来就不高，扩散速度比较大，晶界扩散的作用并不明显。

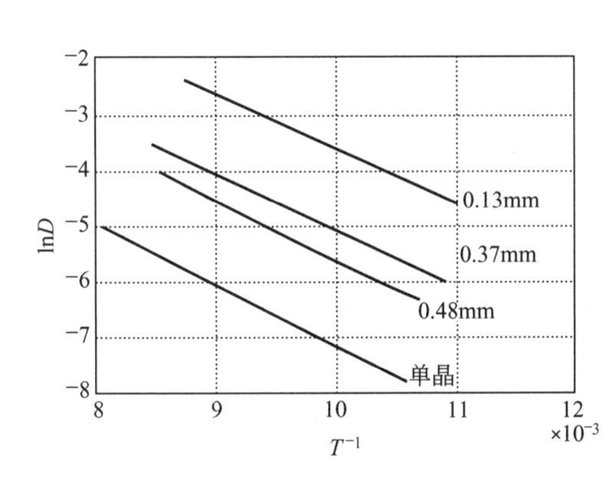

图 8.22 锌在黄铜中的扩散系数与温度的关系（数字为平均晶粒直径）

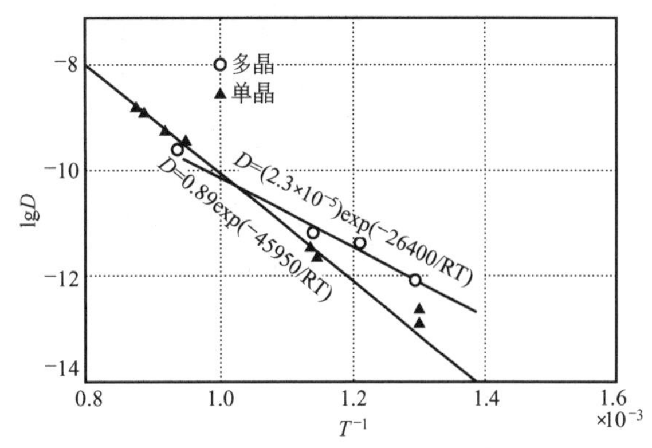

图 8.23 银单晶体和多晶体的自扩散系数与温度的关系

晶体中的位错对扩散也有促进作用。这种促进作用是位错与溶质原子的弹性应力场之间交互作用的结果，使溶质原子偏聚在位错线周围形成溶质原子气团(包括 Cottrell 气团和 Snoek 气团)。这些溶质原子沿着位错线为中心的管道形畸变区扩散时，激活能仅为体扩散激活能的一半左右，扩散速度较快。由于位错在整个晶体中所占的比例很小，因此在较高温度下，位错对扩散的贡献并不大，只有在较低温度时，位错扩散才起重要作用。

8.3.5 反应扩散与应用

前面讨论的是单相固溶体中的扩散，其特点是溶质原子的浓度未超过固溶体的溶解度。然而在许多的实际相图中，不只包含一种固溶体，有可能出现几种固溶体或中间相。如果由构成这样相图的两个组元制成扩散偶，或者在一种组元的表面渗入另一种组元，并且在温度适宜保温时间足够的情况下，就会由于作为基体的组元过饱和而反应生成一种或者几种新的合金相(中间相或者固溶体)。习惯上将伴有相变过程的扩散，或者有新相产生的扩散称为反应扩散或者相变扩散。

反应扩散包括两个过程：一是在渗入元素渗入到基体的表层，但是还未达到基体的溶解度之前的扩散过程；二是当基体的表层达到溶解度以后发生相变而形成新相的过程。反应扩散时，基体表层中的溶质原子的浓度分布随扩散时间和扩散距离的变化及在表层中出现何种相和相的数量，均与基体和渗入元素间组成的合金相图有关。

以在 A 组元(基体)的表面渗入 B 组元，并且 A、B 组成共析相图的情况为例，分析在 T_0 温度下的反应扩散过程，相关的 A－B 相图及溶质原子的浓度分布和相分布如图 8.24 所示。从相图上可以看出，在 T_0 温度下，在基体 A 中连续地溶入 B 组元，随着 B 组元的增加，最先形成 α 固溶体，然后形成 γ 固溶体，最后形成 β 固溶体如图 8.24(a)所示。反应扩散时各相出现的顺序与此相同。

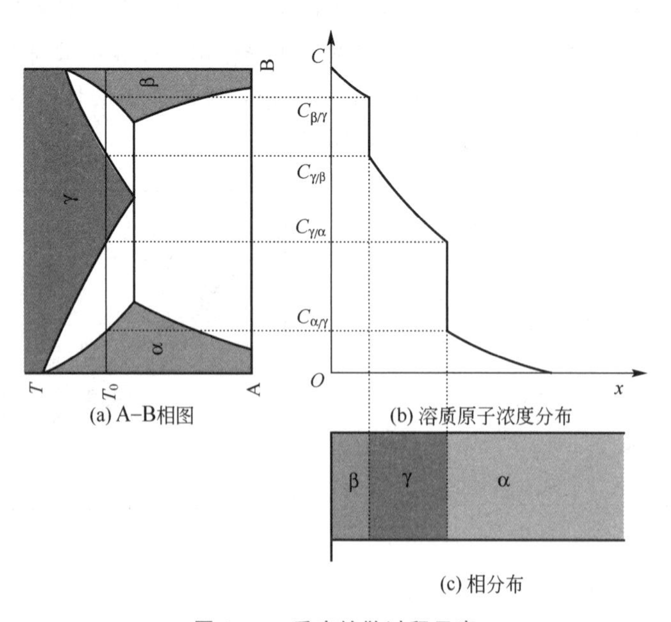

图 8.24　反应扩散过程示意

当B组元开始向基体的表面渗入时，表层的B原子浓度逐渐升高，B原子浓度曲线不断向基体的内部延伸，当表面浓度达到α固溶体的饱和浓度$C_{\alpha/\gamma}$时，在表层形成的全部是α固溶体。随后$C_{\alpha/\gamma}$值暂时维持不变。随着B组元的不断渗入，α层逐渐增厚。当表面浓度在某一时刻突然上升到与α平衡的γ固溶体的平衡浓度$C_{\gamma/\alpha}$(即γ的最低浓度)时，在α层的外面开始形成γ层。如果渗入元素中活性B原子的浓度足够高的话，表面浓度还会达到γ固溶体的饱和浓度$C_{\gamma/\beta}$，并且在γ层的外面形成β层。随着扩散的进行，已形成的α、γ及β固溶体层不断增厚，每个单相层内的浓度梯度也在随时间而变化。在T_0温度下形成的渗层中的溶质原子浓度分布和相分布分别如图8.24(b)和图8.24(c)所示。

值得注意的是，在T_0温度下，在二元相图中存在α+γ和γ+β两相区，但是在渗层组织中任何两相之间却不存在两相共存区，两相之间仅以界面的形式存在，在界面处浓度发生突变。

渗层中无两相区可以用热力学解释如下：根据热力学，两相平衡时，两相的化学位相等，根据$F=-\partial\mu/\partial x$，扩散驱动力为零。又由扩散第一定律的普遍式(8-33)知，扩散通量为零。因此，在渗层组织中不可能出现两相区，否则扩散将在两相区中断，显然与事实不符。退一步讲，即使在扩散过程中出现两相区也会因系统自由能升高而使其中某一相逐渐消失，最终由两相演变为单相。由相律也可以对此现象进行解释。当二元系合金处于两相平衡时，自由度$f=c-p+1=0$，这就意味着如果在渗层组织中出现两相区的话，两相的浓度都不能变化，从而没有浓度梯度，也就不能扩散。因此得到这样的结论：在二元系(含渗入元素)合金的渗层中没有两相共存区，在三元系合金的渗层中没有三相共存区，以此类推。

钢铁材料的渗氮(也称氮化)是典型的反应扩散。现在结合Fe-N相图，如图8.25(a)

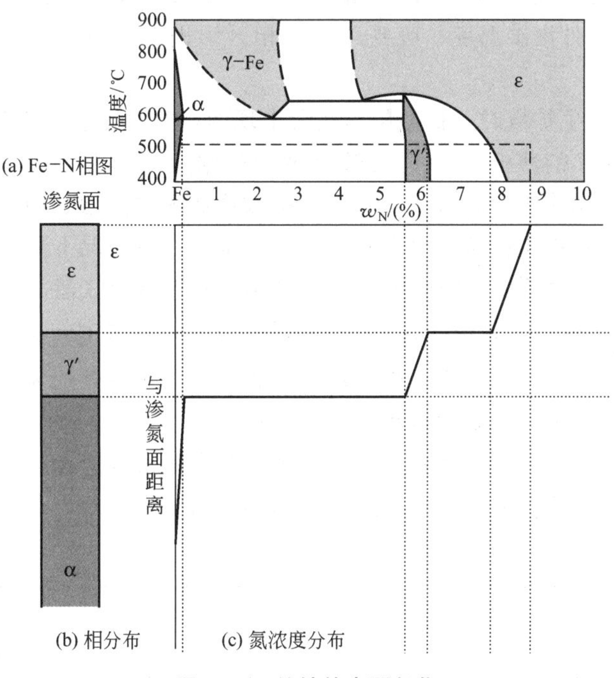

图8.25 纯铁的表面氮化

所示，分析纯铁的氮化过程。将纯铁放入氮化罐中在520℃温度下经长时间氮化，当表面氮浓度超过8%时，便会在表面形成ε相。ε相为以Fe_3N为基的固溶体，氮原子有序地分布在铁原子构成的密排六方点阵的间隙位置。ε相的含氮量范围很宽，在通常的氮化温度下为8.25%～11.0%，氮浓度由表面向里逐渐降低。在ε相的内侧是γ′相，它是以Fe_4N为基的固溶体，氮原子有序地分布在铁原子构成的面心立方点阵的间隙位置。γ′相的含氮量很窄，为5.7%～6.1%。在γ′相的内侧是含氮的α固溶体，而远离表面的心部才是纯铁。氮化层中的相分布和相应的浓度分布如图8.25(b)、图8.25(c)所示。同样，氮化层仅由各单相层组成，没有出现两相共存区。

习　题

1. 解释下列基本概念及术语。

自扩散，互扩散，间隙扩散机制，空位扩散机制，下坡扩散，上坡扩散，稳态扩散，非稳态扩散，扩散系数，柯肯德尔效应，体扩散，表面扩散，晶界扩散。

2. 什么是扩散激活能？简述扩散激活能的实验测试方法。

3. 扩散的机制主要有哪几种？

4. 以空位扩散机制进行扩散时，原子每次跳动一次相当于空位反向跳动一次，并未形成新的空位，而扩散激活能中却包含空位形成能，此说法是否正确？请给出正确解释。

5. 影响原子扩散的因素有哪些？

6. Cu－Al组成的扩散偶发生扩散时，标志面会向哪个方向移动？

7. 钢铁渗氮温度一般选择在接近但略低于Fe－N系共析时的温度(590℃)，为什么？

8. 为什么钢铁零件渗碳温度一般要选择γ相区中进行？若不在γ相区进行会有什么结果？

9. 三元系合金发生扩散时，扩散层内能否出现两相共存区或三相共存区？为什么？

10. 一块厚度为d的薄板，在T_1温度下两侧的浓度分别为w_1、w_0($w_1>w_0$)，当扩散达到平稳态后，给出①扩散系数为常数，②扩散系数随浓度增加而增加，③扩散系数随浓度增加而减小三种情况下的浓度分布示意图，并求出在①情况下薄板中部的浓度。

11. 氢在金属中扩散较快，因此用金属容器存储氢气会存在泄漏。假设钢瓶内氢气压力为p_0，钢瓶置于真空中，其壁厚为h，并且已知氢在该金属中的扩散系数为D，而氢在钢中的溶解度服从$C=k\sqrt{P}$，k为常数，P为钢瓶与氢气接触处的氢气压力。试求：①写出氢通过器壁的扩散方程；②提出减少氢逸出的措施。

12. 在纯铜圆柱体一个顶端电镀一层薄的放射性同位素铜。在高温退火20h后，对铜棒逐层剥层测量放射性强度α(α正比于浓度)，数据见表8－7。

表8－7　习题12表

距顶端距离 x/cm	0.1	0.2	0.3	0.4	0.5
α(任意单位)	5012	3981	2512	1413	524.8

求铜的自扩散系数。

13. 一块 $w_C=0.1\%$的碳钢在 930℃渗碳，渗到 0.05cm 的地方时 $w_C=0.45\%$。在 $t>0$ 的全部时间，渗碳气氛保持表面成分为 1%，假设 $D=2.0\times10^{-5}\exp(-140000/RT)(m^2/s)$，

(1) 计算渗碳时间；

(2) 若将渗层加深一倍，则需多长时间？

(3) 若规定 $w_C=0.3\%$作为渗碳层厚度的量度，则在 930℃渗碳 10h 的渗层厚度为 870℃渗碳 10h 的多少倍？

14. 有两种激活能分别为 $Q_1=83.7$kJ/mol 和 $Q_2=251$kJ/mol 的扩散反应。观察在温度从 25℃升高到 600℃时对这两种扩散的影响，并对结果做出评述。

15. 根据实际测定 lg$D$ 与 $1/T$ 的关系图(图 8.26)，计算单晶体银和多晶体银在低于 700℃温度范围的扩散激活能，并说明两者扩散激活能存在差异的原因。

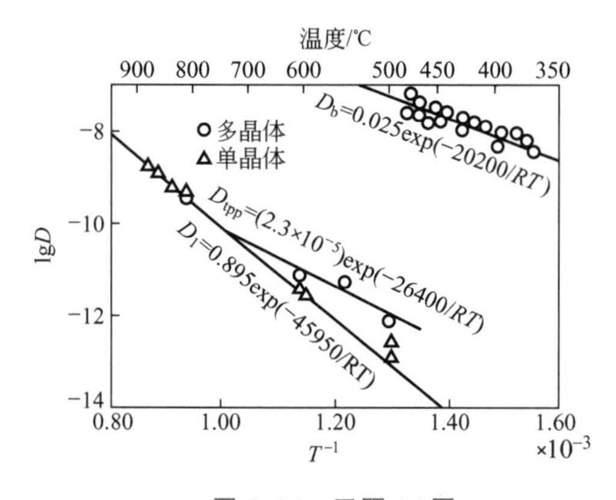

图 8.26 习题 15 图

第9章 金属与合金的固态相变

★ 熟悉固态相变的分类与特征

★ 了解固态相变晶核形成和晶核长大原理，掌握固态相变非均匀形核要点，以及固态相变的晶核长大基本特征

★ 掌握调幅分解和脱溶转变的基本概念

知识要点	掌握程度	相关知识
固态相变的分类与特征	了解固态相变的分类方法； 掌握固态相变的界面特征	一级相变、二级相变，扩散型相变、非扩散型相变、半扩散型相变，有核相变、无核相变； 共格界面、半共格界面、非共格界面，界面能、弹性应变能，晶体学位向关系，晶体缺陷的影响
固态相变的晶核形成与晶核长大过程	比较固态相变与金属结晶形核与晶核长大的异同； 掌握非均匀形核的形核特点，以及扩散型、半扩散型和非扩散型相变晶核长大特性	均匀形核与非均匀形核（晶界形核、位错形核、空位形核），形核率； 扩散型、非扩散型相变的晶核长大，固态相变的动力学曲线
过饱和固溶体的分解转变	熟悉过饱和固溶体的分解转变过程； 了解调幅分解和脱溶转变的基本特点	调幅分解； 脱溶转变：连续脱溶、不连续脱溶
马氏体型相变与形状记忆合金	了解马氏体的形状记忆效应； 理解常见形状记忆合金的形状记忆效应	马氏体的可逆转变，热弹性马氏体，马氏体的形状记忆效应，形状记忆合金

固体物质内部的组织结构随外界条件(温度、压力、电场、磁场等)的改变而变化的现象称为固态相变。

金属与合金中的相是成分相同、结构相同且与其他部分有界面分开的均匀组成部分，而固态相变是从已存在的相中生成新的相。固体中已存在的相称为母相或反应相，所生成新的相称为新相或生成相，金属与合金中的新相与母相之间或成分不同、或相结构不同、或有序度不同、或兼而有之，并且二者之间有界面分开。

9.1 固态相变的分类与特征

9.1.1 固态相变的分类

1. 按热力学分类

按照自由能对温度和压力的偏导函数在相变点的数学特征——连续或非连续，将相变分为一级相变和二级相变。

(1) 一级相变

发生相变时，两相的化学位相等，而化学位对温度及压力的一阶偏微分函数不等的相变称为一级相变，即

$$u_1=u_2 \tag{9-1}$$

而

$$\left.\begin{aligned}\left(\frac{\partial u_1}{\partial T}\right)_P\neq\left(\frac{\partial u_2}{\partial T}\right)_P\\ \left(\frac{\partial u_1}{\partial P}\right)_T\neq\left(\frac{\partial u_2}{\partial P}\right)_T\end{aligned}\right\} \tag{9-2}$$

已知

$$\left.\begin{aligned}\left(\frac{\partial u}{\partial T}\right)_P&=-S\\ \left(\frac{\partial u}{\partial P}\right)_T&=V\end{aligned}\right\} \tag{9-3}$$

所以

$$\left.\begin{aligned}S_1\neq S_2\\ V_1\neq V_2\end{aligned}\right\} \tag{9-4}$$

因此，在一级相变时，熵(S)及体积(V)会发生不连续的变化，即伴有相变潜热的释放和体积的改变。如蒸发、升华、熔化及大多数固态晶型转变属于此类。

(2) 二级相变

相变时两相的化学位相等，化学位对温度及压力的一阶偏微分也相等，但二阶偏微分不相等的相变称为二级相变，即

$$\left.\begin{aligned}&u_1=u_2\\&\left(\frac{\partial u_1}{\partial T}\right)_P=\left(\frac{\partial u_2}{\partial T}\right)_P\\&\left(\frac{\partial u_1}{\partial P}\right)_T=\left(\frac{\partial u_2}{\partial P}\right)_T\end{aligned}\right\}\qquad(9-5)$$

而

$$\left.\begin{aligned}&\left(\frac{\partial^2 u_1}{\partial T^2}\right)_P\neq\left(\frac{\partial^2 u_2}{\partial T^2}\right)_P\\&\left(\frac{\partial^2 u_1}{\partial P^2}\right)_T\neq\left(\frac{\partial^2 u_2}{\partial P^2}\right)_T\\&\frac{\partial^2 u_1}{\partial T\partial P}\neq\frac{\partial^2 u_2}{\partial T\partial P}\end{aligned}\right\}\qquad(9-6)$$

已知

$$\left.\begin{aligned}&\left(\frac{\partial u}{\partial T}\right)_P=-S\\&\left(\frac{\partial u}{\partial P}\right)_T=V\\&\left(\frac{\partial^2 u_1}{\partial T^2}\right)_P=-\left(\frac{\partial S}{\partial T}\right)_P=-\frac{C_P}{T}\quad(C_P\text{为等压热容})\\&\left(\frac{\partial^2 u_1}{\partial P^2}\right)_T=\left(\frac{\partial V}{\partial P}\right)_T=V\cdot B\quad\left(B\text{为等温压缩系数，}B=\frac{1}{V}\left(\frac{\partial V}{\partial P}\right)_T\right)\\&\frac{\partial^2 u_1}{\partial T\partial P}=\left(\frac{\partial P}{\partial T}\right)_P=V\cdot A\quad\left(A\text{为等压膨胀系数，}A=\frac{1}{V}\left(\frac{\partial V}{\partial T}\right)_P\right)\end{aligned}\right\}\qquad(9-7)$$

所以

$$\left.\begin{aligned}&S_1=S_2\\&V_1=V_2\\&C_{P1}\neq C_{P2}\\&B_1\neq B_2\\&A_1\neq A_2\end{aligned}\right\}\qquad(9-8)$$

因此，在二级相变时，无相变潜热及体积的改变，只有热容(C)、压缩系数(B)、膨胀系数(A)的不连续变化。常见的二级相变有磁性转变、有序-无序转变、超导转变等，大多伴有材料某种物理性能的变化。

2. 按动力学分类

根据相变时固相原子的迁移情况，将相变分成扩散型相变、非扩散型相变和半扩散型相变。

(1) 扩散型相变

扩散型相变中新相依靠原子的长距离扩散形成和长大，转变速度由原子扩散迁移速度控制；相界面属非共格相界面。脱溶、共析、调幅分解等属于这种类型。

(2) 非扩散型相变

在非扩散型相变过程中没有原子的扩散运动，相变前后没有成分的变化，母相原子有规则地、协调一致地通过切变共格来转移到新相中；新相与母相原子间的相邻关系不变，化学成分不变，相界面保持共格关系。马氏体相变就是典型的非扩散型相变。

(3) 半扩散型相变

半扩散型相变兼有扩散型相变和非扩散型相变的综合特征，介于二者之间；新相形成与长大既要靠某些原子的扩散迁移和成分的变化来实现，又要靠切变共格来完成。贝氏体相变和块体相变等属于此类相变。

3. 按相变方式分类

(1) 有核相变

有核相变有形核阶段，新相核心可均匀形成，也可择优形成。大多数固态相变是有核相变。

(2) 无核相变

无核相变无形核阶段，以成分起伏作为开端，通过扩散偏聚的方式来进行，新相和母相间无明显界面。调幅分解是无核相变。

9.1.2 固态相变的特征

固态相变与凝固时的液固相变一样，服从总的相变规律，即以新相和母相之间的自由能差作为相变的驱动力。大多数固态相变符合相变的一般规律，新相转变是通过形核和长大过程来实现的，而且驱动力也靠过冷度来获得，过冷度大小对形核、生长机制及长大速率都会产生重要影响。由于固态相变的新相、母相均是固体，因此又有一系列不同于凝固(结晶)的特征。

1. 界面特征

固态相变时，新相和母相间存在不同的相界面，相界面类型按其结构特点可分为三种：共格界面、半共格界面和非共格界面。

共格界面的相界面上的原子同时位于新相和母相两相晶格的结点上，如图 9.1(a)所示，界面两侧两相原子具有相同或相近的排列方式，两相在界面上的原子可以一对一地相互匹配。半共格界面的两相在相界面上的晶面间距相差较大，如图 9.1(b)所示，相界面上的原子排列不能达到完全相同，即做不到完全的一一对应，于是沿相界面每隔一定距离产生一个刃型位错，除刃型位错线上的原子外，其余原子都是共格的。非共格界面的两相在相界面上的原子排列或晶体结构差别很大，如图 9.1(c)所示，相界面上的原子完全不匹配。

2. 界面能和弹性应变能

与结晶相同，固态相变新相产生时，体积自由能降低，界面自由能升高，不同的是新相与母相发生的体积变化由于受母相的约束而引起弹性畸变，产生弹性应变能。

界面能和弹性应变能均是固态相变的阻力，因此，固态相变的相变阻力比较大，形核时需要的相变驱动力也比较大。

固态相变时界面能的大小与形成的相界面结构有关，通常非共格界面的界面能最大，

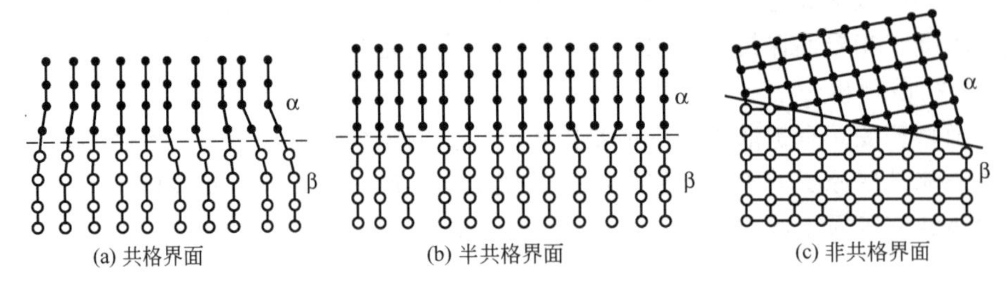

图 9.1　三种类型的相界面

半共格界面的界面能次之，共格界面的界面能最小。界面能越高形成新相所需的形成功就越大。当相变的过冷度很大时，相变驱动力大，生成新相所需的临界尺寸小，使单位体积的新相有较大份额的相界面，这种情况下界面能对形核起主要的阻碍作用，因而多形成可以产生界面能较低的共格或半共格界面，以降低新相的形成功使固态相变形核容易进行。相反，当相变的过冷度较小时，生成新相所需的临界尺寸较大，使单位体积新相界面所占份额减小，这种情况下界面能不再是形核的主要阻力，从而有利于非共格形核。

固态相变时两相界面上弹性应变能的大小，取决于两相界面上沿平行于界面的晶向上的原子间距差值的绝对值$|a_\alpha - a_\beta|$，绝对值越大，弹性应变能越大，通常用错配度δ来表述，即

$$\delta = \left| \frac{a_\alpha - a_\beta}{a_\alpha} \right| \tag{9-9}$$

当$\delta \leqslant 0.05$时，相界面为共格界面；当$0.05 < \delta < 0.25$时，相界面为半共格界面；当$\delta \geqslant 0.25$时，相界面为非共格界面。弹性应变能也是相变时需要克服的阻力，也同样影响相变过程。在过冷度较小的情况下，可以形成非共格界面，若此时两相比体积差较大，则新相形成薄片状以降低应变能；如果比体积差较小，应变能作用不大，则新相可以形成粒状以降低界面能。

3. 晶体学位向关系

固态相变时，为了降低新相与母相之间的界面能和弹性应变能，形核时两相可能保持一定的晶体学位向关系，使相变按阻力最小方式进行。

(1) 惯习面

相变时新相晶核往往沿母相特定晶面形成，这个晶面称为惯习面。例如，从亚共析钢的粗大奥氏体中析出铁素体时，除沿奥氏体晶界析出外，还沿奥氏体的$\{111\}$面析出，呈魏氏组织，此$\{111\}$面即为铁素体的惯习面。

(2) 位向关系

在固态相变时新相的某些低指数晶面与母相的某些低指数晶面平行，新相的某些低指数晶向与母相的某些低指数晶向呈平行的关系，称为位向关系。形核时，新相的取向被母相所制约，这样的晶面或晶向相互平行，所形成的界面能最低，形核阻力最小，形核就易于进行。例如，面心立方的奥氏体在极大过冷度条件下转变为体心立方的铁素体时，母相和新相之间形成$\{111\}_\gamma /\!/ \{110\}_\alpha$、$\langle 110\rangle_\gamma /\!/ \langle 111\rangle_\alpha$的位向关系。当然，如果界面结构为非共格界面，母相和新相之间则无确定的晶体学位向关系。

4. 晶体缺陷的影响

母相中存在的晶体缺陷如空位、位错、层错、晶界、相界等对固态相变起促进作用。由于晶体缺陷处存在晶格畸变能，在缺陷处形核形成功减小。此外，晶体缺陷对原子迁移和新相生长也具有促进作用。一般来说，母相的晶体缺陷越多、晶粒越细，新相形核部位越多，相变速度也越快。

5. 过渡相的形成

在某些情况下，若沿母相直接形成新相的稳定相与母相成分相差较远、转变温度较低等，则固态相变不能直接形成自由能最低的稳定相，而是经过一系列的中间阶段，先形成一系列自由能较低的过渡相(又称中间亚稳相)，然后在条件允许时再形成自由能最低的稳定相。相变过程可以写成：

母相→不稳定过渡相→较稳定过渡相→稳定相

这时，过渡相的生成有利于减小固态相变的阻力，固态相变温度越低，则过渡相的形成特征越明显，当有些反应不能进行到底时，过渡相可以长期保留。钢中的 Fe_3C 就是典型的过渡相。

6. 原子迁移的影响

在固态相变中，当新相和母相的化学成分不同时，相变必须通过原子的迁移扩散才能完成，此时固态扩散成为相变的控制因素。固态金属中原子的扩散系数，即使在熔点附近也仅为液态的十万分之一，所以固态相变的转变速率很慢，可以有很大的过冷度。随着相变温度降低，过冷度增大，相变驱动力增大，形核率增高，相变速度加快；但当过冷度增大到一定程度时，扩散成为相变的决定性因素，进一步增大过冷度，反而使得相变速度减小，甚至使原来的高温相变被抑制，产生无扩散相变。例如，共析钢从奥氏体平衡冷却获得珠光体组织属扩散型相变，但在快速冷却(如水冷)条件下发生无扩散相变则得到亚稳的马氏体组织。

9.2 固态相变的晶核形成过程

大多数固态相变同结晶一样需要经历形核和长大两个阶段。扩散型相变的形核与结晶类似，符合经典形核方式，属热激活形核；无扩散型相变中形核为非热激活形核(变温形核)；极个别情况下有无核相变。

9.2.1 均匀形核

在均匀固态母相中，也存在各种起伏。若母相中的组态、成分、密度起伏与新相近似，则在这些区域中就可能形成新相晶胚，当这些晶胚大到一定尺寸时，就可作为稳定晶核而长大。与金属结晶相比，固态相变的均匀形核增加了弹性应变能一项，使形核的阻力增大。

这时形成一个新相晶核所引起的系统自由能总变化可写成

$$\Delta G=-n\Delta G_V+\eta n^{2/3}\sigma+n\varepsilon \tag{9-10}$$

式中，n 为晶胚中的原子数；ΔG_V 为新相和母相单个原子的体积自由能差；η 为新相形状因子；$\eta n^{2/3}$ 为晶胚的表面积；σ 为比表面能；ε 为晶胚中单个原子的平均弹性应变能。

对式(9-10)求导，得

$$\Delta G'=-\Delta G_V+\frac{2}{3}\eta n^{-1/3}\sigma+\varepsilon$$

令 $\Delta G'=0$，可得到临界晶核原子数，即

$$n^*=\frac{8\eta^3\sigma^3}{27(\Delta G_V-\varepsilon)^3} \tag{9-11}$$

将式(9-11)代入式(9-10)可得到临界形核功，即

$$\Delta G^*=\frac{4\eta^3\sigma^3}{27(\Delta G_V-\varepsilon)^2} \tag{9-12}$$

可见，固态相变均匀形核的临界晶核原子数和临界形核功均受弹性应变能的影响，随 ε 的增大，n^* 和 ΔG^* 增大，固态相变形核更加困难。所以，固态相变形核时往往通过晶核形状的改变或错配度变化等来降低形核阻力。

为与液体金属结晶的均匀形核比较，把晶胚表面积写成 $\eta n^{2/3}=A$，这样达到临界晶核时表面能项 $\eta n^{*2/3}\sigma=\dfrac{4\eta^3\sigma^3}{9(\Delta G_V-\varepsilon)^2}=A^*\sigma$，代入式(9-12)，则

$$\Delta G^*=\frac{1}{3}A^*\sigma \tag{9-13}$$

可见，固态相变的临界形核功同液态金属结晶的临界形核功类似，也是临界形核表面能的1/3，也就是说固态相变形成临界晶核时还有相当于1/3的表面能需要系统另外来补偿。

体积自由能差 ΔG_V 是相变的驱动力，固态下新相与母相自由能的变化取决于相变温度的变化以及相成分的变化。过冷度和成分起伏越大，ΔG_V 越大，形核也越容易。

9.2.2 非均匀形核

在实际金属与合金的晶体结构中，存在大量的晶体缺陷，如晶界、位错、空位等，在缺陷处形核可使形成功减小。如果固态相变新相优先在母相晶体缺陷处形核称为非均匀形核。非均匀形核时系统总自由能变化为

$$\Delta G=-n\Delta G_V+\eta n^{2/3}\sigma+n\varepsilon-m\Delta G_D \tag{9-14}$$

式中，m 为晶体缺陷提供给晶核形成的原子数；ΔG_D 为晶体缺陷内每一个原子的自由焓变化值。

与式(9-10)比较，式(9-14)增加了一项 $-m\Delta G_D$，其大小与晶体缺陷形式有关，数值越大，形核阻力越小，越有利于新相晶核的形成。

1. 晶界形核

由于现成界面的存在可以减少形核界面能，对形核起促进作用，新相和母相的界面只

需部分重建且界面上原子扩散速率比晶内快，因此新相晶核往往优先在晶界处形成。当然，新相在晶界形核时，晶核的形状应满足表面积与体积比最小。

晶界形核不但受晶界能的影响，而且与晶界的几何形状有关，图 9.2 所示为晶界形核的三种情况。

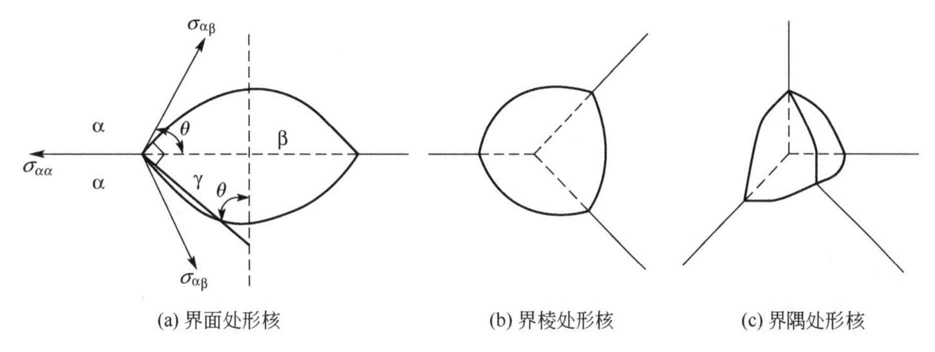

图 9.2　晶界形核的三种情况

以界面处形核［图 9.2(a)］为例，假设母相 α 和新相 β 形成曲率半径为 r 的双凸透镜状非共格界面。当新相稳定存在时，界面能达到平衡，即

$$\sigma_{\alpha\alpha}=2\sigma_{\alpha\beta}\cos\theta \tag{9-15}$$

式中，$\sigma_{\alpha\alpha}$为母相是大角度晶界的界面能；$\sigma_{\alpha\beta}$为形成的新相与母相的界面能；θ 为接触角。

新相的表面积为 $A_\beta=4\pi r^2(1-\cos\theta)$，新相的体积为 $V_\beta=2\pi r^3\left(\dfrac{2-3\cos\theta+\cos^3\theta}{3}\right)$，形成新相时减小的表面积为 $A_\alpha=\pi(r\sin\theta)^2=\pi r^2(1-\cos^2\theta)$；由于非共格界面弹性应变能很小，为计算方便予以忽略；设新相体积为 V_β，新相中单个原子平均体积为 V_N，并设新相晶核原子数为 $n=V_\beta/V_N$，则形成新相晶核的自由能总变化为

$$\Delta G=-n\Delta G_V+\eta n^{2/3}\sigma=-\frac{\Delta G_V}{V_N}V_\beta-(A_\alpha\sigma_{\alpha\alpha}-A_\beta\sigma_{\alpha\beta}) \tag{9-16}$$

整理得

$$\Delta G=\left(2\pi r^2\sigma_{\alpha\beta}-\frac{2}{3}\pi r^3\frac{\Delta G_V}{V_N}\right)(2-3\cos\theta+\cos^3\theta) \tag{9-17}$$

对式(9－17)求导，令$\dfrac{\mathrm{d}\Delta G}{\mathrm{d}r}=0$，求得界面形核的临界形核半径和临界形核功

$$r^*=\frac{2\sigma_{\alpha\beta}V_N}{\Delta G_V} \tag{9-18}$$

$$\Delta G^*=\frac{8\pi\sigma_{\alpha\beta}^3V_N^2}{3\Delta G_V^2}(2-3\cos\theta+\cos^3\theta) \tag{9-19}$$

由式(9－19)可知，界面形核的形核功与接触角 θ 大小有关，θ 越小，界面处越容易形核。当 $\theta=0$ 时，界面形核变成无阻力过程，这是一种极端情况。

可以证明晶界形核的形核功按界面、界棱、界隅递减，但在通常情况下固态相变以界面处所提供的形核部位最多，所以固态相变往往以界面形核为主。

2. 位错形核

固态下，金属晶体中存在大量位错缺陷，固态相变新相晶核也可能沿畸变能较高的位

错线形核，使形核功减小。位错对新相形核的促进作用表现如下。

① 新相沿位错线形核，在新相形成处，位错线消失，位错释放的弹性应变能使形核功降低而促进形核。

② 新相形核时位错线不消失，位错依附在新相界面上，成为半共格界面中的位错部分，补偿了失配，因而降低了能量，使生成晶核时所消耗的能量减少而促进形核。

③ 当形成的新相与母相成分不同时，由于溶质原子在位错线上偏聚(形成 Cottrell 气团)，便于满足新相形成时所需的成分条件，使新相晶核易于形成而对形核起促进作用。

④ 位错线可作为相变时原子迁移扩散的短路通道，降低扩散激活能，从而加速形核过程。

⑤ 若位错分解形成由两个分位错与其间的层错组成的扩展位错，其层错部分可能有利于新相形成的结构条件而促进形核。

3. 空位形核

固态相变时，空位缺陷对新相形核具有促进作用，特别在大量过饱和空位存在时作用更为明显。

① 空位对原子的迁移扩散具有加速作用，降低了扩散激活能，并能释放自身畸变能来提供形核驱动力而促进形核。

② 空位群可以凝聚形成位错来促进形核。

③ 对于过饱和固溶体的脱溶分解，由于在固溶处理时溶质原子被过饱和地保留在固溶体的同时，大量的过饱和空位也被保留下来，它们能促进溶质原子扩散，同时又能作为沉淀相的形核位置而促进非均匀形核，并促使析出的沉淀相弥散分布在整个基体中。

9.2.3 形核率

固态相变的形核率与液态结晶类似，新相晶核数量随温度改变、时间延长而增多。单位时间、单位体积中形成新相晶核的数目越多，形核率越大。

对于热激活形核，形核率可表达为

$$I \propto n\nu \exp\left(\frac{-\Delta G}{kT}\right)\exp\left(\frac{-Q}{kT}\right) \tag{9-20}$$

式中，I 为形核率；n 为单位体积原子数；ν 为原子振动频率；ΔG 为新相与母相自由能差；Q 为原子扩散激活能；k 为玻耳兹曼常数；T 为热力学温度。

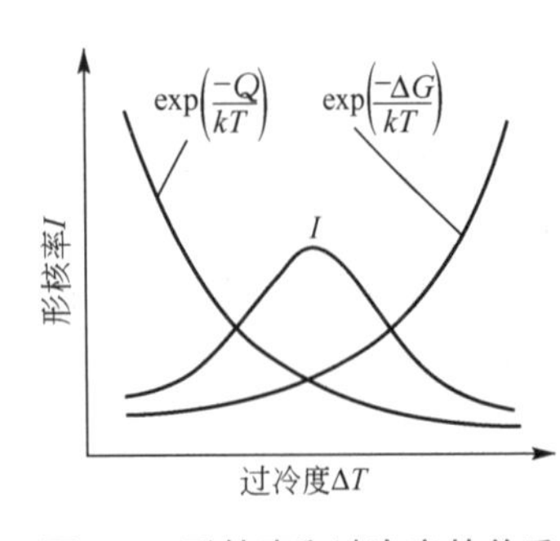

图 9.3 形核率和过冷度的关系

式(9-20)所表明的物理意义是：固态相变热激活形核的形核率受两个因素制约，一是体积自由能差即相变驱动力，二是原子扩散激活能。随过冷度增大，ΔG 增大有利于形核，但原子迁移能力即扩散系数下降而降低形核率。形核率和过冷度的关系如图 9.3 所示，可见，随过冷度增大，形核率先增大，当达到极值后，反而下降。如钢的过冷奥氏体等温冷却转变曲线中的“C”曲线形态。

对于非热激活形核，形核率与时间无关，主要取决于过冷度。在一定的过冷度下，形成一定数目的晶核，不随时间的延长而增加，如钢的马氏体转变。

9.3 固态相变的晶核长大

在固态相变中，新相晶核的长大是一个相界面推移的过程，长大的驱动力是新相与母相之间的自由能差。晶核长大速度与界面结构和界面推移方式等有关。

9.3.1 扩散型相变的晶核长大

对于扩散型相变，新相长大时界面的推移依靠原子的迁移扩散来实现，晶核长大与过冷度、原子扩散系数等有关。

1. 新相与母相成分相同的晶核长大

当新相的形成没有成分变化时，新相晶核长大由原子的短程扩散来控制，母相的原子通过跨越新相与母相相界扩散到新相中。

设原子的振动频率为 ν_0，原子从母相 α 跨过相界扩散到新相 β 的激活概率为 $\nu_{\alpha\to\beta}$，从 β 相跨过相界扩散到 α 相的激活概率为 $\nu_{\beta\to\alpha}$，根据统计物理学有

$$\begin{cases}\nu_{\alpha\to\beta}=\nu_0\exp\left(\dfrac{-Q}{kT}\right)\\[2ex]\nu_{\beta\to\alpha}=\nu_0\exp\left(\dfrac{-(Q+\Delta G)}{kT}\right)\end{cases}\tag{9-21}$$

新相长大原子由 α 相到 β 相的净迁移率 ν 为

$$\nu=\nu_{\alpha\to\beta}-\nu_{\beta\to\alpha}=\nu_0\exp\left(\frac{-Q}{kT}\right)\left[1-\exp\left(\frac{-\Delta G}{kT}\right)\right]\tag{9-22}$$

如果 α 相中最近邻相界原子全部迁移进入 β 相，界面向 α 相推移的距离为 λ，β 相的长大速率 u 为

$$u=\lambda\nu=\lambda\nu_0\exp\left(\frac{-Q}{kT}\right)\left[1-\exp\left(\frac{-\Delta G}{kT}\right)\right]\tag{9-23}$$

可见，这种情况下晶核长大速率随过冷度的增大而增加，到达某一极值后，又随过冷度的增大而降低，如图 9.4 所示。

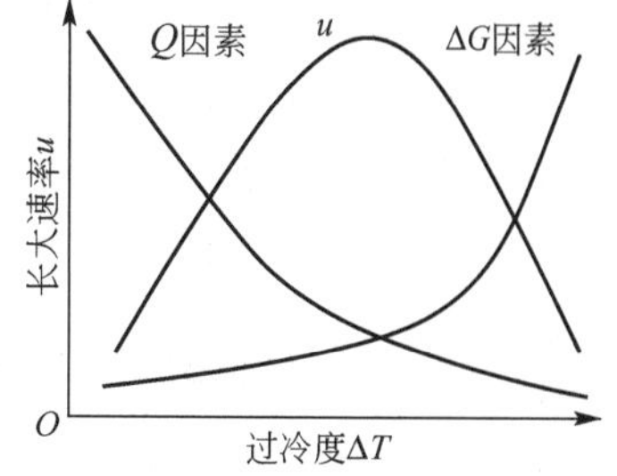

图 9.4 长大速率与过冷度关系

2. 新相与母相成分不相同的晶核长大

当新相的形成有成分变化时，新相与母相之间存在的成分变化使母相内具有浓度差。新相的长大过程需要原子的远程扩散来实现，即原子由远离相界的地区扩散到相界处，或由相界处扩散到远离相界的地区。这时，相界的移动速度主要由溶质原子的扩散速度来控制，新相的长大速率取决于原子的扩散速度。

以二元合金脱溶转变为例，如图 9.5 所示，设母相 α 的成分为 C，在温度 T 析出新相

β。根据相图［图 9.5(a)］，在相界处 β 相的浓度为 C_β，α 相的浓度为 C_α，而远离相界处的浓度仍为 C，这时在母相内形成的浓度差为 $C-C_\alpha$［图 9.5(b)］，此浓度梯度引起 α 相内溶质原子的扩散迁移。如果扩散使相界处的 C_α 升高，则相界处的浓度平衡被打破，发生了溶质原子跃过相界由 α 相迁入 β 相的相间扩散，使 β 相长大。

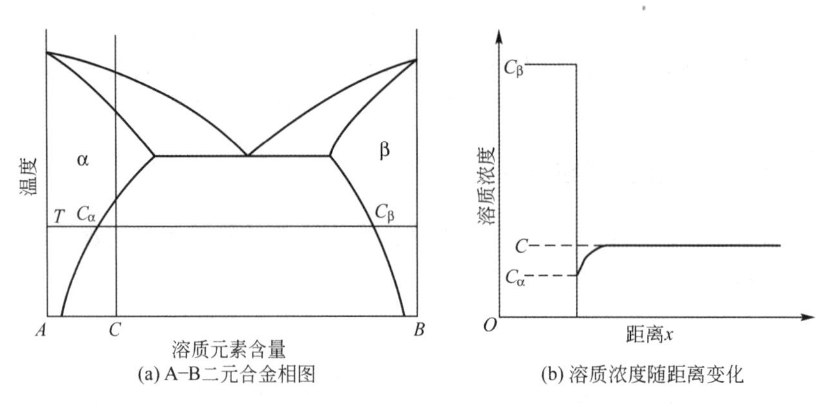

(a) A-B二元合金相图　　(b) 溶质浓度随距离变化

图 9.5　二元合金脱溶转变长大过程中的溶质浓度分布示意

根据扩散第一定律，在微小时间 dt 内，母相内通过单位面积扩散的溶质原子的扩散通量为 $D\dfrac{\partial C}{\partial x}\mathrm{d}t$，若相界同时推移了 d$x$ 距离(新相增大了 $1\times \mathrm{d}x$ 体积)，β 相中溶质原子的增量为 $(C_\beta-C_\alpha)\mathrm{d}x$，假设溶质原子来自远离相界的母相，则

$$D\frac{\partial C}{\partial x}\mathrm{d}t=(C_\beta-C_\alpha)\mathrm{d}x \tag{9-24}$$

因而，β 相即新相的长大速率为

$$u=\frac{\mathrm{d}x}{\mathrm{d}t}=\frac{D}{(C_\beta-C_\alpha)}\cdot\frac{\partial C}{\partial x} \tag{9-25}$$

可见，扩散控制的新相晶核长大速率，与溶质原子的扩散系数 D 和相界附近母相内的浓度梯度成正比，与相界两侧新相和母相之间的浓度差成反比。

9.3.2　非扩散型相变的晶核长大

对于非扩散型相变，是在过冷度很大、原子难以迁移扩散的情况下发生的。这时，新相的长大依靠具有特殊位错结构的半共格界面的移动，是大量原子协同作用的结果。长大时界面推移靠位错的运动来进行，不需要原子扩散，长大的激活能几乎为零。在母相点阵中呈相邻关系的原子，转变成新相后仍然保持相邻关系。因此，非扩散型相变晶核长大时的长大速率极快，如钢中的马氏体相变就具有很高的形成速度。

9.3.3　固态相变的动力学曲线

相变动力学是从动力学角度研究相变速率。固态相变的转变量取决于形核率、长大速率和转变时间。由于形核率和长大速率都是温度的函数，因此固态相变的相变速率必然与温度有关。目前，还没有一个能精确反映各类相变速率与温度之间关系的数学表达式。

对于扩散型固态相变，在给定温度下的等温冷却转变，其均匀形核时相变动力学可用

Johnson-Mehl 方程来描述

$$f(t)=1-\exp\left(-\frac{\pi}{3}I\cdot u^{3}\cdot t^{4}\right) \tag{9-26}$$

式中，$f(t)$是转变量；I 是形核率；u 是长大速率；t 是时间。

图 9.6 是根据 Johnson-Mehl 方程绘制的共析钢等温转变动力学曲线。可见，扩散型相变的等温冷却转变曲线呈现“C”字形。当转变温度较高时，过冷度小，形核孕育期长，转变速度慢，完成转变所需时间长；随温度下降，过冷度增大，孕育期缩短，转变速度加快，当达到某一温度时，形核驱动力和扩散因素的共同作用达一极值，孕育期最短，转变速度最快；之后，温度再降低，过冷度进一步增大，对原子扩散的制约成为主要相变阻力，孕育期逐渐加长，转变速度变慢，完成转变所需时间逐渐变长；当温度降到很低时，扩散型转变被抑制。

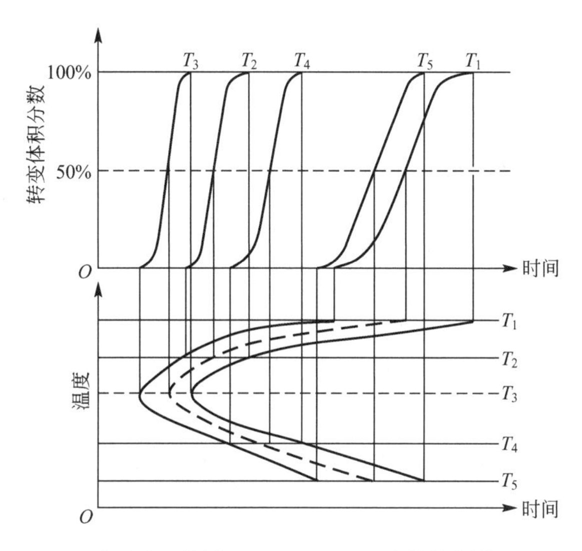

图 9.6 根据 Johnson－Mehl 方程绘制的共析钢等温转变动力学曲线

9.4 过饱和固溶体的分解转变

对于具有溶解度转变的合金进行固溶处理，即加热到溶解度线以上，得到单相固溶体，经快速冷却后获得亚稳态的过饱和单相固溶体，在随后放置或受热条件下，将发生新相析出的分解转变，称为过饱和固溶体的分解转变。这种转变伴有成分变化，所以是一种扩散型转变，包括调幅分解和脱溶转变。

9.4.1 调幅分解

调幅分解是指过饱和固溶体在一定温度下分解成结构相同、成分不同的两个相的过程。这种转变将使系统自由能下降。

具有调幅分解的二元合金相图如图 9.7(a)所示，对于 A－B 二元合金相图，如果在固态下成分为 x_0 的合金经 T_1 温度固溶处理后快冷至 T_2 温度时，过饱和的亚稳相 α 将分解成成分为 x_1 的 α_1 和成分为 x_2 的 α_2 两相。T_2 温度下固溶体的自由能-成分曲线如图 9.7(b)所示。相图中的固溶度曲线(实线)是自由能曲线上分切点的轨迹，而虚线则为自由能曲线上拐点的轨迹。虚线上的每个点都满足 $d^2G/dx^2=0$，而虚线内侧的 $d^2G/dx^2<0$。成分在虚线以内的合金分解前的自由能高于分解后的自由能，因为分解无能垒，所以无须形核，发生调幅分解而自发分解成 α_1 和 α_2 两相。在调幅分解过程中，新相与母相成分连续变化，母相中溶质原子的扩散属于上坡扩散。而成分在实线与虚线之间的合金，则要靠形核方式分解，其形核要满足一定的成分条件，并且有形核功，即只能发生一般的脱溶转变。

图 9.8 所示为 Al－Zn－Mg 合金的调幅组织。调幅组织的富溶质区与贫溶质区呈周期性交替分布，具有周期性的图案。调幅组织对合金的强度和磁性有一定的影响。如永磁合金就是通过调幅分解而获得优良的硬磁效应的。

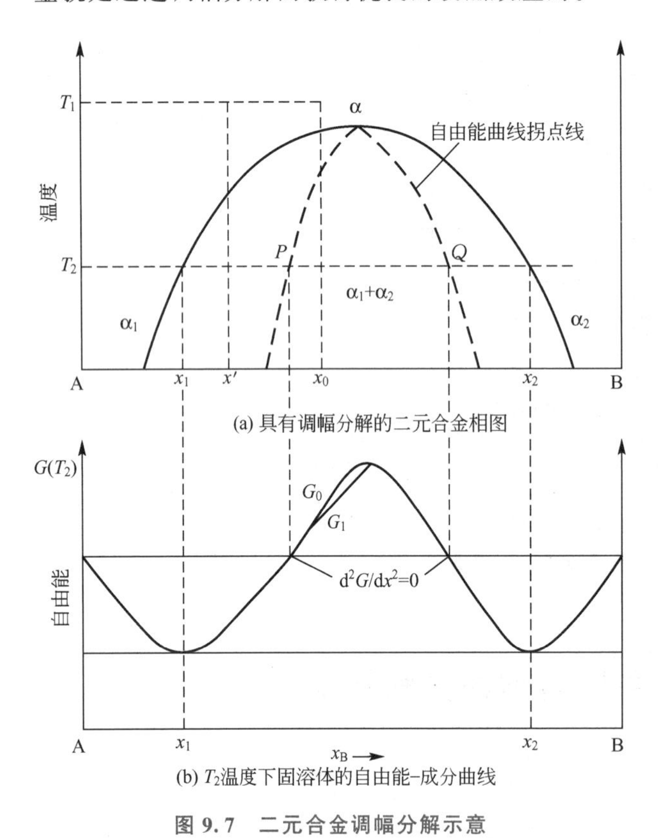

图 9.7　二元合金调幅分解示意

图 9.8　Al－Zn－Mg 合金的调幅组织

9.4.2　脱溶转变

从过饱和固溶体中析出一个成分不同的新相或形成溶质原子富集的亚稳过渡相的过程称为脱溶转变。脱溶转变使基体由过饱和状态向接近平衡状态转变，根据脱溶转变过程中母相成分的变化情况可将其分为连续脱溶与不连续脱溶两类。

1. 连续脱溶

如果脱溶是在母相中各处同时发生，且随新相的形成，母相成分也连续变化，但其晶粒外形及位向均不改变，则称为连续脱溶。连续脱溶时，随新相的形成，母相成分由相界面向内逐步上升，连续平缓地由饱和状态变化到过饱和状态。在连续脱溶过程中，新相的长大依靠溶质原子的远距离扩散来实现。

早在1920年，梅里卡（Merica）就认为固溶处理合金在时效过程中发生强化的原因是形成了尺寸小于光学显微镜所能分辨的亚显微尺寸的脱溶物，这一观点随着电子显微镜的发展与应用在1950年得以证实，并揭示了时效强化机制。所以，连续脱溶转变又称时效强化。在连续脱溶转变时，新相往往先形成一系列过渡相，即形成脱溶序列，在一定条件下逐渐转变为自由能最低的稳定相。

以Al-Cu二元合金为例(图9.9)，在靠近Al组元一端，如$w_{Cu}=3.5\%$合金，平衡结晶时获得$\alpha+\theta(CuAl_2)$相。若将其加热到550℃保温获得单一α相后，水冷(固溶处理)得到铜在α相中的过饱和固溶体α'相。在放置或重新受热过程(时效处理)中，发生脱溶转变，脱溶相按下列序列逐步出现：GP区→θ''→θ'→θ。

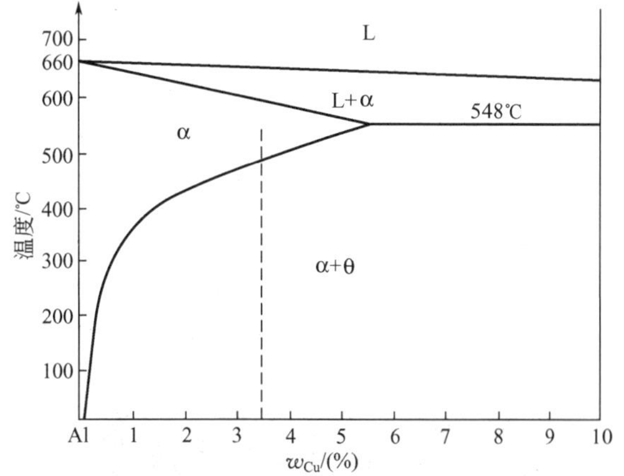

图9.9 Al-Cu二元合金相图一角

(1) 连续脱溶的结构变化

① GP区。GP区是1938年首先是由古尼尔（A. Gunier）和普雷斯顿（D. Preston）提出的，是溶质原子的偏聚区。在室温或较低温度下时效初期溶质原子向母相某些区域富集，又称溶质原子富集区或预脱溶偏聚区。GP区铜的成分约为90%，结构与母相相同，与母相保持共格关系，无明显界面。图9.10所示是GP区的晶体模型，由于GP区与母相的共格作用，母相在垂直于GP区的方向上，产生晶格畸变($d_1\approx0.9d_0$，d_1、d_2，$\cdots<d_0$)，并具有共格应变能。因为母相沿〈100〉方向上的弹性模量最小，所以铜原子在母相一定晶面{100}上偏聚形成GP区。电子显微镜观察表明，GP区的形状为圆盘薄片，直径在10nm左右，厚度只有一个原子间距大小，约为0.4nm。GP区在母相中分布均匀，密度很大，约为10^{18}个/cm^3。图9.11所示为Al-Cu合金GP区电子显微镜下的形貌图（720000×）。

② θ''相。随着时间延续或温度升高，GP区将转变为θ''相。这种亚稳态的过渡相具有正方点阵，晶格常数$a=b=0.404$nm，$c=0.768$nm，和GP区相对应沿母相{100}面析出，形状为圆盘状，厚度为2～10nm，直径为30～100nm。θ''相与母相保持共格关系，晶体学位向关系为$\{100\}_{\theta''}//\{100\}_{\alpha'}$。由于$\theta''$相与母相具有共格界面，会产生很大的点阵畸变和应变能，故其脱溶析出使合金得到显著强化。图9.12所示为Al-Cu合金θ''相在电子显微镜下的形貌（63000×）。

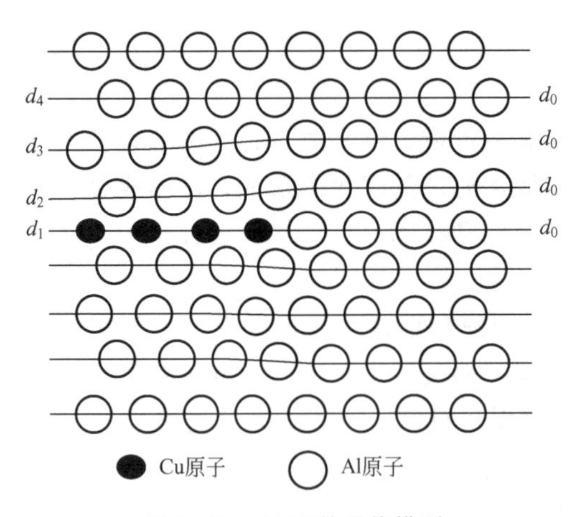

图 9.10　GP 区的晶体模型

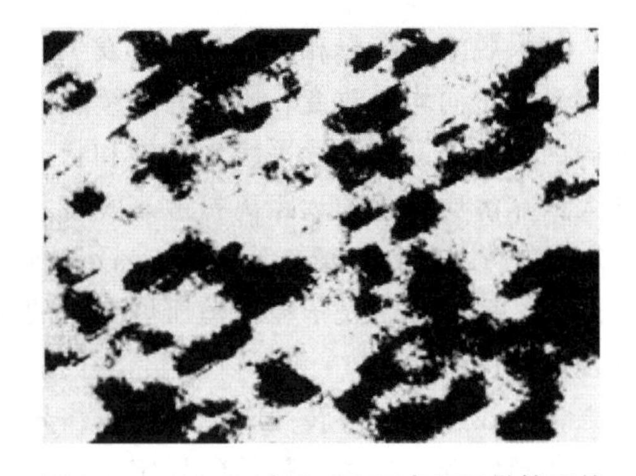

图9.11　Al－Cu 合金 GP 区电子显微镜下的形貌图（720000×）

③ θ'相。随时效过程进一步进行，θ''相逐渐转变析出 θ'相。θ'相是 θ''相在逐步长大过程中与周围母相失去共格关系而析出的过渡相，也具有正方点阵，晶格常数 $a=b=0.404$nm，$c=0.580$nm，其成分接近 $CuAl_2$，与母相保持半共格关系，并与 θ''相和母相晶体学位向关系相同。随 θ'相数量增多，θ''相消失，合金的强度明显下降，产生过时效。图 9.13 所示为 Al－Cu 合金 θ'相在电子显微镜下的形貌（18000×）。

图9.12　Al－Cu 合金 θ''相在电子显微镜下的形貌（63000×）

图9.13　Al－Cu 合金 θ'相在电子显微镜下的形貌（18000×）

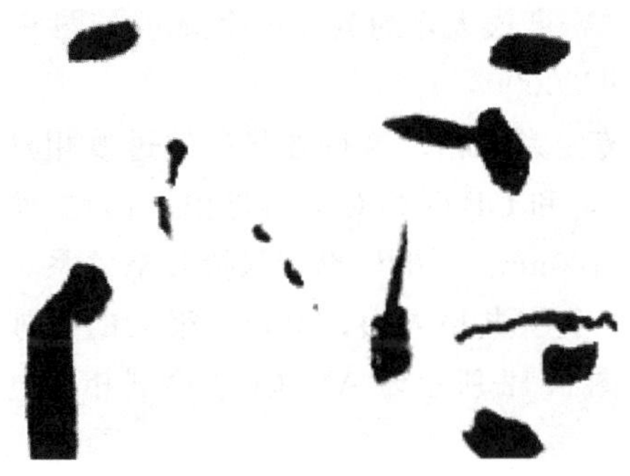

图 9.14　Al－Cu 合金 θ 相在电子显微镜下的形貌（8000×）

④ θ 相。随着脱溶过程进一步进行，过饱和固溶体析出 θ 相。θ($CuAl_2$)相是平衡相，为正方点阵，晶格常数 $a=b=0.607$nm，$c=0.487$nm。θ 相与母相晶格差别较大，不能与母相保持共格关系，而形成非共格界面。在光学显微镜下可看到稀疏分布的粗大脱溶物。图 9.14 所示为Al－Cu合金 θ 相在电子显微镜下的形貌（8000×）。

可见，脱溶时形成一定尺寸并具有独立结构的过渡相与基体保持完全共格情况下，其强化效果最佳。偏聚区和失去部分共格关系的脱溶物，虽然也有强化作用，但是不及完全共格 θ'' 相的强化作用那样显著。析出相的形态取决于析出相的结构和点阵常数与母相的接近程度，若两相能保持共格关系，则析出相呈圆盘形；若不存在共格关系，则析出相呈等轴状。

不同合金系中，因为溶质原子与母相原子存在的原子直径差不同，以及析出相和母相结构差异的大小不同，又必须满足相变能量平衡的需要，所以选择一定的过渡相形状有利于脱溶相的生长。表 9-1 列出了几种铝合金系中脱溶物的形状和原子直径相差率。

表 9-1　几种铝合金系中脱溶物的形状和原子直径相差率

合金系	GP 区形状	过渡相及形状	原子直径相差率/(%)
Al-Cu	圆盘状	θ''、θ'/盘状	−11.8
Al-Ag	球状	γ'/片状	+0.7
Al-Zn-Mg	球状	η'/片状	+2.6
Al-Mg-Si	针杆状	β'/—	+2.5
Al-Cu-Mg	杆状或球状	ε'/—	−6.5

(2) 脱溶相的粗化

随着时效时间延长或温度提高，包括 GP 区、亚稳相和平衡相等脱溶产物在各自析出阶段不断形核和长大，使脱溶相的数量不断增加。到脱溶后期，脱溶相已成为弥散分布的平衡相，即使 θ 相数量达到杠杆定律所确定的质量分数，θ 相长大也不会停止。在保持 θ 相总量不变的情况下，随时效进一步进行，大质点不断长大，而小质点不断溶解消失，这就是脱溶相的粗化过程。

在脱溶相粗化过程中，系统内的相界面不断减小，系统自由能不断降低，所以脱溶相粗化的驱动力是不同质点之间的自由能差。在一定温度条件下，小粒子在母相中的溶解度较大，故在大、小粒子之间的母相基体中存在浓度梯度，这个浓度梯度驱使原子向大粒子方向扩散，扩散的结果使大、小粒子周围因溶质浓度改变而失去平衡。为了达到新的平衡，小粒子将不断溶解，大粒子将逐渐长大。因此，脱溶相的粗化过程也是靠原子扩散来完成的。图 9.15 所示为脱溶相的粗化过程示意。

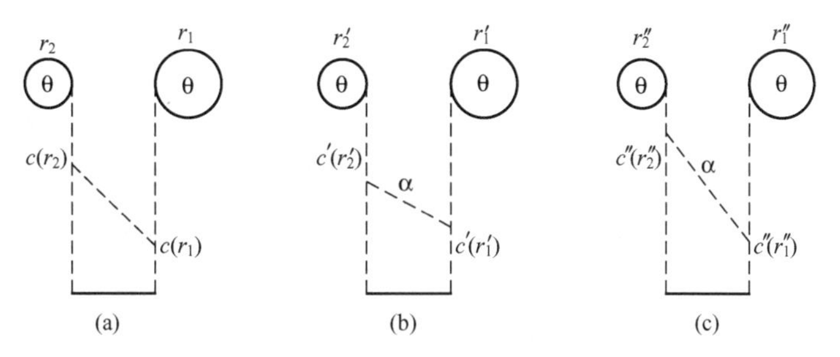

图 9.15　脱溶相的粗化过程示意

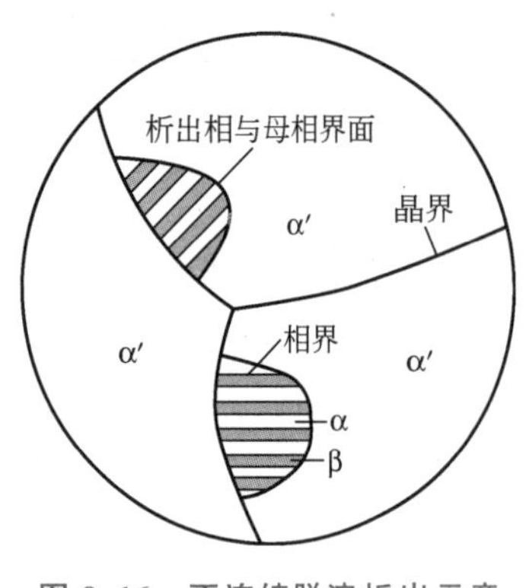

图 9.16 不连续脱溶析出示意

2. 不连续脱溶

过饱和固溶体的不连续脱溶是合金经固溶处理后，在一定温度下时效时，从过饱和固溶体中同时析出平衡相和沉淀相，两相层片分布成胞状形态，所以，又称两相式脱溶或胞状式脱溶。不连续脱溶析出示意如图 9.16 所示。

图 9.17 所示为不连续脱溶转变成分变化示意。如果过饱和固溶体在温度 T_1 下产生不连续脱溶，设合金成分为 x_0，析出平衡相 α 和 β 的成分分别为 x_1 和 x_2，实际脱溶反应析出胞状脱溶物的 α 相成分为 x_1'，那么不连续脱溶反应可写成

$$\alpha'(x_0) \rightarrow \alpha(x_1') + \beta(x_2)$$

即胞状脱溶物的 α 相与过饱和母相 α′相结构相同，但成分不同，溶质含量 x_1' 明显低于 x_0 而略高于该温度下的平衡成分 x_1。也就是说，脱溶反应时 α 相与 α′相溶质含量产生突变，导致 α 相与 α′相相界面晶格常数的突变，如图 9.17(b)所示。

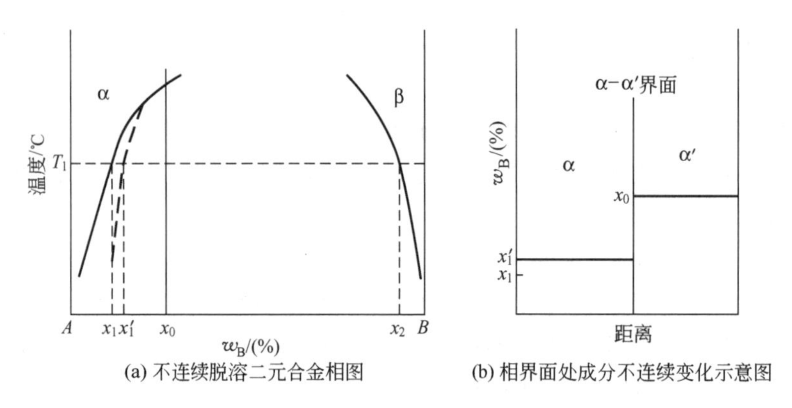

(a) 不连续脱溶二元合金相图　　(b) 相界面处成分不连续变化示意图

图 9.17 不连续脱溶转变成分变化示意

胞状脱溶物一般沿过饱和母相 α′相晶界形核，与相邻晶粒之中的一个形成不易移动的共格界面，另一个则形成可移动的非共格界面，因此，胞状脱溶物仅向一侧长大(图 9.16)。

不连续脱溶物的生长主要由晶界扩散控制，当晶界的不均匀形核概率越大和晶界扩散系数越大及脱溶所需驱动力较大时，则有利于不连续脱溶的发生。不连续脱溶可在许多合金如 Cu-Mg、Cu-Ti、Cu-Be、Cu-Sn、Fe-Mo、Fe-Zn 等中出现。由于其对有益合金强化的连续脱溶转变具有妨碍作用，因此一般情况下要避免不连续脱溶转变的产生。但有时也通过控制不连续脱溶反应，以获得比共晶组织更细的层片状组织，来提高某些材料(像复合材料)的力学性能和电磁性能等。

9.5 马氏体型相变与形状记忆合金

马氏体型相变是典型的非扩散型相变，是固态相变的基本形式之一。马氏体型相变在很大的过冷情况下发生，转变速率极高，原子间的相邻关系保持不变，故称为切变型无扩散相变。也就是说马氏体型相变区别于其他相变的基本特征是相变以共格切变的方式进行和相变的无扩散性。

钢中的马氏体是指碳在 α - Fe 中的过饱和间隙固溶体，是钢在淬火时得到的一种高硬度产物的名称。在对马氏体的研究中人们发现，马氏体组织不仅出现在钢中，在一些纯金属(如 Zr、Li、Co)、有色金属(如 Ni - Ti、Cu - Zn - Al、Cu - Al - Ni)、超导体、聚合物、陶瓷和生物材料等中也有马氏体产物存在。所以，现在关于马氏体型相变的含义已经很广泛，把所有材料中具有切变型无扩散相变特征的相变过程通称为马氏体型相变。

在一些合金中，母相(A)冷却时转变为马氏体(M)，重新加热时，已形成的马氏体又可以直接转变为母相，这就是马氏体型相变的可逆性。一般将马氏体直接向母相的转变称为逆转变或反相变。通常用 M_s 和 M_f 分别表示母相向马氏体转变的开始和终了温度，用 A_s 和 A_f 分别表示马氏体向母相逆转变的开始和终了温度。

9.5.1 马氏体的可逆转变

马氏体的可逆转变，按其特点不同，可分为热弹性马氏体的可逆转变和非热弹性马氏体的可逆转变两类。热弹性马氏体的可逆转变是近代发展形状记忆材料的基础。而非热弹性马氏体的可逆转变则导致材料的相变冷硬化，成为材料强化的途径之一。

具有马氏体可逆转变的不同合金，马氏体型相变所需要的过冷度差异很大。相变时需要的过冷度越大，相变所需要的驱动力越大，可逆转变开始温度(A_s)较马氏体型转变开始温度(M_s)就越高，反之，亦然。二者的相变行为也有很大差异，前者为非热弹性马氏体的可逆转变，后者为热弹性马氏体的可逆转变。

以 Fe - Ni 合金为例，其 A_s 较 M_s 高约 420℃，是典型非热弹性马氏体的可逆转变。合金在大于临界过冷度条件下连续冷却时，新的马氏体片不断形成，每片马氏体都是突然出现，并迅速长大到极限尺寸。马氏体量是由形核率及每一片马氏体长大后的大小来决定的，而和长大速度无关。因为 Fe - Ni 合金马氏体相变的驱动力很大，马氏体片长大速度极快，而马氏体在成核长大过程中界面必须保持共格，所以，当成长着的马氏体片周围的奥氏体产生塑性变形并导致共格破坏时，马氏体片的长大便会停止。这时，若继续降低温度，虽然相变驱动力增大，但由于马氏体的共格关系被破坏，因此原马氏体片不能再长大，只有在母相其他位置上产生新的符合相变热力学条件的马氏体晶核，并迅速长成新的马氏体片。非热弹性马氏体的可逆转变的转变开始温度较马氏体型转变开始温度高得多(过冷度或热滞很大)，可逆转变时马氏体片不是由于突然收缩而消失，而常常是变成更小的片状碎块，显然，这是一个需要通过形核和核长大的过程。在 Fe - Ni 合金的可逆转变中，一个马氏体晶粒中会形成几种位向的母相。如果进一步加热到高温，使之完全逆转变后，则原来的单晶变成了多晶体。

而在 Au－Cd 合金中，其 A_s 较 M_s 高约 16℃，是典型热弹性马氏体的可逆转变。虽然合金在大于临界过冷度条件下连续冷却时，马氏体突然形成并迅速长大到一定尺寸，但这却不是马氏体片的最后尺寸。随温度的继续降低，马氏体片的厚度和长度都在不断增加，并常常表现为跳跃式的进展。这种马氏体型转变在很小过冷度条件下发生，相变所需的驱动力很小。当相变驱动力不足以克服一片马氏体充分成长时所需的弹性应变能及其他能量消耗时，马氏体片在未长到其极限尺寸之前就会停止长大。这时，由于其共格界面未被破坏，新相和母相即达到了一种热弹性平衡状态，而使相变自然停止。随温度的继续下降，相变驱动力增加，马氏体片又进一步长大，并与母相始终保持共格关系。同时，也有可能出现新的马氏体晶核并长大。而当温度升高使相变驱动力减小时，马氏体片又会缩小。因此称这种马氏体为热弹性马氏体，其马氏体片随温度的降低而长大，随温度的升高而缩小。热弹性马氏体的可逆转变的转变开始温度与马氏体型转变开始温度相差很小，一般小于 30℃，相变全过程中母相和新相始终保持共格关系，相变具有完全可逆性，即可逆转变可以恢复到母相原来的点阵结构和原来的位向，或者说在晶体学上完全恢复到母相原来的状态。

9.5.2 马氏体的形状记忆效应

所谓形状记忆效应实质上是指将完全或部分马氏体相变的试样加热到 A_f 以上时，其可以恢复到原来母相状态所给予的形状。其原因是变形所引起的组织上的变化，因可逆转变而完全消除，换句话说，只有逆转变使变形完全消除时才能看到该合金的形状记忆效应。形状记忆效应源于某些热弹性马氏体型相变。在具有热弹性马氏体可逆转变的合金中，如果马氏体内部的变形方式为孪生变形，马氏体和母相间的变形体现为马氏体本身的长大和收缩，即两者均以界面移动的方式发生变形，这种界面的前后移动容易导致原来位向的完全恢复，而产生形状记忆效应。如果变形是由于位错运动引起的，则为了恢复原形，首先必须使位错完全可逆地恢复到变形前的状态，其次是位错应完全消失。但由于滑移一般为不可逆过程，因此如果因位错引起变形，则很难可逆地恢复到变形前的状态。

① 单程记忆效应：合金只在加热过程中存在形状记忆现象。将完全或部分马氏体相变的合金材料，在马氏体状态下进行塑性变形，改变其形状，然后加热到 A_f 以上时，马氏体发生的逆转变会完全消失，材料完全恢复到原来母相状态下所给予的形状，表明材料对母相形状有记忆功能，如图 9.18(a)所示。

② 双程记忆效应：合金加热时恢复高温相形状，冷却时又能恢复低温相形状的现象。将上述合金材料如果再次冷却至 M_f 以下，材料又能自动恢复到原来经塑性变形后马氏体的形状，表明材料对马氏体的形状也具有记忆功能，如图 9.18(b)所示。

③ 全程记忆效应：加热时恢复高温相形状，冷却时变为形状相同而取向相反的低温相形状的现象。如果在冷热循环过程中，材料形状回到马氏体状态下塑性变形形状完全相反的形状，表明材料对母相形状有记忆功能，对马氏体形状有反向记忆功能，如图 9.18(c)所示。

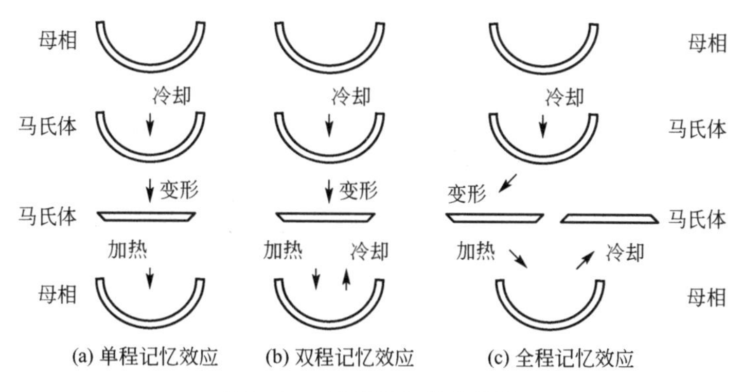

图 9.18 形状记忆效应示意

9.5.3 形状记忆合金

形状记忆合金是一类特殊的合金，它们都存在一个记忆温度，在记忆温度以下可以任意加工，当温度回到记忆温度时，可以恢复到加工前的形状，它们是现代工程材料的重要组成之一。形状记忆合金的研究发展至今，已有十几种记忆合金体系，包括 Au－Cd、Ag－Cd、Cu－Zn、Cu－Zn－Al、Cu－Zn－Sn、Cu－Zn－Si、Cu－Sn、Cu－Zn－Ga、In－Ti、Au－Cu－Zn、Ni－Al、Fe－Pt、Ti－Ni、Ti－Ni－Pd、Ti－Nb、U－Nb 和 Fe－Mn－Si 等。目前发展较快的是 Ti－Ni 基、Cu 基和 Fe 基三大类。

① Ti－Ni 基形状记忆合金是目前性能较好、应用较广的形状记忆合金，包括 Ti50Ni50、Ti50Ni50－x Cux(x 为 0～30，实用的 $x \leqslant 10$)、Ti50Ni50－x Fex(x 为 0～3.5)及 Ti50Ni48Nb2 等合金，不仅可以实现单程、双程及全程形状记忆效应，还可以实现超弹性功能。

② Cu 基形状记忆合金的主要优点是成本低、易于制造，但记忆效应不如 Ti－Ni 合金，其中最有实用价值的是 Cu－Zn－Al 和 Cu－Al－Ni 合金。Cu 基形状记忆合金已在汽车工业、电器、自动控制、医疗等方面得到广泛应用。

③ Fe 基形状记忆合金近年来发展较快，其成本更低，且易于加工，在工程应用上具有明显的竞争优势，已在管接件、形状记忆夹具、紧固件等方面获得应用。

形状记忆合金开发研究不但具有理论上的重大意义，而且具有重要的工业应用价值，如用形状记忆合金制作月球探测器的月面天线。如果发射前月面天线是伸展开的，则会因为很宽大，导致火箭无法容纳。那么，如何把这样一个天线送上太空，送上月球呢？形状记忆合金就神话般地解决了这一难题。在马氏体相变温度以上，将 Ni－Ti 合金丝先做成月面天线，然后在低于 M_f 的温度下把月面天线压成小团状装入运载火箭，当发射至月球表面后，通过太阳能加热使其恢复原形，在月球上展开成为正常工作的月面天线，形状记忆合金在空间飞行器天线上的应用如图 9.19 所示。

形状记忆合金业已成功地用于医学上，比如作为牙科的齿形矫正器，在 M_s 以上把形状记忆合金丝做成正常的形状，然后在低于 M_f 的温度变形并套在不正常的畸形牙上，当温度上升至口腔的温度后，矫正器自动变成正常形状，矫正畸形牙。还可用于矫正脊椎侧弯、人造骨骼、伤骨固定加压器、各类腔内支架、心脏修补器、血栓过滤器、介入导丝和手术缝合线等。

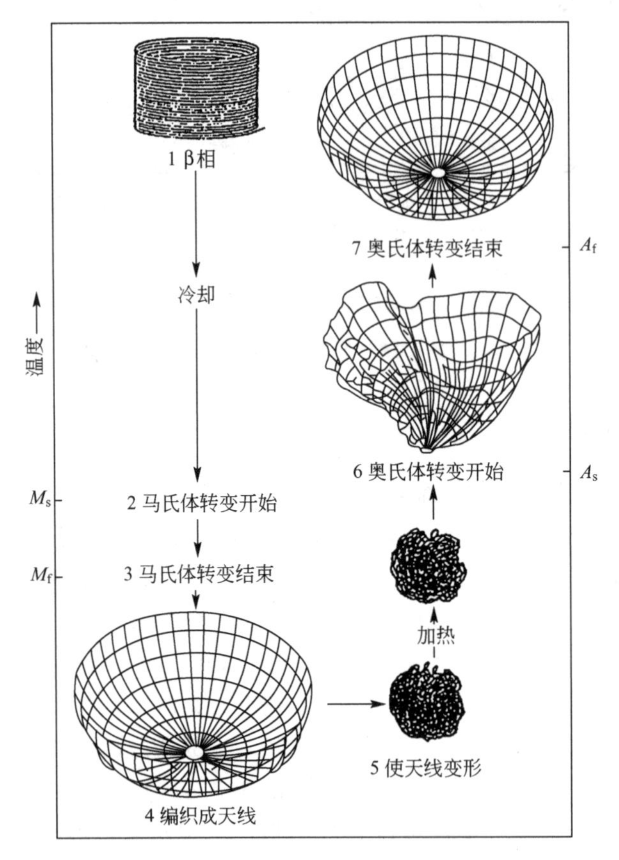

图 9.19　形状记忆合金在空间飞行器天线上的应用

习　题

1. 解释下列基本概念及术语。

固态相变，一级相变，二级相变，扩散型相变，半扩散型相变，非扩散型相变，共格界面，半共格界面，非共格界面，均匀形核，非均匀形核，热激活形核，非热激活形核，错配度，惯习面，动力学曲线，调幅分解，脱溶转变，连续脱溶，不连续脱溶，过渡相，GP 区，马氏体型相变，热弹性马氏体，非热弹性马氏体，形状记忆效应。

2. 一级相变、二级相变各有何特点？

3. 分析固态相变的阻力及对相变过程的影响。

4. 试讨论金属晶体缺陷对其固态相变形核过程的影响。

5. 简述原子迁移对固态相变的影响。

6. 对比金属结晶，固态相变均匀形核时包括哪几个方面的能量变化？

7. 设固态相变均匀形核形成薄片状新相，如果已知晶核中包含 1000 个原子，新相和母相单个原子的体积自由能差为 2.5mJ，比表面能为 $36mJ/m^2$，晶核中单个原子的平均弹性应变能为 0.7mJ，试求新相形状因子和临界形核功。

8. 固态相变临界形核功的能量由哪里来补偿？按照题 7 所述如果形核不需要系统补充能量，新相晶核中应包含有多少个原子？

9. 固态相变均匀形核，设在母相中形成半径为 r 的新相晶胚，试求临界形核半径和临界形核功(若已知新相与母相单位体积自由能变化为 ΔG_V，单位体积应变能为 ε，单位面积界面能为 σ)。

10. 若在固溶体中形成第二相圆球状颗粒时体积自由能变化为 $10^8 J/m^3$，比表面能为 $1J/m^2$，应变能忽略不计，试求临界形核功。若表面能为 1% 体积自由能，形核直径是多大？

11. 什么是相变动力学？解释扩散型相变的等温转变动力学曲线。

12. 什么是过饱和固溶体的分解转变？转变方式包括哪些？各有何特点？

13. 论述马氏体型相变和形状记忆合金的关系。

第 10 章 金属材料的强化机制

★熟悉静态、动态位错的弹性行为特征，掌握位错的应力场和应变能计算方法

★以面心立方晶体为例了解实际晶体位错形态特征，通过位错理论进一步掌握金属材料强化方法

知识要点	掌握程度	相关知识
位错的弹性行为	了解位错的弹性行为特点； 掌握位错的应变能及计算	静态位错的弹性行为：位错的应力场、位错的应变能、位错的线张力； 动态位错的弹性行为：作用在位错上的力，位错间的交互作用力
实际晶体位错	熟悉实际晶体中的位错类型； 掌握面心立方晶体中的位错形态特征	单位位错、不全位错和全位错； 面心立方晶体中的位错：堆垛、层错、部分位错、位错反应、扩展位错、Thompson 符号
金属材料的强化机制	巩固金属材料常用强化手段，进一步了解加工强化、固溶强化、弥散强化与位错理论的关系	加工强化：位错的塞积、林位错弹性理论、位错的交割理论； 固溶强化：溶质原子与位错的弹性、电学、化学、几何交互作用； 弥散强化：绕过、切过第二相质点

对于金属结构材料而言，设计和使用所考查的指标是力学性能，特别是强度。提高金属及其合金强度的方法有许多，大致可分为加工硬化、合金强化和热处理相变强化三类，手段有多种多样。

强化的实质在于设法增大金属塑性变形的抗力。塑性变形的实质是位错运动，归结到最基本位错运动的理论金属材料的强化本质就是约束和钉扎位错运动，或者说造成某些障碍以阻止位错运动，因此必须了解位错的各种弹性行为，同时还应该了解实际晶体中的位错及其某些表现。本章首先介绍位错的各种弹性行为，然后结合面心立方晶体介绍典型金属中的位错及位错反应，最后简要说明加工硬化、固溶强化和弥散强化三种强化机制。

10.1 位错的弹性行为

1926年，苏联物理学家雅科夫·弗兰克尔(J. Frenkel)从理想完整晶体模型出发，假定材料发生塑性切变时，微观上对应切变面两侧的两个最密排晶面(即相邻间距最大的晶面)发生整体同步滑移。根据该模型计算出的理论切变强度应为10^3～10^4MPa。然而在塑性变形试验中，测得的这些金属的屈服强度仅为0.5～10MPa。位错机制理论的提出，解决了上述理论预测与实际测试结果相矛盾的问题。沃尔泰拉(V. Volterra)将弹性力学引入位错晶体学理论，使金属的强化理论上升了一个台阶。

10.1.1 静态位错的弹性行为

1. 位错的应力场

在位错的中心，原子排列特别紊乱，超出了弹性变形范围；在远离位错中心的其他区域，由于畸变较小，可以简化为连续弹性介质，用各向同性连续介质的弹性理论来处理，用弹性应力场和应变能来表示位错的畸变。

(1) 应力分量

根据材料力学，物体中任意一点的应力状态均可用九个应力分量描述。图10.1分别用直角坐标和圆柱坐标说明这九个应力分量的表达方式，其中σ_{xx}、σ_{yy}、σ_{zz}(σ_{rr}、$\sigma_{\theta\theta}$、σ_{zz})为正应力分量，τ_{xy}、τ_{yx}、τ_{xz}、τ_{zx}、τ_{yz}、τ_{zy}($\tau_{r\theta}$、$\tau_{\theta r}$、$\tau_{\theta z}$、$\tau_{z\theta}$、τ_{rz}、τ_{zr})为切应力分量。下角标第一个符号表示应力作用面的外法线方向，第二个符号表示应力的指向。

在平衡条件下，$\tau_{xy}=\tau_{yx}$、$\tau_{yz}=\tau_{zy}$、$\tau_{zx}=\tau_{xz}$($\tau_{r\theta}=\tau_{\theta r}$、$\tau_{\theta z}=\tau_{z\theta}$、$\tau_{rz}=\tau_{zr}$)，实际上只用六个应力分量就可以充分表达一个点的应力状态。与这六个应力分量相应的应变分量是ε_{xx}、ε_{yy}、ε_{zz}(ε_{rr}、$\varepsilon_{\theta\theta}$、$\varepsilon_{zz}$)和$\gamma_{xy}$、$\gamma_{yz}$、$\gamma_{zx}$($\gamma_{r\theta}$、$\gamma_{\theta z}$、$\gamma_{zr}$)，其中$\varepsilon_{xx}$、$\varepsilon_{yy}$、$\varepsilon_{zz}$为三个正应变分量，$\gamma_{xy}$、$\gamma_{yz}$、$\gamma_{zx}$为三个切应变分量。

(2) 螺旋位错的应力场

将用连续介质制作的半径为R的圆柱体沿纵向由表面切至中心，然后使切缝两侧沿纵向(z轴)相对位移b距离，此时在切缝位置形成一条垂直于x—y面的位错线，其附近的原子排列发生畸变，这样就“造”出了一个位于圆柱体中心轴线的螺型位错，其柏氏矢量

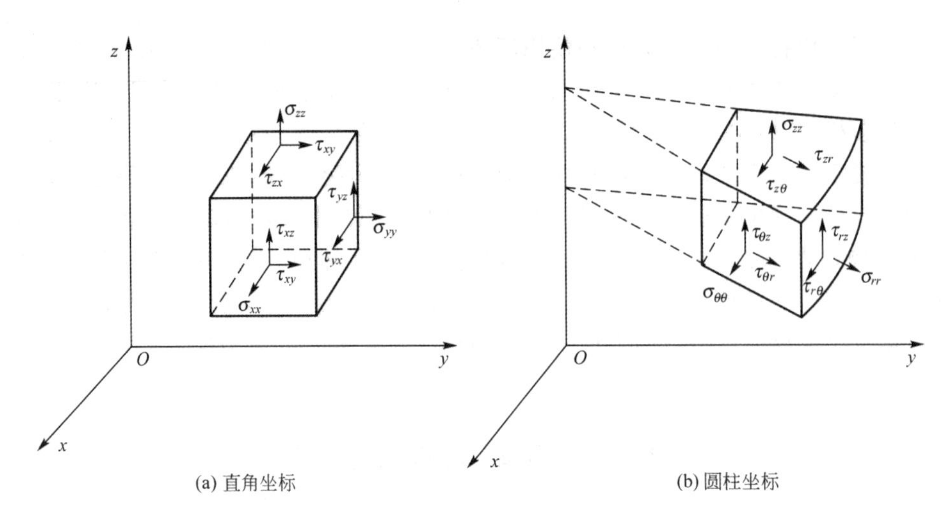

(a) 直角坐标 (b) 圆柱坐标

图 10.1 单元体上的应力分量

为 $\boldsymbol{b}$。给圆柱体钻一个半径为 r_0 的中心孔，去掉畸变区域，这就是如图 10.2 所示的螺型位错的连续介质模型。

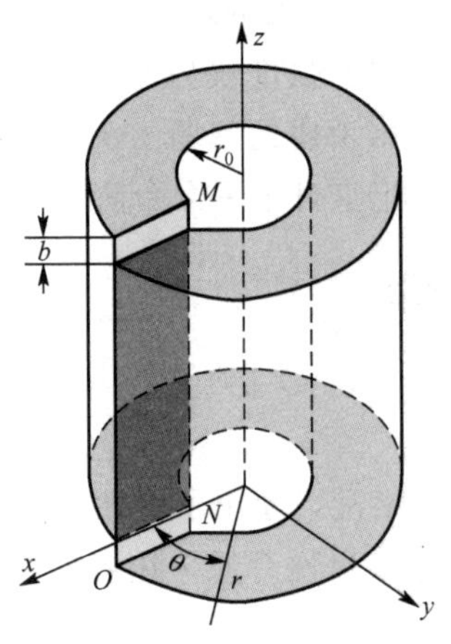

图 10.2 螺型位错的连续介质模型

图 10.2 中厚壁筒只有 z 方向的相对位移，因而只有两个切应变分量，没有正应变分量。两个切应变分量用圆柱坐标表示为：$\gamma_{\theta z}=\gamma_{z\theta}=\dfrac{b}{2\pi r}$。相应的切应力分量则为

$$\tau_{\theta z}=\tau_{z\theta}=G\gamma_{\theta z}=\frac{Gb}{2\pi r} \tag{10-1}$$

式中，G 为剪切弹性模量。

其余七个应力分量均为零，即 $\sigma_{xx}=\sigma_{\theta\theta}=\sigma_{zz}=0$，$\tau_{r\theta}=\tau_{\theta r}=\tau_{rz}=\tau_{zr}=0$。

换算成以直角坐标表示的应力分量，得

$$\left.\begin{aligned}&\tau_{yz}=\tau_{zy}=\frac{Gb}{2\pi}\cdot\frac{x}{x^2+y^2}\\&\tau_{xz}=\tau_{zx}=-\frac{Gb}{2\pi}\cdot\frac{y}{x^2+y^2}\\&\sigma_{xx}=\sigma_{yy}=\sigma_{zz}=\tau_{xy}=\tau_{yx}=0\end{aligned}\right\} \tag{10-2}$$

式(10－1)和式(10－2)表明，螺型位错的应力场有以下特点。

① 没有正应力分量，只有切应力分量。因而，螺型位错不会引起晶体的膨胀和收缩。

② 切应力分量只与距位错中心的距离 r 有关，而与 θ 和 z 无关，距位错中心越远，切应力分量越小，并且与位错中心距离相等的各点应力状态相同。

该应力解显示，螺型位错附近的应力场呈轴对称式分布，大小从内到外递减。但需要注意的是在位错核心区($r=0$)按上述公式来算，将得出的应力无穷大，这是不符合实际情况的。因此上述应力表达式不适用于位错核心的严重畸变区，这就是制造连续介质模型时挖掉中心部分的原因。通常把 r_0 取为 0.5～1nm。

(3) 刃型位错的应力场

仍用连续介质制成厚壁筒，同样纵向切开，但切口两侧沿径向 x 轴(或圆柱坐标的 r 轴)相对位移了 b 距离后加以黏结，这样就可以造出一个柏氏矢量为 $\boldsymbol{b}$ 的正刃型位错，刃型位错的连续介质模型如图 10－3 所示。图中 z 轴为位错线所在的位置，$x-z$ 面为滑移面，$z-y$ 面相当于多余的半原子面。

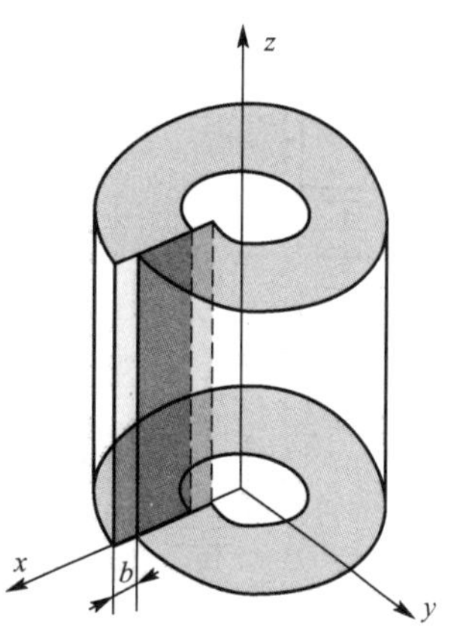

图 10.3　刃型位错的连续介质模型

应用弹性力学可以求出这个厚壁筒中的应力分布，也就是刃型位错的应力场。其圆柱坐标表达式为

$$\left.\begin{aligned}&\sigma_{rr}=\sigma_{\theta\theta}=-A\frac{\sin\theta}{r}\\&\sigma_{zz}=\nu(\sigma_{rr}+\sigma_{\theta\theta})\\&\tau_{r\theta}=\tau_{\theta r}=A\frac{\cos\theta}{r}\\&\tau_{rz}=\tau_{zr}=\tau_{\theta z}=\tau_{z\theta}\end{aligned}\right\}\tag{10－3}$$

用直角坐标表达，则

$$\left.\begin{aligned}&\sigma_{xx}=-A\frac{y(3x^2+y^2)}{(x^2+y^2)^2}\\&\sigma_{yy}=A\frac{y(x^2-y^2)}{(x^2+y^2)^2}\\&\sigma_{zz}=\nu(\sigma_{xx}+\sigma_{yy})\\&\tau_{xy}=\tau_{yz}=A\frac{x(x^2-y^2)}{(x^2+y^2)^2}\end{aligned}\right\}\tag{10－4}$$

式中，$A=Gb/2\pi(1-\nu)$，ν 为泊松比。

可见，刃型位错的应力场具有以下特点。

① 正应力分量与切应力分量同时存在，而且各应力分量的大小与 G 和 b 成正比，与 r 成反比。

② 各应力分量均为 x、y 的函数，与 z 值无关。表明与刃型位错线平行的直线上各点的应力状态均相同。

③ 刃型位错的应力场对称于 y 轴，即对称于多余的半原子面。

④ 当 $y=0$ 时，$\sigma_{xx}=\sigma_{yy}=\sigma_{zz}=0$，说明在滑移面 $x-z$ 上没有正应力，只有切应力，

而且切应力达到极大值。

⑤ 当 $y>0$ 时，$\sigma_{xx}<0$，而 $y<0$ 时，$\sigma_{xx}>0$，说明在滑移面 $x-z$ 上的上侧为压应力，下侧为拉应力。

⑥ 在应力场的任意位置处，$|\sigma_{xx}|>|\sigma_{yy}|$。

⑦ 当 $x=\pm y$ 时，σ_{yy} 及 τ_{xy} 均为零说明在直角坐标的两条对角线处，只有 σ_{xx} 存在。

图 10.4 所示为正刃型位错周围应力场分布情况。同样，上述刃型位错应力场的计算公式不能用于位错的中心区。

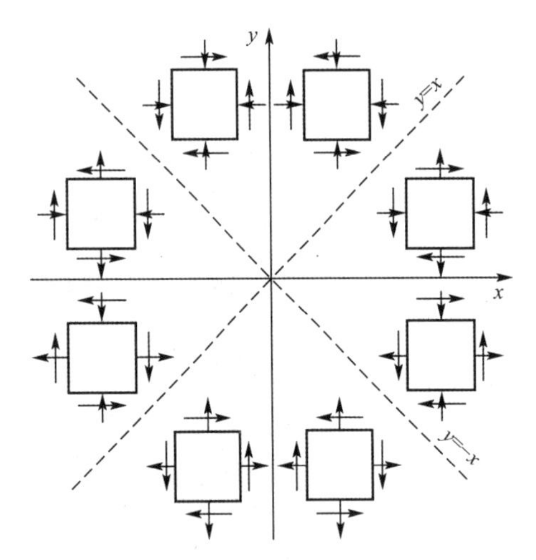

图 10.4　正刃型位错周围应力场分布情况

2. 位错的应变能

位错的存在引起点阵畸变，位错周围弹性应力场的存在导致晶体的能量增高，这部分能量称为位错的应变能。在计算弹性应力场时略去了位错中心区域，而对于一个静态位错，根据应力场进行计算时，其应变能应该包括两个部分：位错中心区域的应变能 E_0 和由前述公式计算出来的位错应力场引起的弹性应变能 E_e，即

$$E=E_0+E_e \tag{10-5}$$

位错中心区域点阵畸变很大，不能用线弹性理论计算 E_0。根据派-纳点阵模型估计，这部分能量为总应变能的$\frac{1}{10}\sim\frac{1}{15}$，为简化计算通常予以忽略，而以中心区域以外的弹性应变能 E_e 来代表位错的应变能。

(1) 刃型位错的应变能

假定图 10.3 所示的刃型位错是一个单位长度的位错。由于在造成这个位错的过程中，位移是从 0 逐渐增加到 b 的，它是个随 r 变化的变量，设其为 x；同时滑移面上各处所受的力也随 r 而变化。在位移过程中，当位移为 x 时，切应力 $\tau_{\theta r}=\frac{Gx}{2\pi(1-\nu)}\cdot\frac{\cos\theta}{r}$，并注意到 $\theta=0$，因此，为克服切应力 $\tau_{\theta r}$ 所做的功为

$$W=\int_{r_0}^{R}\int_0^b \tau_{\theta r}\,\mathrm{d}x\mathrm{d}r=\int_{r_0}^{R}\int_0^b \frac{Gx}{2\pi(1-\nu)}\cdot\frac{1}{r}\mathrm{d}x\mathrm{d}r=\frac{Gb^2}{4\pi(1-\nu)}\cdot\ln\frac{R}{r_0} \tag{10-6}$$

这就是单位长度刃型位错的应变能 E_e^e。

(2) 螺型位错的应变能

螺型位错的 $\tau_{\theta z}=\frac{Gb}{2\pi r}$，同样可以求得单位长度螺型位错的应变能为

$$E_e^s=\frac{Gb^2}{4\pi}\cdot\ln\frac{R}{r_0} \tag{10-7}$$

比较式(10－6)和式(10－7)可以看出，当两式中 b 相同时，有

$$E_e^e=\frac{1}{1-\nu}E_e^s$$

一般金属的泊松比 $\nu=0.3\sim0.4$，若取 $\nu=1/3$，则 $E_e^e=\frac{3}{2}E_e^s$。这就是说，刃型位错的弹性应变能比螺型位错约大 50%。

（3）混合位错的应变能

一个位错线与其柏氏矢量 $\boldsymbol{b}$ 成角度为 ϕ 的混合位错，可以分解为一个柏氏矢量为 $\boldsymbol{b}\sin\phi$ 的刃型位错和一个柏氏矢量为 $\boldsymbol{b}\cos\phi$ 的螺型位错。由于互相垂直的刃型位错和螺型位错之间没有相同的应力分量，二者之间没有相互作用能。因此，分别计算出这两个位错分量的应变能，它们的和就是混合位错的应变能，即

$$E_e^m=E_e^e+E_e^s=\frac{Gb^2\sin^2\phi}{4\pi(1-\nu)}\ln\frac{R}{r_0}+\frac{Gb^2\cos^2\phi}{4\pi}\ln\frac{R}{r_0}=\frac{Gb^2}{4\pi k}\ln\frac{R}{r_0} \tag{10-8}$$

式中，$k=\frac{1-\nu}{1-\nu\cos^2\phi}$，称为混合位错的角度因素，$k\approx0.75\sim1$。

可以看出，位错应变能的大小与 r_0 和 R 有关。r_0 为位错中心区的半径，可以近似地认为 $r_0\approx b\approx2.5\times10^{-8}\text{cm}$；$R$ 是位错应力场最大作用范围的半径，根据实际晶体中存在的亚结构构成位错网络的特点，一般可以取 $R=10^{-4}\text{cm}$。

位错的应变能与其柏氏矢量模的平方成正比，柏氏矢量模的大小就是判断位错稳定性的重要依据。为了使其位错具有最低的能量，柏氏矢量模应具有最小值。

3. 位错的线张力

为了降低能量，位错线有由曲变直、由长变短的自发倾向，这种倾向可用位错的线张力 T 来描述。由于存在这种自发收缩倾向，要使直位错线增长 $\mathrm{d}l$，必须做 $T\mathrm{d}l$ 的功，其数值应等于因位错线的增长而增加的总应变能 $E\mathrm{d}l$，即 $T\mathrm{d}l=E\mathrm{d}l$。由此可知，直位错的线张力与单位长度位错线的应变能在数值上相等。

由弗兰克-瑞德位错源的位错增殖机制（图 6.17）可知，两端钉扎的直位错在外力作用下将变弯。弯曲线段两侧相邻的位错线段对它施加的张力 T 应与使位错弯曲的外力平衡，使位错弯曲所需要的外力如图 10.5 所示。图中 F 为外力，弯曲线段长度为 $\mathrm{d}s$，曲率半径为 r，中心角为 $\mathrm{d}\theta$。在静平衡条件下

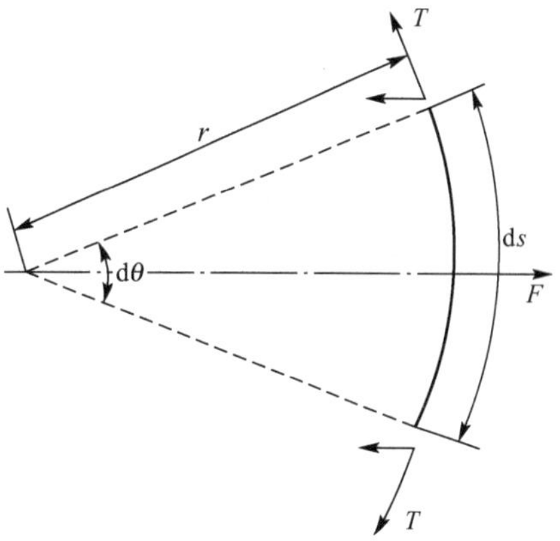

$$F=2T\sin\frac{\mathrm{d}\theta}{2}$$

当 $\mathrm{d}\theta$ 很小时，$\sin\frac{\mathrm{d}\theta}{2}\approx\frac{\mathrm{d}\theta}{2}$，于是

$$F=T\mathrm{d}\theta$$

图 10.5 使位错弯曲所需要的外力

使单位长度位错线段弯曲所需要的外力为

$$f=F/\mathrm{d}s=T\mathrm{d}\theta/\mathrm{d}s=T/r=\alpha Gb^2/r \tag{10-9}$$

式中，α 为由位错性质决定的常数。

10.1.2 动态位错的弹性行为

1. 作用在位错上的力

与柏氏矢量平行的切应力可使得位错沿自身的法线方向滑动。若把位错看成一条实体性的线，它的滑动可以看作被法向“力”推动的结果。应用虚功原理，切应力使晶体滑移所做的功应与法向“力”推动位错滑动所做的功相等。图10.6(a)表示在分切应力τ作用下，柏氏矢量为$\boldsymbol{b}$的刃型位错滑动与晶体位错滑移的情况。设位错贯穿于晶体的长度为l，当滑动$\mathrm{d}s$距离时，法向力做功为$F\mathrm{d}s$。若晶体滑移总面积为A，位错滑动$\mathrm{d}s$距离使滑移区同样增加$\mathrm{d}s$距离，产生的滑移量为$\left(\frac{l\mathrm{d}s}{A}\right)b$，分切应力所做的功应为$(\tau A)(\frac{l\mathrm{d}s}{A})b$，于是

$$F\mathrm{d}s=\tau bl\mathrm{d}s$$

$$F=\tau bl$$

单位长度所受的力则为

$$f=F/l=\tau b \tag{10-10}$$

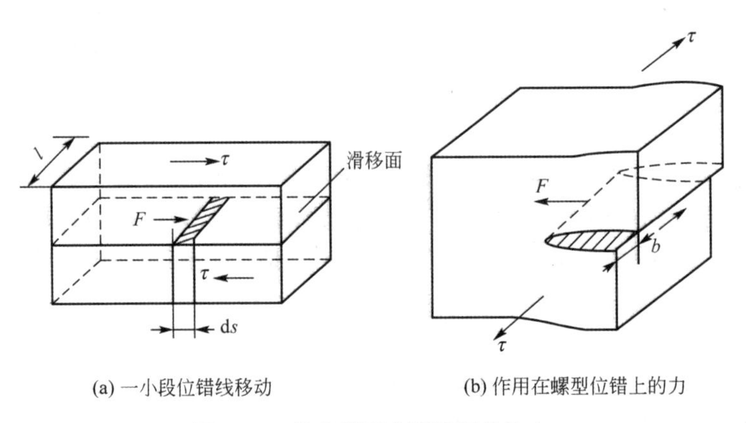

图10.6 使位错弯曲所需要的外力

图10.6(b)表示螺型位错滑动与晶体滑移的情况。用上述方法可以导出平行于柏氏矢量的分切应力施加于单位长度位错的法线方向的力同样为$f=\tau b$。这个结果可以推广到任意形状的位错。

2. 位错间的交互作用力

任意位错在其应力场作用下都会受到作用力。位错的性质不同，位错线的相对取向不同，位错间的相互作用力也将不同，甚至一条位错线上的不同线段受到的作用力大小可能也有所不同，因此情况比较复杂。位错间作用力来源于彼此间通过应力和应变场产生弹性交互作用，下面介绍的是直位错之间的交互作用，其有助于了解一般位错交互的基本概念。

(1) 平行螺型位错间的交互作用力

图10.7(a)表示位于坐标原点和(r,θ)处有两个平行于z轴的螺型位错s_1，s_2，其柏氏矢量分别为$\boldsymbol{b}_1$，$\boldsymbol{b}_2$。螺型位错只有切向应力场，具有轴向对称等特点。位错s_1在(r,θ)

处的切应力为

$$\tau_{\theta z}=\frac{Gb_1}{2\pi r}$$

显然，位错 s_2 在 $\tau_{\theta z}$ 的作用下受到的力为

$$f_r=\tau_{\theta z}\cdot b_2=\frac{Gb_1b_2}{2\pi r} \tag{10-11}$$

其方向为矢径 $\boldsymbol{r}$ 的方向。同理，位错 s_1 在位错 s_2 应力场作用下，也将受到大小相等，方向相反的作用力。

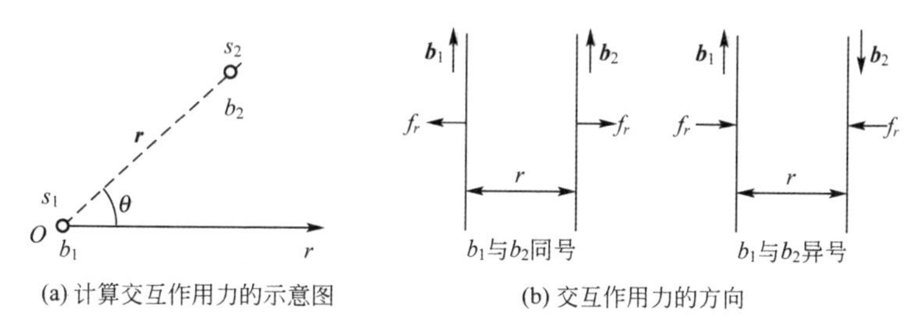

(a) 计算交互作用力的示意图　　(b) 交互作用力的方向

图 10.7　两平行螺型位错的交互作用力

两平行螺型位错的作用力与两位错强度柏氏矢量模大小的乘积成正比，而与两位错间距成反比，其方向则沿径向 r 垂直于所作用的位错线，当 $\boldsymbol{b}_1$ 与 $\boldsymbol{b}_2$ 同向时，$f_r>0$，作用力为斥力；当 $\boldsymbol{b}_1$ 与 $\boldsymbol{b}_2$ 反向时，$f_r<0$，作用力为引力［图 10.7(b)］。也就是说，两平行螺型位错交互作用的特点是同号相斥，异号相吸。

(2) 平行刃型位错间交互作用力

图 10.8 中的两个平行于 z 轴和相距为 $r(x、y)$ 的刃型位错 e_1、e_2，其柏氏矢量 $\boldsymbol{b}_1$ 和 $\boldsymbol{b}_2$ 均与 x 轴同向，它们的滑移面是两个相互平行的晶面，与 $x-z$ 面相互平行。令位错 e_1 与坐标系的 z 轴重合，其各应力分量中，只有切应力分量 τ_{yx} 和正应力分量 σ_{xx} 对位错 e_2 起作用，前者驱使其沿着 x 轴方向滑动，后者驱使其沿着 y 轴方向攀移。这两个力分别为

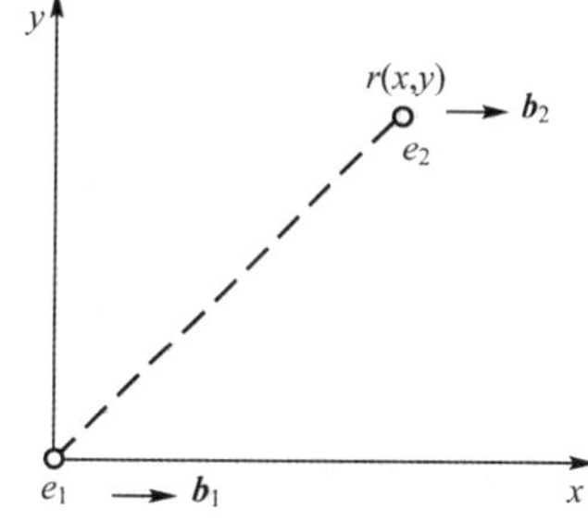

图 10.8　两平行刃型位错间的交互作用

$$f_x=\tau_{yx}b_2=\frac{Gb_1b_2}{2\pi(1-\nu)}\cdot\frac{x(x^2-y^2)}{(x^2+y^2)^2} \tag{10-12}$$

$$f_y=-\sigma_{xx}b_2=\frac{Gb_1b_2}{2\pi(1-\nu)}\cdot\frac{y(3x^2+y^2)}{(x^2+y^2)^2} \tag{10-13}$$

由式(10-12)可以看出，滑动力 f_x 因位错 e_2 所处的位置而异。对于两个同号刃型位错，它们之间的交互作用如图 10.9 (c) 所示，归纳如下。

① 当 $|x|>|y|$ 时，若 $x>0$，则 $f_x<0$，表明当位错 e_2 位于图 10.9(a)中的①、②区域时，两位错相互排斥。在此两区间中，当 $x\neq0$，而 $y=0$ 时，$f_x>0$，表明在同一滑动面上，同号位错总是相互排斥，距离越小，排斥力越大。

② 当 $|x|<|y|$ 时，若 $x>0$，则 $f_x<0$；若 $x<0$，则 $f_x>0$，表明当位错 e_2 处于图 10.9(a)中的③、④区间时，两位错相互吸引。

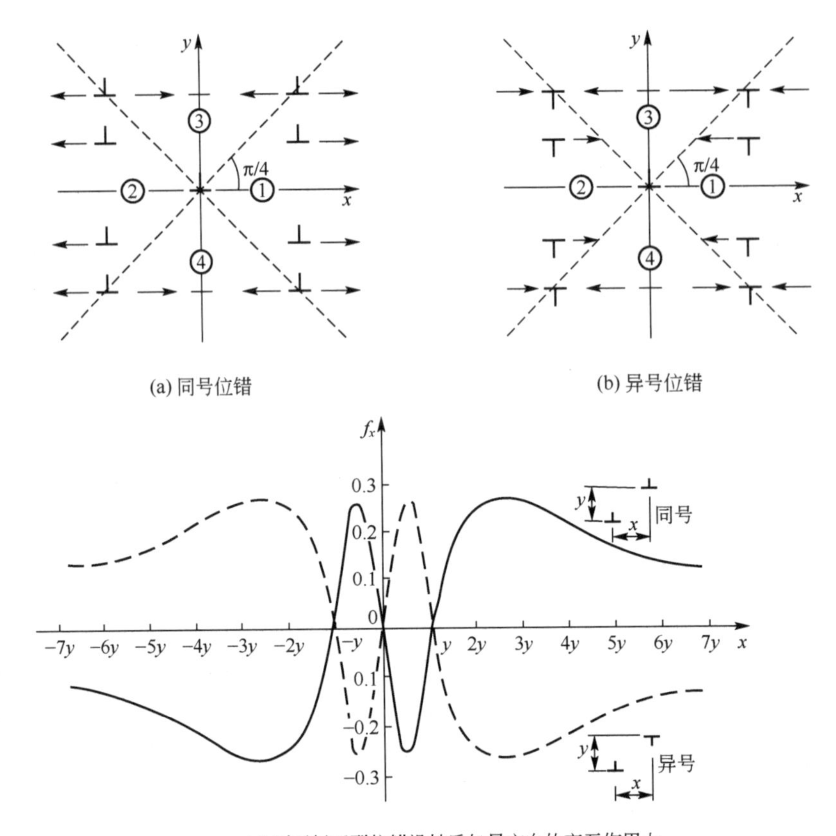

(c) 两平行刃型位错沿柏氏矢量方向的交互作用力

图 10.9　两刃型位错在 x 轴方向上的交互作用

③ 当$|x|=|y|$时，即位错 e_2 位于 $x-y$ 直角坐标的分脚线位置时，$f_x=0$，表明此时不存在使位错 e_2 滑动的作用力，但当它稍偏离此位置时，所受到的力会使它偏离得更远，这一位置是位错 e_2 的介稳定平衡位置。

④ 当 $x=0$，即位错 e_2 处于 y 轴上时，$f_x=0$，表明此时同样不存在使位错 e_2 滑动的作用力，而且，一旦稍偏离这个位置，它所受到的力就会使之退回原处，这一位置是位错 e_2 的稳定平衡位置。

可见处于相互平行的滑动面上的同号刃型位错，将力图沿着与其柏氏矢量垂直的方向排列起来。通常把这种呈垂直排列的位错组态称为位错壁(或者位错墙)。回复过程中多边化后的亚晶界就是由此形成的。

对于两个异号的刃型位错，由于

$$f_x=-\tau_{yx}b=-\frac{Gb_1b_2}{2\pi(1-\nu)}\cdot\frac{x(x^2-y^2)}{x^2+y^2} \tag{10-14}$$

其交互作用力 f_x 的方向与上述同号位错相反，而且位错 e_2 的稳定平衡位置和介稳定平衡位置也恰好相互对换，如图 10.9(b)所示。

攀移力 f_y 与 y 同号，当同号位错 e_2 在位错 e_1 的滑移面上边时，受到的攀移力 f_y 为正值，作用力指向上；e_2 在位错 e_1 的滑移面下边则受负攀移力作用，作用力指向下。因此，

两同号位错沿 y 轴方向是互相排斥，异号位错沿 y 轴方向是互相吸引，倾向于相互抵消。

10.2 实际晶体位错

之前的讨论都是建立在简单立方晶体的基础之上，而没有与具体的晶体结构相联系，实际晶体中位错更为复杂，它们除有前述共性外，还有一些特殊性质和复杂组态。本节将以面心立方结构来进行介绍。

10.2.1 单位位错、不全位错和全位错

位错的能量正比于 b^2，为了使位错的能量最低，其柏氏矢量应该为晶体的最小点阵（即相邻两原子间距）矢量称作单位平移矢量或单位点阵矢量。柏氏矢量等于单位平移矢量的位错称为单位位错。柏氏矢量等于单位平移矢量或其整数倍的位错称为全位错。因此单位位错、全位错的柏氏矢量一定平行于晶体的最密排方向。常见晶体结构中位错的柏氏矢量见表 10－1。

表 10－1 常见晶体结构中位错的柏氏矢量

晶体结构	全位错	不全位错
面心立方	$\frac{a}{2}\langle 110\rangle$	$\frac{a}{6}\langle 112\rangle$，$\frac{a}{3}\langle 111\rangle$，$\frac{a}{3}\langle 110\rangle$ $\frac{a}{6}\langle 110\rangle$，$\frac{a}{6}\langle 103\rangle$，$\frac{a}{3}\langle 100\rangle$
体心立方	$\frac{a}{2}\langle 111\rangle$，$a\langle 110\rangle$	$\frac{a}{3}\langle 111\rangle$，$\frac{a}{6}\langle 111\rangle$ $\frac{a}{8}\langle 110\rangle$，$\frac{a}{3}\langle 112\rangle$
密排六方	$\frac{a}{3}\langle 11\bar{2}0\rangle$，$\frac{a}{3}\langle 112\bar{3}\rangle$，$c\langle 0001\rangle$	$\frac{c}{2}\langle 0001\rangle$，$\frac{a}{6}\langle 20\bar{2}3\rangle$，$\frac{a}{3}\langle 1010\rangle$

如果柏氏矢量不是晶体的平移矢量，且小于单位平移矢量，即不足沿某个晶向的原子间距，那么位错扫过的面两侧必产生错排。这一类位错称为不全位错或部分位错。表 10－1 列出了三种最常见晶体结构中的全位错和不全位错的柏氏矢量。下面将以面心立方晶体为例重点介绍这两类位错。

10.2.2 面心立方晶体中的位错

1. 堆垛及层错

面心立方晶体结构是以它的最密排面｛111｝堆垛而成，正常堆垛的顺序为 $ABCABC\cdots$，面心立方晶体的堆垛如图 10.10 所示。不全位错扫过的面的两侧必产生错排，使得原子层出现错误的堆垛，这称为堆垛层错或层错。图 10.11 所示为面心立方晶体的堆垛层错，其中图 10.11(a)所示为抽出 A 原子面形成的层错，图 10.11(b)所示为在 AC 两原子面之间

插入一密排原子面所形成的层错。

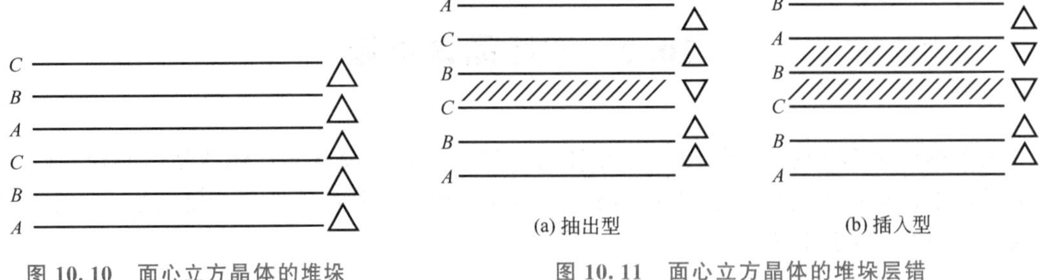

图 10.10　面心立方晶体的堆垛　　图 10.11　面心立方晶体的堆垛层错

层错区域和原子正常排列区域的分界处为不全位错的位错线，它的柏氏矢量是产生层错时两个｛111｝面相对位移的位移矢量。晶体中层错使得晶体的能量增加，单位面积层错所增加的能量称为层错能。对不同的层错矢量所引起的层错能不同，只有在以上两种层错矢量的层错能比较低时才可能存在，因为它们仅仅使次近邻原子的关系被破坏，虽然晶体的能量升高，但是没有破坏最近邻原子间的关系，所以引起的能量增加很小。不同金属的层错能不同，Al 的层错能为 $0.2J/m^2$，远远高于 Cu 的 $0.073J/m^2$。从已经测定的数据看，层错能的数值在 $30\sim250erg/cm^2$（$1erg=10^{-7}J$），而一般晶界能大约为 $500erg/cm^2$，表面能大约为 $1500erg/cm^2$。

2. 部分位错

面心立方晶体中的不全位错分为 Frank 不全位错和 Shockley 不全位错两类。这两种不全位错都与层错有关。

如果层错是由抽去或者插入一层(111)面而形成的，即层错面相对位移了一个(111)面间距，即$\left[\frac{a}{3}[111]\right]$，那么层错与完整部分交界处的位错的柏氏矢量就是$\frac{a}{3}[111]$，这个矢量比单位位错矢量小，所以也是部分位错，这种部分位错称为 Frank 位错。插入一层(111)面所对应的部分位错为正 Frank 位错，如图 10.12(a)所示；抽去一层(111)面所对应的部分位错为负 Frank 位错，如图 10.12(b)所示。另外，根据面心晶体结构的几何关系，由于水平排列的那些晶面是(111)面而垂直于这些面的晶向刚好也是［111］晶向，因此这些不全位错的柏氏矢量是$\frac{a}{3}[111]$，其垂直于滑移面，也垂直于位错线。故 Frank 位错是纯刃型位错，其滑移面是｛110｝，滑移方向是｛111｝，在面心立方晶体结构中这样的滑移是不能进行的，而只能够攀移。

如果通过一部分原子单个或整体滑移而产生一部分层错，那么这种可滑移的位错是 Shockley 不全位错。｛111｝面相对切动$\frac{a}{6}\langle112\rangle$形成 Shockley 不全位错，层错与晶体完整部分交界的位错的柏氏矢量为$\frac{a}{6}\langle112\rangle$。由图 10.13 可以看出，$\frac{a}{6}[\bar{1}2\bar{1}]$ 不全位错扫过的面使滑移面上层 B 原子向 C 移动，使得晶体 $ABCABC\cdots$堆垛变为 $ABCAC\cdots$，错排的滑移面出现层错，位错的滑移伴随着层错的扩大或缩小。

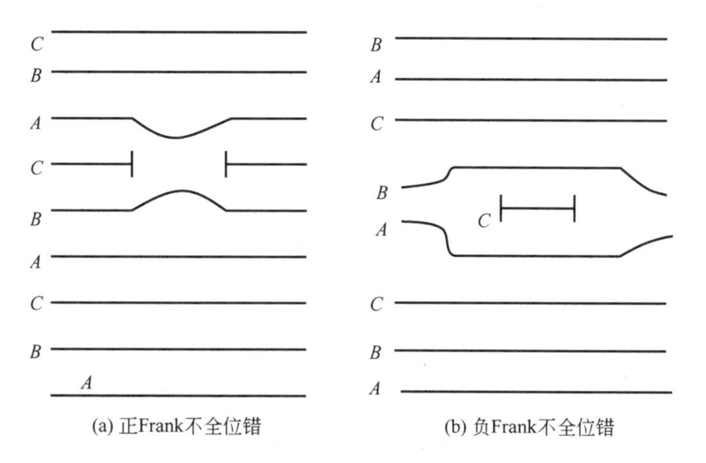

图 10.12 面心立方晶体中的 Frank 不全位错

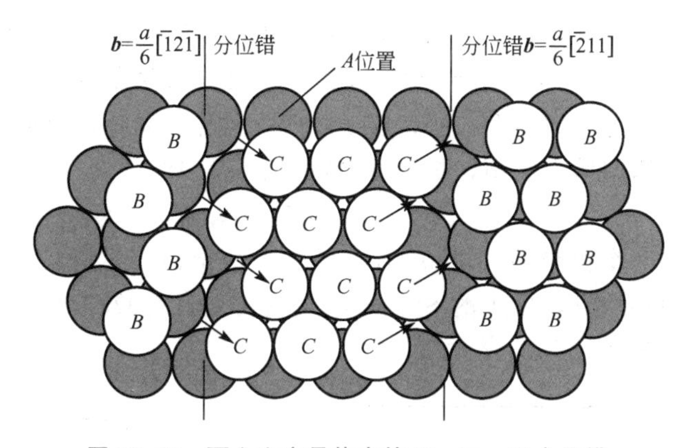

图 10.13 面心立方晶体中的 Shockley 不全位错

3. 位错反应和扩展位错

晶体中具有不同柏氏矢量的位错线可以合并为一条位错线；反之，一条位错线也可以分解为两条或多条不同柏氏矢量的位错线，通常将这类位错间转换称为位错反应，它可以用柏氏矢量间转换来表示。

位错反应必须满足下列两条原则。

① 反应前后各位错柏氏矢量的和不变，即

$$\sum \boldsymbol{b}_{前} = \sum \boldsymbol{b}_{后} \tag{10-15}$$

这是位错反应的几何条件。

② 反应后柏氏矢量的平方和必须小于反应前柏氏矢量的平方和。位错的能量与 b^2 成正比，位错反应自发进行的必要条件是系统的能量下降，即

$$\sum b_{前}^2 \geqslant \sum b_{后}^2 \tag{10-16}$$

这是位错反应的能量条件。以上两个条件合起来称为位错反应的 Frank 判据，同时满足这两个条件时，位错反应才可以发生。

在面心立方晶体中可能发生的位错反应主要有以下几个类型。

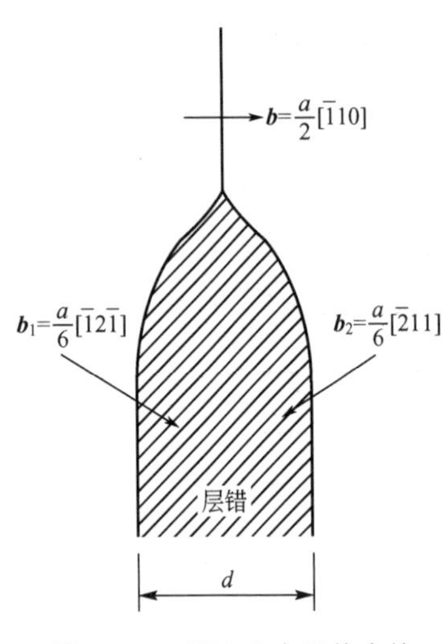

图 10.14　面心立方晶体中的扩展位错

$$\frac{a}{2}[\bar{1}10] \rightarrow \frac{a}{6}[\bar{2}11] + \frac{a}{6}[\bar{1}2\bar{1}] \quad (10-17)$$

一个 Shockley 不全位错和一个 Frank 不全位错可以反应生成一个全位错，即

$$\frac{a}{6}[110] + \frac{a}{3}[11\bar{1}] \rightarrow \frac{a}{2}[110] \quad (10-18)$$

两个全位错反应可生成另一个同类型的全位错，即

$$\frac{a}{2}[011] + \frac{a}{2}[10\bar{1}] \rightarrow \frac{a}{2}[110] \quad (10-19)$$

由式(10-17)形成的，一个全位错分解成两个不全位错和它们之间的层错合起来称为扩展位错，它是由一对不全位错及中间夹的层错组成的，面心立方晶体中的扩展位错如图 10.14 所示。层错可以滑移，同时也可伴随层错区扩大或缩小。

扩展位错中两个不全位错相斥，单位长度上斥力为 $f=G(b_1b_2)/2\pi d$。层错则存在表面张力，层错边缘单位长度的张力在数值上与层错能 γ 相等，其作用是使层错面积尽量小。表面张力与位错间斥力平衡，扩展位错宽度稳定，即

扩展位错

$$d=G(b_1b_2)/2\pi\gamma$$

在两个相交的｛111｝面上各有一个全位错，并各自分解成扩展位错，当它们相遇时，领头的 Shockley 位错可能发生反应而形成不动位错，如图 10.15 所示。

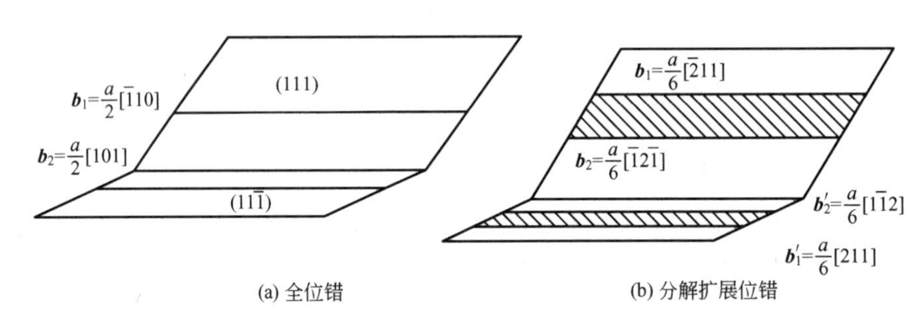

图 10.15　两个相交的｛111｝面上的位错

如果(111)和$(\bar{1}11)$面上的全位错分别发生如下反应

$$\frac{a}{2}[\bar{1}10] \rightarrow \frac{a}{6}[\bar{2}11] + \frac{a}{6}[\bar{1}2\bar{1}]$$

$$\frac{a}{2}[101] \rightarrow \frac{a}{6}[211] + \frac{a}{6}[1\bar{1}2]$$

那么两个扩展位错向(111)和$(\bar{1}11)$面的交线 $[0\bar{1}1]$ 运动，并且在交线上发生如下反应

$$\frac{a}{6}[\bar{1}2\bar{1}] + \frac{a}{6}[1\bar{1}2] \rightarrow \frac{a}{6}[011]$$

反应生成 $\frac{a}{6}[011]$ 是纯刃型位错，滑移面是(100)面。这个位错各在(111)和

$(\bar{1}11)$面通过层错分别和一个 Shockley 不全位错相联系，构成一个劈形的层错带。这个位错不能在(111)和$(\bar{1}11)$面上滑移，又不能在自己的滑移面(110)上运动，变成了不动位错。这种位错称为 Lomer - Cottrell 位错，简称 L - C 位错或不动位错。这个纯刃型位错躺在两个滑移面的交线，好像楼梯的压杆一样压住地毯，即压住在相交的两个滑移面上的层错，故也称压杆位错，如图 10.16 所示。该组态为两个滑移面上层错和三个不全位错，像面角结构，也称面角位错。这种不动的面角位错成为滑移面上其他位错运动的障碍，所以又称 Lomer - Cotter 阻塞(L - C lock)。面心立方金属加工硬化的重要机制是 L - C 阻塞。

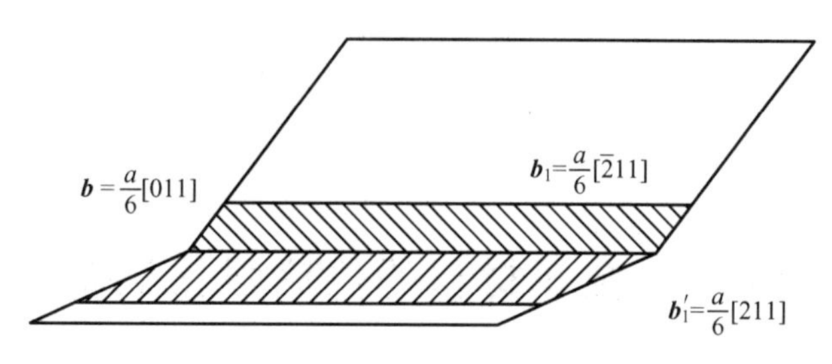

图 10.16 L - C（压杆、面角）位错

4. Thompson 符号

1953 年，汤普森（Thompson）引入了四面体和一套记号，并且利用 Thompson 四面体这套符号讨论面心立方晶体中的位错。

Thompson 符号的基本思想如下：在面心立方的一个晶胞中选择一个定点，如(0，0，0)，然后在其相邻的三个面上各取面中心的原子，将这四个原子连接成四面体，如图 10.17(a)所示。它们的符号和坐标分别为 O（0，0，0），$A\left(\frac{1}{2}, 0, \frac{1}{2}\right)$，$B\left(0, \frac{1}{2}, \frac{1}{2}\right)$，$C\left(\frac{1}{2}, \frac{1}{2}, 0\right)$，那么 ABC 面是(111)，ABO 面是$(11\bar{1})$，ACO 面是 $(1\bar{1}1)$，BCO 面是$(\bar{1}11)$。同时四面体的六条棱也是四个密排面的滑移方向。把四面体从 O 点展开，展开后的图形如图 10.17(b)所示。另外取四个面的中心 α，β，γ，δ，如图 10.17(c)所示。在任意一个面(三角形)上有如下规律。

连接顶点(O，A，B，C)和三角形中心点(α，β，γ，δ)的矢量都是$\frac{a}{6}\langle 112\rangle$型的矢量，如 $\boldsymbol{A\beta}$，$\boldsymbol{C\delta}$ 等。

三角形的任意边连线都是$\langle 110\rangle$型矢量，实际大小应该是$\frac{a}{2}$ [110]。

α，β，γ，δ 之间的连线是$\frac{a}{6}\langle 110\rangle$类型的位错，如 $\alpha\delta$，$\gamma\delta$ 等。

还可以用两个线段中点的连线表示一个位错矢量：$O\delta/C\gamma$ 表示$\frac{a}{6}\langle 110\rangle$，它是由 $O\delta$ 的中点到 $C\gamma$ 的中点的矢量。

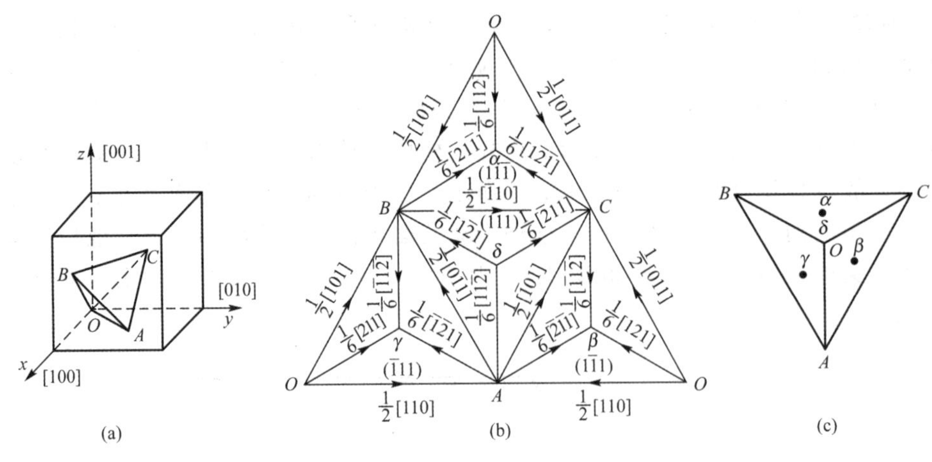

图 10.17　Thompson 四面体及符号

10.3　金属材料的位错强化机制

强度是指材料对塑性变形和断裂的抗力，用给定条件下材料所能承受的应力来表示。提高金属材料的强化途径有两个：一是提高合金的原子间结合力，提高其理论强度；二是向晶体内引入大量晶体缺陷，如位错、点缺陷、异类原子、晶界、高度弥散的质点或不均匀性(如偏聚)等，这些缺陷会阻碍位错运动，也会明显地提高金属强度。

位错密度增加也会造成其运动困难，位错密度与强度关系如图 10.18 所示。减少晶体中位错或缺陷，可以增加强度。早在 1929 年弗兰克尔就从刚体模型出发，推算无缺陷的理想晶体的强度，然而金属晶体也服从熵学规律，其原子总倾向无规则排列，也就是说晶体中总存在缺陷，所以理论值与实际值相差 1000～10000 倍。

晶须的二维方向上尺寸小，人们设想缺陷的存在会造成其晶体内能增加使体系自由能增高，这样缺陷只有逸出晶体的表面以降低晶须这个体系的自由能，从而形成完整晶体，金属晶须的强度最高。然而，现代科技发展证明纳米尺寸金属材料中也存在缺陷(图 10.19)，显然用晶须来强化金属材料很难达到预期效果。因此，目前对金属材料强化主要是引入缺陷，即加工强化、固溶强化、弥散强化、细晶强化和相变强化等。本节简要总结加工强化、固溶强化和弥散强化三种强化机制。

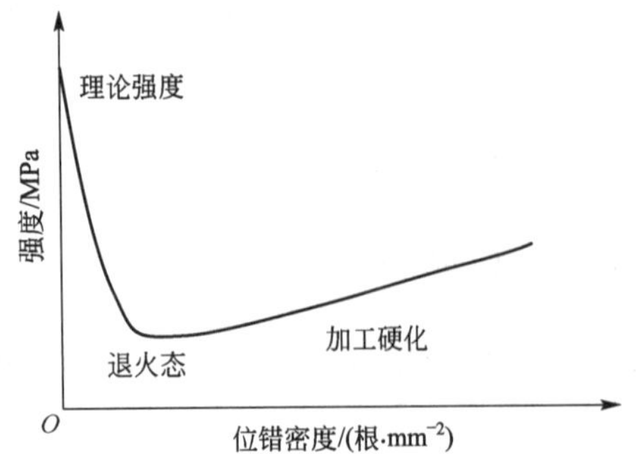

图 10.18　位错密度与强度关系

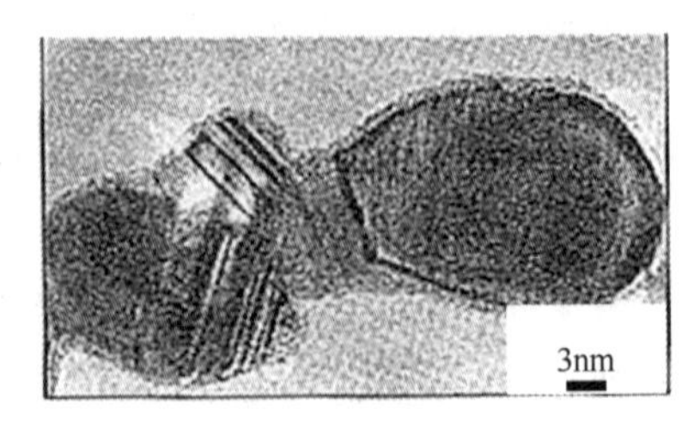

图 10.19　纳米 Ce/Ni 粒子的面缺陷

10.3.1 加工强化

金属在冷态下的塑性变形后性能发生了很大的变化，最明显的特点是材料的强度、硬度随变形程度的增加而显著升高，而塑性、韧性明显下降，产生加工强化。这种现象与位错增殖有关，如图 6.44 所示，位错密度可从变形前退火态的 $10^9 \sim 10^{10}\,m^{-2}$ 增至加工硬化态的 $10^{14} \sim 10^{16}\,m^{-2}$。

在塑性变形过程中，由于位错的不断增殖，其数目不断增加，位错的密度也越来越大，于是位错与位错之间的距离越来越小，彼此的干扰也就越来越明显，这样就增加了位错滑动的阻力。位错塞积、林位错阻力和形成割阶时产生对位错滑动的阻力及产生割阶消耗外力所做的功，就是加工强化的可能机制。

1. 位错的塞积

位错滑移时，如在滑移面上遇到障碍物(如晶粒边界)的阻碍，位错将塞积在障碍物的前面，形成塞积群，如图 10.20 所示。由于这些位错来自同一位错源，因此具有相同的柏氏矢量。在塞积群中，领先位错主要受障碍物对它的阻力和有效的外加切应力及其他位错的应力场作用，而其他后面的位错只受外加切应力和其他位错产生的应力场作用。在这些力的共同作用下塞积群中的各位错保持平衡。越靠近障碍物处位错排列越密集，后面的位错间距越大。

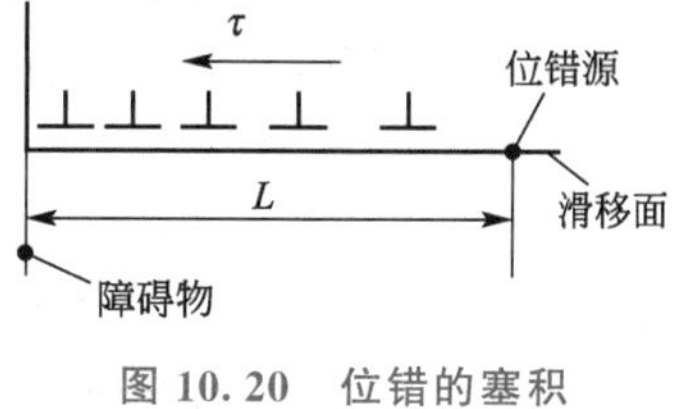

图 10.20 位错的塞积

若塞积位错数为 n，外加应力为 τ_0，领先位错被阻止在晶界上，此处产生应力集中，应力为 $\tau = n\tau_0$，这个应力可能推动相邻晶粒中位错源启动，使多晶粒变形协调动作，从而使受阻位错能随晶界的迁移继续滑动。形变量越大，压杆位错和位错交互作用留下不动部分越会成为障碍物，塞积群数目增加，其产生的巨大内应力对其他位错源及其位错滑动造成的阻力会急剧增加，从而提高金属材料强度。

值得注意的是晶粒越小，塞积位错数目就越少，这样促使相邻晶粒位错源开动所需要外加切应力 τ_0 就越大，这就是细晶粒多晶体金属强度高的原因。晶粒小使塞积的位错数目少，内应力也就小，从而使得材料韧性提高。

2. 林位错弹性理论

对于在滑移面上运动的位错来说，穿过此滑移面的其他位错称为林位错。由于滑移面是相交的，会有很多位错线穿过滑移面，形成像在滑移面上竖立起的森林一样的位错线，若林位错的滑移面不是晶体的滑移面，它们会静止不动，并阻碍位错的运动。这些未动的林位错与滑动位错间的弹性的作用力构成滑动位错的阻力。随着形变量的增大和第二滑移系的开动，林位错密度不断增加，对滑动位错阻力也增加，金属材料强度也增加，从而发生加工硬化。

3. 位错的交割理论

运动中位错互相切割的过程，又称位错交割或截割。金属晶体中的位错常成三维网络，当位错在某一滑移面运动时，会与以不同角度穿过滑移面的其他位错(林位错)相交截。两位错发生交截后，若应力足够大，滑动的位错将切过林位错继续前进。切过后的每个位错上都要产生一小段位错，它们的柏氏矢量与携带它们的位错相同，而大小与方向则取决于另一位错的柏氏矢量。若交截产生的一小段位错不在所属位错的滑移面上，则此段位错线通常称为该位错线上的割阶；若小段位错位于所属位错的滑移面上，则相当于位错扭折。两位错交截的情况通常有三种：刃型位错之间的交截、螺型位错之间的交截、螺型位错和刃型位错之间的交截。

图 10.21 所示为两个刃型位错相互交截示意，P_A 面中固定刃型位错的柏氏矢量为 $\boldsymbol{b}_A$，P_B 面中的刃型位错由上向下滑移，其柏氏矢量为 $\boldsymbol{b}_B$。当位错 $\boldsymbol{b}_B$ 扫过后，P_B 面两侧的晶体相对错开 $\boldsymbol{b}_B$ 距离，位错 $\boldsymbol{b}_A$ 随着晶体一起被切为两部分，它们的相对位移 $\boldsymbol{PP'}$ 的方向和大小都取决于 $\boldsymbol{b}_B$。PP' 即为割阶，对于一般金属产生割阶的能量等于十分之几电子伏特。

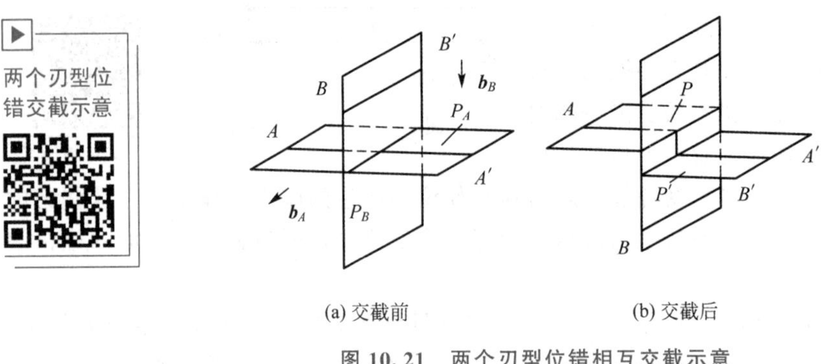

(a) 交截前　　(b) 交截后

图 10.21　两个刃型位错相互交截示意

刃型位错和螺型位错交截示意如图 10.22 所示。螺型位错的柏氏矢量为 $\boldsymbol{b}_2$，被它贯穿的一组晶面连成了一个螺旋面。刃型位错的柏氏矢量为 $\boldsymbol{b}_1$，其滑移面恰好是螺型位错 $\boldsymbol{b}_2$ 的螺旋面。当位错 $\boldsymbol{b}_1$ 切过螺型位错后，变成了分别位于两层晶面上的两段位错。QQ' 为一个位错割阶，其大小及方向等于螺型位错的矢量 $\boldsymbol{b}_2$，而其柏氏矢量则是 $\boldsymbol{b}_1$。因此，这是一小段刃型位错，它的滑移面如图中阴影线所示。割阶 QQ' 随位错 $\boldsymbol{b}_1$ 一起滑移而做前进运动。

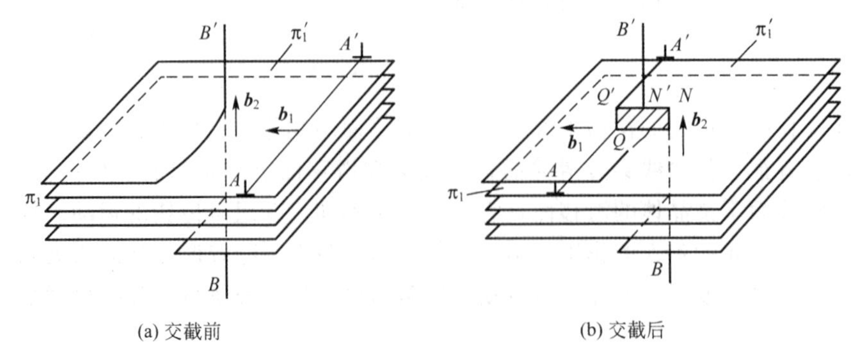

(a) 交截前　　(b) 交截后

图 10.22　刃型位错和螺型位错交截示意

两个相互垂直的螺型位错相互交截示意如图 10.23 所示。当运动位错 AB 和位错 CD 发生交截后，产生一个大小与 $\boldsymbol{b}_2$ 相一致的割阶 P_1P_1'，它属于刃型位错。割阶可以沿着 AB 位错线滑移，当被迫随着位错 AB 向右运动时，线段 P_1P_1' 将做攀移运动，其结果是，根据运动的螺型位错性质的不同，或者产生一系列空位，或者形成一系列的间隙原子。攀移(见滑移)是靠扩散进行的，其速度比位错滑移的速度慢，因此，这种割阶对位错 AB 的滑移起阻碍作用。刃型割阶 P_2P_2' 的性质与 P_1P_1' 的相似。

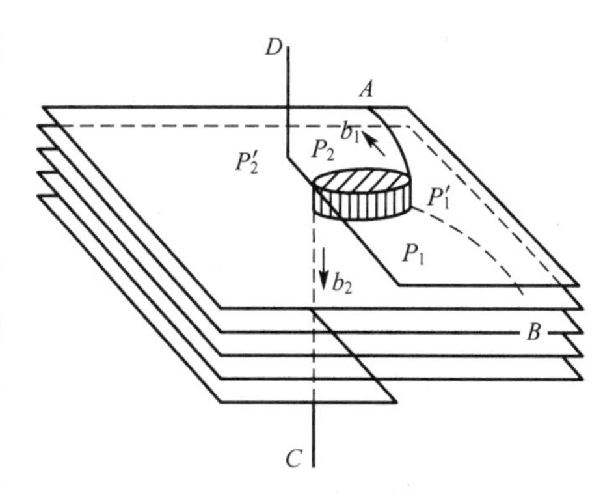

图 10.23　两个相互垂直的螺型位错相互交截示意

位错相交截后每根位错线上都可能产生一扭折或割阶，其长度与另一位错的柏氏矢量的模相同。扭折使位错长度增加，从而导致系统能量增高，因与位错线在同一滑移面上，其在线张力作用下易消失。割阶的滑移面与位错的不同，带有割阶运动的位错将受到割阶产生的又一种阻力。尤其带有割阶的螺型位错运动，其割阶必然做攀移。攀移是空位扩散过程，必然在其后面留下大量的间隙原子，导致系统能量增高，对位错运动产生更大的阻力。这些阻碍位错运动的力是金属强度及加工强化的重要来源。位错相互交截的结果见表 10-2。

位错相互交截的结果

表 10-2　位错相互交截的结果

运动的位错	固定的位错	交截结果	
		被截的位错	交截的位错
刃型	刃型	割阶	不变
	刃型	扭折	扭折
	螺型	扭折	割接
螺型	刃型	扭折	不变
	刃型	割阶	扭折
	螺型	割阶	扭折

10.3.2 固溶强化

结构用的金属材料很少是纯金属的，要在溶剂晶格内溶入溶质原子或有空位，从而产生的一种强化现象，称为固溶强化。合金元素对纯金属的固溶强化作用取决于溶质原子和溶剂原子在尺寸、弹性性质、电学性质和其他物理化学性质上的差异，此外，也与溶质原子的浓度和分布有关(见第 3 章和第 6 章)。根据位错钉扎机制，固溶强化的实现主要是通过溶质原子与位错的交互作用，这些交互作用可分为四种。

1. 溶质原子与位错的弹性交互作用

在固溶体中，无论是固溶原子还是位错，在其周围都存在应力和点阵畸变，两个应力场之间的作用就属于弹性交互作用。这种弹性交互作用力代表固溶原子所提供的阻碍位错运动的力。在代位固溶体中，固溶原子与溶剂原子的尺寸差异(原子尺寸错配)越大，固溶原子与位错的弹性交互作用就越大，强化作用也就越显著，如钨在钢中的强化作用因尺寸差异大而比钼要高。在间隙固溶体中，间隙原子会引起晶胞体积的改变(晶胞体积错配)，如果间隙原子引起了非对称性点阵畸变，像碳、氮原子溶入体心立方点阵金属时那样，由于固溶原子与位错的作用特别强，因此强化作用格外明显；而当间隙原子引起对称畸变时，如碳、氮在具有面心立方点阵的 $\gamma-Fe$ 或镍中，所引起的交互作用要弱得多，强化作用也就不明显。

溶质原子聚集刃型位错周围构成的原子团，被称为 Cottrell 气团。Cottrell 气团增强了溶质原子对位错的钉扎作用，位错必须在较大应力下才能克服 Cottrell 气团的束缚，因此金属得以强化。螺型位错应力场中没有正应力分量，它与使周围介质畸变呈球面对称的溶质原子不应该有交互作用。然而实际上溶质原子周围的点阵畸变并未完全呈球面对称，体心立方晶体扁八面体间隙溶入溶质原子时更是如此。因此螺型位错与溶质原子同样有交互作用。

2. 溶质原子与位错的电学交互作用

晶体中的自由电子分布对应力有敏感性，电子会较多地集中到受张应力的区域。例如，在刃型位错的受拉区，电子浓度较高，具有电负性；相反，在受压区，电子浓度较低，具有电正性。由于电子浓度分布不均使刃型位错相当于电学上的一个电偶极子。这种电偶极子与溶质原子的电荷产生静电作用，从而引起溶质原子与位错的交互作用而产生强化。其作用比弹性交互作用要弱。

3. 溶质原子与位错的化学交互作用

在密排点阵金属晶体中，经常出现堆垛层错。在面心立方点阵中，层错为密排六方排列；在密排六方点阵中，层错为面心立方排列。在平衡状态下，溶质原子在层错和基体两部分的平衡浓度不同，溶质原子的不均匀性分布阻碍了位错运动，因为溶质原子将在扩展位错的层错区形成聚集以降低层错能。溶质原子的这种分布称为铃木气团。

要使位错脱离铃木气团的钉扎，一方面必须额外增加外力，表现为金属屈服强度的提高，另一方面滑动的扩展位错与其他位错交截或进行交滑移时必须要束集。溶质使层错能降低，铃木气团使层错区扩大，从而使束集变得更加困难，金属强度也会由此而得到提高。一般来说，化学交互作用对强度的贡献比弹性交互作用小，但是弹性交互作用随着温度的升高而减小，而铃木气团对温度不敏感，所以只有在高温下，它才显得比较重要。

4. 溶质原子与位错的几何交互作用

在长程有序的固溶体中，位错倾向于两两相随地通过晶体。第一个位错通过时，使有序结构中跨越滑移面的不同类原子对 $A-B$ 改变为同类原子对 $A-A$ 和 $B-B$，引起能量升离；当后随的一个位错经过时，$A-A$ 和 $B-B$ 原子对又恢复为 $A-B$ 对，能量又降下来。在前后相随的两个位错之间的这段距离上，$A-A$ 和 $B-B$ 原子对尚未恢复，形成所谓反相畴界。为减少反相畴界的能量，两相随位错倾向于尽量靠近，但是当两个同号位错靠近时，它们之间的斥力急剧上升。在这两个因素的共同作用下，两个位错间有一个平衡距离，它与两个不全位错间存在的层错很相似。在塑性变形过程中，有序合金的反相畴界的面积不断增加，从而提高了体系的能量，表现为长程有序引起的强化作用。

10.3.3 弥散强化

很多金属材料的强度是由于存在弥散的强化相而提高的。典型的情况是在固溶体基体上分布有硬的中间相，其阻碍位错运动而产生强化作用。硬质的小颗粒称为强化相或第二相质点，它们将显著强化合金。滑动的位错与硬的第二相交互作用较复杂，本书第 6 章中介绍了这两种情况。

1. 绕过第二相质点

晶体中的位错在外力作用下产生运动，在运动过程中首先遇到的是第二相质点周围的应力场，对其产生阻碍作用，位错滑动必与小颗粒发生交互作用，迫使位错弯曲绕过小颗粒而额外做功。小颗粒使得位错弯曲程度加剧，弓弯位错线在质点间符号相反而将抵消，这样在质点周围留下位错环而进一步强化，而原位错绕过小颗粒继续向前滑移，但是每划过一个小颗粒就形成一个位错环，位错环对后面的滑向小颗粒的位错有阻碍作用，由于位错环越积越多，对滑向小颗粒的位错的斥力也越来越大，由此金属能得以强化。

2. 切过第二相质点

若位错与小颗粒间的斥力不够大，则位错会直接穿过小颗粒，小颗粒被切割成上下两部分，并使得切割面产生一个柏氏矢量的相对位移。当位错切过小颗粒时需要做功，增加位错运动阻力，且由于基体与强化相结构不同，位错扫过小颗粒会造成原子错排，同样会增加位错运动的阻力，从而使金属得以强化。

习 题

1. 当位错的柏氏矢量平行 x 轴，证明不论位错线是什么方向，外应力场的 σ_{zz} 分量都不会对位错产生作用力。

2. 晶体中，在滑移面上有一对平行刃型位错，它们的间距应该多大才不致在它们的交互作用下发生移动？设位错的滑移阻力(切应力)为 9.8×10^5 Pa，$\nu=0.3$，$G=5\times10^{10}$ Pa (答案以 b 表示)。

3. 在相距为 h 的滑移面上，有柏氏矢量为 $\boldsymbol{b}$ 的两个相互平行的正刃型位错 A、B，如图 10.24 所示。若 A 位错的滑移受阻，忽略派纳力，B 位错需多大切应力才可滑移到 A 位错的正上方？

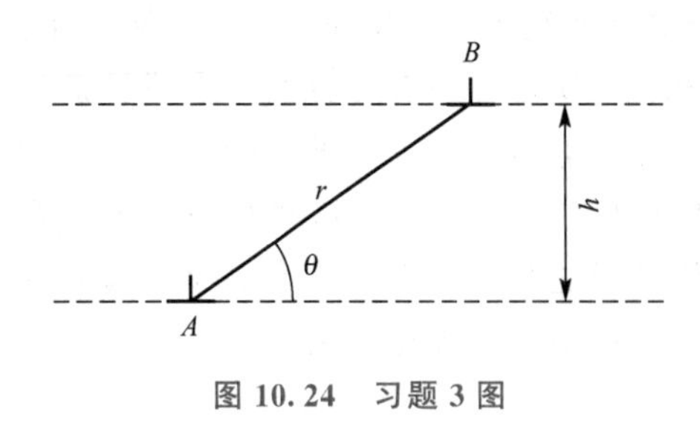

图 10.24　习题 3 图

4. 在面心立方晶体中把两个平行且同号的单位螺型位错从相距 100nm 推到相距 3nm 时需要做多少功？（已知晶体点阵常数 $a=0.3$nm，切变模量 $G=7\times10^{10}$Pa）。

5. 简单立方晶体(100)面有一个 $\boldsymbol{b}=[0\bar{1}0]$ 的刃型位错。

① 在(001)面有一个 $\boldsymbol{b}=[010]$ 的刃型位错和它相截，相截后两个位错产生弯扭折还是割阶？

② 在(001)面有一个 $\boldsymbol{b}=[100]$ 的螺型位错和它相截，相截后两个位错产生扭折还是割阶？

6. 简单立方晶体(100)面有一个 $\boldsymbol{b}=[001]$ 的螺型位错。

① 在(001)面有一个 $\boldsymbol{b}=[010]$ 的刃型位错和它相截，相截后两个位错产生扭折还是割阶？

② 在(001)面有一个 $\boldsymbol{b}=[100]$ 的螺型位错和它相截，相截后两个位错产生扭折还是割阶？

7. 面心立方结构金属 Cu 的对称倾侧晶界中，两正刃型位错的间距 $D=1000$nm，假定刃型位错的多余半原子面为(110)面，$d_{110}=0.1278$nm，求该倾侧晶界的倾角 θ。

8. 图 10.25 表示在滑移面上有柏氏矢量相同的两个同号刃型位错 AB 和 CD。它们处在同一根直线上，距离为 x，它们做 F－R 源开动。

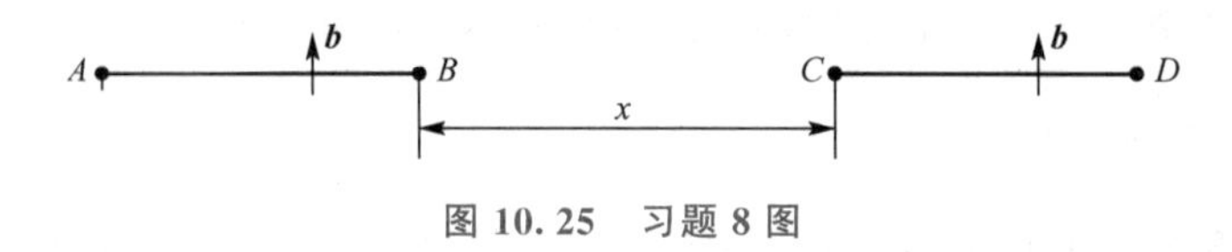

图 10.25　习题 8 图

① 画出这两个 F－R 源逐步增殖时的过程，二者发生交互作用时，会发生什么情况？

② 若两位错是异号位错时，情况又会怎样？

9. 计算铜中全位错的柏氏矢量的长度(铜的晶格常数为 0.36151nm)。

10. 为什么说面角位错(L－C 位错)是稳定性最大的固定位错？

11. 阐明堆垛层错与不全位错的关系，指出面心立方结构中常产生的不全位错的名称、柏氏矢量和它们各自的特性。

12. 在面心立方的$(1\bar{1}1)$晶面上，有一个 $\boldsymbol{b}_1=\frac{a}{2}[\bar{1}01]$ 的扩展位错。在$(11\bar{1})$晶面上有一个 $\boldsymbol{b}_2=\frac{a}{2}[1\bar{1}0]$ 的扩展位错。当它们在两个平面的交线上相遇时，能否形成 L－C 位错？写出位错反应式。

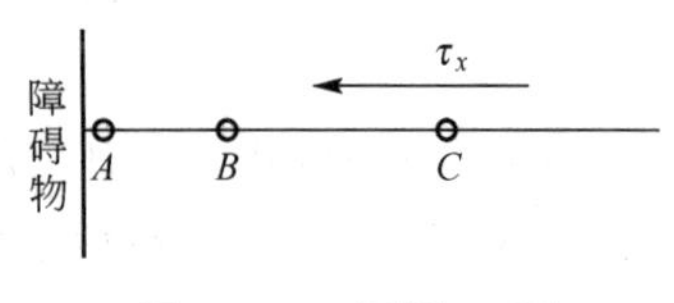

图 10.26　习题 13 图

13. 在 Fe 晶体中同一滑移面上有三根同号且 $\boldsymbol{b}$ 相等的直刃型位错线 A、B、C，受到分切应力 τ_x 的作用，塞积在一个障碍物前(图 10.26)，试计算出这三根位错线的间距及障碍物受到的力(已知 $G=80$GPa，$\tau_x=200$MPa，$b=0.248$nm)。

14. 有一面心立方晶体，在(111)面滑移的柏氏矢量为$\frac{a}{2}[10\bar{1}]$的右螺型位错，在与$(1\bar{1}1)$面上滑移的柏氏矢量为$\frac{a}{2}[011]$的另一右螺型位错相遇于此两滑移面交线。

① 此两位错能否进行下述反应：$\frac{a}{2}[10\bar{1}]+\frac{a}{2}[011]\rightarrow\frac{a}{2}[110]$，为什么？

② 说明新生成的全位错属哪类位错？该位错能否滑移？为什么？

③ 若沿［010］晶向施加大小为17.2MPa的拉应力，试计算该新生全位错单位长度的受力大小，并说明方向(设晶格常数a=0.2nm)。

15. 在铜单晶体中的(111)和$(11\bar{1})$滑移面上各存在一个柏氏矢量为$\frac{a}{2}[1\bar{1}0]$和$\frac{a}{2}[011]$的全位错，当它们分解为扩展位错时，其领先位错分别为$\frac{a}{6}[2\bar{1}\bar{1}]$和$\frac{a}{6}[\bar{1}21]$。

① 求它们可能的位错分解反应。

② 当两领先位错在各自的滑移面上运动相遇时，发生了新的位错反应。试写出其位错反应式，判断该反应能否自发进行，并分析该新生成的位错其位错特性和运动性质。

③ 已知铜单晶a=0.36nm，切变模量$G=4\times10^4$MPa，层错能$\gamma=0.04\text{J/m}^2$，试求上述柏氏矢量为$\frac{a}{2}[1\bar{1}0]$的位错形成扩展位错的宽度。

16. 若面心立方晶体中有$\boldsymbol{b}=\frac{a}{2}[\bar{1}01]$的单位位错及$\boldsymbol{b}=\frac{a}{6}[12\bar{1}]$的不全位错，此两位错相遇产生位错反应。

① 此反应能否进行？为什么？

② 写出合成位错的柏氏矢量，并说明合成位错的类型。

③ 这个位错能否滑移？分析其原因。

参 考 文 献

曹明盛，1985. 物理冶金基础［M］. 北京：冶金工业出版社．

崔忠圻，覃耀春，2007. 金属学与热处理［M］. 2版．北京：机械工业出版社．

冯端，师昌绪，刘治国，2002. 材料科学导论［M］. 北京：化学工业出版社．

耿桂宏，2010. 材料物理与性能学［M］. 北京：北京大学出版社．

顾宜，2002. 材料科学与工程基础［M］. 北京：化学工业出版社．

侯书林，朱海，2006. 机械制造基础 上册：工程材料及热加工工艺基础［M］. 北京：中国林业出版社．

侯增寿，卢光熙，1990. 金属学原理［M］. 上海：上海科学技术出版社．

胡赓祥，蔡珣，戎咏华，2006. 材料科学基础［M］. 2版．上海：上海交通大学出版社

李见，2000. 材料科学基础．北京：冶金工业出版社．

刘智恩，2001. 材料科学基础常见题型解析及模拟题［M］. 西安：西北工业大学出版社．

吕宇鹏，边洁，敖青，2008. 材料科学基础学习指导［M］. 北京：化学工业出版社．

潘金生，仝建民，田民波，1998. 材料科学基础［M］. 北京：清华大学出版社．

戚正风，1998. 固态金属中的扩散与相变［M］. 北京：机械工业出版社．

石德珂，2003. 材料科学基础［M］. 2版．北京：机械工业出版社．

束德林，1999. 金属力学性能［M］. 2版．北京：机械工业出版社．

陶杰，姚正军，薛烽，等，2006. 材料科学基础全真试题及解析［M］. 北京：化学工业出版社．

陶杰，姚正军，薛烽，2006. 材料科学基础［M］. 北京：化学工业出版社．

王笑天，1987. 金属材料学［M］. 北京：机械工业出版社．

王章忠，2001. 机械工程材料［M］. 北京：机械工业出版社．

吴承建，2000. 金属材料学［M］. 北京：冶金工业出版社．

谢希文，过梅丽，2005. 材料科学基础［M］. 北京：北京航空航天大学出版社．

徐恒钧，2001. 材料科学基础［M］. 北京：北京工业大学出版社．

严群，冯庆芬，2009. 材料科学基础［M］. 北京：国防工业出版社．

余永宁，2000. 金属学原理［M］. 北京：冶金工业出版社．

余永宁，2006. 材料科学基础［M］. 北京：高等教育出版社．

张代东，2001. 机械工程材料应用基础［M］. 北京：机械工业出版社．

张晓燕，2009. 材料科学基础［M］. 北京：北京大学出版社．

赵品，谢辅洲，孙振国，2009. 材料科学基础教程［M］. 3版．哈尔滨：哈尔滨工业大学出版社．

周尧和，胡壮麟，介万奇，1998. 凝固技术［M］. 北京：机械工业出版社．

朱兴元，刘忆，2006. 金属学与热处理［M］. 北京：中国林业出版社．

左汝林，曾军，张建斌，等，2008. 金属材料学［M］. 重庆：重庆大学出版社．